Studien zur theoretischen und empirischen Forschung in der Mathematikdidaktik

Reihe herausgegeben von

Gilbert Greefrath, Münster, Deutschland

Stanislaw Schukajlow, Münster, Deutschland

Hans-Stefan Siller, Würzburg, Deutschland

In der Reihe werden theoretische und empirische Arbeiten zu aktuellen didaktischen Ansätzen zum Lehren und Lernen von Mathematik – von der vorschulischen Bildung bis zur Hochschule – publiziert. Dabei kann eine Vernetzung innerhalb der Mathematikdidaktik sowie mit den Bezugsdisziplinen einschließlich der Bildungsforschung durch eine integrative Forschungsmethodik zum Ausdruck gebracht werden. Die Reihe leistet so einen Beitrag zur theoretischen, strukturellen und empirischen Fundierung der Mathematikdidaktik im Zusammenhang mit der Qualifizierung von wissenschaftlichem Nachwuchs.

Weitere Bände in der Reihe http://www.springer.com/series/15969

Katharina Kirsten

Beweisprozesse von Studierenden

Ergebnisse einer empirischen Untersuchung zu Prozessverläufen und phasenspezifischen Aktivitäten

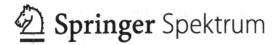 Springer Spektrum

Katharina Kirsten
Münster, Deutschland

Dissertation am Institut für Didaktik der Mathematik und der Informatik der Westfälischen Wilhelms-Universität Münster, 2020

ISSN 2523-8604   ISSN 2523-8612 (electronic)
Studien zur theoretischen und empirischen Forschung in der Mathematikdidaktik
ISBN 978-3-658-32241-0   ISBN 978-3-658-32242-7 (eBook)
https://doi.org/10.1007/978-3-658-32242-7

Die Deutsche Nationalbibliothek verzeichnet diese Publikation in der Deutschen Nationalbibliografie; detaillierte bibliografische Daten sind im Internet über http://dnb.d-nb.de abrufbar.

Planung/Lektorat: Marija Kojic
Springer Spektrum ist ein Imprint der eingetragenen Gesellschaft Springer Fachmedien Wiesbaden GmbH und ist ein Teil von Springer Nature.
Die Anschrift der Gesellschaft ist: Abraham-Lincoln-Str. 46, 65189 Wiesbaden, Germany

Geleitwort

Das Argumentieren und Beweisen gilt als eine zentrale Komponente des mathematischen Arbeitens und nimmt daher einen hohen Stellenwert in der Hochschullehre ein. Insbesondere Studienanfängerinnen und Studienanfänger weisen jedoch häufig Schwierigkeiten im Umgang mit Beweisen auf, die den Studienstart erschweren. In ihrer Dissertation widmet sich Katharina Kirsten dieser Problematik und beschreibt studentische Beweiskonstruktionen in ihren zentralen Prozessmerkmalen. Über einen Vergleich verschiedener Fälle arbeitet sie Gelingensbedingungen für eine erfolgreiche Beweiskonstruktion heraus.

Auf der Basis einer sehr guten Literaturrecherche und Zusammenfassung werden im Theorieteil der Arbeit zunächst die zentralen Begriffe „Argumentieren", „Begründen" und „Beweisen" behandelt. Hier werden auch Spannungsfelder diskutiert, die den wissenschaftlichen Diskurs bestimmen. Mit Blick auf die prozedurale Komponente des Beweisens werden interessante Beweisprozessmodelle vorgestellt und es erfolgt eine Synthese aus den verschiedenen Modellen. Katharina Kirsten stellt sehr gut strukturiert zentrale Forschungsergebnisse zu den zentralen Beweisaktivitäten, dem Verstehen, Validieren, Konstruieren und Präsentieren von Beweisen, dar und berücksichtigt besonders Erkenntnisse zur Beweiskonstruktion. Es zeigt sich, dass es erforderlich ist, potenzielle Hürden im Beweisprozess genauer zu analysieren. Insgesamt wird der Forschungsstand aus Sicht der Mathematikdidaktik sehr überzeugend dargestellt. Vor dem Hintergrund des aktuellen Forschungsstandes wird ein sehr interessantes Phasenmodell entwickelt, das die einzelnen Teilprozesse einer Beweiskonstruktion weiter ausdifferenziert und auf universitäre Anfängerveranstaltungen bezieht.

Aus den theoretischen Überlegungen ergeben sich Forschungsfragen sowohl im Hinblick auf eine ganzheitliche Analyse studentischer Beweisprozesse als auch in Bezug auf die konkrete Ausgestaltung einzelner Phasen der Beweiskonstruktion. Das qualitative Design der Studie wird für die gestellten Forschungsfragen sehr gut und konkret begründet. Es konnte eine große Anzahl von Teilnehmenden für die Studie rekrutiert und so ein umfassendes Videomaterial zu studentischen Beweisprozessen generiert werden. Die Fallauswahl wird sehr sorgfältig durchgeführt und dargestellt. Die erhobenen Daten werden entsprechend dem Forschungszweck standardisiert aufbereitet und schließlich im Hinblick auf verschiedene Untersuchungsaspekte mehrdimensional ausgewertet. So ist etwa das Kategoriensystem zur Beschreibung der Konstruktionsleistung sehr gut durchdacht. Entsprechend wird auch die Kodierung des Beweisprozesses hervorragend organisiert, bei der neben der allgemeinen Prozessstruktur auch Aktivitäten innerhalb einer Phase berücksichtigt werden. Sehr anspruchsvoll ist die Typenbildung, im Rahmen derer Wirkungszusammenhänge zwischen dem Prozessverlauf und der Konstruktionsleistung untersucht werden.

Die Ergebnisdarstellung basiert auf Fallbeschreibungen, die sehr gut verdichtet dargestellt sind. Ergebnisse zum Prozessverlauf werden zunächst in den einzelnen Phasen dargestellt und schließlich zu Prozesstypen verdichtet. Hier wird die große Sorgfalt der empirischen Arbeit deutlich, mit der u. A. sichergestellt wird, dass keine Phasen übersehen wurden. Vor dem Hintergrund der Erkenntnisse auf makroskopischer Ebene werden sodann weitere Analyseschwerpunkte abgeleitet und phasenspezifische Aktivitäten für die Teilprozesse des Verstehens und des Validierens eingehend untersucht. Die detaillierte Diskussion wird sinnvoll durch die Forschungsfragen gegliedert und in gut begründeten Hypothesen formuliert. Sehr interessant ist die Diskussion der fünf gefundenen Prozesstypen. Insgesamt geben die Ergebnisse einen hervorragenden Einblick in erfolgreiche Beweiskonstruktionen und benennen verschiedene Spannungsfelder und Hürden. Insbesondere auf mikroskopischer Ebene konnten dabei konkrete Gelingensbedingungen von Beweisprozessen von Studienanfängerinnen und -anfängern herausgearbeitet werden.

Die Grenzen der Studie werden sehr klar benannt und diskutiert. Dies betrifft etwa die Auswahl der Stichprobe, die Auswahl der Aufgaben, die Informationen über die Probanden oder auch die Auswertungsmethode. In jedem Fall können sehr gute Implikationen für Forschung und Praxis herausgearbeitet werden.

Gilbert Greefrath

Vorwort

„And than a miracle occurs..." – Mit diesem Worten karikiert Sidney Harris in einem seiner bekannten Mathematik-Comics den Vorgang einer Beweisführung und beschreibt damit treffsicher das Gefühl, das viele Studienanfängerinnen und -anfänger aus einer Vorlesung oder Übung mitnehmen. Bereits als Studentin und Übungsgruppenleiterin der WWU Münster entwickelte ich das Bedürfnis, dieses Wunder ein Stück weit zu entmystifizieren und nach Wegen zu suchen, kleine persönliche Wunder zu erwirken. Mit der Einführung des *Learning Centers* erhielt ich schließlich die Möglichkeit, mich auch außerhalb von regulären Übungsgruppen mit dem Lehren und Lernen von Mathematik zu befassen. Erst als studentische Hilfskraft und später als wissenschaftliche Mitarbeiterin durfte ich hier verschiedenen Formen von (meist ausbleibenden) Wundern beobachten, woraus schließlich mein Promotionsprojekt entstand.

Mit der Fertigstellung dieser Arbeit möchte ich mich daher insbesondere bei Prof. Dr. Gilbert Greefrath bedanken, mich gleich zweimal für das Learning Center eingestellt und damit meinen Einstieg in die fachdidaktische Forschung ermöglicht zu haben. Im Verlauf meiner Promotion habe ich von ihm vieles über das wissenschaftliche Arbeiten sowie die Ziele und Strukturen fachdidaktischer Forschung gelernt. Dank des großen Vertrauens, das mir von Anfang an entgegengebracht wurde, konnte ich mich in verschiedenen Projekten und Veranstaltungsformaten ausprobieren und mein fachdidaktisches sowie forschungsmethodisches Wissen zunehmend vertiefen. Dabei wusste ich stets um einen aufgeschlossenen Ansprechpartner und konnte mich immer auf hilfreiche Unterstützung verlassen.

Herzlich bedanken möchte ich mich auch bei Prof. Dr. Stefan Ufer für die Übernahme des Zweitgutachtens sowie seine konstruktive Kritik an meinem Forschungsprojekt. Mithilfe seiner Anregungen gelang es mir, immer wieder neue

Perspektiven auf meine Arbeit zu gewinnen, einzelne Aspekte auszudifferenzieren und neue Bezüge herzustellen.

Unterstützt durch die genannten Personen bin ich in den letzten Jahren schrittweise in die Mathematikdidaktische Community hereinwachsen. In diesem Zusammenhang durfte ich innerhalb und außerhalb von Münster viele Personen kennenlernen, die meine wissenschaftliche und persönliche Entwicklung auf ganz unterschiedliche Weise begleitet haben. Ob Mini-Symposien, Arbeitskreise oder persönliche Gespräche – ich blicke auf viele anregende Diskussionen zurück und bedanke mich nicht zuletzt für die vielen schönen Erinnerungen, die in dieser Zeit entstanden sind. Stellvertretend für die Beweisen-Gruppe sei hier Silke Neuhaus und Daniel Sommerhoff gedankt, die mich von Anfang an begleitet, kontinuierlich beraten und um einige Erkenntnisse bereichert haben. Mein besonderer Dank gilt auch den Mitgliedern der AG Greefrath und der AG Schukajlow im Allgemeinen sowie Elena Jedtke und Ronja Kürten im Speziellen. Ohne die freundschaftliche und unterstützende Atmosphäre wäre meine Arbeit weniger reflektiert und mein Leben weniger erlebnisreich gewesen.

Neben motivierenden Worten und intensiver Beratung bedarf es auch praktischer und organisatorischer Unterstützung, um ein Projekt erfolgreich umzusetzen. Bei der Durchführung meiner Hauptstudie hatte ich das große Glück, auf bereits bestehende Strukturen des Propädeutikums zurückgreifen zu können. Ich möchte mich daher bei den Organisatoren, Christoph Neugebauer und Jörg Schürmann, für ihre Offenheit gegenüber meinen Ideen bedanken. Für praktische Unterstützung konnte ich mich wiederholt auf das Team des Learning Centers verlassen, das zunehmend meine Begeisterung für Hochschuldidaktik zu teilen schien und sich immer wieder auf neue Ideen und Aufgaben einließ. Vielen Dank!

Schließlich möchte ich meiner Familie sowie meinen Freunden außerhalb des Universitätsalltags für ihr Zuhören, Ermutigen und Beraten in den letzten Jahren danken. Ein besonderer Dank geht dabei an Anna Kirsten, Sebastian Krieter und Karen Meyer-Seitz, die mit ihren jeweiligen Fähigkeiten und Hintergründen ihren ganz eigenen Beitrag zur Fertigstellung dieser Arbeit geleistet haben.

Wunder sind gemeinhin schwer zu erfassen und auch in einem mehrjährigen Forschungsprojekt nur partiell zu erschließen. Daher teile ich mit dieser Arbeit meine Erkenntnisse und hoffe, mit den folgenden Seiten einen Beitrag zur weiteren Entwicklung der Hochschuldidaktik leisten zu können.

Katharina Kirsten

Zusammenfassung

Ein versierter produktiver sowie rezeptiver Umgang mit Beweisen gilt als ein zentraler Bestandteil des mathematischen Arbeitens und nimmt entsprechend einen wesentlichen Anteil am Mathematikstudium ein. In der Auseinandersetzung mit Beweisen sollen die Studierenden ihre Fähigkeiten erweitern, eigene Beweise selbstständig zu konstruieren sowie präsentierte Beweise verständnisorientiert zu lesen und zu beurteilen. Obwohl Beweise einen hohen Stellenwert in Studium und Wissenschaft einnehmen, berichten verschiedene Untersuchungen übereinstimmend, dass Studienanfängerinnen und -anfänger große Schwierigkeiten im Umgang mit Beweisen aufzeigen (z. B. A. Selden und Selden 2008, Weber 2001). Vor dem Hintergrund dieser Problematik hinterfragt die hier vorgestellte Studie die Ursachen der beobachteten Schwierigkeiten und arbeitet Handlungsempfehlungen zu deren Überwindung heraus. Im Einzelnen fokussiert die Untersuchung dabei die produktive Komponente der Beweiskompetenz und wählt einen prozessorientierten Zugang, um die kognitiven Vorgänge, die innerhalb einer Beweiskonstruktion wirksam werden, zu ergründen. Ziel der Untersuchung ist es, studentische Beweiskonstruktionen in ihren zentralen Prozessmerkmalen zu beschreiben und über einen Vergleich verschiedener Fälle Gelingensbedingungen für eine erfolgreiche Beweiskonstruktion herauszuarbeiten. Als Grundlage hierfür dienen insbesondere die Prozessbeschreibungen von Boero (1999), Schoenfeld (1985) sowie Stein (1986).

Die Untersuchung orientierte sich an einem deskriptiv-explorativen Design, bei welchem der Forschungsprozess in mehreren Zyklen verläuft und Analyseschwerpunkte sukzessive aus vorhergehenden Ergebnissen gewonnen werden. Im ersten Forschungszyklus wurde eine ganzheitliche Untersuchung studentischer Beweiskonstruktionen angestrebt und nach den relevanten Teilprozessen gefragt, über die sich ein Beweisprozess konstituiert. Im Zuge dieser Untersuchungen konnten

sodann mit dem Verstehen und dem Validieren zwei Phasen identifiziert werden, die aufgrund ihres markanten Auftretens im Rahmen einer Folgeanalyse
eingehender untersucht wurden. Als empirische Basis dienten im ersten Zyklus
24 Beweisprozesse von Studierenden des gymnasialen Lehramts, die unter laborähnlichen Bedingungen initiiert, videografiert und schließlich anhand eines Transkripts analysiert wurden. Für die phasenspezifischen Folgeuntersuchungen wurde
eine Teilstichprobe mit 11 Fällen gebildet. Die Auswertung innerhalb eines jeden
Forschungszyklus folgte den Prinzipien einer typenbildenden qualitativen Inhaltsanalyse und umfasste damit zwei grundlegende Analyseschritte. Zunächst wurden
die Beweisprozesse im Rahmen einer strukturierenden qualitativen Inhaltsanalyse
im Hinblick auf ihre zentralen makroskopischen bzw. mikroskopischen Prozessmerkmale untersucht. Hierauf aufbauend erfolgte eine empirische Typenbildung,
bei der über eine kontrastierende Fallbetrachtung die Zusammenhänge zwischen
den identifizierten Prozessmerkmalen und der Konstruktionsleistung analysiert
wurden.

Entsprechend der Struktur des Forschungsprozesses erzielte die Untersuchung
Ergebnisse auf unterschiedlichen Analyseebenen. Auf makroskopischer Ebene
konnte ein empirisches Prozessmodell entwickelt werden, welches die allgemeine Struktur eines Beweisprozesses mithilfe von fünf grundlegenden Phasen
beschreibt. Die Darstellung von Beweisprozessen im Phasenverlauf ermöglichte
es, individuelle Beweisprozesse in ihren charakteristischen Merkmalen abzubilden und hierauf aufbauend verallgemeinerbare Muster der Prozessgestaltung
herauszuarbeiten. Unterschiede zwischen erfolgreichen und nicht erfolgreichen
Beweisprozessen zeigten sich dabei weniger auf der Ebene der Phase, sondern
vielmehr in der konkreten Ausgestaltung eines Teilprozesses. Demnach konnten
keine Zusammenhänge zwischen der Konstruktionsleistung und den Oberflächenmerkmalen eines Prozessverlaufs, wie der Dauer oder der Reihenfolge von
Phasen, festgestellt werden. Vielmehr zeigten sich Unterschiede in den spezifischen Aktivitäten, die innerhalb einer Phase durchgeführt wurden. So konnten
für die Verstehens- und die Validierungsphase fünf bzw. sechs Vorgehensweisen identifiziert werden, die zu einer effektiven Gestaltung derselben beitragen
und damit die Beweiskonstruktion unterstützen können. Ergänzend wurden verschiedene Produktions- und Implementationsschwierigkeiten innerhalb der beiden
Phasen herausgearbeitet, in denen sich ein konkreter Förderbedarf andeutet.
Die identifizierten Aktivitäten und Schwierigkeitsfelder weisen dabei Analogien
zur rezeptiven Auseinandersetzung mit Beweisen auf und stellen damit Bezüge
zwischen dem Konstruieren, Verstehen und Validieren von Beweisen her.

Inhaltsverzeichnis

Abbildungsverzeichnis

Tabellenverzeichnis

Einleitung

Die Mathematik gilt als eine beweisende Wissenschaft, bei der das Konzept des Beweises historisch gewachsen und im Sinne eines Alleinstellungsmerkmals identitätsstiftend ist (Hanna & Jahnke 1993; Heintz 2000; Reiss & Ufer 2009). Während der Forschungsprozess in anderen Disziplinen durch Experimente oder empirische Daten fundiert wird, werden in der Mathematik neue Erkenntnisse dadurch gewonnen, dass sie mithilfe deduktiver Schlussfolgerungen aus Axiomen oder bereits bewiesenen Sätzen hergeleitet werden (Bell 1976; Jahnke & Ufer 2015). Am mathematischen Diskurs teilzunehmen und Mathematik zu betreiben, bedeutet demnach, sich intensiv mit Beweisen auf rezeptiver sowie produktiver Ebene auseinanderzusetzen. Hierzu gehört einerseits, sich mit präsentierten Beweisen zu befassen und diese im Hinblick auf ihre Gültigkeit zu überprüfen, sowie andererseits, auch eigene Beweise zu konstruieren und sie für das Fachpublikum angemessen aufzuarbeiten (Giaquinto 2005; Mejia-Ramos & Inglis 2009; A. Selden & Selden 2015). Aufgrund ihres konstitutiven Charakters für den mathematischen Diskurs nimmt die Beschäftigung mit Beweisen naturgemäß auch einen zentralen Stellenwert im Mathematikstudium ein. Der Übergang von der Schule zur Hochschule wird dabei als ein Enkulturationsprozess verstanden, in dem das Schulfach Mathematik zu einer wissenschaftlichen Disziplin entwickelt und ein rezeptiver sowie produktiver Umgang mit Beweisen eingeübt wird (Dreyfus 1999; Hanna & Barbeau 2010; Hemmi 2008; Rav 1999; Yackel, Rasmussen & King 2000).

Die hier angelegte Entwicklung wird in der Praxis jedoch von vielfältigen Hürden und Schwierigkeiten begleitet, die sich nicht zuletzt in hohen Abbrecherzahlen und geringen Erfolgsquoten in den Anfängervorlesungen widerspiegeln (Clark & Lovric 2009; Dieter 2012; Heublein 2012; Heublein & Schmelzer 2018; Neugebauer, Heublein & Daniel 2019; Tinto 1975). Die Entscheidung, ihr Studium abzubrechen oder den Studiengang zu wechseln, begründen die betroffenen Studierenden dabei in vielen Fällen mit einer inhaltlichen Überforderung, wobei

K. Kirsten, *Beweisprozesse von Studierenden*, Studien zur theoretischen und empirischen Forschung in der Mathematikdidaktik, https://doi.org/10.1007/978-3-658-32242-7_1

insbesondere auch die Einführung ins Beweisen als problembehaftet gilt (de Guzmán, Hodgson, Robert & Villani 1998, A. Fischer, Heinze & Wagner 2009, Gueudet
2008, Heublein, Hutzsch, Schreiber, Somer & Besuch 2010). In Übereinstimmung
mit diesem subjektiven Empfinden werden auch von Seiten der Hochschule vielfach Defizite von Studierenden im Umgang mit Beweisen berichtet (Conradie &
Frith 2000; Lew, Fukawa-Connelly, Mejia-Ramos & Weber 2016; Moore 1994;
A. Selden & Selden 2003; Weber 2001, 2010). Obwohl Lernende bereits in der
Schule an das mathematische Argumentieren und damit an verschiedene didaktische
Beweiskonzepte herangeführt werden (Kultusministerkonferenz 2012), erscheinen
formal-deduktive Beweise, wie sie in den Grundlagenvorlesungen präsentiert und
von den Studierenden in Übungen und Klausuren verlangt werden, den Studienanfängerinnen und -anfängern häufig abstrakt und wenig zugänglich (de Guzmán
et al. 1998; Moore 1994; A. Selden & Selden 2008; Tall 1992). Als Ursache für
die vielfach auftretenden Schwierigkeiten wird neben dem Einfluss verschiedener
Wissensfacetten und Ressourcen dabei zunehmend auch die Art der Beweispräsentation diskutiert (z. B. Dawkins & Weber (2017), Hart (1994), J. Selden & Selden
(2009b), Tsujiyama & Yui (2018) und Weber (2006)):

> However, the printed word is but the tip of the iceberg – the record of the final ‚precising
> phase‘, quite distinct from the creative phases of mathematical thinking in which
> inspirations and false turns play their part (Tall 1992, S. 1).

Die Präsentation eines Beweises erfolgt gemeinhin in dekontextualisierter und linea-
risierter Form, wodurch sämtliche Bezüge zur Entstehungssituation sowie zu den
hier relevanten kognitiven Prozessen entfernt werden. Aufgrund der geringen Transparenz zwischen einem Beweis und seinem Konstruktionsprozess können durch die
Rezeption von Beweisen kaum Erkenntnisse über die Abläufe einer Beweiskonstruktion gewonnen werden, sodass häufig unrealistische Erwartungshaltungen entstehen (Frischemeier, Panse & Pecher 2013; Weber & Mejia-Ramos 2014). Insbesondere im Hinblick auf die Konstruktion von Beweisen haben sich daher Positionen
herausgebildet, die eine prozessorientierte Unterstützung von Studierenden fordern.
Neben der Vermittlung von Inhalten soll hier die Anwendung von Beweisstrategien
im Vordergrund stehen und dabei der Aufbau von Metawissen über den Ablauf
eines Beweisprozesses gefördert werden (z. B. Hilbert, Renkl, Kessler und Reiss
2008; Schoenfeld 1985; J. Selden & Selden 2009b und Weber 2006). Um derartige
Förderkonzepte angemessen zu fundieren, bedarf es detaillierter und handlungsna-
her Erkenntnisse über die kognitiven Vorgänge, die innerhalb eines Beweisprozesses wirksam werden. Bisherige Forschungserkenntnisse legen nahe, dass sich ein
Beweisprozess in verschiedene Teilprozesse untergliedert, wobei unterschiedlich

zielführende Varianten existieren, die einzelnen Teilprozesse miteinander zu kombinieren (Schoenfeld 1985; D. Zazkis, Weber & Mejía-Ramos 2015). Ebenso konnte wiederholt nachgewiesen werden, dass eine Strategieanwendung, wie das Zeichnen von Skizzen oder das Betrachten von Beispielen, nicht grundsätzlich zielführend ist, sondern ihr Potenzial in Abhängigkeit von dem jeweiligen Anwendungsbereich sowie der konkreten Ausgestaltung der Strategie entfaltet (z. B. Alcock & Simpson (2004); Gibson (1998); Sandefur, Mason, Stylianides & Watson (2013) und Stylianou und Silver (2004)). Demnach handelt es sich bei der Beweiskonstruktion um einen komplexen Vorgang, der vielschichtige Aktivitäten und Gelingensbedingungen in sich vereint und daher nur bedingt durch generalisierte Strategielisten adressiert werden kann. Wenngleich erste Ansätze existieren, das Bedingungsgefüge einer erfolgreichen Beweiskonstruktion aus prozessbezogener Perspektive zu beschreiben, konzentrieren sich diese überwiegend auf den kreativen, problemlösenden Teil eines Beweisprozesses. Entsprechend existiert bisher noch wenig fundiertes Wissen darüber, welche allgemeinen Herangehensweisen Studierende bei der Beweiskonstruktion verfolgen und welche Vorgehensweisen unter welchen Rahmenbedingungen als erstrebenswert gelten.

Vor diesem Hintergrund verortet sich das Projekt *Apropos* (Analysing Proving Processes of Math Students), das von 2015 bis 2019 an der Universität Münster durchgeführt wurde. Das übergeordnete Ziel dieses Projekts war es, über eine detaillierte und gegenstandsnahe Beschreibung studentischer Beweisprozesse relevante Merkmale zu bestimmen, an denen sich prozessbezogene Unterstützungskonzepte am Übergang Schule – Hochschule orientieren können. Unter einer rekonstruktiv-beschreibenden Perspektive soll dabei zunächst der Verlauf studentischer Beweisprozesse in seiner Bandbreite beschrieben werden, um hieraus sodann wiederkehrende Handlungsmuster und gängige Beweisstrategien ableiten zu können. Im Sinne eines ganzheitlichen Zugriffs werden dabei sowohl allgemeine Beweisstrukturen auf makroskopischer Ebene betrachtet als auch solche Aktivitäten untersucht, die auf mikroskopischer Ebene die Ausgestaltung eines Teilprozesses kennzeichnen. Auf beiden Prozessebenen wird dabei stets nach Bezügen zu anderen Beweisaktivitäten, wie dem Verstehen, Validieren und Präsentieren von Beweisen, gefragt, um mögliche Verbindungen identifizieren und hieraus ein vertieftes Verständnis einer allgemeinen Beweiskompetenz entwickeln zu können. Aufbauend auf den rekonstruktiven Elementen soll das Projekt durch einen kontrastiv-analytischen Zugang Aufschluss darüber geben, welche Vorgehensweisen sich auf makroskopischer sowie mikroskopischer Ebene als wirksam erweisen und eine erfolgreiche Beweiskonstruktion unterstützen. Neben gelungenen Anwendungen werden dabei auch solche Fälle betrachtet, aus denen sich Produktions- und Implementationsschwierigkeiten rekonstruieren lassen. Auf diese Weise wird das komplexe Bedingungsgefüge einer Beweiskonstruktion in seinen verschiedenen Facetten betrachtet und ein Beitrag zu dessen ganzheitlicher Erfassung geleistet. Die Erkenntnisse des Projekts sollen es sodann ermöglichen, Schwerpunkte in Unterstützungsangeboten zu setzen und zielgruppenspezifische Handlungsempfehlungen abzuleiten.

Die hier vorgestellte Untersuchung beschreibt einen qualitativen Zugang zu den Projektzielen und beruht auf umfangreichen theoretischen Vorarbeiten. Diese verfolgen das Ziel, unter Einbezug verschiedener Theorien und Forschungszugänge ein Prozessmodell zu entwickeln, welches die aus theoretischer Perspektive relevanten kognitiven Vorgänge einer Beweiskonstruktion abbildet und damit als Referenzobjekt für die empirische Untersuchung dienen kann. Die Herleitung dieses Modells erfolgt dabei in einem argumentativen Dreischritt, der sich in dieser Arbeit über drei Theoriekapitel erstreckt. In Kapitel 2 wird zunächst eine Einordnung des Untersuchungsgegenstandes angestrebt, indem verschiedene Auffassungen des Beweisbegriffes einander gegenüber gestellt und diese im Kontext der angrenzenden Begriffe *Argumentieren* und *Begründen* verortet werden. In der Diversität der Begrifflichkeiten wird sodann die Ausgangsproblematik am Übergang Schule – Hochschule durch unterschiedliche Beweiskonzepte gerahmt und die Unterscheidung zwischen einer prozess- und einer produktorientierten Perspektive auf Beweise weiter vertieft. Aufbauend auf der Begriffsbestimmung wird sodann ein Überblick über den aktuellen Forschungsstand gegeben, indem zentrale Forschungsansätze und hieraus erwachsene Erkenntnisse mit Blick auf das Forschungsinteresse zusammengefasst werden (Kapitel 3). Um eine möglichst breite Beschreibungsgrundlage zu schaffen und potenzielle Bezüge zu anderen Beweisaktivitäten zu berücksichtigen, werden neben Forschungsergebnissen zur Beweiskonstruktion auch solche zum Verstehen, Validieren und Präsentieren von Beweisen abgebildet. Die hier dargestellten Erkenntnisse dienen sodann als Grundlage, um vorhandene Beschreibungen des Beweisprozesses weiter auszudifferenzieren und auf den spezifischen Kontext der Studieneingangsphase zu übertragen. Das auf diese Weise entwickelte Prozessmodell wird in Kapitel 4 vorgestellt und anhand prototypischer Beweisprozesse veranschaulicht. Mit der Formulierung von Forschungsfragen wird der theoretische Hintergrund in Kapitel 5 schließlich fokussiert zusammengefasst und der Übergang zum empirischen Teil der Studie markiert.

Im Bestreben, das theoretisch abgeleitete Modell in seiner Grundstruktur empirisch zu überprüfen und durch feingliedrige Analysen weiter auszudifferenzieren, wurde ein explorativ-deskriptives Untersuchungsdesign gewählt. In Kapitel 6 werden die Merkmale des realisierten Designs im Einzelnen vorgestellt und methodische Entscheidungen bezüglich der Fall- und Aufgabenauswahl sowie der Erhebungs- und Auswertungsmethode begründet. Für die Darstellung der Ergebnisse ist dabei insbesondere die zyklische Struktur des Forschungsprozesses von

Relevanz, bei der aufbauend auf den Ergebnissen einer makroskopischen Analyse gezielt Schwerpunkte für weiterer Analysen auf mikroskopischer Ebene gewählt werden. Die Ergebnisse umfassen demnach Fallbeschreibungen, fallübergreifende Darstellungen und kontrastive Betrachtungen auf unterschiedlichen Analyseebenen (Kapitel 7). Im Anschluss an die Darstellung der Ergebnisse werden diese zusammengefasst, interpretiert und unter Einbezug des Forschungsstandes diskutiert (Kapitel 8). In der theoretischen Rahmung und Verallgemeinerung werden sodann Hypothesen generiert, die effektive und weniger effektive Vorgehensweisen im Beweisprozess beschreiben und damit Gelingensbedingungen sowie Herausforderungen einer erfolgreichen Beweiskonstruktion benennen. Auf der Grundlage dieser angenommenen Zusammenhänge werden abschließend Implikationen für die Forschung und die Praxis diskutiert.

Argumentieren, Begründen und Beweisen 2

Die Forschung im Bereich des Beweisens ist geprägt von einer Diversität der Begrifflichkeiten. Diese zeigt sich sowohl in der Definition der zentralen Begriffe selbst, als auch in dem Verhältnis, welches den einzelnen Begriffen untereinander zugeschrieben wird. Bislang existiert keine allgemein akzeptierte Begriffsbestimmung, vielmehr variieren die verwendeten Begrifflichkeiten entsprechend des jeweiligen Erkenntnisinteresses und der zugeschriebenen Forschungstradition. Im diesem Kapitel soll ein Überblick über die verschiedenen Definitions- und Abgrenzungsbestrebungen gegeben und das der Arbeit zugrunde liegende Begriffsverständnis herausgearbeitet werden. Hierfür wird zunächst der Begriff des mathematischen Beweises aus unterschiedlichen Perspektiven betrachtet, im Kontext des Übergangs Schule – Hochschule verortete und schließlich vor dem Hintergrund eines relativen Beweisbegriffs definiert (Abschnitt 2.1). Daran anknüpfend werden drei Spannungsfelder diskutiert, welche bereits in der Beweisdefinition angelegt und für die theoretische Fundierung der Arbeit von zentraler Bedeutung sind: Zunächst erfolgt eine Einordnung des mathematischen Beweises in das Begriffsnetz *Argumentieren–Begründen–Beweisen* (Abschnitt 2.2). Hieraus ergeben sich sodann zwei weitere Aspekte des Beweisbegriffs, welche die prozedurale Komponente von Beweisen sowie die Verbindung zu anderen mathematischen Aktivitäten, wie dem Problemlösen, hervorheben. Entsprechend werden Beweisprozesse in Abgrenzung zu ihren Produkten beschrieben (Abschnitt 2.3) und Gemeinsamkeiten und Unterschiede zwischen dem Problemlösen und dem Beweisen diskutiert (Abschnitt 2.4). Vor dem Hintergrund der vielfältigen Spannungsfelder schließt das Kapitel mit einer Zusammenfassung der zentralen Perspektiven und nimmt eine Positionierung im Begriffsfeld vor, welche als Grundlage für die folgenden Betrachtungen dient.

© Der/die Autor(en), exklusiv lizenziert durch Springer Fachmedien Wiesbaden GmbH, ein Teil von Springer Nature 2021
K. Kirsten, *Beweisprozesse von Studierenden*, Studien zur theoretischen und empirischen Forschung in der Mathematikdidaktik,
https://doi.org/10.1007/978-3-658-32242-7_2

2.1   Mathematische Beweise

Die Mathematik unterscheidet sich in erster Linie dadurch von anderen wissenschaftlichen Disziplinen, dass ihr Erkenntnisgewinn weniger auf Experimenten oder
empirischen Daten als auf Beweisen beruht (Hanna & Jahnke 1993; Heintz 2000;
Reiss & Ufer 2009). Um die Gültigkeit einer Aussage anerkennen und ihr somit
den Status eines mathematischen Satzes zuschreiben zu können, benötigt es einen
Beweis, der unter Berücksichtigung bestimmter Schlussregeln die zur Diskussion
stehende Aussage auf Axiome oder zuvor bewiesene Sätze zurückführt (Bell 1976;
Jahnke & Ufer 2015). Welche Merkmale einen mathematischen Beweis dabei im
Einzelnen ausmachen, ist jedoch nicht einheitlich definiert. Vielmehr begründen
historische sowie kontextuelle Faktoren verschiedene Positionen, die insbesondere
den geforderten Grad an Formalisierung und logischer Strenge aus unterschiedlichen Perspektiven betrachten. Unter Einbezug der Klassifikation *formaler, semi-
formaler* und *präformaler* Beweises wird im Folgenden ein Überblick über verschiedene Zugänge zum Beweisbegriff gegeben (Reid & Knipping 2010).

Formale Beweise
Griffiths (2000, S. 2) definiert einen mathematischen Beweis in seiner idealisierten
Form wie folgt: „A mathematical proof is a formal and logical line of reasoning
that begins with a set of axioms and moves through logical steps to a conclusion".
Demnach zeichnet sich ein mathematischer Beweis in erster Linie durch formale
Merkmale aus, die Davis und Hersh (1985, S. 153) als Kriterien der „Abstraktion,
Formalisierung, Axiomatisierung [und] Deduktion" zusammenfassen. Die Grundlage des Beweises ist eine Rahmentheorie, die von einem vorgegebenen Axiomensystem aufgespannt wird und welche die Argumentationsbasis des Beweises festlegt. Sämtliche der verwendeten Formeln und Sätze können vollständig auf die
zugrunde gelegten Axiome zurückgeführt werden (Hales 2008; Hanna & Jahnke
1993; Meyer 2007). Eine solche Axiomatisierung fordert ein rein deduktives Schließen, bei dem mathematisches Wissen a priori gewonnen wird. Die einzelnen Schritte
eines Beweises folgen daher einer „Recycling-Struktur", bei der jede Schlussfolgerung als Voraussetzung für den nächsten Beweisschritt dient (Dawkins & Weber
2017; Duval 1991; Pedemonte 2007). Um diese Struktur aufrecht zu erhalten, wird
eine formale Darstellung gefordert, bei der mathematische Objekte und Relationen
losgelöst von Inhalten, Vorstellungen oder Intuitionen betrachtet werden (Duval
1991; Hales 2008; Recio & Godino 2001). Werden die Forderungen nach Formalisierung und Abstraktion sowie der Anspruch auf reine Deduktion und vollständige
Axiomatisierung als zentrale Merkmale eines mathematischen Beweises angesehen,
so erscheint dieser als eine Kette von Formalismen, bei der mit dem logischen Sta-

tus mathematischer Aussagen auf syntaktischer Ebene operiert wird (Hanna 1991; Hersh 1993; Recio & Godino 2001):

> Also, man geht folgendermaßen vor: man schreibt die Axiome seiner Theorie in einer formalen Sprache mit Hilfe einer Reihe von Symbolen oder einem Alphabet nieder. Dann schreibt man die Voraussetzungen des Satzes in denselben Symbolen auf. Dann zeigt man, daß sich diese Voraussetzung Schritt für Schritt nach den Regeln der Logik umwandeln läßt, bis man bei der Schlußfolgerung ankommt. Das ist ein Beweis. (Davis & Hersh 1985, S. 36)

Ein solches, philosophisch geprägtes Verständnis von Beweisen ist historisch gewachsen und wird von vielen Mathematikern als Idealbild eines Beweises angesehen (Weber 2003). Gleichzeitig wird dieses Beweisverständnis häufig als praxisfern und einseitig kritisiert, da wissenschaftliches mathematisches Arbeiten in der Realität von anderen Leitlinien als denen der Formalisierung und Axiomatisierung geprägt ist. Aus dieser Kritik heraus hat sich unter dem Begriff des semi-formalen Beweises eine alternative Konzeptualisierung von Beweisen herausgebildet, die stärker an der mathematischen Praxis als an theoretischen Ansprüchen orientiert ist.

Semi-formale Beweise
Anstatt einer vollständig formalisierten Recycling-Struktur zu folgen, beinhalten mathematische Beweise in der Praxis gemeinhin auch inhaltlich-anschauliche Elemente sowie formale Auslassungen (Hales 2008; Hanna 1989; Hersh 1993). Reid und Knipping (2010) verwenden für solche Beweise den Begriff des semi-formalen Beweises und heben damit den im Vergleich zu formalen Beweisen geringeren Grad an Formalisierung hervor. Im Vordergrund stehen hier nicht die rein syntaktische Verifikation von Aussagen und deren Einbindung in ein Axiomensystem, sondern das Verständnis und die Kommunikation der zugrunde liegenden Idee. Mathematischen Beweisen wird dabei die Funktion eines Erklär- und Kommunikationsmediums zugeschrieben[1], das mathematisches Wissen zusammenfasst und mathematische Denkweisen vermittelt, sodass die Forderung nach Formalisierung zugunsten eines besseren Verständnisses in den Hintergrund rückt (Hanna 2000; Rav 1999; Thurston 1994). Rav (1999, S. 12) beschreibt das Verhältnis zwischen dem von Formalisierung und Axiomatik geprägten Idealbild eines Beweises und seiner Entsprechung in der gängigen mathematischen Praxis mit folgender Metapher:

---

[1]In der Literatur wird primär zwischen einer verifizierenden und einer erklärenden Funktion von Beweisen unterschieden (Hanna 2000; Villers 1990). Abhängig davon, welche Beweisfunktion in einer Situation im Vordergrund steht, ergeben sich unterschiedliche Anforderungen an die Ausgestaltung eines mathematischen Beweises (Hanna 1997; Hanna & Jahnke 1993).

Metaphorically speaking, the relation between a proof and its formalised version is about the same as the relationship between a full-view photo of a human being and a radiograph of that person. Surely, if one is interested in the skeletal structure of an individual for diagnostic purposes, then the X-ray picture yields valuable information. But from a radiograph one cannot reconstruct the ordinary full-fledged view of the individual.

Um das Spannungsfeld zwischen einem praxisnahen Beweis und seiner formalisierten Version im Sprachgebrauch abzubilden, wurden verschiedene Begriffspaare eingeführt, welche unter Berücksichtigung verschiedener Schwerpunkte das Beweiskonzept weiter auszudifferenzieren versuchen: Hanna und Jahnke (1993) unterscheiden zwischen einem engen und einem weiten Begriffsverständnis, wobei das weite Beweiskonzept auch konzeptuelle Überlegungen, semantische Fragen und mögliche Anwendungen mit einschließt. Recio und Godino (2001) konzentrieren sich auf den Anwendungsbereich und die Funktion des zu formulierenden Beweises und differenzieren zwischen den Grundlagen der Mathematik („foundation of mathematics") und der alltäglichen Mathematik („mainstream mathematics"). In ähnlicher Weise führen Davis und Hersh (1985) sowie Douek (2007) die Begriffe „metamathematics" und „real mathematics" beziehungsweise die Begriffe „formal proof" und „mathematical proof" ein, wodurch der formale Beweis als Sonderfall und der Beweis im weiteren Sinne als Standardkonzept charakterisiert wird. Während die oben diskutierte Definition eines Beweises die traditionelle Sicht widerspiegelt, wird an der Vielfalt der entwickelten Begriffspaare deutlich, dass semiformale Beweis den Kern mathematischen Arbeitens bilden. Beweisideen werden auf konzeptioneller Ebene entwickelt, als solche in der Fachgemeinschaft diskutiert und erst für die Veröffentlichung weiter formalisiert. Eine vollständige Formalisierung findet jedoch auch hier nur selten statt, da diese aufgrund ihres Umfangs und ihres hohen Komplexitätsgrads als ungeeignet für einen zweckdienlichen mathematischen Diskurs gilt (Aberdein 2009; Bender & Jahnke 1992; CadwalladerOlsker 2011). Ziel ist es daher weniger, einen formalen Beweis auszuarbeiten, als vielmehr überzeugend darzulegen, dass der angegebene Beweises prinzipiell formalisierbar wäre (Azzouni 2004; Manin 1977). Aberdein (2013) beschreibt den Grundgedanken der prinzipiellen Formalisierbarkeit als ein Konzept paralleler Strukturen, indem er zwischen einer argumentativen und einer inferentiellen Struktur von Beweisen unterscheidet. Während die inferentielle Struktur aus formal-logischen Schlussfolgerungen besteht und einen Beweis im engeren Sinne darstellt, zeigt die argumentative Struktur Argumente für die Existenz eines formalen Beweises auf, indem sie auf einzelne Aspekte der inferentiellen Struktur verweist. Unter einem Beweis wird hier somit die Verifikation eines mathematischen Satzes verstanden, welche zugunsten einer leichteren Verständlichkeit und Kommunikation auf Routineschritte verzichten und inhaltliche Begründungen mit einschließen kann, sofern sie überzeugend darlegt, dass ein formaler Beweis theoretisch konstruierbar wäre. Ein solches Beweisverständnis konstituiert sich über das Verhältnis zwischen argumentativer und inferentieller Struktur und erhält dadurch einen relativen Charakter. Hier gilt es, diejenigen Komponenten einer argumentativen Struktur zu erkennen, welche die Existenz eines formalen Beweises in angemessener Weise belegen. Welche Zusammenhänge in einem Beweis verwendet werden dürfen und welche Schritte weiter ausgeführt werden sollten, unterliegt einem Aushandlungsprozess innerhalb der jeweiligen Fachgemeinschaft. Die Menge aller Aussagen, die von einer Diskursgemeinschaft geteilt und als geeignet für eine Beweisführung angesehen werden, wird dabei als *Argumentationsbasis* bezeichnet (R. Fischer & Malle 1985; Jahnke & Ufer 2015). Welche Argumentationsbasis in welchem Kontext zur Anwendung kommt, bleibt jedoch häufig implizit:

> Within any field, there are certain theorems and certain techniques that are generally known and generally accepted. When you write a paper, you refer to these without proof. You look at other papers in the field, and you see what facts they quote without proof, and what they cite in their bibliography. You learn from other people some idea of the proofs (Thurston 1994, S. 8).

Anhand des Zitats wird deutlich, dass mathematisches Arbeiten stets von bestimmten Konventionen und Erwartungen der Diskursgemeinschaft geprägt ist. Was als Argumentationsbasis und schließlich als Beweis anerkannt wird, steht in einem engen Verhältnis zu den sozio-mathematischen Normen, die in der jeweiligen mathematischen Fachgemeinschaft (implizit) vertreten werden (Dawkins & Weber 2017; Yackel & Cobb 1996). Dem Beweis kommt folglich der Status eines soziokulturellen Konstrukts zu, das nicht nur einem zeitlichen Wandel unterliegt, sondern auch abhängig von den jeweiligen Mitgliedern der Diskursgemeinschaft ist (Heintz 2000; Hersh 1997; Mariotti 2006). Wenngleich innerhalb der Mathematik ein allgemeiner Konsens herrscht, welche grundlegenden Anforderungen ein Beweis erfüllen sollte (Heinze & Reiss 2003; A. Selden & Selden 2003), so prägen bereichsspezifische Abweichungen und kontextspezifische Konkretisierungen die Diskussion um adäquate Akzeptanzkriterien (Inglis, Mejia-Ramos, Weber & Alcock 2013; Weber 2008). So können bspw. in einem Klassenverband, einem Studienjahrgang oder einem spezifischen Bereich mathematischer Forschung unterschiedliche sozio-mathematische Normen etabliert sein (Sommerhoff und Ufer (2019); siehe auch Abschnitt 3.3). Manin (1977, S. 48) fasst diese Sicht auf Beweise auf prägnante Weise zusammen, wenn er definiert: „A proof only becomes a proof after

the social act of 'accepting it as a proof'". Eine solche sozio-kulturelle Begriffsbestimmung öffnet durch seinen relativen Charakter vor allem auch die Perspektive
für schulische Formen des Beweisens. Beruft man sich auf sozial ausgehandelte
Normen und akzeptiert Abweichungen in der formalen Strenge, so können bereits
im schulischen Mathematikunterricht anschlussfähige Konzepte erarbeitet werden.
Im folgenden Abschnitt wird eine Übersicht über derartige schulische Beweiskonzepte gegeben und die Begriffsbestimmung damit um eine didaktische Perspektive
ergänzt.

Präformale Beweise
In den letzten Jahrzehnten wurde eine Vielzahl an schulischen Beweiskonzepten
vorgestellt, welche über den expliziten Einbezug der Anschauung Beweise auch
für frühe Entwicklungsstufen mathematischen Denkens zugänglich machen (Tall
& Mejia-Ramos 2010). Einen Überblick über die verschiedenen Ansätze sowie
eine vergleichende Einordnung derselben in ein Gesamtkonzept geben Biehler und
Kempen (2016), Reid und Knipping (2010) sowie Stein (1985). In der deutsch-
sprachigen Forschung hat vor allem das Konzept des *operativen* beziehungsweise
inhaltlich-anschaulichen Beweises besondere Aufmerksamkeit erfahren (Wittmann
1985; Wittmann & Müller 1988). Beweise beruhen hier auf Beobachtungen im
Umgang mit konkreten Objekten oder Zeichnungen, durch die verallgemeinerbare
Wirkungsweisen oder beispielübergreifende Invarianten aufgedeckt werden:

> Inhaltlich-anschauliche, operative Beweise stützen sich [...] auf Konstruktionen und
> Operationen, von denen erkennbar ist, daß sie sich auf eine ganze Klasse von Beispielen
> anwenden lassen und bestimmte Folgerungen nach sich ziehen (Wittmann & Müller
> 1988, S. 249).

Während der Begriff des *operativen* Beweises eng an ein enaktives Vorgehen gebunden ist, bei dem die Folgerungen auf konkreten (auch gedachten) Handlungen
beruhen, wird der Begriff des *inhaltlich-anschaulichen* Beweises weiter gefasst
und schließt auch intuitiv einleuchtende, anwendungsbezogene oder anschaulich
begründete Folgerungen mit ein (Blum & Kirsch 1989). Der internationale Diskurs um didaktische Beweiskonzepte ist in erster Linie von *generischen* Beweisen
geprägt (Dreyfus, Nardi & Leikin 2012; Mason & Pimm 1984; Zaslavsky 2018).
Im Vordergrund steht hier ein konkretes Beispiel, das sein generisches Moment
entfaltet, wenn Lernende die spezifischen Eigenschaften abstrahieren und ein dem
Beispiel inhärentes, verallgemeinerbares Muster aufdecken:

[A] generic proof makes the chain of reasoning accessible to students by reducing its level of abstraction; it achieves this by examining an example that makes it possible to exhibit the complete chain of reasoning without the need to use a symbolism that the student might find incomprehensible (Dreyfus et al. 2012, S. 204).

Als Beispiel für einen generischen Beweis geben Mason und Pimm (1984) folgende Zeichnung an (siehe Abb. 2.1). Unabhängig von der Wahl des konkreten Beispiels wird hier durch die Aufteilung der Summanden in Doppelreihen und den dadurch hergestellten, impliziten Bezug zur Definition eines Teilers deutlich, dass die Summe zweier gerader Zahlen im Allgemeinen wieder gerade ist.

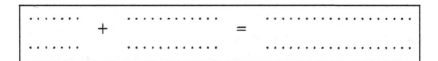

Abb. 2.1 Beispiel eines generischen Beweises nach Mason und Pimm (1984, S. 284)

Im Zuge der Diskussion um die Allgemeingültigkeit eines generischen Beispiels wird vielfach eine Ergänzung der Zeichnung um eine Erläuterung gefordert, in der das herausgearbeitete Muster verallgemeinert dargestellt und so das zugrundeliegende Argument expliziert wird (Kempen & Biehler 2019). Demnach ergibt sich ein generischer Beweis aus einem (oder mehreren) generischen Beispiel(en) und einer verallgemeinernden Erläuterung. Wird der hier angedeutete generische Beweis mithilfe von Plättchen- und Punktmustern durchgeführt und die Wirkung der zweireihigen Aufteilung fokussiert, so kann dieser auch als operativer Beweis verstanden werden (Wittmann 2014, S. 217). Die einzelnen didaktischen Beweiskonzepte sind somit nicht trennscharf, sondern entfalten ihren spezifischen Charakter vielmehr durch verschiedene Schwerpunkte und dominierende Darstellungsarten. Um den gemeinsamen Grundgedanken der verschiedenen Ansätze hervorzuheben, werden diese häufig unter dem Begriff der präformalen Beweise gebündelt und als solche den formalen beziehungsweise semi-formalen Beweisen gegenübergestellt (Reid & Knipping 2010). Blum und Kirsch (1989, S. 202) definieren präformale Beweise als „eine Kette von korrekten Schlüssen […], die auf nicht-formale Prämissen zurückgreifen". Auf diese Weise ermöglichen sie es, eine Einsicht in die Allgemeingültigkeit von Zusammenhängen auf verschiedenen Entwicklungsstufen zu vermitteln und lokale Theorien im Rahmen der jeweils ausgehandelten Argumentationsbasis aufzubauen (Freudenthal 1973; Jahnke 2007). Blum und Kirsch (1989, S. 202) betonen in diesem Zusammenhang, dass präformale Beweise als „intellektuell ehrlich"

anzusehen sind, da sie auf sinnvollen Folgerungen beruhen, die „korrekten formal-
mathematischen Argumenten entsprechen" (Blum & Kirsch 1989, S. 202). Ähnlich
zu semi-formalen Beweisen wird hier, unterstützt durch die Anschauung oder das
konkrete Handeln mit mathematischen Objekten, eine argumentative Struktur entwickelt, die auf die zugrunde liegende inferentielle Struktur verweist und prinzipiell
formalisierbar ist (Biehler & Kempen 2016; Reid & Vallejo Vargas 2018). Vor diesem Hintergrund erscheinen didaktische Beweiskonzepte insofern anschlussfähig
an mathematische Beweise, als sie gemessen an der jeweiligen Argumentationsbasis vergleichbare Merkmale aufweisen. Entsprechend schlussfolgert Wittmann
(2014, S. 226): Zwischen operativen und formalen Beweisen besteht bei genauerer
Betrachtung kein grundsätzlicher Unterschied, sondern nur ein Unterschied in den
eingesetzten Mitteln.

Zusammenfassende Begriffsbestimmung
In diesem Abschnitt wurden unterschiedliche Perspektiven auf den Beweisbegriff
betrachtet, die sich in drei wesentlichen Konzepten widerspiegeln. Dazu gehören
formale Beweise, die dem (häufig unerreichbaren) Idealbild eines Beweises entsprechen und sich durch die Merkmale der Axiomatisierung, Formalisierung und
Deduktion auszeichnen, *semi-formale Beweise*, denen ein weiter gefasstes Beweisverständnis zugrunde liegt, das auch inhaltliche Beweisschritte und formale Auslassungen mit einbezieht, sowie *präformale Beweise*, die über inhaltlich-anschauliche
und operative Zugänge Einsicht in die Allgemeingültigkeit eines Sachverhalts vermitteln. Die verschiedenen Auffassungen des Beweisbegriffes verkörpern alle „intellektuell ehrliche" Beweise und werden je nach geltenden sozio-mathematischen
Normen als vollwertige Beweise anerkannt (Blum & Kirsch 1989). Sie unterscheiden sich dabei vor allem in dem Ausmaß, in dem die argumentative und die inferentielle Struktur des Beweises miteinander verwoben sind (Aberdein 2013). Während der ideale formale Beweis die inferentielle Struktur vollständig abbildet, dient
diese dem präformalen Beweis als implizites Referenzobjekt, das nicht unmittelbar
erfassbar, jedoch aus den angegebenen Schlussfolgerungen konstruierbar ist.
    Es wird deutlich, dass der Begriff des mathematischen Beweises nur als rela-
tiver Begriff verstanden werden kann, der sich im Kontinuum zwischen formalen
und präformalen Beweis erstreckt und verschiedene Realisierungen zulässt. Um die
Vielschichtigkeit des Beweisbegriffs abzubilden, gibt es verschiedene Bestrebungen, die unterschiedlichen Beweisverständnisse in einer umfassenden Definition zu
vereinen. A. J. Stylianides (2007, S. 291) benennt in seiner Definition eines mathematischen Beweises drei Komponenten, die für einen adäquaten mathematischen

Beweis konstitutiv sind, jedoch unterschiedliche Ausprägungen aufweisen können. Ein Beweis wird demnach charakterisiert durch

1. seine Argumentationsbasis („set of accepted statements"),
2. die verwendete Schlussform („modes of argumentation") sowie
3. die gewählte Repräsentationsform („modes of argument representation").

Während formale Beweise als Argumentationsbasis auf Axiome und bereits bewiesene Sätze zurückgreifen und hieraus unter Anwendung logischer Schlussregeln Folgerungen auf formal-symbolischer Ebene herleiten, können präformale Beweise auch auf handlungs- und anwendungsbezogenen Aussagen basieren, aus denen induktiv oder abduktiv Schlussfolgerungen gezogen werden. Bei dieser Definition wird der Beweisbegriff somit als ein kontextgebundenes Konstrukt charakterisiert, indem ein Bündel konstitutiver Merkmale benannt wird, deren konkrete Ausgestaltung den sozio-mathematischen Normen einer jeweiligen Diskursgemeinschaft unterliegt. Einen anderen Ansatz, die verschiedenen Sichtweisen auf Beweise zu vereinen, verfolgt Weber (2014) mit der Idee des *clustered concept.*

> The idea is that proof in mathematical practice might be an argument that contains a large number of features (e.g., being purely deductive, highly convincing, perspicuous, within a representation system, and socially sanctioned) but does not necessarily contain all of them with no single feature being common amongst every proof (Cirillo et al. 2016, S. 6 f.).

Im Zentrum der Definition steht hier ein prototypischer Beweis, der eine Reihe von Merkmalen in sich vereint. Herkömmliche wie auch unkonventionelle mathematische Beweise zeichnen sich nun dadurch aus, dass sie verschiedene Merkmale mit dem Prototyp teilen. So kann ein präformaler Beweis bspw. überzeugend und verständlich sein, ohne eine rein deduktive Struktur aufzuweisen. Keinem der Merkmale wird dabei ein absoluter Charakter zugeschrieben. Vielmehr konstituiert sich der Beweisbegriff dadurch, dass die verschiedenen Beweisarten untereinander Ähnlichkeiten aufweisen und über verschiedene Merkmale miteinander verbunden sind. Im Unterschied zu Stylianides' Definitionsansatz, bei dem verschiedene Ausprägungen einzelner, festgelegter Komponenten den Beweisbegriff bestimmen, ergeben sich bei Weber (2014) durch verschiedene Merkmalskombinationen und Ähnlichkeitsbeziehungen graduelle Abstufungen innerhalb des Beweisbegriffs.

Die verschiedenen Ansätze, die kontextabhängige Natur von Beweisen abzubilden, machen deutlich, welcher Diskussionsbedarf einerseits und welches Potenzial andererseits mit dem Beweisbegriff verbunden ist. Um die Begriffsklärung um weitere Perspektiven zu ergänzen, ist es sinnvoll, den Begriff des mathematischen Beweises in einen größeren Kontext einzuordnen und von den Begriffen des Argumentierens und des Begründens abzugrenzen. Diese erlauben es, den relativen Charakter des Beweisbegriffes weiter auszudifferenzieren und Beweiskonzepte am Übergang Schule – Hochschule differenziert zu betrachten.

2.2   Argumentieren, Begründen und Beweisen

Die Begriffe *Argumentieren*, *Begründen* und *Beweisen* spannen ein Begriffsnetz auf, über das mathematisches Arbeiten in Schule, Hochschule und Wissenschaft beschrieben wird. Eine einheitliche Definition der einzelnen Begriffe sowie ein geteiltes Verständnis darüber, in welcher Beziehung diese zueinander stehen, konnte bislang nicht erreicht werden. Vielmehr existiert eine Vielzahl an unterschiedlichen Betrachtungsweisen, welche das Begriffsfeld aus kognitiver oder epistemischer, wissenschaftlicher oder didaktischer sowie produkt- oder prozessorientierter Perspektive erschließen und damit unterschiedliche Schwerpunkte setzen (Cirillo, Kosko, Newton, Staples & Weber 2015). Insbesondere das Verhältnis von Argumentieren und Beweisen stellt dabei ein viel diskutiertes Spannungsfeld dar, das zusätzlich durch die alltagssprachliche Verwendung des Argumentationsbegriffs stimuliert wird (Reid & Knipping 2010). Im Folgenden werden daher zunächst drei grundlegende Ansätze vorgestellt, Argumentieren und Beweisen als Aktivitäten voneinander abzugrenzen, bevor der Begriff des Begründens in dieses Begriffsfeld eingeordnet wird.

Argumentieren und Beweisen
Einen ersten Zugang zum Argumentationsbegriff eröffnet die Definition von Durand-Guerrier, Boero, Douek, Epp und Tanguay (2012, S. 349), in der verschiedene charakteristische Merkmale des Argumentierens deutlich werden:

> For the purpose of education, we regard argumentation as any written or oral discourse conducted according to shared rules, and aiming at a mutually acceptable conclusion about a statement, the content or the truth of which is under debate.

Demnach handelt es sich beim Argumentieren um einen sozialen Prozess, im Rahmen dessen eine zur Diskussion stehende Aussage hinsichtlich ihres Geltungsanspruchs erörtert und der Versuch unternommen wird, einen für alle Diskursteilnehmer nachvollziehbaren Entschluss zu fassen. Um diese Entscheidung herbeizuführen, werden Gründe angeführt, welche den Geltungsanspruch der Aussage als

Argumente stützen bzw. zurückweisen sollen. Eine *Argumentation* besteht somit aus einem oder mehreren Argumenten, die im Rahmen des Argumentierens hervorgebracht werden (Douek 2007; Meyer 2007; Schwarzkopf 2000).

Unterschiedliche Auffassungen zum Verhältnis von Argumentieren und Beweisen beruhen im Wesentlichen darauf, dass unterschiedliche Merkmale des Argumentationsbegriffs fokussiert und diesen wiederum unterschiedliche Konzeptualisierungen des Beweisbegriffes gegenübergestellt werden. Zwei derartige Spezifizierungen des Argumentationsbegriffs, die sich im Diskurs um mathematisches Argumentieren und Beweisen etabliert haben, stammen von Perelman (1970) und Toulmin (1958). Während Toulmin (1958) einen pragmatischen Argumentationsbegriff vertritt, welcher die funktionale Struktur von Argumenten hervorhebt, ist der Argumentationsbegriff von Perelman (1970) primär von der diskursiven Praxis des Argumentierens geprägt (vgl. hierzu auch Reid und Knipping (2010) sowie Knipping (2003)). Argumentieren wird bei Perelman (1970) als rhetorische Aktivität aufgefasst, deren Ziel in der Überzeugung eines Gegenübers liegt. Aufbauend auf einem solchen Begriffsverständnis vertreten Duval (1991, 1999) und Balacheff (1991, 1999) eine Position, bei der Argumentieren als eine dem Beweisen grundlegend verschiedene Aktivität aufgefasst und eine strikte Trennung der beiden Konzepte gefordert wird:

> Deductive thinking does not work like argumentation. However these two kinds of reasoning use very similar linguistic forms and prepositional connectives. This is one of the main reasons why most of the students do not understand the requirements of mathematical proofs (Duval 1991, S. 245).

Der diskursiv und dialektisch geprägten Argumentation wird hier ein formaler Beweis entgegengesetzt und die Unvereinbarkeit der beiden Konzepte anhand von funktionalen, kognitiven, epistemologischen sowie strukturellen Unterschieden begründet. Während formale Beweise die Verifikation einer Aussage anstreben und sich damit auf ein mathematisches Problem beziehen, verorten sich Argumentationen in einem sozialen Kontext und sind auf die Zustimmung eines Gegenübers ausgerichtet (Duval 1999). Zur Verifikation der Problemlösung stützen sich formale Beweise ausschließlich auf geteiltes mathematisches Wissen, wodurch sie einen sachlichen und kontextunabhängigen Charakter erhalten. Argumentation gelten hingegen als adressatenbezogen, situationsgebunden und in dem Maße ergebnisoffen, als das Ergebnis der Argumentation von der Reaktion der Diskursteilnehmer abhängt (Balacheff 1999). Die Bezugsgröße ist hier somit nicht durch ein feststehendes Referenzsystem, sondern eine subjektiv geprägte Interaktion gegeben:

[In mathematics] it is the constraints of the problem which determine the choice of
arguments and not first the beliefs of the person to whom the argument is directed
(Duval 1999, Section II.1, §4).

Aus den unterschiedlichen Rahmenbedingungen und Zielen erwachsen nach Duval
(1999) sodann auch unterschiedliche kognitive Ansprüche: Formale Beweise operieren auf rein syntaktischer Ebene mit dem theoretischen Status von Aussagen und
weisen den Wahrheitswert einer Aussage mithilfe deduktiver Schlüsse zweifels-
frei nach. Im Gegensatz dazu sind Argumentationen maßgeblich von dem Inhalt
der Aussage geprägt und bringen insofern einen variablen epistemischen Wert hervor, als der Grad der Überzeugung verschiedene Abstufungen erlaubt und stets
einen vorläufigen Charakter behält (Balacheff 1991; Douek 2007). Der epistemi-
sche Wert einer Aussage wird dabei unter Einbezug verschiedener, insbesondere
nicht-deduktiver, Schlussweisen auf semantischer Ebene entwickelt, was sich in
der Struktur der Argumentation widerspiegelt. Anstatt die einzelnen Argumente im
Sinne einer Recycling-Struktur aufeinander aufzubauen, folgen Argumentationen
demnach einer natürlichen Ordnung, die sich an den individuellen Denkstrukturen
und sozialen Interaktionsmustern ausrichtet (Douek 2007; Duval 1991).

Aufbauend auf einem rhetorischen Argumentationsbegriff wird hier zusammenfassend eine Position vertreten, bei der Argumentieren als eine inhaltsorientierte
und nicht-deduktive Form des Begründens aufgefasst wird, deren Merkmale von
der sozialen Interaktion vorbestimmt werden. Als solche weisen Argumentationen
keine Ähnlichkeiten zu Beweisen auf, die im Sinne eines engen Begriffskonzepts
den Ansprüchen der Deduktion, Formalisierung und Axiomatik entsprechen. Duval
(1992) spricht in diesem Kontext von einem *kognitiven Bruch* („rupture cognitive")
zwischen den Aktivitäten des Argumentierens und des Beweisens und betont damit
die Unabhängigkeit und Gegensätzlichkeit der beiden Konzepte. Dieser Auffassung
steht eine Sichtweise gegenüber, die aufbauend auf einem weiter gefassten Beweisverständnis die Gemeinsamkeiten von Argumentieren und Beweisen herausarbeitet
und von einer produktiven Verbindung der beiden Aktivitäten ausgeht. Vertreter
dieser Position beziehen sich in ihren Ausführungen gemeinhin auf den pragmatischen Argumentationsbegriff nach Toulmin (1958, 1996). Toulmin versteht unter
einer Argumentation einen rationalen Prozess, im Zuge dessen Argumente zur Stützung einer Aussage hervorgebracht werden. Aus der Analyse verschiedener Arten
von Argumentationen entwickelt er ein Grundschema, welches die Struktur eines
Arguments sowie seine konstitutiven Elemente bereichsübergreifend und kontex-
tunabhängig beschreibt (siehe Abb. 2.2). Ein Argument besteht demnach aus bis
zu sechs Komponenten: Ausgehend von dem *Datum*, welches die als wahr aner-
kannten Aussagen beinhaltet und so die Argumentationsgrundlage darstellt, wird

auf eine *Konklusion*, d. h. die zu stützende Behauptung geschlossen. Der Schluss wird dabei durch eine *Schlussregel* legitimiert, die den Zusammenhang zwischen Datum und Konklusion begründet. Die Aussagekraft eines Schlusses ist dabei von der Zuverlässigkeit der Schlussregel bzw. davon abhängig, in welchem Maße die Schlussfolgerung Unsicherheiten zulässt. Aus diesem Grund kann die Grundstruktur eines Schlusses um weitere Komponenten ergänzt werden. Formulierte *Ausnahmebedingungen* geben Hinweise darauf, welche Bedingungen oder Fälle auftreten können, die von der Schlussregel nicht berücksichtigt werden. Die Schlussregel selbst kann darüber hinaus durch eine *Stützung* gestärkt werden, welche die Schlussregel in einen größeren Kontext oder einen theoretischen Hintergrund einordnet. Der *modale Operator* gibt schließlich die Aussagekraft des Schlusses an, indem er über Qualifikationen wie „vermutlich", „wahrscheinlich" oder „notwendigerweise" den Überzeugungsgrad der Schlussfolgerung beurteilt. Ein Argument zeichnet sich nach Toulmin damit weniger durch seine Form als durch die funktionalen Beziehungen zwischen seinen einzelnen Komponenten aus.

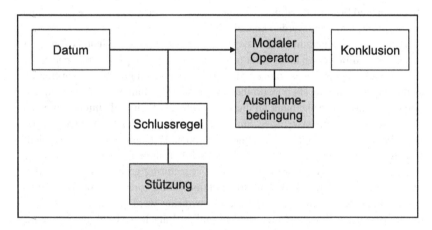

Abb. 2.2 Das Toulmin-Schema, angelehnt an Toulmin (1996, S. 101)

Werden mathematisches Argumentieren und Beweisen vor dem Hintergrund des Toulminschen Argumentationsbegriffs betrachtet, so weisen sie insofern Überschneidungen auf, als sie eine vergleichbare funktionale Struktur besitzen. Sowohl beim Argumentieren als auch beim Beweisen wird ausgehend von geteilten Prämissen und basierend auf sozial akzeptierten Regeln eine Aussage hergeleitet. Im Unterschied zu Argumentationen zeichnen sich Beweise jedoch durch die Konzentration auf deduktive Schlussweisen sowie das Eliminieren von Unsicherheiten aus (Jahnke & Ufer 2015; Pedemonte & Balacheff 2016). Während die Schluss- regeln bei Beweisen durch Axiome, Sätze oder Definitionen gegeben sind und von der mathematischen Rahmentheorie gestützt werden, können Argumentatio- nen auch auf empirische Beobachtungen, persönliche Überzeugungen oder intuitiv evidente Zusammenhänge zurückgreifen. Die Schlussweise ist dabei nicht zwin- gend deduktiver Natur. Vielmehr können auch abduktive oder induktive Schlüsse mit dem Toulmin-Schema erfasst werden, welche der Argumentation im Vergleich zum Beweis einen variablen Grad an Schlüssigkeit verleihen (Knipping 2003; Pede- monte & Reid 2011; Reiss & Ufer 2009). Argumentieren erhält somit einen ergeb- nisoffenen Charakter und zeichnet sich durch eine Vielzahl an unterschiedlichen Realisierungsformen aus. Den Kern mathematischen Argumentierens bildet dabei die „Generierung, Untersuchung und Absicherung von Vermutungen und Hypothe- sen in Bezug auf deren (objektiven oder individuell eingeschätzten) Wahrheitsge- halt" (Reiss & Ufer 2009, S. 157). Basierend auf einer solchen Begriffsdefinition haben sich zwei verschiedene Sichtweisen bezüglich des Verhältnisses von Argu- mentieren und Beweisen etabliert, die mit den Bezeichnungen *kognitive Einheit* und *Spezialfall* beschrieben werden können.

In der Forschungstradition der „cognitive unity" wird das Verhältnis von Argu- mentieren und Beweisen unter einer prozessbezogenen Perspektive untersucht, bei der unterschiedliche Ausprägungen der beiden Aktivitäten gleichermaßen Berück- sichtigung finden wie übereinstimmende Merkmale. Mathematisches Argumen- tieren wird hier, in Anlehnung an die vorhergehende Begriffsdefinition, in einem ergebnisoffenen Kontext verortet. Im Vordergrund stehen demnach solche Aktivi- täten, bei denen Regelmäßigkeiten und Zusammenhänge innerhalb einer Problem- situation aufgedeckt und Vermutungen hinsichtlich ihrer Plausibilität hinterfragt werden. Damit wird ein enger Bezug zum *Conjecturing* geschaffen, d. h. zu den- jenigen Aktivitäten, die der Beweiskonstruktion häufig voran gestellt sind und die bei der Exploration einer Problemsituation wirksam werden (Hanna 2000; Koe- dinger 1998). Vor diesem Hintergrund formuliert Balacheff (1999, Sektion 4, §2) folgenden Vergleich: „Argumentation is to a conjecture what mathematical proof is to a theorem". Aufgrund ihrer unterschiedlichen epistemischen Funktionen werden Argumentieren und Beweisen bei dieser Position als zwei unterschiedliche Prozesse aufgefasst, die jedoch insofern eine Verbindung aufweisen, als eine reichhaltige Argumentation die Beweiskonstruktion unterstützen kann (Mariotti 2006; Schwarz, Hershkowitz & Prusak 2010). Dieser Auffassung liegt die Annahme zugrunde, dass Mathematikerinnen und Mathematiker sowie Schülerinnen und Schüler ihre (forma- len) Beweise gemeinhin auf informalen Argumenten aufbauen (Douek 2007, Inglis, Mejia-Ramos & Simpson 2007). Demnach bilden semantisch geprägte, argumentative Prozesse vielfach die Grundlage für eine erfolgreiche Beweisführung (siehe Abschnitt 2.3). Pedemonte (2007, S. 24 f.) fasst die Idee der kognitiven Einheit wie folgt zusammen:

> The hypothesis of *cognitive unity* is that in some cases this argumentation can be used by the student in the construction of proof by organising in a logical chain some of the previously produced arguments.

Die Annahme einer solchen Verbindung zwischen Argumentieren und Beweisen wird dadurch gestützt, dass insbesondere auf referentieller Ebene verschiedene Elemente beobachtet werden können, die kontinuierlich bei der Entwicklung einer Vermutung sowie bei der Formulierung eines Beweises auftreten (Boero, Garuti & Mariotti 1996; Garuti, Boero & Lemut 1998). So konnte in verschiedenen Studien nachgewiesen werden, dass die in einem Beweis enthaltenen Wissenselemente und Repräsentationssysteme in Gestalt von inhaltlichen Konzepten, mathematischen Sätzen, Bezeichnungen und Skizzen bereits implizit oder explizit im vorhergehenden Argumentationsprozess verwendet wurden (Boero, Garuti & Lemut 2007; Mariotti 2006; Pedemonte 2008). Pedemonte (2007, 2008) geht an dieser Stelle einen Schritt weiter und betrachtet neben referentiellen auch strukturelle Verbindungen von Argumentations- und Beweisprozessen. Ausgehend von der Unterscheidung abduktiver, induktiver und deduktiver Beweis- bzw. Argumentationsstrukturen untersucht sie, inwieweit sich die Struktur einer Argumentation in dem zugehörigen Beweisen widerspiegelt. Da das Entdecken einer Vermutung häufig von abduktiven Herangehensweisen geprägt ist, ist es für einen gelungenen Beweis notwendig, die entstandene Argumentation in eine deduktive Struktur zu überführen (Meyer & Voigt 2009; D. Zazkis, Weber & Mejia-Ramos 2014). Dieser Übergang stellt jedoch für viele Lernende eine Schwierigkeit dar, sodass Pedemonte (2007) von einem strukturellen Bruch zwischen Argumentations- und Beweisprozessen ausgeht und der „cognitive unity" eine „structural distance" gegenüberstellt. Folgestudien zeigen jedoch auch, dass abduktive Schlüsse innerhalb der Argumentation den Übergang zu einem deduktiven Beweis unterstützen können, sofern dieser Übergang von einer referentiellen Einheit gerahmt wird (Fiallo & Gutiérrez 2017; Martinez & Pedemonte 2014; Pedemonte 2008, 2018).

Unter der Perspektive einer „cognitive unity" werden Argumentieren und Beweisen als zwei funktional unterschiedliche Prozesse konzeptualisiert, die Gemeinsamkeiten im Sinne einer kontinuierlichen Weiterentwicklung aufweisen können. Demnach fördert eine reichhaltige Argumentation eine erfolgreiche Beweisproduktion, indem hier bereits referentielle und, unter bestimmten Bedingungen, auch strukturelle Elemente angelegt werden, die für die spätere Ausarbeitung eines Beweises bedeutsam sind. Während diese Position auf einer prozessorientierten Betrachtung beruht und den epistemischen Wert von Argumentations- und Beweisprozessen als Abgrenzungskriterium heranzieht, konzentrieren sich andere Positionen auf einen produktorientierten Zugang und damit auf die funktionale Struktur einer Argumentation. Wird Argumentieren als „Generierung, Untersuchung und Absicherung von Vermutungen und Hypothesen" aufgefasst (Reiss & Ufer 2009, S. 157), so wird über die Komponente der Absicherung eine Verbindung zu semi-formalen und präformalen Beweisen geschaffen. Vor dem Hintergrund eines weiter gefassten Begriffsverständnisses werden Beweise hier als spezifische Argumentationen angesehen, die sich durch ihren deduktiven Aufbau, den Bezug zu einer Rahmentheorie sowie ein gewisses Maß an formaler Strenge auszeichnen (Durand-Guerrier et al. 2012; R. Fischer & Malle 1985; Reiss & Ufer 2009). Im Toulmin-Schema manifestieren sich die spezifischen Merkmale von Beweisen derart, dass Schlussregeln in Form von mathematischen Sätzen expliziert und so an die mathematische Rahmentheorie angebunden werden. Auf diese Weise werden Argumentationen geschaffen, bei denen die Konklusion *notwendigerweise* aus den Daten folgt und Ausnahmeregeln ausgeschlossen werden (Hefendehl-Hebeker & Hußmann 2003; Jahnke & Ufer 2015). In diesem Sinne können Beweise als besonders sorgfältige und schlüssige Argumentationen verstanden werden: „A proof is a transparent argument, in which all the information used and all the rules of reasoning are clearly displayed and open to criticism" (Hanna 1997, S. 182).

Die bisherigen Ausführungen machen deutlich, dass der Begriff des Argumentierens sowie sein Verhältnis zum Beweisbegriff bereits vielfältig diskutiert wurde. Dabei können drei wesentliche Positionen herausgestellt werden: (1) Es gibt einen *kognitiver Bruch* zwischen Argumentieren und Beweisen, (2) Argumentieren und Beweisen bilden eine *kognitive Einheit* und (3) Beweisen stellt einen *Spezialfall* des Argumentierens dar. Abbildung 2.3 fasst die beschriebenen Positionen zusammen und dient als Grundlage, um den Begriff des Begründens in das Begriffsnetz einzuordnen.

Begründen und Beweisen
Der Begriff des Begründens sowie seine Beziehung zu den Begriffen „Argumentieren" und „Beweisen" wurde im fachdidaktischen Diskurs bislang nur wenig präzisiert. Dennoch lassen sich über die Verwendung der Begriffe zwei verschiedene Sichtweisen differenzieren: Begründen als ein elementarer Grundprozess und Begründen als eine vermittelnde Brückenaktivität. Duval (1991) verwendet zur Abgrenzung der Aktivitäten Argumentieren und Beweisen die Begriffe „deductive reasoning" und „argumentative reasoning". Damit charakterisiert er den Begriff des

Begründens als einen übergeordneten Begriff, sodass Argumentieren und Beweisen als zwei nebengeordnete, voneinander unabhängige Formen des Begründens erscheinen (siehe Abb. 2.3, Position A). Begründen wird hier als eine elementare Aktivität verstanden, bei der ausgehend von einer Menge an Aussagen Schlussfolgerungen gezogen werden (Johnson-Laird 2006). Als solche bildet die Aktivität des Begründens die Grundlage für komplexere Argumentations- oder Beweisprozesse und ist stets in diesen enthalten (Schwarz & Asterhan 2010). Im Gegensatz zu Argumentationen sind Begründungen nicht zwingend dialektischer Natur, d. h. sie müssen den Geltungsanspruch einer strittigen Aussage weder unterstützen noch in Frage stellen. Vielmehr können sie auch in rein informativen Kontexten Anwendung finden und eine unstrittige Aussage durch Erläuterungen näher bestimmen (Schwarz & Asterhan 2010). Begründungen zeichnen sich demnach durch einen sehr offenen Charakter aus und können sowohl durch deduktives als auch durch induktives

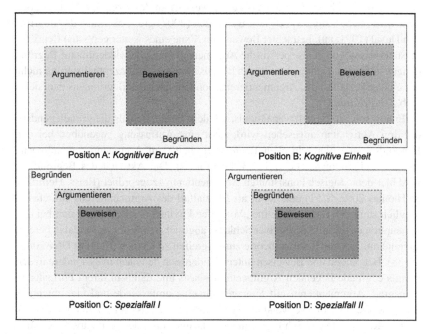

Abb. 2.3 Darstellung der vier unterschiedlichen Positionen zum Verhältnis von *Argumentieren*, *Begründen* und *Beweisen*

Schließen realisiert werden. Ebenso stellen das Berufen auf eine Autorität, das Herleiten eines Analogieschlusses oder das Treffen einer Wahrscheinlichkeitsaussage, dieser Konzeptualisierung folgend, Formen des Begründens dar (R. Fischer & Malle 1985).

Ein vergleichbares Begriffsverständnis wird auch in anderen Positionen zum Verhältnis von Argumentieren und Beweisen aufgegriffen. So beziehen sich die Positionen, bei denen Argumentieren und Beweisen als kognitive Einheit oder im Sinne einer hierarchischen Ordnung betrachtet werden, in einer bewussten Abgrenzung vielfach auf Duval (1991) und übernehmen dessen Perspektive auf das Begründen. Im Rahmen der „cognitive unity"-Forschung wird Begründen somit als ein Kontinuum verstanden, das sich von alltagsbezogenen Argumentationen und reinen Plausibilitätsprüfungen über präformale und semi-formale Beweise bis hin zu formalen Beweisen erstreckt (Brunner 2014). Die verschiedenen Formen des Argumentierens und Beweisens sind demnach über das Begründen miteinander verbunden, wodurch der produktive Anschluss des Beweisens an das Argumentieren ermöglicht wird (siehe Abb. 2.3, Position B). Douek (2007) greift ebenfalls die Begriffe von Duval (1991) auf, betrachtet Beweise im Sinne eines weiter gefassten Begriffsverständnisses jedoch als spezifische Argumentationen, die wiederum auf Begründungen aufbauen. Demnach stellt das Beweisen in dieser Konzeptualisierung nicht nur einen Spezialfall des Argumentierens, sondern auch des Begründens dar (siehe Abb. 2.3, Position C).

Einem solchen Begriffsverständnis, bei dem Begründen als die grundlegendste der drei Aktivitäten angesehen wird, steht eine Auffassung gegenüber, bei der Begründen eine hierarchischen Ebene zwischen dem Argumentieren und dem Beweisen einnimmt (siehe Abb. 2.3, Position D). Die Aktivität des Begründens wird hier dem „logisch konsistenten Argumentieren" zugeordnet (Reiss, Hellmich & Thomas 2002, S. 51) und damit als Spezialfall des Argumentierens aufgefasst. Folglich stellt das Begründen eine „Vorläuferaktivität" des Beweisens dar, bei der Behauptungen mithilfe deduktiver Schlüsse abgesichert werden, ohne dabei bereits auf eine umfassende Rahmentheorie zurückgreifen zu können (Reiss & Ufer 2009, S. 158). Begründen und Beweisen unterscheiden sich demnach insbesondere in der jeweils zugrunde liegenden Argumentationsbasis und damit in ihrem Formalisierungsgrad. Argumentieren gilt hingegen als eine umfassende und vielschichtige Aktivität, die über die Verwendung verschiedener Schlussweisen einen variablen Grad an Reichweite und Schlüssigkeit aufweist und neben der Verifikation von Aussagen auch deren Entwicklung und Prüfung mit einschließt. Hefendehl-Hebeker und Hußmann (2003, S. 95) fassen in Anlehnung an Mittelstrass (1995/96) zusammen: „Eine schlüssige Argumentation für eine Aussage bzw. Norm heißt eine Begründung derselben, im Falle einer Aussage auch ein Beweis". Ein solches Begriffsverständnis spiegelt sich auch in den Erläuterungen zur Kompetenz *mathematisches Argumentieren* in den Bildungsstandards wider, welche den Begriff des Argumentierens als Oberbegriff verwenden:

> Zu dieser Kompetenz gehören sowohl das Entwickeln eigenständiger, situationsangemessener mathematischer Argumentationen und Vermutungen als auch das Verstehen und Bewerten gegebener mathematischer Aussagen. Das Spektrum reicht dabei von einfachen Plausibilitätsargumenten über inhaltlich-anschauliche Begründungen bis zu formalen Beweisen (Kultusministerkonferenz 2012, S. 14).

Zusammenfassende Begriffsbestimmung

In diesem Kapitel wurden verschiedene Zugänge zum Argumentieren, Begründen und Beweisen vorgestellt, welche dem Begriffsnetz jeweils unterschiedliche Beziehungsstrukturen zugrunde legen. Vor dem Hintergrund des in Abschnitt 2.1 diskutierten relativen Beweiskonzepts, bei dem sich Beweise über die prinzipielle Formalisierbarkeit ihrer argumentativen Struktur definieren, sind die Aktivitäten des Argumentierens und Beweisens nicht trennscharf voneinander abzugrenzen. Vielmehr ist ihre Beziehung durch ein variierendes Verhältnis von argumentativer und inferentieller Struktur gekennzeichnet, wodurch ein Kontinuum aufgespannt wird, das sich von reinen Plausibiltätsbetrachtungen über präformale Beweise bis hin zu (semi-)formalen Beweisen erstreckt. Die verschiedenen Argumentationsformen weisen dabei stets die Toulminsche Grundstruktur auf, werden jedoch zunehmend formalisiert und durch die Reduktion von Unsicherheiten zu einer stringenten Argumentation entwickelt. In diesem Sinne kann Beweisen als ein Teilbereich des Argumentierens aufgefasst werden, wobei der Übergang fließend und die Grenzen kontextabhängig sind. So lassen sich präformale Beweise unter didaktischen Gesichtspunkten als Beweise anerkennen, während sie im Kontext der Fachwissenschaft häufig dem Argumentieren zugeschrieben werden (Jahnke & Ufer 2015). Über argumentativ geprägte Beweisformen hinaus umfasst das Argumentieren auch explorative, entdeckende und prüfende Aktivitäten, die dem „Conjecturing" zugeordnet werden können (Koedinger 1998; Reiss & Ufer 2009). Im Vordergrund stehen hier ergebnisoffene Handlungen, wie das Aufstellen von Vermutungen oder das Hinterfragen von Hypothesen, die nicht unmittelbar zu einem Beweis führen, die Beweisproduktion jedoch vorbereiten können. Derartige Bezüge eröffnen eine prozedurale Perspektive auf das Argumentieren und Beweisen, durch die das Zusammenspiel der beiden Aktivitäten vor dem Hintergrund des Beweisprozesses betrachtet werden kann.

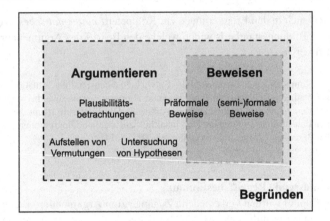

Abb. 2.4 Darstellung des Verhältnisses von *Argumentieren*, *Begründen* und *Beweisen*

Sowohl die jeweiligen Spezifika als auch die potentiellen Verknüpfungen berücksichtigend wird in dieser Arbeit ein in erster Linie hierarchisch geprägtes Begriffsverständnis vertreten, bei dem der Fokus auf dem Verhältnis von Argumentieren und Beweisen liegt (siehe Abb. 2.4). Beweise werden unter einer produktorientierten Perspektive als spezifische Argumentationen aufgefasst, die sich über deduktive Schlussweisen, den Bezug zu einer Rahmentheorie sowie einen gewissen Grad an Formalisierung auszeichnen. Eine solche Auffassung unterstützt ein relatives Beweiskonzept, das auch Bezüge zu schulischen Formen des Beweisens ermöglicht und damit insbesondere für eine differenzierte Betrachtung von Beweisen in der Studieneingangsphase geeignet ist. Aufgrund des prozessorientierten Forschungszugangs in dieser Arbeit wird unter einer prozeduralen Perspektive zudem ein Anschluss an das Konzept der kognitiven Einheit geschaffen, indem von einer produktiven Verbindung von Argumentieren und Beweisen ausgegangen und die Beweiskonstruktion vor dem Hintergrund verschiedener Teilbereiche des Argumentierens betrachtet wird. In Anlehnung an die Begrifflichkeiten der „cognitive unity"-Forschung wird der Begriff des Begründens dabei als Oberbegriff verwendet und Begründen als eine elementare, den übrigen Prozessen zugrunde liegende Aktivität verstanden. Um die prozedurale Komponente innerhalb eines hierarchisch geordneten Begriffssystems detaillierter herauszuarbeiten, wird im Folgenden der Prozess der Beweiskonstruktion fokussiert. Dabei steht die Frage im Vordergrund, auf welche Weise verschiedene Formen des Argumentierens zusammenspielen, um schließlich ein Produkt zu entwickeln, das den spezifischen Anforderungen eines Beweises genügt.

2.3 Beweisprozesse

Während in den vorhergehenden Abschnitten der Beweis mit seinen verschiedenen Realisierungsformen diskutiert wurde, soll im Folgenden verstärkt die Konstruktion eines solchen Beweises in den Fokus rücken. Hierzu wird der Begriff des *Beweisens* hervorgehoben, der im Vergleich zu dem bisher betrachteten Beweisbegriff eine stärker prozedurale Komponente aufweist. Damit spannt das Begriffspaar Beweis–Beweisen ein Forschungsfeld zwischen einer produkt- und einer prozessorientierte Perspektive auf, wobei letztere neben den charakteristischen Merkmalen eines Beweises auch die vielfältigen Anforderungen des zugehörigen Entwicklungsprozesses berücksichtigt. Der *Beweisprozess* wird somit aufgefasst als die „Summe aller psychischen Vorgänge im Individuum und aller Handlungen des Individuums, die sich von der Formulierung des Satzes bis zur Fertigstellung des Beweises abspielen" (Stein 1986, S. 268). In diesem Abschnitt werden zunächst die zentralen Merkmale eines Beweisprozesses in Abgrenzung von seinem Produkt herausgearbeitet, bevor hierauf aufbauend verschiedene Modelle vorgestellt werden, welche die Aktivitäten und Teilprozesse der Beweiskonstruktion im Einzelnen beschreiben.

Merkmale eines Beweisprozesses

Die Auseinandersetzung mit Beweisen aus einer prozessorientierten Perspektive heraus hat seinen Ursprung in den Ausführungen von Lakatos (1979), der den Weg der mathematischen Erkenntnis wie folgt beschreibt:

> Eine Entdeckung verläuft weder aufwärts noch abwärts, sondern zickzack: Angestachelt von Gegenbeispielen bewegt sie sich von der naiven Vermutung zu den Voraussetzungen und wendet sich dann zurück, um die naive Vermutung zu tilgen und durch den Satz zu ersetzen. Die naive Vermutung und die Gegenbeispiele tauchen in der voll entfalteten Struktur nicht auf: Der Zickzack-Kurs der Entdeckung kann im Endergebnis nicht mehr wahrgenommen werden (Lakatos 1979, S. 35).

Wenngleich sich Lakatos hier weniger auf einen individuellen Beweisprozess als auf die Entwicklung mathematischen Wissens im Allgemeinen bezieht, so lassen seine Beschreibungen dennoch Rückschlüsse auf den Einzelfall zu. Es wird deutlich, dass das Verhältnis von Beweisprodukt und -prozess von einer Inkonsistenz auf struktureller wie inhaltlicher Ebene gekennzeichnet ist. Während sich der formulierte Beweis als lineare Kette aufeinander aufbauender deduktiver Schlüsse darstellt, folgt der Beweisprozess weniger geradlinigen Denkstrukturen und enthält in gleicher Weise Phasen der Exploration und des Fortschritts wie solche der Revision und der Stagnation. Derartige Zickzack-Bewegungen, die sich in einer Vielzahl an alternativen Ansätzen, Modifikationen sowie Irr- und Umwegen manifestieren, werden im Beweisprodukt jedoch nicht abgebildet (Heintz 2000; Reiss & Renkl 2002; J. Selden & Selden 2009b). Vielmehr wird der entwickelte Beweis im Formulierungsprozess dekontextualisiert, indem sämtliche Merkmale der Entstehungssituation ausgeblendet werden. Das Auftreten einer solchen Intransparenz zwischen dem Beweisprodukt und dem Beweisprozess liegt dabei in den sozio-mathematischen Normen der Diskursgemeinschaft begründet, nach denen mathematisches Wissen und damit insbesondere ein mathematischer Beweis als objektiv und autonom angesehen wird (Dawkins & Weber 2017; Heintz 2000). Der sorgfältig ausgearbeitete Beweis gibt daher keinen Einblick in die Prozesse und Erkenntnisse, die aus persönlicher Perspektive für seine Entwicklung konstitutiv waren, sondern zielt auf eine Darstellung der mathematischen Zusammenhänge ab, die um rückblickend irrelevante Schritte sowie subjektive Einflüsse bereinigt wurde. Eine solche Darstellung erlaubt es der Fachgemeinschaft, Erkenntnisse im Sinne einer kollaborativen Wissensproduktion auf sachliche und verständliche Weise zu kommunizieren sowie vorgelegte Beweise einer Überprüfung zu unterziehen (Dawkins & Weber 2017; Hefendehl-Hebeker & Hußmann 2003; Heintz 2000). Davis und Hersh (1985, S. 33) beschreiben die ideale Aufbereitung eines mathematischen Beweises wie folgt:

> Es gilt, jeden Anhaltspunkt dafür, daß der Autor oder seine Leser menschliche Wesen sein könnten, zu unterdrücken. Wer sie liest, soll überzeugt sein, daß die gewünschten Resultate mit tödlicher Sicherheit aus den gegebenen Definitionen rein mechanisch folgen.

Die Divergenz zwischen dem von Exploration und Entdeckung geprägten Beweisprozess und dem bis zu einem gewissen Grad standardisierten Beweisprodukt führen zu der Unterscheidung einer privaten und einer öffentlichen Komponente der Beweisproduktion (Alibert & Thomas 1991; Boero 1999; Raman 2003). Harel und Sowder (1996) charakterisieren diese beiden Komponenten, indem sie zwei verschiedene Phasen im Beweisprozess annehmen: die Phase des *Absicherns* (*Ascertaining*), in der sich die beweisende Person auf privater Ebene der Gültigkeit einer Aussage vergewissert, und die des *Überzeugens* (*Persuading*), bei der die Anerkennung des Beweises auf öffentlicher Ebene im Vordergrund steht. Während die private Ebene von individuellen Denkstrukturen bestimmt ist und Raum für informale Diskussionen bietet, sind Aktivitäten im öffentlichen Kontext an die Einhaltung der innerhalb einer Diskursgemeinschaft geltenden Normen gebunden. Unter didaktischer Perspektive nähert sich Hemmi (2008, 2010) dem Verhältnis von Beweisprozess und -produkt, indem sie das Konzept der *Condition of Transparency* einführt. Diesem Konzept folgend unterscheidet sie sichtbare und unsichtbare

Elemente in der Vermittlung bzw. Präsentation von Beweisen und stellt fest, dass viele Elemente des Beweisprozesses, die der privaten Ebene zuzuordnen sind, in der Lehre nicht expliziert werden. So wird im Allgemeinen das Endprodukt fokussiert, wodurch die Techniken und Strategien, die zu den zentralen Einsichten geführt haben, hinter der stringenten Darstellung verborgen bleiben (Hemmi 2010).

Im Hinblick auf die Beschreibung des Beweisprozesses erscheint somit die Unterscheidung einer privaten und einer öffentlichen Komponente von zentraler Bedeutung. Die unterschiedlichen Intentionen und Bezugsnormen, die mit den beiden Komponenten verbunden sind, eröffnen dabei vielfältige Spannungsfelder, in denen sich die Komplexität der Beweiskonstruktion widerspiegelt. Im Folgenden werden vier solcher Spannungsfelder diskutiert, die den wissenschaftlichen Diskurs bestimmen und vergleichsweise gut erforscht sind. Die einzelnen Spannungsfelder weisen dabei keine trennscharfen Merkmale auf, sondern sind vielmehr eng miteinander verknüpft und bedingen sich stellenweise gegenseitig.

Entdecken und Beweisen: Entdecken und Beweisen gelten als zwei Aktivitäten, die sich durch ihre Zielsetzungen und damit durch ihre Resultate voneinander abgrenzen (Meyer 2007). Im Vergleich zum Beweisen verläuft das Entdecken weniger zielorientiert, sondern fragt ergebnisoffen nach neuen Erkenntnissen und Zusammenhängen innerhalb eines mathematischen Problemkontexts. Damit weist das Entdecken eine Nähe zum *Explorieren* auf, bei dem Bedingungen der Problemsituation systematisch variiert, Veränderungen beobachtet sowie Zusammenhänge hinterfragt werden, um hieraus schließlich neue Erkenntnisse abzuleiten (Hsieh, Horng & Shy 2012). Obwohl das Entdecken nicht unmittelbar auf die Verifikation einer Aussage ausgerichtet ist, kann es insofern zur Entwicklung eines Beweises beitragen, als sein exploratives Vorgehen das Formulieren von Vermutungen sowie das Aufdecken von Argumenten unterstützt (Hanna 2000). Meyer und Voigt (2009) unterscheiden Entdecken und Beweisen anhand struktureller Merkmale und verknüpfen die beiden Aktivitäten mit unterschiedlichen Schlussformen. Demnach verläuft die Entwicklung einer Vermutung überwiegend durch Abduktion, die Prüfung ihres Geltungsbereichs durch Induktion und ihre Begründung durch Deduktion. Hieraus erwächst sodann ein neues Spannungsfeld, das neben den Intentionen auch die zur Verfügung stehenden Mittel kontrastiert.

Induktion und Deduktion: Verschiedene Schlussweisen eröffnen unterschiedliche Zugänge zu einem mathematischen Problemkontext. Während die Deduktion gemeinhin den Bezug zu einer Rahmentheorie sucht, ist die Induktion durch eine heuristische Komponente gekennzeichnet (Hemmi 2010). Über die Einbettung in eine Rahmentheorie unterstützen deduktive Schlüsse den Aufbau eines auf Axiomen basierenden Systems und dienen als Grundlage für ein allgemeingültiges und abstraktes mathematisches Arbeiten (Tall 1991). Ein induktives Vorgehen ist im Gegensatz dazu häufig von Anschauung und Intuition geprägt, wodurch ein weniger stringentes und vergleichsweise konkretes Vorgehen ermöglicht wird. Vor diesem Hintergrund eröffnet die Unterscheidung von Induktion und Deduktion gleichermaßen eine Diskussion um Intuition und Formalisierung.

Intuition und Formalisierung: Ein entdeckendes, induktives oder abduktives Arbeiten beruht im Allgemeinen auf Intuition und informalen Argumenten, wohingegen sich abgeschlossene Beweise durch einen gewissen Grad an Formalisierung und logischer Strenge auszeichnen (Bender & Jahnke 1992; Hemmi 2010). Mathematisches Arbeiten, das auf intuitiv evidenten Zusammenhängen aufbaut, und solches, das mit formalisierten Objekten operiert, stellen jedoch keine sich gegenseitig ausschließenden Zugänge zu einer Problemsituation dar. Vielmehr sind Intuition und Formalisierung in einem engen Wechselverhältnis miteinander verbunden und können in gleichem Maße die Beweiskonstruktion unterstützen (Hanna 1991). Während die Formalisierung eine präzise und eindeutige Darstellung mathematischen Arbeitens ermöglicht und damit als Grundlage für dessen Kommunikation und Überprüfung dient, verleiht ein intuitives Verständnis der Problemsituation Bedeutung und macht sie dadurch für Entdeckungen zugänglich (Tall 1992). Ein derartiges Wechselspiel von intuitiv geprägten Phasen der Entdeckung und solchen der Präzision und Formalisierung wird auch in der Beschreibung des Beweisprozesses von J. Selden und Selden (2009a) deutlich. Demnach weist jede Beweisproduktion einen problemorientierten und einen formal-rhetorischen Teil auf. Während im formal-rhetorischen Teil mithilfe von symbolischen Manipulationen und Definitionsanwendungen das Beweisgerüst aufgebaut wird, ist der problemorientierte Teil an ein intuitives Verständnis der zugrunde liegenden Konzepte gebunden (A. Selden & Selden 2013; J. Selden & Selden 2009b).

Semantik und Syntax: Weber und Alcock (2004) differenzieren zwischen einem semantischen und einem syntaktischen Vorgehen bei der Beweiskonstruktion (siehe auch Alcock und Weber (2008), Alcock und Weber (2010a), Weber (2004)). Die beiden Vorgehensweisen unterscheiden sich dabei in erster Linie durch die Repräsentationssysteme, innerhalb derer bei der Beweisführung gearbeitet wird. So verbleibt syntaktisches Begründen innerhalb des Repräsentationssystems eines Beweises und konstituiert sich in erster Linie über die Anwendung von Definitionen und bereits bewiesener Sätze, welche sodann in Symbolen, Formeln oder Prosaelementen Ausdruck findet (Alcock & Weber 2010a). Im Gegensatz dazu werden beim semantischen Begründen Aspekte der Problemsituation mit alternativen Repräsen-

tationssystemen verknüpft und auch graphische Darstellungen, intuitive Beschreibungen und Beispiellisten herangezogen (Alcock & Weber 2008). Aufgrund der
unterschiedlichen Repräsentationssysteme fördert ein semantisches Vorgehen stärker den verständnisvollen Umgang mit mathematischen Konzepten, wohingegen ein
syntaktisches Vorgehen ein präzises und sauberes Arbeiten unterstützt. Semantische
und syntaktische Begründungsformen stellen dennoch keine dichotomen Zugänge
zum Beweisen dar, sondern können auf unterschiedliche Weise im Beweisprozess
verknüpft werden (Alcock & Inglis 2008). Wenngleich aus didaktischer Perspektive eine Kombination semantischer und syntaktischer Begründungsformen sinnvoll erscheint, weisen empirische Studien darauf hin, dass sowohl Mathematikerinnen und Mathematiker als auch Studierende konsistente Präferenzen für bestimmte
Repräsentationssysteme aufweisen und in diesen folglich produktiver arbeiten können (Alcock & Weber 2010a; M. Pinto & Tall 1999).

Vor dem Hintergrund der hier skizzierten Spannungsfelder stellt sich die Entwicklung eines Beweises als ein komplexer Prozess dar, bei dem vielfältige Anforderungen ineinandergreifen und verschiedenste kognitive Fähigkeiten bedeutsam
werden. In den verschiedenen Arten von Erkenntnisprozessen, die bei der Beweisproduktion zusammenspielen, spiegelt sich sodann auch das Wechselverhältnis von
Argumentieren und Beweisen wider. Insbesondere in frühen Phasen der Beweiskonstruktion können argumentative Prozesse die Entwicklung einer Beweisidee unterstützen, indem sie neue Entdeckungen durch Repräsentationswechsel und intuitive
Begründungen fördern (Boero 1999; Douek 2007; Inglis et al. 2007; Schwarz et
al. 2010). Die im folgenden Abschnitt vorgestellten Prozessmodelle konkretisieren
das hier beschriebene Wechselspiel, indem sie den Verlauf einer Beweiskonstruktion
mithilfe verschiedener Phasen und Teilprozesse beschreiben.

Beweisprozessmodelle
Auf welche Weise verschiedene argumentative Prozesse bei der Beweisproduktion
miteinander verknüpft werden, um schließlich dem eigenen Erkenntnisinteresse
auf privater sowie den Normen der Diskursgemeinschaft auf öffentlicher Ebene
gerecht zu werden, ist individuell unterschiedlich. Dennoch existieren verschiedene Ansätze, Phasen und Strukturen der Beweisproduktion herauszuarbeiten, die
personenübergreifend auftreten und das Zusammenspiel der verschiedenen Spannungsfelder prozessorientiert beschreiben. Verschiedene solcher Modelle werden im
Folgenden vorgestellt und im Hinblick auf ihre Gemeinsamkeiten und Unterschiede
diskutiert. Dabei gilt es insbesondere die jeweils zugrunde gelegten Ausgangslagen
und Zielsetzungen zu berücksichtigen. Eine mögliche Form der Differenzierung ist
in Abbildung 2.5 angelegt.

	Problemexploration	Einschätzen des Wahrheitsgehalts	Rechtfertigung
Gegeben	Problemsituation	Vermutung	Aussage
Ziel	Beantwortung einer offenen Frage	Bestimmung des Wahrheitsgehalts der Vermutung	Nachweis der Aussage
Ergebnis	Argumentation mit neuer Aussage als Behauptung	Argumentation mit der Vermutung als Behauptung	Argumentation mit der gegebenen Aussage als Behauptung

Abb. 2.5 Überblick über die drei grundlegenden Aktivitäten der Beweiskonstruktion nach Mejia-Ramos und Inglis (2009, S. 90)

Mejia-Ramos und Inglis (2009) unterscheiden drei grundlegende Aktivitäten der Beweiskonstruktion: die Problemexploration (*problem exploration*), die Einschätzung eines Wahrheitswertes (*estimation of truth*) und die Rechtfertigung (*justification*). Während der Problemexploration eine offene Problemsituation zugrunde liegt, in der Zusammenhänge und Regelmäßigkeiten erst aufgedeckt werden müssen, sind die anderen beiden Aktivitäten insofern stärker vorstrukturiert, als hier über die Angabe einer Vermutung bzw. einer Aussage bereits eine Suchrichtung vorgegeben ist. Anstatt neues mathematisches Wissen aus einem Problemfeld heraus zu entwickeln, stehen hier die Überprüfung einer vorgegebenen Hypothese bzw. die Verifikation einer Aussage im Vordergrund (Mejia-Ramos & Inglis 2009). Es ist anzunehmen, dass über die unterschiedlichen Ausgangssituationen auch unterschiedliche kognitive Vorgänge initiiert werden. So ist die Problemexploration maßgeblich von Aktivitäten geprägt, die das Auffinden, Spezifizieren und Hinterfragen von Vermutungen unterstützen. Bei der Entwicklung einer Rechtfertigung orientieren sich die explorativen und investigativen Prozesse hingegen an der gegebenen Aussage und zielen in erster Linie auf die Entwicklung stützender Argumente ab. Die Ausführungen von Mejia-Ramos und Inglis (2009) legen daher nahe, dass die beschriebenen Aktivitäten nicht im Sinne von Teilprozessen aufeinander aufbauen, sondern jeweils eigenständige Formen der Beweisproduktion konstituieren. Existierende Beweisprozessmodelle, welche die wesentlichen kognitiven Vorgänge innerhalb der Beweisproduktion in Form von Phasenverläufen abbilden, beziehen sich mehrheitlich auf die Aktivität der Problemexploration und wählen entsprechend eine offene Problemsituation als Ausgangslage.

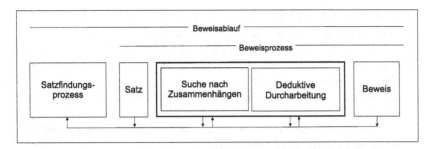

Abb. 2.6 Graphische Darstellung des Beweisablaufs nach Stein (1988, S. 33)

Eine der ersten Phaseneinteilung des Beweisprozesses wurde von Stein (1986, 1988) vorgenommen, der mit seinem Modell den Beweisablauf von Schülerinnen und Schülern der Sekundarstufe beschreibt (siehe Abb. 2.6). Dabei unterscheidet er zwischen einem Satzfindungs- und dem eigentlichen Beweisprozess, wodurch Aufgabenformate, die eine Rechtfertigung anstatt einer Problemexploration fordern, nicht gänzlich ausschlossen werden. Der Satzfindungsprozess zu Beginn des Beweisablaufs ist auf die Exploration einer Problemsituation ausgerichtet. Ziel dieser Phase ist es, charakteristische Eigenschaften und Strukturen der Problemsituation aufzudecken und schließlich eine mathematische Aussage zu formulieren, die sodann als Ausgangspunkt für die Beweiskonstruktion dienen kann. Im Beweisprozess selbst werden in einem ersten Schritt zunächst Gründe für die Gültigkeit der Aussage gesammelt, indem Zusammenhänge aufgedeckt und bekannte Sätze auf ihre Anwendbarkeit hin geprüft werden. Im Rahmen einer deduktiven Durcharbeitung werden diese Gründe schließlich strukturiert, kontrolliert und in einer Kette deduktiver Schlüsse miteinander verbunden. Auf diese Weise entsteht ein Beweis, der in einer geistigen Repräsentation oder schriftlich fixiert vorliegen kann (Stein 1986). Hierin besteht ein wesentlicher Unterschied zum Phasenmodell von Boero (1999), welches sich an dem Beweisprozess von Mathematikerinnen und Mathematikern orientiert und die Beweisdarstellung daher stärker formalisiert. Boeros Modell gehört zu den meist diskutierten Beweisprozessbeschreibungen in der Mathematikdidaktik und wurde in diesem Zuge bereits vielfach für den didaktischen Kontext adaptiert (siehe bspw. Brunner (2014), Heinze und Reiss (2004b), Reiss (2009)). Das Modell umfasst insgesamt sechs Phasen, von denen die meisten eine Entsprechung in dem von Stein beschriebenen Beweisablauf finden (Boero (1999), Übersetzung und Zusammenfassung zitiert nach Reiss und Ufer (2009, S. 162)):

1. Entwickeln einer Vermutung aus einem mathematischen Problemfeld heraus
2. Formulierung der Vermutung nach üblichen Standards
3. Exploration der Vermutung mit den Grenzen ihrer Gültigkeit; Herstellen von Bezügen zur mathematischen Rahmentheorie; Identifizieren geeigneter Argumente zur Stützung der Vermutung
4. Auswahl von Argumenten, die sich in einer deduktiven Kette zu einem Beweis organisieren lassen
5. Fixierung der Argumentationskette nach aktuellen mathematischen Standards
6. Annäherung an einen formalen Beweis

Die ersten beiden Phasen in diesem Modell können als Ausdifferenzierung des Satzfindungsprozesses bei Stein angesehen werden. Indem die Prozessschritte „Entwicklung einer Vermutung" und „Formulierung einer Vermutung" getrennt betrachtet werden, wird hier bereits das Wechselspiel von privater und öffentlicher Ebene im Beweisprozess deutlich. Ausgehend von der formulierten Vermutung widmet sich die folgende Phase dem Identifizieren von Argumenten, wobei explizit sowohl formale als auch informale Argumente mitgedacht sind. Insbesondere das Generieren und das anschließende Explorieren einer Vermutung sind Boero zufolge maßgeblich von argumentativen Prozessen geprägt, sodass auch induktive Schlussformen, intuitive Bedeutungszuweisungen oder semantisch geprägte Repräsentationen in diesen Phasen Anwendung finden können. Die identifizierten Argumente gilt es schließlich so aufzuarbeiten und anzuordnen, dass sie im Sinne einer deduktiven Kette auseinander hervorgehen und den Beweis in seinen Grundzügen darstellen. Die fünfte und die sechste Phase fokussieren sodann die Formulierung und die Kommunikation der entwickelten Argumentationskette, wodurch ein Übergang zum öffentlichen Diskurs geschaffen wird. Während die Aktivitäten der fünften Phase auf einen semiformalen Beweis abzielen, ist die sechste Phase auf die Ausarbeitung eines formalen Beweises ausgerichtet. Da eine semi-formale Darstellung für die Diskussion und Akzeptanz eines Beweises gemeinhin ausreichend ist (siehe Abschnitt 2.1), ist die letzte Phase dieses Modells in erster Linie theoretischer Natur.

Ein inhaltlich wie strukturell sehr ähnliches Modell, das jedoch Schülerinnen und Schüler in den Blick nimmt und die frühen Phasen der Beweisproduktion stärker betont, präsentieren Hsieh et al. (2012). Sie charakterisieren die Beweiskonstruktion weniger anhand der durchzuführenden Aktivitäten, sondern beschreiben den Beweisprozess als stete Weiterentwicklung eines Beweisprodukts (siehe Abb. 2.7). Die Exploration der Problemsituation führt zu Beobachtungen und Erkenntnissen, auf denen sich erste Vermutungen aufbauen und schließlich präzisieren lassen. Die Vermutung wird zunächst durch eine informale Erläuterung gestützt, die den Übergang von einer ergebnisoffenen Exploration zu einer zielgerichteten Argumentation markiert. Die Erläuterung orientiert sich dabei an solchen Argumenten, welche die Schülerinnen und Schüler von der Gültigkeit der Vermutung überzeugen. Erst auf der nächsten Stufe werden die hier vorgebrachten Argumente einer logischen Struktur unterworfen und an die mathematische Argumentationsbasis angebunden. Die Rechtfertigung unterscheidet sich von dem finalen Beweis in erster Linie darin, dass sie weniger stringent verläuft und Redundanzen ebenso wie Kontextbezüge enthalten kann.

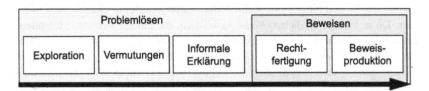

Abb. 2.7 Graphische Darstellung des Beweisablaufs in Anlehnung an Hsieh, Horng und Shy (2012, S. 289)

Sowohl Stein (1986) und Boero (1999) als auch Hsieh et al. (2012) betonen in ihren Ausführungen zur Beweiskonstruktion, dass es sich bei ihren Prozessbeschreibungen nicht zwingend um lineare Modelle handelt. Vielmehr benennen die einzelnen Phasen relevante Teilprozesse, die auf verschiedene Weise im Beweisprozess kombiniert werden können. Entsprechend wird davon ausgegangen, dass wiederholt Wechsel zwischen den einzelnen Phasen auftreten, wodurch einzelne Teilprozesse mehrfach durchlaufen, andere hingegen auch ausgelassen werden können. Vor dem Hintergrund der oben skizzierten Spannungsfelder erscheint insbesondere ein reger Wechsel zwischen explorativen und formalisierenden Teilprozessen nicht unwahrscheinlich. Eine Beschreibung des Beweisprozesses, die explizit zwischen einem linearen und einem zirkulären Vorgehen unterscheidet, stammt von Misfeldt (2006). Den mathematischen Schreibprozess fokussierend beobachtete Misfeldt das Vorgehen von Mathematikerinnen und Mathematikern bei der Beweisproduktion und extrahierte drei funktional unterschiedliche Phasen des Beweisprozesses, die in variabler Reihenfolge auftreten können. Während die *Heuristik* stets am Anfang des Beweisprozesses verortet ist, können die Phasen *Kontrolle* und *Produktion* aufeinander folgen oder in einem wiederholten Wechsel stattfinden. Die Phase der Kontrolle ist dabei mit der deduktiven Durcharbeitung bei Stein (1986), die Phase der Produktion mit der Fixierung der Argumentationskette bei Boero (1999) vergleichbar. Der lineare und der zyklische Schreibprozess unterscheiden sich in erster Linie in der Anzahl der Beweisschritte, die gleichzeitig in den Blick genommen werden. Anstatt sämtliche Beweisschritte erst zu prüfen und auszuarbeiten, um sie schließlich gesammelt in einen (semi-)formalen Beweis zu überführen, wird im zirkulären Schreibprozess schrittweise verfahren, wodurch einzelnen Beweisschritte nacheinander kontrolliert und verschriftlicht werden. Aufgrund des gewählten Forschungsschwerpunkts bleibt hier jedoch offen, inwieweit auch Wechsel innerhalb der heuristischen Phase, z. B. zwischen dem Entwickeln von Vermutungen und dem Sammeln von Beweisideen, auftreten. In welchem Maße studentische Beweisprozesse linear verlaufen, wird auch in einer Studie von Karunakaran (2018) untersucht. Anstatt der Einheit einer Phase wählt Karunakaran jedoch die Einheit eines *Bündels*. Diese fasst in ähnlicher Weise Aktivitäten, die eine gemeinsame Intention aufweisen, zusammen, ist jedoch stärker auf den Fortschritt des mathematischen Erkenntnisprozesses ausgerichtet. Im Vergleich von Studierenden und Promovierenden stellte er fest, dass Studierende ein überwiegend lineares Vorgehen verfolgen, indem sie sich in hohem Maße von der deduktiven Struktur des Beweises leiten lassen. Promovierende hingegen gestalten ihren Beweisprozess flexibler und akzeptieren vorübergehend auch intuitive und lückenhafte Begründungen.

Im Vergleich der hier vorgestellten Modelle lassen sich vier Beweisschritte herausarbeiten, welche im Sinne einer Synthese die wesentlichen Teilprozesse einer Beweiskonstruktion unabhängig von der jeweiligen Zielgruppe und deren Erfahrungshorizont abbilden (siehe Abb. 2.8): *Aufstellen einer Vermutung*, *Entwicklung einer formalen oder informalen Beweisidee*, *Ausarbeiten einer deduktiven Beweiskette* und *Formulieren eines Beweises entsprechend der jeweiligen Standards* (siehe auch Boero, Douek, Morselli und Pedemonte (2010) sowie G. J. Stylianides (2008)). Eine vergleichbare Einteilung nehmen Schwarz et al. (2010) als Resultat ihrer Gegenüberstellung verschiedener Selbstberichte von Mathematikern vor. Sie fassen jedoch die ersten beiden Teilprozesse zu einer Phase der Erkundung zusammen und bündeln so die argumentativen, explorativen und investigativen Prozesse der Beweiskonstruktion in einer gemeinsamen Phase. In einer solchen Einteilung wird sodann der explizite Bezug zur Aktivität der Problemexploration aufgehoben und das Modell für andere Arten der Beweisproduktion geöffnet.

Gleichzeitig wird über diese erste Phase, die durch einen hohen Grad an Intuition und Kreativität gekennzeichnet ist, eine Verbindung zum Problemlösen aufgebaut. Um bei der Beschreibung von individuellen Beweisprozessen Synergieeffekte nutzen zu können, wird im folgenden Abschnitt eine Einführung in das Problemlösen gegeben. Der Fokus liegt dabei auf potentiellen Verknüpfungen zwischen dem Problemlösen und dem Beweisen, wobei insbesondere der Ablauf von Problemlöseprozessen diskutiert wird. Gleichzeitig wird jedoch auch die Eigenständigkeit der beiden Aktivitäten betont und eine Abgrenzung des Problemlösens vom Beweisen vorgenommen.

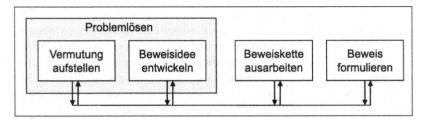

Abb. 2.8 Graphische Darstellung der Synthese aus den verschiedenen Modellen zum Ablauf des Beweisprozesses

2.4   Problemlösen

Analog zum Begriff des Beweisens ist der Begriff *Problemlösen* durch eine prozedurale Komponente gekennzeichnet und beschreibt einen Prozess, der durch die Begegnung mit einem *Problem* initiiert wird. Ein Problem wird dabei fach- und situationsübergreifend wie folgt charakterisiert: „Ein ‚Problem‘ entsteht z. B. dann, wenn ein Lebewesen ein Ziel hat und nicht ‚weiß‘, wie es dieses Ziel erreichen soll" (Duncker 1935, S. 1). Übertragen auf den mathematikdidaktischen Kontext resultiert ein Problem demnach aus einer Frage oder Aufgabe, für deren Bewältigung einem Individuum bislang keine mathematischen Mittel zur Verfügung stehen, wodurch sie als schwierig empfunden wird (Heinrich, Bruder & Bauer 2015; Heinze 2007). Die spezifischen Merkmale eines Problems konstituieren sich somit in erster Linie in der Abgrenzung zu Routineaufgaben, bei denen der Lösungsweg mithilfe standardisierter Verfahren unmittelbar beschritten werden kann (Pehkonen 2004; Schoenfeld 1985). Welche Aufgaben als Routine und welche als Herausforderung empfunden werden, ist dabei von den jeweiligen Vorerfahrungen und Wissensgrundlagen einer Person abhängig (Heinrich et al. 2015; Heinze 2007). Die individuellen Unterschiede sowie situativen Einflüsse legen eine graduelle Auffassung des Problembegriffs nahe, bei der Problem- und Routineaufgaben weniger als dichotome Gegensätze, sondern vielmehr als Eckpunkte eines Kontinuums angesehen werden (Rott 2013). Am Kontinuumsgedanken anknüpfend nehmen A. Selden und Selden (2013) beispielhaft eine viergliedrige Abstufung vor, indem sie reine Übungsaufgaben, moderate Routine- und Problemlöseaufgaben sowie hochgradig offene Problemsituationen unterscheiden.

Das Vorhandensein eines Problems und die Bereitschaft, dieses zu lösen, regen verschiedene Aktivitäten an, die unter dem Begriff *Problemlösen* zusammengefasst werden. Entsprechend wird unter Problemlösen der „Prozess der Überführung

eines Ausgangszustandes in einen Zielzustand verstanden, bei dem gewisse (auch
personenspezifische) Schwierigkeiten bzw. Barrieren überwunden werden müssen"
(Heinrich et al. 2015, S. 280). Die strukturelle Beschaffenheit einer solchen Barriere
bestimmt dabei die spezifischen Anforderungen, die mit einem Problem verknüpft
sind, und beeinflusst damit die Komplexität des Lösungsprozesses. Dörner (1976,
S. 14) differenziert zwischen vier verschiedenen Barrieretypen, die sich unter anderem darin unterscheiden, dass die zur Lösung notwendigen Mittel in ihrem Bekanntheitsgrad variieren. So können Barrieren derart beschaffen sein, dass die einzelnen
Lösungsschritte, die vom Ausgangs- zum Zielzustand führen, zwar bekannt sind,
jedoch auf neue Weise miteinander kombiniert werden müssen. Probleme, die auf
einen solchen Barrieretyp zurückgehen, werden von A. Selden und Selden (2013)
den moderaten Problemlöseaufgaben zugeordnet. Demgegenüber stehen Probleme,
bei denen zur Überwindung der Barriere nicht nur innovative Kombinationsmög-
lichkeiten betrachtet, sondern einzelne Lösungsschritte erst neu entwickelt werden
müssen. Das Überwinden einer Barriere ist somit eng an das Aufdecken nützli-
cher Zusammenhänge und das Entwickeln neuer Lösungsmittel gebunden, wodurch
Problemlösen häufig auch als *heuristisches* Arbeiten bezeichnet wird. Die Wissenschaft der Heuristik verfolgt das Ziel, „die Methoden und Regeln von Entdeckung
und Erfindung zu studieren" (Pólya 1949, S. 118 f.), und weist als solche vielfältige
Bezüge zum kreativen und intuitiven Arbeiten sowie zu einem flexiblen Strategieeinsatz auf (Bruder & Collet 2011; Holzäpfel, Lacher, Leuders & Rott 2018; Leuders
2003; Rott 2013; Schoenfeld 1985). Wird Problemlösen als ein heuristischer Prozess der Entdeckung und Ideengenerierung aufgefasst, so werden deutliche Bezüge
zu den Merkmalen eines Beweisprozesses sichtbar. Wie sich das Verhältnis von Problemlösen und Beweisen dabei im Einzelnen gestaltet, wird im folgenden Abschnitt
diskutiert.

Problemlösen und Beweisen

Die Entwicklung eines Beweises vollzieht sich im Spannungsfeld von Entdeckung
und Formalisierung und ist als solche in hohem Maße von Intuition und flexiblem
Denken geprägt (siehe Abschnitt 2.3). Sowohl die ergebnisoffene Analyse einer
Problemsituation und das Herausarbeiten einer Vermutung als auch die stärker
zielgerichtete Suche nach nützlichen Argumenten gestalten sich als investigative
Prozesse, die neben argumentativen auch heuristische Komponenten aufweisen.
So betont Pólya (1949, S. 119): „Wir brauchen heuristisches Denken, wenn wir
einen strengen Beweis aufbauen, so wie man ein Gerüst braucht, wenn man ein
Gebäude errichten will". Während ein allgemeiner Konsens über die Existenz einer
Verbindung zwischen Problemlösen und Beweisen herrscht, wird die Qualität die-
ser Verbindung auf unterschiedliche Weise bewertet. Im Wesentlichen lassen sich

dabei drei Positionen differenzieren: (1) Beweisen gilt als Spezialfall des Problemlösens, (2) Beweisen und Problemlösen beschreiben zwei unterschiedliche Aktivitäten, die jedoch Gemeinsamkeiten aufweisen oder (3) Problemlösen stellt eine
Teilkomponente des Beweisens dar. Insbesondere empirische Untersuchungen zum
Beweisprozess beziehen sich in vielen Fällen auf die erste Position und analysieren
den Beweisablauf als spezifischen Problemlöseprozess (z. B. Furinghetti und Morselli (2009), Hsieh et al. (2012), Nunokawa (2010)). Die Entwicklung eines Beweises wird hier als ein Problem aufgefasst, das vergleichsweise eindeutige Zielkriterien
aufweist und dessen Ausgangszustand durch präzise Voraussetzungen bestimmt ist.
Die Überführung des Ausgangs- in den Zielzustand bedarf verschiedener heuristischer Strategien sowie metakognitiver Fähigkeiten, ist dabei jedoch stets an eine
sozial ausgehandelte Argumentationsbasis gebunden. Die Barriere kann schließlich
über die Verknüpfung bereits bewiesener Sätze bzw. der Herleitung neuer Hilfs-
sätze überwunden und das Problem auf diese Weise gelöst werden. Der Beweis als
Produkt erhält damit den Status einer spezifischen Problemlösung, die sich dadurch
auszeichnet, dass ausschließlich deduktive Schlüsse verwendet und gewisse Dar-
stellungsmerkmale erfüllt werden (Weber 2005).

Die charakteristischen Anforderungen an die Transformation und den Zielzustand, die das Beweisen als Spezialfall des Problemlösens kennzeichnen, werden
aus einer anderen Perspektive heraus als Hinweise für die Eigenständigkeit der
beiden Aktivitäten gedeutet. Demnach weisen beide Prozessverläufe zwar Überschneidungen auf, unterscheiden sich jedoch hinsichtlich verschiedener struktureller Aspekte. So berichtet Savic (2015) von einer eingeschränkten Anwendbarkeit des Modells von Carlson und Bloom (2005) auf Beweisprozesse, da diese im
Vergleich zu Problemlöseprozessen weniger linear verliefen und wiederholte Ori-
entierungsphasen sowie solche der Inkubation beinhalteten. Mamona-Downs und
Downs (2005) argumentieren, dass es sich beim Beweisen um eine anspruchsvollere
Form des Problemlösens handelt, da hier die einzuhaltenden sozio-mathematischen
Normen zusätzliche Anforderungen an den Lösungsprozess stellen. Unter Berücksichtigung der aufgezeigten Gemeinsamkeiten und Unterschiede stellt die dritte
Position das Beweisen in den Mittelpunkt der Betrachtung und untersucht Problemlöseaktivitäten im Kontext der Beweiskonstruktion. Problemlösen wird hier als
eine elementare Aktivität der Ideengenerierung angesehen, die bestimmte Phasen
der Beweisentwicklung unterstützen kann (A. Selden & Selden 2013; Stein 1986;
Weber 2005). Eine solche Auffassung spiegelt sich bspw. in der Unterscheidung
eines problem-orientierten und eines formal-rhetorischen Teils der Beweisproduktion bei J. Selden und Selden (2009a) oder in der Unterteilung des Beweisprozesses
in eine kreative und eine präzisierende Phase bei Tall (1992) wider. Während Problemlöseaktivitäten hier in spezifischen Abschnitten der Beweisproduktion verortet

werden, beschreiben andere Autoren das Verhältnis von Problemlösen und Beweisen als ein kontinuierliches, über verschiedene Phasen hinweg bestehendes Zusammenspiel (Reiss & Ufer 2009; Ufer, Heinze & Reiss 2008). Demnach können abhängig von dem jeweils verfügbaren Vorwissen verschiedene Phasen des Beweisprozesses als problemhaltig empfunden werden und so den Einsatz von Problemlöseaktivitäten erfordern. Obwohl das Generieren einer Beweisidee als besonders problembehaftet gilt (Heinze 2004), zeigen empirische Untersuchungen, dass auch spätere Phasen des Beweisprozesses häufig mit Schwierigkeiten verbunden sind (Mamona-Downs & Downs 2010; Moore 1994; Pedemonte & Reid 2011; D. Zazkis et al. 2014).

Die unterschiedlichen Positionen zum Verhältnis von Problemlösen und Beweisen resultieren einerseits aus den jeweils gewählten Forschungszugängen, sind andererseits jedoch auch von dem betrachteten Kontext abhängig. Während authentisches mathematisches Arbeiten im wissenschaftlichen Bereich stets von komplexen Problemsituationen geprägt ist, sind im didaktischen Kontext auch moderate Routineaufgaben als Beweisaufgaben denkbar. A. Selden & Selden (2013) stufen die Beweisaufgaben, mit denen Studierende in Übungen oder Klausuren konfrontiert werden, als moderate Problemlöseaufgaben ein, sodass es sinnvoll erscheint, Verlaufsmodelle mathematischen Problemlösens in die Beschreibung von studentischen Beweisprozessen einfließen zu lassen.

Verlaufsmodelle zum Problemlösen
Im Folgenden werden drei Verlaufsmodelle zum Problemlösen vorgestellt, die sich dadurch auszeichnen, dass sie in der Literatur bereits zur Beschreibung von Beweisprozessen herangezogen wurden (siehe bspw. Furinghetti und Morselli (2009); Savic (2015) und Walsch (1975)). Einen Überblick über weitere, in der Problemlöseforschung relevante Verlaufsmodelle geben Heinrich et al. (2015) sowie Rott (2013). Die hier vorgestellten Modelle stammen von Pólya (1949), Schoenfeld (1985) sowie Carlson und Bloom (2005). Die späteren Modelle nehmen dabei jeweils Bezug auf die vorhergehenden Prozessbeschreibungen, sodass hier eine Entwicklung beschrieben wird.

Pólya (1949) gliedert den Prozess des Problemlösens in vier Phasen (siehe Abb. 2.9), wobei er jede Phase mit einer Reihe von Fragen und Handlungsimpulsen verbindet, die verschiedene heuristische Strategien anregen und so den Fortschritt des Problemlöseprozesses unterstützen sollen. Die vier Phasen umfassen das *Verstehen der Aufgabe*, das *Ausdenken eines Plans*, das *Ausführen des Plans* und die *Rückschau*. In der ersten Phase geht es darum, einen Zugang zur Problemsituation zu schaffen, sich ihrer wesentlichen Merkmale bewusst zu werden und so das Lösen der Aufgabe vorzubereiten. Hierzu kann es hilfreich sein, das Problem in eigenen Worten wiederzugeben, seine Bedingungen und Ziele getrennt voneinander zu formulieren oder sich den zugrunde liegenden Sachverhalt mithilfe von Skizzen zu veranschaulichen. Aufbauend auf diesen Vorbereitungen wird in der zweiten Phase ein Lösungsplan erarbeitet, welcher das grundlegende Vorgehen im Lösungsprozess skizziert. Um entsprechende Ideen zu generieren, wird eine Betrachtung von ähnlichen, bereits gelösten oder äquivalenten, leichter zu lösenden Problemen empfohlen. Insbesondere die Untersuchung von Spezialfällen oder Verallgemeinerungen erscheint dabei hilfreich. Der auf diese Weise entwickelte Plan wird in der folgenden Phase ausgeführt, indem entsprechende Operationen realisiert und nützliche Strategien angewandt werden. In dieser Phase gilt es, die einzelnen Schritte der Lösung detailliert auszuarbeiten, sie kritisch zu überprüfen und auf diese Weise schließlich eine Problemlösung zu generieren. Diese Lösung wird in der Rückschau, der abschließenden Phase des Problemlösens, sowohl in Bezug auf das erlangte Ergebnis als auch mit Blick auf den Lösungsweg erneut kontrolliert. Eine Reflexion findet dabei insofern statt, als die verwendeten Techniken und Strategien hervorgehoben und alternative Lösungswege diskutiert werden. Auf diese Weise kann das inhaltliche wie strategische Wissen expliziert und damit das Repertoire an Problemlösestrategien erweitert werden.

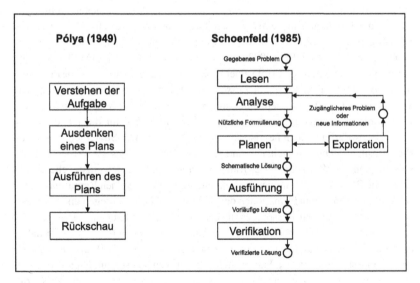

Abb. 2.9 Schematische Darstellung des Problemlöseprozesses in Anlehnung an Pólya (1949) und nach Schoenfeld (1985, S. 110)

Aufbauend auf den Phasenbeschreibungen Pólyas präsentiert Schoenfeld (1985) ein Modell des Problemlösens, welches den Prozessverlauf weiter ausdifferenziert und neben den einzelnen Arbeitsschritten auch die daraus resultierenden Produkte in Form von Zwischenständen berücksichtigt (siehe Abb. 2.9). Während die Phasen *Analyse* („Analysis"), *Planen* („Design"), *Ausführung* („Implementation") und *Verifikation* („Verification") mit den entsprechenden Phasen bei Pólya vergleichbar sind, wird über die ergänzte Explorationsphase der Problemcharakter der Aufgabe stärker betont. Im Gegensatz zu Routineaufgaben, bei denen unmittelbar nach der Aufgabenanalyse ein Lösungsplan entwickelt werden kann, ist bei Problemaufgaben zunächst eine Exploration der gegebenen Situation notwendig, um Ideen zur Überwindung der Barriere zu generieren. In diesem Sinne bündelt die Phase der Exploration die kreativen und investigativen Aktivitäten, welche die Entwicklung eines Lösungsplans begleiten. Die Integration einer eigenständigen Explorationsphase kann somit als Ausdifferenzierung der Phase *Ausdenken eines Plans* bzw. als Zwischenschritt zwischen *Verstehen der Aufgabe* und *Ausdenken eines Plans* bei Pólya (1949) angesehen werden. Im Zuge seiner empirischen Untersuchungen zum Problemlöseprozess ergänzt Schoenfeld sein Verlaufsmodell mit dem *Lesen* („Reading") um eine weitere Phase. Die Unterscheidung der Phasen „Lesens" und „Analyse" ermöglicht es sodann, rein rezeptive Prozesse von solchen zu trennen, welche die Problemlösung aktiv vorbereiten. Neben den verschiedenen kognitiven Vorgängen, die sich in den Anforderungen der einzelnen Phasen abzeichnen, beschreibt Schoenfeld (1985, 1992) vier verschiedene Wissens- und Verhaltenskategorien, die maßgeblich den Erfolg einer Problemlösung beeinflussen. Jede Problemlösung beruht in erster Linie auf *Ressourcen*, d. h. auf informalem wie formalem Wissen über die in der Problemsituation relevanten mathematischen Konzepte und Prozeduren. Ressourcen bilden die notwendige Grundlage für die Lösung eines Problems, bedürfen jedoch heuristischer sowie regulierender Strategien, um in der Problemsituation nutzbar gemacht und gewinnbringend eingesetzt werden zu können (Schoenfeld 1985). Unter der Kategorie *Heurismen* werden entsprechend verschiedene Problemlösestrategien zusammengefasst, welche einen Repräsentationswechsel oder eine Transformationen der Problemsituationen anregen und auf diese Weise neue Ansätze zur Ressourcenanwendung aufdecken können. Der systematische Einsatz von Heurismen sowie die gezielte Auswahl von Ressourcen ist dabei an verschiedene Aspekte der *Kontrolle* gebunden (Schoenfeld 1992). Diese Kategorie umfasst metakognitive Fähigkeiten in Form von selbstregulativen Prozessen und Überwachungsstrategien und dient insbesondere dazu, den eigenen Fortschritt im Problemlöseprozess zu evaluieren und ggf. einen Strategiewechsel einzuleiten. Die Art und Weise, wie die drei Wissenskategorien „Ressourcen", „Heurismen" und „Kontrolle" im Problemlöseprozess zur Anwendung kommen, unterliegt dem

Einfluss individueller *Überzeugungen*. Demnach wird das Vorgehen im Lösungsprozess auch davon beeinflusst, welche Haltung eine Person gegenüber der Mathematik einnimmt oder wie sie das eigene Leistungsvermögen in bestimmten Bereichen einschätzt (Schoenfeld 1989).

Nach Schoenfeld (1985, 1989, 1992) konstituiert sich der Prozess des Problemlösens somit in einem Spannungsfeld verschiedener Teilprozesse und Wissenskategorien, die einander wechselseitig bedingen. Eine solche Auffassung legen auch Carlson und Bloom (2005) ihren Untersuchungen des Problemlöseprozesses zugrunde. In Anlehnung an Pólya und Schoenfeld entwickeln sie ein „Multidimensional Problem-Solving Framework", in dem verschiedenen Phasen des Problemlöseprozesses mit den vier Wissens- und Verhaltenskategorien *Ressourcen, Heurismen, Affekte* und *Überwachung* verknüpft werden. Die vielseitigen Verknüpfungen werden in einer Matrix abgebildet, in der für jede Phase des Problemlösens charakteristische Anwendungen und potenzielle Einflüsse der vier Wissenskategorien benannt werden (Carlson & Bloom 2005, S. 67). Die Darstellung des Problemlöseprozesses selbst orientiert sich an einem viergliedrigen Schema, das die Phasen *Orientierung* („Orienting"), *Planung* („Planning"), *Durchführung* („Executing") und *Überprüfung* („Checking") beinhaltet. Ein besonderer Fokus liegt dabei auf der zweiten Phase, die aufbauend auf Beobachtungen authentischer Problemlöseprozesse von Mathematikerinnen und Mathematiker in drei weitere Teilprozesse untergliedert wird. Demnach gestaltet sich die Planungsphase in einem wiederholten Auftreten der Aktivitäten *Vermuten, Vorstellen* und *Bewerten* („conjecture – imagine – evaluate cycle"). Wenngleich die beschriebenen Phasen inhaltlich aufeinander aufbauen, betonen Carlson und Bloom (2005), dass ein einmaliges lineares Durchlaufen der vier Phasen im Zusammenhang mit einer erfolgreichen Problemlösung eher ungewöhnlich ist. Vielmehr legen ihre empirische Untersuchungen nahe, dass Mathematikerinnen und Mathematiker basierend auf einer abgeschlossenen Orientierungsphase die Phasen der Planung, Durchführung und Überprüfung in Form eines wiederkehrenden Zyklus mehrfach durchlaufen (siehe Abb. 2.10).

Die vorgestellten Verlaufsmodelle von Pólya (1949), Schoenfeld (1985) sowie Carlson und Bloom (2005) geben einen Überblick über die im Problemlöseprozess relevanten Phasen und beschreiben die wesentlichen kognitiven Vorgänge, die beim Lösen eines mathematischen Problems wirksam werden. Darüber hinaus geben sie Hinweise darauf, welche Wissens- und Fähigkeitskomponenten mit den einzelnen Phasen des Problemlöseprozesses verbunden sind.

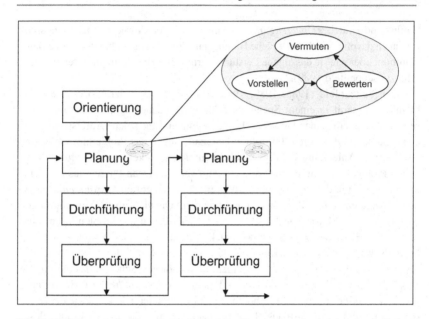

Abb. 2.10 Schematische Darstellung des Problemlöseprozesses in Anlehnung an Carlson und Bloom (2005, S. 54)

2.5   Zusammenfassung und Ausblick

Die bisherigen Ausführungen zeigen, dass der Beweisbegriff ein umfangreiches Begriffsnetz aufspannt, in dem viele verschiedene, zum Teil konträre Konzeptualisierungen existieren, die wiederum unterschiedliche Forschungstraditionen begründen. Der Beweisbegriff selbst konstituiert sich in einem Spannungsfeld zwischen dem idealen Anspruch eines formalen, rein syntaktischen Beweises und der von informalen, semantisch geprägten Argumentationen bestimmten Praxis. Wird der Beweis in einem weiter gefassten Begriffskonzept verortet, das auch weniger formale Formen des Beweisens mit einschließt, gewinnt die Unterscheidung von Argumentationen und Beweisen an Bedeutung. Die verschiedenen Ansätze, Argumentieren und Beweisen in Beziehung zu setzen und voneinander abzugrenzen, ergänzen das Begriffsnetz um weitere Perspektiven, indem sie unterschiedliche Merkmale der beiden Aktivitäten betonen. Insbesondere die Annahme einer kognitiven Einheit zwischen Argumentations- und Beweisprozessen regt dabei eine prozessorientierte Perspektive auf den Beweisbegriff an, welche argumentative und formalisierende Aktivitäten gleichermaßen in sich vereint. Die Gegenüberstellung von Beweisprodukt und Beweisprozess führt ihrerseits zur Beschreibung verschiedener potenzieller Teilprozesse der Beweiskonstruktion, welche durch ihre Nähe zum Problemlösen wiederum weitere Begriffe in das Begriffsnetz integrieren. In diesem Abschnitt werden die Erkenntnisse aus den vorhergehenden Abschnitten pointiert zusammengefasst und die einzelnen Begriffe sowie ihre Beziehungen zueinander im Hinblick auf das eigene Forschungsinteresse konkretisiert.

1. Die Akzeptanz von Beweisen ist kontextabhängig und beruht auf den soziomathematischen Normen, die innerhalb einer Diskursgemeinschaft vorherrschen.

Der Beweisbegriff ist von einer Vielzahl unterschiedlicher Auffassungen geprägt und wird je nach Forschungsinteresse und Kontext enger oder weiter gefasst. Im Abschnitt 2.1 wurde daher für eine relative Auffassung des Beweisbegriffs geworben. Diese erstreckt sich in einem Kontinuum von präformalen Beweisen, die überwiegend im schulischen Rahmen verortet sind, über semi-formale Beweise bis hin zu formalen Beweisen, die das Idealbild eines mathematischen Beweises verkörpern. Die einzelnen Beweiskategorien unterscheiden sich dabei in erster Linie in ihrem Verhältnis von argumentativer und inferentieller Struktur, sodass auch nichtformale Beweise als prinzipiell formalisierbar gelten. In welchem Maße Bezüge zur inferentiellen Struktur erwartet und welche Beweise entsprechend als zulässig angesehen werden, ist abhängig von der zugrunde liegenden Argumentationsbasis und den sozio-mathematischen Normen der Fachgemeinschaft. In unterschiedlichen Kontexten, d. h. insbesondere innerhalb unterschiedlicher Bildungsinstitutionen, können entsprechend verschieden akzentuierte Begriffsverständnisse verbreitet sein. Vor diesem Hintergrund vollzieht sich der Übergang von der Schule in die Hochschule als ein Wechsel zwischen zwei Diskursgemeinschaften, die wiederum unterschiedliche Beweiskulturen etablieren (Dreyfus 1999; Hemmi 2008; Yackel et al. 2000). Das Hineinwachsen in eine neue Diskursgemeinschaft wird dabei gemeinhin unter dem Begriff der *Enkulturation* betrachtet. Im Sinne eines Enkulturationsprozesses sollen die Denk- und Arbeitsweisen von Mathematikerinnen und Mathematikern sowie die damit verbundenen Normen und Werte schrittweise angeeignet werden. Insbesondere gilt es dabei, ein Verständnis für semi-formale Beweise aufzubauen und deren Nutzen im Hinblick auf die Beweisbedürftigkeit von Aussagen anzuerkennen. Bei Untersuchungen in der Studieneingangsphase ist demnach zu beachten, dass es sich beim Enkulturationsprozess um einen langwierigen Prozess handelt, der über das erste Semester hinaus andauert. Damit ist insbesondere nicht davon auszugehen, dass Studierende das Konzept semi-formaler Beweise bereits nach wenigen Wochen des Mathematikstudiums verinnerlicht haben. Neben dem unter Umständen noch zu festigenden Beweiskonzept sind zudem die spezifischen sozio-mathematischen Normen zu berücksichtigen, die den Studieneinstieg beglei- ten. So wird von Studienanfängerinnen und -anfängern häufig eine besonders detail- lierte Beweisdarstellung erwartet (Reichersdorfer, Ufer, Lindemeier & Reiss 2014; Weber 2008), wobei die zur Verfügung stehende Argumentationsbasis verhältnis- mäßig eng umrissen ist. Die Argumentationsbasis wird insofern durch die jeweils besuchte Vorlesung bestimmt, als die Übungsaufgaben einen unmittelbaren Bezug zu den Vorlesungsinhalten aufweisen und die dort behandelten Sätze gemeinhin zur Beweisführung herangezogen werden können. In diesem Sinne bildet die Stu- dierendenschaft zu Beginn des Studiums eine Subgemeinschaft, die weniger durch den Austausch mit Expertinnen und Experten als mit Übungsgruppenleiterinnen und -leitern geprägt ist und bedingt durch einen anhaltenden Enkulturationsprozess spezifische Ausprägungen der sozio-mathematischen Normen verkörpert.

2. Die Auffassung von Beweisen als spezifische Argumentationen wird unter pro- zessbezogener Perspektive um das Konzept einer kognitiven Einheit zwischen Argumentieren und Beweisen erweitert.

Ausgehend von den Argumentationsbegriffen nach Perelman (1970) und Toulmin (1996) wurden in Abschnitt 2.2 verschiedene Zugänge zum mathematischen Argu- mentieren vorgestellt. Aus den darin vermittelten Argumentationsmerkmalen einer- seits und den verschiedenen Auffassungen zum Beweisbegriff andererseits erwach- sen unterschiedliche Konzeptualisierungen bezüglich des Verhältnisses von Argu- mentieren und Beweisen. Es wurden drei grundlegende Positionen vorgestellt, die sich von einer dichotomen Trennung von Argumentieren und Beweisen bis hin zu einer Integration des Beweisbegriffs in das Argumentationskonzept erstrecken. In dieser Arbeit wird die zuletzt genannte Position aufgegriffen und ein hierarchi- sches Verständnis zugrunde gelegt, bei dem Beweise als eine spezifische Form der Argumentation angesehen werden. Unter einem Beweis wird demnach ein Kom- munikationsprozess verstanden, bei dem ausgehend von Voraussetzungen und unter Angabe von Gründen auf eine Konklusion geschlossen wird. Der spezifische Cha- rakter von Beweisen manifestiert sich dabei in einem gewissen Grad an Formalisie- rung sowie in der Reduktion von Unsicherheiten. Indem ausschließlich deduktive Schlüsse zugelassen werden und ein expliziter Bezug zur Rahmentheorie gefordert wird, erreichen Beweise im Vergleich zu anderen Argumentationsformen ein höhe- res Maß an Stringenz (Jahnke & Ufer 2015; Reiss & Ufer 2009). Die Integration des Beweisbegriffs in das Argumentationskonzept erlaubt einen variablen Über- gang zwischen den Aktivitäten des Argumentierens und Beweisens und stützt damit

ein relatives Beweisverständnis. Vor dem Hintergrund der Bedeutung, die informale Argumente im mathematischen Diskurs einnehmen, erscheint Argumentieren
jedoch nicht nur als eine allgemeinere Form des Beweisens, sondern beschreibt auch
eine moderne Sicht auf die mathematische Praxis, in der semi-formale Beweise an
Relevanz gewinnen (Krummheuer 2003).

Über alternative, weniger stringente Begründungsformen hinaus umfasst das
mathematische Argumentieren weitere Komponenten, die sich durch ihren ergebnisoffenen Charakter auszeichnen. Aktivitäten wie das Generieren von Hypothesen,
das Hinterfragen von Argumenten oder das Betrachten von Beispielen im Sinne einer
Plausibilitätsprüfung gelten als zentrale mathematische Tätigkeiten, wenngleich sie
nicht unmittelbar zu einem Beweis führen. Dennoch können derartige explorative
und investigative Formen des Argumentierens zur Entwicklung einer Beweisidee
beitragen und so die Beweiskonstruktion unterstützen. In der Tradition der „cognitive unity"-Forschung wird eine solche produktive Verbindung von Argumentieren
und Beweisen hervorgehoben, wobei Argumentieren und Beweisen hier als zwei
unterschiedliche, nebengeordnete Aktivitäten aufgefasst werden. Dem Grundgedanken einer kognitiven Einheit folgend kann eine reichhaltige Argumentation, d. h.
eine intensive, auch inhaltsbezogene und intuitiv geprägte Auseinandersetzung mit
der Problemsituation, die Entwicklung eines Beweises dahingehend fördern, dass
Erkenntnisse der Argumentation als Basis für die Beweiskonstruktion dienen (Boero
et al. 2007; Garuti et al. 1998). Eine solche Verbindung wird sodann dadurch sichtbar, dass sich bestimmte inhaltliche und – unter spezifischen Bedingungen – auch
strukturelle Elemente von der Argumentation zum Beweis kontinuierlich fortsetzen
(Pedemonte 2007, 2008). Wird dieser Kontinuitätsgedanke auf den eines Kontinuums übertragen, so erscheint die Beweiskonstruktion als ein komplexer Prozess,
in dem explorative und entdeckende Argumentationsformen genauso auftreten wie
solche, die der deduktiven Durcharbeitung und Formalisierung dienen.

3. Der Beweisprozess gestaltet sich in einem Wechselspiel von Argumentieren,
    Problemlösen und Beweisen.

Unter Berücksichtigung eines produktiven Verhältnisses von Argumentieren und
Beweisen wurden in Abschnitt 2.3 verschiedene Spannungsfelder aufgeführt, in
denen sich die Komplexität des Beweisprozesses entfaltet. Wie die hier beschriebenen Komponenten zusammenspielen und auf welche Weise verschiedene kognitive
Vorgänge im Beweisprozess wirksam werden, wird traditionell mithilfe von Prozessmodellen beschrieben. Diese bündeln die wesentlichen Aktivitäten der Beweisproduktion zu Phasen und bilden den Prozess entsprechend in Form von Phasenverläufen ab. Eine Synthese verschiedener Beweisprozessmodelle legt die Annahme nahe,

dass folgende Phasen unabhängig von der gewählten Zielgruppe und dem jeweiligen Kontext relevant sind: *Aufstellen einer Vermutung, Entwicklung einer formalen oder informalen Beweisidee, Ausarbeiten einer deduktiven Beweiskette* und *Formulieren eines Beweises entsprechend der jeweiligen Standards* (Boero 1999; Boero et al. 2010; Schwarz et al. 2010; Stein 1986). Insbesondere die ersten beiden Phasen weisen dabei insofern einen engen Bezug zum Argumentieren und Problemlösen auf, als sie auf das Entdecken neuer Zusammenhänge und Argumente ausgerichtet sind und damit ein hohes Maß an Kreativität und Intuition erfordern. Eine für Problemsituationen charakteristische Barriere kann hier darin bestehen, dass bekannte Definitionen und Sätze nicht unmittelbar anwendbar sind und daher auf neue Art und Weise verknüpft werden müssen. Über das Auffinden einer Beweisidee hinaus können weitere Schwierigkeiten dadurch entstehen, dass die einzelnen Phasen von unterschiedlichen Normen, Validitätskriterien und Repräsentationen geprägt sind (Boero et al. 2010; A. Selden & Selden 2013). Die hieraus resultierenden Übersetzungsprozesse können insbesondere zu Studienbeginn Herausforderungen darstellen, zu deren Überwindung Problemlösestrategien beitragen können.

In dieser Arbeit werden in erster Linie Beweisprozesse im Kontext der Studieneingangsphase betrachtet. Die hier relevanten Aufgabenformate werden in Anlehnung an die Kategorisierung von Mejia-Ramos und Inglis (2009) als Anregungen zur *Rechtfertigung* klassifiziert, da sie ausgehend von einer gegebenen Aussage einen semi-formalen Beweis erwarten. Dabei können verschiedene Teilprozesse sowie die zugehörigen Übersetzungsprozesse als Probleme empfunden werden. In diesem Sinne werden Problemlöseaktivitäten und -strategien als Teilkomponenten des Beweisens angesehen, welche den Beweisprozess genauso unterstützen können wie explorative und inhaltsbezogene Formen des Argumentierens. Eine solche Auffassung geht einher mit den Ausführungen von Weber (2005, S. 351), der festhält: „Proving is a complex mathematical activity with logical, conceptual, social and problem-solving dimensions".

In diesem Kapitel wurde anhand verschiedener Definitions- und Abgrenzungsbestrebungen zunächst ein Überblick über das divergente Begriffsnetz zum Beweisen eröffnet, bevor dieses durch eine Positionierung innerhalb verschiedener Spannungsfelder für die eigene Untersuchung konkretisiert wurde. Der den folgenden Ausführungen zugrunde liegende Beweisbegriff ist demnach maßgeblich von den sozio-mathematischer Normen zu Studienbeginn geprägt und steht in Relation zu den verwandten Begriffen des Argumentierens, Begründens und Problemlösens. Über den Bezug zum Problemlösen wird dabei insofern eine Forschungsperspektive eingenommen, die von G. Stylianides, Stylianides und Weber (2017) als *Proving as Problem-Solving Perspective* beschrieben wird, als der Prozess des Beweisens mit seinen unterschiedlichen Anforderungen und kognitiven Vorgängen fokussiert wird. Dennoch steht nicht das Problemlösen, sondern das Beweisen mit seinen spezifischen Merkmalen im Vordergrund, wodurch die verifizierende Funktion von Beweisen sowie die entsprechenden Normen und Erwartungen einer Diskursgemeinschaft hervorgehoben werden.

Forschungsüberblick

3

In Kapitel 2 wurde anhand einer Gegenüberstellung prozess- und produktorientierter Perspektiven auf den Beweisbegriff zwischen der Beweisentwicklung und ihrem Produkt, dem formulierten Beweis, differenziert. Dabei wurde betont, dass es sich bei dem Beweisprodukt um ein historisch gewachsenes, funktional geprägtes und kontextabhängiges Konstrukt handelt, dessen Akzeptanz von den soziomathematischen Normen der jeweiligen Diskursgemeinschaft abhängig ist. Dem Forschungsinteresse folgend wird in diesem Kapitel nun die prozessorientierte Perspektive fokussiert und der Beweisprozess, wie er in Abschnitt 2.3 beschrieben wurde, vor dem Hintergrund des aktuellen Forschungsstandes weiter ausdifferenziert. Der dargestellte Forschungsüberblick umfasst dabei neben Erkenntnissen zum Beweisprozess auch solche zu verwandten Aktivitäten, wie dem Lesen oder Präsentieren von Beweisen (Abschnitte 3.2 bis 3.5). Diese charakterisieren zusammen mit der Beweiskonstruktion das mathematische Arbeiten in Schule, Hochschule und Wissenschaft und beschreiben den Umgang mit Beweisen als genuine Tätigkeit der Mathematik in seinen verschiedenen Facetten. Durch die gemeinsame Betrachtung der einzelnen Aktivitäten wird der Beweisprozess in einem größeren Kontext verortet und kann über Verknüpfungen zu anderen Prozessen um weitere Komponenten ergänzt und damit umfassend beschrieben werden (Abschnitt 3.6). Um die folgenden Ausführungen in eine erweiterte Forschungsperspektive einordnen zu können, werden dem eigentlichen Forschungsüberblick in diesem Kapitel Erläuterungen zu den betrachteten Beweisaktivitäten und ihren Verknüpfungen vorangestellt.

3.1 Aktivitäten im Bereich des Beweisens

Die relative Konzeptualisierung des Beweisprodukts im vorhergehenden Kapitel verdeutlicht bereits, dass mathematisches Arbeiten für die Mitglieder einer

© Der/die Autor(en), exklusiv lizenziert durch Springer Fachmedien Wiesbaden GmbH, ein Teil von Springer Nature 2021
K. Kirsten, *Beweisprozesse von Studierenden*, Studien zur theoretischen und empirischen Forschung in der Mathematikdidaktik,
https://doi.org/10.1007/978-3-658-32242-7_3

Diskursgemeinschaft sowohl eine produktive als auch eine rezeptive Komponente umfasst. Auf der einen Seite gilt es, neues mathematisches Wissen zu generieren und dieses mithilfe eines Beweises abzusichern, zu erklären oder zu kommunizieren. Auf der anderen Seite werden die Beweise anderer betrachtet, diskutiert und hinsichtlich ihrer Gültigkeit überprüft. Eine differenziertere Einteilung der rezeptiven und produktiven Komponenten des Beweisens nimmt Giaquinto (2005) vor, indem er zwischen den Aktivitäten *making it, presenting it* und *taking it* unterscheidet. Dem *Lesen* als rezeptiver Prozess wird hier somit eine duale produktive Komponente gegenüber gestellt, welche das *Konstruieren* sowie das *Präsentieren* umfasst. Im Unterschied zum Konstruieren zielt das Präsentieren dabei weniger auf die Generierung eines Beweises ab, sondern ist vielmehr auf dessen adressatengerechte Darstellung ausgerichtet. Ausgehend von Giaquintos Unterscheidung entwickeln Mejia-Ramos und Inglis (2009) eine Rahmentheorie, in der die Aktivitäten *Lesen, Konstruieren* und *Präsentieren* aufgegriffen und durch die Beschreibung von Subaktivitäten weiter charakterisiert werden (siehe bspw. Abb. 2.5). In Bezug auf die Aktivität des Lesens unterscheiden Mejia-Ramos und Inglis (2009) zwischen dem *Verstehen* und dem *Evaluieren* eines Beweises. Während beim Verstehen ein sinnentnehmendes und erkenntnisgeleitetes Lesen im Vordergrund steht, wird beim Evaluieren das Gelesene dahingehend bewertet, inwiefern es sich um einen gültigen, überzeugenden oder auch besonders eleganten Beweis handelt. Aufgrund unterschiedlicher Bewertungsschwerpunkte wird das Evaluieren von Beweisen dabei in einigen Konzeptualisierungen weiter ausdifferenziert und in die Aktivitäten *Validieren* und *Evaluieren* untergliedert (Pfeiffer 2011; A. Selden & Selden 2015). Während beim Validieren die Gültigkeit eines Beweises hinterfragt wird, strebt die Evaluation ein differenzierteres Urteil über den Beweis an. Der Beweis wird hier im Hinblick auf verschiedene potenzielle Merkmale betrachtet und damit in seiner Qualität und seinem Nutzen für die Diskursgemeinschaft beurteilt. Die Kriterien der Beurteilung sind dabei kontextspezifisch geprägt und können die Schönheit und die Eleganz des Beweises genauso umfassen wie dessen Überzeugungsgrad und Reichweite. Das Evaluieren stellt damit die umfassendere der beiden Aktivitäten dar und schließt das Validieren gewissermaßen mit ein. Pfeiffer (2011, S. 5) fasst die Unterscheidung von Validieren und Evaluieren wie folgt zusammen:

> With proof evaluation I mean two things: determining whether a proof is correct and establishes the truth of a statement (validation) and also how good it is regarding a wider range of features such as clarity, context, sufficiency without excess, insight, convincingness or enhancement of understanding.

Den Rahmentheorien folgend ist der Umgang mit Beweisen insbesondere auch in der Hochschule von den Aktivitäten des Verstehens, Konstruierens, Validierens, Evaluierens und Präsentierens geprägt. Bei der Einordnung der in diesem Kapitel dargestellten Forschungsergebnisse gilt es jedoch zu beachten, dass die fünf Aktivitäten weder in der Theorie noch in der Forschungspraxis immer trennscharf voneinander abzugrenzen sind und sich stellenweise gegenseitig bedingen. Während in einigen Forschungsprojekten Aktivitäten wie bspw. das Validieren und Evaluieren aus konzeptionellen oder forschungspraktischen Gründen nicht unterschieden werden, begründet in anderen Studien die gezielte Verknüpfung zweier Aktivitäten das Forschungsinteresse. Die folgenden Ausführungen sollen daher einerseits verdeutlichen, wo untersuchungsspezifische Abgrenzungen vorgenommen wurden, und andererseits herausarbeiten, welche Bezüge zwischen den einzelnen Beweisaktivitäten für die Beschreibung von Beweisprozessen von Relevanz sein könnten.

Validieren und Evaluieren
Die drei Aktivitäten Verstehen, Validieren und Evaluieren beschreiben unterschiedliche Schwerpunkte beim Lesen von Beweisen und weisen dadurch naturgemäß Schnittstellen auf. In der Praxis sind insbesondere das Validieren und das Evaluieren nicht immer eindeutig voneinander abzugrenzen, da die Akzeptanz eines Beweises häufig auch von anderen Merkmalen als dem der Korrektheit beeinflusst wird. So beurteilen Personen Beweise bspw. dann als gültig, wenn diese für sie subjektiv überzeugend erscheinen, wobei die Überzeugungskraft eines Beweises wiederum von dem individuellen Verständnis und damit von besonders eingängigen oder eleganten Darstellungsweisen abhängig ist (Bieda & Lepak 2014; Moore 2016, Sommerhoff & Ufer 2019). Im Folgenden wird daher nur dann von einer Evaluation gesprochen, wenn die initiierte oder beobachtete Aktivität über das Validieren hinaus geht und explizit weitere Charakteristika eines Beweises als dessen Gültigkeit mit einschließt.

Validieren und Verstehen
Das Verhältnis der Aktivitäten Validieren und Verstehen wird in der Literatur unterschiedlich konzeptualisiert. Aus theoretischer Perspektive werden über die unterschiedlichen Intentionen, welche den Leseprozess leiten, auch unterschiedliche Verhältnisse zwischen der Leserin bzw. dem Leser und dem Beweis erzeugt. Die rezipierende Person agiert beim Verstehen in der Rolle des Lernenden, wohingegen sie beim Validieren die Rolle eines Kritikers einnimmt (Panse et al. 2018). Hieraus könnten unterschiedliche Zugänge zum Beweis erwachsen, die sodann verschiedene kognitive Vorgänge verlangen (Mejia-Ramos & Inglis 2009). Diese Position stützend legen Selbstberichte von Mathematikerinnen und Mathematikern nahe, dass unterschiedliche Strategien beim Lesen eines Artikels wirksam werden, wenn das

Lesen einem intrinsischen Erkenntnisinteresse folgt oder ein Gutachten anzufertigen ist (Mejia-Ramos & Weber 2014). Dem gegenüber stehen Erkenntnisse aus einer Eye-Tracking-Studie, in der weder bei Mathematikerinnen und Mathematikern noch bei Studierenden aktivitätenspezifische Unterschiede im Leseverhalten nachgewiesen werden konnten (Panse et al. 2018). Die Autoren folgern entsprechend, dass die Aktivitäten Verstehen und Validieren von vergleichbaren kognitiven Prozessen begleitet werden könnten. Da das Verhältnis von Verstehen und Validieren vor dem Hintergrund des aktuellen Forschungsstandes nicht abschließend zu beurteilen ist, werden die beiden Aktivitäten im Forschungsüberblick als zwei eigenständige Forschungsbereiche behandelt und entsprechend separat betrachtet. Studien, die nicht explizit zwischen den verschiedenen Zielsetzungen unterscheiden und Leseprozesse unter einer allgemeinen Perspektive betrachten, werden dabei gegebenenfalls mehrfach herangezogen.

Konstruieren und Validieren
Welcher Beweis von einer Person als gültig anerkannt wird, ist abhängig von den sozio-mathematischen Normen der Diskursgemeinschaft im Allgemeinen und den individuell ausgebildeten Akzeptanzkriterien im Speziellen (siehe Abschnitt 3.3). Dabei ist anzunehmen, dass Akzeptanzkriterien nicht nur die Beurteilung fremder Beweise begründen, sondern auch im Sinne von Zielkriterien die eigene Beweiskonstruktion lenken. Über die sozio-mathematischen Normen sind Validierungs- und Konstruktionsprozesse demnach miteinander verbunden und können sich bidirektional aufeinander auswirken. So liefern erste Interventionsstudien Hinweise darauf, dass sich die Förderung von Validierungsaktivitäten positiv auf die Realisierung von Beweiskonstruktionen auswirken kann (Powers, Craviotto & Grassl 2010; Yee et al. 2018). Eine unmittelbarer Einfluss der Validierungsaktivität auf die Beweisproduktion kann innerhalb des Beweisprozesses beobachtet werden, wenn die Perspektive eines externen Kritikers eingenommen und der entwickelte Beweis in Bezug auf die eigenen Akzeptanzkriterien hinterfragt wird (Pfeiffer 2011; A. Selden & Selden 2003). Andersherum legen Untersuchungen zu beweisspezifischen Lesestrategien nahe, dass das Lesen eines Beweises sowohl beim Validieren als auch beim Verstehen die Konstruktion von Teilbeweisen erfordert (A. Selden & Selden 2003; Weber 2015). Vor diesem Hintergrund können Validieren und Konstruieren als zwei eigenständige Aktivitäten angesehen werden, die sich in Form von Teilprozessen wechselseitig unterstützen.

Konstruieren und Verstehen
Inwiefern ein Zusammenhang zwischen dem Entwickeln eines eigenen Beweises und dem verständnisorientierten Lesen fremder Beweise besteht, wurde bisher kaum untersucht. Beobachtungen von Olson (1997) stützen jedoch die Vermutung, dass

eine regelmäßige Auseinandersetzung mit formulierten Beweisen das Handlungsrepertoire für die Bearbeitung von Beweisausgaben erweitern kann. Werden Beweisaufgaben als kurze mathematische Texte aufgefasst, so ist ein umfassendes Textverständnis Voraussetzung für eine erfolgreiche Beweiskonstruktion und das Verstehen erscheint als Teilprozess derselben. Aufgrund der unterschiedlichen Rahmenbedingungen und Zielsetzungen beim Konstruieren und Verstehen von Beweisen ist jedoch nicht ohne weiteres zu beurteilen, inwiefern in den beiden Situationen ähnliche Lesestrategien wirksam werden.

Konstruieren und Präsentieren
Wird die Aktivität des Präsentierens als adressatengerechte Aufbereitung eines Beweises angesehen, so kann diese über die Klassifizierung von Mejia-Ramos und Inglis (2009) hinaus auch im Kontext der Beweiskonstruktion verortet werden. Um den entwickelten Beweis festzuhalten und ihn der Diskursgemeinschaft zugänglich zu machen, wird dieser in der abschließenden Phase des Beweisprozesses aufgearbeitet und entsprechend der Konventionen und Erwartungen der intendierten Leserschaft formuliert (Boero 1999). In diesem weiteren Sinne erscheint das Präsentieren hier als Teilprozess der Beweisproduktion und kennzeichnet den Übergang von der privaten in eine öffentliche Ebene. Im Rahmen dieses Übergangs wird die Darstellung des Beweises an den sozio-mathematischen Normen der jeweiligen Diskursgemeinschaft ausgerichtet und so die Grundlage zur Kommunikation und Evaluierung des entwickelten Beweises geschaffen (Dawkins & Weber 2017; Lew & Mejia-Ramos 2019). Ziel der Präsentation ist es hier, den Beweis verständlich darzulegen und die Leserschaft von der Gültigkeit des eigenen Beweises zu überzeugen.

Die hier skizzierten Verknüpfungen zeigen, dass es sich bei den beweisbezogenen Aktivitäten um ein vielschichtiges Forschungsfeld mit multiplen Bezügen handelt. Um die zentralen Forschungsergebnisse übersichtlich darstellen zu können, wird der Fokus im Folgenden zunächst auf die einzelnen Aktivitäten gelegt und der jeweilige Forschungsstand gebündelt präsentiert. In Kapitel 4 werden die hier angedeuteten Bezüge sodann vor dem Hintergrund der beschriebenen Erkenntnisse erneut aufgegriffen und für die theoretische Beschreibung von Beweisprozessen genutzt. Die Darstellung des Forschungsstandes orientiert sich für jede der vier Aktivitäten an drei zentralen Bereichen: (1) der Erfassung von studentischen Fähigkeiten und Schwierigkeiten bezüglich einer Aktivität, (2) dem Vorgehen von Studierenden beim Ausführen der jeweiligen Aktivität sowie (3) Konzepten und erprobten Instruktionen für die Förderung der einzelnen Aktivitäten.

3.2   Beweise verstehen

Insbesondere im Hochschulkontext verläuft das Lernen von Mathematik in erster Linie über die Auseinandersetzung mit Beweisen, die in Vorlesungen oder in Lehrbüchern präsentiert werden (Weber 2004). Über das Studieren von Beweisen sollen dabei nicht nur Wissenselemente vermittelt, sondern auch zentrale Beweisideen sowie wiederkehrende Strategien und Techniken erlernt werden, um auf diese Weise das Handlungsrepertoire der Studierenden zu erweitern und sie in die Diskursgemeinschaft einzuführen (Hanna & Barbeau 2010; Weber 2012). Das verstehensorientierte Lesen eines Beweises umfasst dabei das Decodieren der einzelnen Begriffe und Symbole sowie die Integration der neuen Wissenselemente in bestehende Wissensstrukturen. Während beim Lesen alltagssprachlicher Texte das Decodieren und häufig auch das Erschließen von Kernidee ad hoc geschehen, zeichnen sich mathematische Texte durch einen hohen Grad an Prägnanz, Präzision und Abstraktion aus, die ein aktives und wiederholtes Lesen erforderlich machen (Dawkins & Weber 2017; Heintz 2000; Shepherd et al. 2012). Mamona-Downs und Downs (2005) charakterisieren das verstehensorientierte Lesen von Beweisen daher als Problemlöseprozess und weisen auf potenzielle Barrieren hin, die sich aus der mangelnden Transparenz zwischen dem Beweisprozess und dessen Produkt ergeben (siehe Abschnitt 2.3). Diese Annahme stützend deuten Beobachtungen von Lehr-Lern-Interaktionen in der Hochschule darauf hin, dass sich Studierende im Umgang mit präsentierten Beweisen häufig verwirrt zeigen (Conradie & Frith 2000; Hersh 1993) und viele der in Vorlesungen enthaltenen Kernideen nicht als solche wahrgenommen werden (Lew et al. 2016). Wie das Beweisverständnis im Einzelnen beschrieben werden kann und welche Schwierigkeiten in diesem Zusammenhang bei Studierende auftreten, wird im Folgenden erläutert.

3.2.1   Schwierigkeiten beim Verstehen

Aufbauend auf den Arbeiten von Conradie und Frith (2000) sowie Yang und Lin (2008) entwickeln Mejia-Ramos, Fuller, Weber, Rhoads und Samkoff (2012) ein Assessmentmodell, das sich gezielt auf die Hochschulmathematik bezieht und explizit das Beweisverständnis von Studierenden adressiert. Dieses Modell umfasst sieben Dimensionen, die zusammen verschiedene Facetten des lokalen sowie globalen Beweisverständnisses abbilden. Während auf lokaler Ebene das Verständnis einzelner Elemente und Verknüpfung innerhalb des Beweises im Vordergrund steht, gilt es auf globaler Ebene den Beweis als Ganzes hinsichtlich seiner Bedeutung, seinem Aufbau und seiner Relevanz zu erfassen. Im Einzelnen konstituieren nach Mejia-Ramos et al. (2012) folgende Dimensionen ein adäquates Beweisverständnis:

1. Verständnis der Bedeutung von Begriffen und Aussagen
2. Erkennen des logischen Status von Behauptungen sowie der zugrunde liegenden Beweistechnik
3. Begründen von einzelnen Beweisschritten
4. Zusammenfassen der Kernideen
5. Identifizieren der modularen Struktur
6. Transfer der allgemeinen Ideen und Methoden auf einen anderen Kontext
7. Verdeutlichen des Beweises anhand von Beispielen

Basierend auf diesem Assessmentmodell wurden von verschiedener Seite Bemühungen unternommen, Verständnistests zu entwickeln, welche die einzelnen Dimensionen beweisspezifisch im Multiple-Choice-Format abfragen (Hodds, Alcock & Inglis 2014; Mejía-Ramos, Lew, de La Torre & Weber 2017; Neuhaus & Rach 2019). Wenngleich damit erste Ansätze zur Erforschung des Beweisverständnisses von Studierenden existieren, steht eine systematische Erfassung und empirische Fundierung desselben bislang noch aus. Dennoch deuten erste empirische Erkenntnisse darauf hin, dass Studierende bezüglich mehrerer Dimensionen des Beweisverständnisses Schwierigkeiten aufweisen. Im Hinblick auf die lokale Ebene stellen Shepherd et al. (2012) allgemein fest, dass selbst Studienanfängerinnen und -anfänger, denen eine gute allgemeine Lesekompetenz nachgewiesen wurde, beim Lesen mathematischer Texte nur wenig Aufmerksamkeit auf die Details legen, wodurch Missverständnissen und fehlerhafte Interpretationen begünstigt werden. Ebenfalls zeigen ihre Beobachtungen, dass viele Studierende mit unzureichenden konzeptuellen Vorstellungen von den behandelten mathematischen Objekten an den Text herantreten (Dimension 1). Diese Beobachtung steht im Einklang mit Forschungsergebnissen, nach denen das Beweisverständnis maßgeblich mit dem bereichsspezifischen Vorwissen zusammenhängt (Neuhaus & Rach 2019). Unabhängig von der konkreten Beweisaktivität wurden vielfach Schwierigkeiten von Studierenden berichtet, die exakte Definition eines Begriffes abzurufen, eine adäquate Vorstellung zu einem Begriff aufzubauen oder illustrierende Beispiele zu generieren (Hart 1994; Moore 1994; A. Selden & Selden 2008). Beim Verstehen eines mathematischen Beweises werden diese Schwierigkeiten durch eine fehlende Bereitschaft verstärkt, sich beim Lesen mathematischer Beweise aktiv um ein konzeptuelles Verständnis der im Beweis angeführten Aussagen zu bemühen. So geben in einer Umfrage von Weber und Mejia-Ramos (2014) rund zwei Drittel der befragten Studierenden an, beim Lesen eines Beweises keine ergänzenden Zeichnungen anzufertigen oder selbst

entwickelte Beispiele zu betrachten. Neben den Verständnisschwierigkeiten auf
konzeptueller Ebene berichten verschiedene Studien auch von Schwierigkeiten im
Umgang mit logischen Strukturen und deren Repräsentation in einer formalen Notation, wodurch es den Studierenden schwer fällt, den Status einer Aussage in Bezug
auf den gesamten Beweises einzuschätzen (Dimension 2) (Epp 2003; A. Selden
& Selden 2003; J. Selden & Selden 1995). Gleichzeitig richten Studierende ihre
Aufmerksamkeit beim Lesen eines Beweises nur bedingt darauf, wie eine Aussage
aus dem Vorhergehenden bzw. aus dem bereits Bekanntem folgt (Dimension 3). So
konnten Inglis und Alcock (2012) im Rahmen einer Eye-Tracking-Studie zeigen,
dass sich Studierende im Vergleich zu Expertinnen und Experten stärker auf Oberflächenmerkmale anstatt auf die zugrundeliegenden logischen Strukturen fokussieren. Entsprechend weisen Mathematikerinnen und Mathematiker etwa 50% mehr
Augenbewegungen zwischen zwei Beweiszeilen auf, was auf eine intensivere Suche
nach impliziten Schlussregeln hindeutet (siehe auch Alcock und Weber (2005)).

Im Vergleich zum lokalen Verständnis, bei dem vielfältige Schwierigkeiten von
Studierenden berichtet wurden, beziehen sich die Erkenntnisse bezüglich der globalen Verständnisebene (Dimensionen 4–7) in erster Linie darauf, dass Studierende
globalen Fragestellungen nur wenig Interesse entgegenbringen (Lew et al. 2016;
D. Zazkis & Zazkis 2016). Während Mathematikerinnen und Mathematiker einem
holistischen Beweisverständnis einen großen Stellenwert zuschreiben und insbesondere den Transfer der im Beweis vermittelten Ideen und Methoden auf eigene
Forschungsprojekte anstreben (Mejia-Ramos & Weber 2014; Weber 2012), fokussieren sich Studierende überwiegend auf die lokale Verständnisebene und damit
auf ein zeilenweises Durcharbeiten des Beweises (A. Selden & Selden 2003). Diese
Beobachtung wird durch die Umfrage von Weber und Mejia-Ramos (2014) bestärkt,
in der rund drei Viertel der befragten Studierenden die Auffassung vertreten, dass
sich ein adäquates Beweisverständnis vollständig aus dem Verständnis der einzelnen Beweisschritte ergibt. Insbesondere auf globaler Ebene scheinen unrealistische Erwartungen und damit einhergehend eine mangelnde Bereitschaft, sich aktiv
und über mit dem Beweis auseinanderzusetzen, die Entwicklung eines adäquaten
Beweisverständnisses zu erschweren (Weber & Mejia-Ramos 2014).

3.2.2 Lesestrategien beim Verstehen

Im Rahmen einer Interviewstudie, in der vier, überwiegend erfolgreiche Studierende verschiedene Beweise paarweise lasen und anschließend gemeinsam Verständnisfragen beantworteten, konnte Weber (2015) sechs Lesestrategien identifizieren, die das verständnisorientierte Lesen auf effektive Weise unterstützen könn-

ten. Die Strategien sprechen dabei sowohl Elemente eines lokalen als auch eines globalen Beweisverständnisses an und lassen sich mit verschiedenen Dimensionen des Modells von Mejia-Ramos et al. (2012) in Verbindung bringen. Im Einzelnen beschreibt Weber (2015) folgende Strategien:

1. Verstehen des zu beweisenden Satzes durch Wiedergabe in eigenen Worten und/oder durch Darstellung in formal-logischer Notation
2. Sammeln eigener Beweisideen, bevor der Beweis gelesen wird
3. Identifizieren der Beweistechnik
4. Untergliedern des Beweises in Teilbeweise
5. Veranschaulichen von schwer verständlichen Aussagen anhand von Beispielen
6. Vergleich der im Beweis verwendeten Methoden mit dem eigenen Ansatz

Um das Potenzial dieser sechs Strategien über die Einzelfallstudien hinaus zu ergründen, wurde im Anschluss an die qualitative Interviewstudie eine internet-basierte Umfrage mit 83 Mathematikerinnen und Mathematikern durchgeführt, bei der diese gebeten wurden, einzuschätzen, inwiefern es sich bei den einzelnen Strategien um erstrebenswerte Vorgehensweisen beim Lesen mathematischer Beweise handelt (Weber 2015). Obwohl der Grad der Zustimmung über die verschiedenen Strategien hinweg variiert, kann eine überwiegende Empfehlung für nahezu alle der gelisteten Strategien festgestellt werden. Eine Ausnahme bildet hier die erste Strategie: Die Darstellung des zu beweisenden Satzes in formal-logischer Notation wird von rund zwei Drittel der befragten Mathematikerinnen und Mathematiker als wenig hilfreich für ihre Studierenden eingestuft. Als besonders erstrebenswert werden hingegen die Strategien *Entwicklung eines eigenen Beweises* (2), *Untergliederung in Teilbeweise* (4) und *Vergleich mit eigener Herangehensweise* (6) bewertet. Diesen eindeutigen Empfehlungen von Seiten der Lehrenden stehen Erkenntnisse zur Strategienutzung von Studierenden gegenüber. So gibt in einer Umfrage von 175 Studierenden höheren Semesters weniger als ein Drittel der Befragten an, die drei von Expertinnen und Experten in besonderer Weise nahegelegten Strategien im eigenen Leseprozess zu nutzen (Weber & Mejia-Ramos 2013a). Bei der Bewertung dieses Ergebnisses bleibt jedoch zu berücksichtigen, dass bislang kaum empirische Evidenz für einen positiven Einfluss der (selbstberichteten) Strategieanwendung auf das Beweisverständnis vorliegt. So konnten Neuhaus und Rach (2019) lediglich einen positiven Zusammenhang zwischen dem Untergliedern eines Beweises und dem Beweisverständnis nachweisen und berichten für die Strategie *Identifizieren der Beweistechnik* sogar einen negativen Zusammenhang.

Insgesamt zeigt sich, dass, obwohl erfolgreiche Studierende durchaus in der Lage sind, effektive und als erstrebenswert angesehene Lesestrategien zu entwickeln, die

Mehrheit der Studierenden derartige Strategien nur bedingt anwendet. Offen bleibt dabei, inwieweit die benannten Strategien auch für weniger erfolgreiche Studierende hilfreich sind und in welchem Maße der geringe Stellenwert, den die Strategien im Leseprozess bei vielen Studierenden einnehmen, auf die inadäquaten Vorstellungen bezüglich der Anforderungen mathematischen Lesens zurückzuführen sind. Gleichzeitig werden in den hier beschriebenen Studien ebenso wenig Lesestrategien, die von weniger erfolgreichen Studierenden angewandt werden, wie solche, die von erfahrenen Mathematikerinnen und Mathematikern, aber nicht von Studierenden genutzt werden, erfasst. Einen direkten Experten-Novizen-Vergleich streben Shepherd und van de Sande (2014) an, die sich jedoch nicht ausschließlich auf das Lesen von Beweisen beziehen, sondern die Vorgehensweisen von erfahrenen und weniger erfahrenen Lesern beim Studieren eines Lehrbuchauszugs allgemein untersuchen. Über den Vergleich der Leseprozesse von sechs Expertinnen und Experten (Masterstudierende, Promovierende sowie Hochschullehrende) mit denen von elf Studienanfängerinnen und -anfänger konnten sie insgesamt acht verschiedene Lesestrategien herausarbeiten, die sich den drei Bereichen *Lesefluss* („mathematical fluency"), *Verständniskontrolle* („comprehension monitoring") und *Anstrengung* („engagement") zuordnen lassen. Über alle Strategien hinweg zeigt sich dabei die Tendenz, dass die einzelnen Verfahrensweisen zwar von allen Studentteilnehmerinnen und -teilnehmern in gleicher Weise verwendet werden, die Intensität und die Qualität der Anwendung jedoch mit dem Erfahrungsschatz der Personen zunimmt (Shepherd & van de Sande 2014). Im Bereich des Leseflusses zeichnen sich erfahrende Leser bspw. dadurch aus, dass sie im Text genannte Begriffe und Symbole mühelos aufgreifen und auch komplexe Formelelemente oder überflogene Textpassagen unmittelbar in ihrer Bedeutung erfassen können. Zudem führen sie häufiger tiefgreifende Verständniskontrollen durch und zeigen eine höhere Bereitschaft, sich wiederholt mit schwer verständlichen Abschnitten auseinanderzusetzen. Hierbei gehen sie auch über die Textbasis hinaus und nutzen verschiedene Repräsentationsformen, um das Gelesene mit Bedeutung zu füllen. Im Vergleich dazu ist der Leseprozess von Studienanfängerinnen und -anfängern eng an die im Text dargebotenen Informationsbasis gebunden, wodurch die von Weber und Mejia-Ramos (2014) beschriebene Erwartungshaltung gegenüber dem Leseprozess zum Ausdruck kommt. Die Erkenntnisse von Shepherd und van de Sande (2014) bestätigen somit, dass das Lesen eines mathematischen Texts den flexiblen und aktiven Umgang mit den im Text gegebenen Informationen erfordert, Studierende sich jedoch in hohen Maße von der gegebenen Textstruktur lenken lassen. Ein solches Vorgehen resultiert sodann in einem Beweisverständnisses, dass nur bedingt Dimensionen der globalen Ebene mit einschließt. Im Gegensatz dazu legen Interviewstudien von Mejia-Ramos und Weber (2014) sowie Weber (2008) nahe, dass Mathematikerinnen und

Mathematiker beim Verstehen eines Beweises das lokale und das globale Beweisverständnis verbinden, indem sie zeilenweise und modulare Lesestrategien miteinander kombinieren. So geben sie an, zunächst den gesamten Beweis zu überfliegen und sich einen Überblick über die wesentlichen Strukturen zu verschaffen, bevor sie den Beweis im Detail lesen. Ein solches Vorgehen konnte jedoch bislang weder bei Studierenden noch bei Mathematikerinnen und Mathematikern über die Auswertung von Eye-Tracking-Daten nachgewiesen werden (Inglis & Alcock 2012). In welchem Maße Mathematikerinnen und Mathematiker Beweise überfliegen, um ein globales Begriffsverständnis zu fördern, und inwiefern dies eine effektive Lesestrategie für Studierende darstellt, bleibt daher zunächst offen (Inglis & Alcock 2013; Weber & Mejia-Ramos 2013b).

3.2.3 Förderkonzepte

Die vorgestellten Ergebnisse machen deutlich, dass es sich beim Verstehen eines Beweises um einen komplexen Prozess handelt, dessen vielfältige Anforderungen potenzielle Schwierigkeiten für Studierende darstellen. Während auf studentischer Ebene Defizite im Beweisverständnis berichtet und inadäquate Lesestrategien attestiert werden, reift auf institutioneller Ebene die Erkenntnis, dass traditionelle Mathematikvorlesungen nur in geringem Maße zur Förderung eines adäquaten Umgangs mit Beweisen beitragen können (Weber 2012). Um dem entgegenzuwirken, wurden verschiedene Förderkonzepte entwickelt, die im Wesentlichen auf zwei verschiedenen Ansätzen beruhen: Auf der einen Seite stehen Strategietrainings, bei denen Studierenden explizit Lesestrategien vermittelt werden, die sich für Mathematikerinnen und Mathematiker bzw. für erfolgreiche Studierende als effektiv erwiesen haben. Den anderen Zugang bilden verschiedene Ansätze, die als Reaktion auf charakteristische Schwierigkeiten Modifikationen in der Beweispräsentation vornehmen und so das Beweisverständnis erleichtern wollen. Indem die präsentierten Beweise mit zusätzlichen Informationen angereichert werden, soll die Transparenz zwischen Beweisprozess und Produkt erhöht und so Hürden im Verstehensprozess abgebaut werden. Ein Beispiel für einen solchen Ansatz besteht in der Darstellung des Beweises als *strukturierter Beweise* und geht auf Leron (1983) zurück. Anstatt den Beweis in linearer Form zu präsentieren, wird die Darstellung hier an verschiedenen Ebenen ausgerichtet. Auf der ersten Ebene wird zunächst die Kernidee des Beweises zusammengefasst und eine Übersicht über die Beweisstruktur gegeben. Das aufgespannte Beweisgerüst wird anschließend schrittweise mit Details angereichert, indem sukzessive Teilbeweise ergänzt und so die Kernideen der jeweils höheren Ebene hergeleitet werden. Auf diese Weise entsteht eine mehrstufige Beweisdarstellung, bei der jede Ebene einen Zuwachs an Informationen beschreibt (Leron 1983). Aus theoretischer Perspektive ist eine solche Präsentation vielversprechend, da auf diese Weise die globale Sicht auf Beweise gestärkt und ein Verständnis dafür gefördert wird, welche Rolle die einzelne Aussage im Beweis einnimmt (Fuller et al. 2011; Hersh 1993; A. Selden & Selden 2008). Unter empirischen Gesichtspunkten konnte der Mehrwert einer strukturierten Darstellung für das Beweisverständnis jedoch nur bedingt bestätigt werden. In einer experimentellen Studie von Fuller et al. (2011) erreichten Studierende signifikant bessere Ergebnisse im Bereich der Beweiszusammenfassung, wenn sie zuvor einen strukturierten Beweis gelesen hatten. Es konnten jedoch keine signifikanten Unterschiede zwischen der Experimental- und der Kontrollgruppe hinsichtlich anderer Verständnisdimensionen, wie dem Transfer oder der Begründung einzelner Beweisschritte, festgestellt werden. Dabei erzielten Studierende, die zuvor einen traditionellen linearen Beweis gelesen hatten, in diesen Dimensionen sogar tendenziell bessere Leistungen. Ähnlich ernüchternde Ergebnisse liefern Studien zum Einsatz von *generischen* und *elektronischen Beweisen*. Während generische Beweise den Beweis anhand eines verallgemeinerbaren Beispiels vollziehen und damit naturgemäß leichter zugänglich sein sollten (Rowland (2002), siehe auch Abschnitt 2.1), basieren elektronische Beweise auf traditionellen, linearen Beweisdarstellungen, bei denen das Beweisverständnis durch ergänzende Erläuterungen und Einblendungen gefördert werden soll (Alcock & Wilkinson 2011). Neben Visualisierungen und Audiokommentaren können sich Studierenden hier verschiedene Teile des Beweises ein- und ausblenden sowie Verknüpfungen zwischen einzelnen Beweiszeilen anzeigen lassen. Sowohl die Präsentation von generischen als auch elektronischen Beweisen wird von Studierenden als sehr hilfreich und verständnisfördernd bewertet (Rowland 2002; Roy, Inglis & Alcock 2017; Weber et al. 2012). Dennoch konnten in experimentellen Studien keine signifikant positiven Zusammenhänge zwischen der jeweiligen Beweispräsentation und einem reichhaltigen Beweisverständnis nachgewiesen werden. Im Vergleich generischer und traditioneller Beweise beantworteten Studierende, die sich mit einem generischen Beweis befassten, beispielbezogene Verständnisfragen, wie die Anwendung des Beweises auf Beispiele, zwar tendenziell besser, ein signifikanter Zusammenhang konnte jedoch nicht berichtet werden (Weber et al. 2012). Im Gegensatz dazu erreichten Studierende, die einen traditionellen Beweis lasen, signifikant bessere Ergebnisse bei Verständnisfragen, die sich auf den Transfer der Beweisidee oder die Verknüpfung einzelner Beweisschritte bezogen. Ähnliche Ergebnisse liegen für die Nutzung elektronischer Beweise vor. Während unmittelbar nach der Bearbeitung eines traditionellen oder elektronischen Beweise keine signifikanten Unterschied zwischen den Studierendengruppen gemessen wurden, erzielte die Kontrollgruppe in einem um zwei Wochen verzögerten Follow-Up-Test jedoch signifikant bessere

Ergebnisse als die Experimentalgruppe (Roy et al., 2017). Als mögliche Erklärungen werden über die verschiedenen Studien hinweg sowohl methodische Aspekte wie das Studiendesign und die Vertrautheit der Studierenden mit den jeweiligen Präsentationsformen als auch inhaltliche Gründe diskutiert. So ist bspw. denkbar, dass sich durch die ergänzten Informationen zusätzliche Schwierigkeiten im Hinblick auf die individuelle Wissensorganisation ergeben (Roy et al. 2017; Fuller et al. 2011; Weber et al. 2012). Wenngleich durchaus Situationen denkbar sind, in denen strukturierte, generische oder elektronische Beweise das Beweisverständnis erleichtern können, scheint es dennoch sinnvoll, einen stärker offensiven Ansatz zu verfolgen und die Fähigkeiten der Studierenden, mathematische Beweise zu lesen, gezielt zu fördern. Derartige Ansätze basieren im Allgemeinen auf Experten-Novizen-Vergleichen im Bereich der Lesestrategien und erproben instruktive Designs, in denen Studierende effektive Lesestrategien erlernen sollen. So entwickeln Samkoff und Weber (2015) ein freiwilliges, semesterbegleitendes Angebot, in dessen Rahmen Studierende die Anwendung der von Weber (2015) berichteten Lesestrategien sukzessive einüben. Methodisch orientiert sich der Kurs an einem reziproken Unterrichtdesign, bei dem eine Simulation des Strategieeinsatzes durch die Lehrperson mit einem gezielten Feedback zur Strategieanwendung kombiniert wird. Als Grundlage dient dabei eine eigens erstellte Übersicht über mögliche Lesestrategien, welche durch konkrete Handlungsanweisungen und Impulsfragen näher bestimmt werden. Samkoff und Weber (2015) evaluieren ihr Konzept, indem sie die studentische Implementation der einzelnen Strategien analysieren und Verständnisfragen nach dem Modell von Mejia-Ramos et al. (2012) in die einzelnen Sitzungen integrieren. Ihre Beobachtungen von insgesamt zehn Studierenden legen nahe, dass ein effektiver und gewinnbringender Einsatz der berücksichtigten Lesestrategien gezielt gefördert werden kann, wobei einzelne Strategien leichter implementiert werden können als andere. Eine Ausnahme bildet die Strategie *Untergliedern des Beweises*, die sich in der Entwicklung eines Beweisverständnisses als wenig hilfreich erwiesen hat. Für die übrigen Strategien konnten detaillierte Gelingensbedingungen herausgearbeitet werden, sodass die Intervention ein überarbeitetes und erprobtes Strategiepapier hervorbringt, auf dessen Basis weitere, größer angelegte Interventionen durchgeführt werden können. Samkoff und Weber (2015) weisen jedoch darauf hin, dass ihre Strategieübersicht unter Umständen nicht vollständig und eine Ergänzung weiterer Lesestrategien somit nicht ausgeschlossen ist.

Einen etwas anders Ansatz des Strategietrainings verfolgen Hodds et al. (2014), indem sie keine konkreten Lesestrategien, sondern solche zur Selbsterklärung vermitteln. Während eines etwa 20-minütigen, materialgestützten Selbsterklärungstrainings werden die Studierenden instruiert, die Kernideen eines Beweises herauszuarbeiten und für jeden Beweisschritt zu erläutern, welche Bedeutung diesem im

Gesamtbeweis zukommt. Mithilfe von Impulsfragen und unterstützt durch eine bei-
spielhafte Beweiserarbeitung sollen die Studierenden dazu angeregt werden, das
Gelesene in vielfältiger Weise zu hinterfragen sowie im Beweis angelegte Konzepte und Ideen mit dem persönlichen Vorwissen zu verknüpfen. Um zu untersuchen, in welchem Maße sich ein solches Selbsterklärungstraining positiv auf das
Beweisverständnis auswirkt, wurden drei verschiedene Studien durchgeführt. Dabei
konnte bestätigt werden, dass Studierende, die zuvor an einem Selbsterklärungstraining teilnahmen, sowohl in Laborsituationen als auch im Rahmen einer regulären
Lehrveranstaltung signifikant bessere Ergebnisse in Beweisverständnistests erzielten, als solche, die kein solches Training durchlaufen hatten. Darüber hinaus zeigen
weitere Analysen, dass Studierende mit Selbsterklärungstrainings qualitativ hoch-
wertigere Erklärungen entwickelten und in Bezug auf die Auswertung von Eye-
Tracking-Daten längere Fixationszeiten sowie häufigere Zeilenwechsel aufwiesen.
Die Autoren werten dies als Indiz für eine intensivere und kognitiv anspruchsvollere
Auseinandersetzung mit den einzelnen Beweisschritten, wodurch das Potenzial von
Selbsterklärungstrainings bestärkt wird (Hodds et al. 2014).

3.3   Beweise validieren und evaluieren

Das Validieren und Evaluieren von Beweisen stellt eine zentrale, wenn auch häufig
im Studienalltag unterrepräsentierte Komponente des mathematischen Beweisens
dar (A. Selden & Selden 2003; Weber 2004). Das Überprüfen eines Beweises wird
hier oftmals weder extrinsisch im Rahmen von Übungsaufgaben angeregt, noch
intrinsisch durch eine kritische Haltung gegenüber präsentierten Beweisen motiviert. Dennoch nehmen die Aktivitäten des Validierens und Evaluierens eine ent-
scheidende Rolle im Enkulturationsprozess der Studierenden ein: Wer zulässige
und unzulässige Beweise nicht voneinander unterscheiden kann, entwickelt unter
Umständen ein inadäquates Konzept mathematischer Evidenz, wodurch eine verständnisvolle und gewinnbringende Auseinandersetzung mit präsentierten Beweisen erschwert wird (A. Selden & Selden 2003; Weber 2010). In diesem Sinne stellt
das Validieren mathematischer Beweise auch eine Möglichkeit dar, seine persönliche Vorstellung von Evidenz und Überzeugung zu reflektieren und sich auf diese
Weise der sozio-mathematischen Normen zu vergewissern. In den im Folgenden
vorgestellten Studien wird dabei überwiegend dichotom zwischen gültigen und
nicht gültigen Beweisen unterschieden und keine Bewertungen hinsichtlich weiterer Merkmale vorgenommen. Die Studien sind damit überwiegend im Kontext
des Validierens zu verorten.

3.3.1   Schwierigkeiten beim Validieren und Evaluieren

Verschiedene Studien aus unterschiedlichen Ländern zeigen übereinstimmend, dass sowohl Studienanfängerinnen und -anfänger als auch fortgeschrittene Studierende große Schwierigkeiten aufweisen, gültige und unzulässige Beweise voneinander zu unterscheiden. Die Studien greifen dabei im Allgemeinen auf Testverfahren zurück, bei denen Studierenden verschiedene potenzielle Beweise zu einer Aussage vorgelegt und sie gebeten werden, die einzelnen Beweise hinsichtlich ihrer Gültigkeit zu bewerten. Im Rahmen einer solchen Studie untersuchten A. Selden und Selden (2003) das Validierungsverhalten von acht Studierenden und kommen zu dem Ergebnis, dass lediglich 46% der initialen studentischen Bewertungen korrekte Einschätzungen darstellen. Dass sich das studentische Urteil kaum von der Ratewahrscheinlichkeit unterscheidet, wird von einer Reihe weiterer Studien bestätigt, die über verschiedene Fachgebiete hinweg ähnlich moderate Leistungen bei der Beweisvalidierung berichten (Inglis & Alcock 2012; Ko & Knuth 2013; Sommerhoff & Ufer 2019; Weber 2010). Als Ursache für diese wenig zuverlässigen Bewertungen werden insbesondere die einer Beweisvalidierung zugrunde liegenden *Akzeptanzkriterien* diskutiert. Mit dem Begriff der Akzeptanzkriterien werden dabei diejenigen Kriterien beschrieben, die ein Beweis jeweils erfüllen muss, damit ein Individuum diesen als überzeugend oder valide bewertet (Heinze 2010; Sommerhoff & Ufer 2019). Studentische Schwierigkeiten bei der Beweisvalidierung können demnach darauf zurückgeführt werden, dass sich die Studierenden an inadäquaten Akzeptanzkriterien orientieren oder Schwierigkeiten aufweisen, einen Beweis anhand dieser Kriterien zu überprüfen. Wenngleich innerhalb der Mathematik keine allgemein gültigen Akzeptanzkriterien existieren[1], so gibt es doch einzelne Kriterien, die in Form von Minimalkriterien über verschiedene Fachgebiete hinweg geteilt und deren Einhaltung als notwendige Voraussetzung für einen gültigen Beweis angesehen werden (Heintz 2000; A. Selden & Selden 2003). Heinze und Reiss (2003) unterscheiden in diesem Zusammenhang zwischen den drei Kriterien *Beweisschema*, *Beweisstruktur* und *Beweiskette*. Diese werden im Folgenden einzeln vorgestellt und in Bezug auf die hieraus erwachsenen Schwierigkeiten diskutiert.

---

[1]Mehrere Studien stellten übereinstimmend fest, dass keine einheitlichen, von allen Mitgliedern der Diskursgemeinschaft in gleicher Weise geteilten Akzeptanzkriterien existieren (Hanna & Jahnke 1993; Inglis & Alcock 2012; Inglis et al., 2013; Weber 2008). Die Varianz in der Beweisvalidierung lässt sich dabei zum einen darauf zurückführen, dass die Diskursgemeinschaft aus verschiedenen bereichsspezifischen Untergruppen besteht, in denen jeweils unterschiedliche Normen hervorgehoben werden (Inglis et al., 2013; Thurston 1994). Zum anderen führt ein relatives Beweiskonzept, dazu, dass auch die Akzeptanzkriterien eine gewisse Varianz abbilden müssen.

Beweisstruktur

Die Beweisstruktur beschreibt auf globaler Ebene den allgemeinen Aufbau eines Beweises und ist damit eng mit dem Begriff des *Proof Framework* von J. Selden und Selden (2009b) verbunden. A. Selden und Selden (2003) führen die von ihnen beobachteten niedrigen Validierungsleistungen in erster Linie auf mangelnde Fähigkeiten zurück, die zugrundeliegende Beweisstruktur zu erfassen und sie in Bezug auf die zu zeigende Aussage zu prüfen. Studierenden fällt es demnach schwer, ein inadäquates *Proof Framework* als solches zu erkennen, wodurch vermehrt Fehleinschätzungen bei Beweisen auftreten, die Zirkelschlüsse enthalten oder anstatt der zu zeigenden Implikation deren Umkehrung nachweisen (A. Selden & Selden 2003; Sommerhoff & Ufer 2019; Weber 2010). Dabei ist anzunehmen, dass die Schwierigkeiten im Umgang mit der Beweisstruktur zum einen auf einem geringen Bewusstsein für mögliche strukturelle Inkonsistenzen beruhen und zum anderen auf grundlegende Defizite im Bereich der Aussagenlogik zurückgehen. So weisen verschiedene Studien darauf hin, dass Studierende ihre Aufmerksamkeit vermehrt auf lokale Elemente des Beweises richten, anstatt nach Unstimmigkeiten auf globaler Ebene Ausschau zu halten (Inglis & Alcock 2012; A. Selden & Selden 2003). Im Hinblick auf eine formal-logische Notation berichten J. Selden und Selden (1995), dass die überwiegende Mehrheit der von ihnen untersuchten 61 Studierenden, nicht imstande war, informale Aussagen in eine formale Schreibweise zu überführen und so die zugrundeliegende logische Struktur offen zu legen. Damit einher gehen Schwierigkeiten, die Äquivalenz von zwei Aussagen, wie der Implikation und ihrer Kontraposition, anzuerkennen und darauf aufbauend die Struktur indirekter Beweise nachvollziehen zu können (Antonini & Mariotti 2008; A. J. Stylianides, Stylianides & Philippou 2004). Sowohl das Aufdecken der logischen Struktur als auch der flexibler Umgang mit verschiedenen Beweistechniken gelten dabei als Voraussetzungen, um ein *Proof Framework* antizipieren und damit einen Beweis validieren zu können (J. Selden & Selden 1995).

Beweiskette

Das Kriterium der Beweiskette beschreibt, auf welche Weise die einzelnen Argumente im Rahmen der allgemeinen Beweisstruktur miteinander verknüpft sind. Hier gilt es auf lokaler Ebene zu prüfen, wie ein Beweisschritt aus dem Vorhergehenden bzw. aus bereits Bekanntem folgt und welche (implizite) Schlussregel diesen Schluss absichert. Obwohl es Studierenden gemeinhin leichter fällt, Fehler auf lokaler als auf globaler Ebene aufzudecken, berichten verschiedene Studien auch in Bezug auf die Beweiskette von studentischen Unsicherheiten, ungültige Beweisschritte als solche zu identifizieren (Alcock & Weber 2005; Inglis & Alcock 2012; Weber 2010). Aufbauend auf dem Argumentationsmodell nach Toulmin (1958) untersuchten Alcock und Weber (2005) in einer Interviewstudie mit 13 Studierenden, welche Komponenten eines Beweises Studierende berücksichtigen, wenn sie diesen im Hinblick auf seine Gültigkeit beurteilen (für das Toulmin-Schema siehe Abschnitt 2.2). Ein großer Anteil der beobachteten Validierungsaktivitäten fokussierte dabei die Komponente der Konklusion, wohingegen Schlussregeln nur geringfügig Beachtung fanden. Insbesondere in solchen Fällen, in denen die verwendeten Schlussregeln implizit bleiben, fällt es demnach vielen Studierenden schwer, diese zu identifizieren und so die Verknüpfung zweier Beweiszeilen zu überprüfen.

Beweisschema

Das Beweisschema bezieht sich auf die Ebene des einzelnen Arguments und bestimmt, welche Schlüsse innerhalb eines Beweises als zulässig gelten. Schwierigkeiten bei der Beweisvalidierung, die sich in einem inadäquaten Beweisschema begründen, äußern sich demnach bspw. darin, dass unreflektierte Beispielbetrachtungen als gültige Beweise anerkannt werden. Unter dem Begriff des Beweisschemas werden somit primär Schwierigkeiten epistemologischer Natur erfasst, die mit fehlerhaften Vorstellungen davon einhergehen, welche Formen der Argumentation eine Aussage hinreichend stützen. In ihren detaillierten und einflussreichen Arbeiten identifizieren Harel und Sowder (1996, 1998) über Interviews und Lehrexperimente verschiedene studentische Beweisschemata, die sich jeweils einer der drei übergeordneten Kategorien *externe Überzeugung*, *Empirie* und *Analytik* zuordnen lassen. Jede Kategorie beschreibt dabei die primäre Bezugsquelle, die für die Entwicklung von Überzeugung herangezogen wird. Unter einem analytischen Beweisschema wird Überzeugung demnach aus logisch zergliedernden Verfahren gewonnen, wodurch deduktiv-axiomatische sowie generisch verallgemeinerbare Argumentationen hervorgehoben werden. Durch ihre deduktive Orientierung gelten analytische Beweisschemata als die aus mathematischer Sicht anzustrebenden Akzeptanzkriterien und werden entsprechend als Voraussetzung für eine erfolgreiche Beweisvalidierung angesehen (Heinze & Reiss 2003). Akzeptanzkriterien, die sich auf externe Überzeugungen und empirische Argumente beziehen, finden in der mathematischen Praxis zwar Anwendung (siehe folgenden Abschnitt), gelten jedoch insbesondere zu Studienbeginn als wenig zielführend.

Die Beweisakzeptanz bei Beweisschemata, die auf eine externe Überzeugung zurückgehen, orientiert sich an äußeren, nicht bedeutungsbezogenen Beweismerkmalen. Diese können einerseits durch Vorgaben einer Autorität wie dem Lehrbuch, der Lehrperson oder einer anderen, fachlich hoch geschätzten Person gegeben sein, oder sich andererseits unmittelbar auf die Beweisdarstellung beziehen und bestimmte Oberflächenmerkmale fokussieren. In einer Untersuchung von Martin und Harel (1989) tendieren einige Studierende bspw. dazu, Beweise primär anhand ihrer Darstellung zu bewerten und ihre Akzeptanz an Oberflächenmerkmale zu knüpfen, die sie als charakteristisch für einen Beweis ansehen. In ähnlicher

Weise lehnen drei von 13 Studierenden in der Untersuchung von Alcock und Weber (2005) einen Beweis aus dem Grund ab, weil dieser keine direkte Anwendung einer Definitionen beinhaltet.

Als dritte Kategorie umfassen empirische Beweischemata Argumente, bei denen die Überzeugung auf reinen Beispielbetrachtungen oder visuellen und enaktiven Wahrnehmungen beruht. Erkenntnisse dazu, in welchem Maße Studierende empirische Beweisschemata bei der Beweisvalidierung aktivieren, variieren je nach Forschungsdesign und Zielgruppe (Harel & Sowder 1998; Martin & Harel 1989; Sommerhoff & Ufer 2019; G. J. Stylianides & Stylianides 2009). Insgesamt legen die verschiedenen Untersuchungen dennoch nahe, dass epistemologischen Schwierigkeiten als Ursache moderater Validierungsleistungen zu Studienbeginn von Bedeutung sein können, sich die individuellen Vorstellungen von einem Beweis mit Fortschreiten des Studiums jedoch zunehmend den sozio-mathematischen Normen im Universitätskontext annähern (Pfeiffer 2011; Weber 2010). Gleichzeitig zeigen die Studien auch, dass Validität und Überzeugung von vielen Studierenden als zwei unterschiedliche und bis zu einem gewissen Grad unabhängige Konzepte verinnerlicht werden, die es ermöglichen, eine Beispielbetrachtung gleichzeitig als überzeugend, aber nicht als valide anzusehen. Eine solche Entwicklung berichtet bspw. Segal (1999) anhand einer Längsschnittstudie, in der sie 37 Studierende über ihr erstes Studienjahr hinweg begleitete und dabei wiederholt die Überzeugungskraft sowie die Validität von deduktiven Beweisen und empirischen Argumenten einschätzen ließ. Die Ergebnisse zeigen, dass rund 70% der Studierenden zu Beginn ihres Studiums empirische Argumente als überzeugend einstufen und diese Einschätzung im Verlauf des ersten Studienjahrs keinen signifikanten Änderungen unterliegt. Im Gegensatz dazu stieg der Anteil der Studierenden, die eine Beispielbetrachtung unter Gesichtspunkten der Validität als Beweis ablehnten, mit Fortschreiten des Studiums von initial 15% auf schließlich 60% an. Sensibilisiert durch diese Ergebnisse konzipierte Weber (2010) eine Studie, in der er 28 fortgeschrittene Studierende gezielt nach ihrer Einschätzung bezüglich des Überzeugungsgrads und der Validität empirischer, deduktiver sowie zeichnungsbasierter Beweise befragte. Die zuvor berichteten Ergebnisse relativierend lehnte die überwiegende Mehrheit der von Weber (2010) befragten Studierenden Beispielbetrachtungen als gültige Beweise ab und bewertete diese auch nicht als überzeugend. Dennoch werden auch hier insofern keine einheitlichen Bewertungen bezüglich des Überzeugungsgrads und der Validität eines Beweises erzielt, als gültige, deduktive Beweise nicht immer als überzeugend angesehen und umgekehrt zeichnungsbasierte Beweise vereinzelt zwar als überzeugend, aber nicht als valide eingeschätzt werden. Während Validität überwiegend dichotom verstanden wird und von den sozio-mathematischen Normen der jeweiligen Diskursgemeinschaft geprägt ist, zeichnet sich Überzeugung durch einen relativen Charakter aus und ist in erster Linie von dem persönlichen Verständnis einer Argumentation abhängig. Inwiefern Kriterien der Überzeugung auch als solche der Validität dienen können, diskutiert der folgende Abschnitt.

Verständnisorientierte Akzeptanzkriterien
Ausgehend von der beobachteten Divergenz zwischen persönlicher Überzeugung und Validitätsbewusstsein diskutieren verschiedene Studien, inwiefern Schwierigkeiten bei der Beweisvalidierung auf eine Fokussierung ungeeigneter Akzeptanzkriterien zurückzuführen sind. So beobachten bspw. A. Selden und Selden (2003), dass sich die Studierenden in ihrer Studie weniger an strukturellen Akzeptanzkriterien orientieren, sondern sich vielmehr von intuitiven Einschätzungen und subjektiven Überzeugungen leiten lassen. In ähnlicher Weise tendieren die Studierende in der Untersuchung von Sommerhoff und Ufer (2019) dazu, neben den oben genannten Kriterien auch ihr individuelles Verständnis eines Beweises für dessen Validierung heranzuziehen. Während verständnisorientierte Kriterien bei studentischen Beweisvalidierungen häufig als Ursache für Fehleinschätzungen diskutiert werden, legen Selbstberichte von Mathematikerinnen und Mathematikern nahe, dass die Akzeptanz eines Beweises in der mathematischen Praxis ebenfalls von sekundären Faktoren beeinflusst werden kann: „Understanding, significance, compatibility, reputation and convincing argument are ‚positive motivators' to acceptance" (Hanna 1989, S. 22). In Übereinstimmung mit Hanna berichten verschiedene Studien, dass die Beweisvalidierung von Mathematikerinnen und Mathematiker nicht allein auf einer deduktive Durcharbeitung des Beweises beruht, sondern abhängig vom Anspruch des Beweises und dessen Publikationsform ebenso von empirischen, intuitiven oder autoritären Argumenten geprägt sein kann (Heinze 2010; Inglis & Mejia-Ramos 2009; Mejia-Ramos & Weber 2014; Weber 2008; Weber & Mejia-Ramos 2011). Demnach kann die Anwendung vielfältiger Akzeptanzkriterien durchaus zielführend sein, sofern nicht-deduktive Formen der Evidenz angemessen reflektiert und persönliche Überzeugungen mit Validitätsansprüchen verknüpft werden. Insbesondere zu Beginn des Enkulturationsprozess ist jedoch denkbar, dass die erklärende und die verifizierende Funktion von Beweisen mit unterschiedlichen Ansprüchen verbunden sind und eine Verknüpfung von Überzeugung und Validität nicht zwingend zu einer korrekten Einschätzung führt.

Die in diesem Abschnitt dargestellten Studien verdeutlichen, dass das Validieren von Beweisen mit vielfältigen Schwierigkeiten verbunden ist. Diese stehen in einem engen Zusammenhang mit den Akzeptanzkriterien, die von einer Person an einen Beweis herangetragen werden, und äußern sich sowohl als Produktions- als auch als Implementationsschwierigkeiten. So zeugen die berichteten Ergebnisse auf der einen Seite von einem mangelnden Bewusstsein für bestimmte strukturelle Kriterien und dokumentieren auf der anderen Seite Schwierigkeiten, die verinnerlichten

Kriterien im Validierungsprozess zielführend anzuwenden. Im Hinblick auf eine mögliche Förderung von Studierenden ist somit neben der Vermittlung geeigneter Akzeptanzkriterien von Interesse, wie Akzeptanzkriterien im Validierungsprozess erfolgreich implementiert werden können. Einen Beitrag hierzu leisten prozessorientierte Studien, welche das Vorgehen von Studierenden bei der Beweisvalidierung im Vergleich zu dem von Mathematikerinnen und Mathematikern betrachten.

3.3.2 Lesestrategien beim Validieren und Evaluieren

Dem Evaluieren liegt ein komplexer Prozess zugrunde, bei dem verschiedene Aktivitäten miteinander verknüpft werden, um schließlich eine Aussage über die Validität, den Überzeugungsgrad oder die Schönheit eines Beweises treffen zu können:

> Validation can include asking and answering questions, asserting to claims, constructing subproofs, remembering or finding and interpreting other theorems and definitions, complying with instructions (e.g., to consider or name something), and consious (but probably nonverbal) feelings of rightness or wrongness (A. Selden & Selden 2013, S. 5).

Wie Mathematikerinnen und Mathematiker im Einzelnen bei der Beweisvalidierung vorgehen, untersucht Weber (2008), indem er acht Mathematikerinnen und Mathematiker bei der Bewertung studentischer sowie wissenschaftlicher Beweise beobachtete und in einem anschließenden Interview zu ihren Strategien befragte. Als eine der zentralen Erkenntnisse berichtet er von einem wechselnden Fokus zwischen der globalen und der lokalen Beweisebene, welcher den Prozess der Validierung begleitet. So tendieren die beobachteten Mathematikerinnen und Mathematiker dazu, zunächst die allgemeine Struktur des Beweises zu prüfen, bevor sie den Beweis zeilenweise durcharbeiten. Einen derartigen Wechsel in der Aufmerksamkeit bestätigen auch Weber und Mejia-Ramos (2011) anhand einer Interviewstudie mit neun Mathematikerinnen und Mathematiker und beschreiben ein solches Vorgehen als Kombination einer *zooming in*- und einer *zooming out*-Strategie. Während beim *zooming in* die einzelnen Beweisschritte im Detail betrachtet werden, wird beim *zooming out* der Beweis als Ganzes fokussiert und auf seine übergeordneten Methoden und Strukturen hin abstrahiert. Auf diese Weise wird die Verknüpfung einer lokalen und globalen Betrachtung ermöglicht und die Integration der logischen Details in einen übergeordneten Kontext unterstützt (Weber & Mejia-Ramos 2011). Wenngleich in einer Online-Umfrage von Mejia-Ramos und Weber (2014) rund 93% der 118 befragten Mathematikerinnen und Mathematiker ein solches

Vorgehen unterstützen, konnte eine Realisierung desselben in Form eines initialen Überfliegens des Beweises bislang nicht anhand von Eye-Tracking-Daten nachgewiesen werden (Inglis & Alcock 2012, 2013; Weber & Mejia-Ramos 2013b). Während somit noch offen bleibt, in welchem Umfang die Herauszoom-Strategie im Validierungsprozess Anwendung findet und wie diese von Mathematikerinnen und Mathematikern im Einzelnen umgesetzt wird, konnte verschiedene Strategien für das zeilenweise Validieren identifiziert werden. So unterscheidet Weber (2008):

1. Konstruieren von (semi-)formalen Teilbeweisen
2. Ergänzen einer inhaltlich-anschaulichen Begründung
3. Identifizieren eines Musters anhand von Beispielen
4. Entwickeln eines generischen Beispiels
5. Suche nach Gegenbeispielen
6. Überprüfen anhand eines einzelnen Beispiels

Im Vergleich der verschiedenen Strategien fällt auf, dass lediglich eine der sechs identifizierten Strategien auf deduktive Evidenz abzielt, wohingegen vier der Strategien auf Beispiele zurückgreifen, um die Gültigkeit eines Beweises zu prüfen. Der hohe Stellenwert beispielbasierter Überprüfung wird auch durch eine Online-Umfrage von Mejia-Ramos und Weber (2014) bestätigt, in der 83% der befragten Mathematikerinnen und Mathematikern die Anwendung von Beispielen als ein gewinnbringendes und daher übliches Vorgehen bewerteten. Prozessbeobachtungen legen demgegenüber jedoch nahe, dass in der Praxis die zweite der oben genannten Strategien dominiert. So überzeugten sich die Mathematikerinnen und Mathematiker in einer Studie von Weber (2008) in 33 von 77 Fällen von der Gültigkeit eines Schlusses, indem sie diesen auf inhaltlicher Ebene und unter Rückgriff auf die involvierten Konzepte und deren Eigenschaften begründen. Diese Beobachtungen bestärken die Vermutung, dass der Validierungsprozess von Expertinnen und Experten von unterschiedlichen Formen der Evidenz geprägt ist und sich im Wechselspiel von induktiven und deduktiven sowie syntaktischen und semantischen Zugängen konstituiert (Weber, Inglis & Mejia-Ramos 2014).

Ausgehend von dieser Erkenntnis untersuchen verschiedene Studien den Validierungsprozess von Studierenden unterschiedlichen Semesters und kontrastieren die auftretenden Strategien im Sinne eines Experten-Novizen-Vergleichs mit denen von Mathematikerinnen und Mathematikern. In Bezug auf eine mögliche *zooming out*-Strategie berichten A. Selden und Selden (2003), dass sich die von ihnen beobachteten acht Studierende überwiegend auf ein zeilenweises Durcharbeiten des Beweises konzentrierten und nur wenig Aufmerksamkeit auf die übergeordneten Methoden und Strukturen richteten. Diese Beobachtung wird von den Ergebnissen aus einer Studie von Ko und Knuth (2013) gestützt, im Rahmen derer sie die Strategieanwendung von 16 fortgeschrittene Studierende bei der Validierung von Beweisen fachgebietsübergreifend analysieren. Während keiner der teilnehmenden Studierenden die Struktur eines Beweises aus der Algebra, Analysis und Geometrie überprüfte, zeigten 15 Studierende ein solches Verhalten bei der Validierung von Beweisen aus dem Bereich der Zahlentheorie. Die Autoren vermuten, dass die unterschiedlich ausgeprägte Berücksichtigung globaler Aspekte mit einer leichteren Verständlichkeit der zahlentheoretischen Beweise einhergeht und das Herauszoomen somit einen gewissen Grad an Vertrautheit mit den charakteristischen Beweismethoden und Konzepten eines Fachgebiets voraussetzt.

Im Hinblick auf ein zeilenweises Überprüfen des Beweises zeigen Eye-Tracking-Daten von 18 Studierenden sowie 12 Mathematikerinnen und Mathematikern, dass beide Personengruppen zwar vergleichbar viel Zeit auf das Hereinzoomen verwenden, sich jedoch in der Qualität der Strategieanwendung unterscheiden (Inglis & Alcock 2012). Mathematikerinnen und Mathematiker konzentrieren sich demnach stärker auf die logischen Strukturen und verwenden dabei insbesondere mehr Zeit darauf, die einem Beweisschritt zugrunde liegende Schlussregel zu prüfen. Studierende befassen sich demgegenüber primär mit den Formelelementen innerhalb eines Beweises und fokussieren damit die Oberflächenmerkmale desselben (Inglis & Alcock 2012). Mit diesen Beobachtungen konsistent geben in einer Online-Umfrage drei Viertel der befragten Studierenden an, von einem formulierten Beweis eine lückenlose Begründung zu erwarten (Weber & Mejia-Ramos 2014). Entsprechend scheint es ihnen nicht notwendig, Schlussregeln eigenständig zu antizipieren.

Für eine konkrete Umsetzung des zeilenweisen Validierens konnten Ko und Knuth (2013) drei Strategien identifizieren, unter Anwendung derer fortgeschrittene Studierende einzelne Beweisschritte auf ihre Gültigkeit hin überprüfen. Zwei der drei Strategien überschneiden sich dabei mit den von Weber (2008) beschriebenen Validierungsstrategien. So greifen Studierende ähnlich wie Mathematikerinnen und Mathematiker auf inhaltliche Begründungen zurück und nutzen Beispiele, um einen Beweisschritt nachzuvollziehen. Als weitere Strategie arbeiten Ko und Knuth (2013) das *erfahrungsbasierte* Begründen heraus. Aufbauend auf Erfahrungen mit ähnlichen Sätzen oder Beweisen orientieren sich Studierende hier weder an einem konzeptionellen Verständnis der behandelten Objekte noch an der logischen Struktur des Beweises. Vielmehr vertrauen sie auf vermeintliche Ähnlichkeiten zu anderen, vertrauten Beweisen, wodurch die Beweisvalidierung überwiegend auf Intuition und verständnisorientierten Kriterien beruht (siehe Abschnitt 3.3.1).

Ähnlich zum verstehensorientierten Lesen zeigt sich hier im Vergleich der Validierungsstrategien von Mathematikerinnen und Mathematikern mit denen von Stu-

dierenden, dass Studierende ihre Validierungsbemühungen eng an der Textbasis
ausrichten und überwiegend auf die einzelnen Beweisschritte anstatt auf die übergeordnete Beweisstruktur fokussieren. Zudem führen inadäquate Vorstellungen über
die Anforderungen einer Beweisvalidierung zu einer geringeren Bereitschaft, selbstständig Teilbeweise zu konstruieren und Schlussregeln zu antizipieren.

3.3.3 Förderkonzepte

Vor dem Hintergrund der moderaten Validierungsleistung von Studierenden fordern verschiedene Autoren die Integration entsprechender Fördermaßnahmen in
die aktuelle Lehrpraxis (Dawkins & Weber 2017; A. Selden & Selden 2003; Weber
et al. 2014). Der Fokus liegt dabei in erster Linie darauf, geeignete Akzeptanzkriterien zu vermitteln und auf diese Weise der Divergenz zwischen persönlicher
Überzeugung und allgemein anerkannter Validität entgegenzuwirken. Auf diese Forderung reagierend lassen sich zwei Ansätze unterscheiden, bei denen über reflektierte Praxis die Validierungsfähigkeiten von Studierenden gefördert werden sollen.
Die Ansätze unterscheiden sich dabei vor allem in dem Ausmaß, in dem Akzeptanzkriterien expliziert und Fördermaßnahmen in bestehende Strukturen integriert
werden. So strebt einer der beiden Ansätze eine indirekte Unterstützung der natürlichen Entwicklung an, indem der Enkulturationsprozess über gezielte Reflexionsanlässe wiederholt stimuliert wird (Pfeiffer 2010; A. Selden & Selden 2003). Einem
solchen Förderkonzept liegt die Annahme zugrunde, dass ein Gefühl für Verständnis und Überzeugung ausschließlich über reflektierte Erfahrung entwickelt werden
kann. Diese Annahme wird dadurch gestützt, dass einzelne Schwierigkeiten, wie
die Akzeptanz empirischer Argumente, zwar vermehrt bei Studienanfängerinnen
und -anfängern, jedoch seltener bei fortgeschrittenen Studierenden beobachtet werden konnten, sodass von einer positiven Entwicklung mit zunehmender Erfahrung
ausgegangen werden kann (Weber 2010). Entsprechend konnte in verschiedenen
Interviewstudien beobachtet werden, dass Studierende ihre initiale Einschätzung
bezüglich eines Beweises korrigierten, wenn sie mithilfe gezielter Nachfragen zur
Reflexion ihrer Bewertung angeleitet wurden (Alcock & Weber 2005; Pfeiffer 2010;
A. Selden & Selden 2003). Wie Validierungs- und Reflexionsanlässe gewinnbringend in bestehenden Lehrveranstaltungen implementiert werden können, bleibt bislang jedoch noch offen. Einen ersten Hinweis liefert die quasi-experimentelle Studie
von Powers et al. (2010), im Rahmen derer der Einfluss einer regelmäßigen Validierungsaktivität auf die Beweiskonstruktion untersucht wurde. Hierfür wurde der
Experimentalgruppe (N = 18) einmal wöchentlich ein Beweis zur Bewertung vorgelegt, während die Kontrollgruppe (N = 19) keine expliziten Aufforderungen zur

Validierung erhielt. Die Beobachtungen von Powers et al. (2010) weisen darauf hin, dass die Validierungsaktivitäten der Studierenden in der Experimentalgruppe über das Semester hinweg reichhaltiger werden. Da der Schwerpunkt der Studie jedoch auf der Förderung der Beweiskonstruktion lag, wurden keine systematischen Daten zur Validierungsleistung erhoben.

Einen anderen Ansatz verfolgen Fördermaßnahmen, bei denen Akzeptanzkriterien in speziell designten Lehrsequenzen gemeinsam mit den Studierenden erarbeitet und an übergreifende sozio-mathematischer Normen angebunden werden. Auf diese Weise soll der Nutzen von Akzeptanzkriterien hervorgehoben und eine verständnisvolle Anwendung derselben erleichtert werden (Dawkins & Weber 2017). Eine solche Lehrsequenz präsentieren bspw. Bleiler, Thompson und Krajcecski (2014), welche dem Validieren zwei Sitzungen in einem wöchentlich stattfindenden Kurs zum Lesen und Schreiben mathematischer Texte für Lehramtsstudierende der Sekundarstufen einräumen. Für ihre Intervention greifen die Autoren vorrangig das Kriterium des Beweisschemas auf und konzentrieren sich auf die Abgrenzung empirischer und deduktiver Argumente. Im Verlauf der zwei Kurssitzungen werden den Studierenden verschiedene Beweise bzw. entsprechende Unterrichtsvignetten vorgelegt, die sie in Kleingruppen diskutieren und im Hinblick auf ihre Gültigkeit bewerten. Über die Vorstellung der Gruppenergebnisse im Plenum werden die im Beweis identifizieren Fehler gesammelt und von der Lehrperson mit verschiedenen Schlussformen und Beweistechniken in Bezug gesetzt. Die Intervention wird durch einen Prä- und einen Post-Test gerahmt, im Zuge derer die Studierenden jeweils sechs Beweise von Schülerinnen und Schülern bewerten und ein schriftliches Feedback formulieren. Die Intervention wurde über drei Zyklen hinweg mit insgesamt 34 Studierende erprobt und liefert folgende Erkenntnisse: Während viele Studierenden Sicherheit gewinnen, empirische und deduktive Argumenten voneinander zu unterscheiden, werten 68% der Studierenden einen inkorrekten deduktiven Beweis auch im Post-Test als valide. Eine Analyse der den jeweiligen Beweisen inhärenten Fehler deutet darauf hin, dass Studierende auch nach der Intervention noch große Schwierigkeiten aufweisen, Beweise durch Kontraposition zu validieren.

Andere Förderkonzepte stellen die Erarbeitung von Akzeptanzkriterien in den Kontext der Beweiskonstruktion und zielen darauf ab, über die Evaluation eigener oder fremder Beweise Akzeptanzkriterien zu etablieren, die sodann in der eigenen Beweiskonstruktion Anwendung finden. In Anlehnung an die Arbeiten von G. J. Stylianides und Stylianides (2009) stellen Yee et al. (2018) ein solches Interventionskonzept vor, das als gesonderte Kurssitzung in eine reguläre Lehrveranstaltung integriert wird. Im Rahmen dieser Sitzung werden zunächst anhand von Beispielbeweisen Kriterien ausgehandelt, nach denen ein Beweis als gültig gelten soll. Auf der Grundlage dieser Kriterien bewerten die Studierenden die von ihnen im Vorfeld des

Kurses formulierten Beweise und erhalten die Gelegenheit, diese zu überarbeiten. Das Konzept wurde mit 57 Studierenden der Mathematik sowie des Lehramts für Sekundarstufen erprobt. Die Ergebnisse zeigen, dass Studierende die herausgearbeiteten Kriterien insofern anwenden können, als ihre durchschnittliche Bewertung eines Beweises dem Expertenurteil entspricht. Dennoch fällt es ihnen schwer, ihre Beweise entsprechend zu überarbeiten, sodass 40% der Beweise nach der Überarbeitung keinen Zugewinn bezüglich der verwendeten Schlussform aufweisen.

Die hier skizzierten Fördermaßnahmen zeigen, dass über reflektierte Erfahrungen und eine explizite Thematisierung von Akzeptanzkriterien ein Gefühl für persönliche Überzeugung entwickelt werden kann, welches eine adäquate Validierung unterstützt. Die vorgestellten Studien fokussieren dabei mehrheitlich das Beweisschema und treffen nur vage Aussagen zur Validierung deduktiver Beweise. Es bleibt daher zunächst offen, wie die Implementation von Akzeptanzkriterien auf Ebene der Beweisstruktur oder der Beweiskette gefördert werden kann und inwieweit sich die Vermittlung entsprechender Validierungsstrategien als gewinnbringend erweist.

3.4 Beweise konstruieren

Das Konstruieren von Beweisen gilt als eine zentrale und genuine Tätigkeit der Mathematik, die daher auch in Leistungsüberprüfungen im Studium dominiert (A. Selden, McKee & Selden 2010; Weber 2001). Aufgrund des hohen Stellenwerts, welche die Konstruktion im Vergleich zu anderen Beweisaktivitäten einnimmt, existiert eine verhältnismäßig breite Forschungsgrundlage bezüglich der Schwierigkeiten und Teilkomponenten, die bei der Entwicklung eines Beweises bedeutsam werden (Mejia-Ramos & Inglis 2009). Ein Großteil der Forschungsprojekte konzentriert sich dabei auf die Beweiskonstruktion im schulischen Kontext, wobei zunehmend auch Untersuchungen zur Beweisfähigkeit im ersten Studienjahr an Aufmerksamkeit gewinnen (de Guzmán et al. 1998; Gueudet 2008; A. Selden 2012; A. Selden & Selden 2008; A. J. Stylianides, Bieda & Morselli 2016). Letzteren Forschungszweig fokussierend werden im Folgenden Ergebnisse zur studentischen Beweiskonstruktion berichtet und diese dort, wo es sinnvoll erscheint, um Erkenntnisse aus dem schulischen Kontext ergänzt.

3.4.1 Schwierigkeiten beim Konstruieren

Dass Studierende, unabhängig von dem gewählten Studiengang und ihrem jeweiligen Semester, gravierende Schwierigkeiten im Bereich der Beweiskonstruktion

aufweisen, wurde bereits vielfach berichtet (Hemmi 2006; Moore 1994; Tall 1991;
Weber 2001; Weber, Alcock & Radu 2005). Die Beweisfähigkeit der Studierenden wird dabei im Allgemeinen über Testinstrumente erfasst, welche verschiedene
Aussagen vorgeben und die Konstruktion der zugehörigen Beweise fordern. Die
berichteten Ergebnisse sind insofern konsistent, als in der überwiegenden Mehrheit
der durchgeführten Studien nicht einmal die Hälfte der formulierten Beweisversuche als korrekt eingestuft wurde. Lösungsquoten zwischen 0–30% sind dabei nicht
ungewöhnlich (Iannone & Inglis 2010; Ko & Knuth 2009; Recio & Godino 2001;
Weber 2001; Weber & Alcock 2004). Als Erklärung für diese moderaten Leistungen werden sowohl epistemologische Schwierigkeiten, die sich in der Konstruktion
empirischer Argumente widerspiegeln, als auch Schwierigkeiten auf kognitiver oder
affektiver Ebene diskutiert (Moore 1994; A. Selden & Selden 2008; Weber 2001).
In diesem Zusammenhang beschreiben verschiedene Autoren aus einem weniger
defizitorientierten Ansatz heraus eine Reihe von Ressourcen, die als notwendige
Voraussetzung für eine erfolgreiche Beweiskonstruktion gelten und deren Fehlen
das Auftreten von Schwierigkeiten begünstigen kann (vgl. hierzu Abschnitt 2.4). Die
folgende Diskussion einzelner Schwierigkeiten im Bereich der Beweiskonstruktion
wird daher anhand der übergeordneten Ressourcen strukturiert.

Basiswissen
Eine reichhaltige mathematische Wissensbasis gilt als Grundvoraussetzung für jede
Beschäftigung mit Beweisen (Hart 1994; Reiss & Ufer 2009). Häufig werden dabei
verschiedene Arten inhaltlichen Wissens differenziert, wobei sich eine Unterscheidung von prozeduralem und konzeptuellem Wissen als nützlich erwiesen hat. Während sich das prozedurale Wissen auf die Anwendung mathematischer Sätze und
Rechenprozeduren bezieht, wird auf konzeptueller Ebene das Wissen um die charakteristischen Eigenschaften eines mathematischen Begriffs beschrieben (Rittle-
Johnson, Siegler & Alibali 2001; Ufer et al. 2008; Wagner 2011). Sowohl für den
schulischen als auch für den universitären Kontext konnten signifikante Zusammenhänge zwischen den beiden Formen inhaltlichen Fachwissens und dem Erfolg
einer Beweiskonstruktion nachgewiesen werden (Chinnappan, Ekanayake & Brown
2012; Heinze, Cheng, Ufer, Lin & Reiss 2008; Sommerhoff 2017; Ufer et al. 2008).
Im Vergleich verschiedener Ressourcen erwies sich das konzeptuelle Wissen in
den Studien von Ufer et al. (2008) und Chinnappan et al. (2012) als primärer Ein-
flussfaktor für die geometrische Beweiskompetenz von Schülerinnen und Schülern
der Mittelstufe. Im universitären Kontext berichtet Sommerhoff (2017) hingegen
Ergebnisse, nach denen das prozedurale Wissen im Bereich der Analysis etwas
stärker mit der Beweisleistung verknüpft ist als entsprechendes konzeptuelles Wissen. Die Ergebnisse legen nahe, dass auch das Wissen über Prozeduren, mit deren

Hilfe Routineaufgaben bewältigt werden können, die Beweiskonstruktion unterstützen kann, indem über seine Anwendung die zugrundeliegende Problemsituation umstrukturiert, der problemhaltige Kern herausgearbeitet und so ein Zugang zum Beweis geschaffen werden kann (A. Selden & Selden 2013; Sommerhoff 2017). In Hinblick auf das konzeptuelle Wissen bestätigt auch eine Reihe qualitativer Studien dessen prädiktive Bedeutung für die Beweiskonstruktion, indem sie Schwierigkeiten bei der Beweisgenerierung auf Defizite in verschiedenen Komponenten des Begriffsverständnisses zurückführen. Die Komponente der *concept definition* beschreibt dabei die präzise Definition eines Begriffes, wohingegen das *concept image* im Sinne einer mentalen Vorstellung verschiedene Beispiele, inhaltliche Vorstellungen und mögliche Visualisierungen zu einem Begriff umfasst und so dessen charakteristische Eigenschaften abbildet (Tall & Vinner 1981). Erst die Verknüpfung einer adäquaten *concept definition* mit einem reichhaltigen *concept image* gilt als hinreichend für eine flexible Nutzung mathematischer Konzepte (Alcock & Inglis 2008; Greefrath, Oldenburg, Siller, Ulm & Weigand 2016; Inglis, Mejia-Ramos & Simpson 2007; Lockwood, Ellis & Lynch 2016; Moore 1994; A. Selden & Selden 2008). Schwierigkeiten in der Beweiskonstruktion können demnach aus einer mangelnden Verbindung beider Komponenten resultieren, aber auch aus Defiziten in einem der beiden Bereiche hervorgehen. So berichten verschiedene Autoren, dass Studierende die Definition eines mathematischen Begriffs nicht fehlerfrei angeben können und Schwierigkeiten damit haben, zwischen einer informal-narrativen Definition und ihrer formalen Notation zu übersetzen (Moore 1994; J. Selden & Selden 1995). Hieraus erwachsen sodann Schwierigkeiten, Definitionen zielgerichtet für die Beweiskonstruktion auszuwählen und gegenstandsangemessen anzuwenden (Edwards & Ward 2004). Ebenso weisen verschiedene Studien auf ein mangelndes inhaltliches Begriffsverständnis bei Studierenden hin, was sich unter anderem darin äußert, dass sie kaum intuitiv-anschauliche Beschreibungen mathematischer Konzepte formulieren können und es ihnen schwer fällt, eigene Beispiele zu generieren oder zwischen verschiedenen Repräsentationen zu wechseln (Dahlberg & Housman 1997; Moore 1994; Rach & Ufer 2020; Weber & Alcock 2004). Insgesamt zeigt sich, dass ein reichhaltiges konzeptuelles sowie prozedurales Wissen eine wichtige Voraussetzung für eine erfolgreiche Beweiskonstruktion im universitären Kontext darstellt, Studierende jedoch auf verschiedenen Ebenen Defizite in ihrem Verständnis von Definitionen und Sätzen aufweisen. Diese erschweren eine adäquate Anwendung mathematischen Wissens im Beweisprozess und führen schließlich dazu, dass implizite Annahmen getroffen, Voraussetzungen übersehen oder syntaktische Operationen unverständig durchgeführt werden (Weber 2001).

Mathematisch-strategisches Wissen

Unter mathematisch-strategischem Wissen wird eine Form des Überblickswissens verstanden, welche Kenntnisse über wiederkehrende Strategien und Lösungswege bündelt und so eine gezielte Auswahl von Herangehensweisen im Beweisprozess erlaubt (Reiss & Ufer 2009). Das Überblickswissen beinhaltet dabei weder standardisierte Lösungsprozeduren, noch allgemeine Problemlösestrategien. Vielmehr umfasst es bereichsspezifische Strategien, welche den Beweisprozess insofern vorstrukturieren und leiten können, als sie bestimmte Merkmale der Problemsituation mit potenziell zielführenden Lösungswegen verknüpfen. Mason und Spence (1999) sprechen hier im Vergleich zum konzeptuellen (*knowing what*) und prozeduralen Wissen (*knowing how*) von einer Form des Wissens, welche die potenziellen Anwendungskontexte mathematischer Konzepte beschreibt (*knowing to*). Hinweise darauf, dass ein reichhaltiges mathematisch-strategisches Wissens den Erfolg einer Beweiskonstruktion entscheidend beeinflusst, liefern qualitative Beobachtungen, bei denen die Studierenden notwendiges Faktenwissen zwar wiedergeben, dieses jedoch nicht gewinnbringend in der Beweiskonstruktion anwenden konnten. Im Rahmen einer solchen Studie vergleicht Weber (2001) das Vorgehen von vier Studierenden bei der Bearbeitung von Beweisaufgaben mit dem von vier Promovierenden. Obwohl die Teilnehmerinnen und Teilnehmer aus beiden Personengruppen vielfach über eine ausreichende Wissensbasis verfügten, zeigten die Promovierenden nicht nur ein erfolgreicheres, sondern auch ein effektiveres Vorgehen bei der Konstruktion von Beweisen. Während die Studierenden eine Vielzahl an Ansätzen ausprobierten, gingen die Promovierenden zielgerichteter bei der Auswahl ihrer Lösungsstrategien vor und produzierten dadurch eine deutlich geringere Anzahl an irrelevanten Folgerungen. Weber führt die beobachteten Unterschiede auf die Verfügbarkeit von inhaltsspezifischem strategischen Wissen zurück und leitet aus seinen Beobachtungen mögliche Facetten eines solchen Überblickswissens ab: Demnach fällt es Promovierenden im Vergleich zu Studierenden leichter einzuschätzen, welche Sätze im Kontext der Gruppentheorie relevant sind, mit welcher Wahrscheinlichkeit bestimmte mathematische Werkzeuge die Beweiskonstruktion voranbringen und in welchen Situationen semantische Herangehensweisen syntaktischen vorzuziehen sind. Ähnliche Beobachtungen berichten Heinze (2004), A. Selden et al. (2000) sowie Weber und Alcock (2004). A. Selden et al. (2000) beschreiben die Natur mathematisch-strategischen Wissens, indem sie in Anlehnung an das Konzept des *concept image* die Entwicklung eines *problem situation image* annehmen. In dieser mentalen Problemrepräsentation ist sodann das Wissen über die Merkmale einer Problemsituation mit Erfahrungen aus erfolgreichen Problemlösungen verknüpft. In diesem Sinne unterstützt ein breites strategisches Wissen den Aufbau einer reichhaltigen Problemrepräsentation, die wiederum einen ökonomischen und zielgerichteten Beweisprozess fördert. Statistisch konnte ein solcher Zusammenhang zwischen mathematisch-strategischen Wissen und Beweiskonstruktion bisher zumindest für den Bereich der Analysis nachgewiesen werden. Hier stellt das mathematisch-strategische Wissen neben dem konzeptuellen und prozeduralen Wissen eine der drei wesentlichen Einflussfaktoren für eine erfolgreiche Beweiskonstruktion dar (Sommerhoff 2017).

Problemlösefähigkeit
Die Konstruktion von Beweisen verläuft im Allgemeinen nicht routiniert, sondern beinhaltet unterschiedliche Anforderungen, die insbesondere für Studienanfängerinnen und -anfänger Probleme darstellen können (vergleiche hierzu im Folgenden Abschnitt 2.4). In diesem Sinne kann die Aktivität des Problemlösens als eine Teilkomponente der Beweiskonstruktion aufgefasst und eine gewisse Problemlösefähigkeit damit als wichtige Ressource im Beweisprozess verstanden werden. Die Problemlösefähigkeit konstituiert sich ihrerseits wiederum im Wechselspiel verschiedener Wissens- und Verhaltenskategorien, von denen Heurismen und metakognitive Fähigkeiten für das Problemlösen in besonderer Weise charakteristisch erscheinen (Carlson & Bloom 2005; Schoenfeld 1985). Heurismen beschreiben dabei allgemeine Strategien und Vorgehensweisen, die das Überwinden einer auftretenden Barriere fördern und so zur Entwicklung einer Lösung beitragen können. Im Unterschied zum mathematisch-strategischem Wissen stellt das Wissen um geeignete Heurismen damit eine allgemeine Wissensfacette dar, die nicht auf die Anwendung innerhalb der Mathematik oder bestimmter Problemsituationen beschränkt ist (für eine detaillierte Abgrenzung domänenspezifischer und domänenübergreifender Strategien siehe Chinnappan und Lawson (1996)). Die situationsangemessene Auswahl von Heurismen ist dabei eng an metakognitive Fähigkeiten gebunden, die von Schoenfeld (1985, 1992) unter dem Begriff der *Kontrolle* beschrieben werden. Hierzu gehören Monitoringstrategien und selbstregulative Fähigkeiten, welche eine Person darin unterstützen, ihren Beweisprozess zu planen, zu überwachen und, falls notwendig, neu auszurichten. In quantitativen Studien zeigt sich, dass eine umfangreiche Problemlösefähigkeit, gemessen an einem adäquaten Heurismeneinsatz sowie einer strukturierten Planung und Überwachung des eigenen Problemlöseverhaltens, einen vergleichsweise geringen, aber dennoch substanziellen Einfluss auf die geometrische Beweiskompetenz von Schülerinnen und Schülern der Mittelstufe ausübt (Chinnappan et al. 2012; Ufer et al. 2008). Für den universitären Kontext konnte Sommerhoff (2017) hingegen keinen signifikanten Zusammenhang zwischen einer allgemeinen, domänenübergreifenden Problemlösefähigkeit und einer

erfolgreichen Beweiskonstruktion nachweisen. Als eine mögliche Erklärung für die unterschiedlichen Ergebnisse diskutiert Sommerhoff (2017) unter anderem die inhaltliche Nähe der Problemlösefähigkeit zum mathematisch-strategischen Wissen, wobei letzteres nur in seiner Studie separat erhoben wurde. Obwohl ein statistischer Zusammenhang bislang nicht eindeutig bestätigt wurde, weisen qualitative Beobachtungen von Beweisprozessen darauf hin, dass sich erfolgreiche und weniger erfolgreiche Studierende insbesondere in der Organisation ihrer Ressourcen und der Strukturierung ihres Vorgehens unterscheiden (Schoenfeld 1985; Stubbemann & Knipping 2019; van Spronsen 2008). Offen bleibt an dieser Stelle, inwiefern mathematikspezifische Strategien und allgemeine Heurismen trennscharf voneinander abzugrenzen sind bzw. in welchem Maße die Implementierung von Problemlösestrategien an einen sicheren Umgang mit mathematischen Inhalten gebunden ist (Hart 1994; Stubbemann & Knipping 2019).

Methodenwissen
Unter der Wissenskomponente des Methodenwissens wird beweisspezifisches Metawissen über die Funktionen und den Aufbau eines Beweises zusammengefasst. Im Hinblick auf zulässige Formen der Argumentation umfasst das Methodenwissen damit insbesondere das Wissen um die in einer Diskursgemeinschaft gängigen Akzeptanzkriterien (siehe Abschnitt 3.3). Aus theoretischer Perspektive stellt dieses Wissen nicht nur eine zentrale Voraussetzung für das Validieren von Beweisen dar, sondern beeinflusst auch deren Konstruktion, indem es eine Zielperspektive vorgibt und Kriterien zur Überprüfung des eigenen Beweises bereitstellt (Pfeiffer 2011; Reiss & Ufer 2009; A. Selden & Selden 2003). Da Studierende häufig auf nur wenige schulische Vorerfahrungen mit Beweisen zurückgreifen können (Hemmi 2006; Kempen & Biehler 2019), führen verschiedene Autoren die Schwierigkeiten, einen akzeptablen Beweis zu formulieren, auf epistemologische Unsicherheiten zurück (Harel & Sowder 1998; Recio & Godino 2001; A. J. Stylianides & Stylianides 2009). Schwierigkeiten dieser Art äußern sich bspw. darin, dass ein inadäquates Beweisschema den Beweisprozess leitet und in Folge dessen ein empirisches Argument konstruiert wird. Während in der Studie von Recio und Godino (2001) rund 40% der eingereichten studentischen Beweise einem empirischen Beweisschema entsprechen, geben Studierende in anderen Studien jedoch eher selten induktive Argumente als Beweise an (Ko & Knuth 2009; Weber 2001; Weber & Alcock 2004). Vielmehr treten hier Fehler und Inkonsistenzen auf, die auf Unsicherheiten im Bereich der Beweiskette oder der Beweisstruktur hinweisen. In Bezug auf die Beweisstruktur berichten Autoren dabei insbesondere von Schwierigkeiten, eine geeignete Beweismethode auszuwählen und damit die Gesamtstruktur eines

Beweises festzulegen (J. Selden & Selden 1995; A. J. Stylianides et al. 2004). Unsicherheiten in der Verknüpfung von Argumenten werden in erster Linie auf Defizite im Bereich der Logik zurückgeführt, da entsprechendes Grundwissen als elementare Voraussetzung für die Entwicklung einer deduktiven Beweiskette gilt (Dubinsky & Yiparaki 2000; Epp 2003; A. Selden 2012; J. Selden & Selden 1995). Vor dem Hintergrund der vielfach berichteten Defizite im Methodenwissen weisen einzelne Autoren jedoch auf die Unterscheidung einer deklarativen und einer prozeduralen Komponente des Methodenwissens hin (A. J. Stylianides & Stylianides 2009; Vinner 1997). Demnach ist es denkbar, dass die beobachteten Fehler im Beweisprodukt weniger auf inadäquate Akzeptanzkriterien zurückgehen, sondern vielmehr aus einer mangelnden Fähigkeit resultieren, diese im Beweisprozess umzusetzen. In Übereinstimmung hiermit berichten G. J. Stylianides und Stylianides (2009), dass Studierende vielfach ein Bewusstsein für die Grenzen ihrer konstruierten Argumente aufweisen, jedoch nicht in der Lage sind, einen Beweis zu entwickeln, der ihren persönlichen Anforderungen genügt. In welchem Maße, das verfügbare Methodenwissen die Beweiskonstruktion tatsächlich beeinflusst, wird daher kontrovers diskutiert. In zwei Teilstudien mit Schülerinnen und Schülern der Mittelstufe konnten Ufer et al. (2009) einen signifikanten, jedoch nur schwachen bis mittleren Zusammenhang zwischen dem Methodenwissen und der Fähigkeit, geometrische Beweise zu führen, nachweisen. Die Erhebung des verfügbaren Methodenwissens wurde dabei über die Validierung von Beweisen realisiert, sodass hier eine Verknüpfung zwischen den Aktivitäten des Validierens und des Konstruierens geschaffen wird. Hierauf aufbauend untersuchte Sommerhoff (2017) den Einfluss der Validierungsfähigkeit von Studierenden auf deren Konstruktionsleistung. Obwohl ein signifikanter, positiver Zusammenhang zwischen den beiden Aktivitäten besteht, konnte unter Kontrolle der übrigen Ressourcen kein Einfluss des Validierens auf das Konstruieren nachgewiesen werden. Vielmehr scheinen beide Aktivitäten auf vergleichbare Prädiktoren zurückzugehen, wobei offen bleibt, in welchem Maße das deklarative Wissen um gängige Akzeptanzkriterien eine solche gemeinsame Ressource darstellt. So zeigt eine Studie von Powers et al. (2010), dass die Förderung von Validierungsaktivitäten und damit die regelmäßige Anwendung von Akzeptanzkriterien, aber eben auch von Basiswissen, die Konstruktionsleistung von Studierenden erhöhen kann.

Die hier skizzierten Wissensbereiche beschreiben vier wesentliche kognitive Voraussetzungen, um einen Beweis erfolgreich führen zu können. Auf welche Weise die verschiedenen Ressourcen in der Beweiskonstruktion Anwendung finden, ist bislang jedoch nicht umfassend geklärt. Erste Hinweise geben prozessbezogene Studien, in denen die Vorgehensweisen von Studierenden sowie Mathematikerinnen und Mathematikern bei der Beweiskonstruktion analysiert werden.

3.4.2 Strategien beim Konstruieren

Die prozessorientierte Forschung zur Beweiskonstruktion zeichnet sich durch ihre unterschiedlichen Perspektiven und Zugänge zum Beweisprozess aus und kann unter anderem durch die gewählte Untersuchungsebene strukturiert werden. Während makroskopische Untersuchungen den Beweisprozess in seiner Gesamtheit betrachten und von der Prozessstruktur auf allgemeine Beweisstrategien schließen, fokussieren mikroskopische Untersuchungen spezifische Hürden im Beweisprozess und untersuchen die hiermit zusammenhängenden Strategieanwendungen. Im Folgenden werden daher zunächst Erkenntnisse auf makroskopischer Ebene vorgestellt, bevor diese um solche auf mikroskopischer Ebene ergänzt werden.

Untersuchungen auf makroskopischer Ebene
In Abschnitt 2.3 wurden bereits verschiedene Ansätze skizziert, die wesentlichen Teilprozesse einer Beweiskonstruktion schematisch darzustellen und die relevanten kognitiven Vorgänge in Form von Phasenmodellen abzubilden. Im Vergleich der verschiedenen Modelle konnte eine Synthese von vier zentralen Beweisschritten herausgearbeitet werden: *Aufstellen einer Vermutung, Entwicklung einer formalen oder informalen Beweisidee, Ausarbeiten einer deduktiven Beweiskette* und *Formulieren eines Beweises entsprechend der jeweiligen Standards* (Boero et al. 2010; Schwarz et al. 2010; Stein 1986). Da der Fokus der einzelnen Beweismodelle entweder auf dem Vorgehen von Mathematikerinnen und Mathematikern (Boero 1999; Misfeldt 2006) oder der Beweiskonstruktion von Schülerinnen und Schülern (Hsieh et al. 2012; Stein 1986) liegt, ist anzunehmen, dass die vier aufgeführten Teilprozesse auch für eine Problemexploration im Hochschulkontext von Relevanz sind. Wenngleich die hier beschriebenen Phasen einen Überblick über die zentralen kognitiven Vorgänge der Beweiskonstruktion geben, wurden sie bislang jedoch kaum dazu verwendet, individuelle Beweisprozessverläufe nachzuzeichnen[2]. Einen solchen Ansatz verfolgt Schoenfeld (1985, 1989, 1992) für das Problemlösen. Indem er die Problemlöseprozesse von College-Studierenden vor dem Hintergrund seines Verlaufsmodells analysiert, erhält er eine schematische Darstellung der individuellen Prozessverläufe in Form von Episodenwechseln und kann diese vergleichend gegenüberstellen. Eine seiner zentralen Erkenntnisse besteht darin, dass Studierende

---

[2]Heinze und Reiss (2004b) analysieren aufbauend auf dem Phasenmodell von Boero die unterrichtliche Behandlung von Beweisen im Sinne eines kollektiven Beweisprozesses. Sie stellen fest, dass ein großer Anteil der Unterrichtsaktivitäten auf die Strukturierung und Ausformulierung eines Beweises entfällt. Insbesondere die dritte Phase des Beweisens, in der Beweisideen generiert und Zusammenhänge aufgedeckt werden, ist zeitlich unterrepräsentiert und wird in hohem Maße von der Lehrperson angeleitet.

wenig Zeit und Systematik auf das Verstehen der Problemsituation verwenden und direkt zur Implementation einer Lösungsidee übergehen. Der gewählte Ansatz wird dabei im Problemlöseprozess kaum evaluiert, wodurch erfolgreiche Problemlösungen allenfalls zufällig auftreten. Schoenfeld (1992, S. 356) fasst ein solches Vorgehen wie folgt zusammen: "[...] roughly 60% of the solution attempts are of the ‚read, make a decision quickly, and pursue that direction come hell or high water‘ variety".

Expertinnen und Experten weisen demgegenüber ein systematischeres Vorgehen auf, indem sie aufbauend auf einer sorgfältigen Analyse ihre Lösungsstrategie gezielt auswählen und den eigenen Fortschritt kontinuierlich überwachen. Schoenfelds Beobachtungen zeigen damit, dass ein erfolgreicher Verlauf des Problemlöseprozesses durch eine reichhaltige Orientierungs- und Verstehensphase begünstigt werden kann. Gleichzeitig wird deutlich, auf welche Weise selbstregulative Fähigkeiten den Problemlöseprozess als Ressource begleiten: Erst durch eine regelmäßige Kontrolle des eigenen Vorgehens wird hier die Möglichkeit geschaffen, das Problemlöseverhalten anzupassen und neue Suchrichtungen zuzulassen. Diese Erkenntnis wird durch eine Studie von D. Zazkis et al. (2015) gestützt, in der sie das Beweisverhalten von sechs erfolgreichen Studierende analysieren und dabei allgemeine Beweisstrategien herausarbeiten. Als Ergebnis ihrer Analyse beschreiben die Autoren verschiedene charakteristische Prozessmerkmale, die sie zu den zwei Beweisstrategien der *targeted strategy* und der *shotgun strategy* bündeln. Während die Target-Strategie im Wesentlichen dem Vorgehen der Mathematikerinnen und Mathematiker bei Schoenfeld entspricht, beschreibt die Shotgun-Strategie eine Vorgehensweise, bei der in kurzer Zeit viele verschiedene Lösungsansätze auf ihren Nutzen hin überprüft werden. Die beweisende Person verwendet hier wenig Zeit und Mühe auf das Verstehen der zu zeigenden Aussage oder das Ausdenken eines Plans. Vielmehr werden spontane Ideen umgesetzt und diese, sobald sie sich als wenig zielführend erweisen, modifiziert oder aufgegeben. Der Unterschied zwischen der Shotgun-Strategie und der von Schoenfeld (1992) bei Studierenden beobachteten Vorgehensweise besteht demnach in der Kontrolle des eigenen Vorgehens. Während die wenig erfolgreichen Studierenden bei Schoenfeld an ihrem Ansatz festhalten, auch wenn sich dieser über einen längeren Zeitraum hinweg als wenig produktiv erweist, reagieren Studierende mit der Shotgun-Strategie auf Sackgassen und Hürden, indem sie ihr Vorgehen anpassen. Bezogen auf die Phasen des Problemlöseprozesses konstituieren die beiden Beweisstrategien unterschiedliche Phasenverläufe: Beim zielgerichteten Vorgehen ist die Aufmerksamkeit stärker auf die Verstehensphase und das Ausdenken eines Plans ausgerichtet, wodurch ein eher lineares Vorgehen erreicht wird. Bei der Shotgun-Strategie dominiert hingegen ein wiederkehrender Zyklus aus Plan ausdenken, ausführen und überprüfen. Die einzelnen Phasen des Lösungsprozesses stehen somit in einem Wechselverhältnis, wobei eine stärkere Betonung der einen Phase die Reduktion einer anderen Phase bedeuten kann (D. Zazkis et al. 2015).

Während die bisher vorgestellten Beweisstrategien auf einer Zerlegung des Beweisprozesses in Phasen beruhen, differenzieren Alcock und Weber Beweisstrategien anhand des jeweils gewählten Repräsentationssystems (siehe Abschnitt 2.3) und unterscheiden entsprechend zwischen einer semantischen und einer syntaktischen Beweiskonstruktion (Alcock & Weber 2010a; Weber 2004; Weber & Alcock 2004, 2009). Bei einer rein syntaktischen Beweiskonstruktion werden sämtliche Phasen des Beweisprozesses ausschließlich auf formal-symbolischer Ebene durchgeführt, wobei die verwendeten Definitionen und Sätze gezielt ausgewählt und symbolische Manipulationen verständnisorientiert durchgeführt werden. Beweisproduktionen mit semantischen Anteilen zeichnen sich hingegen durch einen, unter Umständen wiederholten, Wechsel zwischen verschiedenen Repräsentationssystemen aus und beinhalten bspw. intuitive Beschreibungen und explorative Beispielbetrachtungen. Obwohl beide Beweisstrategien als prinzipiell zielführend gelten, stellen verschiedene Autoren fest, dass authentisches mathematisches Arbeiten vielfach auf semantischen Erkenntnisprozessen beruht (Douek 2007; Inglis et al. 2007; Sandefur et al. 2013; Thurston 1994; Weber & Alcock 2004). So betont bspw. Raman (2003), dass die für einen Beweis zentralen Ideen („key ideas") über eine Verknüpfung heuristischer und prozeduraler Zugänge entstehen, indem ein reichhaltiges semantisches Verständnis mit formalen Repräsentationen verbunden und auf diese Weise syntaktisch handhabbar gemacht wird. Da semantisches Schließen häufig mit nicht-deduktiven Schlussformen einhergeht, werden bei einer Verknüpfung syntaktischer und semantischer Zugänge Transformationen notwendig, die im Sinne der „cognitive unity"-Forschung referentielle sowie strukturelle Verbindungen zwischen den Repräsentationssystemen herstellen (siehe Abschnitt 2.2). Eine solche Transformation stellt dabei sowohl für Studierende als auch für Expertinnen und Experten eine Hürde dar, die häufig nicht überwunden werden kann (Alcock & Simpson 2004; Alcock & Weber 2010a; Duval 2007; Pedemonte 2007, Samkoff, Lai & Weber 2012). An dieser Stelle setzen mikroskopische Untersuchungen an, die sich gezielt mit der deduktiven Aufarbeitung von Beweisideen befassen und Strategien zur Verknüpfung semantischer und syntaktischer Zugänge ausarbeiten.

Untersuchungen auf mikroskopischer Ebene
Vor dem Hintergrund der Schwierigkeiten, die mit einer Verknüpfung semantischer und syntaktischer Repräsentationsformen einhergehen, stellt sich vielfach die Frage,

unter welchen Bedingungen semantische Herangehensweisen im Beweisprozess zu empfehlen sind und mithilfe welcher Strategien sich das Potenzial eines semantischen Zugangs bestmöglich entfalten kann. In diesem Zusammenhang haben sich zwei Forschungsfelder herausgebildet, die das Zusammenspiel syntaktischer und semantischer Zugänge aus unterschiedlichen Perspektiven beleuchten. Während auf der einen Seite die Transformationsleistung im Vordergrund steht und eine Beschreibung von Strategien der deduktiven Durcharbeitung angestrebt wird (Pedemonte 2007, 2008; D. Zazkis et al. 2014), werden auf der anderen Seite Gelingensbedingungen untersucht, unter denen eine spezifische Strategie einen semantischen Zugang unterstützen kann (Alcock & Simpson 2004; Gibson 1998; Sandefur et al. 2013; Stylianou und Silver 2004).

Den ersten Ansatz verfolgend untersuchen D. Zazkis et al. (2014) in Anlehnung an Pedemonte (2007, 2008) gezielt Beweisprozesse, in denen zunächst ein informales, visuelles oder beispielgebundenes Argument entwickelt und anschließend versucht wird, dieses in einen adäquaten Beweis zu überführen. Von den insgesamt 37 betrachteten Beweisversuchen wurden dabei 14 als erfolgreich bewertet. Indem sie die Vorgehensweisen der Studierenden vor dem Hintergrund des Toulmin-Schemas analysierten, arbeiteten Zazkis und Kollegen drei Aktivitäten heraus, die zu einer erfolgreichen Transformation beitragen können. Beim *Formalisieren* („syntactifying") werden vorhandene Daten, Schlussregeln und Konklusionen in das Repräsentationssystem eines Beweises überführt, indem Bezüge zu Skizzen entfernt und alltagssprachliche Notizen den sprachlichen Konventionen mathematischen Arbeitens angepasst werden (siehe hierzu auch 3.5). Auf inhaltlicher sowie struktureller Ebene ergeben sich hier somit nur kleine Änderungen. Im Gegensatz dazu erfordert die Aktivität der *Reanalyse* („rewarranting") eine erneute Absicherung des durchgeführten Schlusses, wodurch eine nicht-deduktive Begründung durch eine zulässige Schlussregel ersetzt und die Argumentation an eine Rahmentheorie angebunden wird. Eine solche Anbindung wird durch die Aktivität des *Herausarbeitens* („elaborating") unterstützt, im Rahmen derer Daten und Schlussregeln mit weiteren Informationen angereichert werden. Insbesondere werden hier implizite Schlussregeln präzisiert sowie angenommene Zusammenhänge und Eigenschaften nachträglich überprüft und abgesichert. Im Vergleich erfolgreicher und weniger erfolgreicher Beweisproduktionen stellten D. Zazkis et al. (2014) fest, dass in den Fällen, in denen ein adäquater Beweis formuliert wurde, häufig alle drei Strategien zur Anwendung kamen. Sie folgern, dass über eine kombinierte Anwendung aller drei Aktivitäten eine Brücke zwischen semantisch-argumentativen und syntaktisch-beweisenden Phasen des Beweisprozesses hergestellt und so mögliche Hürden in der Beweisproduktion überwunden werden können.

Während hier eine spezifische Hürde als Ausgangspunkt für eine primär lokale Analyse von Beweisprozessen diente, fokussieren die im Folgenden vorgestellten Untersuchungen ausgewählte Strategieanwendungen und deren Gelingensbedingungen. Besondere Aufmerksamkeit haben dabei die Heurismen der Beispielgenerierung und der Visualisierung erfahren. Im Bereich des Problemlösens zeigt sich, dass die Nutzung von vollständigen und korrekten Visualisierungen diejenige Aktivität darstellt, die den stärksten Zusammenhang zur Problemlöseleistung aufweist (Hembree 1992). Die Vorteile einer Skizzennutzung werden dabei in einem simultanen Zugriff auf verschiedene Problemmerkmale, der visuellen Transparenz von Eigenschaften sowie einer erleichterten Verknüpfung von konzeptuellen Vorstellungen gesehen (Alcock & Simpson 2004; Dreyfus 1991; Gibson 1998). Dennoch weisen Studien im Bereich des Beweisens darauf hin, dass der Rückgriff auf visuelle Repräsentationen nicht immer zielführend und daher eine differenziertere Betrachtung der Strategieanwendung notwendig ist (Alcock & Simpson 2004; Presmeg 1986). So berichten Stylianou und Silver (2004) ausgehend von einem Experten-Novizen-Vergleich, dass der Erfolg einer Strategieanwendung von der Art und der Zielsetzung der Skizzennutzung abhängt: Während die zehn Mathematikerinnen und Mathematiker in ihrer Studie die von ihnen erstellten Skizzen gezielt variierten, um den Problemraum zu untersuchen und einzelne Elemente der Problemsituation zu hinterfragen, behandelten die zehn Studierenden Visualisierungen überwiegend als statische Objekte und hatten Schwierigkeiten, diese als Werkzeug des Erkenntnisgewinns zu nutzen. In Übereinstimmung hiermit berichten auch Alcock und Weber (2010a, 2010b), dass Studierende Visualisierungen überwiegend einsetzen, um sich der Gültigkeit einer Aussage zu vergewissern oder ein Verständnis für die involvierten Konzepte aufzubauen. Mathematikerinnen und Mathematiker verfolgen hingehen vielfältigere Ziele: Sie verwenden Skizzen, um eine Idee oder Aussage auf semantischer Ebene zu beschreiben, einen Plan für die Beweisproduktion zu generieren und die Gültigkeit einer Aussage zu überprüfen (Samkoff et al. 2012).

Ebenso wie das Visualisieren gilt das eigenständige Entwickeln von Beispielen als eine zentrale Strategie, um ein reichhaltiges konzeptuelles Verständnis aufzubauen, generalisierbare Muster und damit Beweisideen aufzudecken sowie Phasen der Stagnation im Beweisprozess zu überwinden (Alcock 2004; Dahlberg & Housman 1997; Gibson 1998; Mason & Pimm 1984; Pólya 1949). Dennoch zeigen empirische Studien, dass es Studierende häufig schwer fällt, eigene Beispiele zu entwickeln (Moore 1994), und die Nutzung von Beispielen nicht zwangsläufig mit einer erfolgreichen Beweiskonstruktion einhergeht (Alcock & Inglis 2008; Iannone, Inglis, Mejía-Ramos, Simpson & Weber 2011; Morselli 2006; Weber et al. 2005). Folglich wird in Bezug auf die Nutzung von Beispielen nicht dichotom nach dem Auftreten von Beispielen im Beweisprozess gefragt, sondern vielmehr untersucht, unter welche Bedingungen Beispiele gewinnbringend für die Beweiskonstruktion genutzt werden können. Die Ziele, welche die Generierung und Anwendung von Beispielen leiten, sind sowohl bei Mathematikerinnen und Mathematikern als auch bei Studierenden vielfältig. So berichten verschiedene Studien, dass beide Personengruppen Beispiele nutzen, um ein Verständnis für Aussagen zu generieren, Argumente zu überprüfen, Schlussfolgerungen durch Gegenbeispiele zu testen und Beweisideen zu entwickeln (Alcock 2004; Alcock & Inglis 2008; Alcock & Weber 2010b; Lockwood et al. 2016; Weber et al. 2005). Prozessbeobachtungen legen jedoch nahe, dass die Qualität der Strategieanwendung bei Studierenden durch eine unsystematische Auswahl der zu betrachtenden Beispiele eingeschränkt werden kann. So neigen Studierende bei der Generierung von Beispielen im Allgemeinen dazu, beliebige, für sie leicht zugängliche Beispiele zu sammeln und diese im Hinblick auf ihre Übereinstimmung mit den geforderten Eigenschaften zu überprüfen. Dabei ist es nicht unüblich, dass der Schritt der Überprüfung wenig sorgfältig durchgeführt wird, sodass in einigen Fällen mit inadäquaten Beispielen operiert wird (Iannone et al. 2011; Weber et al. 2005). Expertinnen und Experten gehen hier strategischer vor und wählen entsprechend der vorliegenden Problemmerkmale gezielt Beispiele aus, die Randphänomene untersuchen, einzelne Eigenschaften hervorheben oder einen ansteigenden Verallgemeinerungsgrad aufweisen (Lockwood et al. 2016).

Die hier skizzierten Forschungsergebnisse dokumentieren verschiedene – mehr oder weniger effektive – Vorgehensweisen, einen Beweisprozess auf mikroskopischer sowie makroskopischer Ebene zu gestalten. Während auf makroskopischer Ebene insbesondere das Zusammenspiel unterschiedlicher Phasen und Repräsentationssysteme von Bedeutung erscheint (Schoenfeld 1985; Weber & Alcock 2004; D. Zazkis et al. 2015), zeigen Untersuchungen auf mikroskopischer Ebene, dass der Erfolg einer Strategieanwendung, wie der Visualisierung oder der Beispielbetrachtung, maßgeblich von deren Qualität und syntaktischer Rahmung bestimmt ist (Alcock & Simpson 2004; Alcock & Weber 2010b; Stylianou und Silver 2004).

3.4.3 Förderkonzepte

Vor dem Hintergrund der vielfältigen Studien, welche die Schwierigkeiten und Defizite von Studierenden beschreiben, existiert eine vergleichsweise dünne Forschungsgrundlage dazu, wie diesen Schwierigkeiten in instruktiven Designs begegnet und das erforderliche Wissen vermittelt werden kann (A. J. Stylianides et al. 2016; G. J. Stylianides & Stylianides 2017). Dabei zeigen empirische Untersuchungen, dass Problemlösen und Beweisen nur begrenzt über die eigenständige Auseinandersetzung mit entsprechenden Aufgaben erlernt werden kann und viele Studierende einer gezielten Unterstützung in ihrem Kompetenzaufbau bedürfen (Hmelo-Silver, Duncan & Chinn 2007; Schoenfeld 1985). Unterstützungsmaßnahmen, die auf diesen Bedarf reagieren, setzen dabei naturgemäß unterschiedliche Schwerpunkte, sodass verschiedene der zuvor beschriebenen Schwierigkeiten und Wissensfacetten adressiert werden. Während die einen Studien den Aufbau eines reichhaltigen mathematisch-strategisches Wissens (Weber 2006) oder die Vermittlung eines adäquaten Methodenwissens (Kuntze 2008; A. J. Stylianides & Stylianides 2009; G. J. Stylianides & Stylianides 2009) fokussieren, konzentrieren sich andere Studien auf die Entwicklung domainenübergreifender Problemlösestrategien (Heinze, Reiss & Groß 2006; Reichersdorfer 2013; Schoenfeld 1985) oder selbstregulativer Fähigkeiten (Chinnappan & Lawson 1996; Schoenfeld 1989). Die Erprobung derartiger Förderkonzepte wird dabei von einer grundlegenden Diskussion um die Effektivität allgemeiner Strategietrainings begleitet. So bestehen, begründet durch wiederholt beobachtete Transferschwierigkeiten, Zweifel daran, dass strategisches und insbesondere domainenübergreifendes Problemlöseverhalten in hierfür konzipierten Trainings vermittelt werden kann (Lawson 1990; Sweller 1990). Dabei steht insbesondere die Frage im Vordergrund, in welchem Maße allgemeine Problemlösefähigkeiten an eine konzeptuelle Wissensbasis gebunden und somit in erster Linie kontextbezogen abrufbar sind (Hart 1994; Lester, Garofalo & Lambdin Kroll 1989). Unter Berücksichtigung der diskutierten Einschränkungen werden im Folgenden einzelne Interventionskonzepte und strategisch ausgerichteten Unterstützungsmaßnahmen hervorgehoben, die erste Hinweise darauf geben, wie eine Förderung der Beweiskonstruktion dennoch gelingen kann.

In einer experimentellen Laborstudie mit sieben Studierenden der Mathematik und Naturwissenschaften untersuchte Schoenfeld (1985), inwieweit sich der Einsatz von Heurismen über eine wiederholte Modellierung des Strategieeinsatzes in Beispiellösungen einüben lässt. Hierfür bearbeiteten die Studierenden in einem Zeitraum von zwei Wochen insgesamt 20 Problemlöse- und Beweisaufgaben, von denen je vier Aufgaben eine Anwendung derselben Problemlösestrategie erlaubten. Im Anschluss an die Bearbeitung einer Aufgabe wurde eine mögliche Beispiellösung für das jeweilige Problem präsentiert und diese mithilfe eines ergänzenden Audiokommentars erläutert. Vier der sieben Studierenden erhielten über die inhaltliche Erläuterung hinaus eine schriftliche wie mündliche Erklärung zu den Strategien, die zur Lösung des Problems beigetragen hatten. In einem Prä-Post-Vergleich zeigte sich, dass alle Studierenden der Experimentalgruppe im Nachtest mehr Aufgaben korrekt lösen konnten als im Vortest. Damit erzielten sie signifikant bessere Ergebnisse als die Studierenden der Kontrollgruppe, von denen sich nur eine Person verbesserte. Dennoch wiesen auch die Studierenden der Experimentalgruppe Schwierigkeiten in der Anwendung der Strategien „Versuche Teilziele zu formulieren" und „Denke über einen Beweis durch Kontraposition nach" auf. Schoenfeld (1985) schlussfolgert, dass die Anwendung einzelner Problemlösestrategien grundsätzlich gefördert werden kann, indem der Strategieeinsatz anhand konkreter Beispiele veranschaulicht wird. Der Transfer einer Strategie ist jedoch nur dann erfolgreich, wenn aus den Beispielen gemeinsame Strukturen und Anwendungsmerkmale extrahiert werden, die eine Generalisierung der Strategie erlauben. Bei komplexeren oder weiter gefassten Strategien, wie der Formulierung von Teilzielen, wird eine flexible Nutzung durch ihren unspezifischen Charakter erschwert.

Auf den Ergebnissen von Schoenfeld aufbauend entwickelte die Forschungsgruppe um Kristina Reiss und Alexander Renkl das Konzept der *heuristischen Lösungsbeispiele* (Reiss & Renkl 2002). Das Konzept verknüpft Erkenntnisse über das Lernen aus Lösungsbeispielen mit der Idee, Strategien in ihrer Anwendung beispielhaft zu modellieren. Auf diese Weise soll die Förderung von Problemlösestrategien aus der Laborsituation herausgelöst und für authentische Lehr-und Lernsituationen zugänglich gemacht werden. Ähnlich wie klassische Lösungsbeispiele bestehen heuristische Lösungsbeispiele demnach aus einer Problemstellung und einer beispielhaften Lösung, wobei hier weniger die Lösung als Produkt fokussiert, sondern vielmehr die Darstellung eines realistischen Lösungsprozesses angestrebt wird. Die Aufarbeitung des Lösungswegs orientiert sich dabei an dem Beweisprozessmodell von Boero (1999) und illustriert anhand einer konkreten Problemstellung, mithilfe welcher Aktivitäten die einzelnen Phasen des Beweisprozesses ausgestaltet werden können. Empirische Untersuchungen zur Effektivität von heuristischen Lösungsbeispielen belegen, dass Studienanfängerinnen und -anfänger von der Auseinandersetzung mit dieser Form der Unterstützung profitieren. Im Vergleich zu Studierenden, die sich mit Lehrtexten beschäftigten, erbrachten sie signifikant bessere Leistungen in Bezug auf die Beweiskonstruktion und bildeten ein reichhaltigeres Metawissen über den Verlauf eines Beweisprozesses aus (Hilbert et al. 2008). Die Effekte konnten gesteigert werden, wenn Impulse zur Selbsterklärung in den Arbeitsauftrag integriert wurden. In einem vergleichenden Einsatz konnte jedoch keine Überlegenheit der heuristischen Lösungsbeispiele gegenüber einer freier gestalteten problembasierten Lernumgebung festgestellt werden (Reichersdorfer 2013; Reichersdorfer et al. 2012). Zwar konnten Studierende, die sich mit heuristischen Lösungsbeispielen beschäftigten, technische Beweise zielsicherer lösen, erzielten jedoch signifikant schlechtere Ergebnisse bei komplexen Beweisaufgaben, in denen der Wahrheitsgehalt einer Aussage zunächst bestimmt werden musste.

Die hier skizzierten Ergebnisse bekräftigen, dass über eine Modellierung von Beweisabläufen sowie eine Erläuterung der dabei angewandten Strategien die Beweisfähigkeit von Studierenden bis zu einem gewissen Grad gefördert werden kann. Darüber hinaus eignen sich Unterstützungsmaßnahmen wie heuristische Lösungsbeispiele dazu, Metawissen über den Verlauf eines Beweisprozesses zu vermitteln. Hierdurch wird einerseits eine Verknüpfung zum beweisspezifischen Methodenwissen und andererseits zu metakognitiven Aspekten des Beweisens hergestellt.

Unterstützungsmaßnahmen, die sich auf die Förderung metakognitiven Aspekte konzentrieren, beruhen im Allgemeinen auf Strategietrainings, in denen primär domainenübergreifende Kontroll- und Planungsstrategien eingeübt werden, um das allgemeine Vorgehen im Beweisprozess produktiv zu gestalten und so günstige Rahmenbedingungen für eine erfolgreiche Beweiskonstruktion zu schaffen. So konnte bspw. Schoenfeld (1989, 1992) ein stärker zielorientiertes und kontrolliertes Vorgehen bei Studierenden fördern, indem er sie mithilfe wiederkehrende Reflexionsimpulse zur regelmäßige Überprüfung des eignen Problemlöseprozesses anregte. Während zu Beginn der Intervention 60% der Studierenden ein unsystematische Problemlöseverhalten aufwiesen (siehe 3.4.2), konnte im Anschluss an das Training bei nur 20% der Studierenden ein solches Verhalten beobachtet werden. Die hier berichteten positiven Effekte auf Prozessebene werden durch eine experimentelle Studie von Chinnappan und Lawson (1996) ergänzt, die erste Hinweise dafür liefert, dass selbstregulative Strategien erlernt und sinnvoll in neuen Beweisaufgaben angewandt werden können. Chinnappan und Lawson konzentrieren sich dabei auf das geometrische Beweisen in der Sekundarstufe und untersuchen einen in Folge des Strategietrainings auftretenden Kompetenzzuwachs von Schülerinnen und Schülern. Das Training fand dabei im Rahmen des regulären Unterrichts statt und wurde mithilfe eines Übungsbuchs implementiert, welches für die Experimentalgruppe auch allgemeine Strategieanweisungen zum Planen und Überprüfen des Problemlöseprozesses enthielt. Die Ergebnisse des Vor- und Nachtests zeigen, dass Lernende der Trainingsgruppe sowohl bei nahen Transferaufgaben als auch bei solchen mit größerer Transferleistung signifikant bessere Ergebnisse erzielten als Schülerinnen und Schüler der Kontrollgruppe. Als Transferaufgaben dienten dabei geometrische Beweise, die sich auf einen verwandten Themenbereich bezogen, jedoch verglichen mit den Trainingsaufgaben andere Aspekte des konzeptuellen Wissens beanspruchten. Offen bleibt daher, inwieweit die erlernten Strategien auch auf Problemstellungen anderer Themenbereiche übertragen werden können.

Während die bisher beschriebenen Fördermaßnahmen Strategietrainings darstellen, die sich in erster Linie darin unterscheiden, in welchem Maße die behandelten Strategien einen mathematik-, bereichs- oder aufgabenspezifischen Charakter aufweisen, realisieren die im Folgenden dargestellten Unterstützungskonzepte einen stärker wissensbezogenen Zugang zum Metawissen und fokussieren den Aufbau eines adäquaten Methodenwissens (siehe Abschnitt 3.3). Kuntze (2008) erprobt in

diesem Zusammenhang die Methode der *Themenstudie*. Über die schriftliche Auseinandersetzung mit Lernmaterialien sollen hier Kenntnisse über gängige Akzeptanzkriterien, die Funktionen von Beweisen sowie die relevanten Teilschritte innerhalb eines Beweisprozesses vermittelt werden. Die Studierenden erhalten zunächst
verschiedene Dokumente, wie fehlerhafte Beweise, Artikel oder Zitate, die es zu
sichten und zu diskutieren gilt. Die Materialien sind dabei so zusammengestellt, dass
sie verschiedene Aspekte des Beweisens beleuchten und auf diese Weise ein viel-
fältiges und unter Umständen auch kontroverses Bild erzeugen. Ziel der Auseinandersetzung mit den Materialien ist es, einen Text zu verfassen, in dem die gelesenen
Inhalte erörtert, bewertet und miteinander in Bezug gesetzt werden. In einer experimentellen Studie mit 153 Studienanfängerinnen und -anfängern untersuchte Kuntze,
welche Vorteile die Methode der Themenstudie in Bezug auf die Entwicklung geo-
metrischer Beweiskompetenz gegenüber anderen Formen der Unterstützung aufweist. Hierfür vergleicht er die Ergebnisse eines Beweistests von Studierenden verschiedener Treatment-Gruppen: einer Themenstudie-Gruppe (N = 18), zwei unterschiedlich gestaltete Kontrollgruppen (N = 24, N = 22) und einer Gruppe, die sich
mit heuristischen Lösungsbeispielen auseinander setzte (N = 89). Die Ergebnisse
des Nachtests zeigen, dass die Studierenden der Themenstudien-Gruppe insbesondere auf höheren Kompetenzstufen signifikant bessere Resultate erzielten als beide
Kontrollgruppen. Im Vergleich zu der Gruppe, die heuristische Lösungsbeispiele
bearbeitete, konnten keine signifikanten Leistungsunterschiede festgestellt werden.
Die Ergebnisse bestärken somit die Relevanz des beweisspezifischen Meta- und
Methodenwissens für den Kompetenzaufbau und stellen heuristischen Lösungsbeispielen eine alternative Form der Unterstützung entgegen. Dennoch bleibt auch hier
fraglich, inwiefern das Konzept der Themenstudie dazu geeignet ist, komplexerer
Beweiskonstruktionen im Hochschulkontext zu fördern.

Einen etwas anderen Ansatz verfolgen G. J. Stylianides und Stylianides (2009)
mit einem Kurskonzept für Lehramtsstudierende im Primarbereich, welches sie im
Sinne eines Design-Experiments in verschiedenen Forschungszyklen erproben. Das
Kurskonzept sieht dabei vor, dass die Studierenden gemeinsam mit ihrer Lehrperson
verschiedene Akzeptanzkriterien erarbeiten, wobei die Lehrperson als Repräsentant
der Diskursgemeinschaft die Funktion eines Korrektivs einnimmt. Der Fokus liegt
hier auf der Etablierung eines adäquaten Beweisschemas, sodass insbesondere das
begrenzte Potenzial empirischer Argumente herausarbeitet und ein Bedürfnis für
sichere Schlussformen geweckt werden soll (G. J. Stylianides & Stylianides 2009).
Im Rahmen des letzten Forschungszyklus wurden die Kursteilnehmerinnen und
-teilnehmer zu zwei unterschiedlichen Zeitpunkten gebeten, einen Beweis zu konstruieren und diesen anschließend zu bewerten. Die jeweils erzielten Ergebnisse
deutet darauf hin, dass die Studierenden im Verlauf des Kurses eine zunehmend

kritische Haltung gegenüber empirischen Argumenten entwickelten und auch ihre Fähigkeit verbesserten, deduktive Beweise zu formulieren. So konnte die Anzahl der empirischen Argumente bei insgesamt 39 analysierten Beweisversuchen von neun auf drei reduziert werden.

Die hier vorgestellten Unterstützungsmaßnahmen zeigen, dass erfolgsversprechende Ansätze existieren, die Beweiskonstruktion von Studienanfängerinnen und -anfängern mithilfe von vergleichsweise kurzen Interventionen zu fördern. Die einzelnen Konzepte unterstützen dabei den Kompetenzaufbau, indem sie praktische Konstruktionserfahrungen mit verschiedenen Formen des Metawissens anreichern und so die individuellen Vorgehensweisen systematisieren. Die präsentierten Studien beziehen sich dabei jedoch vielfach auf geometrisches Beweisen am Übergang Schule – Hochschule. Unter Berücksichtigung möglicher Transferschwierigkeiten bleibt daher offen, inwieweit sich die einzelnen Methoden mit vergleichbaren Effekten in anderen Themenbereichen des Mathematikstudiums einsetzen lassen. Die in Abschnitt 3.4.2 beschriebenen Forschungsergebnisse zum Beweisprozess deuten zudem darauf hin, dass Beweiskonstruktionen bis zu einem gewissen Grad individuell unterschiedlich verlaufen. Verfügbare Ressourcen sowie persönliche Präferenzen bezüglich eines syntaktischen oder semantischen Zugangs können die Beweiskonstruktion dabei ebenso beeinflussen wie die konkrete Ausgestaltung einer gewählten Strategie. Vor diesem Hintergrund scheint es sinnvoll, die hier beschriebenen Förderansätze noch stärker auf individuelle Ressourcen und Vorgehensweisen auszurichten und die Bedingungen zu berücksichtigen, die eine gelungene Implementation der vermittelten Strategien begünstigen. So fordern Hart (1994), Schoenfeld (1985) sowie Weber (2006) vermehrt qualitative Zugänge, welche die Effekte von Strategietrainings auf Prozessebene untersuchen.

3.5   Beweise präsentieren

Das Präsentieren von Beweisen stellt ein noch sehr junges Forschungsfeld dar, das erst in den letzten Jahren an Aufmerksamkeit gewinnt. In ihrer Sichtung von 131 Publikationen, die bis einschließlich 2008 erschienen und im *Education Resources Information Center* gelistet sind, konnten Mejia-Ramos und Inglis (2009) keinen Hinweis auf Studien finden, in denen Studierende gezielt zur Präsentation eines Beweises aufgefordert und ihre Leistungen untersucht wurden. Die wenigen existierenden Forschungsprojekte, die sich explizit mit der Präsentation von Beweisen befassen, betrachten diese primär aus der Perspektive eines Lehrenden und fokussieren damit die methodisch-didaktische Aufbereitung eines Beweises. Das Ziel ist es hier, charakteristische Merkmale und Strategien herauszuarbeiten, mithilfe derer die Beweispräsentation für Studierende möglichst nachvollziehbar gestaltet werden kann (Fukawa-Connelly 2014; Kempen & Biehler 2019; Lai & Weber 2014; Leron 1983; A. Pinto & Karsenty 2018; Weber 2004, 2012).

Einen ersten Zugang zur Erforschung studentischer Beweispräsentationen eröffnet Fukawa-Connelly (2012) mit einer Untersuchung jüngeren Datums, in welcher er die sozialen und sozio-mathematischen Normen analysiert, die im Rahmen einer regulären Lehrveranstaltung zwischen Studierenden und Lehrenden ausgehandelt werden. Die Normen umfassen dabei sowohl allgemeine Vereinbarungen zur Verantwortung der Studierenden und ihrer aktiven Partizipation, als auch spezifische Erwartungen an die im Kurs zu leistenden Beweispräsentationen. Neben Normen, welche den erwünschten Präsentationsstil sowie eine angemessene Interaktion mit dem Plenum beschreiben, werden hierbei Erwartungen bezüglich der Aufbereitung eines Beweises auf inhaltlich-struktureller Ebene formuliert. Diese Erwartungen umfassen sowohl allgemeine Akzeptanzkriterien, wie die Vorstellung einer gültigen Beweiskette, als auch präsentationsspezifische Normen, wie die Fokussierung auf übergeordnete Beweisideen (Fukawa-Connelly 2012). Eine detailliertere Beschreibung von Gestaltungsprinzipien für die Beweispräsentation findet sich in der Literatur, wenn anstatt einer mündlichen Präsentation in Gegenwart einer Zuhörerschaft die schriftliche Aufbereitung eines Beweises für dessen Bewertung betrachtet wird. Das Präsentieren eines Beweises wird hier als eine Teilaktivität der Beweiskonstruktion konzeptualisiert und markiert den Übergang von einem privaten Erkenntnisinteresse in einen öffentlichen Rahmen, welcher die Ausrichtung an sozio-mathematischen Normen erforderlich macht. Die Beweispräsentation in diesem Sinne stellt einen zentralen Bestandteil der gängigen Übungspraxis dar, wobei verschiedene Autoren Schwierigkeiten von Studierenden berichten, die Erkenntnisse aus ihrem Beweis- und Problemlöseprozess schriftlich aufzuarbeiten und in einer geeigneten mathematischen Notation auszudrücken (Mamona-Downs & Downs 2010; Moore 1994; Ottinger, Kollar & Ufer 2016).

Wie ein Beweis formuliert werden sollte, um den Erwartungen der Diskursgemeinschaft zu genügen, wird in verschiedenen Ratgebern aus normativer Perspektive beschrieben (siehe bspw. Alcock (2017); Beutelspacher (2009); Halmos (1977); Houston (2012); Vivaldi (2014)). Aus linguistischer Sicht beschreiben diese Ratgeber die Stilprinzipien mathematischen Schreibens und damit die charakteristischen Merkmale eines mathematischen *Registers*.[3] Dem Konzept des Registers liegt die

---

[3]Eine ausführliche Beschreibung der Stilprinzipien wissenschaftlichen Schreibens findet sich bei Sanders (2007). Wie diese Stilprinzipien in der Mathematik realisiert und welche gängigen Sprachmittel hierfür verwendet werden, beschreiben Lew und Mejia-Ramos (2015) sowie Kirsten (2015). Eine Übersicht über die wesentlichen Besonderheiten des mathematischen Sprachregisters stellen Maier und Schweiger (1999) zur Verfügung.

Annahme zugrunde, dass sich Mitglieder einer Diskursgemeinschaft bestimmten Sprachvarianten des Deutschen bedienen, um eine spezifische Sprachhandlung, wie die präzise und kontextunabhängige Kommunikation eines Beweises, effektiv und zielgerichtet bewältigen zu können (Halliday 1978; Sanders 2007). Ein Sprachregister zeichnet sich demnach durch eine funktionale Auswahl an lexikalischen und morpho-syntaktischen Sprachmittel aus, welche die kommunikativen Ziele einer Diskursgemeinschaft in geeigneter Weise unterstützen. Bezogen auf die Mathematik wurde in 2.3 die Divergenz zwischen dem formulierten Beweis und dessen Entwicklungsprozess mit sozio-mathematischen Normen begründet, die eine allgemeingültige und kontextunabhängige Darstellung mathematischen Wissens fordern (Dawkins & Weber 2017). Eine solche Darstellung ist ihrerseits an einen sachlichen und prägnanten Sprachstil sowie eine präzise und verständliche Formulierung gebunden, welche wiederum mithilfe verschiedener sprachlicher Mittel realisiert werden können. So wird eine prägnante und gleichzeitig präzise Darstellung bspw. durch eine adäquate Verwendung von Fachterminologie und Symbolen gefördert. Für die Herstellung von eindeutigen Bezügen wird zudem empfohlen, Äquivalenzen und Schlussfolgerungen durch Konditional-, Konsekutiv-, Final- oder Kausalsätze zu markieren (Alcock 2017; Beutelspacher 2009; Houston 2012; Vivaldi 2014). Sachlichkeit und Verständlichkeit kann dadurch erreicht werden, dass überwiegend Aussagesätzen formuliert (Houston 2012), Imperative verwendet (Halmos 1977) oder vollständige Sätze gebildet werden, in denen inhaltliche Zusammenhänge durch grammatikalische Bezüge verdeutlicht werden (Beutelspacher 2009; Houston 2012). Als Besonderheit des mathematischen Sprachregisters gilt zudem die Verwendung von Symbolen und Formelelementen, die sinnvoll in den Prosatext eingebunden werden müssen (Alcock 2017; Beutelspacher 2009; Vivaldi 2014). Die Formulierung grammatikalisch vollständiger Sätze wird dabei dadurch erschwert, dass einzelne Symbole wie „$\leq$" oder „$\in$" eine Lesart als Verbalphrase sowie als Nominalphrase erlauben (Halmos 1977).

Inwieweit Studierende diese Gestaltungsprinzipien verinnerlicht haben und in der Lage sind, das mathematische Sprachregister in ihren Beweispräsentationen anzuwenden, untersuchen Lew und Mejia-Ramos (2015, 2019). Über eine Analyse von studentischen Beweisprodukten, die im Rahmen einer Klausur formuliert wurden, stellen sie 14 verschiedene Arten einer unkonventionellen Verwendung des mathematischen Sprachregisters heraus. Insbesondere erweisen sich dabei folgende Konventionen des mathematischen Schreibens als problembehaftet: Studierende formulieren häufig unvollständige Sätze, die weder den Regeln der Grammatik noch denen der Interpunktion genügen. Die formulierten Satzfragmente sind dabei in vielen Fällen insofern inhaltleer, als ihnen aufgrund fehlender Satzglieder keine inhaltliche Aussage entnommen werden kann. Auf struktureller Ebene weisen die studentischen Beweisprodukte nur wenige Sprachmittel auf, welche die Kohärenz des Beweises unterstützen und seine Struktur auf lokaler oder globaler Ebene explizieren. Dies zeigt sich insbesondere in einzelnen Formelelementen und Satzfragmenten, die unverbunden nebeneinander stehen, sowie in einer mangelnden sprachlichen Unterscheidung zwischen Voraussetzungen und Schlussfolgerungen. Damit einher gehen Schwierigkeiten, Variablen in geeigneter Weise einzuführen und diese einheitlich zu verwenden. Der unkonventionelle und stellenweise mathematisch inkorrekte Sprachgebrauch deutet hier auf Unsicherheiten im Umgang mit Quantoren sowie mit der differenzierten Verwendung von Konjunktiven und Imperativen wie „Sei" oder „Wähle" hin. Die einzelnen Beobachtungen zusammengefasst stellt insbesondere die Einbindung von Symbolen in einen grammatikalisch korrekten Prosatext für viele Studierende eine bedeutende Hürde dar (Lew & Mejia-Ramos 2015). Um zu unterscheiden, ob es sich bei dem unkonventionellen Sprachgebrauch um eine Folge von Implementationsschwierigkeiten handelt oder diese aus einem mangelndes Bewusstsein für die entsprechenden Konventionen und Normen hervorgeht, erheben Lew und Mejia-Ramos (2019) in einer Folgestudie. In dieser untersuchen sie, welche Normen Studierenden im Vergleich zu Mathematikerinnen und Mathematikern an fremde Beweise herantragen, und lassen hierfür studentische Beweisprodukte von 16 Studierenden und acht Lehrenden bewerten. Beide Personengruppen werden gebeten, zunächst unkonventionelle Darstellungen zu benennen und diese anschließend danach zu beurteilen, inwiefern die Normabweichungen einen Punktabzug rechtfertigen. Als Ergebnis ihrer Untersuchung stellen Lew und Weber fest, dass sich Studierende und Lehrende in erster Linie in ihren Einschätzungen zur grammatikalischen Korrektheit und zur konsistenten Variablennutzung unterscheiden. Während Mathematikerinnen und Mathematiker das Auftreten von Satzfragmenten durchgehend als unkonventionell bewerteten, zeugten die Angaben der Studierenden von einem nur geringen Bewusstsein dafür, dass auch mathematische Texte den Regeln der Schriftsprache unterliegen und grammatikalisch korrekte und vollständige Sätze verlangen. Dennoch beobachteten Lew und Weber auch unter den Mathematikerinnen und Mathematikern uneinheitliche Einschätzungen darüber, inwiefern eine Abweichung von den schriftsprachlichen Normen mit einem Punktabzug einhergehen sollte. Ein einheitlicheres Urteil erreichten die Mathematikerinnen und Mathematiker hingegen in Bezug auf eine inadäquate Einführung neuer Objekte bzw. eine unsauberen Definition von Variablen, wodurch deutliche Unterschiede zu den Einschätzungen der Studierenden markiert werden. Obwohl die Studierenden die Verwendung undefinierter Variablen als unüblich erkannten, empfanden nur wenigen eine parallele Verwendung von Quantoren und Konjunktiven zur Einführung eines neuen Objekts als problematisch. Ebenso störte sich nur eine geringe Anzahl an Studierenden an der simultanen Verwendung ein und derselben

Bezeichnungen für unterschiedliche Objekte (Lew & Mejia-Ramos 2019). Ähnliche Fehler und Inkonsistenzen in studentischen Beweisprodukten beschreiben auch Nardi und Iannone (2005). Sie führen die Schwierigkeiten in der Anwendung des mathematischen Sprachregisters auf die unterschiedlichen Normen zurück, die in der Schule und der Universität praktiziert werden, und werten die auftretenden Fehler als Ausdruck des Versuchs, den mathematischen Schreibstil zu imitieren. Eine solche Interpretation ist anschlussfähig an gängige Theorien zur Entwicklung wissenschaftlicher Schreibfähigkeit, nach denen die Aneignung einer neuen Sprachvariante stets durch ein initiales Wechselspiel von Imitation und Transposition begleitet wird (Steinhoff 2007). Demnach behelfen sich Studierende zu Beginn der Sprachentwicklung einerseits dadurch, dass sie Sprachmittel, die ihnen aus alltäglichen oder schulischen Kontexten vertraut sind, auf die neuen Sprach- und Schreibsituationen übertragen. Andererseits versuchen sie, den zu erlernenden Schreibstil zu imitieren, indem sie die Schreibweisen von erfahrenen Mitgliedern der Diskursgemeinschaft nachahmen. Erst im weiteren Verlauf der Sprachentwicklung bilden Studierende ein Verständnis für die Funktionen der fachspezifischen Sprachmittel aus und lernen, diese bewusst und kontextadäquat einzusetzen (Feilke & Steinhoff 2003). Vor diesem Hintergrund erscheinen die beschriebenen Schwierigkeiten von Studierenden, ihre Beweisideen normkonform darzulegen, als ein Phänomen, das den Enkulturationsprozesses in natürlicher Weise begleitet. Offen bleibt dabei, inwiefern der Enkulturationsprozess unterstützt werden kann, indem charakteristische Merkmale des mathematischen Sprachregisters in Lehrveranstaltungen expliziert oder Studierende über das Feedback zu Übungsaufgaben auf unkonventionelle Schreibweisen hingewiesen werden.

3.6   Zusammenfassung und Ausblick

In diesem Kapitel wurde eine Übersicht über die zentralen Forschungsergebnisse im Bereich des mathematischen Argumentierens und Beweisens gegeben. Der Forschungsüberblick orientierte sich dabei an den drei grundlegenden Aktivitäten mathematischen Beweisens, wobei ein großer Anteil der existierenden Forschungsprojekte die Aktivität der Beweiskonstruktion fokussiert (Sommerhoff, Ufer & Kollar 2015; A. J. Stylianides et al. 2016). Leistungsüberprüfungen an Universitäten finden überwiegend über Aufgabenformate statt, die eine eigenständige Beweiskonstruktion fordern. Schwierigkeiten in der Ausführung dieser Aktivität sind daher im Gegensatz zu Defiziten im Bereich des Verstehens sowohl für Lehrende als auch Lernende unmittelbar wahrnehmbar, sodass von beiden Seiten ein großer Bedarf an Förderkonzepten geäußert wird. Um Schwierigkeiten gezielt angehen und gewinnbrin-

gende Unterstützungsmaßnahmen entwickeln zu können, ist es notwendig, potenzielle Hürden näher zu bestimmen und Ursachen für die Schwierigkeiten zu dia-
gnostizieren. In diesem Zusammenhang wurden verschiedene Studien vorgestellt,
welche die notwendigen Ressourcen einer erfolgreichen Beweiskonstruktion untersuchen und mit den Wissenskategorien *Basiswissen*, *mathematisch-strategisches
Wissen*, *Methodenwissen* und *Problemlösefähigkeiten* vier mögliche Stellschrauben benennen (Chinnappan et al. 2012; Schoenfeld 1985; Sommerhoff 2017; Ufer
et al. 2008; Ufer et al. 2009). Auf welche Weise die verschiedenen Ressourcen
in der Beweiskonstruktion Anwendung finden und wie sie zu einem erfolgreichen
Beweisprozess beitragen, ist dabei bislang noch nicht umfassend geklärt. Ein anderer Forschungszugang nimmt daher Bezug auf die mangelnde Transparenz zwischen
einem Beweisprodukt und seinem Entstehungsprozess und verfolgt den Ansatz, über
Analysen des Beweisprozesses erfolgreiche Techniken und Strategien herauszuarbeiten und diese in reguläre Lehrveranstaltungen oder separaten Trainings gezielt
zu vermitteln (Hemmi 2010; Karunakaran 2018; McKee, Savic, Selden & Selden
2010; Weber 2001). Unter methodischen Gesichtspunkten haben sich hier insbesondere Experten-Novizen-Vergleiche etabliert, bei denen die Vorgehensweisen von
Mathematikerinnen und Mathematikern untersucht und denen von Studierenden
gegenüber gestellt werden (z. B. Lockwood et al. (2016), Samkoff et al. (2012),
Stylianou und Silver (2004) sowie Weber & Alcock (2004)). Die Vorgehensweisen
der Experten zeigen dabei, wie eine erfolgreiche Beweiskonstruktion ausgestaltet
werden kann, und dienen damit als Entwicklungsperspektive der Novizen. Kritik
an einem solchen Forschungszugang wird jedoch dahingehend geäußert, dass die
extrahierten Strategien und Aktivitäten sich zwar für erfahrene Mathematikerinnen
und Mathematiker als nützlich erwiesen haben, ein unmittelbarer Transfer auf den
Entwicklungsstand der Studierenden unter Umständen jedoch mit Schwierigkeiten
verbunden ist (Ko & Knuth 2013; D. Zazkis et al. 2015):

> This focus on mathematicians provides valuable insight into how proofs may be suc-
> cessfully written, but it has an important limitation. Mathematicians' proving strategies
> might rely on experiences and understandings that most undergraduates may lack. If
> so, exposing students to these strategies without these corresponding experiences may
> lead to naïve application of the strategies, which can be counterproductive (cf., Reif,
> 2008) (D. Zazkis et al. 2015, S. 12).

Die Expertenforschung kann demnach sinnvoll ergänzt werden, indem anstatt
Mathematikerinnen und Mathematiker erfolgreiche Studienanfängerinnen und -an-
fänger untersucht werden. Hinter diesem Vorgehen steht die Annahme, dass im
Vergleich erfolgreicher und weniger erfolgreicher Studierender solche Strategien
herausgearbeitet werden können, die aufgrund vergleichbarer Rahmenbedingungen

und im Sinne einer nächsten Entwicklungsstufe leichter zu vermitteln sind. Wenngleich auch hier unterschiedliche Voraussetzungen, z. B. im Umfang des konzeptuellen Basiswissens, zwischen den Studierenden bestehen können, so lassen sich diese
jedoch direkter adressieren. Studien zum erfolgreichen Strategieeinsatz bei Studierenden sind bislang jedoch weniger verbreitet (siehe bspw. Alcock & Simpson
(2004), Gibson (1998), Sandefur et al. (2013), van Spronsen (2008), D. Zazkis et al.
(2015) oder D. Zazkis et al. (2014)). Während Alcock und Simpson (2004) sowie
Sandefur et al. (2013) untersuchen, wie Visualisierungen oder Beispiele sinnvoll in
eine studentische Beweiskonstruktion eingebunden werden können, beziehen sich
D. Zazkis et al. (2014) auf eine spezifische Hürde im Beweisprozess und arbeiten
studentische Strategien zu deren Überwindung heraus.

Auf makroskopischer Ebene werden weniger die einzelnen Handlungen im
Beweisprozess analysiert, als vielmehr der Verlauf der Beweiskonstruktion als Ganzes betrachtet. Existierende Prozessbeschreibungen orientieren sich dabei überwiegend an den Rahmenbedingungen einer Problemexploration, d. h. sie wählen eine
offene Problemsituation als Ausgangslage und beschreiben den Verlauf der Beweiskonstruktion als Beantwortung einer strittigen Fragestellung (Mejia-Ramos & Inglis
2009). Derartige Verlaufsmodelle, wie sie in Abschnitt 2.3 vorgestellt wurden, sind
weder normativ noch deskriptiv ausgerichtet, sondern geben einen Überblick über
die notwendigen kognitiven Vorgänge, welche die Beweiskonstruktion begleiten
(vgl. Boero (1999), Stein (1986)). Deskriptive Analysen des Beweisprozesses, welche systematisch die individuellen Wege zum Beweis nachzeichnen, existieren nur
wenige (Karunakaran 2018; Schoenfeld 1985). Dabei zeigt Schoenfeld (1985) im
Rahmen seiner empirischen Untersuchungen zum Problemlösen, dass über Prozessanalysen Muster ineffektiver Vorgehensweisen aufgedeckt und in Folge dessen mit
gezielten Trainings korrigiert werden können. Demgegenüber berichten D. Zazkis
et al. (2014), dass die einzelnen Phasen des Problem- bzw. Beweisprozesses unterschiedlich gewichtet und auf verschiedene Weise kombiniert werden können, um
einen geeigneten Beweisansatz zu generieren. Die dargestellten Ergebnisse legen
zusammenfassend nahe, dass verschiedene ineffektive sowie effektive Muster von
Beweisverläufen existieren, die einer systematischen Analyse bedürfen.

Neben der Konstruktion eines Beweises erfahren auch andere Aktivitäten, die
mit dem mathematischen Argumentieren und Beweisen verbunden sind, zunehmend
Aufmerksamkeit. So konnten für das Verstehen und das Validieren von Beweisen
verschiedene Studien berichtet werden, welche charakteristische Schwierigkeiten
von Studierenden herausarbeiten sowie gängige Lese- und Validierungsstrategien im
Experten-Novizen-Vergleich beschreiben. Obwohl auf theoretischer Ebene vielfältige Verknüpfungen zwischen den einzelnen Aktivitäten angedeutet werden (A. Selden & Selden 2003), schließen nur wenige Studien mehrere Facetten des Beweisens

in ihre Analysen ein. Vergleichsweise intensiv wurden dabei potenzielle Verbindungen der Aktivitäten Validieren und Konstruieren diskutiert. So weisen Studien von Pfeiffer (2011), Powers et al. (2010), A. J. Stylianides & Stylianides (2009) sowie Yee et al. (2018) darauf hin, dass über die Validierung von Beweisen Methodenwissen aufgebaut werden kann, welches wiederum eine erfolgreiche Beweiskonstruktion unterstützt. Entgegen einer solchen Annahme konnte Sommerhoff (2017) in seiner Studie keinen signifikanten Zusammenhang zwischen den beiden Aktivitäten nachweisen. Es bleibt daher zunächst offen, inwieweit das Validieren als Prädiktor oder auch als Teilprozess des Konstruierens angesehen werden kann. Ebenso ist fraglich, in welchem Maße Fähigkeiten im Bereich des Verstehen und Präsentierens eine erfolgreiche Beweiskonstruktion begünstigen. So deuten empirische Untersuchungen von Harel und Sowder (1996) sowie Schoenfeld (1992) darauf hin, dass Schwierigkeiten beim Beweisen und Problemlösen teilweise auch auf eine oberflächliche und wenig systematisch gestaltete Verstehensphase zurückzuführen sind. Darüber hinaus ist anzunehmen, dass die von Lew und Mejia-Ramos (2015, 2019) berichteten unkonventionelle Verwendungen des mathematischen Sprachregisters zu Schwierigkeiten beim Generieren sowie Kommunizieren einer Beweisidee führen. Vor diesem Hintergrund erscheint es erstrebenswert, die Zusammenhänge der einzelnen Aktivitäten auf Prozessebene zu untersuchen. Sollten einzelne Aspekte des Verstehens, Validierens oder Präsentierens die Beweiskonstruktion im Sinne von Teilprozessen begleiten, so ließen sich ausgewählte Forschungsergebnisse übertragen und bereits erprobte Förderkonzepte für das Verstehen oder Validieren als Grundlage für Unterstützungsmaßnahmen im Bereich der Beweiskonstruktionen nutzen. Das folgende Kapitel zeigt, welche Formen der Synthese aus theoretischer Perspektive denkbar sind, indem Forschungsergebnisse aus dem Bereich des Verstehens, Validierens und Präsentierens genutzt werden, um die verschiedenen Phasen der Beweiskonstruktion weiter auszudifferenzieren. Das Ergebnis dieser Überlegungen ist ein Phasenmodell, welches die relevanten Teilprozesse einer Beweiskonstruktion im Hochschulkontext beschreibt und dabei einerseits Bezüge zu anderen Beweisaktivitäten herstellt und andererseits eine Verknüpfung makroskopischer und mikroskopischer Analyseebenen anstrebt.

Phasenmodell zum Beweisprozess

4

Aufbauend auf den in Abschnitt 2.3 vorgestellten Prozessbeschreibungen wird im folgenden Kapitel ein Phasenmodell entwickelt, welches die einzelnen Teilprozesse einer Beweiskonstruktion weiter ausdifferenziert und sie auf den Kontext universitärer Anfängerveranstaltungen überträgt. Auf diese Weise wird die theoretische Grundlage für ein Analyseinstrument geschaffen, das es erlaubt, studentische Beweiskonstruktionen auf individueller Ebene nachzuzeichnen und einzelne Beweisschritte gezielt vor dem Hintergrund des Gesamtverlaufs zu analysieren.

4.1 Vorüberlegungen

Den aktuellen Forschungsstand berücksichtigend sollte das zu entwickelnde Modell den folgenden Anforderungen genügen:

1. Das Phasenmodell bildet die Rahmenbedingungen studentischer Beweiskonstruktionen angemessen ab.

Während existierende Beweisprozessmodelle die Problemexploration fokussieren, ist die studentische Praxis, insbesondere zu Studienbeginn, von Aufgabenformaten geprägt, die einen Beweis zu einer gegebenen Aussage fordern. Die Aufgabenstellung suggeriert dabei, dass es sich um eine wahre Aussage handelt, sodass der Klassifizierung von Mejia-Ramos & Inglis (2009) folgend die Aktivität der *Rechtfertigung* im Vordergrund steht. Wie in Abschnitt 2.3 erläutert wurde, ist anzunehmen, dass die Rechtfertigung und die Problemexploration spezifische Aktivitäten innerhalb der Beweiskonstruktion darstellen, die aufgrund ihrer unterschiedlichen Rahmenbedingungen auch unterschiedliche kognitive Vorgänge fordern. Diese Annahme wird durch die Erkenntnisse der „cognitive unity"-Forschung gestützt, nach denen eine produktive Verbindung von Argumentieren und Beweisen die Beweiskonstruktion fördern kann, indem Erkenntnisse aus einem argumentativ geprägten Satzfindungsprozess als Grundlage für die Entwicklung eines deduktiven Beweises dienen. Wird nun anstatt einer offenen Problemsituation eine vorformulierte Aussage präsentiert, so werden zusammen mit dem Satzfindungsprozess vielfältige argumentative Tätigkeiten ausgeklammert. Aktivitäten, wie das Austesten der Bedingungen und Grenzen einer Vermutung, das Ziehen erster informaler Schlüsse oder das Hervorheben relevanter Informationen, werden damit nicht unmittelbar durch die Aufgabenstellung angeregt, sondern können allenfalls in Eigeninitiative angestoßen werden. Die kognitive Einheit wird damit aufgebrochen und es entsteht eine kognitive Distanz zwischen dem Argumentieren und Beweisen, die es für eine erfolgreiche Beweiskonstruktion zu überwinden gilt (Boero et al. 1996; Duval 1991). Den Annahmen der „cognitive unity"-Theorie folgend kann die kognitive Einheit a posteriori wiederhergestellt werden, indem der Satzfindungsprozess in einer Analyse- und Explorationsphase rekonstruiert und die Bedingungen der gegebenen Aussage untersucht werden (Garuti et al. 1998). Die für eine erfolgreiche Beweisführung konstitutive Interaktion von Entdecken, Prüfen und Begründen muss somit außerhalb des Satzfindungsprozesses in anderen Phasen des Beweisprozesses realisiert werden. Eine solche Verlagerung der argumentativen Tätigkeiten sollte bereits in der theoretischen Fundierung des Analyseinstruments angelegt sein.

2. Das Phasenmodell eignet sich als Grundlage für die Entwicklung eines Kategoriensystems mit disjunkten, eindeutig zuzuordnenden Kategorien und ermöglicht auf diese Weise eine zuverlässige Analyse.

Bestehende Verlaufsmodelle des Problemlösens und Beweisens beschreiben den Beweisprozess als Phasenverlauf. Eine Phase bündelt dabei intentional gleich gerichtete Aktivitäten, d. h. Teilprozesse, die auf dasselbe Ziel hinarbeiten, werden unabhängig von dem Erreichen dieses Ziels zu einer Einheit zusammengefasst (vgl. den Begriff der *Episode* bei Schoenfeld (1985)). Die Übergänge zwischen zwei Phasen sind dabei häufig fließend, wobei die Bestimmung präziser Grenzen zusätzlich durch wiederholte Wechsel und Interaktionen zwischen zwei Phasen erschwert wird. So ist es z. B. denkbar, dass die Beweisschritte „Entwicklung einer formalen oder informalen Beweisidee" und „Ausarbeiten einer deduktiven Beweiskette" insbesondere bei einer syntaktischen Beweisproduktion zeitweise parallel verlaufen. Ein Phasenmodell, das eine zuverlässige und intersubjektiv nachvollziehbare Analyse von Beweisverläufen ermöglicht, sollte daher eindeutige Abgrenzungskriterien beinhalten und gleichzeitig verschiedene Beweiszugänge, d. h. sowohl semantische als auch syntaktische Beweiskonstruktionen, berücksichtigen. Für eine Operationalisierung der einzelnen Phasen kann dabei an die Arbeiten von Schoenfeld (1985) und Rott (2013) aus dem Bereich der Problemlöseforschung angeknüpft werden. Diese zeigen exemplarisch, wie aus einem theoretischen Verlaufsmodell ein zuverlässiges Instrument für Prozessanalysen entwickelt werden kann.

3. Das Phasenmodell ermöglicht eine Verknüpfungen mikroskopischer und makroskopischer Analysen und berücksichtigt Forschungsergebnisse zu anderen Beweisaktivitäten bei der Beschreibung von Konstruktionsprozessen.

Die bisherigen Forschungsergebnisse zum Beweisprozess liefern nur bedingt Erkenntnisse dazu, wie konkrete Strategieanwendungen auf mikroskopischer Ebene mit dem Verlauf des Beweisprozesses auf makroskopischer Ebene zusammenhängen. Die Verknüpfung beider Ebenen bietet jedoch die Möglichkeit, die Bedingungen einer erfolgreichen Strategienutzung vor dem Hintergrund des Prozessverlaufs zu analysieren und zu erkunden, welche Ressourcen an welchen Stellen im Beweisprozess wirksam werden. Das den Prozessanalysen zugrunde liegende Modell sollte daher nicht nur die allgemeinen Merkmale und Ziele einer Phase beschreiben, sondern darüber hinaus auch potenzielle Aktivitäten und Strategien benennen, welche innerhalb einer Phasen zur Anwendung kommen können. Für die inhaltliche Ausdifferenzierung der einzelnen Phasen können dabei Erkenntnisse aus den Bereichen des Verstehens, Validierens und Präsentierens von Beweisen hinzugezogen werden. Unter Berücksichtigung der aus theoretischer Perspektive angenommenen Verknüpfungen können Erkenntnisse über charakteristische Schwierigkeiten und effektive Vorgehensweisen beim Verstehen, Validieren und Präsentieren von Beweisen als Anhaltspunkte für die Ausgestaltung entsprechender Konstruktionsphasen dienen (siehe Abschnitt 3.1). In welchem Maße sich die theoretisch angenommenen Zusammenhänge empirisch bestätigen lassen, bleibt dabei zunächst offen. Die hier formulierte Anforderung an das Phasenmodell eröffnet jedoch die Möglichkeit, Bezüge zwischen den verschiedenen Aktivitäten des Beweisens gezielt zu analysieren und zu untersuchen, inwiefern sich einzelne Vorgehensweisen aus der spezifischen Situation herauslösen und für die Beweiskonstruktion nutzen lassen.

4.2 Phasenbeschreibung

Das Phasenmodell orientiert sich in erster Linie an den vier Beweisschritten, die als Synthese aus den verschiedenen Prozessmodellen zum Beweisen hervorgegangen sind (Boero 1999; Schwarz et al. 2010; Stein 1986): Aufstellen einer Vermutung, Entwicklung einer formalen oder informalen Beweisidee, Ausarbeiten einer deduktiven Beweiskette und Formulieren eines Beweises entsprechend der jeweiligen Standards (siehe Abschnitt 2.3). Aufgrund des gewählten Kontexts wird die Prozessbeschreibung jedoch dahingehend modifiziert, dass nicht eine offene Problemsituation, sondern ein vorformulierter Satz den Beginn des Beweisprozesses markiert. Dadurch wird die initiale Phase, in welcher die Problemsituation exploriert und eine Vermutung formuliert wird, zunächst hinfällig. Die explorativen und entdeckenden Momente der Satzfindungsphase werden jedoch nicht gänzlich ausgeklammert, sondern im Sinne der „cognitive unity"-Forschung in einer Phase des Verstehens gebündelt und an den Anfang des Beweisprozesses gestellt. In Anlehnung an die Problemlöseforschung wird damit eine Differenzierung der auftretenden argumentativen, explorativen und investigativen Prozesse vorgenommen und zwischen einer ergebnisoffenen Analyse der Aufgabenstellung und einem stärker zielgerichteten Vorgehen beim Generieren der Beweisidee unterschieden.

Neben den Anpassungen, die aus den Rahmenbedingungen studentischer Beweisaktivitäten hervorgehen, wurde die allgemeine Prozessstruktur anhand ausgewählter Forschungsergebnisse ausdifferenziert und um eine Phase des Validierens erweitert. Während existierende Beweisprozessmodelle mit der Formulierung eines Beweises enden, wird in dem hier vorgestellten Modell eine Phase ergänzt, welche die Überprüfung des formulierten Beweises zum Ziel hat. Gestützt wird diese Ergänzung zum einen durch die empirischen Arbeiten von Misfeldt (2006), im Rahmen derer sich die Kontrolle als eine der zentralen Phasen des mathematischen Schreibprozesses herausstellt. Zum anderen sehen auch die Problemlösemodelle von Pólya (1949), Schoenfeld (1985) sowie Carlson und Bloom (2005) Phasen der Verifikation oder der Rückschau vor, sodass eine solche Phase auch für die Beweiskonstruktion relevant erscheint. Mit der Ergänzung einer Validierungsphase wird das Validieren als Teilprozess des Beweisens klassifiziert und damit der Diskussion über den Zusammenhang der beiden Aktivitäten Raum gegeben.

Abbildung 4.1 gibt einen Überblick über den Aufbau des Prozessmodells. In Übereinstimmung mit Boero (1999) und Stein (1986) wird dabei kein streng linearer Verlauf des Beweisprozesses zugrunde gelegt. Entsprechend sind die einzelnen Phasen in der schematischen Darstellung zyklisch angeordnet, sodass wiederholte Wechsel, Vor- und Rückgriffe sowie Revisionen abgebildet werden können. Welche Merkmale die einzelnen Phasen auszeichnen und damit voneinander abgrenzen, wird im Folgenden beschrieben. Für die Charakterisierung der einzelnen Phasen wird dabei auf die im Forschungsüberblick dargestellten Erkenntnisse zur Beweiskonstruktion zurückgegriffen. Dort, wo es sich anbietet, werden zudem Erkenntnisse zu anderen Aktivitäten des Beweisens integriert.

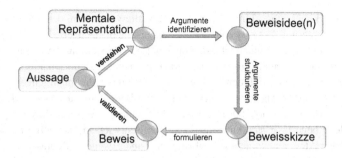

Abb. 4.1 Schematische Darstellung des Phasenmodells zum Beweisprozess

Verstehen (→ Aktivität des Verstehens 3.2, Cognitive Unity 2.2, Textverstehen)
Die Charakterisierung der Verstehensphase basiert auf drei unterschiedlichen Forschungszugängen. Auf der einen Seite wird auf Erkenntnisse der „cognitive unity"-
Forschung sowie auf solche zum mathematischen Textverstehen zurückgegriffen,
um die Anforderungen und Ziele, die mit Verstehensprozessen verbunden sind,
angemessen konzeptualisieren zu können. Auf der anderen Seite geben Erkenntnisse
aus dem Bereich des Beweisverständnisses Hinweise darauf, welche Schwierigkeiten den Aufbau eines adäquaten Problemverständnisses behindern und mithilfe
welcher Strategien die beschriebenen Ziele erreicht werden können.

   Mathematische Problemstellungen und Beweisanlässe werden gemeinhin über
Aufgabentexte vermittelt, die es zu lesen und zu verstehen gilt. Innerhalb der
Kognitions- und Gestaltpsychologie herrscht dabei ein breiter Konsens, dass das
Verstehen eines (Aufgaben-)Texts an die Entwicklung verschiedener, zunehmend
dekontextualisierter mentaler Repräsentationen gebunden ist. (Schnotz 2001,
S. 301 f.) fasst den Aufbau eines adäquaten Textverständnisses wie folgt
zusammen:

> Demnach bildet der Leser […] eine mentale Repräsentation der sprachlichen Oberflä
> chenstruktur, generiert auf dieser Grundlage eine propositionale Repräsentation des
> semantischen Gehalts des Texts (die sog. Textbasis) und konstruiert auf dieser Grund
> lage schließlich ein mentales Modell des dargestellten Sachverhalts.

In Bezug auf das Verstehen und Lösen mathematischer Textaufgaben haben sich insbesondere die *propositionale Textbasis* und das *mentale (Situations-)Modell* als zwei
Formen mentaler Problemrepräsentationen erwiesen, mithilfe derer Verstehensprozesse gewinnbringend beschrieben werden können (Kintsch & Greeno 1985; Mayer
& Hegarty 1996; Reusser 1997). Unter einer propositionalen Textbasis wird dabei

ein strukturkohärentes Abbild der Aufgabeninhalte verstanden, d. h. die wesentlichen Konzepte und Zusammenhänge des dargestellten Sachverhalts werden verständnisorientiert zusammengefasst, wobei sich die Darstellung der Inhalte an der vorgegebenen Aufgabenstruktur orientiert. Eine mentale Repräsentation in Form einer Textbasis eignet sich demnach in erster Linie dazu, die inhaltlichen Aspekte eines (Aufgaben-)Texts zu erfassen und diese mit Bedeutung zu versehen (Kintsch & Greeno 1985; Schnotz 2001). Aufbauend auf einem Textverständnis auf propositionaler Ebene lässt sich ein Situationsmodell entwickeln, das aufgrund seines Modellcharakters eine zunehmend abstrahierte und erweiterte Repräsentation des vermittelten Sachverhalts darstellt. Anstatt sich an der Struktur des (Aufgaben-) Texts zu orientieren, bildet das Situationsmodell die dem Problem inhärenten Strukturen ab und stellt die relevanten Konzepte und Zusammenhänge in den Mittelpunkt der Betrachtung (Johnson-Laird 1983; Schnotz 1994). Die Umstrukturierung der Inhalte bewirkt eine Loslösung von der Textbasis, die dadurch verstärkt wird, dass das Situationsmodell bereits ergänzende Informationen enthalten kann. So kann die Aufgabenstellung bspw. mit Wissenselementen angereichert werden, die assoziativ mit den behandelten Konzepten zusammenhängen oder aus der Textbasis geschlussfolgert wurden. Über den flexiblen und kreativen Umgang mit den gegebenen Informationen unterstützt eine mentale Repräsentation auf Modellebene sodann das Lösen mathematischer Probleme, indem sie es erleichtert, nützliche Strategien gezielt auszuwählen und Lösungsschritte zu antizipieren (Kintsch & Greeno 1985; Reusser 1997). Insbesondere für komplexere Problemlöse- und Beweisaufgaben erscheint es somit notwendig, eine mentale Repräsentation zu entwickeln, die neben einer propositionalen Textbasis auch ein Situationsmodell zu dem gegebenen Sachverhalt enthält. Auf welche Weise eine propositionale Textbasis und darauf aufbauend ein Situationsmodell entwickelt werden kann, ist für den Kontext der Beweiskonstruktion bislang jedoch kaum erforscht. Dabei deuten die in Abschnitt 3.2 vorgestellten Forschungsergebnisse zum Lesen mathematischer Texte darauf hin, dass der Aufbau eines Situationsmodells für Studierende vielfach mit Schwierigkeiten verbunden ist. So berichten Shepherd & van de Sande (2014), dass sich Studierende beim Lesen eines mathematischen Texts stärker an der gegebenen Textstruktur als an den zugrunde liegenden mathematischen Strukturen orientieren, wodurch der Aufbau einer mentalen Repräsentation auf Modellebene erschwert wird.

Erste Hinweise zur konkreten Ausgestaltung der Verstehensphase können aus der „cognitive unity"-Forschung abgeleitet werden, indem der Aufbau einer mentalen Repräsentation mit der (Re-)Konstruktion einer kognitiven Einheit verknüpft wird. Über das Entwickeln einer Vermutung bzw. die Rekonstruktion des Satzfindungsprozesses kann der Aufbau eines Situationsmodells insofern gefördert werden, als hier über eine propositionale Textbasis hinaus Wissen über den zugrunde liegenden Sachverhalt und dessen relevante Strukturen generiert wird. Als charakteristische Aktivitäten des Satzfindungsprozesses gelten dabei das Betrachten von Beispielen, das Untersuchen von Bedingungen und Grenzen einer Aussage sowie das Konstruieren von Zusammenhängen (Boero et al. 2007; Garuti et al. 1998; Martinez 2010). Ergänzt werden diese Aktivitäten durch die Forschungsergebnisse aus dem Bereich des Beweisverstehens. So können Aktivitäten wie das Wiedergeben der zu zeigenden Aussage in eigenen Worten (Weber 2015), das Verknüpfen verschiedener Repräsentationsformen mithilfe von Zeichnungen oder Beispielen (Alcock & Weber 2010b; Shepherd & van de Sande 2014; Stylianou & Silver 2004; Weber 2015) sowie das Wiederholen von Definitionen zu den zentralen Begriffen (Mejia-Ramos et al. 2012) ein reichhaltiges Verständnis der Aufgabenstellung unterstützen. In ihrem Modell zum Beweisverständnis führen Mejia-Ramos et al. (2012) zudem das Formulieren einer äquivalenten Aussage und das Identifizieren trivialer Implikationen als zentrale Aspekte eines lokalen Verständnisses an. Neben einer inhaltlichen Aufarbeitung der Aufgabenstellung wird vielfach auch die Notwendigkeit betont, die logische Struktur der gegebenen Aussage zu analysieren (Mejia-Ramos et al. 2012; A. Selden 2012; Weber 2015). Insbesondere bei informal formulierten Aussagen ist demnach die Voraussetzung von der Behauptung zu trennen und die Richtung der Implikation zu bestimmen. Unter Berücksichtigung der benachbarten Forschungsfelder kann somit ein Reihe von Aktivitäten benannt werden, welche aus theoretischer Perspektive die Rekonstruktion des Satzfindungsprozesses unterstützen und damit zum Aufbau eines reichhaltigen Situationsmodells beitragen.

Argumente identifizieren (→ Argumentieren 2.2, Problemlösen 2.4)
In der Phase des Argumente Identifizierens steht das Generieren einer oder mehrerer Beweisideen im Vordergrund. Aufbauend auf dem Situationsmodell werden Eigenschaften und Zusammenhänge zwischen den behandelten Konzepten untersucht, um auf diese Weise informale oder formale Argumente für die Gültigkeit der gegebenen Aussage aufzudecken (Boero 1999; Stein 1986). Unter einem Argument wird dabei im Sinne Toulmins der Zusammenschluss aus Daten, Schlussregel und Konklusion verstanden (siehe 2.2), wobei die Schlussregel in dieser Phase noch implizit vorliegen kann und auch nicht-deduktive Schlussformen denkbar sind. Argumente können hier somit aus beobachteten Mustern und Eigenschaften sowie aus Sätzen und symbolischen Manipulationen hervorgehen. Ziel dieser Phase ist es, einen groben Plan zu entwickeln, der die zentralen Beweisideen in semantischer oder syntaktischer Form enthält. Die argumentativen und explorativen Prozesse, die zu diesem Ziel führen, sind dabei in hohem Maße von dem individuellen Wissensstand sowie von den persönlichen Präferenzen für eine syntaktische oder semantische Herangehensweise geprägt (Alcock & Weber 2010a; Weber & Alcock 2004).

Da es sich bei Beweisaufgaben im universitären Kontext meist um (moderate) Problemlöseaufgaben handelt, ist die Phase des Argumente Identifizierens gemeinhin durch eine Barriere gekennzeichnet, deren Überwindung ein gewisses Maß an Kreativität und Intuition sowie den Einsatz von Problemlösestrategien erfordert (siehe Abschnitt 2.4). Eine Barriere kann dabei dadurch entstehen, dass bekannte Definitionen und Sätze nicht unmittelbar anwendbar und standardisierte Argumentationsmuster daher nicht zielführend sind. Im Kontext der Studieneingangsphase ist die Anzahl der bekannten Sätze jedoch begrenzt, sodass die Lösung des Problems häufig gelingt, indem verfügbares Wissen in geeigneter Weise kombiniert oder die Ausgangssituation transformiert wird, sodass bekannte Sätze anwendbar werden.

Beobachtungen von Weber und Alcock (2004) sowie Weber (2001) zeigen, dass Studierende bei der Suche nach geeigneten Argumenten dazu neigen, sich auf formale Definitionen zu beziehen, anstatt Eigenschaften und Strukturen der behandelten Konzepte zu analysieren. Hier wird die Relevanz eines Überblickswissens in Form von mathematisch-strategischem Wissen deutlich. Dieses unterstützt das Identifizieren von Argumenten, indem Merkmale der Aufgabenstellung mit potenziell hilfreichen Lösungsansätzen verknüpft und so gezielte Suchrichtungen erschlossen werden (Reiss & Ufer 2009; Weber 2006). Schoenfeld (1985) hebt den Problemcharakter der Ideengenerierung hervor, indem er die Phase der Exploration über den Einsatz von Heurismen konzeptualisiert. Als charakteristische Aktivitäten dieser Phase werden das Betrachten von Vereinfachungen oder Spezialfällen, die Anwendung von Analogien sowie das Lösen ähnlicher oder äquivalenter Probleme genannt. In Bezug auf die Beweiskonstruktion wurden bislang insbesondere die Heurismen der Visualisierung und der Beispielgenerierung diskutiert. Sowohl das Anfertigen von Skizzen als auch die Entwicklung von Beispielen gilt als wirkungsvolle Strategie, um Beweisideen zu generieren und Argumente auf ihre Anwendbarkeit hin zu überprüfen (Alcock & Weber 2010b; Lockwood et al. 2016; Samkoff et al. 2012; Stylianou & Silver 2004). In welchem Maße die Heurismen das Identifizieren von Argumenten unterstützen, ist dabei von der konkreten Strategieanwendung abhängig. So erwies sich in empirischen Untersuchungen insbesondere eine dynamische Nutzung von Visualisierungen und Beispielen als gewinnbringend, bei der über die gezielte Variation einzelner Merkmale neue Zusammenhänge aufgedeckt werden (Lockwood et al. 2016; Pedemonte & Buchbinder 2011; Stylianou & Silver 2004).

Argumente strukturieren (→ Deduktive Durcharbeitung 3.4.2)
Die Phase des Argumente Strukturierens beschreibt den Übergang von einer argumentativ ausgerichteten, explorativen Tätigkeit zu einer deduktiven Durcharbeitung der generierten Beweisideen (Boero 1999; Stein 1986). Hier gilt es, aus den diskutierten Beweisansätzen diejenigen auszuwählen, die sich für eine (semi-)formale

Beweisführung eignen und entsprechend zu einer deduktiven Argumentationskette entwickelt werden können. Um dies zu erreichen, werden die einzelnen Argumente zunächst weiter ausgearbeitet und schließlich so angeordnet, dass eine, unter Umständen noch fragmentarische, Kette deduktiver Schlüsse entsteht. Das Ergebnis dieser Phase ist eine Beweisskizze, welche die wesentlichen Beweisschritte enthält und in ihrem Kern so angelegt ist, dass die Akzeptanzkriterien des Beweisschemas, der Beweiskette und der Beweisstruktur bereits erfüllt sind oder über eine detaillierte Ausarbeitung leicht erreicht werden können. Die Beweisskizze dient weniger der Kommunikation des Beweises, sondern fungiert vielmehr als eine Ordnungsinstanz auf privater Ebene, die es ermöglicht, sich der technischen Durchführbarkeit eines Beweisansatzes zu vergewissern (Raman 2003; Raman, Sandefur, Birky, Campbell & Somers 2009). Für die deduktive Durcharbeitung einer Beweisidee ist somit ein reichhaltiges konzeptuelles und prozedurales Detailwissen notwendig, auf dessen Basis der grobe Beweisansatz in seinen Einzelheiten ausgearbeitet werden kann (Reiss & Ufer 2009). Darüber hinaus erfordert es ein gewisses Maß an Methodenwissen, um geeignete Beweisideen auszuwählen und einzelne Argumente in zulässiger Weise miteinander zu verknüpfen.

Die in Abschnitt 3.4.2 berichteten Forschungsergebnisse zu potenziellen Hürden im Beweisprozess legen nahe, dass sich in der Phase des Argumente Strukturierens insbesondere auch Schwierigkeiten manifestieren, die auf kognitive sowie funktionelle Unterschiede zwischen den Aktivitäten des Argumentierens und Beweisens zurückgehen. Demnach wird der Übergang von der Phase des Argumente Identifizierens zu der des Argumente Strukturierens von einem Transfer auf inhaltlicher sowie struktureller Ebene begleitet, der mit vielfältigen Hürden verbunden ist (Alcock & Simpson 2004; Alcock & Weber 2010a; Douek 2007; Duval 2007; Samkoff et al. 2012). Um Kontinuität im Beweisprozess herzustellen und eine produktive Verbindung zwischen den einzelnen Phasen zu ermöglichen, ist es erforderlich, dass informale Argumente formalisiert, Schlussregeln expliziert und induktive sowie abduktive Schlüsse in eine deduktive Form übertragen werden (Pedemonte 2007, 2008; D. Zazkis et al. 2014). Hinweise darauf, wie derartige Prozesse realisiert werden können, liefert die Studie von D. Zazkis et al. (2014). Mit den Aktivitäten des Formalisierens, der Reanalyse und des Herausarbeitens konnten die Autoren drei Strategien identifizieren, die, gemeinsam angewandt, eine deduktive Durcharbeitung unterstützen (siehe Abschnitt 3.4.2).

Formulieren (→ Aktivität des Präsentierens 3.5)
Die Phase des Formulierens markiert den Übergang von einem privaten Erkenntnisinteresse in einen öffentlichen Diskurs, in dem der entwickelte Beweis kommuniziert und von anderen Mitgliedern der Diskursgemeinschaft bewertet wird. Ähnlich wie bei der Aktivität der Beweispräsentation wird hier weniger das Generieren neuer

Erkenntnisse als vielmehr deren Aufarbeitung für ein bestimmtes Publikum forciert. Entsprechend zeichnet sich die Phase des Formulierens durch eine hohe Adressaten-orientierung aus. Sie ist darauf ausgerichtet, die Beweisskizze in eine standardisierte Form zu überführen, welche den sozio-mathematischen Normen im Allgemeinen sowie den Konventionen und Erwartungen der Diskursgemeinschaft im Speziellen genügt. Im Unterschied zum Beweisprozessmodell von Boero (1999) ist in der Studieneingangsphase jedoch keine Annäherung an einen formalen Beweis intendiert, sondern vielmehr die Ausarbeitung eines semi-formalen Beweises vorgesehen (siehe Abschnitt 2.5).

Welche Kriterien ein semi-formaler Beweis auf inhaltlicher, struktureller sowie sprachlich-stilistischer Ebene im Einzelnen erfüllen soll, wird in verschiedenen Ratgebern beschrieben (Alcock 2017; Beutelspacher 2009; Halmos 1977; Houston 2012; Maier & Schweiger 1999). Aus linguistischer Perspektive sind dabei vier Stilprinzipien mathematischen Schreibens richtungsweisend, die eine präzise und verständliche sowie gleichzeitig prägnante und sachgebundene Darstellung der mathematischen Zusammenhänge fordern. Eine solche Darstellung ist insbesondere um Merkmale der Entstehungssituation sowie um subjektive Einflüsse bereinigt, sodass der Beweis in dekontextualisierter Form vorliegt (Dawkins & Weber 2017; Hemmi 2006; J. Selden & Selden 2009b). Um die Anforderungen an einen sorgfältig formulierten Beweis erfüllen zu können, müssen sich Studierende dem mathematischen Sprachregister bedienen und dieses in angemessener Weise einsetzen. Lew und Mejia-Ramos (2015, 2019) untersuchen in diesem Zusammenhang konventionelle und weniger konventionelle Anwendungen des mathematischen Sprachregisters und beschreiben auf diese Weise sprachliche Handlungen, die für die Phase des Formulierens charakteristisch erscheinen. Demnach müssen die Fragmente, die in der Beweisskizze angelegt sind, sinnvoll miteinander verknüpft und in eine kohärente, sprachlich angemessene Argumentation eingebunden werden. Kohärenz wird dabei dadurch aufgebaut, dass inhaltliche Lücken geschlossen, Symbole und Formelelemente in einen Prosatext eingebunden und mathematische Zusammenhänge durch sprachliche Konnektoren verdeutlicht werden. Eine präzise und verständliche Darstellung wird zudem durch vollständige Sätze, ergänzende Erläuterungen sowie eine einheitliche und mit den jeweiligen Konventionen konforme Verwendung von Variablen und Bezeichnungen gefördert. Eine sichere Anwendung des mathematischen Sprachregisters gilt es mit der Zeit zu erlernen, weswegen zu Beginn des Studiums häufig sehr detaillierte Beweisdarstellungen von Studierenden gefordert werden (Reichersdorfer et al. 2014; Weber 2008).

Validieren (→ Aktivität des Validierens 3.3)
Die Phase des Validierens umfasst das Überprüfen des formulierten Beweises auf inhaltlicher, struktureller sowie sprachlicher Ebene und knüpft damit an die Phase

der Verifikation bzw. Rückschau bei Schoenfeld (1985) und Pólya (1949) an. Letztere charakterisiert sich dadurch, dass die erarbeitete Problemlösung noch einmal durchgesehen wird, um auf diese Weise die einzelnen Lösungsschritte und Zwischenergebnisse zu kontrollieren. Im Unterschied zu allgemeinen Problemlösungen stehen für Beweise konkrete Anforderungen in Form von Akzeptanzkriterien zur Verfügung, anhand derer ein formulierter Beweis überprüft werden kann. Neben den Kriterien der Verständlichkeit und der gedanklichen Klarheit sind dabei in erster Linie die Beweisstruktur, die Beweiskette und das Beweisschema eines Beweises zu kontrollieren (Heinze & Reiss 2003; Sommerhoff & Ufer 2019). Beim Prüfen der Beweisstruktur gilt es, einen Zirkelschluss auszuschließen und zu überprüfen, in welchem Maße der Beweis die gewählte Beweistechnik sowie die Struktur der gezeigten Aussage angemessen abbildet. Zur Validierung der Beweiskette wird hingegen die Gültigkeit der einzelnen Beweisschritte kontrolliert, indem rückblickend nachvollzogen wird, wie die einzelnen Beweisschritte auseinander hervorgehen und welche Schlussregel den jeweiligen Beweisschritt unterstützt. Im Hinblick auf beide Akzeptanzkriterien berichten empirische Untersuchungen jedoch, dass Studierende häufig Schwierigkeiten aufweisen, diese zielsicher zu überprüfen (Alcock & Weber 2005; Inglis & Alcock 2012; A. Selden & Selden 2003; Sommerhoff & Ufer 2019; Weber 2010). Hinweise darauf, wie die Phase des Validierens im Einzelnen ausgestaltet werden kann, können aus den in Abschnitt 3.3 beschriebenen Forschungsergebnissen zur Beweisvalidierung abgeleitet werden. Dabei ist jedoch zu berücksichtigen, dass sich das Validieren fremder Beweise von dem Überprüfen eigener Beweise in dem jeweils verfügbaren Vorwissen unterscheidet. Daher ist anzunehmen, dass die Validierung eines selbst entwickelten Beweises maßgeblich von den Erfahrungen aus dem Konstruktionsprozess geprägt ist. A. Selden und Selden (2003) weisen zudem darauf hin, dass Validierungsaktivitäten nicht nur am Ende, sondern auch bereits innerhalb der Beweiskonstruktion auftreten können, wenn einzelne Beweisschritte und Zwischenresultate im Beweisprozess einer Überprüfung unterzogen werden. Während Aktivitäten wie das Konstruieren von Teilbeweisen daher vermutlich eher selten in der Beweiskonstruktion auftreten, scheinen andere Validierungsstrategien, wie die Suche nach Gegenbeispielen oder das Nachvollziehen eines Beweisschrittes anhand von Beispielen, durchaus auf die geänderte Ausgangslage übertragbar (Ko & Knuth 2013; Weber 2008). Eine besondere Bedeutung könnte zudem den erfahrungsbasierten Begründungen zukommen, wie sie von Ko und Knuth (2013) beschrieben wurden. Über die Überprüfung des Beweises hinaus sieht die Phase der Rückschau bei Pólya (1949) auch Elemente der Evaluation vor. Dem folgend wird die Validierungsphase um Aktivitäten erweitert, welche der Optimierung des Beweises dienen und die nach alternativen, kürzeren oder eleganteren Beweisen fragen (Tab. 4.1).

Tab. 4.1 Übersicht über die aus theoretischer Perspektive zentralen Aktivitäten einer jeweiligen Phase

Verstehen
• Die Studierenden entwickeln eine propositionale Textbasis und darauf aufbauend ein Situationsmodell, welches die relevanten Konzepte und Zusammenhänge losgelöst von der Aufgabenstruktur enthält. • Die Studierenden rekonstruieren den Satzfindungsprozess, indem sie die Bedingungen der gegebenen Aussage untersuchen und diese mit ergänzenden Informationen anreichern. • Die Studierenden unterstützen den Aufbau einer reichhaltigen mentalen Repräsentation, indem sie Begriffe nachschlagen, Visualisierungen oder Beispiele betrachten und die logische Struktur der Aufgabenstellung analysieren.

Argumente identifizieren
• Die Studierenden suchen nach Gründen für die Gültigkeit der gegebenen Aussage, indem sie Eigenschaften und Zusammenhänge zwischen den behandelten Konzepten aufdecken. • Die Studierenden wenden Problemlösestrategien an und greifen auf mathematisch-strategisches Überblickswissen zurück, um verschiedene Beweisansätze zu generieren. • Studierende, die einen semantischen Zugang wählen, leiten neue Erkenntnisse aus Visualisierungen und Beispielen ab.

Argumente strukturieren
• Die Studierenden wählen aus den erarbeiteten Beweisideen diejenigen aus, die sich für eine deduktive Beweisführung eignen. • Die Studierenden ordnen die gewählten Argumente so an, dass eine Kette deduktiver Schlüsse entsteht, die bei der Voraussetzung beginnt und mit der Behauptung endet. • Die Studierenden führen einen Transfer auf inhaltlicher wie struktureller Ebene durch, indem informale Argumente formalisiert, Schlussregeln expliziert sowie induktive und abduktive Schlüsse in eine deduktive Form übertragen werden.

Tab. 4.1 (Fortsetzung)

Formulieren
• Die Studierenden formulieren den entwickelten Beweis für einen öffentlichen Diskurs, indem sie ihn adressatenorientiert und den soziomathematischen Normen entsprechend aufarbeiten.   • Die Studierenden verwenden Mittel des mathematischen Sprachregisters, um mathematische Bausteine in eine verständliche und präzise sowie gleichzeitig sachgebundene und prägnante Argumentation einzubinden.   • Die Studierenden stellen ihren Beweis in dekontextualisierter Form dar, indem sie ihn um Merkmale der Entstehungssituation sowie um subjektive Einflüsse bereinigen.

Validieren
• Die Studierenden überprüfen ihren Beweis auf inhaltlicher, struktureller und sprachlicher Ebene.   • Die Studierenden greifen für die Validierung auf gängige Akzeptanzkriterien zurück und kontrollieren insbesondere die Beweisstruktur, die Beweiskette und das Beweisschema des ausgearbeiteten Beweises.   • Die Studierenden hinterfragen die Qualität ihrer Beweiskonstruktion, indem sie über einfachere oder elegantere Beweise nachdenken.

4.3 Beispiele

Im Folgenden wird das Phasenmodell illustriert, indem die einzelnen Phasen beispielhaft für zwei Aufgaben konkretisiert werden. Die Beschreibung des Beweisprozesses verläuft dabei idealisiert, d. h. es werden keine Sackgassen und Irrwege berücksichtigt.

Aufgabe 1 Seien $a < b$ reelle Zahlen und $f : [a,b] \to [a,b]$ eine stetige Funktion. Zeigen Sie: Es existiert ein $x \in [a,b]$ mit $f(x) = x$.

Verstehen

Es ist eine Funktion f gegeben, von der wir wissen, dass sie ein geschlossenes Intervall in eben dieses abbildet und auf ihrem gesamten Definitionsbereich, d. h. auf dem Intervall $[a, b]$ stetig ist. Wir sollen nun zeigen, dass die gegebene Funktion einen Fixpunkt besitzt, d. h. dass ein Punkt existiert, der von der Funktion wieder auf sich selbst abgebildet wird. Es geht also darum, einen Existenzbeweis zu führen; der Punkt x muss nicht konkret angeben werden. Graphisch lässt sich der Sachverhalt wie folgt darstellen (Abb. 4.2):

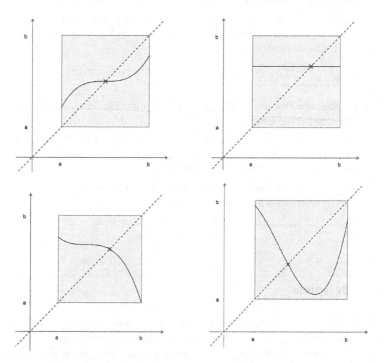

Abb. 4.2 Visualisierung der gegebenen Aussage in der Fixpunktaufgabe

Die Aussage ist anschaulich klar: Ist die Funktion stetig, schneidet sie in einem Punkt die Diagonale. Damit existiert ein Fixpunkt.

Argumente identifizieren
Für konstante Funktionen ist die Aussage trivial, für alle anderen Fälle kann wahrscheinlich in ähnlicher Weise mit der Eigenschaft der Stetigkeit argumentiert werden. Prominente Sätze im Bereich der Stetigkeit sind der Zwischenwertsatz und der Satz vom Minimum und Maximum. Inwiefern einer der beiden Sätze hier hilfreich ist, ist nicht unmittelbar ersichtlich. Während der Zwischenwertsatz meist als Werkzeug zur Lösung von Nullstellenproblemen dient, ist ein Zusammenhang zu Extrema ebenfalls nicht direkt zu erkennen.

Die Skizzen zeigen jedoch, dass der gesuchte Fixpunkt stets auf der Diagonalen liegt. Geometrisch betrachtet ist somit der Schnittpunkt der Funktion f mit der Identitätsfunktion im Intervall $[a, b]$ gesucht. Ein Schnittpunkt lässt sich beispielsweise durch Gleichsetzen und anschließendes Umformen bestimmen:

$$f(x) = x \Leftrightarrow f(x) - x = 0.$$

Interpretiert man diesen Ausdruck geometrisch, so handelt es sich um eine Verschiebung der Funktion f entlang der y-Achse (siehe Abb. 4.3). Damit wird aus dem Fixpunktproblem ein Nullstellenproblem und der Zwischenwertsatz könnte anwendbar sein. Wir prüfen die Voraussetzungen: $f(a) - a > 0$ und $f(b) - b < 0$.

Argumente strukturieren
Wir definieren eine Hilfsfunktion g mit $g(x) = f(x) - x$, auf die wir den Zwischenwertsatz anwenden wollen. Die Voraussetzungen hierfür sind erfüllt, sofern $f(a) \neq a$ und $f(b) \neq b$. Denn g ist stetig und $f(a) - a > 0$ und $f(b) - b < 0$ für

Abb. 4.3 Visualisierung der geometrischen Verschiebung

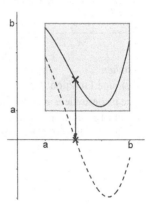

$f(a) \neq a$ und $f(b) \neq b$. Nach dem Zwischenwertsatz existiert dann eine Stelle x mit $g(x) = 0$ und damit $f(x) = x$.

Formulieren
Beweis Seien $a < b$ reelle Zahlen und $f : [a, b] \to [a, b]$ eine stetige Funktion. Weiter sei $g : [a, b] \to \mathbb{R}$ eine Funktion mit $g(x) = f(x) - x$. Die Funktion g ist als Differenz zweier stetiger Funktionen selbst auch stetig. Ist $f(a) = a$ oder $f(b) = b$, so ist nichts zu zeigen. Sei daher $f(a) \neq a$ und $f(b) \neq b$. Dann gilt

$$g(a) = f(a) - a > 0$$
$$g(b) = f(b) - b < 0.$$

Nach dem Zwischenwertsatz existiert dann ein $x \in [a, b]$ mit $g(x) = f(x) - x = 0$. Hieraus folgt die Behauptung.   □

Validieren
Der Beweis zeigt die Behauptung, indem das Fixpunktproblem mithilfe einer Hilfsfunktion in ein äquivalentes Nullstellenproblem transformiert wird. Auf diese Weise wird der Zwischenwertsatz anwendbar und es kann auf bekannte Prozeduren zurückgegriffen werden. Die formulierten Beweisschritte gehen dabei jeweils aus dem Vorhergehenden hervor. Ein Zirkelschluss ist nicht zu erkennen. Der Beweis wird daher als gültig angesehen.

Aufgabe 2 Sei $f : \mathbb{R} \to \mathbb{R}$ zweimal differenzierbar und seien $x_1 < x_2 < x_3$. Es gelte $f(x_1) > f(x_2)$ sowie $f(x_3) > f(x_2)$. Zeigen Sie, dass ein $y \in \mathbb{R}$ existiert mit $f''(y) \geq 0$.

Verstehen
Es ist eine Funktion $f : \mathbb{R} \to \mathbb{R}$ gegeben, die zweimal differenzierbar ist. Damit ist sie insbesondere auch stetig. Im Intervall $[x_1, x_3]$, wobei $x_1 < x_2 < x_3$ ist, weist die Funktion eine spezifische Form auf, da $f(x_1) > f(x_2)$ sowie $f(x_3) > f(x_2)$ gilt. Graphisch lässt sich das wie folgt veranschaulichen (Abb. 4.4):

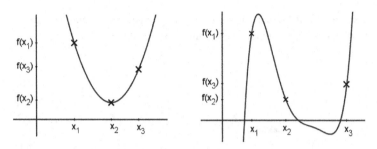

Abb. 4.4 Visualisierung der gegebenen Aussage in der Extrempunktaufgabe

Anhand der verschiedenen Beispiele wird deutlich, dass die Funktion f ein Minimum besitzt. Dieses muss jedoch nicht an der Stelle x_2 liegen. Zudem wurde keine Aussage zu dem Verhältnis von $f(x_1)$ und $f(x_3)$ getroffen. Von Relevanz scheint daher nur ihr Verhältnis zu $f(x_2)$ zu sein.

Wir sollen zeigen, dass ein $y \in \mathbb{R}$ existiert mit $f''(y) \geq 0$. Genauer soll die Existenz eines $y \in \mathbb{R}$ gezeigt werden, für das $f''(y) > 0$ oder $f''(y) = 0$ gilt. Im Zusammenhang mit dem Minimum könnte hier die hinreichende Bedingung für Extrema von Relevanz sein, die besagt, dass f in y ein Minimum besitzt, wenn $f'(y) = 0$ und $f''(y) > 0$ ist. Es handelt sich hier um eine hinreichende und keine notwendige Bedingung, da bspw. die Funktion $f(x) = x^4$ in $x = 0$ ein strenges lokales Minimum besitzt, jedoch $f''(x) = 0$ gilt.

Argumente identifizieren
Der Beweis scheint in irgendeiner Form mit der hinreichenden Bedingung für Extrema verknüpft zu sein. Allerdings ist hier die Umkehrung formuliert, sodass sich eventuell ein indirekter Beweis anbietet. Bei einem direkten Beweis könnte zunächst die Existenz eines Minimums gezeigt werden, um dann auf die Behauptung zu schließen. Um zu zeigen, dass ein Minimum existiert, lässt sich häufig mit dem Satz von Rolle oder dem Satz von Minimum und Maximum argumentieren. Beide Sätze fordern die Betrachtung eines kompakten Intervalls, welches in der Aufgabenstellung nicht vorgesehen ist. Die Funktion könnte ggf. auf $[x_1, x_3]$ eingeschränkt werden. Für den Satz von Rolle sind hier jedoch nicht alle Voraussetzungen erfüllt, da wir nichts über das Verhältnis von $f(x_1)$ und $f(x_3)$ wissen. Eine Verallgemeinerung des Satzes, die ohne die Voraussetzung $f(a) = f(b)$ auskommt,

stellt der Mittelwertsatz dar. Dieser wird häufig angewandt, wenn Aussagen über die Monotonie bzw. Steigungen einer Funktion getroffen werden.

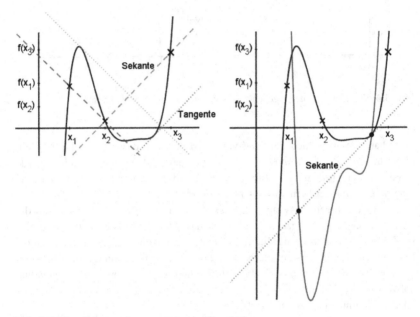

Abb. 4.5 Visualisierung der geometrischen Verschiebung

Anschaulich ist die Aussage klar: Ausgehend von den Voraussetzungen, dass $f(x_1) > f(x_2)$ und $f(x_3) > f(x_2)$ gilt, muss die Sekante durch die Punkte $(x_1|f(x_1))$ und $(x_2|f(x_2))$ monoton fallend und die Sekante durch die Punkte $(x_2|f(x_2))$ und $(x_3|f(x_3))$ monoton steigend sein (Abb. 4.5). Insbesondere muss es mindestens eine Stelle im Intervall $[x_1, x_2]$ geben, an der die Funktion monoton fallend ist, und eine im Intervall $[x_2, x_3]$, an der die Funktion monoton steigt. Für die Ableitungsfunktion kann dann analog argumentiert werden: Ist die Steigung der Ableitung im Intervall $[x_1, x_2]$ an einer Stelle negativ und im Intervall $[x_2, x_3]$ an einer Stelle positiv, so muss die Sekante durch die entsprechenden Punkte monoton steigen, woraus die Behauptung gefolgert werden kann. Die hier aufgeführten inhaltlichen Beschreibungen entsprechen im Wesentlichen der Aussage des Mittelwertsatzes.

Argumente strukturieren
Die vorhergehenden Überlegungen werden hier an die Rahmentheorie angebunden, indem der Mittelwertsatz zweifach angewandt wird. Nach dem Mittelwertsatz existiert ein $y_1 \in (x_1, x_2)$ mit

$$f'(y_1) = \frac{f(x_2) - f(x_1)}{x_2 - x_1} < 0 \quad \text{da } x_1 < x_2 \text{ und } f(x_1) > f(x_2).$$

Ebenso existiert ein $y_2 \in (x_2, x_3)$ mit

$$f'(y_2) = \frac{f(x_3) - f(x_2)}{x_3 - x_2} > 0 \quad \text{da } x_3 > x_2 \text{ und } f(x_3) > f(x_2).$$

Auf die Ableitungsfunktion angewandt ergibt sich: Es existiert ein $y \in (x_1, x_3)$ mit

$$f''(y) = \frac{f'(y_2) - f'(y_1)}{y_2 - y_1} > 0 \quad \text{da } y_1 < y_2 \text{ und } f'(y_1) < 0 < f'(y_2).$$

Formulieren
Beweis Sei $f : \mathbb{R} \to \mathbb{R}$ zweimal differenzierbar und seien $x_1 < x_2 < x_3$. Es gelte $f(x_1) > f(x_2)$ sowie $f(x_3) > f(x_2)$. Insbesondere ist damit jede Einschränkung $f_{|[a,b]} : [a, b] \to \mathbb{R}$ mit $[a, b] \subset \mathbb{R}$ stetig und auf (a, b) stetig differenzierbar. Nach dem Mittelwertsatz existieren ein $y_1 \in (x_1, x_2)$ und ein $y_2 \in (x_2, x_3)$ mit

$$f'(y_1) = \frac{f(x_2) - f(x_1)}{x_2 - x_1} < 0 \quad \text{und} \quad f'(y_2) = \frac{f(x_3) - f(x_2)}{x_3 - x_2} > 0.$$

Wiederum nach dem Mittelwertsatz existiert dann ein $y \in (y_1, y_2)$ mit

$$f''(y) = \frac{f'(y_2) - f'(y_1)}{y_2 - y_1} > 0.$$

$\square$

Validieren

Der Beweis knüpft an die semantische Erläuterung an und zeigt die Behauptung durch eine zweifache Anwendung des Mittelwertsatzes. Dabei wird schließlich die Existenz eines $y \in (y_1, y_2)$ mit $f''(y) > 0$ nachgewiesen. Die Aufgabenstellung forderte jedoch $f''(y) \geq 0$. Da es sich um einen Existenzbeweis handelt, ist die Aussage dennoch hinreichend bewiesen worden. Eleganter wäre unter Umständen jedoch ein Beweis durch Kontraposition oder durch Widerspruch gewesen, bei dem die Fälle $f''(y) > 0$ und $f''(y) = 0$ gleichermaßen Beachtung finden.

Forschungsfragen 5

Der Umgang mit mathematischen Beweisen stellt eine komplexe und anspruchs-volle Tätigkeit dar, die insbesondere zu Studienbeginn an Bedeutung gewinnt und vielen Studierenden große Schwierigkeiten bereitet (Moore 1994; A. Selden & Sel-den 2008; Weber 2001). In Kapitel 3 wurde, ausdifferenziert nach dem Verstehen, Validieren, Konstruieren und Präsentieren von Beweisen, ein Überblick darüber gegeben, welche zentralen Erkenntnisse die Forschung in diesem Bereich bisher hervorgebracht hat. Dabei wurden insbesondere solche Untersuchungen hervor-gehoben, die charakteristische Hürden innerhalb der jeweiligen Aktivität benen-nen, nützliche Strategien und Ressourcen herausarbeiten oder Unterstützungsange-bote erproben. Einen zentralen Stellenwert nimmt hier die Intransparenz zwischen einem Beweis und seinem Entstehungsprozess ein, da diese über die verschiedenen Aktivitäten hinweg zu unrealistischen Erwartungen bezüglich der Anforderungen im Umgang mit Beweisens führen kann (Hemmi 2006; Weber & Mejia-Ramos 2014). Insbesondere im Hinblick auf die Konstruktion von Beweisen haben sich daher verschiedene Ansätze herausgebildet, Lehrveranstaltungen stärker am Pro-zess auszurichten (Karunakaran 2018) und damit Förderkonzepte zu etablieren, die gezielt Problemlöse- und Beweisstrategien trainieren oder Metawissen über die zentralen Abläufe einer Beweiskonstruktion vermitteln (z. B. Hilbert et al. (2008); Schoenfeld (1985) oder Weber (2006)). Dabei wird betont, dass eine effektive För-derung von Beweisstrategien nur dann gelingen kann, wenn die Anwendungsbe-reiche und Gelingensbedingungen der zu vermittelnden Strategien differenziert untersucht und Förderkonzepte durch detaillierte, qualitativ ausgerichtete Analy-sen fundiert wurden (Hart 1994; Schoenfeld 1985; Weber 2006). Für eine solche Fundierung erscheint eine Betrachtung studentischer Beweisprozesse vielverspre-chend, da über den Vergleich erfolgreicher und weniger erfolgreicher Studierender effektive Strategieanwendungen in einem authentischen Kontext untersucht werden können (D. Zazkis et al. 2015). Mithilfe eines solchen Vergleichs konnten bspw.

© Der/die Autor(en), exklusiv lizenziert durch Springer Fachmedien Wiesbaden GmbH, ein Teil von Springer Nature 2021
K. Kirsten, *Beweisprozesse von Studierenden*, Studien zur theoretischen und empirischen Forschung in der Mathematikdidaktik,
https://doi.org/10.1007/978-3-658-32242-7_5

Bedingungen identifiziert werden, unter denen das Zeichnen von Skizzen oder das
Generieren von Beispielen den Fortschritt studentischer Beweiskonstruktionen fördern (Alcock & Simpson 2004; Gibson 1998; Sandefur et al. 2013). Wie Studierende
ihren Beweisprozess als Ganzes organisieren, wurde bislang hingegen nur wenig
und überwiegend vor dem Hintergrund des Problemlösens untersucht (Schoenfeld
1985; D. Zazkis et al. 2015). Um dieser Forschungslücke zu begegnen, wird in
dieser Arbeit eine ganzheitliche Analyse studentischer Beweisprozesse angestrebt,
welche das Zusammenspiel der einzelnen Phasen im Beweisverlauf untersucht und
dabei eine Verknüpfung zur Ebene der Aktivitäten und Strategien schafft, indem
einzelne Phasen der Beweiskonstruktion einer detaillierteren Untersuchung unterzogen werden. Der Fokus liegt damit primär auf der Beweiskonstruktion, wobei
potenzielle Verbindungen zu anderen Aktivitäten des Beweisens in der konkreten
Ausgestaltung einzelner Phasen berücksichtigt werden. Einen Überblick über die
Forschungsfragen gibt Abbildung 5.1.

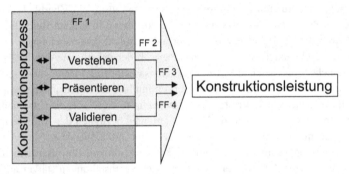

Abb. 5.1 Übersicht über die Forschungsfragen

Der ersten Fragenkomplex konzentriert sich auf die makroskopische Analyse
studentischer Beweisprozesse. Ziel ist es, Verläufe von Beweiskonstruktionen auf
individueller Ebene zu beschreiben, sie hinsichtlich verschiedener Merkmale zu
analysieren und schließlich mit anderen Prozessen zu vergleichen. Auf diese
Weise soll es ermöglicht werden, verschiedene Typen von Beweisprozessverläufen zu unterscheiden, die sich durch ein für sie charakteristisches Wechselspiel
von Teilprozessen auszeichnen. Hierfür wurde in Kapitel 4 unter Einbezug des
aktuellen Forschungsstands ein Phasenmodell abgeleitet, welches einen Überblick
über die aus theoretischer Perspektive relevanten Phasen im Beweisprozess von

Studienanfängerinnen und -anfänger gibt. Dieses Phasenmodell gilt es nun anhand empirischer Daten zu überprüfen.

FF 1: Verlauf von studentischen Beweisprozessen

    a. Inwieweit lassen sich die theoretisch angenommenen Phasen in Beweisprozessen von Studienanfängerinnen und -anfängern rekonstruieren?
    b. Welche verschiedenen Typen von Beweisprozessverläufen lassen sich differenzieren?

Vor dem Hintergrund der Ergebnisse von Schoenfeld (1985), D. Zazkis et al. (2015) und Misfeldt (2006) ist anzunehmen, dass sich verschiedene Typen von Beweisprozessverläufen differenzieren lassen, von denen jedoch einige zielführender sind als andere. Mit der zweiten Forschungsfrage wird daher ein potenzieller Zusammenhang zwischen dem Prozessverlauf und der Konstruktionsleistung adressiert. Hier gilt es, charakteristische Merkmale von effektiven Vorgehensweisen herauszuarbeiten sowie die dysfunktionalen Momente ineffektiver Beweisprozesse auf makroskopischer Ebene zu beschreiben.

FF 2: Zusammenhänge zwischen dem Prozessverlauf und der Konstruktionsleistung
    Gibt es einen Zusammenhang zwischen der Konstruktionsleistung und der Dauer, Häufigkeit oder Reihenfolge der einzelnen Phasen im Beweisprozess?

Aufbauend auf diesen Erkenntnissen wird eine Verknüpfung zur mikroskopischen Ebene geschaffen, indem einzelne Phasen des Beweisprozesses einer feingliedrigeren Analyse unterzogen werden. Im Rahmen von Vorstudien haben sich dabei insbesondere die Phasen des Verstehens und des Validierens als bedeutsam erwiesen (siehe hierzu Kirsten (2018) sowie Abschnitt 7.2.4).

Empirische Untersuchungen von Harel und Sowder (1996) sowie Schoenfeld (1985) deuten darauf hin, dass Schwierigkeiten bei der Beweiskonstruktion unter anderem auch dadurch bedingt sind, dass Studierende der Verstehensphase nur einen geringen Wert beimessen und entsprechend zu einer oberflächlichen sowie unsystematischen Aufgabenanalyse neigen. Gleichzeitig berichten verschiedene Autoren von studentischen Schwierigkeiten beim verständnisorientierten Lesen (Conradie & Frith 2000; Hersh 1993; Mamona-Downs & Downs 2005). Obwohl sich das verständnisorientierte Lesen von Beweisen und das Aufarbeiten einer Problemstellung in ihren Rahmenbedingungen unterscheiden, sind dennoch Parallelen zwischen den jeweils zugrunde liegenden Prozessen erkennbar. So geht es bei beiden Aktivitäten

darum, ein Verständnis auf lokaler sowie globaler Ebene aufzubauen und die Kernelemente eines Texts losgelöst von dessen Struktur zu erfassen (Mejia-Ramo et al.
2012; Reusser 1997; Schnotz 1994; Shepherd & van de Sande 2014; Weber 2008).
An diese Verbindung anknüpfend wird in dieser Arbeit untersucht, welche Aktivitäten Studierende in der Verstehensphase der Beweiskonstruktion durchführen und in
welchem Maße diese mit den in Abschnitt 3.2 beschriebenen Lesestrategien übereinstimmen. Hierauf aufbauend wird analysiert, inwieweit sich erfolgreiche und
weniger erfolgreiche Beweiskonstruktionen im Hinblick auf die implementierten
Verstehensaktivitäten unterscheiden.

FF 3: Verstehensaktivitäten im Beweisprozess

a. Welche Aktivitäten üben Studienanfängerinnen und -anfänger der Mathematik aus, um eine Problemrepräsentation zu einer gegebenen Aussage zu
entwickeln?

b. In welchem Maße unterscheiden sich erfolgreiche und weniger erfolgreiche
Studierende hinsichtlich ihrer Zugänge zur Beweisaufgabe?

Eine mögliche Verbindung zwischen den Aktivitäten des Validierens und des Kon-
struierens wurde bereits an verschiedenen Stellen diskutiert. Während das Vali-
dieren auf der einen Seite als Teilprozess der Beweiskonstruktion angesehen wird
(Pfeiffer 2011; Powers et al. 2010; A. Selden & Selden 2003), stellen quantitative
Untersuchungen einen unmittelbaren Zusammenhang in Frage und führen mögliche
Verbindungen auf gemeinsame Ressourcen zurück (Sommerhoff 2017). In dieser
Arbeit soll daher untersucht werden, in welcher Form Validierungsaktivitäten im
Beweisprozess auftreten und wie diese eine erfolgreiche Beweiskonstruktion unter-
stützen können.

FF 4: Validierungsaktivitäten im Beweisprozess

a. Welche Formen des Validierens treten prozessbegleitend in studentischen
Beweiskonstruktionen auf?

b. In welchem Maße unterscheiden sich erfolgreiche und weniger erfolgreiche
Studierende hinsichtlich ihrer Validierungsaktivitäten?

Zusammengenommen zielt die Untersuchung darauf ab, effektive und weniger
effektive Vorgehensweisen in studentischen Beweiskonstruktionen herauszuarbeiten. Um ein ganzheitliches Bild zu erzeugen, werden dabei makroskopische
Untersuchungen der allgemeinen Prozessstruktur mit mikroskopischen Analysen

phasenspezifischer Aktivitäten kombiniert. Die Ergebnisse geben sodann einen Einblick in wirksame Vorgehensweisen und gelungene Strategieanwendung, sodass hieraus neue Impulse für Unterstützungsangebote in der Studieneingangsphase erwachsen.

Methodischer Rahmen

6

Aufbauend auf den im vorhergehenden Abschnitt formulierten Forschungsfragen werden in diesem Kapitel die methodischen Grundlagen der empirischen Untersuchung beschrieben. Dabei werden zentrale methodische Entscheidungen bezüglich des gewählten Forschungszugangs 6.1, der empirischen Basis sowie der Erhebungs- und Auswertungsmethode (6.2 und 6.3) aufgegriffen und begründet. Auf diese Weise soll Transparenz im Hinblick auf das gewählte Vorgehen geschaffen und damit die Einordnung von Forschungsergebnissen erleichtert werden.

6.1 Design der Studie

Der Untersuchung liegt ein qualitatives Forschungsdesign zugrunde, das sich aus dem Forschungsinteresse begründet und in der spezifischen Verknüpfung von Theorie, Forschungsfragen und methodischen Entscheidungen seinen Ausdruck findet. In diesem Abschnitt wird zunächst der qualitative Forschungszugang begründet und hieraus eine Reihe an Implikationen für das Forschungsdesign hergeleitet. Dieses wird sodann konkretisiert, indem die praktische Umsetzung mit ihren spezifischen Rahmenbedingungen skizziert wird.

Elektronisches Zusatzmaterial Die elektronische Version dieses Kapitels enthält Zusatzmaterial, das berechtigten Benutzern zur Verfügung steht https://doi.org/10.1007/978-3-658-32242-7_6.

6.1.1 Begründung der qualitativen Forschungsperspektive

Die Forschungsfragen adressieren eine ganzheitliche Untersuchung studentischer Beweisprozesse und kommen damit der Forderung nach differenzierten, prozessorientierten Analysen im Bereich der Beweiskonstruktion nach (Hart 1994; Schoenfeld 1985; Weber 2006). Auf der einen Seite sollen dabei die verschiedenen Komponenten und Spannungsfelder, in denen sich die Komplexität einer Beweiskonstruktion manifestiert, berücksichtigt und die verschiedenen Phasen eines Beweisprozesses in ihrem Zusammenspiel beschrieben werden. Auf der anderen Seite wird über den Vergleich verschiedener Studierendengruppen eine Formulierung von Wirkungszusammenhängen angestrebt, für welche die Ausgestaltung einzelner Phasen vor dem Hintergrund der jeweiligen Konstruktionsleistung betrachtet wird. Die Studie knüpft damit einerseits an verschiedene Ansätze zur Analyse von Problemlöse- und Beweisprozessen an (Boero 1999; Schoenfeld 1985; Stein 1986; Weber & Alcock 2004; D. Zazkis et al. 2015) und greift andererseits Untersuchungen zu einem effektiven Strategieeinsatz auf (Alcock & Weber 2010b; Gibson 1998; Sandefur et al. 2013; Weber 2008, 2015). In Ergänzung zu den dort berichteten Erkenntnissen wird in dieser Untersuchung gezielt die Beweiskonstruktion in der Studieneingangsphase adressiert und eine Verknüpfung makroskopischer und mikroskopischer Untersuchungsebenen angestrebt. Hierfür stehen bislang keine ausgereiften Theorien zur Verfügung, die im Sinne eines Analyseinstruments unmittelbar an die Daten herangetragen werden könnten. Insbesondere im Hinblick auf die phasenspezifischen Aktivitäten und Strategien, die einen erfolgreichen Beweisprozess begünstigen, liegt eine nur dünne Forschungsgrundlage vor. Bisherige Studien konzentrieren sich überwiegend auf die Strategien der Beispielgenerierungen und der Visualisierung (Alcock & Simpson 2004; Alcock & Weber 2010b; Gibson 1998; Samkoff et al. 2012; Sandefur et al. 2013), wodurch kaum Verknüpfungen zu anderen Aktivitäten des Beweisens, wie dem Verstehen oder dem Validieren, angeregt werden (Powers et al. 2010; A. J. Stylianides & Stylianides 2009; Yee et al. 2018).

Vor dem Hintergrund des aktuellen Forschungsstandes sowie der Zielsetzung der Studie erscheint ein qualitativ-rekonstruktives Vorgehen zur Beantwortung der Forschungsfragen geeignet zu sein. Der qualitative Forschungszugang zeichnet sich in erster Linie durch seinen offenen, deskriptiv-explorativen Charakter sowie eine große Nähe zum Gegenstand aus (Döring & Bortz 2016; Flick 2007; Lamnek 2005; Mayring 2002). Im Unterschied zur quantitativen Forschung fokussiert der qualitative Ansatz weniger numerische als klassifikatorische Begriffe, wodurch eine Strukturierung und Interpretation der Daten unter Einbezug verschiedener Komplexitätsmerkmale ermöglicht wird (Flick 2007; Kuckartz 2016; Mayring 2010b). Mithilfe dieser wird ein detailliertes und umfassendes Verständnis von dem untersuchten

Sachverhalt angestrebt, das neben vielfältiger Merkmale auch latente Sinnstrukturen und dynamische Entwicklungen mit einschließt (Kuckartz 2016; Lamnek 2005; Miles & Huberman 1994). Damit erweist sich der qualitative Zugang insbesondere für Prozessanalysen als gewinnbringend:

> Qualitative inquiry is highly appropriate for studying process because (a) depicting processes requires detailed descriptions of what happens and how people engage with each other; (b) people's experience of processes typically vary in important ways, so their experiences and perceptions of their experiences need to be captured in their own words; (c) process is fluid and dynamic, so it can't be fairly summarized on a single rating scale at one point in time; and (d) the process may be the outcome (Patton 2002, S. 159).

Im Zentrum der qualitativen Forschung steht die detaillierte Rekonstruktion und multidimensionale Interpretation von Einzelfällen. Über die Einzeldarstellung hinaus können aus der kontrastierenden Analyse einer wachsenden Anzahl an Fällen relevante Muster und Wirkungszusammenhänge herausgearbeitet werden, die in generalisierter Form als Hypothesen festgehalten werden (Flick 2008; Lamnek 2005; Mayring 2007; Miles & Huberman 1994). Die Generalisierung beruht dabei nicht auf einer statistischen, sondern vielmehr auf einer inhaltlichen Repräsentativität der untersuchten Fälle, sodass jeder Fall mit seinem spezifischen Informationsgehalt einen Beitrag zum Verständnis des Sachverhalts leistet (Flick 2007; Strauss & Corbin 1996). Merkens (2008, S. 291) fasst dies wie folgt zusammen:

> Es geht nicht darum, die Verteilung von Merkmalen in Grundgesamtheiten zu erfassen, sondern darum, die Typik des untersuchten Gegenstandes zu bestimmen und dadurch die Übertragbarkeit auf andere, ähnliche Gegenstände zu gewährleisten.

In Übereinstimmung mit dem qualitativen Forschungszugang zielt die hier vorgestellte Studie auf die Rekonstruktion der kognitiven Vorgänge im Beweisprozess und damit auf ein vertieftes Verständnis der Abläufe ab, die eine erfolgreiche Beweiskonstruktion konstituieren. Um schließlich Hypothesen bezüglich relevanter Faktoren und effektiver Vorgehensweisen ableiten zu können, bietet sich ein Verfahren der Datenerhebung an, welches die Erhebungssituation möglichst vielschichtig erfasst. Entsprechend wurde ein Vorgehen gewählt, bei dem die Studierenden auf authentische Weise zur Beweiskonstruktion angeregt und ihre Bearbeitungsprozesse videografiert wurden (siehe Abschnitt 6.2). Das dabei generierte Datenmaterial sollte sodann mithilfe eines Verfahrens ausgewertet werden, das auf der einen Seite die Komplexität der Beweiskonstruktion gegenstandsnah abbildet und auf der anderen Seite ein gewisses Maß an Abstraktion und Standardisierung bietet, um einen Vergleich zwischen den einzelnen Beweisprozessen zu ermöglichen. Einen solchen Zugang unterstützen in erster Linie Auswertungsverfahren, die, wie die Grounded Theory oder die Qualitative Inhaltsanalyse, kodierend vorgehen. Durch die Kategorienzuweisung wird das Datenmaterial auf seine Kernelemente reduziert und in einer systematisierten Form dargestellt. Während sich die Forschungsfragen 1 und 2 auf die Beschreibung des gesamten Beweisablaufs beziehen, zielen die Forschungsfragen 3 und 4 auf die Formulierung von phasenspezifischen Wirkungszusammenhängen ab. Sowohl für eine ganzheitliche Analyse der Daten als auch für eine gruppenspezifische Fallkontrastierung ist dabei eine reduzierende Methode der Auswertung zu bevorzugen (Flick 2007; Kuckartz 2016). Eine solche Auswertungsmethode stellt die Qualitative Inhaltsanalyse dar (siehe Abschnitt 6.3). Diese bietet zudem den Vorteil, dass hier sowohl induktive als auch deduktive Kategorienanwendungen vorgesehen sind und so die Einbindung theoretischer Vorarbeiten erleichtert wird (Flick 2007; Mayring 2010b). Ein direkter Theoriebezug ist insbesondere im Hinblick auf die Forschungsfrage 1 von Relevanz, da diese an existierende Beweisprozessmodelle angeknüpft und theoretische Annahmen über relevante Teilprozesse der Beweiskonstruktion an den Ausgangspunkt ihrer Untersuchungen stellt (Boero 1999; Schwarz et al. 2010; Stein 1986).

Zusammenfassend verfolgt die hier vorgestellte Studie ein deskriptivexploratives Design, das auf eine kategorienbasierte Interpretation und reduzierende Strukturierung abzielt, um so die Grundlage für die Analyse von Wirkungszusammenhängen zu schaffen. Hieraus ergeben sich erste Implikationen für die praktische Umsetzung des Designs, die im folgenden Abschnitt konkretisiert und erläutert werden.

6.1.2 Rahmeninformationen

Der beschriebene qualitative Forschungszugang geht mit einer zirkulären Struktur einher, bei der eine Vielzahl an Entscheidungen im Prozessverlauf (neu) getroffen und das Forschungsprojekt schrittweise entwickelt wird. Um bereits im Vorfeld zentrale methodische Entscheidungen treffen und so die Datenerhebung forschungsökonomisch gestalten zu können, unterteilt sich das Projekt *Apropos* (Analysing Proving Processes of Students) in eine Pilotierungs- und eine Hauptstudie. Die Pilotierung fand von Juli bis Dezember 2017 statt und fokussierte in erster Linie methodische Fragestellungen. Ziel war es hier, das in Kapitel 4 beschriebene Phasenmodell zu operationalisieren und so ein objektives und zuverlässiges Analyseinstrument zu entwickeln, das studentische Prozessverläufe in übersichtlicher und zugleich angemessen detaillierter Weise abbildet. Insbesondere galt es dabei, empirische Evidenz für die im Phasenmodell verankerten Teilprozesse der Beweiskonstruktion zu erbringen und ein geeignetes Verfahren zu erarbeiten, wie das theoretische Modell gewinnbringend an empirische Daten herangetragen werden kann. Hierfür wurde in einem zyklischen Prozess das Untersuchungsdesign mit insgesamt sieben Studierendenpaaren umgesetzt und hinsichtlich verschiedener Variablen erprobt. Auf diese Weise konnten verschiedene Aufgaben und Teilnehmerinstruktionen sowie Transkriptions- und Kodierverfahren im Hinblick auf ihren Erkenntnisgewinn gegenüber gestellt werden (Kirsten in Druck). Im Zuge dieser primär methodisch ausgerichteten Untersuchungen wurden bereits erste Erkenntnisse auf inhaltlicher Ebene gewonnen, aus denen sodann das verstärkte Interesse an den Phasen des Verstehens und des Validierens erwachsen ist, das sich in den Forschungsfragen 3 und 4 widerspiegelt (Kirsten 2018).

Die Hauptstudie fand im Wintersemester 2017/2018 im Rahmen der Veranstaltung des *Propädeutikums* statt. Beim Propädeutikum handelt es sich um eine Pflichtveranstaltung für Studierende des gymnasialen Lehramts, welche im Allgemeinen im ersten sowie im fünften Semester von Studierenden belegt wird. Während Erstsemester einen Abschlusstest ablegen, müssen Fünftsemester eine schriftliche Reflexionsleistung erbringen. Ziel der Veranstaltung ist es, den Übergang von der Schule zur Hochschule für Studienanfängerinnen und -anfänger zu erleichtern und gleichzeitig Studierende höheren Semesters an Aufgaben des Lehrberufs heranzuführen. Im Rahmen des Propädeutikums werden daher Kleingruppen von je zwei Studierenden des fünften und zwei bis vier Studierenden des ersten Semesters gebildet, die sich wöchentlich für ca. 90 Minuten treffen. Im Zentrum der Gruppentreffen steht neben allgemeinen Fragen der Studienorganisation die Aufarbeitung von Inhalten der Grundlagenvorlesungen. Mithilfe wöchentlicher Übungsaufgaben werden die Gruppen dazu angeregt, zentrale Begriffe der Analysis sowie der Linearen Algebra zu wiederholen und kleinere Beweise zu rekonstruieren. Jede Kleingruppe wird dabei von einer im Fachbereich promovierenden Person, der Supervisorin bzw. dem Supervisor, betreut. Diese nimmt an mindestens einem der wöchentlichen Treffen teil und führt anschließend ein Reflexionsgespräch mit den betreuenden Studierenden. Im Wintersemester 2017/18 wurden die erprobten Aufgaben aus dem Projekt *Apropos* in den Aufgabenpool des Propädeutikums integriert, wodurch jede Kleingruppe im Verlauf des Semesters zwei von vier Aufgaben aus dem Projekt bearbeitete. Drei der insgesamt vier Supervisorenstellen konnten in diesem Semester von Mitarbeiterinnen des Projekts besetzt werden. Dies ermöglichte es, 54 der insgesamt 72 Gruppen des Propädeutikums intensiv zu betreuen und aus dieser Gruppe heraus die Studienteilnehmerinnen und -teilnehmer zu rekrutieren. Aus der so gewonnenen Gesamtstichprobe wurden unter Anwendung zweier Auswahlverfahren verschiedene Teilstichproben generiert, die für eine Untersuchung der einzelnen For-

schungsfragen als besonders geeignet erscheinen (siehe Abschnitt 6.2). Während die
Auswertung auf makroskopischer Ebene (FF1 und FF2) unmittelbar an die Pilotierung anschließt und daher eine überwiegend lineare Struktur aufweist, werden die
Kategorien der mikroskopischen Analyse (FF3 und FF4) schrittweise am Material
entwickelt (siehe Abschnitt 6.3). Beide Analysen greifen dabei insofern ineinan-
der, als die Phasierung der Beweisprozesse die Grundlage bildet, um eine gezielte
Fallauswahl für eine phasenspezifische Tiefenanalyse zu realisieren. Als Auswahlkriterien dienen hier die Häufigkeit und die Dauer der auftretenden Phasen (siehe
Abschnitt 6.2.3).

6.2   Erhebungsmethode

Der qualitative Zugang erfordert eine empirische Basis, welche die Komplexität
des Sachverhalts gegenstandsnah abbildet und den zu untersuchenden Sachverhalt
in seiner Bandbreite erfasst. Die Reichhaltigkeit der zusammengetragenen Informationen wird dabei zum einen durch die Wahl des Erhebungsverfahrens und zum
anderen durch die spezifische Auswahl von Fällen beeinflusst. Entsprechend werden
in diesem Abschnitt die Entscheidungen, welche der Erhebung und der Auswahl
von Datenmaterial zugrunde liegen, expliziert und begründet.

6.2.1   Datenerhebung

Ziel der Erhebung ist es, die kognitiven Vorgänge, die innerhalb einer Beweiskonstruktion wirksam werden, in einer Form zu erfassen, die sie einer systematischen Analyse zugänglich machen. Eine gängiges Verfahren, menschliches Verhalten zu dokumentieren, stellt die *Beobachtung* dar. Bei dieser Erhebungsmethode
werden visuelle und verbale Daten zu Ereignissen, Verhaltensweisen und Interaktionen zwischen Personen und ihrer Lebensumwelt gesammelt, indem entsprechende
Situationen betrachtet und hieraus gewonnene Informationen auf unterschiedlich
strukturierte und standardisierte Weise festgehalten werden (Flick 2007; Kochinka
2010). Der Vorteil von Beobachtungen im Vergleich zu anderen Verfahren der
Datengenerierung liegt darin, dass Prozesse im Zeitverlauf verfolgt, Entwicklungen nachgezeichnet und neben verbalen Selbstauskünften auch andere Informationsquellen genutzt werden können (Döring & Bortz, 2016). Für die Analyse von
Beweisprozessen eignen sich die durch eine Beobachtung gewonnenen Daten dennoch nur bedingt: Zum einen wird für den intendierten Vergleich von Prozessverläufen eine Datengrundlage benötigt, die ein gewisses Maß an Standardisierung

aufweist und bestimmte Rahmenbedingungen erfüllt, um mögliche Einflussfaktoren konstant zu halten. Zum anderen gilt das Forschungsinteresse weniger der Interaktion zwischen Studierenden, sondern vielmehr deren kognitiver Auseinandersetzung mit einer gegebenen mathematischen Aussage. Wenngleich auch Designs denkbar sind, bei denen Beobachtungen in vorstrukturierten und somit kontrollierten Laborsituationen durchgeführt werden, ermöglicht die Beobachtung jedoch immer nur eine Außenperspektive auf die betrachteten Prozesse (Döring & Bortz 2016). Für eine Erhebung kognitiver Vorgänge greifen Untersuchungen daher häufiger auf die Methode des *Lauten Denkens* zurück. Beim Lauten Denken stehen die im Zusammenhang mit einer Handlung ablaufenden Prozesse der Informationsverarbeitung im Vordergrund. Die Studienteilnehmerinnen und -teilnehmer werden hier gebeten, ihr Gedanken, Gefühle und Intentionen handlungsbegleitend oder rückblickend zu verbalisieren, um auf diese Weise möglichst umfangreiche Einblicke in die subjektive Erfahrungswelt einer Person zu erhalten (Konrad 2010). Dabei wird angenommen, dass eine enge Verknüpfung zwischen den Denkprozessen einer Person und ihrer Verbalisierung besteht, sodass die Produkte des Lauten Denkens als „unmittelbare Repräsentation der kognitiven Prozesse des Kurzzeitgedächtnisses" angesehen werden (Konrad 2010, S. 479). Döring und Bortz (2016) klassifizieren die Methode des Lauten Denkens als eine Form des unstrukturierten Interviews, da über die Aufforderung zur Verbalisierung aktiv Daten generiert werden, die ohne das Eingreifen des Forschenden nicht in der Form entstanden wären. Über die Instruktion zur Verbalisierung wird hier eine Erzählung eingeleitet, die vereinzelt durch präzisierende Nachfragen unterbrochen werden kann. Kritik an der Methode des Lauten Denkens bezieht sich in erster Linie auf deren Validität und damit auf die Frage nach reaktiven Einflüssen und unvollständigen Darstellungen. Eine Verbalisierung der eigenen Gedanken scheint insbesondere dann mit zusätzlichen Anforderungen verbunden zu sein, wenn diese in nonverbaler Form vorliegen und zunächst encodiert werden müssen. Aufgrund einer erhöhten Belastung des Arbeitsgedächtnisses besteht die Befürchtung, dass Interferenzen entstehen und die einer Handlung zugrunde liegenden kognitiven Prozesse durch Reflexionsanlässe verändert werden (Ericsson 2002; Konrad 2010; Schoenfeld 1985). Obwohl Ericsson und Simon (1993) argumentieren, dass Veränderungen von Denkprozesse nur dann auftreten, wenn über eine reine Verbalisierung hinaus auch Begründungen und Erläuterungen zum eigenen Verhalten gefordert werden, ist eine präzise Verbalisierung von Denkprozesse durchaus anspruchsvoll und bedarf gemeinhin etwas Übung. Vor dem Hintergrund dieser Kritik soll mit dem *aufgabenbasierten Interview* („task based interview") eine weitere Erhebungsmethode in Betracht gezogen werden, welche verschiedene Elemente der Beobachtung und des Lauten Denkens in sich vereint (Goldin 1998, 2000). Das aufgabenbasierte Interview stellt eine Form des unstrukturierten Interviews dar, bei dem Personen in Einzel-, Partner- oder Kleingruppenarbeit verschiedene (Test-)Aufgaben bearbeiten. Die interviewende Person kann dabei an verschiedenen Stellen in den Lösungsprozess eingreifen, um vorab festgelegte Nachfragen oder Hilfestellungen in das Gespräch zu integrieren (Goldin 2000). Über die gemeinsame Arbeit an einer Problemstellung werden die Studienteilnehmerinnen und -teilnehmer auf gleichsam natürliche Weise dazu angeregt, ihre Gedanken und Ideen zu verbalisieren und das Potenzial eines Lösungsansatzes zu begründen. Dies ermöglicht es, einen detaillierten Einblick in die intern ablaufenden Prozesse zu erlangen, ohne den Bearbeitungsprozess durch zusätzliche Verbalisierungsanforderungen zu beeinflussen. Das aufgabenbasierte Interview stellt damit insofern eine Variation des Lauten Denkens dar, als die zu bewältigenden Handlungen durch konkrete (Test-)Aufgaben realisiert und explizit auch kommunikative Prozesse berücksichtigt werden (Goldin 2000; Konrad 2010). Folglich konzentriert sich auch diese Methode auf verbale Daten, ermöglicht es jedoch auch, die Datenbasis über beobachtete Gesten und Notizen mit visuellen Elementen anzureichern. Auf diese Weise wird eine Verknüpfung zur Beobachtung geschaffen, die es erlaubt, den Prozessverlauf als Ganzes zu betrachten und bestimmte Personen-Umwelt-Interaktionen mit einzubeziehen (Döring & Bortz 2016). Durch die Kombination visueller und verbaler Daten bieten aufgabenbasierte Interviews zudem die Möglichkeit, das beobachtete Lösungsverhalten mit einer Bewertung zu verbinden. Hierfür werden die mündlichen sowie schriftlichen Produkte im Hinblick auf ihre Korrektheit überprüft und anhand festgelegter Kriterien beurteilt (Goldin 2000). Insbesondere für Untersuchungen, bei denen eine vergleichende Analyse intendiert ist, wird hier eine geeignete Datengrundlage geschaffen.

Untersuchungen im Bereich der Beweisprozessforschung greifen häufig auf eine Variante des Lauten Denkens zurück und verknüpfen die Bearbeitung einer Problem- oder Beweisaufgabe mit der Aufforderung zur Verbalisierung (z. B. Alcock und Weber (2010b), Weber (2001), D. Zazkis et al. (2014)). Die Erhebungssituation wird dabei vielfach in Paaren organisiert, da sich diese Form des Interviews als gleichermaßen authentisch wie ergiebig erwiesen hat (Alcock & Simpson 2004; Schoenfeld 1985; Weber 2015). Die Arbeit in Paaren und Kleingruppen spiegelt die gängige Praxis im studentischen Übungsbetrieb wider und initiiert einen dynamischen Bearbeitungsprozess, der nicht durch künstliche Verbalisierungsanforderungen unterbrochen oder gelenkt wird. Der natürliche Charakter der Erhebungssituation bewirkt sodann einen reichhaltigeren Austausch zwischen den Studierenden und reduziert reaktive Einflüsse (Schoenfeld 1985):

Pair protocols are more likely to capture students' typical thinking than single student protocols. First, two students working together produce more verbalization than one because both must explain and defend the decisions they make [...]; and second, the reassurance of mutual ignorance alleviates some of the pressure of working under observation [...] (Goos & Galbraith 1996, S. 235 f.).

Den Vorteilen einer natürlichen Kommunikations- und Arbeitsform steht jedoch der gegenseitige Einfluss der beteiligten Personen gegenüber. Ebenso, wie die kognitiven Prozesse beim Lauten Denken durch zusätzliche Verbalisierungsanforderungen beeinflusst werden, können Gedankengänge bei dieser Form des Interviews durch die kooperative Dynamik in eine neue Richtung geleitet werden (Ericsson & Simon 1993; Konrad 2010). Entsprechend sind die gewonnenen Daten als Abbild eines interpersonalen Denkprozesses zu verstehen, welcher dennoch einen Einblick in die individuellen Entscheidungsfindungen und Bearbeitungsstrategien geben kann (Schoenfeld 1985). Bei der Auswertung gilt es, dies zu berücksichtigen und dort, wo es möglich und relevant ist, zwischen kognitiven und kooperativen Prozessen zu unterscheiden.

Vor dem Hintergrund der diskutierten Vor- und Nachteile sowie unter Berücksichtigung der Empfehlungen aus vergleichbaren Untersuchungen wurden in dieser Studie aufgabenbasierte Interviews mit Dyaden und Triaden von Studierenden geführt. Um eine weitgehend natürliche Arbeitsatmosphäre zu schaffen und reaktive Effekte möglichst gering zu halten, fand die Datenerhebung im Rahmen der regulären, wöchentlichen Arbeitstreffen des Propädeutikums statt. Hierfür vereinbarten die Supervisorinnen mit jeder der 54 betreuten Gruppen einen Termin, an dem – unabhängig von einer Studienteilnahme – allgemeine Strategien und Techniken des Beweisens behandelt wurden. Im Zuge dieses Treffens bearbeiteten die Studierenden in Zweier- und Dreiergruppen je zwei Beweisaufgaben aus dem Projekt „Apropos" (siehe 6.2.2), wobei die konkrete Partnerwahl den Studierenden selbst überlassen und lediglich eine Unterscheidung von Erst- und Fünftsemestern gefordert wurde. Aufgrund der bereits bestehenden Gruppenstruktur ist davon auszugehen, dass die Studierenden sich untereinander kennen und bereits einige Erfahrungen bezüglich der gemeinsamen Bearbeitung von Übungsaufgaben aufweisen. Entsprechend sollten sie die Situation als weitgehend natürlich empfinden und in der Lage sein, sich über ihre Gedankengänge, Vorgehensweisen und Beweisideen auszutauschen. Das Ziel der Bearbeitung war es, eine gemeinsame Lösung zu erarbeiten, welche den Anforderungen eines Beweises nach eigener Einschätzung entspricht und somit im Kontext des gängigen Übungsbetriebs als korrekt eingestuft würde. Bereits im Vorfeld des Sondertreffens wurden die Studierenden über das Projekt „Apropos" informiert und um eine Teilnahme an der Studie gebeten. Im Fall einer Zustimmung wurden die Bearbeitungsprozesse der Studierenden videografiert und hinsichtlich verschiedener Einflussfaktoren kontrolliert, sodass eine laborähnliche Situation entstand. Hierfür erhielten die Studierenden eine schriftliche Instruktion zum Ablauf der Erhebung, die auch zentrale Gelingensbedingungen der Studie beschrieb (siehe Anhang A.1). Um Effekte des Vorwissens zu reduzieren und vergleichbare Rahmenbedingungen zu schaffen, wurde den Studierenden eine unkommentierte Version ihres Vorlesungsskripts sowie ein verbreitetes, vom Dozenten der Vorlesung empfohlenes Lehrbuch (Forster 2011) zur Verfügung gestellt. Darüber hinaus lagen auf jedem Arbeitsplatz zwei verschiedenfarbige Stifte, mehrere Bögen Schmierpapier sowie zwei Aufgabenblätter bereit. Letztere boten neben der jeweiligen Aufgabenstellung genügend Platz, um einen Beweis für die abgedruckte Aussage zu notieren. Für die Bearbeitung der beiden Aufgaben wurde ein Zeitraum von 60 Minuten anberaumt. Diese Zeitspanne erwies sich in der Pilotierung als angemessen, um die Aufgaben ohne Zeitdruck bearbeiten zu können. Während der Bearbeitungszeit wurde darauf geachtet, dass die Studierenden keine weiteren Hilfsmittel verwendeten und die Beweise ohne externe Unterstützung, z. B. durch die Supervisorinnen, konstruierten. Auf diese Weise sollte einerseits die Vergleichbarkeit der Beweisprozesse erhöht und andererseits eine Veränderung des Prozessverlaufs durch die Interviewsituation vermieden werden (Schoenfeld 1985). Das Ende einer Bearbeitung wurde dadurch markiert, dass die Studierenden zu einer zufriedenstellenden Lösung gelangten oder ihren Bearbeitungsprozess aufgrund mangelnder Fortschritte abbrachen. Die im Verlauf des Beweisprozesses angefertigten Notizen sowie die ggf. erstellte Lösung wurden im Anschluss an die Bearbeitung eingesammelt, um die videobasierte Rekonstruktion des Beweisprozesses zu unterstützen.

Die Entscheidung, Video- anstatt Tonaufnahmen zu verwenden, orientierte sich an Empfehlungen für wissenschaftliche Beobachtungen und resultierte aus der Annahme, dass visuelle Elemente, wie Gestik und Mimik, für die Interpretation der beobachteten Vorgänge von Relevanz sind (Mey & Mruck 2010). Videoaufnahmen werden im Allgemeinen für technisch vermittelte Beobachtungen verwendet, um den Informationsgehalt der Daten zu erhöhen, der bei direkten Beobachtungen durch die menschlichen Aufnahmekapazitäten beschränkt ist (Kochinka 2010). Durch die technische Unterstützung wird gewährleistet, dass die relevante Faktoren auch bei komplexen Prozessen umfassend erhoben und so die Grundlagen für eine valide Rekonstruktion geschaffen werden (Janík, Seidel & Najvar 2009; Wild 2003).

Darüber hinaus betonen verschiedene Autoren, dass die Verwendung von Videoaufnahmen die Qualität des Forschungsprozesses steigern kann. Durch die Aufzeichnung der Beobachtungsdaten werden diese von der konkreten Beobachtungssituation losgelöst und können von verschiedenen Personen zu einem beliebigen Zeitpunkt wiederholt betrachtet werden (Janík et al. 2009; Mayring & Gläser-Zikuda 2005). Auf diese Weise wird zum einen eine zyklische Forschungspraxis unterstützt, bei der relevante Beobachtungsschwerpunkte erst im Verlauf der Analyse festgelegt werden, und zum anderen die Überprüfung der gewonnenen Ergebnisse durch eine Zweitkodierung des Material ermöglicht. Mit Bezug auf die TIMS-Studie fasst Janík et al. (2009, S. 13) die Vorteile eines videobasierten Erhebungsverfahrens wie folgt zusammen:

> [...] Hiebert et al. (2003, pp. 2–6) state that it enables the study of complex processes, increases interrater reliability, enables coding from multiple perspectives, allows the carrying out of new analyses at a later time by making it possible to store data, facilitates integration of qualitative and quantitative data, and facilitates the communication of results.

Obwohl Videoaufnahmen viele Vorteile bieten, entstehen durch die vermittelte Form der Beobachtung auch Einschränkungen, die es bei der Auswertung zu bedenken gilt. Durch die Videoaufzeichnungen werden die erfassten Prozesse zwar wirklichkeitsgetreu abgebildet, der Bildausschnitt ist jedoch begrenzt, sodass die gewählte Kameraperspektive bereits eine Selektion der Daten darstellt (Mayring & Gläser-Zikuda 2005). Bei dieser Untersuchung wurde die Kamera so positioniert, dass die Interaktion innerhalb einer Studierendengruppe mit der zugehörigen Mimik und Gestik vollständig aufgezeichnet wird. Gleichzeitig wurde darauf geachtet, dass der Umgang mit den selbst erstellten Skizzen und Notizen sowie mit den zur Verfügung gestellten Materialien aus den Aufnahmen rekonstruierbar ist (siehe Abbildung 6.1). Die Anwesenheit der Kamera war für die Studierenden bei dieser Positionierung unmittelbar ersichtlich, wodurch Verunsicherungen entstehen können, die das natürliche Verhalten beeinflussen (Mayring & Gläser-Zikuda 2005). Eine Durchsicht der Videos legt jedoch nahe, dass bei den Studierenden in dieser Untersuchung bereits nach kurzer Zeit Gewöhnungseffekte auftraten. Sind die ersten Minuten häufig noch von Zurückhaltung und leisen Gesprächen geprägt, stellt sich bereits nach kurzer Zeit eine rege Diskussion ein, in der stellenweise auch private Themen besprochen werden. Die Studierenden scheinen die Anwesenheit der Kameras nicht weiter zu beachten, sodass Verzerrungen der natürlichen Beweisprozesse nicht zu erwarten sind.

Abb. 6.1 Kameraperspektive und Bildausschnitt (eigene Darstellung)

Die Videoaufnahmen fanden, soweit möglich, in denselben Räumlichkeiten statt, in denen auch die wöchentlichen Propädeutikumstreffen abgehalten wurden. Da die Studierenden häufig einen Seminarraum für ihre Treffen wählten, konnte über das Aufstellen von Kameras und die Platzierung vorstrukturierter Materialien leicht eine laborähnliche Umgebung geschaffen werden. Je nach Gruppengröße und der daraus resultierenden Anzahl an Dyaden und Triaden wurde die Datenerhebung auf weitere, benachbarte Seminarräume und Büros ausgeweitet, sodass maximal zwei Aufnahmen zeitgleich in einem Raum stattfanden und gegenseitige Beeinträchtigungen nahezu auszuschließen sind. Die Datenerhebung wurde von zwei wissenschaftlichen Mitarbeiterinnen des Fachbereichs unterstützt, die im Rahmen des Propädeutikums als Supervisorinnen für die Betreuung der Kleingruppen zuständig waren. Um die Objektivität der gewonnenen Daten zu gewährleisten, wurden die Mitarbeiterinnen im Vorfeld der Studie geschult und erhielten ein Manual zur Untersuchungsdurchführung, welches den geplanten Ablauf sowie das gewünschte Interviewverhalten im Detail beschreibt (siehe Anhang A.1). Um auftretende Fragen unmittelbar klären und ein einheitliches Vorgehen sicherstellen zu können, wurde der jeweils erste Erhebungstermine einer Supervisorin begleitet. Anhand der entstanden Videoaufnahmen wurde zudem rückblickend überprüft, inwieweit die im Manual verankerten Richtlinien über alle Termine hinweg eingehalten wurden.

Insgesamt konnten auf die beschriebene Weise 114 Erstsemesterstudierende, aufgeteilt auf 48 Dyaden und Triaden, für die Studie gewonnen werden. Alle Studienteilnehmerinnen und -teilnehmer befanden sich zum Zeitpunkt der Erhebung im ersten Semester des Mathematikstudiums und besuchten die Vorlesungen Analysis I und Lineare Algebra I. Das Alter der Studierenden variierte von 18 bis 27 Jahren, sodass Vorerfahrungen aus einem vorhergehenden, mathematikhaltigen Studium nicht in allen Fällen auszuschließen sind. Da die Supervisorinnen zufällig auf die Propädeutikumsgruppen verteilt wurden und sich die überwiegende Mehrheit der besuchten Gruppen für eine Studienteilnahme entschied, können die Effekte positiver Selektion in dieser Studie als gering eingestuft werden.

6.2.2 Aufgabenauswahl

Im Rahmen der Datenerhebung bearbeiteten die Studierenden je zwei von vier Beweisaufgaben, die sich im Themengebiet der Analysis verorten und unter Anwendung zentraler Sätze, wie dem Zwischenwertsatz oder dem Mittelwertsatz, zu lösen sind. Für die Erstellung des Aufgabenpools wurden verschiedene Klausuren, Übungsblätter und Übungsbücher (z. B. Forster und Wessoly (2011)) gesichtet, Erfahrungswerte eingeholt und schließlich ausgewählte Aufgaben empirisch erprobt. Die Auswahl der Untersuchungsaufgaben erfolgte dabei in einem Spannungsfeld von Relevanz und praktischer Umsetzbarkeit. Während die Aufgaben auf der einen Seite die gängige Beweispraxis im Mathematikstudium widerspiegeln sollen, ist ihre Bearbeitung auf der anderen Seite durch die verfügbaren zeitlichen Ressourcen stark eingeschränkt. Die gewählten Beweisaufgaben entsprechen daher in etwa dem Schwierigkeitsniveau von Klausuraufgaben, da diese anspruchsvolle und für die Studieneingangsphase repräsentative Beweise fordern, aber dennoch in einem begrenzten Zeitrahmen zu bearbeiten sind. Um reichhaltige und authentische Beweisprozesse zu initiieren, wurde zudem darauf geachtet, dass die gewählten Aufgaben den Studierenden insofern unbekannt waren, als sie im Vorfeld der Untersuchung weder in Übungsgruppen noch im Rahmen von Zusatzangeboten behandelt wurden. Unter Berücksichtigung der beschriebenen Rahmenbedingungen stellen die folgenden vier Beweisaufgaben die Grundlage der Untersuchung dar:

Aufgabe 1 (Folgenkonvergenz) Zeigen Sie, dass die Folge
$a_n = \frac{(-1)^n(n-7)}{n+7}$ nicht konvergiert.

Aufgabe 2 (Reihenkonvergenz) Zeigen Sie, dass die folgende Reihe
absolut konvergent ist:
$$\sum_{n=1}^{\infty} \frac{(-1)^n \cdot \sin(n)}{n^8}.$$

Aufgabe 3 (Fixpunkt) Seien $a < b$ reelle Zahlen und $f : [a,b] \to [a,b]$
eine stetige Funktion. Zeigen Sie: Es existiert ein $x \in [a,b]$ mit $f(x) = x$.

Aufgabe 4 (Extrempunkt) Sei $f : \mathbb{R} \to \mathbb{R}$ zweimal differenzierbar und
seien $x_1 < x_2 < x_3$. Es gelte $f(x_1) > f(x_2)$ sowie $f(x_3) > f(x_2)$. Zeigen Sie,
dass ein $y \in \mathbb{R}$ existiert mit $f''(y) \geq 0$.

Im Einzelnen erfolgte die Auswahl der Aufgaben mit Bezug auf folgende Kriterien (vgl. hierzu auch Bruder (1983) und Lange (2009)):

Problemhaltigkeit: Beweisaufgaben im universitären Kontext sind gemeinhin auch
(moderate) Problemlöseaufgaben (A. Selden & Selden 2013). Da es sich bei der
Problemhaltigkeit um eine subjektive Einschätzung handelt, die von individuellen Vorkenntnissen und spezifischen Situationsmerkmalen abhängig ist (siehe
Abschnitt 2.4), lässt sich der Problemcharakter einer Beweisaufgabe im Vorhinein nur bedingt bestimmen. Dennoch wurde bei der Auswahl des Materials versucht, Aufgaben mit unterschiedlichem Problemlösepotenzial in die Erhebung zu
integrieren, um so eine gewisse Varianz an Beweisprozessen abzubilden. Hierfür
wurden einerseits Vorerfahrungen mit diesen Aufgaben berücksichtigt und andererseits Merkmale, wie die Lösungsvielfalt, die Komplexität und der Bekanntheitsgrad
der Beweismittel, als Indikatoren für einen Problemcharakter diskutiert. Die beiden
Aufgaben zur Folgen- und Reihenkonvergenz weisen einen eher geringeren Problemcharakter auf, da sie zu den Standardaufgaben des ersten Semesters zählen und
die Wahl der zur Verfügung stehenden Beweismittel begrenzt ist. Die Fixpunkt- und
die Extrempunktaufgabe erscheinen hingegen als problemhaltiger, da hier bekannte
Sätze auf neue Weise miteinander verknüpft oder die Aussagen zunächst in ähnliche Probleme transformiert werden müssen. Beide Vorgehensweisen stellen für
Studienanfängerinnen und -anfänger üblicher Weise eine Barriere dar.

Vielfältigkeit: Die Gültigkeit einer Aussage lässt sich häufig auf verschiedene
Weise zeigen, wobei die Anzahl der Lösungswege im ersten Semester stellenweise

noch durch eine begrenzte Wissensbasis reguliert wird. So beruht die Fixpunktaufgabe in erster Linie auf der Anwendung des Zwischenwertsatzes, während für die
Bearbeitung der Extrempunktaufgabe verschiedene Ansätze denkbar sind, die auf
dem Mittelwertsatz, dem Satz von Rolle oder dem Satz von Minimum und Maximum aufbauen. Für die Bearbeitung der Aufgabe zur Reihenkonvergenz bietet sich
eine Anwendung des Majorantenkriteriums an, da andere Konvergenzkriterien, wie
das Quotientenkriterium, zu einer Folge mit Grenzwert 1 und damit zu keinem
eindeutigen Nachweis der Konvergenz führen.

Komplexität: Die Komplexität einer Beweisaufgabe wird unter anderem von der
Anzahl der notwendigen Beweisschritte bestimmt (Bruder 1983; Heinze & Reiss
2004a; Ufer et al. 2009). Sämtliche der ausgewählten Aufgaben fordern mehrschrit-
tige Beweise und spiegeln so die gängige Übungspraxis im Studium wider. Die einzelnen Beweisschritte variieren dabei von Standardabschätzungen und einfachen
Definitionsanwendungen bis hin zum Aufstellen einer Hilfsfunktion. Die Komplexität, die sich aus den einzelnen Beweisschritten selbst sowie aus deren Verknüpfung
ergibt, wird somit wiederum von dem Bekanntheitsgrad der einzelnen Beweismittel
sowie dem benötigten Maß an kreativem Denken beeinflusst.

Bekanntheitsgrad der Beweismittel: Die zur Beweisführung notwendigen Definitionen und Sätze sind den Studierenden aus der Vorlesung bekannt. Die mit den
Aufgaben verknüpften Konzepte der Konvergenz, der Stetigkeit und der Differenzierbarkeit wurden zum Zeitpunkt der Erhebung bereits in den regulären Übungen aufgearbeitet. Dennoch ist davon auszugehen, dass einige Studierende Schwierigkeiten im Umgang mit den Begrifflichkeiten aufweisen und es ihnen schwer
fällt, bekannte Sätze und Definitionen anzuwenden (z. B. Edwards und Ward 2004;
Moore 1994; A. Selden und Selden 2008). Für die Auswahl der Aufgaben wurde
neben dem Vorwissen aus der Vorlesung auch solches aus der Schule berücksichtigt. Während einige Begriffe und Zusammenhänge aus dem Themenbereich der
Differentialrechnung bereits intensiv in der Schule behandelt wurden, sind viele
Studierende mit den Konzepten der Konvergenz und der Stetigkeit wenig vertraut.
Es ist denkbar, dass die unterschiedlichen Vorerfahrungen auch unterschiedliche
Herangehensweisen bedingen, weswegen verschiedene Ausprägungen des Bekannt-
heitsgrads im Aufgabenpool realisiert wurden.

Darstellung des Sachverhalts: In Übereinstimmung mit der gängigen Übungspraxis wurde eine weitgehend informale Formulierung der Aufgaben angestrebt, bei
der Voraussetzungen und Behauptungen zunächst identifiziert und die zugrunde liegenden logischen Strukturen herausgearbeitet werden müssen. Die in den Aufgaben

enthaltenen Quantoren werden nur bedingt expliziert, sodass eine Klassifizierung der zu zeigenden Aussage als Existenz- oder Allaussage notwendig ist. Über eine verbale und symbolische Darstellung hinaus bieten sich alle vier Aufgaben für eine graphisch-ikonische Visualisierung an.

Für die Datenerhebung wurden je zwei der vier Aufgaben kombiniert, wobei in jedem Aufgabenpaket eine etwas leichtere (Aufgaben 1 und 2) und eine komplexere Aufgabe (Aufgaben 3 und 4) berücksichtigt wurden. Da die vier Aufgaben unterschiedliche Themenbereiche der Analysis ansprechen, sind keine Effekte der Bearbeitungsreihenfolge zu erwarten. Bedingt durch Beobachtungen während der Datenerhebung und gestützt durch erste Kodierungen (siehe Abschnitt 6.3.2) beschränkt sich die Datenauswertung auf die Fixpunkt- und die Extrempunktaufgabe (siehe auch Abschnitt 4.3). Diese Aufgaben wurden für die Datenauswertung ausgewählt, da hier in Bezug auf die Forschungsfragen besonders aussagekräftige Vergleiche zu erwarten sind. Die Lösungsquoten der Fixpunkt- und der Extrempunktaufgabe fallen bedeutend niedriger aus als die der anderen beiden Aufgaben. Dies erleichtert es jedoch, erfolgreiche und weniger erfolgreiche Beweisprozesse trennscharf voneinander abzugrenzen und sie kontrastierend zu analysieren.

6.2.3   Fallauswahl

Im Unterschied zu quantitativen Ansätzen zielen qualitative Studien nicht auf eine statistische Verallgemeinerung ab, sondern streben ein reichhaltiges Verständnis eines spezifischen Phänomens oder Zusammenhangs an. Ein solches Ziel wird dabei weniger durch eine zufällige Stichprobenziehung als vielmehr durch eine bewusste oder absichtsvolle Fallauswahl („purposefull sampling") gestützt, bei der gezielt solche Fälle berücksichtigt werden, die einen möglichst hohen Erkenntnisgewinn versprechen (Döring & Bortz 2016; Schreier 2010). In der qualitativen Forschung haben sich verschiedene Verfahren etabliert, solche informationsreichen Fälle zu identifizieren und eine absichtsvolle Fallauswahl durchzuführen. Die Verfahren unterscheiden sich dabei in erster Linie darin, in welchem Maße die herangezogenen Auswahlkriterien theoretischer oder empirischer Natur sind und entsprechend a priori festgelegt oder im Verlauf der Datenauswertung entwickelt werden. Um dem unterschiedlichen Charakter der formulierten Forschungsfragen gerecht zu werden, wurde für diese Studie eine zweistufige, geschichtete Stichprobenziehung gewählt, die verschiedene Auswahlverfahren kombiniert und so unterschiedliche Teilstichproben für die einzelnen Forschungsfragen generiert. Während die Stichprobenziehung für die Rekonstruktion von Prozessverläufen (FF1 und FF2) an der Theorie ausgerichtet ist, orientiert sich die Fallauswahl für die phasenspezifischen Detailanalysen (FF3 und FF4) an den Erkenntnissen, die aus eben dieser Rekonstruktion hervorgehen. Letztere werden in Abschnitt 7.3 eingehender beschrieben.

Die ersten beiden Forschungsfragen adressierten die allgemeine Struktur von Beweisprozessen und fragen nach dem Auftreten, der Reihenfolge und der Dauer theoretisch angenommener Phasen im Prozessverlauf. Um verschiedene Varianten der Prozessgestaltung und damit die Bandbreite an Beweisabläufen abzubilden, wurde die Samplestruktur für diesen Teil der Analyse in einem qualitativen Strichprobenplan vorab festgelegt. Ein qualitativer Stichprobenplan bietet den Vorteil, dass sämtliche als relevant erachteten Merkmalsausprägungen systematisch berücksichtigt werden und so eine gute Grundlage für Vergleichsstudien und kontrastierende Betrachtungen geschaffen wird (Flick 2007; Schreier 2010). Voraussetzung für die Anwendung dieses Auswahlverfahrens ist es, auf der Grundlage theoretischer Vorarbeiten relevante Merkmale der Samplestruktur herauszuarbeiten und aus den sich ergebenen Merkmalskombinationen Kriterien für die Fallauswahl zu formulieren (Döring & Bortz 2016; Flick 2007; Merkens 2008). Die Stichprobe sollte sodann so zusammengesetzt werden, dass jede Merkmalskombination unabhängig von ihrem Auftreten in der Gesamtpopulation mit einer vergleichbaren Anzahl an Fällen repräsentiert wird. Döring und Bortz (2016) empfehlen hierzu die Auswahl von ein bis drei Fällen pro Merkmalskombination. Im Hinblick auf die Struktur von Beweisprozessen gilt es somit, diejenigen Faktoren zu bestimmen, welche den Prozessverlauf beeinflussen und entsprechend Variationen in der Phasenabfolge bewirken können. Relevante Faktoren könnten hier bestimmte Fähigkeits- und Wissensfacetten, wie sie in Abschnitt 3.4 als Prädiktoren der Beweiskonstruktion beschrieben wurden, oder aber auch Abitur- und Mathematiknoten sowie Geschlechterunterschiede sein. Als Fokus der Untersuchung wurde der Faktor der Konstruktionsleistung gewählt, um die verschiedenen Prozessverläufe im Zusammenhang mit den Ergebnissen der Beweisbemühungen untersuchen und in Anlehnung an die Arbeiten von Schoenfeld (1985) oder D. Zazkis et al. (2015) effektive und weniger effektive Prozesse differenzieren zu können (FF2). Als weiterer Faktor wird die jeweils bearbeitete Beweisaufgabe berücksichtigt. Da die eingesetzten Aufgaben unterschiedliche Themenbereiche ansprechen, sind inhaltsspezifische Unterschiede in der Herangehensweise an eine Beweiskonstruktion nicht auszuschließen und sollen gegebenenfalls abgebildet werden. Für die Realisierung der Stichprobenziehung wurden zunächst sämtliche im Rahmen der Datenerhebung generierten Beweise auf einer fünfstufigen Skala bewertet (siehe 6.3.2). Für jede Ausprägung der Merkmalskombination „Aufgabe × Konstruktionsleistung" wurden anschließend ein bis vier Beweisprozesse ausgewählt, wodurch sich insgesamt eine Stichprobe mit 24 Fällen ergibt (siehe Abb. 6.2). Die Auswahl der einzelnen Fälle orientierte sich dabei ebenfalls an dem Ziel, eine möglichst breite Variation abzubilden, sodass insbesondere bei

den vielfältigen Beweisen der Kategorie „Kein Ansatz" (K0) verschiedene Beweisansätze (experimentell, anschaulich, formal) berücksichtigt wurden (Flick 2007;
Schreier 2010). Die Fallauswahl beruhte dabei in erster Linie auf einer eingehen-
den Betrachtung der Beweisprodukte, wurde in Einzelfällen jedoch auch durch eine
Sichtung des zugehörigen Videomaterials gestützt. Lediglich der Merkmalskombination „Fixpunktaufgabe × K4" konnte kein Fall zugewiesen werden, da diese
Ausprägung in der empirischen Basis keine Entsprechung aufwies.

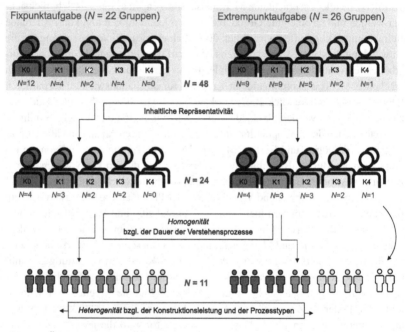

Abb. 6.2 Übersicht über das Sampling

Um einzelne Phasen in einer Folgeanalyse detaillierter untersuchen und charakteristische Aktivitäten dieser Phasen herausarbeiten zu können (FF3 und FF4),
wurde aus der Stichprobe von 24 Beweisprozessen eine Teilstichprobe gezogen.
Die Fallauswahl orientierte sich hier an den Auswahlstrategien der *Homogenität*
und der *maximalen strukturellen Variation* (Patton 2002), wobei die Merkmale, in
denen eine minimale oder maximale Abweichung erreicht werden soll, aus den
bisherigen empirischen Erkenntnissen abgeleitet wurden (siehe Abschnitt 7.2.4 und

7.3). Für die Analyse von Verstehensaktivitäten im Beweisprozess (FF3) wurden 11 Paare bzw. Kleingruppen ausgewählt, die eine möglichst große Leistungsheterogenität bezüglich einer spezifischen Beweisaufgabe aufweisen (K0–K1 vs. K3–K4) und gleichzeitig homogen im Hinblick auf die Dauer ihrer Verstehensphase erscheinen. So verwendeten die Studierenden über alle ausgewählten Fälle hinweg weniger als 30% ihrer gesamten Bearbeitungszeit auf das Verstehen der gegebenen Aussage. Im Einzelnen wurden die Fälle so ausgewählt, dass je ein erfolgreicher und ein nicht erfolgreicher Beweisprozess vergleichbare absolute oder relative Werte im Hinblick auf die Dauer der Verstehensphase aufweisen (siehe Tabelle 7.5). Die Kombination von Homogenität in dem einen und maximaler Heterogenität in dem anderen Merkmal stellt dabei eine gute Grundlage dar, um nach Wirkungszusammenhängen zwischen der Ausgestaltung der Verstehensphase und der Konstruktionsleistung zu suchen (Flick 2007). Im Bestreben, makroskopisch und mikroskopisch ausgerichtete Analysen miteinander zu verbinden, wurde bei der Fallauswahl zudem berücksichtigt, dass unterschiedliche Prozesstypen in die Stichprobe integriert werden. Dies ermöglicht es, die Ergebnisse der phasenspezifischen Auswertung mit der Gesamtstruktur eines Beweisprozesses in Bezug zu setzen (siehe Abschnitt 7.3.3). Für die Analyse von Validierungsaktivitäten im Beweisprozess (FF4) wurde ebenfalls die hier beschriebene Stichprobe verwendet. Da die Kodiereinheit der Phase für die Analyse von Validierungsaktivitäten aufgebrochen und in kleinere Segmente zerlegt wurde (siehe Abschnitt 6.3.3), stellt die Dauer der auf makroskopischer Ebene kodierten Validierungsphasen nur bedingt ein geeignetes Kriterium für die Fallauswahl dar. Aus diesem Grund wird hier primär die Forderung einer maximalen strukturellen Variation an die Stichprobenziehung angelegt, wobei Heterogenität hinsichtlich des Leistungsspektrums sowie in Bezug auf die realisierten Prozesstypen angestrebt wird (siehe 7.3.3). Beide Kriterien sind bereits in der beschriebenen Teilstichprobe erfüllt.

6.2.4 Aufbereitung der Daten

Um die erhobenen Daten einer systematischen und nachvollziehbaren Analyse zugänglich zu machen, bietet es sich an, das Videomaterial vollständigen zu transkribieren. Über die Transkription wird dabei eine Möglichkeit geschaffen, verbale und visuelle Informationen aus dem Videomaterial schriftlich zu fixieren und in einen analysierbaren Text zu übertragen. Die Überführung in ein statisches Medium hat dabei den Vorteil, dass Informationen in einer Form erfasst werden, die dauerhaft verfügbar, von persönlichen Beobachtungsschwerpunkten unabhängig und anonymisierbar ist (Dresing & Pehl 2015). Mit dem Wechsel des Mediums geht jedoch auch eine Linearisierung der beobachteten Situation einher, die unweigerlich mit einem Informationsverlust verbunden ist. Dieser kann jedoch insofern eine funktionale Komponente aufweisen, als ein umfassendes Abbild der Interaktionsmerkmale, wie es erst durch Videoaufnahmen möglich wird, gemeinhin zu einer unübersichtlichen und wenig zweckdienlichen Darstellung führt (Dresing & Pehl 2010; Kowal & O'Connell 2008). In diesem Sinne wird durch die Transkription der Videoaufzeichnungen bereits eine erste Interpretation vorgenommen, indem relevante Informationen selektiert und in einer reduzierten Form rekonstruiert werden. Entsprechend ist die Wahl eines Transkriptionssystems, das die konkreten Transkriptionsregeln vorgibt und das verfügbare Zeicheninventar beschreibt, richtungsweisend für die folgende Analyse. Die einzelnen Transkriptionssysteme unterscheiden sich dabei darin, in welchem Maße über die verbalen Gesprächsbeiträge hinaus auch prosodische und paraverbale Äußerungen, wie Tonhöhenverläufe, Sprechpausen, Lachen oder Räuspern, sowie nonverbal Gesprächselemente, wie Mimik, Gestik, Blickrichtung oder Körperhaltung, im Transkript Berücksichtigung finden (Dresing & Pehl 2010; Kuckartz 2016). Abhängig von dem jeweiligen Forschungsinteresse sollte ein Transkriptionsverfahren gewählt werden, das die forschungsrelevanten Elemente gegenstandsangemessen abbildet und Reduktionen dort vornimmt, wo der Informationsverlust den Erkenntnisgewinn nur bedingt einschränkt.

In dieser Untersuchung stehen die Sprachhandlungen der Studierenden im Vordergrund, wobei insbesondere solche Äußerungen von Interesse sind, die als Verbalisierung der handlungsleitenden Denkprozesse Einsicht in die zugrunde liegenden kognitiven Vorgänge bieten. Elemente nonverbalen Gesprächsverhaltens, welche bspw. das Anfertigen von Skizzen und Notizen oder das Nachschlagen im Skript betreffen, können die Rekonstruktion der kognitiven Prozesse zusätzlich unterstützen. In diesem Zusammenhang ist es auch sinnvoll, einzelne prosodische und paraverbale Elemente, wie Sprechpausen und Verzögerungssignale abzubilden, da diese bspw. als Unsicherheitsmarker zur Identifikation von Validierungsaktivitäten herangezogen werden können. Vor dem Hintergrund dieser Vorüberlegungen wurde das GAT2-Minimaltranskript als Rahmenvorgabe gewählt und die Transkription an den hier verankerten Regeln und Notationszeichen ausgerichtet (Selting et al. 2009). Innerhalb dieses Transkriptionssystems werden die Redebeiträge sequenziell in einer Zeilenschreibweise dargestellt, wodurch der zeitliche Verlauf des Bearbeitungsprozesses mit der gängigen Leserichtung abgebildet wird (Kowal & O'Connell 2008). Jede Zeile wird dabei durch eine eigenständige Intonationsphase repräsentiert, d. h. der Beweisprozess wird nicht anhand von Sprecherwechseln strukturiert, sondern nach den von einer Person realisierten Intonationsphasen segmentiert. Da Intonationsphasen gemeinhin semantisch und/oder syntaktisch in sich abgeschlossen sind, ist anzunehmen, dass innerhalb einer Intonationsphase primär ein

Gedanke oder eine Idee verbalisiert wird (Selting et al. 2009). Eine Unterteilung des Beweisprozesses in Intonationsphasen scheint daher geeignet zu sein, um Grenzen zwischen zwei Phasen der Beweiskonstruktion präzise festzulegen und die einem Redebeitrag zugrunde liegenden kognitiven Prozesse im Detail zu untersuchen. Die Darstellung der einzelnen Intonationsphase orientiert sich beim Minimaltranskript primär an ihrem semantischen Gehalt, d. h. die Redebeiträge werden in erster Linie in ihrem genauen Wortlaut festgehalten. Im Unterschied zu den gesprächsanalytischen Transkriptionsempfehlungen wird in dieser Untersuchung die Standardorthographie anstatt der literarischen Umschrift verwendet, wodurch die verbalen Gesprächshandlungen sprachlich geglättet erfasst werden (Dresing & Pehl 2015; Kowal & O'Connell 2008). Die Vereinheitlichung der Sprache bewirkt dabei eine höhere Verständlichkeit des Transkripts und erleichtert eine Fokussierung der relevanten Komponenten (Dresing & Pehl 2015). Merkmale der Prosodie, wie Tonhöhenbewegungen, Lautstärke oder Betonung werden im Minimaltranskript standardmäßig nicht berücksichtigt (Selting et al. 2009). Das im Gesprächsanalytischen Transkript verankerte Zeicheninventar für Pausen und Überlappungen sowie für nonverbale Handlungen und Ereignisse wurde für diese Untersuchung weitestgehend übernommen, wobei sich kleinere Adaptionen aus dem Erhebungskontext ergaben. So wurden Anpassungen im Regelsystem vorgenommen, welche zum einen die Spezifika des mathematischen Inhaltsbereichs berücksichtigen und zum anderen den für aufgabenbasierte Interviews konstitutiven Bezug zur Aufgabe mit einbeziehen (siehe Anhang A.1.2).

Anhand des modifizierten Transkriptionsleitfadens wurden die 24 ausgewählten Beweisprozesse unter Mitarbeit studentischer Hilfskräfte vollständig transkribiert. Um Transkriptionsfehler zu vermeiden, wurden die erstellten Transkripte anschließend einem Abgleich mit den Videoaufnahmen unterzogen und gegebenenfalls korrigiert. Im Zuge der Transkription fand zudem eine Anonymisierung der Beweisprozesse statt, d. h. Textstellen, die Rückschlüsse auf die Identität einer Person zuließen, wurden durch Umschreibungen und Synonyme ersetzt. Bei der Verwendung von Pseudonymen wurde darauf geachtet, dass Namen eingesetzt wurden, die das Geschlecht und den kulturellen Hintergrund der Person angemessen widerspiegeln.

6.3 Auswertungsmethode

Um aus den erhobenen Daten Erkenntnisse zum Verlauf von erfolgreichen Beweiskonstruktionen abzuleiten, benötigt es ein Auswertungsverfahren, welches auf der Basis von Videoaufzeichnungen und schriftlichen Erzeugnissen die relevanten Merkmale eines Beweisprozesses herausarbeitet und gleichzeitig dessen Gesamt-

struktur auf übersichtliche Weise abbildet. In Abschnitt 6.1 wurde bereits angedeutet, dass die Methode der qualitativen Inhaltsanalyse Prinzipien verfolgt, die für
eine systematische Rekonstruktion von Beweisabläufen geeignet ist. Die qualitative
Inhaltsanalyse stellt dabei weniger ein einheitliches Analyseverfahren dar, sondern
bildet vielmehr den Oberbegriff für verschiedene Varianten einer Auswertungsmethode. Daher wird im Folgenden zunächst ein Überblick über die grundlegenden
Ziele und Vorgehensweisen einer qualitativen Inhaltsanalyse gegeben, bevor die
typenbildende qualitative Inhaltsanalyse als Variante der Wahl im Detail vorgestellt
wird. Da diese Form der qualitativen Inhaltsanalyse verschiedene Verfahren in sich
vereint, erfordert die Anwendung der typenbildenden qualitativen Inhaltsanalyse
einen mehrschrittigen Analyseprozess, dessen einzelne Teilschritte schließlich mit
Bezug auf die konkrete Untersuchung erläutert werden.

6.3.1 Prinzipien der qualitativen Inhaltsanalyse

Die qualitative Inhaltsanalyse beschreibt eine Auswertungsmethode, bei der fixierte
Kommunikation in Form von protokollierten Beobachtungen oder transkribierten
Interviewaufnahmen auf systematische Weise analysiert und deren Bedeutung in
einem interpretativen Verfahren (re-)konstruiert wird (Kuckartz 2016; Mayring
2010b). Schreier (2012, S. 1) beschreibt die zentralen Merkmale einer qualitativen
Inhaltsanalyse wie folgt:

> QCA [Qualitative Content Analysis] is a method for systematically describing the
> meaning of qualitative material. It is done by classifying material as instances of the
> categories of a coding frame.

Demnach zeichnet sich die qualitative Inhaltsanalyse zum einen durch ihre Fundierung in der Hermeneutik und dem hieraus resultierenden interpretativen Zugang
aus. Dieser erlaubt es, neben manifesten auch latente Sinngehalte in die Bedeu-
tungszuschreibung einfließen zu lassen, und unterstreicht damit den qualitativen
Charakter des Verfahrens (Kuckartz 2016; Mayring 2010a, 2010b). Zum anderen
ist die qualitative Inhaltsanalyse durch ihre Kategorienorientierung gekennzeichnet, welche sie von anderen qualitativen Auswertungsmethoden unterscheidet. Die
Bedeutungskonstruktion erfolgt hier auf Basis von Kategorien, die entweder im
Vorfeld der Untersuchung theoriegeleitet erstellt oder im Verlauf der Analyse itera-
tiv am Material entwickelt werden. Das Kategoriensystem als zentrales Instrument
der qualitativen Inhaltsanalyse sollte dabei den Anforderungen der Eindimensio-
nalität, der Trennschärfe, der Vollständigkeit und der Sättigung genügen (Schreier

2012). Demnach besteht ein geeignetes Kategoriensystem aus disjunkten, eindeutig zuzuordnenden Kategorien verschiedener Ebenen, für die jeweils mindestens eine Entsprechung im Datenmaterial nachgewiesen ist und die andersherum für jedes ausgewählte Materialsegment eine angemessene Klassifizierung bereitstellen. Die eigentliche Interpretation des Datenmaterials wird realisiert, indem relevante Textstellen auf der Basis von manifesten sowie latenten Sinngehalten einzelnen Kategorien zugeordnet und auf diese Weise klassifiziert werden (Kuckartz 2016; Mayring 2010b). Die Kategorienzugehörigkeit wird dabei durch einen *Code*, d. h. eine Ziffer oder eine Bezeichnung, markiert, mit welchem die ausgewählte Textstelle, die sogenannte *Kodiereinheit*, versehen wird. Ziel der Analyse ist es, das Datenmaterial möglichst vollständig in Kodiereinheiten zu zerlegen und über eine Summe von Codes zu beschreiben. Mit der Kategorienorientierung geht demnach eine Reduktion des Datenmaterials einher, da die Analyse auf diejenigen Beschreibungsdimensionen beschränkt ist, die im Kategoriensystem verankert sind. Für diese ausgewählten Merkmale wird zudem ein gewisser Grad an Abstraktion und Dekontextualisierung erreicht, indem durch die Kategorienzuweisung eine verallgemeinerte und aggregierte Form der Darstellung erzeugt wird (Flick 2007; Schreier 2012). Entsprechend stellt die qualitative Inhaltsanalyse ein geeignetes Auswertungsverfahren insbesondere für solche Forschungsvorhaben dar, bei denen einzelne forschungsrelevante Merkmale im Vordergrund stehen und eine Darstellungsebene angestrebt wird, die systematische Einzelfallvergleiche ermöglicht.

Sowohl die konkrete Zuordnung eines Materialausschnittes zu einer Kategorie als auch der Analyseprozess als Ganzes ist in hohem Maße durch systematische und regelgeleitete Abläufe geprägt. Nach welchen Kriterien ein Materialausschnitt ausgewählt und einer spezifischen Kategorie zugewiesen wird, ist durch Kodierregeln festgelegt, die eine eindeutige, exklusive und transparente Zuordnung ermöglichen sollen (Mayring 2010b; Schreier 2012). Der Kodiervorgang selbst ist dabei in einen Prozess eingebettet, der verschiedene Analyseschritte umfasst und sich an einem allgemeinen Ablaufschema orientiert. Schreier (2014) beschreibt das Vorgehen der qualitativen Inhaltsanalyse als Sequenz folgender Teilprozesse:

1. Festlegen der Forschungsfrage
2. Auswahl des Materials
3. Erstellen des Kategoriensystems
4. Unterteilung des Materials in Einheiten
5. Probekodierung
6. Evaluation und Modifikation des Kategoriensystems
7. Hauptkodierung
8. Weitere Auswertung und Ergebnisdarstellung

Aus dem Anspruch eines systematischen Vorgehens erwächst sodann auch das Streben nach einer konsistenten und zuverlässigen Auswertung, die sich anhand verschiedener Gütekriterien bewerten lässt (siehe auch Abschnitt 6.4). Dabei gewinnt neben der Reliabilität zunehmend auch die Validität des rekonstruierten Gegenstandsverständnisses an Bedeutung (Schreier 2012). Während über die Orientierung an festgelegten Regeln und Ablaufmodellen ein gewisser Grad an Einheitlichkeit und Transparenz geschaffen wird, ist für das Erreichen hoher Validität eine flexible Anpassung des Auswertungsverfahrens an die Untersuchungssituation notwendig. Das beschriebene Ablaufschema wird daher gemeinhin modifiziert, um die für eine Untersuchung relevanten Theorien ebenso wie die empirische Datengrundlage angemessen durch das Kategoriensystem zu repräsentieren. Aus dieser Flexibilität ergeben sich verschiedene Varianten der qualitativen Inhaltsanalyse, die sich in erster Linie in der Form der verwendeten Kategorien sowie in dem Umfang des berücksichtigten Materials unterscheiden (für einen Überblick siehe Schreier (2014)). Für die Analyse von Beweisprozessen wird in dieser Untersuchung die Variante der *typenbildenden qualitativen Inhaltsanalyse* gewählt, da diese über eine detaillierte Beschreibung von Merkmalsausprägungen hinaus nach potentiellen Zusammenhängen bezüglich auftretender Merkmalskombinationen fragt und so eine Generalisierung der Ergebnisse anstrebt (Kuckartz 2016; Mayring 2010b). Obwohl die typenbildende qualitative Inhaltsanalyse häufig als eigenständiges Verfahren beschrieben wird, handelt es sich bei genauer Betrachtung um ein Verfahren, das verschiedene Auswertungsmethoden und Strategien miteinander kombiniert (Schreier 2014). Auf eine inhaltsanalytische Auswertung folgt hier, wie es im letzten Schritt des beschriebenen Ablaufschemas angelegt ist, eine empirische Typenbildung, im Rahmen derer die untersuchten Einzelfälle im Hinblick auf Gemeinsamkeiten und Unterschiede in den identifizierten Merkmalsausprägungen analysiert werden (Kuckartz 2010). Im Einzelnen orientiert sich die typenbildende qualitative Inhaltsanalyse in dieser Untersuchung an dem folgenden Vorgehen (siehe Abb. 6.3):

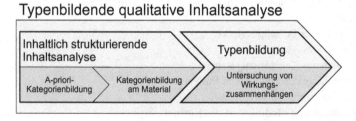

Abb. 6.3 Ablauf der typenbildenden qualitativen Inhaltsanalyse

Die erste Phase der Auswertung wird durch eine inhaltlich strukturierende Inhaltsanalyse realisiert, die im Wesentlichen dem zuvor beschriebenen Ablaufschema folgt, jedoch durch unterschiedliche Strategien der Kategorienentwicklung ausdifferenziert werden kann (Schreier 2014). Mayring (2010b) unterscheidet in diesem Zusammenhang zwischen einer strukturierenden, deduktiv vorgehenden Inhaltsanalyse und einer solchen, die sich überwiegend am Material orientiert und zusammenfassend operiert. Kuckartz (2016) und Schreier (2012) hingegen empfehlen für die Implementation einer inhaltlich strukturierenden Inhaltsanalyse grundsätzlich eine induktiv-deduktive Fundierung des Kategoriensystems, bei der theorie- und materialbasierte Analysezugänge miteinander verknüpft werden. Die Kombination beider Zugänge bietet dabei den Vorteil, dass ein Gleichgewicht zwischen Theoriebezug und Gegenstandsbindung erreicht wird, indem einerseits Vorwissen aus vorhergehenden Untersuchungen integriert und andererseits der explorative Charakter qualitativer Forschung aufgegriffen wird. Entsprechend sehen verschiedene Modelle der qualitativen Inhaltsanalyse ein zweifaches Durchlaufen des Ablaufschemas vor, bei dem zunächst die Grundstruktur des Kategoriensystems aus der Theorie abgeleitet wird, bevor die entwickelten Oberkategorien am Material überprüft und die hierin beschriebenen Merkmale in einem induktiven Entwicklungsprozess durch Unterkategorien ausdifferenziert werden (Kuckartz 2016; Schreier 2012). Das Ergebnis einer solchen Auswertung ist ein Kategoriensystem, das die forschungsrelevanten Merkmale sowie deren unterschiedlichen Ausprägungen und Dimensionen konzeptualisiert. Hierauf aufbauend lassen sich detaillierte Fallbeschreibungen anfertigen, welche eine Übersicht bezüglich des Auftretens bestimmter inhaltlicher Aspekte geben (Ebene der Oberkategorien) und eine systematische Beschreibung der spezifischen Ausprägungen dieser Merkmale anstreben (Ebene der Unterkategorien) (Kuckartz 2016; Schreier 2014). Die empirische Typenbildung baut sodann auf diesen inhaltsanalytischen Ergebnissen auf und verdichtet sie, indem hier Muster und Regelmäßigkeiten zwischen den identifizierten Merkmalsausprägungen herausgearbeitet und charakteristische Merkmalskombinationen in Typen zusammengefasst werden. Die einem Typ zugeordneten Einzelfälle zeichnen sich demnach dadurch aus, dass sie Ähnlichkeiten im Hinblick auf ausgewählte Merkmalsausprägungen aufweisen und sich damit von anderen Fällen abgrenzen. Über die Typenbildung werden die Erkenntnisse der Inhaltsanalyse gebündelt und bis zu einem gewissen Grad verallgemeinert, sodass die Konstruktion einer Typologie insbesondere für die Formulierung von Wirkungszusammenhängen geeignet ist. Eine Typenbildung verläuft in den folgenden Schritten (vgl. Kuckartz (2016, S. 148), Kuckartz (2010, S. 557)):

1. Auswahl der relevanten Dimensionen, Bestimmung des Merkmalsraums
2. Gruppierung der Fälle zu Typen, Konstruktion der Typologie
3. Beschreibung der Typologie bzw. der einzelnen Typen
4. Zuordnung der Einzelfälle zu den gebildeten Typen
5. Analyse der Zusammenhänge zwischen Typen und sekundären Informationen
   oder anderen Kategorien

Wie viele Typen eine Typologie enthält, ist abhängig vom jeweiligen Forschungsinteresse und wird durch das Spannungsfeld zwischen maximaler Systematisierung
und höchster Differenzierung bestimmt. Während auf der einen Seite eine übersichtliche Beschreibung der zentralen Zusammenhänge und Verhaltensmuster angestrebt
wird, dient die Typologie auf der anderen Seite als Grundlage für „typenbezogene
Interventionsempfehlungen" und beansprucht damit einen gewissen Grad an Spezifität (Kuckartz 2010, S. 563). Über die Typenbildung sollen hier bestimmte Gruppen identifiziert werden, für die eine spezifische Merkmalskombination bzw. ein
spezifisches Verhaltensmuster charakteristisch ist und die entsprechend von typenbezogenen Maßnahmen profitieren könnten.

Im Hinblick auf die Forderung nach prozessorientierten Instruktionen zur Förderung der Beweiskonstruktion scheint hier eine Typologie gewinnbringend zu sein,
bei der eines der zur Typenbildung herangezogenen Merkmale die Konstruktionsleistung der Studierenden abbildet. Entsprechend werden in dieser Untersuchung
zunächst qualitative Inhaltsanalysen bezüglich der Konstruktionsleistung und des
Konstruktionsprozesses durchgeführt, bevor die herausgearbeiteten Merkmale und
Strukturen für eine Typenbildung herangezogen werden. Die Typologie soll sodann
einen Einblick in die charakteristischen Vorgehensweisen und Aktivitäten erfolgreicher Studierender geben und so die Grundlage für die Formulierung von Wirkungszusammenhängen schaffen. Die einzelnen Phasen der Auswertung werden
im Folgenden konkretisiert, indem die zugrunde liegenden Entscheidungen, wie
z. B. der Umfang der Analyse- und Kodiereinheit oder die vorgelagerte Pilotierung
des Kategoriensystems, begründet und dabei die Vorgehensweisen innerhalb einer
Analyse im Detail beschrieben werden.

6.3.2 Kodierung der Konstruktionsleistung

Die Kategorisierung der Konstruktionsleistung enthält neben einer deskriptiven
Komponente gemeinhin auch evaluative Momente, die es erlauben, die einzelnen
Klassifikationen mit einer normativen Ebene zu verknüpfen und den Ertrag einer
Bemühung relativ einzuschätzen. In dieser Untersuchung geht es dabei weniger

darum, verschiedene Merkmale eines Beweisprodukts im Detail zu beschreiben oder einer Bewertung zu unterziehen. Vielmehr soll die Kategorisierung dazu dienen, Beweisprozesse hinsichtlich ihres Fortschrittes zu klassifizieren, um auf diese Weise erfolgreiche und weniger erfolgreiche Beweiskonstruktionen voneinander unterscheiden und darauf aufbauend eine Vergleichsdimension für die anschließende Typenbildung konstruieren zu können. Eine Beweiskonstruktion als erfolgreich einzustufen, stellt im Allgemeinen keine standardisierte Zuordnung dar, sondern ist in hohem Maße von den zugrunde gelegten sozio-mathematischen Normen abhängig (siehe Abschnitt 2.1). Insbesondere im Kontext semi-formaler Beweise können Bewertungskriterien, wie die Vollständigkeit oder die Lückenlosigkeit eines Beweises, einen variablen Ausprägungsgrad aufweisen, wodurch eine dichotome Zuordnung erschwert wird. Die in Abschnitt 3.3 beschriebenen Abweichungen, die im Zuge der Beweisvalidierung auftreten, unterstreichen den wenig manifesten Charakter der Leistungsbeurteilung. Um dennoch zu einer zuverlässigen Kategorisierung zu gelangen, ist eine systematische und regelgeleitete Interpretation notwendig, sodass die Kodierung der Konstruktionsleistung in dieser Untersuchung im Rahmen einer inhaltlich strukturierenden Inhaltsanalyse mit deduktiver Kategorienanwendung realisiert wird (Schreier 2012).

Entsprechend der gängigen Prüfungspraxis wird das Beweisprodukt in dieser Untersuchung als erster Zugang zur Einschätzung der Konstruktionsleistung gewählt. Für die Entwicklung eines geeigneten Kodierschemas kann dabei auf verschiedene Vorarbeiten aus der Problemlöse- und Beweisforschung zurückgegriffen werden, die unterschiedlich differenzierte Kategoriensysteme an die schriftlichen Bearbeitungsergebnisse herantragen. Die einzelnen Ansätze grenzen sich unter anderem dadurch voneinander ab, dass sie einen holistischen Zugang wählen oder das Beweisprodukt anhand mehrerer Bewertungsdimensionen beschreiben. Im Unterschied zu eindimensionalen Kategoriensystemen, bei denen die schriftlichen Bearbeitungsergebnisse in einen einzigen Code überführt werden (z. B. Kempen und Biehler (2019), Malone, Douglas, Kissane und Mortlock (1980) oder Schoenfeld (1982)), kodieren komplexere Ansätze verschiedene Merkmale eines Beweises, wie seine Vollständigkeit, seine globale Struktur oder die gewählte Schlussweise, mit jeweils eigenständigen Ausprägungen (z. B. Füllgrabe und Eichler (2019) oder Tebaartz und Lengnink (2015)). Mehrdimensionale Kodierschemata haben dabei den Vorteil, dass sie ein detaillierteres Bild von den Merkmalen eines Beweises zeichnen und auf diese Weise Rückschlüsse auf Schwierigkeiten im Beweisprozess zulassen. Als Vergleichsdimension scheinen die Ergebnisse einer solchen Analyse aufgrund ihres erhöhten Komplexitätsgrads jedoch nur bedingt geeignet zu sein, sodass in dieser Untersuchung ein eindimensionales, lineares Kategoriensystem verwendet wird. Existierende Kodierschemata, die einen solchen Ansatz

verfolgen, unterscheiden sich auch darin, in welchem Maße didaktische Beweiskonzepte berücksichtigt (Kempen & Biehler 2014; Recio & Godino 2001) und
inhaltliche von formalen Qualitätskriterien abgegrenzt werden (Ottinger et al. 2016;
Stein 1986). Während sich einzelne Kategoriensysteme auf den kreativen, problem-
orientierten Teil der Beweiskonstruktion konzentrieren und somit ihre Klassifizierung auf den Inhalt eines Beweises stützen (Schoenfeld 1982; Stein 1986), berücksichtigen andere Ansätze auch die Anforderungen, die mit der Formulierung eines
Beweises einhergehen (Malone et al. 1980; Ottinger et al. 2016). Ein Ziel der Studieneingangsphase ist es, tragfähige Konzepte semi-formaler Beweise zu entwickeln, wodurch didaktische Beweiskonzepte eine nur untergeordnete Stellung einnehmen. Die adäquate Formulierung eines Beweises hingegen ist Teil des Enkulturationsprozesses und sollte im Kategoriensystem explizit berücksichtigt werden.
Für die Kodierung der Konstruktionsleistung ist in dieser Untersuchung daher ein
Kategoriensystem vorgesehen, das eine eindeutige und eindimensionale Zuordnung
der schriftlichen Bearbeitungsergebnisse zu einer Kategorie erlaubt und gleichzeitig
eine sinnvoll interpretierbare Abstufung impliziert, die sich in erster Linie an semi-
formalen Beweisen orientiert und auch formale Qualitätsunterschiede abbildet.

Ein Kategoriensystem, das viele dieser Anforderungen erfüllt und bereits in
verschiedenen mathematikdidaktischen Untersuchungen Anwendung gefunden hat
(z. B. B. Hart (1994), Samkoff et al. (2012), Weber (2006) oder D. Zazkis et al.
(2015)), stammt von Malone et al. (1980). In diesem Bewertungsschema wird
die Konstruktionsleistung mit fünf Ausprägungen charakterisiert, wobei die einzelnen Kategorien als aufsteigende Qualitätsabstufungen zu interpretieren sind und
einen zunehmenden Fortschritt beschreiben. Aufbauend auf den Erläuterungen von
Malone et al. (1980) wurde das Kategoriensystem für den Kontext der Studieneingangsphase adaptiert und in Zusammenarbeit mit erfahrenen Übungsgruppenleiterinnen und -leitern zu dem in Tabelle 6.1 dargestellten Kodierschema weiterentwickelt. Eine differenziertere Darstellung, die auch Bezug auf die einzelnen Aufgaben
nimmt, befindet sich im Anhang A.3.1.

Das Kategoriensystem ist primär auf semi-formale Beweise ausgerichtet, integriert jedoch insofern auch empirische und inhaltlich-anschauliche Beweise, als
diese mögliche Realisierungen der Kategorien K0 bzw. K0–K2 darstellen können.
Beweise, die der Kategorie 3 oder 4 zugeordnet werden, genügen insbesondere
den Akzeptanzkriterien des Beweisschemas, der Beweiskette und der Beweis-
truktur, wobei *inhaltlich korrekte* Beweise noch Lücken in der Beweiskette aufweisen dürfen. Das entwickelte Kategoriensystem wurde in einer Probekodierung
zunächst von zwei unabhängigen Kodierern an die Daten herangetragen. Varianzen,
die zwischen den Kodierungen auftraten, führten in erster Linie zu Diskussionen
über sozio-mathematische Normen und deren Realisierung in Bezug auf die kon-

Tab. 6.1 Kategoriensystem zur Beschreibung der Konstruktionsleistung

Kategorie	Code	Kurzbeschreibung
Keine gültige Lösung	K0	Es wurde keine Lösung notiert, die über die Wiedergabe der Aufgabenstellung hinaus geht, oder ein Beweis formuliert, der ausschließlich unnötige Beweisschritte enthält.
Einfacher Ansatz	K1	Es werden brauchbare Argumente genannt, ein zielführendes Vorgehen ist jedoch nicht erkennbar.
Erweiterter Ansatz	K2	Es wird ein für die Aufgabe geeignetes Vorgehen gewählt und ein Teil der Behauptung oder ein Spezialfall gezeigt.
Inhaltlich korrekter Beweis	K3	Die Aussage wird im Wesentlichen korrekt und unter Rückgriff auf die Rahmentheorie bewiesen. Der Beweis beinhaltet jedoch kleine Lücken sowie Fehler in der Notation.
Vollständig korrekter Beweis	K4	Der Beweis ist inhaltlich korrekt und vollständig. Seine Darstellung entspricht im Wesentlichen den Konventionen der Fachgemeinschaft.

kreten Aufgaben. In Folge dessen wurden die aufgabenspezifischen Kodierregeln weiter ausdifferenziert und in einem überarbeiteten Kodierleitfaden festgehalten. Für die Hauptkodierung standen 97 studentische Beweisprodukte von insgesamt vier verschiedenen Aufgaben als Analyseeinheiten zur Verfügung. Für die weiteren Auswertungen werden davon jedoch nur die 48 Beweise berücksichtigt, die aus der Fixpunkt- und der Extrempunktaufgabe hervorgegangen sind. Anhand des überarbeiteten Kodierleitfadens wurden die einzelnen Beweisprodukte entsprechend der in ihnen abgebildeten Konstruktionsleistung klassifiziert. Jede Analyseeinheit wird dabei in ihrer Gesamtheit betrachtet, sodass die Analyseeinheit einer Kodiereinheit entspricht. Die Kodiereinheiten können als schriftliche Bearbeitungsergebnisse der Studierenden sowohl aus Symbolen und Formelelementen als auch aus Prosaanteilen und graphischen Darstellungen bestehen. Für die Interpretation der Konstruktionsleistung wurden primär diejenigen Aufzeichnungen herangezogen, welche die Studierenden auf dem Aufgabenblatt notierten. Das Aufgabenblatt diente, so ist es in den Instruktionen zur Studienteilnahme beschrieben, als Werkzeug, um die finale Lösung zu kennzeichnen und den erarbeiteten Beweis im Sinne einer Abgabe festzuhalten. Insbesondere in solchen Fällen, in denen die Studierenden nicht auf das Aufgabenblatt zurückgriffen, um ihre Lösung als solche zu markieren, wurde die Analyseeinheit auf die gesamten Notizen ausgeweitet, sodass auch ergänzende Aufzeichnungen zur Interpretation herangezogen werden konnten. Um Zweifel bezüglich der Klassifizierung auszuräumen, wurde in Einzelfällen ergänzend auch das zugehörige Videomaterial gesichtet.

Um die Qualität der Auswertung zu überprüfen, wurde die Hauptkodierung zusätzlich von zwei studentischen Hilfskräften durchgeführt, die bereits vielfältige Erfahrungen mit der Bewertung von Übungsaufgaben aufwiesen und im Rahmen von Übungsleitertätigkeiten darin geschult wurden, differenziertes Feedback zu geben. Über die Berechnung von Übereinstimmungsquoten hinaus diente die Zweitkodierung mit studentischer Beteiligung auch dazu, die Validität des Kategoriensystems zu steigern und Konsistenz im Hinblick auf die in der Studieneingangsphase etablierten sozio-mathematischen Normen zu schaffen. Als Übungsgruppenleiterinnen und -leiter sind die Hilfskräfte Teil der studentischen Diskursgemeinschaft und vertreten somit die Erwartungen, die an studentische Beweiskonstruktionen herangetragen werden. Über den Diskurs mit Repräsentanten dieser Personengruppe sollen mögliche Varianzen zwischen den Beweiskonzepten, die Studierende und Forschende an die Beweisaufgaben herantragen, minimiert werden.

Das Ergebnis dieser Kodierung ist eine Klassifizierung der Beweisprodukte, die auf inhaltlichen sowie sprachlich-formalen Merkmalen beruht und eine erste Einschätzung darüber ermöglicht, welche Fortschritte im Rahmen des zugehörigen Beweisprozesses erreicht wurden. Die Klassifizierung dient damit als Grundlage, um erfolgreiche und weniger erfolgreiche Beweisprozesse voneinander zu unterscheiden.

6.3.3 Kodierung des Beweisprozesses

Im Bestreben, die verschiedenen Forschungsfragen angemessen zu adressieren, werden die videografierten Beweisprozesse auf unterschiedlichen Ebenen analysiert. Hierfür wird in zwei Schritten ein Kategoriensystem entwickelt, welches die in Kapitel 4 beschriebenen Phasen der Beweiskonstruktion als Oberkategorien enthält und die spezifischen Aktivitäten, die im Dienste einer Phase ausgeführt werden, als Unterkategorien repräsentiert. Mit dem Wechsel der Analyseebene geht dabei auch eine Neuausrichtung der Kodiereinheit einher, sodass in den verschiedenen Analyseschritten unterschiedlich feingliedrig operiert wird. Während die Oberkategorien überwiegend aus der Theorie abgeleitet werden und damit an verfügbarem Vorwissen anknüpfen, werden die Unterkategorien aufgrund der dünnen Forschungsgrundlage am Material entwickelt. In diesem Sinne kann die prozessbezogene Auswertung der Daten als eine inhaltlich strukturierende Inhaltsanalyse aufgefasst werden, die einen strukturierend-deduktiven und einen zusammenfassend-induktiven Zyklus durchläuft (Schreier 2014). Einen Überblick über den Ablauf der Analyse vermittelt Tabelle 6.2, wobei die Zusammenfassung (rechte Spalte) auf den Ergebnissen der strukturierenden Inhaltsanalyse (mittlere Spalte) aufbaut.

Tab. 6.2 Übersicht über die Kodierung des Beweisprozesses

Schritte der Inhaltsanalyse	Strukturierende Inhaltsanalyse	Zusammenfassende Inhaltsanalyse
Festlegung der Forschungsfragen	FF1, FF2	FF3, FF4
Auswahl des Materials	Qualitativer Stichprobenplan	Auswahlstrategie der maximalen strukturellen Variation sowie der Homogenität
Erstellen des Kategoriensystems	deduktiv, theoriebasiert	induktiv, materialbasiert
Unterteilung des Materials in Einheiten	Minimale Kodiereinheit: inhaltlich-thematische Sinneinheit von 30 Sekunden	Minimale Kodiereinheit: eine Intonationsphase
Probekodierung	Probekodierung durch zwei Kodierer anhand der Pilotierungsdaten	nein
Evaluation und Modifikation des Kategoriensystems	Kodierbesprechung, konsensuelle Validierung	kontinuierliche Überarbeitung und Anpassung der Kategorien am Material
Hauptkodierung	Überprüfen der Intercoder-Reliabilität an 15 von 24 Fällen	Unabhängige Kodierung von 5 von 11 Fällen
Weitere Auswertung und Ergebnis-darstellung	Fallbeschreibungen, Zusammenstellung aller mit der gleichen Hauptkategorie kodierten Textstellen	Darstellung des entwickelten Kategoriensystems, Typenbildung

Beschreibung des Phasenverlaufs

Um individuelle Beweisprozesse als Phasenverlauf darstellen und so die Abläufe
bei der Beweiskonstruktion rekonstruieren zu können, wurde im ersten Schritt der
Datenanalyse eine inhaltsanalytische Auswertung vorgenommen, welche der Strukturierung bei Mayring (2010b) bzw. dem ersten Kodierdurchgang einer inhaltlich
strukturierenden Inhaltsanalyse bei Kuckartz (2016) entspricht. Als strukturieren-
des Moment dient hier das bereits eingeführte Konzept der Phase, bei dem intentional ähnlich gerichtete Handlungen zu einem Prozessabschnitt zusammengefasst
werden. Aufbauend auf den theoretischen Vorarbeiten in Kapitel 4 wurde ein entsprechendes Kategoriensystem entwickelt, welches die einzelnen, im Phasenmodell enthaltenen Teilprozesse als Oberkategorien aufführt. Das Kategoriensystem
besteht demnach aus den fünf Kategorien *Verstehen* (VerExp), *Argumente identifizieren* (ArgId), *Argumente strukturieren* (ArgStr), *Formulieren* (Form) und *Validieren* (ValRef). Die Definitionen der Kategorien beruhen dabei einerseits auf den
Aktivitäten und Strategien, die sich im Forschungsüberblick als relevant für einen
Teilprozess erwiesen haben (siehe Kapitel 4). Andererseits werden die Phasen über
die ihnen zugeschriebene Intention und damit durch das zu erreichenden Endprodukt charakterisiert, um auf diese Weise auch bisher nicht benannte Handlungen
und Diskussionsthemen zu Kategorien zuordnen zu können. Die Definitionen der
einzelnen Kategorien werden zusammen mit einer Reihe von Kodierregeln in einem
Kodierleitfaden festgehalten (siehe Anhang A.3.2). Dieser soll es ermöglichen, die
Kategorien unabhängig vom individuellen Vorwissen präzise zu erfassen und beliebige Materialsegmenten eindeutig zu klassifizieren.

Aufbauend auf diesen theoretischen Vorüberlegungen wurde eine Probekodierung durchgeführt, um die Qualität des Kategoriensystems im Hinblick auf seine
Vollständigkeit, Sättigung und Trennschärfe zu überprüfen (für die Ergebnisse der
Probekodierung siehe auch Kirsten (in Druck)). Dabei wurde insbesondere untersucht, inwieweit sich die einzelnen Kategorien am Material rekonstruieren lassen
und ob Materialsegmente existieren, die keiner Kategorie zugeordnet werden können. Im Zuge dieser Probekodierung wurden zwei unterschiedliche Kodierverfahren
implementiert. Diese folgen beide den Prinzipien der strukturierenden qualitativen
Inhaltsanalyse, legen der Kodierung jedoch unterschiedlich feingliedrige Kodiereinheiten zugrunde. Während beim *zeilenweise* Kodieren die einzelnen Zeilen eines
Transkript als Kodiereinheiten dienen und damit jeder Intonationsphase ein eigener Code zugewiesen wird, ergeben sich die Grenzen einer Kodiereinheit beim
episodischen Kodieren aus inhaltlichen Abwägungen. Hier gilt es, Verhaltensänderungen und Intentionswechsel im Beweisprozess zu identifizieren, um auf diese
Weise zusammenhängende Handlungen und Äußerungen zu einer Episode bündeln
zu können. Die Probekodierung ließ verschiedene Vor- und Nachteile der beiden

Kodierverfahren erkennen, wobei sich das episodische Vorgehen als grundsätzlich geeigneter erwies, um die Beweisprozesse mit ihren zentralen Charakteristika auf übersichtliche Weise darzustellen und eine vergleichende Analyse vorzubereiten (für eine ausführliche Gegenüberstellung siehe Kirsten (in Druck)). Möglichen Verzerrungen, die sich aus dem größeren Umfang einer Kodiereinheit und dem erhöhten Abstraktionsgrad ergeben, kann dabei durch eine feingliedrigere Analyse auf Ebene der Aktivitäten begegnet werden. Die Probekodierung wurde von zwei wissenschaftlichen Mitarbeiterinnen unabhängig voneinander durchgeführt. Insgesamt wurden neun Beweisprozesse kodiert, wobei die Auswertung im Sinne eines zyklischen Vorgehens wiederholt für Reflexionsphasen unterbrochen wurde, in denen die Kodierungen verglichen und Abweichungen diskutiert wurden. Mithilfe einer konsensuellen Validierung wurden sodann einheitliche Kodierungen vorgenommen und entsprechende Modifikationen bzw. Präzisierungen in den Kodierleitfaden übertragen (vgl. auch das von Kuckartz (2016, S. 105) beschriebene Vorgehen). Ebenso wurden Ankerbeispiele aus dem Datenmaterial der Probekodierung in den Kodierleitfaden integriert, um die theoretischen Beschreibungen mithilfe von empirischen Beispielen greifbar zu machen.

Basierend auf dem überarbeiteten Kategoriensystem wurde in der Hauptstudie eine Kodierung der 24 ausgewählten Beweisprozesse umgesetzt. Den Erkenntnissen der Probekodierung folgend fand die Kategorienzuweisung episodisch statt, wobei etwa zwei Drittel der Analyseeinheiten im Rahmen von Masterarbeiten doppelt kodiert wurden. Das episodische Kodieren als spezifische Realisierung der inhaltlich strukturierenden Inhaltsanalyse orientiert sich in hohem Maße an der von Schoenfeld (1985) verwendeten Methode der Protokollanalyse. Schoenfeld beschreibt den Verlauf studentischer Problemlöseprozesse, indem er diese in einem mehrschrittigen Verfahren zunächst vollständig in Prozessabschnitte zerlegt und die entstandenen Materialsegmente sodann den verschiedenen Episoden des Problemlösens zuordnet (siehe auch Abschnitt 2.4 und 3.4.2). Das Verfahren zeichnet sich in erster Linie durch seine spezifische Form der Segmentierung und Kategorienzuweisung aus, durch die zentrale Analyseschritte der qualitativen Inhaltsanalyse aufgegriffen und für die Analyse von Bearbeitungsprozessen konkretisiert werden. Kernelemente des Verfahrens fanden daher bereits in verschiedenen prozessorientierten Studien zum Problemlösen und Beweisen Anwendung (z. B. Carlson und Bloom (2005), Goos und Galbraith (1996), Rott (2013), Stylianou und Silver (2004)). In dieser Untersuchung erfolgt die deduktive Kategorienanwendung als Sequenz aus vier Analyseschritten (siehe Abb. 6.4).

1. Zusammenfassung	2. Grenzen festlegen	3. Phasen zuordnen	4. Videoanbindung
• Anschauen des Videos • Zusammenfassen wesentlicher Tätigkeiten, Ideen und Vorgehensweisen	• Vollständige Zerlegung des Transkripts in Kodiereinheiten • Festlegung der Grenzen anhand von Tätigkeitswechseln und geänderten Fokussen	• Klassifizierung der Grenzen entsprechend des Phasenmodells • ggf. Vergabe von Doppelcodes	• Übertragung der Grenzen auf das Video • Bestimmung der Dauer einer Phase

Abb. 6.4 Übersicht über den Ablauf der Phaseneinteilung

Zur Vorbereitung der Auswertung wird jede Analyseeinheit, d. h. jeder der ausgewählten Beweisprozesse, im Video betrachtet und in einer Prozesszusammenfassung verdichtet dargestellt. In Anlehnung an die „Fallzusammenfassung" bei Kuckartz (2016, S. 58) und das „solution summary" bei Schoenfeld (1985, S. 290) soll die Prozesszusammenfassung einen Überblick über die für eine Beweiskonstruktion charakteristischen Elemente geben, indem sie die relevanten Aktivitäten, Ideen und Beweisansätze resümiert. Die audio-visuelle Darstellung im Video ermöglicht dabei gegenüber dem Transkript einen direkteren Zugang zur Erhebungssituation und bietet den Vorteil, dass durch die selektive Wahrnehmung des Betrachtenden eine Gewichtung der beobachteten Gesprächshandlungen vorgenommen wird. Die Prozesszusammenfassung unterstützt damit die Unterscheidung relevanter und irrelevanter Teilprozesse und erleichtert so die Einteilung von Prozesssegmenten. Obwohl auf Interpretationen zu diesem Zeitpunkt weitgehend verzichtet wird, können zum Zweck der Einordnungen erste Notizen zum mathematischen Gehalt der Beweisbestrebungen oder zur Intention der Studierendenhandlungen angefertigt werden.

Während die Prozesszusammenfassung am Videomaterial vorgenommen wird, erfolgen die Analyseschritte der Segmentierung und der Kategorienzuweisung am Transkript. Die im Rahmen der Transkription vorgenommene Informationsreduktion und -linearisierung ermöglicht es, Segmentgrenzen präziser zu bestimmen und Einteilungen verschiedener Personen leichter miteinander zu vergleichen. Anhand des Transkripts wird jeder Beweisprozess zunächst in inhaltlich zusammenhängende Teilprozesse zerlegt. Das Festlegen einer Segmentgrenze geht dabei mit der Beobachtung von Verhaltensänderungen einher. Wird ein anhaltender Fokuswechsel in den studentischen Handlungen beobachtet oder ein erkennbarer Umbruch in der Intention registriert, kann dies als Indiz für einen Phasenwechsel gewertet werden. Im Sinne eines episodischen Vorgehens sollte die Segmentierung so erfolgen, dass die gewählten Kodiereinheiten einerseits die wesentlichen Merkmale einer Analyseeinheit repräsentieren, andererseits das Material jedoch nicht zu kleinschrittig abbilden, um dem gewünschten Abstraktionsgrad einer Phase zu entsprechen. Aus diesem Grund wurde für einen Teilprozess ein Mindestumfang von 30 Sekunden festgelegt, um als eigenständige Phase gelten zu können. Dieser Regelung liegt die Annahme zugrunde, dass Teilprozesse kürzerer Dauer nur bedingt Relevanz für die Beschreibung des Beweisprozesses auf makroskopischer Ebene aufweisen (siehe auch Rott (2013, S. 189 ff.)). Inwiefern ein Prozessausschnitt eine eigenständige Phase darstellt oder sich einer größeren Phase unterordnet, kann dabei auch unter Rückgriff auf die Prozesszusammenfassung entschieden werden. Wurde die Analyseeinheit vollständig in Kodiereinheiten zerlegt, wird nun jeder Kodiereinheit ein Code und damit eine Kategorie zugeordnet. Im Allgemeinen wird dabei jedes Prozesssegment mit genau einer Phase verknüpft, wobei es in Ausnahmefällen sinnvoll sein kann, einem Teilprozess zwei verschiedenen Codes zuzuweisen. Dies ist der Fall, wenn die Studierenden über einen Zeitraum von mindestens 30 Sekunden getrennt voneinander arbeiten und sich deutlich erkennbar in unterschiedlichen Phasen des Bearbeitungsprozesses befinden. Hier werden Doppelcodes vergeben, die sich aus einer separaten Kodierung des Bearbeitungsprozesses für die beteiligten Studierenden ergeben. In einzelnen Fällen kann es zudem vorkommen, dass Doppelcodes vergeben werden müssen, weil einzelne Phasen, wie bspw. das Argumente Strukturieren und das Formulieren, nahezu parallel ausgeführt werden und sich unter Berücksichtigung der Mindestlänge einer Phase nicht sinnvoll voneinander abgrenzen lassen. Segmente, die keiner Phase zugeordnet werden können, werden mit dem Code „Rest" gekennzeichnet, in einer Liste gesammelt und schließlich inhaltlich interpretiert. Dabei ist insbesondere von Interesse, inwiefern die hier gesammelten Textstellen eigenständige Phasen der Beweiskonstruktion repräsentieren und damit eine Erweiterung des Kategoriensystems erforderlich machen.

In einem letzten Schritt der Auswertung werden die am Transkript eingeteilten Phasen mit dem Videomaterial verknüpft, indem die Zeilenangaben im Transkript in Zeitangaben im Video übersetzt werden. Auf diese Weise lässt sich die Dauer einer Phase bestimmen, sodass der Beweisprozess entlang der Zeit als eine Abfolge von Phasenwechseln dargestellt werden kann. Das Ergebnis dieser Analyse ist somit eine graphische Darstellung des Beweisprozesses, welche Informationen über die Häufigkeit, die Dauer sowie die Reihenfolge der auftretenden Phasen enthält. Hierauf aufbauend lassen sich Fallbeschreibungen anfertigen, welche den Verlauf der Beweiskonstruktion auf individueller Ebene nachzeichnen und die Besonderheiten eines jeden Beweisprozesses sichtbar machen.

Beschreibung der Aktivitäten innerhalb einer Phase
Die Ergebnisse der Phaseneinteilung stellen eine Struktur zur Verfügung, die es ermöglicht, einzelne Analyseaspekte zu intensivieren und eine Tiefenanalyse im Hinblick auf die Gestaltung bestimmter Phasen vorzunehmen. Den Forschungsfra-

gen folgend konzentriert sich die Auswertung auf die Hauptkategorien des Verstehens und des Validierens, über deren konkrete Ausgestaltung bisher noch wenig bekannt ist. Für die Analyse phasenspezifischer Aktivitäten wurde daher ein induktives Vorgehen gewählt, bei dem die Kategorien am Material entwickelt werden. Als Materialgrundlage dienen hier elf, bereits in Phasen eingeteilte Beweisprozesse, die aufgrund des ihnen zugesprochenen Informationsgehalts im Anschluss an die strukturierende Inhaltsanalyse aus der Gesamtstichprobe ausgewählt wurden (siehe Abschnitt 6.2.3). Die Kategorienbildung orientiert sich an der Strategie der Zusammenfassung, wie sie von Mayring (2010b) beschrieben wird. Hierbei handelt es sich um eine Interpretationstechnik, bei der das Datenmaterial in mehreren Kodierdurchgängen sukzessive verallgemeinert und verdichtet wird, um auf diese Weise die zentralen Merkmale und Inhalte des Materials herauszuarbeiten.

> Ziel der Analyse ist es, das Material so zu reduzieren, dass die wesentlichen Inhalte erhalten bleiben, durch Abstraktion einen überschaubaren Corpus zu schaffen, der immer noch Abbild des Grundmaterials ist (Mayring 2010b, S. 65).

Im Kontext dieser Untersuchung ist das angestrebte Abstraktionsniveau auf der Ebene der Aktivitäten verortet. Unter einer *Aktivität* wird dabei eine Gesprächs- und Handlungssequenz verstanden, die ein zusammenhängendes, in sich abgeschlossenes Verhalten beschreibt, das auf ein konkretes Objekt oder Teilziel gerichtet ist. Beispiele für Aktivitäten sind demnach das Anfertigen einer Skizze, das Herausschreiben der Behauptung oder das Prüfen von Voraussetzungen.

Anknüpfend an den Erkenntnissen aus der Probekodierung wurde die Analyse von Verstehens- und Validierungsaktivitäten phasenspezifisch mit zwei Varianten der zusammenfassenden Inhaltsanalyse realisiert. Die Vorgehensweisen unterscheiden sich dabei in erster Linie darin, dass unterschiedliche Analyseeinheiten für die Auswertung herangezogen werden. Die Probekodierung zeigte, dass Verstehensaktivitäten überwiegend gebündelt auftreten und daher zuverlässig in einer Kodiereinheit des episodischen Kodierens abgebildet werden. Validierungsaktivitäten hingegen verlaufen nahezu parallel zum Beweisprozess und können auch sehr kurze Zeitspannen umfassen, die nicht dem festgelegten Mindestumfang von 30 Sekunden entsprechen (Kirsten in Druck, 2018). Um beide Teilprozesse der Beweiskonstruktion in geeigneter Weise erfassen zu können, wird für die Analyse von Validierungsaktivitäten der gesamte Beweisprozess betrachtet, wohingegen die Beschreibung von Verstehensaktivitäten ausschließlich auf den im vorhergehenden Analyseschritt identifizierten Verstehensphasen beruht. Mit der Ausnahme von Spezifika, die sich aus der jeweiligen Analyseeinheit ergeben, sind für beide phasenspezifischen Auswertungen dieselben Analyseschritte vorgesehen. Sowohl für das Verstehen als auch für das Validieren werden nur solche Gesprächs- und Handlungssequenzen in der Kategorienbildung berücksichtigt, die erkennbar mit der Aufgabenanalyse bzw. der Überprüfung von Ideen und Beweisansätzen verknüpft sind. Entsprechend werden, im Sinne eines *event-samplings*, zunächst die relevanten Materialbestandteile innerhalb einer Analyseeinheit markiert und weiter segmentiert, falls ein markierter Prozessabschnitt mehrere, substanziell unterschiedliche Aktivitäten enthält. Während beim Verstehen aufgrund der reduzierten Analyseeinheit vermehrt Segmentierungen notwendig sind, werden die relevanten Materialausschnitte beim Validieren überwiegend durch eine sorgfältige Selektion gewonnen. Dabei gilt es in erster Linie, kommunikative von kognitiven Aktivitäten voneinander zu unterscheiden und Validierungsaktivitäten von Interjektionen und Responsiven abzugrenzen. Interjektionen, wie bspw. *hmhm* und *hm*, oder Responsive, wie bspw. *gut, ja* oder *okay*, sind Hörsignale, die Zustimmung oder Ablehnung bezüglich des Gesagten erkennen lassen, sich jedoch allein aus der Arbeitsform der Partner- bzw. Gruppenarbeit ergeben und eine überwiegend diskurssteuernde Funktion einnehmen (Ehlich 2009). Im Gegensatz zu Validierungsaktivitäten sind sie ohne propositionalen Gehalt, d. h. sie geben weder eine Begründung für die Zustimmung bzw. Ablehnung, noch benennen sie konkrete Kritikpunkte, welche den Verlauf des Beweisprozesses beeinflussen könnten. Das Ergebnis dieses Selektions- und Segmentierungsprozesses ist eine Sammlung von Textstellen, welche relevante, eigenständige Aktivitäten des Validierens oder Verstehens repräsentieren und als Grundlage für die Kategorienentwicklung dienen.

Die eigentliche Kategorienbildung bedient sich den Grundoperationen des Paraphrasierens, Generalisierens und Reduzierens und kombiniert diese in einem iterativen Vorgehen (vgl. hierzu und im Folgenden Mayring (2010b)). Beim *Paraphrasieren* wird jedes der markierten Prozesssegmente zunächst sinngemäß zusammengefasst und in eine einheitliche Sprache übersetzt. Der konkrete Aufgaben- und Inhaltsbezug wird hierbei erhalten, redundante oder inhaltsleere Äußerungen bleiben jedoch unberücksichtigt, sodass die Gesprächsinhalte und Handlungen in komprimierter Form vorliegen. Um Aktivitäten aufgabenübergreifend vergleichen zu können, werden die formulierten Paraphrasen anschließend auf eine höhere Abstraktionsebene transformiert, indem direkte Aufgaben- oder Inhaltsbezüge im Rahmen einer *Generalisierung* verallgemeinert werden. Hierfür ist unter Umständen eine komplexe Deutung der Paraphrasen notwendig, für die auch Kontextinformationen aus benachbarten Materialsegmenten hinzugezogen werden können. Aus den im Zuge der Generalisierung entstandenen Beschreibungen wird sodann mithilfe einer zweifachen *Reduktion* ein Kategoriensystem entwickelt, welches die einzelnen Aktivitäten in übersichtlicher und strukturierter Weise abbildet. Hierfür werden zunächst inhaltsgleiche sowie wenig aussagekräftige Elemente aus der Sammlung entfernt, bevor Ähnlichkeiten und Bezüge zwischen den einzelnen Paraphrasen bestimmt und entsprechende Zusammenfassungen vorgenommen werden. Auf diese Weise werden Äußerungen und Handlungen, die miteinander in Beziehung stehen oder die dieselbe Aktivität beschreiben, zu einer gemeinsamen Kategorie aggregiert. Über ein wiederholtes Paraphrasieren, Generalisieren und Reduzieren wurden in dieser Untersuchung zwei Kategoriensysteme entwickelt, welche die charakteristischen Verstehens- und Validierungsaktivitäten benennen, die Studierende innerhalb der Beweiskonstruktion ausführen. Die einzelnen Aktivitäten werden im Kodierleitfaden anhand von Kategoriendefinitionen und Ankerbeispielen näher beschrieben (siehe Anhang A.3.3 und A.3.4).

Im Sinne eines induktiven Vorgehens wurde jedem Materialsegment bereits im Zuge des Entwicklungsprozesses eine Kategorie zugeordnet, da es als Grundlage für die Konstruktion einer bestimmten Kategorie diente. Um mögliche Verzerrungen auszuschließen, die im Rahmen der verschiedenen Abstraktions- und Interpretationsbemühungen entstanden sind, wird empfohlen, eine Rücküberprüfung der Kategorien am Material durchzuführen (Kuckartz 2016; Mayring 2010b). Im Rahmen eines Intracoderchecks wurden die einzelnen Kodiereinheiten mit einem zeitlichen Abstand erneut einer Kategorie zugewiesen. Differenzen, die hier zwischen dem ersten und zweiten Kodierdurchgang auftraten, wurden im Detail hinterfragt und dienten als Anregung, um das Kategoriensystem weiter zu überarbeiten. Zusätzlich zu einem Intracodercheck wurde das Kategoriensystem in dieser Untersuchung dadurch validiert, dass drei weitere Personen an der Kategorienbildung beteiligt wurden. Im Rahmen ihrer Masterarbeiten befassten sich drei Studierende intensiv mit der Phase des Verstehens oder des Validierens und erarbeiteten anhand von jeweils sechs Beweisprozessen einen eigenen Vorschlag für ein Kategoriensystem (vgl. auch das von Kuckartz (2016, S. 106) beschriebene Verfahren der induktiven Kategorienbildung). Die entwickelten Kategorien wurden anschließend gegenübergestellt und auftretende Abweichungen dahingehend untersucht, inwieweit diese inhaltlicher Natur sind oder auf die Wahl unterschiedlicher Bezeichnungen zurückgehen. Die überwiegende Mehrheit der Unterschiede konnte dabei mit der Kategorienbezeichnungen erklärt und damit leicht vereinheitlicht werden. Inhaltliche Divergenzen wurden zum Anlass genommen, die einzelnen Kategoriendefinitionen im Sinne einer konsensuellen Validierung zu erweitern oder zu konkretisieren. Aufbauend auf dem überarbeiteten Kategoriensystem wurde sodann eine finale Kodierung am gesamten Material durchgeführt, aus der hervorgeht, welche Aktivitäten zu welchem Zweck in den einzelnen Beweisprozessen Anwendung finden.

6.3.4 Typenbildung

Die beschriebenen Varianten der qualitativen Inhaltsanalyse ermöglichen es, vielfältige Informationen über studentische Beweiskonstruktionen auf Prozess- und Produktebene zu generieren. Das Ziel der Typenbildung besteht nun darin, die Ergebnisse der Inhaltsanalyse fall- und merkmalsübergreifend zu verdichten, indem Zusammenhänge zwischen der Gestaltung des Beweisprozesses und der Konstruktionsleistung möglichst detailliert beschrieben werden (Schreier 2014). Insbesondere geht es dabei darum, Muster und Regelhaftigkeiten im Prozessverlauf zu identifizieren, welche mit einer erfolgreichen Beweiskonstruktion in Verbindung stehen. Die Beschreibung von Wirkungszusammenhängen basiert bei der Typenbildung auf einer Strukturierung des Datenmaterials, im Rahmen derer Fälle mit ähnlichen Merkmalsausprägungen in Typen zusammengefasst werden. Jeder Typ zeichnet sich somit durch eine spezifische Kombination von Merkmalen und Merkmalsausprägungen aus, in denen die gesuchten Wirkungszusammenhänge erkennbar werden (Kuckartz 2010, 2016). Als potenzielle Vergleichsdimensionen werden in dieser Untersuchung folgende Merkmale und Merkmalsausprägungen herangezogen:

- die Konstruktionsleistung gemessen am Beweisprodukt,
- die allgemeine Struktur des Beweisprozesses im Phasenverlauf sowie
- die verschiedenen Aktivitäten, die im Dienste des Verstehens und Validierens ausgeführt werden.

Während es sich bei der Konstruktionsleistung um ein Merkmal mit fünf, a-priori festgelegten Ausprägungen handelt, werden über die Phasen des Beweisprozesses fünf Vergleichsdimensionen beschrieben, deren Ausprägungen erst im Verlauf des Forschungsprozesses ermittelt werden. Die einzelnen Phasen können dabei einerseits auf makroskopischer Ebene durch ihre Dauer und Häufigkeit im Beweisprozess charakterisiert werden, sind jedoch andererseits durch ihre spezifische Ausgestaltung auf mikroskopischer Ebene gekennzeichnet. Letztere wird im Rahmen der zusammenfassenden Inhaltsanalyse weiter ausdifferenziert, indem die innerhalb einer Phase auftretenden Aktivitäten extrahiert und als spezifische Ausprägungen der Phasen beschrieben werden. Als Teil der inhaltsanalytischen Ergebnisse können die prozessbezogenen Vergleichsdimensionen erst im Anschluss an die vorhergehenden Auswertungen gewählt werden, sodass eine detaillierte Beschreibung des Merkmalsraums in Abschnitt 7.3.3 erfolgt. Der potenzielle Merkmalsraum umfasst die in Tabelle 6.3 aufgeführten Merkmalskombinationen, wobei es das Ziel der Typenbildung ist, diejenigen Kombinationen von Merkmalen und Merkmalsausprägungen zu identifizieren, die sich für eine trennscharfe und aussagekräftige

Gruppierung der Fälle eignen. Um die Anzahl der betrachteten Merkmalskombinationen überschaubarer zu gestalten, werden die Merkmalsausprägungen bezüglich der Konstruktionsleistung dahingehend gebündelt, dass die Bewertungskategorien „keine gültige Lösung" und „einfacher Ansatz" (Codes K0 und K1) mit einem nicht erfolgreichen und die Kategorien „inhaltlich korrekter Beweis" und „vollständig korrekter Beweis" (Codes K3 und K4) mit einem erfolgreichen Beweisprozess assoziiert werden (vgl. auch das Vorgehen der „Typenbildung durch Reduktion" bei Kuckartz (2010, S. 558 f.) sowie die Gruppierung bei D. Zazkis et al. (2015)).

Tab. 6.3 Übersicht über die möglichen Merkmalskombinationen der Typenbildung

Dimensionen	Konstruktionsleistung	
	erfolgreich	nicht erfolgreich
Prozessverlauf Verstehen Identifizieren Strukturieren Formulieren Validieren	Differenzierung nach verschiedenen Aktivitäten	
	Differenzierung nach verschiedenen Aktivitäten	

Die eigentliche Konstruktion der Typologie wird in den Abschnitten 7.2.3, 7.2.4 und 7.3.3 vorgenommen. Die einzelnen Typen sollen Aufschluss darüber geben, welche Prozessmerkmale erfolgreiche und weniger erfolgreiche Beweiskonstruktionen voneinander abgrenzen. Die relevanten Prozessmerkmale können dabei auf makroskopischer Ebene verortet sein und sich auf die Dauer, Reihenfolge und Häufigkeit von Phasen beziehen, oder aber die konkrete Ausgestaltung einer Phase betreffen und mit der Ausführung spezifischer Aktivitäten verbunden sein. Aus der Typologie lassen sich sodann Hypothesen über den Wirkungszusammenhang zwischen bestimmten Vorgehensweisen und einer erfolgreichen Beweiskonstruktion formulieren. Gleichzeitig können die Ergebnisse als Grundlage dienen, um Interventionsempfehlungen zu entwickeln, die gezielt effektive Vorgehensweisen vermitteln und Handlungsmuster nicht erfolgreicher Typen adressieren.

6.4 Gütekriterien

Der Wert, der einer Untersuchung zugeschrieben wird, ist maßgeblich von dem Geltungsbereich der formulierten Aussagen und damit wiederum von der Qualität der

Datenbasis, der Auswertung und der Interpretation der Ergebnisse abhängig. Zur Bewertung der Wissenschaftlichkeit und der Aussagekraft einer Studie wird gemeinhin auf Gütekriterien zurückgegriffen, welche konkrete Zielperspektiven und Prüfmethoden beschreiben und auf diese Weise eine Orientierung für die Beurteilung der Untersuchungsqualität bieten. Eine Qualitätssicherung scheint dabei insbesondere dann von Bedeutung, wenn die Ergebnisse einen diagnostischen Charakter aufweisen und dazu verwendet werden, typenspezifische Interventionsempfehlungen zu entwickeln, deren praktische Umsetzung Auswirkungen auf eine bestimmte Zielgruppe hat (Flick 2010). Die Anwendung von Gütekriterien auf qualitativ ausgerichtete Untersuchungen wird jedoch kontrovers diskutiert (für einen Überblick siehe Döring und Bortz (2016); Flick (2010) und Steinke (2008)). Einigkeit besteht dabei darin, dass der Wert qualitativer Untersuchungen sich nicht anhand klassischer Gütekriterien, wie sie in der quantitativen Forschung etabliert sind, bemessen lässt. Vielmehr konstituieren die Prinzipien, die mit einer qualitativen Forschungsperspektive einhergehen, einen Forschungsprozess, der sich aufgrund seines prozeduralen und flexiblen Charakters den standardisierten Prüfmethoden der Reliabilität, Objektivität und Validität entzieht. Hieraus resultieren sodann verschiedene Bestrebungen, eigene Gütekriterien qualitativer Forschung zu benennen, indem quantitative Kriterien übertragen oder neue Kriterien aus der Forschungspraxis abgeleitet werden. An die Stelle standardisierter und quantifizierbarer Prüfmethoden tritt dabei die Forderung nach Transparenz im Forschungsprozess (Döring & Bortz 2016; Kuckartz 2016; Miles & Huberman 1994). Eine detaillierte Dokumentation sämtlicher Forschungsschritte soll ermöglichen, dass Rezipientinnen und Rezipienten den Verlauf des Forschungsprozesses nachverfolgen und sich auf diese Weise ein persönliches Urteil über die Qualität der Untersuchung bilden können (Flick 2010; Steinke 2008).

Obwohl eine Vielzahl an Kriterienkatalogen existiert, konnte bislang kein Konsens hinsichtlich angemessener Gütekriterien erreicht werden. Viele Ansätze zur Kriterienbeschreibung bleiben daher methodenspezifisch oder sind an einen bestimmten Forschungskontext gebunden (Döring & Bortz 2016; Flick 2010). In dieser Untersuchung werden die von Steinke (2008) formulierten Gütekriterien qualitativer Forschung als Ausgangspunkt genommen, um die Qualität der Studie zu reflektieren und methodische Einzelentscheidungen zu hinterfragen. Aufbauend auf einer umfassenden Sichtung vorhandener Ansätze beschreibt Steinke *Kern*kriterien qualitativer Forschung, die bewusst offen formuliert sind, um eine Vielzahl qualitativer Forschungsansätze abzubilden und Raum für untersuchungsspezifische Anpassungen zu lassen. Da die Gütekriterien von Steinke (2008) verschiedene Qualitätsaspekte aufgreifen und leicht zugänglich sind, eignen sie sich dafür, einen Überblick über die grundlegenden Stärken sowie die potenziellen Grenzen einer Untersuchung zu geben. Um gezielt die Anwendung der inhaltsanalytischen Verfahren zu reflektieren, werden in Ergänzung zu Steinke (2008) methodenspezifische Gütekriterien diskutiert, welche vor dem Hintergrund inhaltsanalytischer Prinzipien die methodische Strenge einer Untersuchung fokussieren (Kuckartz 2016; Mayring 2010b).

6.4.1 Allgemeine Gütekriterien qualitativer Forschung

In diesem Abschnitt wird eine Reflexion der Untersuchungsqualität angestrebt, indem die sieben von Steinke (2008, S. 323–331) formulierten Kernkriterien qualitativer Forschung beschrieben und entsprechende Prüfmethoden an die eigene Untersuchung herangetragen werden.

Intersubjektive Nachvollziehbarkeit: Das Streben nach intersubjektiver Nachvollziehbarkeit stellt für Steinke das zentrale Kriterium guter Forschungsarbeit dar und gilt als notwendige Voraussetzung, um andere Qualitätsmerkmale zu erfüllen. Mithilfe einer umfassenden Dokumentation der Forschungsarbeit sollen Außenstehende einen Einblick in den Verlauf des Forschungsprozesses erhalten und so befähigt werden, diesen anhand individueller Maßstäbe zu bewerten. Im Bemühen, dieser Anforderung zu entsprechen, sind die vorangehenden Kapitel darauf angelegt, Transparenz bezüglich der Erhebungs- und Auswertungsverfahren zu schaffen und methodische Einzelentscheidungen explizit zu begründen. Die intersubjektive Nachvollziehbarkeit wird in dieser Untersuchung zudem dadurch gestützt, dass mit der typenbildenden qualitativen Inhaltsanalyse ein kodifizierendes Auswertungsverfahren gewählt wurde. Mit dem Ziel, ein systematisches und regelgeleitetes Vorgehen zu gewährleisten, basiert die Interpretation des Datenmaterials hier auf sorgfältig entwickelten Kategoriensystemen, deren konkrete Anwendung auf das Datenmaterial durch Kodierregeln und Ankerbeispiele vorgegeben ist. Auf diese Weise ist es für Rezipientinnen und Rezipienten möglich, jede einzelne Kodierung zu rekonstruieren und die Angemessenheit einer Kategorienzuweisung zu bewerten. Neben einer detaillierten Beschreibung des gewählten Vorgehens wird intersubjektive Nachvollziehbarkeit auch dadurch erhöht, dass das subjektiv geprägte Vorverständnis, welches der Untersuchung zugrunde liegt, expliziert wird. Hierzu wurden im Theorieteil verschiedene Konzeptualisierungen des Beweisbegriffs gegenübergestellt und mögliche Divergenzen, die zwischen Studierenden und Forschenden auftreten können, diskutiert. Um die Verständlichkeit der Darstellung und die Plausibilität der Ergebnisinterpretation über die eigne Person hinaus zu sichern, wurden Außenstehende auf unterschiedliche Weise in den Forschungsprozess eingebunden. Zum einen wurde ein diskursiver Umgang mit den Daten angestrebt, indem erfahrene Übungsgruppenleiterinnen und -leiter sowie Masterstudierende in den

Kodiervorgang mit einbezogen wurden. Zum anderen boten Vorträge und Beratungssituationen im Rahmen von Konferenzen die Möglichkeit, die methodischen Entscheidungen zu validieren und verschiedene Perspektiven auf das Forschungsprojekt in die persönliche Reflexion zu integrieren.

Indikation: Das Gütekriterium der Indikation bezieht sich auf die Frage, inwieweit die einzelnen methodischen Entscheidungen, die den Verlauf des Forschungsprozesses prägen, angemessen und zweckdienlich sind. In dieser Untersuchung wurde daher versucht, die Entscheidungsprozesse transparent darzustellen und die Wahl eines bestimmten Vorgehens eingehend zu begründen. Hierfür wurden insbesondere Bezüge zu den Forschungsfragen gesucht und verschiedene alternative Vorgehensweisen in ihren Vor- und Nachteilen diskutiert. Für die jeweiligen Entscheidungen wurden dabei auch methodische Vorerfahrungen berücksichtigt, die in anderen Studien aus dem Bereich der Beweis- und Problemlöseforschung berichtet werden. Um ein geeignetes Auswertungsverfahren zu ermitteln, wurden verschiedene Kodierverfahren im Rahmen einer Probekodierung miteinander verglichen und gegeneinander abgewogen (Kirsten in Druck). Entsprechende Erläuterungen zum qualitativen Forschungszugang 6.1, dem Erhebungskontext und den sich hieraus ergebenen Implikationen für die Erhebungsmethode, die Aufgabenauswahl und die Samplingstrategie 6.2, dem gewählten Transkriptionssystem 6.2.4 und den verschiedenen Auswertungsmethode für die Konstruktionsleistung sowie den Beweisprozess 6.3 sind in den vorhergehenden Kapiteln dargestellt.

Empirische Verankerung: Vor dem Hintergrund der Ziele und Prinzipien qualitativer Forschung ist es ein Qualitätsmerkmal rekonstruktiver Untersuchungen, eine enge Datenbindung aufzuweisen, bei welcher die entwickelten Theorien im empirischen Datenmaterial verankert und entsprechend datenbasiert überprüfbar sind. Der Forderung nach empirischer Verankerung wird in dieser Untersuchung unter anderem dadurch Rechnung getragen, dass die Kategorienbildung in einem induktiv-deduktiven Vorgehen realisiert wurde. Während die Oberkategorien aus der Theorie entwickelt und anhand des Datenmaterials überprüft wurden, sind die Unterkategorien in Form von phasentypischen Aktivitäten materialbasiert entstanden (siehe Abschnitt 6.3.3). Der gesamte Forschungsprozess weist einen iterativen Charakter auf, bei dem Ergebnisse eines Kodierdurchgangs den weiteren Verlauf des Forschungsprozesses bestimmen. Insbesondere ist der Merkmalsraum, welcher die Vergleichsdimensionen der Typenbildung festlegt, das Ergebnis der vorhergehenden inhaltsanalytischen Auswertungen (siehe Abschnitt 6.3.4).

Für die Darstellung der Ergebnisse wurde auf Originalzitate aus dem Interviewmaterial zurückgegriffen, um die getroffenen Aussagen an das Datenmaterial anzubinden und einer unmittelbaren Überprüfung zugänglich zu machen. Unter Berücksichtigung möglicher Effekte selektiver Plausibilität wurden hierfür auch solche Textbelege berücksichtigt, die widersprüchliche oder abweichende Prozessabschnitte repräsentieren (Kuckartz 2016). Eine kommunikative Validierung, bei der die entwickelten Theorien durch die Studienteilnehmerinnen und -teilnehmer geprüft werden, wurde in dieser Untersuchung bewusst nicht realisiert. Die formulierten Hypothesen beruhen auf einer interpretativen Rekonstruktion kognitiver Prozesse und wurden im Rahmen einer systematischen Fallkontrastierung gewonnen. Da die analysierten Prozesse teilweise unbewusst ablaufen oder erst im Vergleich verschiedener Fälle ihre Bedeutung entfalten, entziehen sich die hier getroffenen Aussagen der individuellen Beurteilungskompetenz der Studierenden (Kuckartz 2016).

Limitation und *Kohärenz*: Das Kriterium der Limitation initiiert eine Reflexion darüber, inwieweit die Ergebnisse der Untersuchung verallgemeinerbar und auf andere Personen oder Kontexte übertragbar sind. Indem Grenzen des Geltungsbereichs diskutiert werden, werden gleichzeitig auch Aspekte der entwickelten Theorie benannt, welche potenzielle Einschnitte in der Kohärenz der Ergebnisse beschreiben. Daher werden die beiden Gütekriterien hier gemeinsam diskutiert.

Die Datenerhebung fand in dieser Studie im Rahmen einer regulären Lehrveranstaltung statt, wodurch eine vergleichsweise authentische Bearbeitungssituation geschaffen wurde. Da die Studienteilnehmerinnen und -teilnehmer weder gezielt ausgewählt wurden, noch in Eigeninitiative ihre Teilnahmebereitschaft signalisieren mussten, sind kaum selbstselektive Effekte innerhalb der Stichprobe zu erwarten. Darüber hinaus handelt es sich bei den untersuchten Studierenden insofern um typische Studienanfängerinnen und -anfänger, als die Universität Münster eine klassische Studienstruktur vorsieht.[1] Die beobachteten Verhaltensmerkmale können somit als charakteristisch für Studierende des ersten Semesters angesehen werden. Ein substanzieller Unterschied zur Alltagswelt der Studierenden besteht jedoch in der eingeschränkten Verfügbarkeit von externen Ressourcen, was an Äußerungen wie „jetzt würde ich normalerweise googeln" sichtbar wird.

Die zentralen Ergebnisse dieser Untersuchung werden verdichtet in Form von Hypothesen zusammengefasst, welche Zusammenhänge zwischen der Konstruktionsleistung und der Ausgestaltung des Beweisprozesses auf makroskopischer sowie mikroskopischer Ebene beschreiben. Die einzelnen Hypothesen bauen dabei insofern aufeinander auf, als Aussagen über den Phasenverlauf durch Erkenntnisse

---

[1]Die Studierenden haben die Möglichkeit an einem vorbereitenden Vorkurs teilzunehmen und besuchen im ersten Semester die Vorlesungen *Analysis I* und *Lineare Algebra I*.

bezüglich phasenspezifischer Aktivitäten weiter ausdifferenziert werden. Die einzelnen Hypothesen werden dabei primär durch Fallkontrastierungen im Rahmen einer Typenbildung gewonnen. Obwohl unterschiedliches Typen konstruiert werden konnten, enthält die Stichprobe nur wenige *vollständig korrekte* Beweise (K4), sodass diese wichtige Vergleichsdimension eingeschränkt ist. Dieser Umstand wird gemeinsam mit abweichenden Fällen im Rahmen der Ergebnisdarstellung aufgegriffen und entsprechend diskutiert (siehe Kapitel 8).

Relevanz: Unter dem Gütekriterium der Relevanz wird der Frage nachgegangen, welchen Beitrag die Untersuchungsergebnisse zur Theoriebildung leisten und welche Implikationen sich hieraus für die Praxis ergeben. Die Forschungsfragen, die in dieser Untersuchung adressiert werden, verorten sich im Kontext des Übergangs Schule – Hochschule. Vor dem Hintergrund der vielfältigen Schwierigkeiten, die hier im Umgang mit Beweisen auftreten, werden studentische Beweiskonstruktionen analysiert, um auf diese Weise neue Erkenntnisse über die effektive Gestaltung von Beweisprozessen zu erlangen. Aus wissenschaftlicher Perspektive ist dabei zum einen die Verknüpfung makroskopischer und mikroskopischer Analyseebenen von Relevanz, da diese bisherige Forschungsansätze kombiniert und die Beschreibung konkreter Aktivitäten vor dem Hintergrund des gesamten Prozessverlaufs erlaubt. Die Verknüpfung verschiedener Ebenen ermöglicht es darüber hinaus, potenzielle Verbindungen der Beweiskonstruktion zu anderen Aktivitäten des Beweisens, wie dem Validieren und dem Verstehen, zu untersuchen, wodurch sich weitere Zugänge zum Forschungsfeld ergeben (siehe Abschnitt 8.4).

Reflektierte Subjektivität: Ein charakteristisches Merkmal qualitativer Forschung besteht darin, dass der Erkenntnisprozess auch latente Sinngehalte und damit subjektiv geprägte Interpretationen mit einschließt. Die Qualität der Untersuchung ist damit maßgeblich von den individuellen Betrachtungsweisen und persönlichen Voraussetzungen des Forschungsteams geprägt, wodurch eine umfassende Dokumentation individueller Sichtweisen und eine Reflexion der eigenen Subjektivität erforderlich wird (Döring & Bortz 2016). Insbesondere ist dabei von Relevanz, wie das Verhältnis des Forschungsteams zu den Studienteilnehmerinnen und -teilnehmern bzw. deren Alltagswelt einzuschätzen ist. In dieser Studie tritt die Untersuchungsleiterin gegenüber den Studierenden als Supervisorin auf. Sie nimmt dabei eine Position ein, die einerseits durch ihre Zugehörigkeit zum Veranstaltungsteam eine natürliche Distanz aufweist, andererseits jedoch in der Vermittlerrolle zwischen Studierenden und Dozenten eine vergleichsweise kollegiale Umgangsweise anstrebt. Dass dies gelingt, zeigt sich daran, dass die Studierenden offen mit dem Supervisorenteam über ihre Sorgen und Schwierigkeiten sprechen.

Im Bemühen, die eigene Subjektivität zu reflektieren, wurden in dieser Untersuchung verschiedene Gelegenheiten geschaffen, persönliche Entscheidungen, Interpretationen und Schwierigkeiten unter Einbezug anderer Standpunkte und Sichtweisen zu diskutieren. Im Sinne des freien Schreibens wurden Eindrücke und Ideen zum Forschungsprojekt in regelmäßigen Abständen festgehalten, um so gegenwärtige Fragen und Schwierigkeiten zu dokumentieren und sie mit zeitlicher Distanz erneut betrachten zu können. Über die persönliche Reflexion hinaus wurde der Austausch mit Außenstehenden gesucht. Zum einen boten Konferenzen die Gelegenheit, eigene Sichtweisen bewusst zu formulieren und sie mit Expertinnen und Experten der Mathematikdidaktik zu diskutieren. Zum anderen konnte durch den Austausch mit Übungsgruppenleiterinnen und -leitern eine praxisnahe Diskussion erzielt werden, in der die Angemessenheit persönlicher Betrachtungsweisen in Bezug auf studentische Alltagserfahrungen reflektiert wurde.

6.4.2 Gütekriterien inhaltsanalytischer Auswertungsverfahren

Bei der qualitativen Inhaltsanalyse handelt es sich um ein kodifizierendes Auswertungsverfahren, das sich in der Entwicklung und Anwendung von Kategorien konstituiert. Entsprechend ist die Qualität einer inhaltsanalytischen Auswertung maßgeblich von der Gestaltung des Kategoriensystems und der Art und Weise geprägt, wie dieses an das Datenmaterial herangetragen wird. Um die Qualität der Kategorienbildung und -anwendung zu überprüfen, haben sich mit der Intercoder-Übereinstimmung und der konsensuellen Validierung zwei Prüfmethoden etabliert, bei denen der Abgleich verschiedener Kodierergebnisse im Fokus steht (Kuckartz 2016; Mayring 2010b). Beide Prüfmethoden können daher insofern als methodenspezifisches Maß der intersubjektiven Nachvollziehbarkeit angesehen werden, als hier die Einheitlichkeit und Transparenz der Kategorienanwendung personenübergreifend kontrolliert wird. Da sich die typenbildende qualitative Inhaltsanalyse neben inhaltsanalytischen Verfahren auch solcher der empirischen Typenbildung bedient, werden in diesem Kapitel auch Gütekriterien berücksichtigt, die explizit die Typenbildung adressieren (Kuckartz 2010).

Intercoder-Reliabilität
Unter dem Begriff der Intercoder-Reliabilität wird gemeinhin ein standardisiertes Maß verstanden, das die Übereinstimmung verschiedener Kodierer bei der Auswertung desselben Materials quantifiziert. Für die Beurteilung der intersubjektiven Nachvollziehbarkeit wird das Kategoriensystem hier von zwei Personen unabhängig voneinander an das Datenmaterial herangetragen und der Grad ihrer Übereinstim-

mung mithilfe eines Koeffizienten ausgedrückt (Döring & Bortz 2016; Wirtz & Caspar 2002). Für polytome nominalskalierte Kategoriensysteme, wie sie in dieser Untersuchung verwendet werden, stehen verschiedene Koeffizienten zur Verfügung, die unterschiedliche Positionen im Spannungsfeld von Komplexität und Präzision einnehmen. Das einfachste Maß stellt die prozentuale Übereinstimmung dar, welche den relativen Anteil derjenigen Materialsegmente am Gesamtmaterial bestimmt, die von zwei Kodierern mit demselben Code versehen wurden. Eine Schwierigkeit, die über verschiedenen Varianten der qualitativen Inhaltsanalyse hinweg auftritt, besteht hier jedoch in dem Umgang mit abweichenden Segmentgrenzen (Kuckartz 2016). Die Segmentierung des Materials verläuft bei inhaltsanalytischen Verfahren im Allgemeinen parallel zur eigentlichen Kategorienanwendung, wodurch zwei Kodierer nicht selten leicht abweichende Grenzsetzungen vornehmen. In Folge dessen treten Überlappungen von Kodiereinheiten auf, die sich einer dichotomen Klassifizierung von Übereinstimmung entziehen. Kuckartz (2016, S. 215) empfiehlt daher folgendes Vorgehen für die Einschätzung der Intercoder-Übereinstimmung: Zunächst wird die Perspektive des ersten Kodierers eingenommen und die von dieser Person kodierten Segmente mit der Zweitkodierung abgeglichen. Dabei wird eine Kodierung als übereinstimmend gewertet, wenn diese innerhalb eines festgelegten Toleranzbereichs vom zweiten Kodierer in gleicher Weise segmentiert und klassifiziert wurde. Anschließend wird das gleiche Verfahren für die Kodierung des zweiten Kodierers durchgeführt. Das Ergebnis dieser Auswertung ist eine Vierfeldertafel, in der die Anzahl der übereinstimmenden Kodierungen gegenüber solchen Klassifizierungen dargestellt wird, die nur von einer der beiden Personen vorgenommen wurde (siehe bspw. Tabelle 6.5). Aufbauend auf dieser Übersicht lässt sich sodann die Intercoder-Reliabilität als prozentuale Übereinstimmung berechnen. Anstatt die Gesamtanzahl an kodierten Materialsegmenten als Referenzgröße zu verwenden, wird als Grundwert dabei häufig die durchschnittliche Anzahl derjenigen Kodiereinheiten zugrunde gelegt, die von den einzelnen Kodierern tatsächlich berücksichtigt wurden (Wirtz & Caspar 2002). Ein solches Vorgehen wird in dem von Holsti (1969) vorgeschlagenen Koeffizienten zur Bestimmung der Kodiererreliabilität (CR) abgebildet. Dieser ist definiert als

$$CR = \frac{2 \cdot M}{N_1 + N_2},$$

wobei M die absolute Anzahl der Übereinstimmungen beschreibt und N_1 und N_2 für die Gesamtanzahl der von Kodierer 1 bzw. Kodierer 2 verteilten Codes stehen. Im Unterschied zur prozentualen Übereinstimmung berücksichtigt der CR-Koeffizient von Holsti damit die Möglichkeit, dass einzelne Materialsegmente von mindestens einem der Kodierer nicht kategorisiert werden. Ein solches Vorgehen kann insbesondere dann von Vorteil sein, wenn das Datenmaterial nicht vollständig kodiert wird, sondern die einzelnen Kodiereinheiten gezielt aus dem Material extrahiert werden (Wirtz & Caspar 2002).

Sowohl die prozentuale Übereinstimmung als auch der CR-Koeffizient von Holsti werden häufig im Hinblick auf ihre Aussagekraft kritisiert, da sie den Grad der Übereinstimmung tendenziell überschätzen (Döring & Bortz 2016; Wirtz & Caspar 2002). Für eine präzisere Bestimmung der Intercoder-Reliabilität werden daher zufallskorrigierte Maße, wie Cohens Kappa oder Scotts Pi, empfohlen, die neben der tatsächlichen Urteilsübereinstimmung zwischen zwei Kodierenden auch deren Zufallsübereinstimmung berücksichtigen. Da die Kodierer in dieser Untersuchung weitgehend homogene Randsummenverteilungen aufweisen und keine systematischen Unterschiede in der Häufigkeiten bestimmter Kategorienzuweisungen zu beobachten sind, wird hier Cohens κ als Übereinstimmungsmaß verwendet (Wirtz & Caspar 2002). Dieses berechnet sich wie folgt:

$$\kappa = \frac{P_o - P_e}{1 - P_e}$$

Der Wert P_o (*observed*) gibt dabei den relativer Anteil der beobachteten Übereinstimmungen an der Gesamtanzahl der kodierten Materialsegmente an, während P_e (*expected*) den relativen Anteil der Übereinstimmungen beschreibt, der bei einem zufälligen Kodierverhalten zu erwarten ist. Um den Anteil der Zufallsübereinstimmungen zu berechnen, wird aufbauend auf der relativen Häufigkeit, mit der eine einzelne Kategorie von einem Kodierer vergeben wurde, der Anteil der erwarteten Häufigkeit für diese Kategorie bestimmt. Der Wert P_e ergibt sich sodann aus der Summe dieser erwarteten Häufigkeiten (Döring & Bortz 2016; Wirtz & Caspar 2002). Der auf diese Weise bestimmte Kappa-Koeffizient nimmt Werte zwischen -1 und $+1$ an, wobei folgende Richtlinien eine grobe Orientierung für die Interpretation der Werte geben (Wirtz & Caspar 2002).

$.4 <$	κ	$\leq .6$	akzeptable Übereinstimmung
$.6 <$	κ	$\leq .75$	gute Übereinstimmung
$.75 <$	κ	≤ 1	sehr gute Übereinstimmung

Um die intersubjektive Nachvollziehbarkeit der Kategorienanwendung zu prüfen, wurde in dieser Untersuchung eine Zweitkodierung sowohl für die Beurteilung der Konstruktionsleistung als auch für die Phaseneinteilung des Beweisprozesses organisiert. Im Rahmen einer Kodierschulung wurden die externen Kodierer auf den Kodierdurchgang vorbereitet, indem die einzelnen Kategorien mit ihren jeweiligen Abgrenzungskriterien ausführlich diskutiert und verschiedene Probekodierungen durchgeführt wurden. Anschließend erfolgte der eigentliche Kodiervorgang, für den aus forschungspraktischen Gründen etwa zwei Drittel der Beweisprozesse ausgewählt wurden. Da die Beurteilung der Konstruktionsleistung die Grundlage für die Fallauswahl und die Typenbildung in dieser Untersuchung bildet, wurden die gesammelten Beweisprodukte hingegen vollständig zweitkodiert. Um die Zuverlässigkeit der einzelnen Kodierungen einzuschätzen, wurden verschiedene Übereinstimmungsmaße berechnet, wobei die Wahl des Koeffizienten in Abhängigkeit von dem jeweiligen Kodierverfahren getroffen wurde. Bei der Kodierung der Konstruktionsleistung sind die einzelnen Kodiereinheiten durch die schriftlichen Aufzeichnungen der Studierenden gegeben und weisen damit fest umrissene Grenzen auf (siehe Abschnitt 6.3.2). Die eindeutige Struktur der Kodiereinheiten ermöglicht es dabei, den Kappa-Koeffizienten als präferiertes Maß zu bestimmen. Mit einem Wert von $\kappa = .82$ bestätigt die Interrater-Reliabilität hier eine sehr gute Übereinstimmung für die personenübergreifende Anwendung des Kategoriensystems (Fixpunktaufgabe: .92, Extrempunktaufgabe: .74).

Die Kodierung des Prozessverlaufs erfolgt in einem mehrschrittigen Verfahren, das zeitlich getrennte und aufeinander aufbauende Kodierdurchgänge umfasst. Für die Bestimmung der Intercoder-Übereinstimmung wird daher, ähnlich wie bei Rott (2013), zwischen den Schritten der Segmentierung und der Phasenzuordnung unterschieden. Die Unterteilung des Beweisprozesses in inhaltlich zusammenhängende Teilprozesse ist ein hochgradig interpretativer Prozess, im Rahmen dessen viele unterschiedliche Möglichkeiten der Grenzsetzung durchdacht und gegeneinander abgewogen werden. Welche Transkriptzeile den Übergang zwischen zwei Phasen im Einzelnen markiert und damit als geeignete Phasengrenze fungiert, ist daher eine Entscheidung, die auch gut geschulte Kodierer häufig nicht mit absoluter Übereinstimmung treffen können. Entsprechend ergeben sich im Vergleich von zwei unabhängig voneinander durchgeführter Kodierungen häufig Überlappungen, deren Grad an Übereinstimmung sich nur mittelbar einschätzen lässt. In Anlehnung an die beschriebenen Empfehlungen von Kuckartz (2016) wurden die übereinstimmenden Segmente für beide Kodierer separat ermittelt und in einer Vierfeldertafel festgehalten. Als Übereinstimmungsmaß wird hier die prozentuale Übereinstimmung in Form des CR-Koeffizienten berichtet, da dieser auch den Fall berücksichtigt, dass zwei Kodierer einen Beweisprozess in unterschiedlich viele Phasen unterteilen. Von insgesamt 297 Grenzen wurden 168 in Übereinstimmung gewählt, wobei eine Abweichung der gesetzten Grenzen von bis zu 20 Sekunden als Übereinstimmung gewertet wurde. Der hieraus ermittelte Holsti-Koeffizienten beträgt $CR = .72$. Vor dem Hintergrund der Zusammensetzung dieses Koeffizienten entspricht dieser Wert einer eher moderaten Übereinstimmung.

Um dennoch die Phasenzuordnung der verschiedenen Kodierer miteinander vergleichen zu können, wurde ein Zwischentreffen organisiert, bei dem die Kodiererpaare ihre Segmentgrenzen verglichen und im Sinne einer konsensuellen Validierung gemeinsame Grenzen bestimmten. Dieses Treffen diente in erster Linie dazu, einheitliche Kodiereinheiten für den folgenden Kodierdurchgang zu konstruieren. Inhaltliche Überlegungen zur Klassifizierung der einzelnen Phasen sollten ausdrücklich nicht Teil der Diskussion sein. Im Anschluss an das Treffen bekamen alle Kodierer die Gelegenheit, frühere Überlegungen zur Phasenklassifizierung auf die ggf. geänderten Phasengrenzen zu übertragen und ihre Kodierung abzuschließen. Da die verschiedenen Kodierungen eines Beweisprozesses nun feste Segmentgrenzen aufweisen, lässt sich der Grad ihrer Übereinstimmung anhand Cohens κ quantifizieren. Mit einem Wert von $\kappa = .92$ kann eine sehr gute Übereinstimmung für die Zuordnung der Phasen zu den einzelnen Prozessabschnitten berichtet werden (Fixpunktaufgabe: .9, Extrempunktaufgabe: .93). Während die unabhängige Einteilung von Kodiereinheiten also eine nur mäßige Übereinstimmung aufweist, zeugt der hohe κ-Wert von einer einheitlichen und intersubjektiv nachvollziehbaren Anwendung der Phasenbeschreibungen. Die geringe Übereinstimmung in der Bestimmung von Phasengrenzen ist jedoch auch vor dem Hintergrund dessen zu beurteilen, dass es sich bei der Segmentierung um eine äußerst anspruchsvolle Form der Kodierung handelt. Eine detaillierte Betrachtung der abweichenden Grenzen zeigt, dass viele Unstimmigkeiten auf verzögerte Grenzsetzungen oder unterschiedlich feingliedrige Einteilungen zurückgehen. So können zwei Personen einen ähnlichen Grundverlauf des Beweisprozesses nachzeichnen, aber dennoch eine geringe prozentuale Übereinstimmung aufweisen. Dies wird am Beispiel des Beweisprozesses von Michael und Leon deutlich, welcher Gegenstand der Probekodierung war (siehe Tabelle 6.4).

Beide Kodierer beschreiben über ihre Phaseneinteilung einen ähnlichen Verlauf des Beweisprozesses. Abweichungen ergaben sich in erster Linie durch die Strukturierungsphase ab Z. 377, welche Kodierer 2 als einheitliche Phase auffasst, während Kodierer 1 eine Unterbrechung dieser Phase durch andere Aktivitäten kodiert. Gleichzeitig überschreitet die Differenz zwischen den gesetzten Grenzen in Zeile 509 und 518 das festgelegte Toleranzniveau, sodass auch hier eine abweichende Kodierung vorliegt. Insgesamt stimmen damit nur 8 von 14 Grenzen überein, was einer prozentualen Übereinstimmung von 57,14% oder einem Holsti-Koeffizienten von .73 entspricht (siehe Tabelle 6.5). Dieses Beispiel zeigt, dass nur leichte Abweichungen in der Segmentierung bereits zu moderaten Übereinstimmungswerten führen (Rott 2013). Umso wichtiger erscheint es, das standardisierte

Tab. 6.4 Vergleichende Darstellung der Phaseneinteilung von Kodierer 1 und Kodierer 2

Kodierer 1		Kodierer 2	
Zeilen	**Phase**	**Zeilen**	**Phase**
001-144	ArgId	001-144	ArgId
145-165	VerExp	145-165	VerExp
166-304	ArgId	166-305	ArgId
305-318	VerExp/ArgId	306-341	VerExp/ArgId
319-339	VerExp		
340-375	ArgId	342-376	ArgId
376-434	ArgStr	377-509	ArgStr
435-469	ArgId		
470-491	ValRef		
492-518	ArgStr		
519-601	Form	510-601	Form
602-625	Form/ValRef	602-625	Form/ValRef
626-714	ValRef	626-714	ValRef

Tab. 6.5 Beispiel zur Bestimmung der Intercoder-Reliabilität bzgl. der Phasengrenzen

Michael & Leon (Pilotierung)		Kodierer 2		Gesamt
		kodiert	nicht kodiert	
Kodierer 1	kodiert	8	1	9
	nicht kodiert	5	0	5
Gesamt		13	1	14

Maß der Intercoder-Übereinstimmung mit der Prüfmethode der konsensuellen Validierung zu kombinieren.

Konsensuelle Validierung:
Während sich die Interrater-Reliabilität primär auf die Überprüfung der Kategorien*anwendung* bezieht, kann die Prüfmethode der konsensuelle Validierung auch im Rahmen der Kategorien*bildung* sinnvoll angewandt werden (Kuckartz 2016). Das Prinzip der konsensuellen Validierung beruht auf einem diskursiven Austausch zwischen mindestens zwei Personen, die dasselbe Datenmaterial zuvor unabhängig voneinander kodiert haben. Anstatt den Anteil der Übereinstimmung in einen statischen Maß festzuhalten, wird hier der prozedurale Charakter qualitativer Forschung unterstützt und der Beweggrund, welcher zu einer abweichenden Kodierung geführt

hat, im Detail diskutiert. Das Ziel dieses Austauschs ist es, sich auf eine einheitliche Klassifizierung des fraglichen Materialsegments zu einigen und ggf. Bearbeitungsbedarf im Kodierleitfaden zu bestimmen.

Die konsensuelle Validierung stellt in dieser Untersuchung einen zentralen Zwischenschritt in der Kodierung des Prozessverlaufs dar. Indem sich die beteiligten Kodierer über die von ihnen gesetzten Phasengrenzen austauschen, wird eine einheitliche Segmentierung ausgearbeitet und so die Grundlage für weitere Kodiervorgänge geschaffen. Darüber hinaus wurde die Methode der konsensuellen Validierung wiederholt im Rahmen von Probekodierungen durchgeführt, um das Potenzial unterschiedlicher Sichtweisen auszuschöpfen und einen möglichst präzise und transparent formulierten Kodierleitfaden zu erstellen. Entsprechendes gilt auch für die Erarbeitung der Kategoriensysteme, die sich speziell auf die Aktivitäten der Verstehens- und Validierungsphase beziehen. Hier wurden Masterstudierende in die Kategorienentwicklung eingebunden, um eine wiederholte Überprüfung und stetige Weiterentwicklung des Kategoriensystems anzuregen (siehe Abschnitt 6.3.3)

Gütekriterien der Typenbildung
Kuckartz (2010, S. 565) formuliert folgende Kriterien einer qualitativ hochwertigen Typenbildung, wobei einzelne der genannten Aspekte bereits in den allgemeinen Gütekriterien qualitativer Forschung Berücksichtigung finden:

- Eindeutige Typenzuordnung
- Nachvollziehbarkeit in der Darstellung des Merkmalsraums
- Begründung der Relevanz der ausgewählten Merkmale
- Sparsamkeit in der Anzahl der gebildeten Typen
- Unterstützung der Entdeckung neuer Phänomene
- Zusammenhang der Typen zu einem Ganzen

Der Merkmalsraum in dieser Untersuchung konstituiert sich dadurch, dass die aggregierte Konstruktionsleistung der Studierenden mit verschiedenen Merkmalen und Merkmalsausprägungen des Prozessverlaufs verknüpft wird (siehe Tabelle 6.3). Die Relevanz der ausgewählten Merkmale ergibt sich dabei zum einen aus dem Forschungsinteresse, das nach Wirkungszusammenhängen zwischen einer erfolgreichen Beweiskonstruktion und der Gestaltung des Beweisprozesses fragt, und zum anderen aus inhaltsanalytischen Vorarbeiten. Entsprechend werden gezielt diejenigen Ober- und Unterkategorien der qualitativen Inhaltsanalyse als Vergleichsdimension herangezogen, die sich im Hinblick auf die Unterscheidung erfolgreicher und weniger erfolgreicher Beweisprozesse als informationshaltig erwiesen haben (siehe Abschnitt 7.3.3). Die Typologie beschreibt sodann verschiedene Studierendengruppen, die sich zum einen in ihrer Konstruktionsleistung und zum anderen in ihrer Prozessgestaltung unterscheiden. Als Vorbereitung auf eine solche Typenbildung werden verschiedene Prozesstypen differenziert, die spezifisches Muster in der Struktur des Beweisprozesses beschreiben und damit verschiedene Herangehensweisen an eine Beweiskonstruktion abbilden. Die einzelnen Typen sind dabei insofern trennscharf, als bis auf wenige Ausnahmen sämtliche Beweisprozesse eindeutig klassifiziert werden konnten. Abweichende Fälle werden in der Ergebnisdarstellung und -diskussion berücksichtigt.

Die konstruierte Typologie gibt einen Überblick über verschiedene Varianten von Prozessverläufen und arbeitet dabei mehr oder weniger effektive Vorgehensweisen der Beweiskonstruktion heraus. Damit leistet sie einen Beitrag dazu, das Verständnis über die kognitiven Vorgänge und Konflikte, die innerhalb eines Beweisprozesses auftreten, zu vertiefen und so eine fundierte Grundlage für Handlungsempfehlungen zu schaffen. Um die Analyse gleichzeitig übersichtlich und informativ zu gestalten, wird angestrebt, so viele Typen wie nötig, aber so wenige wie möglich zu konstruieren. Dem Prinzip der Sparsamkeit wird in dieser Untersuchung dadurch nachgekommen, dass gezielt einzelne Merkmalsausprägungen als Vergleichsdimensionen ausgewählt und die Typenbildung somit auf eine übersichtliche Anzahl an Merkmalen beschränkt wird. Insbesondere wird für die Dimension der Konstruktionsleistung eine reduzierendes Vorgehen gewählt, bei dem das Merkmal dichotom anstatt polytom abgebildet wird (siehe Abschnitt 7.3.3).

Ergebnisse 7

Im Bestreben, eine ganzheitliche Analyse studentischer Beweisprozesse durchzuführen, adressieren die Forschungsfragen in dieser Untersuchung zwei verschiedene Beschreibungsebenen. Auf makroskopischer Ebene wird nach der Gesamtstruktur eines Beweisprozesses gefragt, sodass hier die Phasen im Fokus stehen, anhand derer sich der Verlauf einer Beweiskonstruktion nachzeichnen lässt. Die Erkenntnisse zum Phasenverlauf werden sodann vertieft, indem die Verstehens- sowie die Validierungsphase einer Tiefenanalyse unterzogen und die hier auftretenden Aktivitäten auf mikroskopischer Ebene beschrieben werden. Insgesamt gliedert sich der Forschungsprozess damit in zwei eigenständige, jedoch eng miteinander verknüpfte Forschungszyklen, die jeweils rekonstruktiv-beschreibende sowie Hypothesen generierende Komponenten enthalten. Methodisch orientiert sich jeder der beide Forschungszyklen an den Prinzipien einer typenbildenden Inhaltsanalyse und erfolgt damit in einem Zweischritt, der sich aus der Kombination inhaltsanalytischer und typenbildender Auswertungsverfahren ergibt. Die Ergebnisdarstellung greift die dem Forschungsprozess inhärente Struktur auf und gliedert sich in erster Linie entlang der beiden Forschungszyklen. Demnach werden in Abschnitt 7.2 zunächst die Ergebnisse zum Verlauf des Beweisprozesses auf makroskopischer Ebene vorgestellt (FF1 und FF2), bevor in Abschnitt 7.3 auf die Ergebnisse bezüglich der mikroskopischen Ausgestaltung der Verstehens- und Validierungsphase eingegangen wird (FF3 und FF4). Entsprechend des methodischen Zweischritts werden dabei in einem ersten Zugang die beobachteten Prozessverläufe und Phasenrealisierungen als Ergebnis der inhaltlich strukturierenden Inhaltsanalyse beschrieben. Hierauf

Elektronisches Zusatzmaterial Die elektronische Version dieses Kapitels enthält Zusatzmaterial, das berechtigten Benutzern zur Verfügung steht https://doi.org/10.1007/978-3-658-32242-7_7.

K. Kirsten, *Beweisprozesse von Studierenden*, Studien zur theoretischen und empirischen Forschung in der Mathematikdidaktik, https://doi.org/10.1007/978-3-658-32242-7_7

aufbauend erfolgt sodann eine Verdichtung der Ergebnisse, im Rahmen derer der Wirkungszusammenhang zwischen den beschriebenen Merkmalen und der Konstruktionsleistung fokussiert wird.

Um einen Einblick in die generierten Prozessdaten zu geben und so eine Einordnung der Ergebnisse zu ermöglichen, wird der Ergebnisdarstellung mit dem folgenden Abschnitt eine Auswahl an Fallbeschreibungen vorangestellt. Die Fallbeschreibungen veranschaulichen zentrale Merkmale der empirischen Basis auf Ebene des Einzelfalls und bereiten so die fallübergreifende Ergebnisdarstellung vor.

7.1   Fallbeschreibungen

Mit dem Ziel, die Diversität der erhobenen Beweiskonstruktionen angemessen abzubilden, wurden basierend auf einem qualitativen Stichprobenplan 24 Fälle aus der Gesamtstichprobe für die Analyse ausgewählt (siehe Abschnitt 6.2.3). In diesem Kapitel wird die Interpretation und Auswertung dieser Fälle vorbereitet, indem anhand von Fallbeschreibungen ein Einblick in die konkrete Ausgestaltung studentischer Beweisprozesse gegeben wird. Jede Fallbeschreibung besteht dabei aus einer Rekonstruktion des Beweisprozesses und einer Bewertung der Konstruktionsleistung. Auf Basis der transkribierten Aufgabenbearbeitung wird zunächst der Verlauf des Beweisprozesses nachgezeichnet, indem die kognitiven Prozesse, die bei einer Beweiskonstruktion handlungsleitend sind, interpretativ beschrieben werden. Die Dauer eines einzelnen Beweisprozesses variiert innerhalb der Fallauswahl zwischen 19:32 Minuten und 52:14 Minuten. Um auch Beweisprozesse, die sich über einen längeren Zeitraum erstrecken, in übersichtlicher Weise darstellen zu können, beschränkt sich die Fallbeschreibung auf die zentralen Beweisansätze, Diskussionen und Strategien innerhalb einer Beweiskonstruktion. Darüber hinaus wird die Prozessbeschreibung um eine schematische Darstellung ergänzt, welche den Verlauf des Beweisprozesses als Sequenz von Phasenwechseln abbildet. Diese resultiert aus der prozessbezogenen Kodierung (siehe Abschnitt 6.3.3) und stellt die zentralen kognitiven Vorgänge in einer abstrahierten sowie systematisierten Form dar. Vor dem Hintergrund der Prozessbeschreibung wird sodann das Ergebnis der Bearbeitung in Form des entwickelten Beweises betrachtet und seine jeweilige Kategorisierung mit Bezug auf das in Abschnitt 6.3.2 eingeführte Kodierschema begründet.

Nachstehende Tabelle führt die in der Auswertung berücksichtigten Fälle auf und gibt so einen Überblick über die Datengrundlage. Bei den markierten Fällen handelt es sich um diejenigen Beweiskonstruktionen, die im Folgenden exemplarisch beschrieben werden. Fallbeschreibungen für die übrigen Fälle befinden sich im Anhang A.4. Die Gliederung der Fallbeschreibungen orientiert sich an der jeweils bearbeiteten Aufgabe. Bei beiden Beweisaufgaben prägen unterschiedliche Schwierigkeiten und Herausforderungen den Verlauf der Beweiskonstruktion, sodass eine direkte Gegenüberstellung verschiedener Beweisprozesse einen guten Überblick über die Gesamtheit der im Zusammenhang mit einer Aufgabe auftretenden Herangehensweisen gibt.

Tab. 7.1 Übersicht über die mithilfe des qualitativen Stichprobenplans ausgewählten Fälle; die angegebene Leistung bezieht sich auf die Kategorien aus Tabelle 6.1

Studierende	Kürzel	Aufgabe	Dauer (min)	Leistung
Markus & Lena	ML	Extrempunkt	19:32	K4
Alina & Georg	AG	Fixpunkt	20:54	K3
Fiona & Thomas	FT	Fixpunkt	33:50	K3
Tobias & Lars	TL	Extrempunkt	41:02	K3
Alina & Sascha	AS	Extrempunkt	31:42	K3
Justus, Benedikt & Guido	JBG	Fixpunkt	30:35	K2
Claudia, Dennis & Noah	CDN	Fixpunkt	34:14	K2
Louisa & Mia	LM	Extrempunkt	34:43	K2
Kim, Linus & Marius	KLM	Extrempunkt	52:14	K2
Anna, Steffen & Michael	ASM	Extrempunkt	46:12	K2
Maike, Finn & Yannik	MFY	Fixpunkt	23:29	K1
Janine, Ina & Alisa	JIA	Fixpunkt	26:39	K1
Tabea & Heinz	TH	Fixpunkt	31:00	K1
Andreas & Ibrahim	AI	Extrempunkt	32:22	K1
Lara, Ulrich & Malte	LUM	Extrempunkt	23:03	K1
Lukas & Tim	LT	Extrempunkt	25:23	K1
David & Jonas	DJ	Fixpunkt	38:21	K0
Luca, Karina & Hannah	LKH	Fixpunkt	26:14	K0
Lisa, Pia & Laura	LPL	Fixpunkt	24:58	K0
Danny & Paula	DP	Fixpunkt	26:49	K0
Olaf & Johannes	OJ	Extrempunkt	49:28	K0
Stefan, Haiko & David	SHD	Extrempunkt	24:17	K0
Jana & Henry	JH	Extrempunkt	23:55	K0
Loreen & Sabrina	LS	Extrempunkt	24:35	K0

7.1.1 Ausgewählte Fallbeschreibungen zur Fixpunktaufgabe

Die in diesem Abschnitt beschriebenen Beweiskonstruktionen beziehen sich allesamt auf die Bearbeitung der Fixpunktaufgabe. Um einen authentischen Einblick in die Ausgestaltung der Beweisprozesse zu vermitteln, wurden die folgenden vier Fälle für eine detaillierte Darstellung ausgewählt. Sie repräsentieren unterschiedliche Herangehensweisen und Leistungsniveaus, sodass anhand dieser vier Fälle die Bandbreite in der Auseinandersetzung mit der Fixpunktaufgabe erkennbar wird.

Fiona und Thomas
Die Beweiskonstruktion im Fall von Fiona und Thomas wird maßgeblich von Thomas vorangetrieben. Von ihm stammen die zentralen Beweisideen, die schließlich zur Lösung der Aufgabe beitragen. Fiona nimmt hingegen stärker die Rolle eines Kritikers ein und überprüft den Fortschritt der Beweiskonstruktion, indem sie einzelne Beweisschritte hinterfragt. Charakteristisch für den Beweisprozess von Fiona und Thomas ist insbesondere ihr spezifisches Vorgehen beim Formulieren der finalen Lösung: An Stellen, an denen der Bearbeitungsprozess stagniert, beginnt Thomas, die bis dahin vorhandenen Teile der Lösung systematisch aufzuschreiben.

Prozessbeschreibung
Thomas und Fiona beginnen ihren Beweisprozess damit, die Aufgabenstellung zu lesen und einzelne Bedingungen herauszuschreiben. Sie veranschaulichen sich die gegebene Aussage, indem sie die gegebenen Voraussetzungen in eine Skizze übertragen. In diesem Zusammenhang erkennt Thomas, dass sämtliche Fixpunkte, die im angegebenen Intervall denkbar sind, auf einer Geraden liegen (siehe Transkriptausschnitt).

```
094      [((Thomas fertig eine weitere Skizze an:



         [...]
100  T:  das ist ja ein grund (---)
101      also das die funktion halt irgendwo diese diagonale schneidet in
         dem punkt (---)
102      das soll man zeigen (23.5)
103  F:  und die stelle soll dann f von x gleich x sein (--) oder
```

Vor dem Hintergrund dieser Erkenntnis nimmt Fiona das Buch zur Hand und sucht hierin nach anwendbaren Sätzen. Thomas stellt in diesem Zusammenhang den Zwischenwertsatz zur Diskussion, da dieser ihm für den Beweis von Aussagen über stetige Funktionen geeignet erscheint. Gemeinsam vergleichen sie die Bedingungen des Zwischenwertsatz mit den gegebenen Voraussetzungen. Sie stellen bald fest, dass der Zwischenwertsatz für Nullstellenprobleme formuliert ist und fassen den Plan, die gegebene Aussage in ein Nullstellenproblem zu transformieren. An dieser Stelle gehen Thomas und Fiona zurück zur Aufgabenstellung und fertigen eine neue Skizze an. Mithilfe dieser interpretieren sie die zu zeigende Aussage als Aussage über die Existenz eines Schnittpunkts zwischen der Winkelhalbierenden und der Funktion f. Im Bestreben ein Nullstellenproblem zu erzeugen, entwickelt Thomas die Skizze nun weiter, indem er den gezeichneten Funktionsgraphen nach unten verschiebt. Auf anschaulicher Ebene erscheint es ihm schlüssig, dass die Funktion entlang der y-Achse verschoben werden muss, damit sie anstatt der Winkelhalbierenden die x-Achse schneidet.

```
105  T:   das heißt der satz sagt es gibt eine nullstelle (2.5)
106       ähm (23.1)
107       also quasi das ein teil oberhalb und ein teil unterhalb

108       ((Thomas vervollständigt seine Skizze:          ) (21.6))|
```

Der Bearbeitungsprozess wird an dieser Stelle inhaltlich unterbrochen, da Thomas zunächst mit der Formulierung des finalen Beweises beginnt und die Behauptung in symbolischer Schreibweise auf dem Lösungszettel notiert. Für die Ausarbeitung seiner Idee möchte Thomas auf den Zwischenwertsatz zurückgreifen. Er erinnert sich, dass die Lösung einer Übungsaufgabe auf der Konstruktion einer Hilfsfunktion beruhte, und definiert die Funktion $g(x) = f(x) - x$. Bevor er hiermit weiterarbeitet, notiert er den Zwischenwertsatz auf dem Lösungszettel. Fiona ist skeptisch bezüglich der Anwendung des Zwischenwertsatzes und äußert ihre Zweifel. Gemeinsam diskutieren sie kurz, inwiefern andere Sätze über stetige Funktionen herangezogen werden könnten, bevor Thomas die Aufmerksamkeit wieder auf den ursprünglichen Ansatz lenkt. Er ist sich seinerseits jedoch noch unsicher, wie die Hilfsfunktion zu definieren ist und beginnt von neuem, nach einer geeigneten Funktion zu suchen. Die Diskussion über eine geeignete Hilfsfunktion führt schließlich dazu, dass sich Thomas und Fiona erneut die Voraussetzungen des Zwischenwertsatzes anschauen. Thomas überträgt diese gemeinsam mit den in der Aufgabenstellung gegebenen Voraussetzungen auf den Lösungszettel, woraufhin sie die Anwendbarkeit des Zwischenwertsatz prüfen. Hierfür setzen sie a und b in die Funktion ein und versuchen, die entsprechenden Funktionswerte $g(a) = f(a) - a$ bzw. $g(b) = f(b) - b$ zu bestimmen (siehe Transkriptausschnitt). Dies führt sie zu einer Diskussion darüber, in welchem Verhältnis $f(a)$ und $f(b)$ zueinander stehen und ob die gegebene

```
197  T:   aber dann musst du noch dass das gilt (2.1)
198       also
199       [((Thomas schreibt auf ein weiteres Notizblatt:
```

$$g(x) = f(x) - x$$

$$g(a) = f(a) - a = a - a$$

$$g(b) = f(b) - b$$

```
          [...]                                                )) ]
203       das ist jetzt (---)
204       wir wissen nur das a größer b ist und dass die reell sind (--)
```

Funktionsvorschrift $f(a) = a$ und $f(b) = b$ impliziert. Als sie nicht weiterkommen, fasst Thomas die Idee des Beweises noch einmal zusammen und wiederholt die wesentlichen Beweisschritte. Dennoch haben Thomas und Fiona weiterhin Schwierigkeiten, $g(a) > 0$ und $g(b) < 0$ zu zeigen. Sie probieren verschiedene Ansätze aus und schlagen wiederholt den Zwischenwertsatz im Buch nach. Dabei wird deutlich, dass sie zwischenzeitlich die Funktionen f und g verwechseln und daher auch $f(a) < 0$ und $f(b) > 0$ diskutieren. Schließlich entscheiden sie sich, ihren Lösungsansatz unvollständig aufzuschreiben und $f(a) < f(b)$ anzunehmen. Thomas formuliert einen entsprechenden Beweis auf dem Lösungsblatt. Sowohl Thomas als auch Fiona sind sich bewusst, dass die Argumentation eine Lücke enthält, und äußern abschließend Unsicherheiten bezüglich der formulierten Lösung. Schematisch lässt sich der Beweisprozess von Fiona und Thomas, wie in Abbildung 7.1 dargestellt, als kontinuierlicher Wechsel zwischen dem Verstehen und Argumente Identifizieren skizzieren. Dabei treten wiederholt Wechsel zur Phase des Formulierens auf.

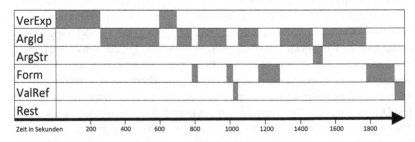

Abb. 7.1 Schematische Darstellung des Phasenverlaufs von Fiona & Thomas

Konstruktionsleistung
Fiona und Thomas formulieren abschließend einen Beweis, der nicht alle Erkenntnisse enthält, die im Verlauf des Beweisprozesses gewonnen wurden.

Vielmehr beschreibt die formulierte Lösung eine grobe Skizze der Beweisidee (siehe Abb. 7.2).

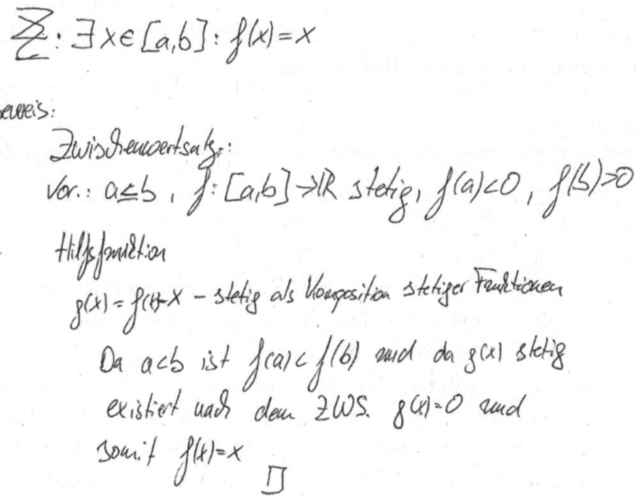

$$z.z. : \exists x \in [a,b] : f(x) = x$$

Beweis:

Zwischenwertsatz:

Vor.: $a \leq b$, $f : [a,b] \to \mathbb{R}$ stetig, $f(a) < 0$, $f(b) > 0$

Hilfsfunktion

$g(x) = f(x) - x$ — stetig als Komposition stetiger Funktionen

Da $a < b$ ist $f(a) < f(b)$ und da $g(x)$ stetig

existiert nach dem ZWS $g(x) = 0$ und

somit $f(x) = x$ □

Abb. 7.2 Beweis von Fiona und Thomas

Neben einer fehlenden Überprüfung der Voraussetzungen für die Anwendung des Zwischenwertsatzes wird bei der Darstellung des Beweises nicht deutlich, dass sich die zweite Zeile allgemein auf den Zwischenwertsatz bezieht und hier nicht auf die in der Aufgabe gegebene Funktion f verwiesen wird. Obwohl der Beweis Lücken aufweist und stellenweise wenig kohärent ist, wurde sich im Rahmen einer konsensuellen Validierung dazu entschieden, den Beweis der Kategorie K3 zuzuordnen. Mit dieser Entscheidung wird einem reichhaltigen Beweisprozess Rechnung getragen, der stärker in den angefertigten Notizen als im finalen Beweis abgebildet wird. Die im Beweis sichtbaren Defizite werden hier in erster Linie auf Schwierigkeiten beim Formulieren, d. h. dem Darstellen der entwickelten Lösung in einem vollständigen und nachvollziehbaren Beweis, zurückgeführt und weniger in der Ideengenerierung verortet. Eine solche Einschätzung spiegelt sich in der Zuordnung zur Kategorie „inhaltlich korrekter Beweis" wider.

Alina und Georg

Alina und Georg benötigen für ihre Beweiskonstruktion etwa 21 Minuten, was verglichen mit den übrigen Aufgabenbearbeitungen eine verhältnismäßig kurze Bear-

beitungsdauer darstellt. Wenngleich Alina und Georg beide an der Beweiskonstruktion beteiligt sind, dominiert Alina den Beweisprozess, indem sie ihre Ideen häufig
durchsetzt und in Zweifelsfällen die Entscheidungen trifft. Die Herangehensweise
von Alina und Georg ist überwiegend syntaktisch geprägt, sodass keine Beispiele
oder Skizzen im Beweisprozess auftreten. Vielmehr versuchen sie, die Lösung in
Analogie zu einem bestehenden Beweis zu entwickeln.

Prozessbeschreibung
Alina äußert beim Lesen der Aufgabenstellung unmittelbar die Vermutung, dass
die gegebene Aussage mit dem Zwischenwertsatz zu beweisen ist. Dennoch beginnen Alina und Georg die Bearbeitung damit, zunächst die Voraussetzung und die
Behauptung von der Aufgabenstellung auf ihre Schmierblätter zu übertragen. Während Alina im Buch nun gezielt nach dem Zwischenwertsatz sucht, widmet sich
Georg erst einmal der Aufgabenstellung und beginnt, diese erneut zu lesen. In diesem Prozessabschnitt arbeiten Alina und Georg getrennt voneinander und es scheint,
als würden sie unterschiedliche Ziele verfolgen. Alina ist bereits auf der Suche
nach Beweisideen, Georg hingegen vertieft seine Analyse der Aufgabenstellung.
Die getrennten Bearbeitungsprozesse laufen schließlich wieder zusammen, wenn
Georg Alina in ein Gespräch über die gegebene Aussage verwickelt. Gemeinsam
halten sie fest, dass die Stetigkeit der Funktion f bereits vorausgesetzt ist und es
sich bei der zu zeigenden Aussage um eine Existenzaussage handelt. Alina informiert Georg sodann über ihre Rechercheergebnisse. Sie hat im Buch nicht nur den
Zwischenwertsatz, sondern auch ein zugehöriges Korollar gefunden, das Ähnlichkeiten zur gegebenen Aussage aufweist. Hierbei handelt es sich um den Satz, dass
zu jedem $\gamma \in [f(a), f(b)]$ ein $c \in [a, b]$ existiert mit $f(c) = \gamma$.

```
060  A:  ((Alina verweist auf Teile der Aufgabenstellung und Teile des Korollars))
061       dann gibt es eine funktion (--) die definiert ist durch g von x (--) das
          gleiche wie f von x minus c
062       dann ist g auch stetig
063       und dann gilt das
064       nach Satz eins (--) keine ahnung wo das ist
          [...]
067  A:  wo ist satz eins (---) zwischenwertsatz
          [...]
071  A:  das ist eigentlich genau das gleiche
```

Im Folgenden versuchen Alina und Georg nun, den Beweis des Korollars auf die
gegebene Aufgabenstellung zu übertragen, indem sie diesen Schritt für Schritt
durchgehen. Der Übertragungsprozess wird dabei zweimal unterbrochen. Zum einen
beginnen Alina und Georg damit, den Beweisansatz zu formalisieren, indem sie die
verwendeten Voraussetzungen in symbolischer Notation auf ihrem Notizzettel fest-

halten. Zum anderen äußert Georg Zweifel an dem Beweis, da ihm das gewählte Vorgehen zu simpel vorkommt. Alina weist diese Bedenken zurück und spricht sich bestärkend für den verfolgten Ansatz aus. Schließlich arbeiten beide eine erste Version des übertragenen Beweises aus, indem sie ihre vorhergehenden Überlegungen systematisch zu Papier bringen und sich dabei auf inhaltlicher, struktureller und sprachlicher Ebene an dem diskutierten Beweis orientieren.

```
231        (Alina vervollständigt ihre Notizen:
           Zwischenwertsatz (9.9)  ∃ x ∈ [a,b] mit g(x) = 0
           =⟩  f(x) = x
                                                        )
232        (Georg schaut mehrmals skeptisch ins Buch und auf Alina Notizen)(20.0))
233  A:    ich überlege gerade
234        ((Alina vergleicht das Korollar mit ihren Notizen)) es existiert
           ein p (--) ein x aus
235        haben wir hier (--) nee doch (--) passt (--) passt
236        das ist ja x (--) ja klar (-) doof ((Alina lacht))
236        also muss das jetzt so reichen
           das muss ja jetzt funktionieren
```

Nach einer Validierungsphase, in der Alina und Georg Teile des Beweises noch einmal durchgehen und insbesondere überprüfen, ob die Voraussetzungen zur Anwendung des Zwischenwertsatzes auch für die abgewandelte Version des Korollars noch erfüllt sind, schreibt Alina den Beweis sauber auf dem Aufgabenblatt auf. Dabei ist festzustellen, dass sie den Beweis zu großen Teilen unverändert von ihrem Notizzettel übernimmt. Die schematische Darstellung des Beweisprozesses von Alina und Georg ist in Abbildung 7.3 gegeben.

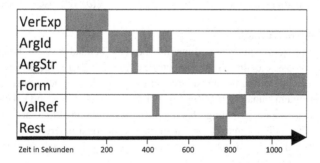

Abb. 7.3 Schematische Darstellung des Phasenverlaufs von Alina & Georg

Konstruktionsleistung
Bei dem Beweis von Alina und Georg handelt es sich um einen im Wesentlichen korrekten Beweis, der die zentralen Beweisschritte enthält und diese in einer angemessenen Notation darstellt (siehe Abb. 7.4).

Abb. 7.4 Beweis von Alina und Georg

$$\text{Vor.: } a < b \in \mathbb{R} \; ; \; f : [a,b] \to [a,b] \text{ stetig}$$
$$\text{Beh.: Es existiert ein } x \in [a,b] \text{ mit } f(x) = x$$
$$\text{Bew.: O.E.d.A. } a \leq x \leq b$$
$$f(a) \leq f(x) \leq f(b)$$

$$\text{Definiere eine Funktion } g \text{ mit } g : [a,b] \to [a,b] \text{ durch}$$
$$g(x) := f(x) - x.$$
$$g \text{ ist ebenfalls stetig und } g(a) < 0 < g(b)$$
$$\overset{ZWS}{\Longrightarrow} \; \exists \, x \in [a,b] \text{ mit } g(x) = 0 \Rightarrow f(x) = x \qquad \blacksquare$$

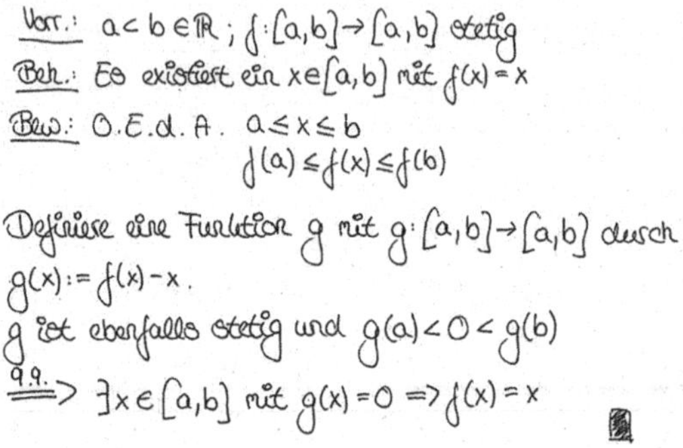

Der Beweis wurde der Kategorie K3 „inhaltlich korrekter Beweis" zugeordnet. In Abgrenzung zu Kategorie K4 wurde hier insbesondere zwei Aspekte berücksichtigt: Zum einen wurde eine Beschränkung auf den Fall $f(a) \leq f(x) \leq f(b)$ vorgenommen, was weder aus mathematischer Sicht, noch vor dem Hintergrund der folgenden Beweisschritte notwendig erscheint. In Bezug auf die Voraussetzungen des Zwischenwertsatzes wäre zudem eine Erläuterung wünschenswert gewesen, warum $g(a) < 0 < g(b)$ gilt. Im Rahmen einer solchen Erläuterung hätte sodann auch auffallen können, dass an dieser Stelle $g(a)$ und $g(b)$ vertauscht wurden.

Maike, Finn und Yannik
Der Beweisprozess von Maike, Finn und Yannik beinhaltet viele kooperative Momente, sodass die drei Studierenden den Beweis überwiegend gemeinsam als gleichberechtigte Bearbeitungspartner entwickeln. Ihr Entwicklungsprozess ist geprägt von einem semantischen Zugang, bei dem sie viele Ideen und Erkenntnisse aus Skizzen gewinnen. Es gelingt ihnen jedoch nicht, ihre inhaltlich-anschaulichen Überlegungen an die Rahmentheorie anzubinden. Sie identifizieren zwar den Zwischenwertsatz als hilfreiches Argument, können diesen jedoch nicht mit ihren übrigen Ideen in Verbindung bringen.

Prozessbeschreibung
Maike, Finn und Yannik beginnen ihren Beweisprozess damit, die Aufgabenstellung jeder für sich zu lesen. Dabei heben sie einzelne Voraussetzungen hervor, indem sie diese laut aussprechen. Während Yannik versucht, die Voraussetzungen in eine Skizze zu übertragen, erinnert Finn die anderen an eine ähnliche Aufgabe, die sie in der Übung besprochen haben. Gemeinsam überlegen sie in einem offenen Brainstorming, welche Sätze und Eigenschaften sie mit der gegebenen Aussage in Verbindung bringen können. Hierbei fallen die Stichworte „Bijektivität", „Umkehrfunktion" und „Zwischenwertsatz". Finn schlägt den Zwischenwertsatz im Skript nach und liest ihn den anderen beiden vor. Yannik ergänzt in dieser Zeit die von ihm begonnene Skizze, indem er eine beliebige Funktion und die Identitätsfunktion in ein Koordinatensystem einzeichnet. Anschließend widmen sich alle drei dem Zwischenwertsatz und überlegen, wie dieser auf die Aufgabe angewandt werden könnte. Sie stellen fest, dass es sich bei der zu zeigenden Aussage um eine ähnliche Formulierung handelt.

091   ((Yannick schreibt auf seinen Notizzettel:))

Yannik schlägt vor, eine Hilfsfunktion aufzustellen. Nach einer intensiven Diskussion darüber, wie der Zwischenwertsatz geometrisch zu interpretieren ist, versuchen sie gemeinsam, eine entsprechende Funktion zu konstruieren. Dies gestaltet sich jedoch schwierig, da niemand einen konkreten Ansatz verfolgt und keine klare Zielformulierung für das Konstruktionsvorhaben existiert. Yannik argumentiert schließlich, dass man sich von links und von rechts der eigentlichen Funktion annähern und so eine neue Funktion konstruieren müsse. Dies führt zu einer Diskussion darüber, wie die gegebene Funktion eigentlich aussieht. Insbesondere wird festgestellt, dass $f(a) < f(b)$ nicht zwangsläufig gegeben sein muss. Yannik versucht daraufhin weiter, eine Hilfsfunktion aufzustellen, indem er verschiedene Fälle unterscheidet. Er hält an dem Ansatz fest, da er meint, eine ähnliche Aufgabe in der Übung besprochen zu haben, und versucht, sich hieran zu erinnern.

```
368  Y:    ja (.) ä (.) d (.) so (-) mehrere [hilfsfunktionen durchspielen      ]
369  F:                              [genau auch über den (unverständlich)]
370        beziehungsweise fallend
371        (---)
372  Y:    ja
373        (1.1)
374  Y:    das du einmal von (.) von unten nach oben und von oben nach unten gehst
375        (1.3)
376  Y:    [also das       ]          [f    ]
377  F:    [beziehungweise ] von links nach [rechts]
```

Da sie keine konkreten Ideen haben, schauen Maike, Finn und Yannik ins Buch und studieren den Beweis des Zwischenwertsatz. Während Maike und Yannik überlegen, inwiefern sie den Beweis für ihre Aufgabe nutzen könnten, verfolgt Finn die Idee, den Zwischenwertsatz direkt auf die gegebene Aussage anzuwenden. In diesem Zusammenhang überlegen alle gemeinsam, wie eine Funktion aussehen müsste, damit die Aussage nicht erfüllt ist. Dies führt zu einer Diskussion darüber, ob unter den gegebenen Voraussetzungen auch $f(a) = a$ und $f(b) = b$ gelten muss. Nach einer kurzen Unterbrechung, in der sie über mögliche Klausuraufgaben sprechen, wird die Diskussion fortgeführt, ohne zu einem abschließenden Ergebnis zu kommen. Anhand einer erstellten Skizze stellt Yannik jedoch fest, dass alle möglichen Fixpunkte auf der Winkelhalbierenden liegen müssen. Die Aufgabenstellung fordert demnach, die Existenz eines Schnittpunkts zwischen der Funktion f und der Winkelhalbierenden zu zeigen. Dass ein solcher Schnittpunkt existiert, ergibt sich für Maike, Finn und Yannik unmittelbar aus dem Zwischenwertsatz. Sie formulieren folgende Beweisidee.

```
740  Y:    dann ziehst du da eine gerade durch und jeder punkt wäre ja der fixpunkt
           davon
741  M:    ja
742  Y:    (-) und ist natürlich klar
743        laut des zwischenwertsatzes (.) dass (---) irgendwann dieser punkt getroffen
           werden muss
744        (1.6)
745  F:    ja weil es stetig ist muss [das dazwischen liegen  ]
746  Y:                               [weil es stetig ist  (--)]
747        ja und a kleiner b ist (-)
748  F:    ja (2.4)
749  Y:    brauchen wir nur noch einen beweis
```

Inwiefern sich diese Argumentation als mathematischer Beweis eignet, ist Maike, Finn und Yannik jedoch nicht ganz klar. Sie halten ihren Ansatz für zu simpel, entscheiden sich dann aber dafür, ihren Lösungsansatz aufzuschreiben, um gegebenenfalls Teilpunkte zu erreichen. Yannik beginnt den Begründungsansatz aufzuschreiben, indem er eine seiner Skizzen auf ihr Lösungsblatt überträgt. Maike und Finn geben dabei Hinweise, welche Ideen und Ansätze noch hinzugefügt werden könnten. Yannik ergänzt schließlich ein paar Stichpunkte sowie die Aussage des Zwischenwertsatzes, bevor sie die Bearbeitung beenden.

Eine Übersicht über den Prozessverlauf bei Maike, Finn und Yannik ist in Abbildung 7.5 dargestellt. Die schematische Darstellung zeigt, dass an zwei Stellen des Beweisprozesses ein Doppelcode vergeben wurde. Während der erste Doppelcode aus einer getrennten Bearbeitung resultiert (Yannik fertigt eine Skizze an, Finn befasst sich mit dem Zwischenwertsatz), geht der zweite Doppelcode auf eine simultane Ausführung der Aktivitäten Strukturieren und Formulieren zurück.

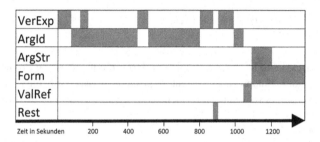

Abb. 7.5 Schematische Darstellung des Phasenverlaufs von Maike, Finn & Yannik

Konstruktionsleistung
Die finale Lösung von Maike, Finn und Yannik wird im Wesentlichen durch eine Skizze repräsentiert, in der die möglichen Fixpunkte auf einer Geraden lokalisiert werden und der gesuchte Fixpunkt damit als Schnittpunkt zwischen der gegebenen Funktion f und der Identitätsfunktion dargestellt wird. Die Stichpunkte, die um die Skizze herum platziert sind, machen deutlich, dass geeignete Ansätze, wie die Anwendung des Zwischenwertsatzes und die Konstruktion einer Hilfsfunktion, identifiziert wurden. Sie werden hier jedoch nicht weiter ausgearbeitet, sondern bleiben vage Ideen (siehe Abb. 7.6).

Aufgrund der herausgearbeiteten Ansätze wurde der Beweisversuch von Maike, Finn und Yannik der Kategorie K1 „Einfacher Ansatz" zugeordnet.

Luca, Karina und Hannah
Der Beweisprozess von Luca, Karina und Hannah wird zu großen Teilen von Luca und Karina geführt. Hannah hingegen befasst sich primär mit dem zur Verfügung gestellten Lehrbuch und beteiligt sich nur selten an den Diskussionen. Wenngleich Luca und Karina verschiedene Beweisansätze diskutieren, wird anhand einer abschließenden Validierung deutlich, dass Luca, Karina und Hannah die gegebene Aussage bis zuletzt nicht vollständig durchdrungen haben. Zudem weisen

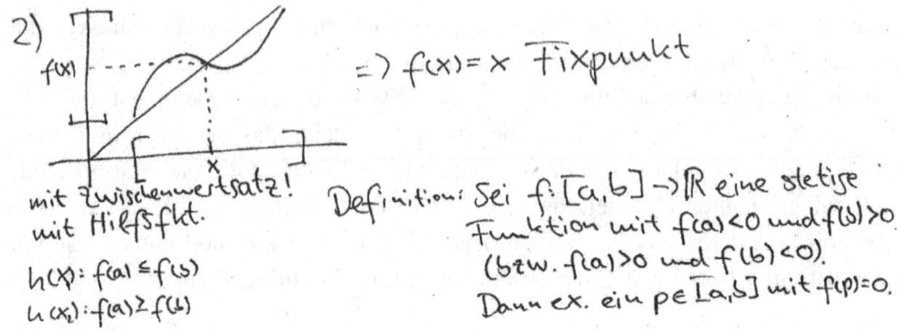

Abb. 7.6 Beweis von Maike, Finn und Yannik

sie Schwierigkeiten auf, einen verfügbaren Satz auf eine gegebene Problemsituation anzuwenden. Entsprechend besteht ihr primärer Ansatz darin, die Aussage des Zwischenwertsatzes so weit umzuformen, dass sich die zu zeigende Aussage ergibt.

Prozessbeschreibung
Während Luca, Karina und Hannah die Fixpunktaufgabe aufdecken und diese lesen, führen sie noch eine Diskussion über die Details der vorhergehenden Aufgabe, sodass hier der Beginn des Bearbeitungsprozesses nicht eindeutig markiert ist. Das Lesen der Aufgabenstellung verläuft hier insofern schrittweise, als einzelne Aspekte der gegebenen Aussage hervorgehoben und diskutiert werden. In diesem Zusammenhang identifizieren sie die Funktion $f(x) = x$ als Identitätsfunktion und verweilen schließlich beim Stetigkeitsbegriff, dessen Definition sie nachschlagen und sodann herausschreiben. Da sie keine direkte Idee haben, wie sie an den Beweis herangehen könnten, suchen sie das Gespräch mit einer anderen Propädeutikumsgruppe, die in demselben Raum arbeitet. Der Austausch verbleibt dabei auf organisatorischer Ebene, sodass eine inhaltliche Beeinflussung auszuschließen ist. Während des Gesprächs blättert Hannah wenig zielgerichtet im Skript und entdeckt dabei zufällig eine ähnliche Aussage, die mit dem Zwischenwertsatz bewiesen wurde. Hierbei handelt es sich um das Korollar, nach dem zu jedem $\gamma \in [f(a), f(b)]$ ein $c \in [a, b]$ existiert mit $f(c) = \gamma$. Sie schreiben den Zwischenwertsatz heraus und gehen gemeinsam dessen Beweis durch (siehe Transkriptausschnitt). Da ihnen ein Beweis mittels Intervallschachtelung recht komplex erscheint, verfolgen sie diesen Ansatz zunächst nicht weiter und suchen nach alternativen Beweisideen. Hannah hat mittlerweile den Fixpunktsatz im Buch gefunden und regt an, diesen für die Argumentation zu nutzen. Da niemand eine Idee hat, wie dies umgesetzt werden

```
167  K:   hm_hm jaja den der schritt geht auch noch (2.6)
168       achso b_n minus a_n (1.2)
169  L:   gleich zwei hoch minus b_n minus a
170  K:   da bin ich raus (--) keine ahnung
171       <<fragend> woher kommt jetzt das zwei hoch minus n> (4.0)
172  L:   hm (1.4)
173  K:   <<flüsternd> b minus a> (2.2)
174       das kommt so aus dem nichts
175  L:   nee erstmal weitergucken oder (--)
```

könnte, gehen Luca und Karina bald wieder zu ihrer Idee zurück, den Beweis des
Zwischenwertsatzes auf ihre Situation zu übertragen.

```
197  L:   weil das ist ja eigentlich das (2.5)
198       oder ist das was andres weil hier ist (---)
199       c gleich gamma und und nicht c gleich c (6.7)
200  K:   ja aber bei den ist das so unterschiedlich weil wir ja quasi beweisen dass
          das ähm
201       [eine nullstelle ist        ]
202  L:   [dass es immer was dazwischen gibt  ] (---)
203  K:   ja (2.0)
204  L:   ja nicht dass es eine nullstelle gibt sondern das
205  K:   achso ja aber mit dem
206       ja hm_hm
```

Sie gehen den Beweis erneut durch und diskutieren, was der Zwischenwertsatz
inhaltlich aussagt. In dem Zusammenhang richten sie ihre Aufmerksamkeit noch
einmal auf die konkrete Formulierung der Aufgabenstellung, wobei Luca Zweifel
bezüglich der Gültigkeit der Aussage äußert. Im Vergleich von Zwischenwertsatz
und Aufgabenstellung erscheint es ihm nicht plausibel, warum $f(x) = x$ anstatt
$f(x) = y$ gelten soll. Die anderen beiden gehen auf seine Bedenken jedoch kaum
ein. Karina richtet die Aufmerksamkeit hingegen wieder auf den Fixpunktsatz und
betont die Parallelen zur eigenen Aussage. Gemeinsam schaut sich die Gruppe den
Beweis zum Fixpunktsatz an, stellt jedoch fest, dass hier Sätze verwendet werden, die ihnen noch nicht bekannt sind. Aufgrund der Komplexität des Beweises
gehen sie zurück zum Kapitel „Sätze über stetige Funktionen" und betrachten die
verschiedenen, dort aufgeführten Sätze und Definitionen, wobei insbesondere die
gleichmäßige Stetigkeit und der Satz über Minimum und Maximum kurz andis-
kutiert werden. Luca und Karina stellen bald resigniert fest, dass sie keine Ideen
zur Beweisentwicklung haben und äußern Unlust, sich weiter damit zu befassen.
Sie sprechen kurz darüber, wie sie ihre Chancen für die anstehenden Klausuren
einschätzen, und entscheiden dann, den Ansatz mit dem Zwischenwertsatz aufzuschreiben. Während Luca versucht, ihren Gedankengang zu Papier zu bringen,
unterstützt Karina ihn dabei, indem sie Hinweise gibt, was in welcher Form als
nächster Schritt aufgeschrieben werden könnte.

```
374   K:   nach dem zwischenwertsatz (7.8)
375        um zu jedem x zwischen f von a und f von b existiert ein (2.4)
376        keine ahnung (--)
377        das ist dumm dass die das gleich nennen f von x gleich x (---) das ist so
           [...]
396   K:   das heißt a muss genau auf a abgebildet werden und b auf b und so weiter
397   L:   nee (---) das muss nicht sein
398   K:   nicht (---)
399   L:   es gibt nur ein wert da drin glaub ich
400   K:   ach es gibt nur den
401   L:   also es kann auch nur einen wert geben zum beispiel
402   K:   achso (---) hmm (10.4)
403        boah ich hab keine ahnung
```

In diesem Zusammenhang stellen sie fest, dass Karina ein fehlerhaftes Verständnis von der gegebenen Funktion aufweist. Sie hat die Aussage als Allaussage aufgefasst und damit die gegebene Funktion mit der Identitätsabbildung assoziiert. Frustriert beenden Luca, Karina und Hannah die Bearbeitung.

In Abbildung 7.7 ist der Phasenverlauf des Beweisprozesses von Luca, Karina und Hannah dargestellt. Es wird deutlich, dass die Gruppe einen Großteil der von ihr beanspruchten Zeit auf die Phase des Argumente Identifizierens verwendet. Die eingeschobene Verstehensphase wird von Luca durch Überlegungen zur Plausibilität der Aussage initiiert, welche von Karina und Hannah jedoch kaum aufgegriffen werden. Da Luca und Karina ihre finale Lösung erst im Formulierungsprozess ausarbeiten, wurde zum Ende des Beweisprozesses ein Doppelcode vergeben.

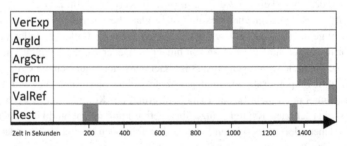

Abb. 7.7 Schematische Darstellung des Phasenverlaufs von Luca, Karina & Hannah

Konstruktionsleistung

Die Lösung von Luca, Karina und Hannah beschränkt sich im Wesentlichen auf die Wiedergabe des Zwischenwertsatzes bzw. dem zugehörigen Korollar, wobei die Variablenbezeichnungen an die Aufgabenstellung angepasst wurden (siehe Abb. 7.8). Darüber hinaus enthält der Beweisversuch weder Folgerungen, noch dokumentiert er weitere grobe Beweisideen. Insbesondere ist die Konklusion $f(x) = x$ nicht Teil der formulierten Lösung, wodurch keine allgemeine Beweisstruktur erkennbar wird. Entsprechend wurde der Beweisversuch von Luca, Karina und Hannah der Kategorie K0 „Kein Ansatz" zugeordnet.

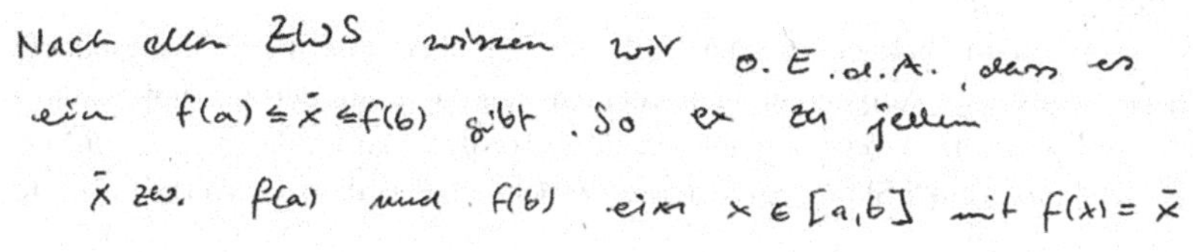

Nach allen ZWS wissen wir o. E. d. A. , dass es
ein $f(a) \leq \bar{x} \leq f(b)$ gibt . So es zu jedem
$\bar{x}$ zw. $f(a)$ und $f(b)$ ein $x \in [a,b]$ mit $f(x) = \bar{x}$

Abb. 7.8 Beweis von Luca, Karina und Hannah

Es bleibt offen, inwiefern die Studierenden beabsichtigten, über die Wahl der Variablen x und $\bar{x}$ den Zwischenwertsatz an die gegebene Problemsituation anzupassen und so die Aussage nachzuweisen. Hier würden sich sodann nicht nur Defizite im Aufgabenverständnis und in der Anwendung von mathematischen Sätzen abzeichnen, sondern auch Schwierigkeiten im Umgang mit Variablen andeuten. Denkbar ist jedoch auch, dass Luca und Karina die Argumentation zunächst weiterführen und für die Gleichheit von x und $\bar{x}$ argumentieren wollten, die Aufgabenbearbeitung jedoch aufgrund ihrer Unsicherheiten bezüglich der Aufgabeninterpretation vorzeitig beenden.

7.1.2 Ausgewählte Fallbeschreibungen zur Extrempunktaufgabe

Die Beschreibung der Beweisprozesse wird in diesem Abschnitt um solche Beweiskonstruktionen ergänzt, die sich auf die Extrempunktaufgabe beziehen. Die Extrempunktaufgabe wurde aufgrund ihrer stärkeren Verknüpfung zum Schulwissen von vielen Studierenden als leichter zugänglich empfunden. Hieraus erwächst sodann eine größere Bandbreite an unterschiedlichen Herangehensweisen, sodass hier sechs Fälle für eine detaillierte Beschreibung ausgewählt wurden.

Markus und Lena

Die Beweiskonstruktion von Markus und Lena stellt mit einer Dauer von 19:32 Minuten den kürzesten Beweisprozess in der Stichprobe dar (vgl. Tabelle 7.1). Markus weist einen guten Überblick über die in der Vorlesung behandelten Definitionen und Sätze auf, wodurch es ihm leicht fällt, bereits nach kurzer Bearbeitungszeit konkrete Beweisideen vorzuschlagen. Er ist daher maßgeblich für das Voranschreiten der Beweiskonstruktion verantwortlich, wohingegen Lena überwiegend Verständnisfragen stellt oder Unsicherheiten bezüglich des Vorgehens äußert.

Prozessbeschreibung
Markus und Lena betrachten zunächst beide Aufgaben, diskutieren insbesondere Ansätze zur ersten Aufgabe und entscheiden sich dann, mit der Extrempunktaufgabe zu beginnen. Markus beginnt den Beweisprozess damit, die gegebenen Voraussetzungen in einer Skizze darzustellen. Er betont dabei, dass der Wert $f(x_2)$ echt kleiner als die anderen beiden Werte ist, auch wenn über deren Verhältnis zueinander keine Aussage getroffen wird. Markus betrachtet nun die Behauptung und fasst zusammen, dass die Existenz eines Minimums gezeigt werden soll. Er erinnert sich an einen Satz, der hiermit in Verbindung stehen könnte, ist sich jedoch bezüglich der genauen Formulierung dieses Satzes nicht sicher. Lena versucht daher, einen entsprechenden Satz im Buch zu identifizieren, und lässt sich dafür von Markus navigieren. Gemeinsam betrachten sie die hinreichende Bedingung von Extrema und beschließen, sich zunächst darauf zu fokussieren, die Existenz eines $y \in \mathbb{R}$ mit $f'(y) = 0$ zu zeigen. Markus assoziiert in diesem Zusammenhang den Satz von Rolle. Er stellt fest, dass die Voraussetzungen für diesen Satz zwar nicht erfüllt sind, sich diese aber mithilfe des Zwischenwertsatzes konstruieren ließen.

```
085  M:    ja wir können auch einfach das hier benutzen (2,0)
086        also denk ich mal (1,1) wenn jetzt hier ähm (---) x_zwei (--)
087        ((Markus zeichnet in die Skizze und zeigt darauf))
           [...]
095  M:    wir wissen jetzt nicht ob die beiden punkte irgendwo gleich groß sind
096        aber wir können auf jeden fall sagen beide sind auch knapp größer als der
097        ((Markus zeigt während des Gesprächs auf die Skizze))
098  L:    mhh
099  M:    also sind beide oder auf jeden fall gibt es dann punkte auf deren intervall
100        nach dem zwischenwertsatz (-)
101        die gleich sind (1,7)
           ((Markus ergänzt in seiner Skizze zwei Punkte auf der Funktion))
```

Basierend auf diesen Überlegungen, fasst Markus die Grundstruktur seiner Beweisidee zusammen, indem er die einzelnen, von ihm benannten Sätze in eine Reihenfolge bringt und miteinander verknüpft.

```
104  M:    also muss (-) auch wenn es die zwischenwertsätze gibt
105        man muss ja dazwischen eine ableitung geben (-)
106        mit gleich null (2,1)
107        ((Markus zeigt auf einen Satz im Buch))
108        also anders gesagt (--)
109        es muss da (.) eine extremstelle geben (---)
110        und da wir von größer ausgehen (1,4)
111        muss das dann ein maxi ach minimum sein (2,9)
```

Lena äußert Zweifel gegenüber diesem Ansatz, da sie sich nicht sicher ist, ob die gegebene Funktion stetig und der Zwischenwertsatz damit anwendbar ist. Markus kann die Bedenken ausräumen und beginnt, den Teilbeweis für $f'(y) = 0$ zu formulieren. Schwierigkeiten bereitet es ihm dabei, eine präzise Formulierung dafür zu finden, wie er die Voraussetzungen des Satzes von Rolle konstruiert.

```
188  M:    <<fragend> wie schreibet man es existiert> (4,6)
189  L:    <<fragend> was willst du denn sagen> (-)
190  M:    also (-) ja das wir jetzt halt hier drauf ein punkt p existiert mit f von p
191        (--) ist halt hier das gleich wie da
192        ((Markus zeigt parallel zum Gespräch auf die Skizze)(1,2))
193  M:    ((unverständlich, ca. 1 Sek.)) es existiert>
194        ((Lena schaut auf den Aufgabenzettel, Markus schreibt auf den Aufgabenzettel:
                E:  ∃p∈[x₁,x₂]  nach ZWS, da  f(x₁)≥f(x₀),   (31.7))
195  M:    jetzt eher schlecht aufgeschrieben
           […]
207        ((Markus ergänzt auf dem Aufgabenzettel:  mit f(x₁)≥f(p)≥f(x₀)  ))
```

Nachdem der erste Teilbeweis formuliert ist, überlegen Markus und Lena kurz, welche Schlussregel den folgenden Beweisschritt begründet. Markus beschließt, mithilfe der Definition eines Minimums zu argumentieren, um nachzuweisen, dass es sich bei der gefundenen Extremstelle um ein Minimum handelt. Er beginnt, den Beweis entsprechend zu ergänzen, wird dabei jedoch von Lena unterbrochen, die eine Frage zum letzten Beweisschritt stellt. Markus erklärt daraufhin noch einmal die Grundstruktur des Beweises und präzisiert seine Angaben zu den Werten, die in der Umgebung von $f(y)$ liegen. Dabei verunsichert er sich kurzzeitig selbst, gibt sich dann jedoch mit seinem Ansatz zufrieden. Er führt den Formulierungsprozess fort und ergänzt schließlich die Folgerung, dass aus der Existenz eines Minimums die Behauptung folgt. Gemeinsam kontrollieren Lena und Markus ihren Beweis und äußern Zweifel, ob der Fall $f''(y) = 0$ mit abgedeckt ist. Sie wiederholen die genaue Formulierung der hinreichenden Bedingung für Extrema. Dabei entdecken sie eine Erklärung im Buch, die anhand der Funktion $f(x) = x^4$ verdeutlicht, warum es sich um eine hinreichende und keine notwendige Bedingung handelt. Diese Erklärung bestärkt sie in ihrem Ansatz und sie beenden die Bearbeitung.

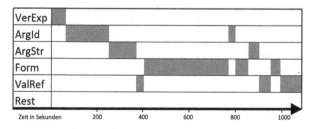

Abb. 7.9 Schematische Darstellung des Phasenverlaufs von Markus & Lena

Die Kodierung des Beweisprozesses von Markus und Lena entlang der auftretenden Phasen brachte die in Abbildung 7.9 dargestellte schematische Übersicht über den Prozessverlauf hervor. Es zeigt sich, dass der eigentliche Formulierungsprozess einen substanziellen Anteil am Gesamtprozess einnimmt und dieser durch verschiedene Phasenwechsel mehrfach für kurze Zeit unterbrochen wird.

Konstruktionsleistung
Bei der Lösung von Markus und Lena handelt es sich um den einzigen Beweis in der gesamten Stichprobe, welcher der Kategorie K4 „Vollständig korrekter Beweis" zugeordnet wurde. Der Beweis präsentiert auf nachvollziehbare Weise eine Kette deduktiver Schlüsse, wobei die verwendeten Schlussregeln zu großen Teilen benannt werden. Über die Anwendung des Zwischenwertsatzes werden hier die Voraussetzungen für den Satz von Rolle konstruiert, welcher wiederum dazu verwendet wird, die Existenz einer Extremstelle zu zeigen. Unter Berücksichtigung der Definition eines Minimums und der hinreichenden Bedingung von Extrema wird hieraus sodann die Behauptung hergeleitet. Gemessen an den Standards, die im ersten Semester an Beweise herangetragen werden, ist der Beweis sorgfältig formuliert und weist einen überwiegend adäquaten Gebrauch der Fachsprache auf (siehe Abb. 7.10).

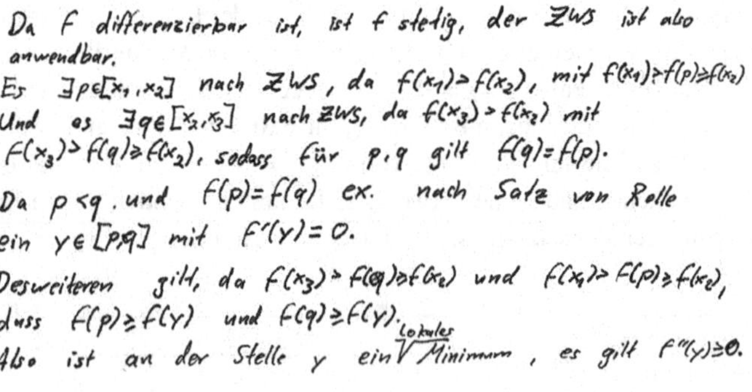

> Da f differenzierbar ist, ist f stetig, der ZWS ist also anwendbar.
> Es $\exists p \in [x_1, x_2]$ nach ZWS, da $f(x_1) \geq f(x_2)$, mit $f(x_1) \geq f(p) \geq f(x_2)$
> Und es $\exists q \in [x_2, x_3]$ nach ZWS, da $f(x_3) > f(x_2)$ mit $f(x_3) > f(q) \geq f(x_2)$, sodass für p, q gilt $f(q) = f(p)$.
> Da $p < q$ und $f(p) = f(q)$ ex. nach Satz von Rolle ein $y \in [p, q]$ mit $f'(y) = 0$.
> Desweiteren gilt, da $f(x_3) > f(q) \geq f(x_2)$ und $f(x_1) \geq f(p) \geq f(x_2)$, dass $f(p) \geq f(y)$ und $f(q) \geq f(y)$.
> Also ist an der Stelle y ein lokales Minimum, es gilt $f''(y) \geq 0$.

Abb. 7.10 Beweis von Markus und Lena

Alina und Sascha
Der Beweisprozess von Alina und Sascha verläuft überwiegend strukturiert und systematisch, da die beiden Studierenden im Rahmen ihrer inhaltlichen Diskussionen den aktuellen Stand ihrer Bearbeitung wiederholt reflektieren. Zu Beginn

ihres Beweisprozesses assoziieren Alina und Sascha bereits verschiedene Wissens-elemente aus ihrer Schulzeit, die mit der gegebenen Aussage in Verbindung stehen könnten. Im Unterschied zu Markus und Lena gelingt es ihnen zunächst jedoch nicht, diese Wissenselemente mit Sätzen aus der Vorlesung zu verknüpfen und das abge-rufene Wissen so für eine Beweiskonstruktion nutzbar zu machen. Sie erarbeiten sich ihren Beweisansatz daher schrittweise, indem sie semantische und syntakti-sche Zugänge kombinieren und die entwickelten Beweisideen zunehmend an die Rahmentheorie anbinden. Wenngleich die entscheidenden Ideen und Diskussions-anlässe häufig von Sascha eingebracht werden, sind beide Studierende maßgeblich an der Beweiskonstruktion beteiligt.

Prozessbeschreibung
Alina und Sascha lesen zunächst die Aufgabenstellung und ergänzen die gegebenen Informationen, indem sie Vorwissen aus der Schule aktivieren und die genannten Bedingungen mit semantischen Repräsentationen verknüpfen. Insbesondere wie-derholen sie dabei, wie sich der Ausdruck $f''(y) \geq 0$ geometrisch interpretieren lässt, und schlagen die Definition des Differenzierbarkeitsbegriffs nach. Anschlie-ßend visualisieren sie den gegebenen Sachverhalt mithilfe einer Skizze, in der sie die Funktion f als Parabel darstellen und an der Stelle x_2 ein Minimum lokalisieren. Zu einem späteren Zeitpunkt in ihrem Beweisprozess stellen sie jedoch fest, dass das Minimum nicht zwingend bei x_2 liegen muss, wodurch sie weitere mögliche Funktionsgraphen in Betracht ziehen.

```
180   S:   also wir können nicht sagen
181        die sitzt in x zwei
182        weil de graph könnte ja auch so verlaufen hier mit
           linkskrümmung und dann wieder so
183   A:   ja
184   S:   könnte hier sitzen muss aber auch nicht
185        da könnte ja das gleiche passieren
```

Aufbauend auf ihrer inhaltlich-anschaulichen Vorstellung von der gegebenen Situa-tion nehmen sie das Buch zur Hilfe und suchen dort nach hilfreichen Sätzen und Definitionen, welche die zweite Ableitung näher charakterisieren. Sie werden jedoch nicht direkt fündig und diskutieren einzelne Sätze, wie den Satz von Rolle, nur kurz, um eine Anwendung desselben auszuschließen. Während Alina noch die Sätze im Buch durchgeht, beginnt Sascha, nach einer Begründung für die gegebene

Aussage auf inhaltlich-anschaulicher Ebene zu suchen. Anhand von Skizzen erklärt er, warum die Steigung der Funktion f an einer Stelle in $[x_1, x_2]$ negativ und an einer Stelle in $[x_2, x_3]$ positiv sein muss. Zwischen diesen beiden Punkten muss es sodann einen dritten Punkt geben, an dem die zweite Ableitung positiv ist.

```
444  A:   einmal ist die Ableitung kleiner und einmal ist die größer
445  S:   genau
446       und dann haben wir auf jeden Fall zwei dieser Punkte
447       einen negativen und einen positiven
448       das heißt diese funktion muss irgendwann mal steigen
449  A:   [ja ]
450  S:   [das]ist auch irgendwie klar mit diesen sätzen die wir haben
451       und das heißt die zweite ableitung muss irgendwann mal positiv sein
452  A:   ja
```

Gemeinsam suchen Alina und Sascha im Skript nach Sätzen, welche den Zusammenhang zwischen der Monotonie einer Funktion und dem Wert ihrer Ableitung beschreiben und so die entwickelte Beweisidee unterstützen. Da sie einen solchen Satz zunächst nicht finden, gehen sie zurück zu ihrer Beweisidee und fassen ihre bisherigen Überlegungen noch einmal strukturiert zusammen. Hierfür fertigen sie verschiedene Notizen an, in denen sie die grobe Struktur ihres Beweises in symbolischer Notation festhalten. Während Alina und Sascha ihre Argumentationskette ausarbeiten, stellen sie fest, dass ihre Zwischenbehauptung, $\exists\, a \in (x_1, x_2)$ mit $f'(a) > 0$, bislang lediglich durch ihre Anschauung gestützt wird und einer weiteren Begründung bedarf. Während Alina im Buch nach hilfreichen Sätzen sucht, versucht Sascha die Teilaussage eigenständig zu beweisen. Dabei argumentiert er indirekt und nutzt den Zusammenhang von Monotonie und erster Ableitung.

```
601  S:   dann beweisen wir das ganz schnell
602       das geht nämlich wirklich gut
603       und beweisen das durch widerspruch
604       würde nämlich für alle a gelten
605       die ableitung wäre größer gleich null
606       dann wäre es ja streng monoton wachsend
607  A:   ja
608  S:   und dann kann das nie gelten
609       weil es ja streng monoton oder monoton wachsend ist
610       bei größer gleich
```

Die von Sascha ausgearbeiteten Schlussfolgerungen erscheinen beiden plausibel, sodass sie versuchen, ihren Beweisansatz systematisch zu Papier zu bringen und im Zuge dessen einen finalen Beweis zu formulieren. Sie entscheiden sich für eine Beweisstruktur, bei der sie im Vorfeld des eigentlichen Beweises zunächst eine Proposition angeben, mithilfe derer sie ihre Zwischenbehauptung festhalten und sodann beweisen. Der nun folgende Formulierungsprozess wird an verschiedenen

Stellen unterbrochen, da Alina und Sascha hier einzelne Sätze gezielt nachschlagen, verschiedene Beweisschritte im Detail ausarbeiten oder die Reihenfolge der Argumente diskutieren. Im nachstehenden Beispiel überlegen sie etwa wie sie ihre Proposition nun für die Herleitung der Konklusion verwenden und so den Übergang von der ersten zur zweiten Ableitung gestalten können.

```
883  S:  also wir benutzen nochmal die proposition
884      weil voll gut
885      weil wenn wir die jetzt nochmal benutzen
886      nur für f strich auf f strich strich
887  A:  ja
888  S:  ja wir können uns gleich nochmal überlegen ob wir da noch was zu schreiben
         warum wir [das nochmal machen können]
889  A:                [ja wegen stetigkeit    ] und so ne
890      vielleicht müssen wir das noch schreiben
891  S:  nein nein
892  A:  dass
893  S:  wir können f strich jetzt einfach als g definieren
894      und dann können wir das ja wieder anwenden
895      [nur dass die funktion g heißt]
896  A:  [ja ja                        ]
```

Bevor Alina und Sascha die Bearbeitung beenden, diskutieren sie noch kurz, inwiefern ihre Lösung einen vollständigen Beweis darstellt. Sie vergleichen die von ihnen aufgeschriebenen Zeilen mit ihren wöchentlichen Übungsaufgaben und kommen zu dem Schluss, dass die formulierte Lösung einen adäquaten Beweis darstellt.

In Abbildung 7.11 ist der Beweisprozess von Alina und Sascha abstrahiert als Phasenverlauf dargestellt. Hier wird deutlich, dass die Studierenden nach einer Phase des Verstehens und des Argumente Identifizierens vergleichsweise viel Zeit auf die Ausarbeitung ihres Beweises verwenden. Über den wiederholten Phasenwechsel in der zweiten Hälfte des Beweisprozesses wird hier das Wechselspiel zwischen Strukturierung und Formulierung abgebildet, welches den Schreibprozess von Alina und Sascha begleitet. Die flüchtige Bewertung des Beweises am Ende des Konstruktionsprozesses wird durch eine abschließende Validierungsphase repräsentiert.

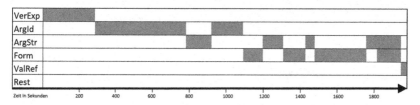

Abb. 7.11 Schematische Darstellung des Phasenverlaufs von Alina & Sascha

Konstruktionsleistung
In ihrer Lösung geben Alina und Sascha zunächst eine Proposition an, in der sie eine Aussage über die erste Ableitung und damit eine Zwischenbehauptung formulieren. Sie beweisen die Proposition, indem sie den Wert der Ableitung mit der Steigung einer Funktion verknüpfen und die Negation der Proposition unter Berücksichtigung der gegebenen Voraussetzungen zum Widerspruch führen. Unter mehrfacher Anwendung der Proposition gelingt es Alina und Sascha nun, die Argumentation auf die zweite Ableitung zu übertragen und so auf die gewünschte Konklusion zu schließen (siehe Abb. 7.12).

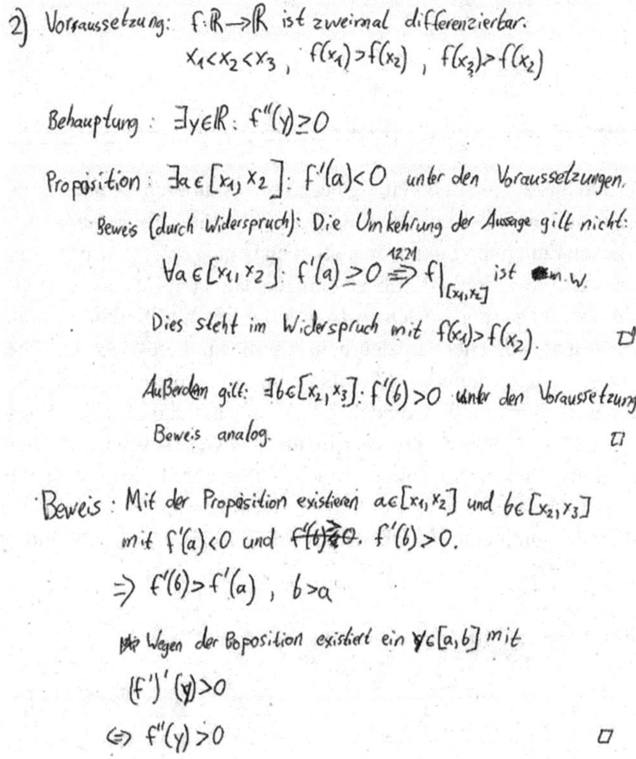

2) Voraussetzung: $f: \mathbb{R} \to \mathbb{R}$ ist zweimal differenzierbar.
   $x_1 < x_2 < x_3$, $f(x_1) > f(x_2)$, $f(x_3) > f(x_2)$

Behauptung: $\exists y \in \mathbb{R}: f''(y) \geq 0$

Proposition: $\exists a \in [x_1, x_2]: f'(a) < 0$ unter den Voraussetzungen.

   Beweis (durch Widerspruch): Die Umkehrung der Aussage gilt nicht:
   $\forall a \in [x_1, x_2]: f'(a) \geq 0 \overset{12.21}{\Rightarrow} f|_{[x_1, x_2]}$ ist m.w.

   Dies steht im Widerspruch mit $f(x_1) > f(x_2)$.   ⊡

   Außerdem gilt: $\exists b \in [x_2, x_3]: f'(b) > 0$ unter den Voraussetzungen.
   Beweis analog.   ⊡

Beweis: Mit der Proposition existieren $a \in [x_1, x_2]$ und $b \in [x_2, x_3]$
   mit $f'(a) < 0$ und ~~f'(b)≠0.~~ $f'(b) > 0$.
   $\Rightarrow f'(b) > f'(a)$, $b > a$

   Wegen der Proposition existiert ein $y \in [a, b]$ mit
   $(f')'(y) > 0$
   $\Leftrightarrow f''(y) > 0$ ⊡
   $\Rightarrow f''(y) \geq 0$

Abb. 7.12 Beweis von Alina und Sascha

Die Lösung von Alina und Sascha stellt einen inhaltlich korrekten Beweis dar und wurde daher der Kategorie K3 zugeordnet. Für eine höhere Einstufung fehlt es der Lösung stellenweise an Kohärenz und Präzision. Insbesondere hätte der letzte Beweisschritt, der hier als der eigentliche Beweis gekennzeichnet ist, ausführlicher begründet werden können, um so den Zusammenhang zwischen den einzelnen Bausteinen stärker zu verdeutlichen.

Tobias und Lars

Der Bearbeitungsprozess von Tobias und Lars findet insofern auf Augenhöhe statt, als beide Bearbeitungspartner in gleichem Maße zum Fortschritt der Beweiskonstruktion beitragen. Mit einer Dauer von 41:02 Minuten gehört der Beweisprozess von Tobias und Lars zu den längeren Prozessen der Stichprobe (vgl. Tabelle 7.1). Ihre Diskussionen gestalten sich dabei häufig wenig kohärent, sodass die Argumentation aufgrund von Gedankensprüngen und fragmentarischen Sätzen nicht immer leicht zu verfolgen ist. Im Folgenden wird dennoch versucht, die wesentlichen Aspekte herauszuarbeiten und stringent darzustellen.

Prozessbeschreibung
Tobias und Lars beginnen ihren Beweisprozess damit, dass Tobias die Aufgabenstellung laut vorliest. Lars erstellt sodann eine Skizze, wobei er zunächst den Graphen einer linearen Funktion zeichnet. Die Skizze wird kurz darauf korrigiert, als Tobias Differenzen zwischen der Visualisierung und den gegebenen Voraussetzungen bemerkt. Basierend auf der neuen Skizze assoziieren Tobias und Lars den gezeichneten Funktionsgraphen mit der Funktion $f(x) = x^2$ und wählen diese als Beispielfunktion. Ihre Aufmerksamkeit richtet sich nun auf die Behauptung, wobei sie insbesondere diskutieren, wie sich der Term $f''(y) \geq 0$ geometrisch interpretieren lässt. Unter Rückgriff auf ihr Schulwissen halten sie schließlich fest, dass an dieser Stelle ein Minimum oder ein Sattelpunkt existieren muss.

```
135  T:   wenn es gleich null ist
136       dann haben wir ja kein minimum
137  L:   was haben wir denn dann
138  T:   ja sowas wie bei x hoch drei
139       so einen sattelpunkt oder so
140  L:   aber die ist doch nicht zweimal differenzierbar
141       oder doch (---)
142  T:   nee x hoch drei kannst du doch noch differenzieren
143       mehr als zweimal (3.0)
```

Sie nehmen das Skript zur Hand und suchen nach Sätzen, auf denen sie ihre Argumentation aufbauen könnten. Dabei stoßen sie auf den Mittelwertsatz, den sie offensichtlich schon mehrfach in Übungsaufgaben angewandt haben. Sie sind sich unsicher, inwiefern die gegebene Funktion die Voraussetzungen des Satzes erfüllt, da hier kein abgeschlossenes Intervall gegeben ist. Sie beschließen, ihre Betrachtung auf die Intervalle $[x_1, x_2]$ und $[x_2, x_3]$ zu beschränken und bilden den Differenzenquotienten beispielhaft für das erste Intervall. Sie erhalten $f'(\bar{x}) < 0$ für ein $\bar{x} \in (x_1, x_2)$, wissen jedoch zunächst nichts mit dieser Erkenntnis anzufangen. Lars lenkt die Aufmerksamkeit wieder auf die geometrische Interpretation von $f''(y) = 0$, indem er diesen Ausdruck mit der Existenz einer Wendestelle in Verbindung bringt. Tobias bestätigt Lars' Vorstellung und sie schauen sich gemeinsam noch einmal den Verlauf der gegebenen Funktion an. Insbesondere geben sie dabei die Voraussetzung in eigenen Worten wider und versuchen den Ausdruck $f''(y) \geq 0$ als Steigung der ersten Ableitung zu interpretieren.

Tobias lenkt die Aufmerksamkeit sodann wieder auf den Mittelwertsatz, weist jedoch Unsicherheiten auf, diesen auf die konkrete Problemsituation anzuwenden. Gemeinsam versuchen Tobias und Lars sich daher zunächst auf inhaltlich-anschaulicher Ebene den Zusammenhang zwischen der Steigung einer Funktion und dem Wert der ersten und zweiten Ableitung zu verdeutlichen. Hierfür überlegen sie, an welchen Stellen die gegebene Funktion steigt und an welchen sie fällt. Obwohl sie das Gefühl haben, dass der Mittelwertsatz hier hilfreich sein könnte, sind sie sich unsicher, ob dieser auch dann angewandt werden kann, wenn in der Aufgabenstellung die Stetigkeit der Funktion f nicht vorausgesetzt ist. Während sie im Buch nach alternativen Sätzen suchen, stellen sie fest, dass die meisten Sätze nur für stetige Funktionen gelten. Dies führt sie zu einer Diskussion darüber, ob die Differenzierbarkeit einer Funktion auch deren Stetigkeit impliziert, was sie schließlich bejahen. Entsprechend können sie nun den Mittelwertsatz anwenden und bilden den Differenzenquotienten für die Intervalle $[x_1, x_2]$ und $[x_2, x_3]$.

```
713        [( Tobias schreibt auf das Aufgabenblatt
714   T:   [f strich von x quer (3.8)
715        ist gleich f von (--) x_zwei
716        minus f von x_eins
717        x_zwei minus x_eins
718        mh öh (2.0)
719        daraus folgt negativ (---)
720   L:   mhm
721   T:   weil das hier ist ja positiv
722        und das hier ist (--) negativ
723   L:   ja (--) ist korrekt                                    ]
```

Da der eine Wert positiv und der andere negativ ist, folgern sie, dass die Ableitungsfunktion im Intervall (x_1, x_3) eine Nullstelle besitzen muss. Vor dem Hintergrund ihrer anschaulichen Vorstellung wird diese Stelle als Extremstelle und insbesondere als Minimum interpretiert. Aus der Existenz eines Minimums schließen Tobias und Lars sodann auf die Behauptung, wodurch sie die Aussage als bewiesen ansehen.

Lars fasst den Grundgedanken des Beweisansatzes noch einmal strukturiert zusammen. Dabei stellt er unter Rückgriff auf vorhergehende Überlegungen eine Verbindung zwischen den Ausdrücken $f'(\bar{x}) < 0$ und $f'(x^*) > 0$ sowie der Monotonie der ersten Ableitung her. Dies führt zu einer erneuten Diskussion darüber, in welchen Bereichen die Funktion f bzw. ihre erste Ableitung (streng) monoton steigend oder fallend verlaufen müssen. Sie überlegen, wie sie diese Erkenntnisse nutzen können, um zu begründen, dass es sich bei der Stelle y mit $f'(y) = 0$ um ein Minimum handelt. Sie beschließen, den Beweisschritt analog zu einem entsprechenden Schritt im Beweis zur hinreichenden Bedingung von Extrema aufzubauen und über das Monotonieverhalten der Funktion f in der Umgebung von y zu argumentieren (siehe Transkriptausschnitt).

```
913   T:   das ist doch dann da (2.0)
914        wir haben das (2.0) das das und das
915        und nach dem beweis gibt es so ein y (2.0)
916        die gehen ja auch hier davon aus dass es das nicht gibt
           [...]
925   L:   können wir uns jetzt einfach uns ein delta suchen (3.0)
926        damit rumspielen (---)
           [...]
932   L:   beziehungsweise wir brauchen kein delta
933        wir können ja einfach sagen von (---) dem x bis x_zwei
934        weil die sind ja auch nicht von streng monoton wachsend ausgegangen
935        und die haben auch nur zweimal differenzierbar (--)
936   T:   ja
```

Schrittweise vervollständigen sie ihre Argumentation, indem sie den Beweisschritt aus dem Buch übertragen. Dabei fokussieren sie in erster Linie die inhaltliche Ausarbeitung einer groben Beweiskette, die ihren Gedankengang abbildet. Die Nachvollziehbarkeit der einzelnen Beweisschritte oder eine saubere Darstellung erscheinen hingegen nachrangig. Entsprechend wurde in dem Beweisprozess von Tobias und Lars keine Formulierungsphase kodiert. Die schematische Darstellung des Beweisprozesses reduziert sich damit auf die Phasen des Verstehens, Argumente Identifizierens und Strukturierens (siehe Abb. 7.13).

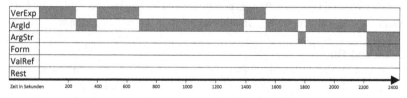

Abb. 7.13 Schematische Darstellung des Phasenverlaufs von Tobias & Lars

Konstruktionsleistung

Der Beweis von Tobias und Lars besteht aus einer Sammlung an Formelelementen und fragmentarischen Notizen. Inhaltliche Verknüpfungen zwischen den einzelnen Beweiszeilen sowie die zugrunde liegenden Schlussregeln müssen an verschiedenen Stellen vom Rezipienten antizipiert werden (siehe Abb. 7.14).

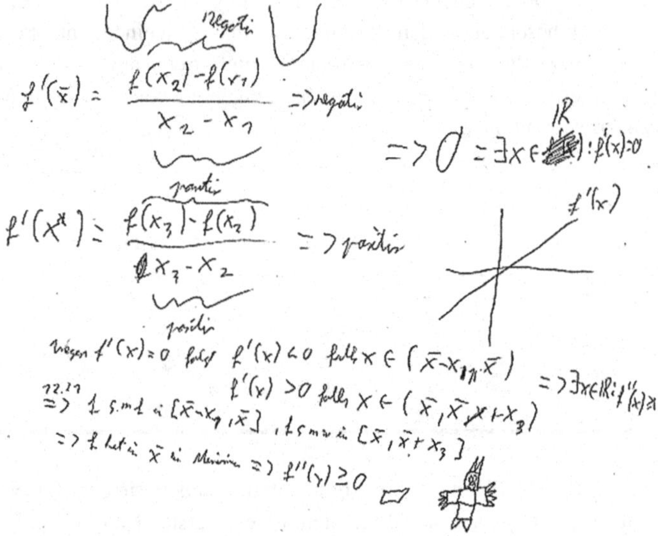

Abb. 7.14 Beweis von Tobias und Lars

Dennoch repräsentieren die von Tobias und Lars notierten Ideen eine Beweisskizze, welche mit der impliziten Anwendung des Mittelwertsatzes und des Zwischenwertsatzes sowie mit dem Rückgriff auf die Verbindung zwischen der Monotonie einer Funktion und dem Wert ihrer Ableitung sämtliche Beweisschritte enthält, die einen korrekten Beweis konstituieren. Der Beweis von Tobias und Lars wurde daher der Kategorie K3 „Inhaltlich korrekter Beweis" zugeordnet.

Lukas und Tim

Lukas und Tim erarbeiten ihre Lösung gemeinsam, wobei jeder von beiden seine spezifische Rolle einnimmt. Während Tim viele neue Ideen, Interpretationen und inhaltlich-anschauliche Erläuterungen präsentiert, ist es Lukas' Stärke, diese zu hinterfragen und präzisierend auszuarbeiten. Der Beweisprozess von Lukas und

Tim ist überwiegend von einem semantischen Vorgehen geprägt, bei dem sie sich den gegebenen Sachverhalt mithilfe ihrer Anschauung erklären und insbesondere die Ableitung als Tangentensteigung interpretieren. In ihren Notizen verknüpfen Lukas und Tim ihre Ideen häufig mit einer syntaktischen Notation, versäumen es jedoch, eine Anbindung an die Rahmentheorie zu schaffen.

Prozessbeschreibung
Lukas und Tim lesen die Aufgabenstellung und beginnen ihren Beweisprozess mit Überlegungen dazu, wie der Graph der gegebenen Funktion aussehen könnte. Sie interpretieren die Aufgabenstellung so, dass eine Funktion, welche die Voraussetzungen erfüllt, streng monoton steigend sein muss. Sie vermuten daher, dass es sich um eine Funktion ungeraden Grades handelt. Vor dem Hintergrund dieser Vorstellung widmen sie sich schließlich der Behauptung. Lukas stellt einen Zusammenhang zwischen dem Wert der Ableitung und der Steigung einer Funktion heraus und bekräftigt damit seine Vorstellung über die Monotonie der Funktion.

```
229  T:   aber die aussage ist ja im prinzip wenn es monoton steigt
230       da es monoton steigt streng monoton steigt
231       muss gelten dass es konstant also
232       dass es eine stelle gibt an der es entweder null oder größer als null ist
233       was ja auch durchaus sinn macht
234       weil wenn wir jetzt konstant negativ wäre würde es irgendwann die null
          also überqueren
```

Sie überlegen, die Aussage mithilfe eines Widerspruchsbeweises zu zeigen, wofür sie die Behauptung in symbolischer Notation darstellen und diese sodann negieren. Sie interpretieren den entstandenen Ausdruck mithilfe der Vorstellung einer Tangentensteigung und leiten hieraus die Existenz einer Funktionsstelle mit $f'(x) < 0$ ab. Lukas und Tim sind davon überzeugt, dass über diesen Argumentationsansatz die Aussage zu zeigen ist, und versuchen, unter Zuhilfenahme des Buches Sätze zu identifizieren, die ihre Argumentation stützen. Während Tim im Buch blättert, fällt Lukas auf, dass sie die Aufgabenstellung falsch verstanden haben. Anstatt von den Bedingungen $f(x_1) < f(x_2)$ und $f(x_2) > f(x_3)$ auszugehen, haben sie $f(x_1) < f(x_2) < f(x_2)$ angenommen und ihre Beweisansätze entsprechend darauf ausgerichtet. Sie gehen zurück zur Aufgabenstellung und analysieren die gegebenen Voraussetzungen erneut. Sie halten fest, dass die gegebene Funktion einen Tiefpunkt besitzen muss, da ihre Steigung im Intervall $[x_1, x_2]$ negativ und im Intervall $[x_2, x_3]$ positiv ist. Vor dem Hintergrund der neuen Erkenntnisse knüpfen Lukas und Tim nun an ihre vorherigen Überlegungen an und verbinden den Wert der ersten und zweiten Ableitung mit der Steigung der gegebenen Funktion. Um ihre Argumentation mit Sätzen zu stützen, suchen sie im Buch nach hilfreichen Informationen,

werden jedoch nicht fündig. Daher legen sie das Buch zur Seite und fassen ihre
bisherige Beweisidee auf inhaltlich-anschaulicher Ebene zusammen.

```
387  T:   also es ist halt wirklich so in dem punkt ((zeigt auf den Aufgabenzettel))
388       irgendwo hier zwischen muss es negativ sein
389       sonst wird es nicht kleiner
390       das ist logisch ne
391  L:   ja
392  T:   und dazwischen muss es größer werden
393       so das heißt die steigung der steigung muss gestiegen sein
394       die steigung der steigung muss positiv gewesen sein
395  L:   ja
396  T:   irgendwo dazwischen
397       das ist gefühlt schon eigentlich die aufgabe
```

Während er ein paar Notizen zu ihrer Beweisidee anfertigt, erinnert sich Tim an den
Zwischenwertsatz und überlegt, inwiefern sie diesen für ihre Argumentation nutzen
könnten. Sie stellen fest, dass differenzierbare Funktionen insbesondere auch stetig
sind, sodass der Zwischenwertsatz anwendbar ist. Basierend auf ihren vorhergehenden Überlegungen folgern sie die Existenz einer Stelle x'' mit $f'(x'') = 0$, indem
sie die Existenz von x und x' mit $f'(x) > 0$ und $f'(x') < 0$ annehmen. Dieser
Ansatz wird im weiteren Verlauf des Beweisprozesses jedoch nicht weiter verfolgt.
Vielmehr argumentieren Lukas und Tim auf inhaltlich-anschaulicher Ebene, warum
die Steigung der ersten Ableitung monoton steigend sein muss.

```
447  L:   guck und können wir nicht aus den sachen jetzt einfach sagen
448  T:   ja dann existiert wenn wir wenn wir auch nur einen haben wo es positiv
449       ja doch doch moment
450       ja doch doch doch
451  L:   denn daraus folgt doch dass es
452  T:   ja aber es es folgt ja auch schon aus der stetigkeit mit plus und minus dass
453       es irgendwann mal größer werden muss (2.0)
454  L:   jo
455  T:   [also wenn es wenn es erst negativ ist und dann positiv ist muss es
          definitiv steigen]
456  L:   [hahaha          ] ja
```

Tim formuliert schließlich die gemeinsame Lösung, indem er die inhaltlich-anschauliche Argumentation in eine symbolische Schreibweise überträgt und diese auf
einem neuen Notizzettel notiert (siehe Abb. 7.16). In Abbildung 7.15 ist der
Beweisprozess von Lukas und Tim als Sequenz von Phasenwechseln dargestellt.
Diese verdeutlicht insbesondere die Schleife, welche Lukas und Tim zu Beginn
ihrer Beweiskonstruktion durchlaufen, indem von einer Phase des Argumentierens
über eine Validierung zurück in die Phase des Verstehens gewechselt wird.

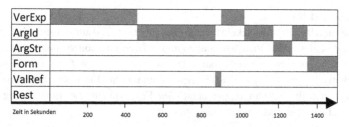

Abb. 7.15 Schematische Darstellung des Phasenverlaufs von Lukas & Tim

Konstruktionsleistung

Die Lösung von Lukas und Tim besteht aus drei Beweiszeilen, die im Wesentlichen aus einer Verknüpfung von Symbolen bestehen und kaum ergänzende Erläuterungen enthalten (siehe Abb. 7.16). Basierend auf ihrer Anschauung haben Lukas und Tim korrekt erkannt, dass in den Intervallen (x_1, x_2) und (x_2, x_3) jeweils eine Stelle existieren muss, die eine positive bzw. negative Steigung aufweist. Hieraus folgern sie sodann die Existenz einer Nullstelle in der Ableitungsfunktion und schließen hiervon auf die Behauptung. Es gelingt ihnen, diese Idee in eine syntaktische Repräsentation zu überführen, aber nicht, ihre Argumentation angemessen zu stützen.

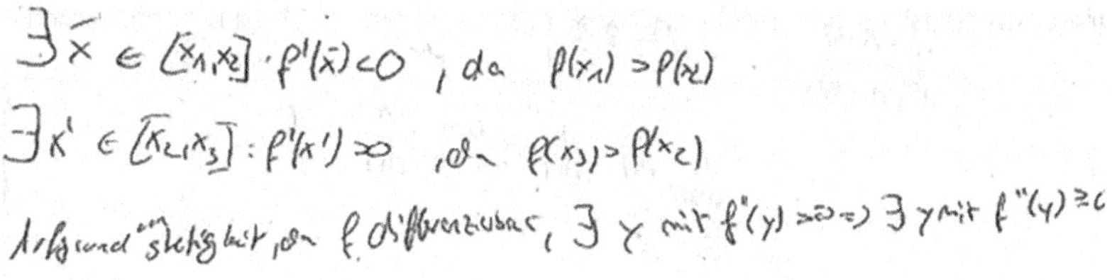

$$\exists \bar{x} \in [x_1, x_2] \cdot f'(\bar{x}) < 0 \ , \ da \ \ f(x_1) > f(x_2)$$

$$\exists x' \in [x_2, x_3] : f'(x') > 0 \ , \ da \ \ f(x_3) > f(x_2)$$

$$Arg und \ stetigkeit \ von \ f \ differenzierbar, \ \exists \ \gamma \ mit \ f'(\gamma) = 0 \Rightarrow \exists \gamma mit \ f''(\gamma) \geq 0$$

Abb. 7.16 Beweis von Lukas und Tim

Da entsprechende Sätze und Definitionen, wie die hinreichende Bedingung von Extrema oder der Mittelwertsatz, auch nicht im Beweisprozess benannt werden, ist davon auszugehen, dass hier keine Anbindung an die Rahmentheorie stattgefunden hat. Der Beweisversuch von Lukas und Tim wird daher als „einfacher Ansatz" (K1) klassifiziert.

Andreas und Ibrahim

Andreas und Ibrahim entwickeln ihren Beweis überwiegend auf semantischer Ebene und greifen hierfür auf Visualisierungen und Beispielfunktionen zurück. Eine ihrer großen Schwierigkeiten besteht darin, dass sie den Ausdruck $f(y) \geq 0$ zwischenzeitlich als $f(y) > 0 \wedge f(y) = 0$ interpretieren und hierfür naturgemäß Beispiele finden, welche diese Bedingung nicht erfüllen. Eine syntaktische Aufbereitung ihrer Ideen und Ansätze findet nur bedingt statt.

Prozessbeschreibung

Andreas und Ibrahim beginnen ihren Beweisprozess damit, die Voraussetzungen sowie die Behauptung stichpunktartig aus der Aufgabenstellung herauszuschreiben. Sie veranschaulichen sich die Voraussetzungen in einer Skizze und folgern aus dem gezeichneten Graphen, dass die gegebene Funktion ein Minimum und ein Maximum besitzt. Ausgehend von dieser Vermutung greifen sie auf das Buch zurück und suchen nach Sätzen, mit deren Hilfe sie die gegebene Aussage zeigen können. Dabei diskutieren sie insbesondere die im Buch skizzierte geometrische Interpretation des Mittelwertsatzes und prüfen, ob die Voraussetzungen desselben in der gegebenen Situation erfüllt sind. Schließlich werden sie auf die notwendige und hinreichende Bedingung für Extrema aufmerksam und vergleichen die Formulierungen mit der zu zeigenden Aussage. Dabei fällt ihnen auf, dass die Behauptung in der Aufgabenstellung für größer gleich null formuliert ist. Dies führt zu einer Diskussion darüber, wie der Ausdruck $f''(y) = 0$ geometrisch zu interpretieren ist.

```
174  A:   aber es macht keinen sinn [dass das größer gleich ist]
175  I:                             [nein wir müssen]
176        nein wir
177        doch das macht sinn
178  A:   nein
179        das kann nicht größer gleich null sein (---)
180  I:   für minima schon (2.0)
181  A:   das kann nicht gleich null sein
182  I:   das ist die zweite ableitung
183  A:   die zweite ableitung kann nicht gleich null sein
184        die muss größer null sein
185        wenn sie null ist
186        heißt es das ist [es ein sattelpunkt]
187  I:                     [ein sattelpunkt]
188        ja (3.0)
189  A:   deshalb das geht gar nicht (---)
```

Da sie den inhaltlichen Konflikt nicht lösen können, fassen sie zunächst zusammen, was sie bisher über die gegebene Funktion wissen und schreiben diese Erkenntnisse auf ihr Lösungsblatt (siehe den ersten Absatz in Abb. 7.18). Auf der Suche nach weiteren Erklärungsansätzen fokussieren sich Andreas und Ibrahim auf die Steigung der Funktion f und stellen eine Verbindung zum Wert der ersten Ableitung her.

Anhand verschiedener Skizzen überlegen sie, ob die Funktion im Intervall (x_1, x_2) streng monoton fällt und im Intervall (x_2, x_3) streng monoton wächst.

```
355        ((Andreas skizziert auf seinen Notizzettel

           [...]
372   A:   hier hast du x_eins
373        dessen ableitung ist ja
374        weil das hier ist ja erstmal monoton
375        fallend
376        und dieser teil ist ja monoton wachsend
377        wenn
378        wir können nicht wissen ob das streng monoton ist
379   I:   nee
```

Während Andreas und Ibrahim überlegen, wie sich die entdeckten Eigenschaften zur Beweisführung eignen, diskutieren sie wiederholt den Fall $f''(y) = 0$. Anhand der Beispielfunktion $f(x) = x^2$ stellen sie fest, dass es Funktionen gibt, die alle Voraussetzungen erfüllen, bei denen die zweite Ableitung jedoch nie den Wert null annimmt. Die gegebene Aussage scheint ihnen daher wenig plausibel und sie äußern Zweifel, ob ein Beweis konstruiert werden kann. Da sie keine weiteren Ideen haben, beenden sie die Diskussion vorübergehend und versuchen, ihren bisher formulierten Beweis um weitere Informationen zu ergänzen. Einen Beweisansatz können sie jedoch nur für den Fall $f''(y) > 0$ formulieren, weswegen sie noch einmal zur Aufgabenstellung zurückgehen und erneut den Fall $f''(y) = 0$ diskutieren.

```
582   A:   das macht überhaupt keinen sinn alter (3.0)
583        dann gilt doch trotzdem dass das
584        ich
585        ein beispiel haben wir ja dagegen gefunden
586        und fertig (1.4)
```

Andreas und Ibrahim akzeptieren schließlich ihren kognitiven Konflikt als solchen und widmen sich wieder ihrer Idee, über die Monotonie der Funktion zu argumentieren. Hierfür schlagen sie im Buch gezielt Sätze nach, welche den Wert der ersten Ableitung mit einer monotonen Steigung bzw. einem monotonen Gefälle der Funktion in Verbindung bringen. Während Andreas einen Satz aus dem Buch auf seinen Notizzettel überträgt, fällt Ibrahim auf, dass die getroffene Annahme, bei x_2 läge ein Minimum, einen Spezialfall darstellt, da das Minimum auch an einer anderen Stelle im Intervall auftreten kann. Sie binden diese Erkenntnis in ihren bisher formulierten Beweis ein und führen kleine Korrekturen durch. Andreas fasst sodann noch einmal seine Beweisidee auf inhaltlich-anschaulicher Ebene zusammen.

```
670  A:   f strich ist
671        kleiner gleich null
672        und das ist größer gleich null (...)
673        und dann
674        was haben wir dann
          [...]
690  A:   wenn wir
691        wenn wir das beweisen könnten dass das hier streng monoton wachsend ist
692        dann hätten wir es an sich
693        glaube ich
694        <<fragend> oder (---)
```

Da Ibrahim keine weitere Ideen oder Einwände hat, beginnt Andreas, den von ihnen formulierten Beweisansatz zu vervollständigen, indem er die neu gewonnen Erkenntnisse ausformuliert (siehe Abb. 7.18).

Der schematische Ablauf des Beweisprozesses von Andreas und Ibrahim ist in Abbildung 7.17 dargestellt. Anhand des Treppenmusters wird hier deutlich, dass Andreas und Ibrahim ihren Beweis schrittweise ausarbeiten und, nicht zuletzt aufgrund ihres Konflikts, immer wieder zurück zur Verstehensphase wechseln.

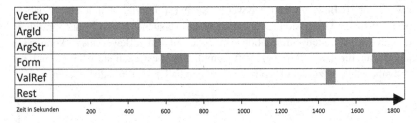

Abb. 7.17 Schematische Darstellung des Phasenverlaufs von Andreas & Ibrahim

Konstruktionsleistung

Der Beweisversuch von Andreas und Ibrahim verkörpert den Versuch, ihre inhaltlich-anschaulichen Ideen in einen gültigen Beweis zu übertragen (siehe Abb. 7.18). Dabei werden verschiedene Schwierigkeiten sichtbar. Auffällig ist dabei in erster Linie, dass sie ihren Beweis für eine Allaussage formulieren, anstatt eine Existenz nachzuweisen. Damit richten sie ihre Argumentation auf das von ihnen betrachtete Beispiel $f(x) = x^2$ aus und beziehen sich auf einen Spezialfall. In diesem Zusammenhang wird zudem deutlich, dass Andreas und Ibrahim Unsicherheiten im sorgfältigen Umgang mit Variablen und deren präziser Bezeichnung aufweisen.

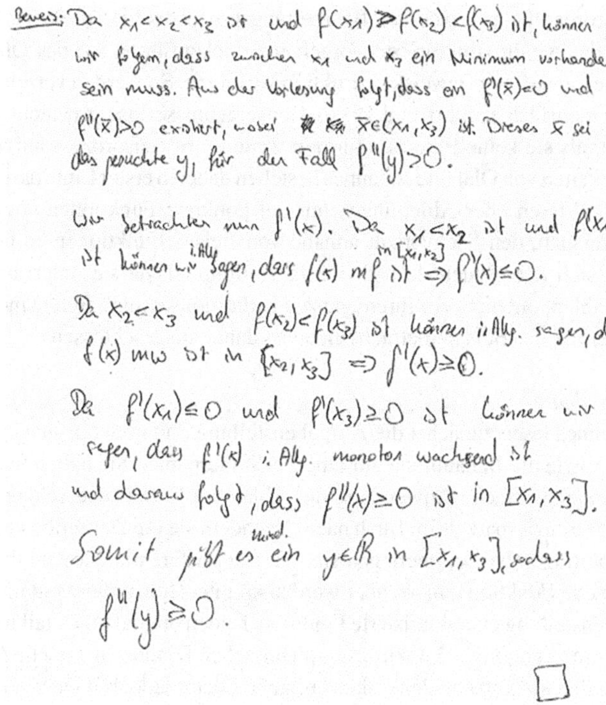

Beweis: Da $x_1 < x_2 < x_3$ ist und $f(x_1) > f(x_2) < f(x_3)$ ist, können wir folgern, dass zwischen x_1 und x_3 ein Minimum vorhanden sein muss. Aus der Vorlesung folgt, dass ein $f'(\bar{x}) = 0$ und $f''(\bar{x}) > 0$ existiert, wobei $\bar{x} \in (x_1, x_3)$ ist. Dieses $\bar{x}$ sei das gesuchte y, für den Fall $f''(y) > 0$.

Wir betrachten nun $f'(x)$. Da $x_1 < x_2$ ist und $f(x_1) > f(x_2)$ ist können wir i.Allg. sagen, dass $f(x)$ mf ist in $[x_1, x_2] \Rightarrow f'(x) \le 0$.

Da $x_2 < x_3$ und $f(x_2) < f(x_3)$ ist können i.Allg. sagen, dass $f(x)$ mw ist in $[x_2, x_3] \Rightarrow f'(x) \ge 0$.

Da $f'(x_1) \le 0$ und $f'(x_3) \ge 0$ ist können wir sagen, dass $f'(x)$ i.Allg. monoton wachsend ist und daraus folgt, dass $f''(x) \ge 0$ ist in $[x_1, x_3]$.

Somit gibt es ein $y \in \mathbb{R}$ in $[x_1, x_3]$, sodass $f''(y) \ge 0$.

Abb. 7.18 Beweis von Andreas und Ibrahim

Die angebotenen Argumentationsansätze lassen sich zwei verschiedenen Beweisideen zuordnen. Während im ersten Teil der Lösung unter Anwendung der hinreichenden Bedingung für Extrema von der Existenz eines Minimums auf die Behauptung geschlossen wird, wird diese im zweiten Teil der Lösung über das Monotonieverhalten der Funktion f hergeleitet. Beide Ansätze sind prinzipiell zielführend und könnten leicht zu einem semi-formalen Beweis ausgearbeitet werden. Eine Anbindung an die Rahmentheorie findet hier jedoch nicht statt, sodass die einzelnen Konklusionen zum Teil unverbunden nebeneinander stehen. Der Beweisversuch von Andreas und Ibrahim wurde daher als „einfacher Ansatz" (K1) bewertet.

Olaf und Johannes

Der Beweisprozess von Olaf und Johannes stellt mit einer Dauer von 49:28 Minuten eine der längsten Aufgabenbearbeitungen der Stichprobe dar. Es ist zu vermuten, dass die außerordentliche Länge des Bearbeitungsprozesses bis zu einem gewissen Grad auf das wenig strukturierte Vorgehen zurückzuführen ist, das Olaf und Johannes in Bezug auf ihre Beweiskonstruktion verfolgen. So werden verschiedene Diskussionen mehrfach geführt und Diskussionsergebnisse insofern nicht weiter berücksichtigt, als sie keine Relevanz für den weiteren Beweisprozess aufweisen. Die Schwierigkeiten von Olaf und Johannes bestehen dabei in erster Linie darin, dass sie ihr (Schul-)Wissen über Ableitungen nur auf konkrete Funktionen anwenden können. Ihr Versuch, den Sachverhalt anhand von Beispielfunktionen zu begründen, gestaltet sich dabei auch deshalb wenig zielführend, da sie unter anderem Funktionen wählen, die nicht auf ihrem ganzen Definitionsbereich stetig sind. Eine Verallgemeinerung der Beispielbetrachtungen ist daher ausgeschlossen.

Prozessbeschreibung

Olaf und Johannes lesen zunächst die Aufgabenstellung und notieren sich die Voraussetzungen sowie die Behauptung auf einem Schmierpapier. Sie halten fest, dass die Aufgabe eine zweifache Anwendung der Ableitung fordert und schlagen den Begriff der Differenzierbarkeit im Buch nach. Nachdem sie die Definition auf ihren Notizzettel übertragen haben, überlegen sie, wie der Differentialquotient zweimal auf eine gegebene Funktion angewendet werden könnte. Hierfür betrachten sie die in der Aufgabenstellung charakterisierte Funktion f noch einmal im Detail und diskutieren, wie ein zugehöriger Funktionsgraph aussehen könnte. In diesem Zusammenhang erstellen sie verschiedene Skizzen, gehen dann jedoch wieder zu ihrem bisherigen Ansatz, den Differentialquotienten zweimal anzuwenden, zurück. Da sie keine Idee haben, wie ein solches Vorgehen praktisch umzusetzen wäre, nehmen sie das Buch zur Hilfe und suchen hierin nach potenziell hilfreichen Sätzen. Nach kurzer Zeit beenden sie die Suche und überlegen mit Bezug auf ihr schulisches Vorwissen, wie sie vorgehen würden, wenn sie eine konkrete Funktion gegebenen hätten. Da diese Überlegungen zunächst rein hypothetisch bleiben, entscheiden sie sich, erst noch einmal die Voraussetzungen sowie die Behauptung sauber auf ihrem Notizzettel zu notieren. Im Zuge des Schreibprozesses interpretieren sie dabei die zweite Ableitung als Steigung der Steigung einer gegebenen Funktion.

```
247   J:   aber ableitungen ist dasselbe was wir in der schule hatten
248   O:   [ja ja]
249   J:   [um zeigen dass dann die] (---) die steigung ist
250        ((Johannes zeigt auf die Skizze))
251   O:   die (--) ja
252   J:   ja
253   O:   die steigung der steigung (1,2)
254        eben (--) die zweite (-) wie bei der zweiten ableitung
```

Erneut halten sie fest, dass die Aufgabe fordert, eine Funktion zweimal abzuleiten, was sich aufgrund der fehlenden Funktionsvorschrift jedoch schwierig gestalte. Olaf und Johannes erkennen, dass sie keine Verbindung zwischen der Behauptung und den Voraussetzungen sehen und veranschaulichen sich letztere noch einmal in einer Skizze. Anschließend blättern sie noch einmal im Buch, bewerten den Differentialquotienten jedoch als einzigen, potenziell hilfreichen Ansatz. Sie entschließen sich daher, ihre Idee, den Differentialquotienten anzuwenden, anhand der Funktion $f(x) = x^2$ auszuprobieren. Olaf lenkt das Gespräch bald wieder auf die Aufgabenstellung und initiiert eine Diskussion darüber, ob die Funktion f an der Stelle y einen Hoch- oder Tiefpunkt besitzen muss. Gemeinsam rekonstruieren sie einen Merksatz aus der Schule, der sie erkennen lässt, dass es sich unter den gegebenen Voraussetzungen um einen Tiefpunkt handelt. Sie interpretieren die Aufgabenstellung nun so, dass sie eine Funktion wählen bzw. konstruieren sollen, die bei y einen Tiefpunkt hat.

```
642  O:   das heißt theoretisch brauchen wir nur eine funktion (1,6)
643        von der wir wissen
644  J:   <<fragend> das die>
645  O:   das sie einen tiefpunkt besitzt (1,4)
646        und das sie an irgendeiner stelle (--)
647        ((Olaf zeigt auf die Aufgabenstellung))
648        eine parabel form besitzt (---)
           [...]
664  O:   theoretisch könnten wir jetzt wenn wir eine sinus funktion haben (1,2)
665        oder einen x_quadrat (---)
666  J:   ich glaub x_quadrat ist ja einfacher (--)
```

Entsprechend ihrer vorhergehenden Überlegungen wählen Olaf und Johannes die Funktion $f(x) = x^2$, für welche sie sodann die erste und zweite Ableitung bilden und unter Anwendung der notwendigen Bedingung für Extrema die Existenz eines Minimums nachweisen. Da Johannes Zweifel an Olafs Ansatz äußert, wiederholen sie das Vorgehen, wobei sie für x_1, x_2 und x_3 nun konkretere Werte wählen. Olaf und Johannes bestärken sich zunächst gegenseitig in ihrem Ansatz, äußern dann jedoch Unsicherheiten bezüglich der Allgemeingültigkeit ihrer Überlegungen. Sie diskutieren, inwiefern das gewählte Vorgehen eine ausreichende Argumentation darstellt, und überlegen, ob sich das betrachtete Beispiel durch eine beliebige Wahl der Stellen x_1, x_2 und x_3 verallgemeinern ließe. Im Zuge dieser Überlegungen stellen Olaf und Johannes fest, dass sie ihre Argumentation nicht auf einem parabelförmigen Verlauf des Funktionsgraphen aufbauen können, da dieser nicht zwingend durch die Aufgabenstellung gegeben ist. Sie skizzieren daraufhin erneut verschiedene mögliche Funktionsgraphen, verunsichern sich dabei jedoch gegenseitig. In der Beispielfunktion $f(x) = \frac{1}{x}$ vermuten sie ein Gegenbeispiel zu ihrer Argumentation, da diese Funktion zwar eine positive zweite Ableitung, jedoch kein Minimum aufweist.

```
938  O:   ja das ist eins durch x (- - -)
939       ähm (.) dann wäre x_eins x_zwei x_drei
940       ((Olaf zeigt auf die Skizze))
941  J:   x_eins x_zwei (.) also x_eins x_zwei x_drei ja würde ja passen
942       <<fragend> ne> (-)
943       ((Johannes ergänzt die Skizze durch Beschriftungen (2,3)))
944  O:   eben (- -) und die hat kein tiefpunkt (- - -)
945  J:   ho (1,1) denk ich einmal ich hab eine schlaue idee ne
946  O:   <<lachend> ja> (- -)
947       und dann kommt eins durch x
```

Olaf und Johannes reagieren frustriert auf dieses Gegenbeispiel und überlegen resignierend, was sie von ihren bisherigen Ideen als Lösung aufschreiben könnten. Johannes schlägt vor, sich auf parabelförmige Funktionen zu beschränken und die Argumentation aus dem Beispiel $f(x) = x^2$ zu übernehmen. Dieses Ziel verfolgend, beginnt Olaf, die Voraussetzungen und die Behauptung auf dem Lösungszettel zu notieren. Er muss jedoch bald feststellen, dass er den vorhergehenden Überlegungen keine substanziellen Erkenntnisse entnommen hat, die er als Lösung formulieren könnte. Gemeinsam betrachten Olaf und Johannes daher noch einmal die Sätze aus dem Buch, wobei Olaf auf den Mittelwertsatz aufmerksam wird. Er notiert diesen auf seinem Notizzettel und überlegt, inwiefern der Mittelwertsatz im Kontext der Aufgabenstellung zur Anwendung kommen könnte. Eine Weile schauen beide wortlos in den Raum, bis Olaf schließlich eine neue Idee vorstellt. Er äußert die Vermutung, dass die Steigung der gegebenen Funktion f an mindestens einer Stelle negativ und an einer andere Stelle positiv sein muss. Gemeinsam versuchen Olaf und Johannes, die Vermutung anhand von Skizzen zu verifizieren, scheitern jedoch daran, dass sie als Beispiele ausschließlich Funktionen wählen, die nicht auf dem ganzen Definitionsbereich stetig sind.

Olaf und Johannes kommen schließlich zu dem Schluss, dass Funktionen wie $f(x) = \frac{1}{x}$ Gegenbeispiele zu ihrem Ansatz darstellen, sodass sie diesen verwerfen. Wenngleich sie nicht vollständig davon überzeugt sind, entscheiden sie sich dazu, ihren Ansatz mit der Funktion $f(x) = x^2$ als Lösung aufzuschreiben (siehe Abb. 7.20).

Die schematische Darstellung des Beweisprozesses in Abbildung 7.19 veranschaulicht in eindrucksvoller Weise die Vielzahl an Phasenwechseln, die Olaf und Johannes im Zuge ihrer Beweiskonstruktion vornehmen. Über einen langen Zeitraum hinweg wechseln Olaf und Johannes immer wieder zwischen den Phasen des Verstehens und des Argumente Identifizierens und versuchen dabei vergeblich, sich einen Zugang zur Aufgabe zu verschaffen. Die gelegentlich eingeschobenen Validierungen unterstützen sie weniger darin, einen Ansatz weiter auszuarbeiten, sondern führen zunehmend zu einer Verwirrung bezüglich des Ziels der Bearbeitung.

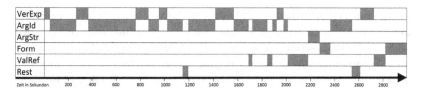

Abb. 7.19 Schematische Darstellung des Phasenverlaufs von Olaf & Johannes

Konstruktionsleistung

Bei dem Beweis von Olaf und Johannes handelt es sich um einen experimentellen Beweis. Anhand der Beispielfunktion $f(x) = x^2$ veranschaulichen Olaf und Johannes sich die gegebene Aussage und prüfen ihre Plausibilität, indem sie für x_1, x_2, x_3 sowie y konkrete Werte festlegen und die entsprechenden Funktionswerte bestimmen (siehe Abb. 7.20). Die Lösung von Olaf und Johannes wird daher als „kein Ansatz" gewertet und entsprechend der Kategorie K0 zugeordnet.

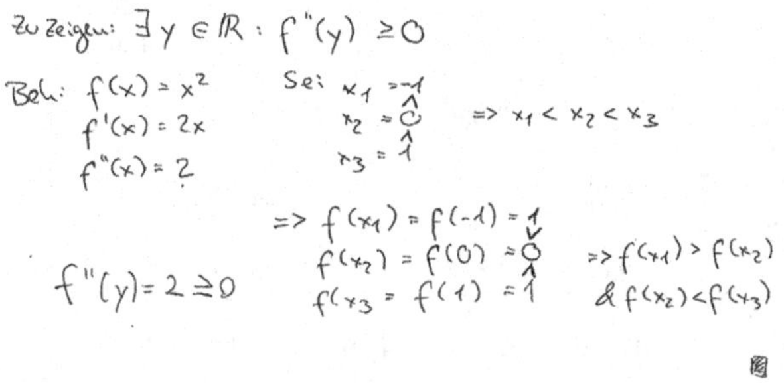

$$\text{Zu zeigen: } \exists\, y \in \mathbb{R} : f''(y) \geq 0$$

$$\text{Beh.: } f(x) = x^2 \qquad \text{Sei } x_1 = -1$$
$$f'(x) = 2x \qquad\qquad x_2 = 0 \quad \Rightarrow x_1 < x_2 < x_3$$
$$f''(x) = 2 \qquad\qquad x_3 = 1$$

$$\Rightarrow f(x_1) = f(-1) = 1$$
$$f(x_2) = f(0) = 0 \quad \Rightarrow f(x_1) > f(x_2)$$
$$f''(y) = 2 \geq 0 \qquad f(x_3) = f(1) = 1 \quad \& \ f(x_2) < f(x_3)$$

Abb. 7.20 Beweis von Olaf und Johannes

7.1.3 Übersicht über die Gesamtheit der Fälle

Die vorhergehenden Fallbeschreibungen geben einen Einblick in die verschiedenen Herangehensweisen und die zentralen Beweisideen, welche im Zusammenhang mit der Fixpunktaufgabe und der Extrempunktaufgabe auftreten. Gleichzeitig veranschaulichen sie, wie durch die Kodierung der beobachteten Vorgänge eine Abstraktion des Beweisprozesses auf dessen Phasenverlauf realisiert wird. Die Abstraktion ermöglicht es dabei, die Gesamtheit der analysierten Fälle gleichzeitig zu betrachten und sie in ihren charakteristischen Merkmalen und Merkmalsausprägungen gegenüberzustellen. Um die im nachfolgenden Kapitel dargestellten Auswertungen und Interpretationen vorzubereiten, geben die folgenden beiden Tabellen einen Überblick über die Ergebnisse der inhaltsanalytischen Auswertung. Hierbei werden zum einen die absoluten Häufigkeiten aufgeführt, mit denen eine jeweilige Phase innerhalb eines Beweisprozesses auftritt. Zum anderen wird der prozentuale Zeitanteil angegeben, den diese Phase insgesamt am Beweisprozess einnimmt. Die Darstellung orientiert sich dabei an der dargebotenen Konstruktionsleistung, sodass für jede der beiden Aufgaben zunächst erfolgreiche und schließlich weniger erfolgreiche Beweiskonstruktionen aufgeführt werden.

Tab. 7.2 Übersicht über die Kodierungen zur Fixpunktaufgabe

Fall	Prozessverlauf					Leistung
	VerExp	ArgId	ArgStr	Form	ValRef	
Alina & Georg	3 15,83%	4 28,13%	2 17,70%	1 22,10%	2 6,83%	K3
Fiona & Thomas	2 17,67%	6 48,98%	1 11,07%	4 17,97%	2 4,32%	K3
Justus, Guido & Benedikt	4 18,29%	6 57,93%	2 13,02%	1 10,75%	0 -	K2
Claudia, Dennis & Noah	3 20,92%	3 44,56%	0 -	1 24,72%	0 -	K2
Maike, Finn & Yannik	5 22,04%	5 46,64%	1 7,30%	2 19,15%	1 2,95%	K1
Janine, Ina & Alisa	4 47,12%	3 22,30%	2 4,66%	2 14,15%	1 2,76%	K1
Tabea & Heinz	1 20,32%	4 48,79%	0 -	1 11,37%	1 1,53%	K1
David & Jonas	4 50,07%	6 40,72%	0 -	0 -	0 -	K0
Luca, Karina & Hannah	2 15,20%	2 54,02%	1 9,82%	1 9,82%	1 2,27%	K0
Lisa, Pia & Laura	3 39,30%	4 47,09%	1 4,42%	2 6,32%	1 2,88%	K0
Danny & Paula	4 39,18%	3 41,13%	0 -	0 -	2 14,94	K0

Tab. 7.3 Übersicht über die Kodierungen zur Extrempunktaufgabe

Fall	Prozessverlauf					Leistung
	VerExp	ArgId	ArgStr	Form	ValRef	
Markus & Lena	1 5,16%	2 18,23%	2 13,78%	3 28,37%	3 14,60%	K4
Tobias & Lars	3 27,97%	4 60,64%	2 11,39%	0 -	0 -	K3
Alina & Sascha	1 13,44%	2 31,63%	5 23,17%	4 30,26%	1 1,50%	K3
Kim, Linus & Marius	3 3,83%	6 55,87%	3 24,13%	2 10,50%	0 -	K2
Anna, Steffen & Michael	5 19,98%	11 34,65%	7 28,62%	4 12,95%	3 3,80%	K2
Louisa & Mia	2 24,91%	5 33,11%	3 10,23%	3 13,86%	3 17,89%	K2
Lara, Ulrich & Malte	2 30,30%	2 47,00%	1 2,68%	1 15,76%	0 -	K1
Lukas & Tim	2 38,41%	3 42,55%	1 6,50%	1 10,51%	1 2,03%	K1
Andreas & Ibrahim	3 17,91%	3 46,33%	3 15,89%	2 17,16%	1 2,71%	K1
Olaf & Johannes	7 21,45%	10 51,51%	1 3,21%	2 8,74%	4 11,22%	K0
Stefan, Haiko & David	2 18,47%	4 38,79%	2 4,00%	3 12,63%	3 10,79%	K0
Jana & Henry	4 43,10%	6 44,24%	0 -	1 2,03%	2 6,27%	K0
Loreen & Sabrina	3 39,97%	4 39,77%	0 -	2 16,46%	0 -	K0

7.2 Ergebnisse zum Prozessverlauf

In diesem Kapitel werden die Ergebnisse der Kodierung auf makroskopischer Ebene vorgestellt, d. h. die Beweisprozesse werden in Bezug auf die Merkmalsdimension des Phasenverlaufs analysiert. Die Auswertung ist dabei so strukturiert, dass von einer einzelnen Phase ausgehend zunehmend mehrere Merkmale und schließlich Merkmalsdimensionen gemeinsam betrachtet und auf Zusammenhänge untersucht werden. Hierfür wird das Datenmaterial zunächst entlang der Oberkategorien ausgewertet, indem aus qualitativer sowie quantitativer Perspektive berichtet wird, in welcher Form sich die einzelnen Phasen in den analysierten Beweisprozessen rekonstruieren lassen (Abschnitt 7.2.1 und 7.2.2). Aufbauend auf der Beschreibung der Einzelphasen konzentriert sich die Auswertung auf mögliche Zusammenhänge zwischen den einzelnen Oberkategorien und untersucht, welche Phasen besonders häufig gemeinsam auftreten. Die Ergebnisse werden sodann verdichtet, indem charakteristische Konfigurationen von Oberkategorien herausgearbeitet und damit verschiedene Typen von Prozessverläufen beschrieben werden (Abschnitt 7.2.3). Sowohl die Ergebnisse der phasenspezifischen Auswertung als auch die Erkenntnisse zu typischen Prozessverläufen werden sodann vor dem Hintergrund der Konstruktionsleistung betrachtet. Dabei wird untersucht, inwiefern Merkmalskombinationen existieren, die mit besonderer Regelhaftigkeit auftreten und einen verallgemeinerbaren Zusammenhang zwischen der Gestaltung des Beweisprozesses und dem Erfolg der Beweiskonstruktion beschreiben (Abschnitt 7.2.4).

7.2.1 Dauer, Häufigkeit und Reihenfolge der auftretenden Phasen

Die Dauer, Häufigkeit und Reihenfolge, mit welcher die einzelnen Phasen im Beweisprozess auftreten, stellen drei verschiedene Formen der Merkmalsausprägung dar, die gemeinsam ein differenziertes Bild der Phasenverteilung erzeugen. Unter Berücksichtigung dieser drei Aspekte wird im Folgenden beschrieben, in welchem Umfang die theoretisch angenommenen Phasen in studentischen Beweiskonstruktionen realisiert werden und welche Stellung die einzelnen Teilprozesse im Gesamtprozess einnehmen. Um einen Überblick über die Verteilung der einzelnen Phasen im Beweisprozess zu gewinnen, werden zunächst quantitative Ergebnisse zur Dauer, Häufigkeit und Reihenfolge der auftretenden Phasen präsentiert. In Abbildung 7.21 ist die Anzahl der Kodiereinheiten dargestellt, die einer jeweiligen Phase zugeordnet wurden. Die Darstellung orientiert sich dabei an der jeweils zugrunde liegenden Beweisaufgabe, sodass aufgabenspezifische Unterschiede sichtbar werden. Bei einem Vergleich der Häufigkeiten ist jedoch zu berücksichtigen, dass für die Auswertung 13 Beweisprozesse zur Extrempunktaufgabe und nur 11 zur Fixpunktaufgabe herangezogen wurden, wodurch leicht erhöhte Werte in Bezug auf die Extrempunktaufgabe zu erwarten sind.

Es zeigt sich, dass bei beiden Aufgaben ein großer Anteil der kodierten Prozesssegmente auf die Phase des Argumente Identifizierens (46 + 62 = 108 Codes) entfällt. Am zweithäufigsten ist die Phase des Verstehens repräsentiert (35 + 38 = 73 Codes), die relativ betrachtet etwas häufiger in Beweisprozessen zur Fixpunktaufgabe auftritt. In beiden Aufgaben nimmt die Phase des Validierens einen nur gerin-

Abb. 7.21 Übersicht über die Anzahl der einer Phase zugeordneten Segmente

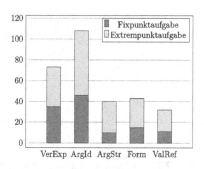

gen Stellenwert ein und erreicht mit $11 + 21 = 32$ Codes insgesamt den niedrigsten Wert. Die Häufigkeit, mit der eine Kodiereinheit dem Argumente Strukturieren oder dem Formulieren zugeordnet wurde, variiert stark in Abhängigkeit von der bearbeiteten Aufgabe, sodass eine Rangfolge bezüglich der Anzahl der Kodiereinheiten nur aufgabenspezifisch zu bestimmen ist. Mit 30 gegenüber 10 Prozesssegmenten ist die Anzahl der Strukturierungsphasen bei Beweisprozessen zur Extrempunktaufgabe nicht nur substanziell höher, sondern übersteigt auch die Anzahl der Kodiereinheiten, welche der Kategorie des Formulierens zugeordnet wurden (15 bzw. 28 Codes). Insgesamt wird deutlich, dass eine hohe Anzahl an Prozesssegmenten auf die kreativen Phasen zu Beginn des Beweisprozesses entfällt. Die vergleichsweise geringe Anzahl an Kodiereinheiten, die dem Strukturieren, Formulieren und Validieren zugeordnet sind, resultiert dabei auch daraus, dass diese Phasen in einzelnen Fällen nicht rekonstruiert werden konnten (siehe die Tabellen 7.2 und 7.3). So kamen sechs von 24 Fälle ohne eine Strukturierungsphase, drei ohne eine Formulierungsphase und sieben ohne eine Validierungsphase aus. Die unterschiedliche Gewichtung der einzelnen Teilprozesse, die sich hier andeutet, spiegelt sich zu großen Teilen auch in dem prozentualen Anteil wider, den eine Phase am gesamten Beweisprozess einnimmt (siehe Abb. 7.22).

In nahezu allen analysierten Beweisprozessen dominiert die Phase des Argumente Identifizierens und nimmt mit 44,31 % bzw. 43,44 % den größten Anteil am Gesamtprozess ein. Demnach verbringen die Studierenden durchschnittlich 13–15 Minuten mit der Suche nach Beweisideen, wobei insbesondere bei der Extrempunktaufgabe mit einer Standardabweichung von 7,64 Minuten große Differenzen auftreten ($SD_{Fix} = 4,28$). Der zweitgrößte Anteil entfällt auf die Phase des Verstehens (27,81 % bzw. 21,95 %), für die durchschnittlich eine Gesamtzeit von etwa 8 Minuten aufgewandt wird. Die im Einzelfall benötigte Zeit variiert dabei von 62 Sekunden bis 19 Minuten, wobei die Unterschiede bei den Beweisprozessen zur

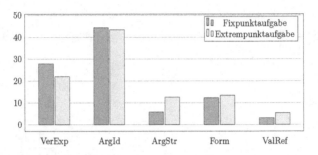

Abb. 7.22 Prozentualer Anteil der einzelnen Phasen am Gesamtprozess

Fixpunktaufgabe etwas größer ausfallen ($SD_{Fix} = 4{,}45$, $SD_{Extrem} = 3{,}54$). Werden die prozentualen Anteile der übrigen Phasen in eine Rangfolge gebracht, so folgen auf die Phase des Verstehens die Teilprozesse des Formulierens (12,26% bzw. 13,37%), des Argumente Strukturierens (5,83% bzw. 12.58%) und schließlich des Validierens (3.09% bzw. 5,33%). In Übereinstimmung mit der Codehäufigkeit nimmt das Validieren auch hier mit 3.09% bzw. 5,33% den jeweils kleinsten Anteil am Gesamtprozess ein, was einer durchschnittlichen Zeitspanne von 1–2 Minuten entspricht. Während in einzelnen Beweisprozessen keine Validierungsphase kodiert wurde, verwenden andere Studierende bis zu 5,65 Minuten auf die Überprüfung ihrer Ideen und Beweisansätze ($SD_{Fix} = 2{,}82$, $SD_{Extrem} = 1{,}06$).

Unterschiede zwischen den beiden Beweisaufgaben zeigen sich in erster Linie in Bezug auf die Phasen des Verstehens und des Argumente Strukturierens, wobei die Tendenzen gegenläufig sind: Während in Beweisprozessen zur Fixpunktaufgabe die Verstehensphase einen tendenziell größeren Umfang einnimmt, wenden die Studierenden, die sich mit der Extrempunktaufgabe befassen, im Durchschnitt mehr Zeit für Strukturierungsaktivitäten auf. In beiden Aufgaben dominieren mit den Phasen des Verstehens und des Argumente Identifizieren diejenigen Teilprozesse der Beweiskonstruktion, die primär das argumentativ-entdeckende Arbeiten unterstützen. Insgesamt nehmen diese beiden Phasen rund zwei Drittel des Gesamtprozesses ein, sodass die problemorientierten Teilprozesse, die präzisierenden Phasen und das Validieren in einem Verhältnis von 12 : 5 : 1 stehen. Ein Vergleich der Ergebnisse bezüglich der Dauer und der Häufigkeit einzelner Phasen zeigt jedoch auch, dass eine vergleichbare Anzahl an Kodiereinheiten nicht zwingend mit einem vergleichbaren prozentualen Zeitanteil einhergeht. So nehmen die 30 Strukturierungsphasen bei der Extrempunktaufgabe 12.58% des gesamten Beweisprozesses ein, während die 38 Verstehensphasen einen Anteil von 21,95% an den Beweisprozessen ausmachen. Hier ist anzunehmen, dass Teilprozesse, wie das Strukturieren oder auch das Validieren, Aktivitäten beinhalten, die aufgrund ihres präzisierenden und wenig kreativen Charakters naturgemäß eine geringere Zeitspanne in Anspruch nehmen. Dies gilt es bei der Analyse von Wirkungszusammenhängen zu berücksichtigen.

Neben der Anzahl der zugeordneten Kodiereinheiten und dem prozentualen Anteil einer jeweiligen Phase ist auch von Interesse, welche Phasen besonders häufig gemeinsam auftreten. Tabelle 7.4 gibt daher eine Übersicht über die Anzahl der Phasenwechsel, die für jede mögliche Phasenkombination insgesamt kodiert wurde. Über die Leserichtung wird dabei nicht nur unterschieden, zwischen welchen Phasen gewechselt wurde, sondern auch in welche Richtung der Übergang erfolgte.

Tab. 7.4 Übersicht über die Anzahl der Phasenwechsel

→ ↑	VerExp	ArgId	ArgStr	Form	ValRef
VerExp		63	4	0	1
ArgId	38		25	17	17
ArgStr	3	14		16	7
Form	1	12	7		9
ValRef	4	7	4	9	

Als Grundlage für die Beschreibung der auftretenden Phasenwechsel dient die im Phasenmodell vorgesehene Reihenfolge der einzelnen Phasen (siehe Kapitel 4). Demnach beschreiben Tabelleneinträge, die oberhalb der Diagonale liegen, einen linearen Übergang, bei dem der Phasenwechsel in prototypischer Richtung verläuft und einen nachfolgenden Konstruktionsschritt einleitet. Einträge unterhalb der Diagonale repräsentieren hingegen Wechsel in eine unmittelbar vorhergehende Phase und markieren damit einen vorübergehenden Rückschritt. Die übrigen Phasenwechsel entziehen sich der im Modell dargestellten Entwicklungsrichtungen und beschreiben weitere, bisher nicht klassifizierte Formen von Übergängen.

Im Vergleich der verschiedenen Zelleneinträge zeigt sich, dass ein großer Anteil der Phasenwechsel auf lineare Übergänge zurückgeht (113 von 258). Am zweithäufigsten treten Rückkoppelungen in unmittelbar vorhergehende Phasen auf (68 von 258), sodass die Wechsel zwischen benachbarten Phasen zusammen einen Anteil von 70% an den gesamten Phasenwechseln einnehmen. Die übrigen Phasenwechsel können zu einem substanziellen Anteil auf eingeschobene Validierungsphasen zurückgeführt werden, da sie Übergänge zwischen dem Validieren und einer anderen, vom Formulieren verschiedenen Phase beschreiben ($1 + 17 + 7 + 4 + 7 + 4 = 40$). Vergleichsweise häufig treten zudem Wechsel zwischen der Phase des Argumente Identifizierens und der des Formulierens auf ($12 + 17 = 29$). Diese können in vielen Fällen als abgekürzte Teilkreisläufe interpretiert werden, bei denen die Phase des Strukturierens übersprungen und direkt in die übernächste Phase gewechselt wird. Derartige Sprünge treten insbesondere dann auf, wenn der zu formulierende Beweisschritt aus Studierendensicht keiner weiteren Strukturierung bedarf oder es das Ziel des Bearbeitungsschrittes ist, einzelne Details in einer bereits vorstrukturierten Beweiskette auszuarbeiten (vgl. Abschnitt 7.2.2).

Die Ergebnisse bezüglich der Reihenfolge der auftretenden Phasen sind für beide Beweisaufgaben vergleichbar. Obwohl Beweisprozesse zur Extrempunktaufgabe in allen Bereichen eine höhere Anzahl an Phasenwechseln aufweisen, zeigt sich für beide Aufgaben dasselbe Muster in Bezug auf die Verteilung der Übergänge. Die Vielzahl an beobachteten Phasenwechseln unterstützt zunächst die Annahme, dass Beweisprozesse selten linear verlaufen. Konzeptionell frühe Phasen, wie das Verstehen, können, wie im Fall von Tobias und Lars, auch in der zweiten Hälfte des Beweisprozesses auftreten, wohingegen konzeptionell späte Phasen, wie das Formulieren, in einzelnen Fällen auch schon im ersten Drittel der Beweiskonstruktion relevant werden (siehe bspw. den Beweisprozess von Andreas und Ibrahim). Für die Phase des Validierens konnten Interaktionen mit allen anderen Phasen protokolliert werden, wodurch das Validieren an verschiedenen Stellen des Beweisprozesses auftritt und nahezu parallel zu diesem verläuft. Dennoch deutet die hohe Anzahl an Phasenwechseln, die zwei unmittelbar benachbarte Teilprozesse betreffen, darauf hin, dass innerhalb eines Beweisprozesses wiederholt linear verlaufende Teilsequenzen auftreten. Welche charakteristischen Merkmale diese Teilsequenzen aufweisen, wird in Abschnitt 7.2.3 analysiert und als Grundlage für die Unterscheidung von Prozesstypen verwendet.

7.2.2 Realisierung der einzelnen Phasen im Beweisprozess

Im Bestreben, die beschriebenen, quantitativ orientierten Ergebnisse durch inhaltliche Beschreibungen zu ergänzen, wird im folgenden Abschnitt ein Überblick darüber geben, wie die verschiedenen Phasen von Studienanfängerinnen und -anfängern im Beweisprozess realisiert werden. Aufbauend auf den Ergebnissen der strukturierenden Inhaltsanalyse wurden hierfür sämtliche Fälle der Stichprobe entlang der Oberkategorien analysiert und auf diese Weise fallübergreifenden Zusammenfassungen für jede Phase erstellt. Diese dokumentiert die für eine jeweilige Phase charakteristischen Aktivitäten und ergänzen damit die theoretischen Vorüberlegungen aus Kapitel 4 um empirische Erkenntnisse.

Verstehen

Die Studierenden beginnen ihren Beweisprozess im Allgemeinen damit, die Aufgabenstellung zu lesen und die wesentlichen Informationen, getrennt nach Voraussetzung und Behauptung, zu notieren. Vereinzelt heben sie dabei bereits einzelne Informationen hervor, die für die Beweisführung in besonderem Maße bedeutsam erscheinen. Im folgenden Transkriptausschnitt markieren David und Johannes parallel zum Lesen der Aufgabenstellung die aus ihrer Sicht relevanten Informationen und kommentieren deren potenziellen Nutzen für die Beweiskonstruktion.

```
062       ((David liest die Aufgabenstellung vor)) sei a b reelle zahlen
063   J:  auf das intervall (--) das abgeschlossene intervall a b (1.0)
064       eine stetige funktion (1.0)
065       ach (--) da ist stetig (2.0)
066       was könnte denn stetigkeit (heißen)
067       irgendwas muss man damit anfangen
068       das ist wichtig
069       ((David unterstreicht insgesamt zwei Wörter in der Aufgabenstellung))
```

Aufgabe 2 Seien $a < b$ reelle Zahlen und $f : [a, b] \to [a, b]$ eine stetige Funktion. Zeigen Sie: Es existiert ein $x \in [a, b]$ mit $f(x) = x$.

Während einige Studierende bereits den ersten Lesedurchgang dazu nutzen, einzelne Elemente der Aufgabenstellung zu hinterfragen und implizite Voraussetzungen herauszuarbeiten (siehe bspw. LKH Z. 17–34, JH Z. 50–160), wechseln andere Studierende zu einem späteren Zeitpunkt noch einmal in die Verstehensphase zurück, um sich der spezifischen Bedingungen der gegebenen Aussage zu vergewissern. In dem folgenden Transkriptausschnitt diskutieren bspw. Maike, Finn und Yannik, inwiefern durch die Funktionsvorschrift $f : [a, b] \to [a, b]$ auch $f(a) = a$ bzw. $f(b) = b$ gegeben ist.

```
668   M:  also dann (.) muss ja trotzdem nicht folgen dass das ((zeigt auf a)) auf
          das abbildet ((zeigt auf a)) <<fragend> oder > (-)
669       also das das (-)
670   M:  [ähm] also das f
671   F:  [ähm]
672       also eigentlich schon (.)
673       weil wegen (-) stetig und (.) äh (.) intervall und
```

In ähnlicher Weise wird in mehreren Beweisprozessen zur Extrempunktaufgabe erörtert, ob die gegebene Funktion an der Stelle $y = x_2$ ihr Minimum annehmen muss oder ob sich dieses auch an einer anderen Stelle befinden kann (z. B. AS Z. 180–199, ASM Z. 215–225). Sowohl im Kontext der Fixpunkt- als auch im Rahmen der Extrempunktaufgabe begegnen die Studierenden ihren Unsicherheiten häufig damit, dass sie eine Skizze zu verschiedenen beispielhaften Funktionsgraphen anfertigen und diese als Grundlage für ihre Diskussion nutzen. Visualisierungen in Form von Skizzen treten dabei vermehrt in Beweisprozessen zur Extrempunktaufgabe auf. Hier dienen sie in erster Linie dazu, eine geometrische Interpretation

der Aussage vorzunehmen und auf diese Weise eine inhaltlich-anschauliche Vor-
stellung zu entwickeln. Im folgenden Beispiel versuchen etwa Louisa und Mia die
Behauptung $f''(y) \geq 0$ mit Bedeutung zu versehen und ihre Interpretation unter
Berücksichtigung verschiedener möglicher Funktionsgraphen mit den gegebenen
Voraussetzungen abzugleichen.

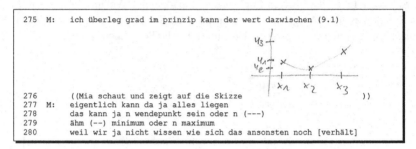

```
275  M:   ich überleg grad im prinzip kann der wert dazwischen (9.1)




276       ((Mia schaut und zeigt auf die Skizze                      ))
277  M:   eigentlich kann da ja alles liegen
278       das kann ja n wendepunkt sein oder n (---)
279       ähm (--) minimum oder n maximum
280       weil wir ja nicht wissen wie sich das ansonsten noch [verhält]
```

Skizzen zur Fixpunktaufgabe werden in 7 von 11 Fällen erstellt, bleiben jedoch
insofern häufig unvollständig, als lediglich Teile der Voraussetzungen abgebildet
werden (z. B. DJ Z. 99–104, DP Z. 124–140). In wenigen Fällen geht die Skizze hier
über eine Visualisierung möglicher Beispielfunktionen hinaus und beschreibt die
Lage aller möglichen Fixpunkte mithilfe einer Geraden, die später als Graph der
Identitätsfunktion erkannt wird (MFY Z. 91, FT Z. 12–21).

Um die Bedingungen, die über die Voraussetzungen beschrieben werden, einordnen und die Aussage geometrisch deuten zu können, benötigen die Studierenden konzeptuelles Vorwissen. In der Verstehensphase des Beweisprozesses aktivieren sie dieses, indem sie einerseits vorhandene Vorstellungen aus der Erinnerung
abrufen und andererseits einzelne Begriffe, wie „Stetigkeit" oder „Differenzierbarkeit", gezielt in den zur Verfügung gestellten Hilfsmitteln nachschlagen. Während in Beweisprozessen zur Fixpunktaufgabe eine Auseinandersetzung mit dem
Stetigkeitsbegriff und seiner formalen Definition dominiert (z. B. LKH Z. 44–51,
DJ Z. 401–403, JIA Z. 70–77), werden bei der Extrempunktaufgabe überwiegend
semantische Zugänge verfolgt und Bezüge zu inhaltlich-anschaulichen Konzepten
der Schulmathematik gesucht (z. B. TL Z. 107–122, JH Z. 182–191). Im folgenden
Transkriptausschnitt wiederholen Alina und Sascha, ähnlich wie viele andere Studierende, ihr Wissen über die hinreichende Bedingung von Extremstellen, indem
sie explizit auf Schulwissen zurückgreifen.

```
080  S:   zweite ableitung größer also null
081       haben wir alle in der schule gelernt
082       bedeutet linkskrümmung (1.5)
083  A:   zweite ableitung größer null heißt
084       ein Tiefpunkt (---)
```

Prozedurales Wissen wird in den analysierten Verstehensphasen nur vereinzelt diskutiert und bezieht sich überwiegend auf das in der Schule erlernte Vorgehen zur Bestimmung von Extremstellen bzw. zur Konstruktion der ersten und zweiten Ableitung (z. B. LS Z. 70–112). Vereinzelt stellen die Studierenden auch Bezüge zu anderen Aufgaben her, die sie im Rahmen des Übungsbetriebs bearbeitet haben und die Ähnlichkeiten zu der gegebenen Aufgabe aufweisen. Wenngleich davon auszugehen ist, dass über das Erinnern ähnlicher Aufgaben weiteres Vorwissen aktiviert wird, werden diese Wissenselemente im Allgemeinen nicht weiter verbalisiert und bleiben daher implizit. Eine detailliertere Analyse der Verstehensaktivitäten wird in Abschnitt 7.3.1) dargestellt.

Argumente identifizieren
In der Phase des Argumente Identifizierens geht es in erster Linie darum, Zusammenhänge zwischen den Voraussetzungen und der Behauptung herzustellen und auf diese Weise Gründe für die Gültigkeit einer Aussage zu entdecken. Die analysierten Beweisprozesse dokumentieren dabei verschiedene Herangehensweisen, diesen Teilprozess zu gestalten und Ideen für die Beweiskonstruktion zu generieren. Sie unterscheiden sich vor allem darin, in welchem Maße semantische Repräsentationen integriert und die zur Verfügung gestellten Hilfsmittel mit einbezogen werden. Die im Folgenden vorgestellten Herangehensweisen schließen sich nicht zwangsläufig gegenseitig aus, sondern können unabhängig voneinander an verschiedenen Stellen des Beweisprozesses auftreten und sich in diesem Sinne ergänzen.

Eine häufig verwendete Strategie stellt die explorative Suche im Skript bzw. Buch dar, bei welcher die Studierenden die jeweilige Informationsquelle als Übersicht über die verfügbaren Argumente verwenden und sich von dem Überfliegen verschiedener Textstellen neue Anregungen für die Beweisführung erhoffen (z. B. OJ, 207–221, LKH Z. 320–335, DJ Z. 150–218). In dem folgenden Transkriptausschnitt suchen Tobias und Lars nach einem Satz, mit dem sie ihre inhaltlich-anschauliche Beweisidee stützen können. Hierfür gehen sie das mit der Aufgabenstellung assoziierte Buchkapitel schrittweise durch und überlegen, inwiefern die dort aufgeführten Sätze zur Lösung der Aufgabe beitragen könnten.

```
532   T:   wir könnten auch noch in das tolle buch gucken
533        das gucke (ich mir nochmal an)(2.0)
534        (nimmt das Analysis-Buch und blättert darin)
           [...]
539   T:   hier wird l'hospital bewiesen
540        das brauchen wir alles nicht (8.8)
541        das ist nicht so trivial
542        (25.0)
543   T:   satz von rolle
544        (hoffentlich nicht)
```

Insbesondere in solchen Fällen, in denen eine ressourcengeleitete, explorative Suche den ersten Zugang zur Ideengenerierung markiert, basiert die Wahl eines Beweisansatzes häufig auf einem Vergleich zwischen gegebenen und benötigten Voraussetzungen und ist damit überwiegend syntaktisch motiviert. In diesem Zusammenhang verwenden einige Studierende den Begriff des *Ausprobierens* und verbinden damit die Übertragung eines Satzes, einer Definition oder eines Beweises auf die gegebene Aufgabenstellung. Die Erwartungshaltung ist dabei insofern offen, als sich der Nutzen des gewählten Vorgehens erst in dessen Anwendung zeigt (z. B. LS Z. 774–775, ASM Z. 910–920, LPL Z. 375–384). Bezogen auf die Fixpunkt- und Extrempunktaufgabe wird dabei insbesondere ausprobiert, den Zwischenwertsatz oder die hinreichende Bedingung von Extrema anzuwenden bzw. den jeweiligen Beweis zu übertragen, indem die hier aufgeführten Beweisschritte an die Notation der eigenen Aufgabe angepasst werden. Ein solches Vorgehen verfolgen bspw. Janine, Ina und Alisa, die, ähnlich wie viele ihrer Kommilitoninnen und Kommilitonen, versuchen, den Zwischenwertsatz auf die Fixpunktaufgabe anzuwenden, indem sie die Aussage, zu jedem $\gamma \in [f(a), f(b)]$ existiere ein $c \in [a, b]$ mit $f(c) = \gamma$, so umformulieren, dass sich die zu zeigende Aussage als Folgerung darstellt.

```
282   I:   [c element  ] (--) hä das ist doch das
283   J:   aber da steht (--) ach doch da steht was>
284   I:   <<lachend> wir nehmen einfach den beweis>
285   A:   zu jedem gamma also kann gamma ja auch (--)  gleich c sein oder (2.0)
286   I:   existiert ein c element
287   J:   ja (---) ja eigentlich ja wohl ne
```

Schwierigkeiten, die mit einer solchen Herangehensweise einhergehen, deuten dabei insbesondere auch auf Unsicherheiten bezüglich der verfügbaren Argumentationsbasis hin. So fällt es einigen Studierenden schwer zu beurteilen, welches Wissen in einem Beweis verwendet werden darf und welche Zusammenhänge erneut hergeleitet werden müssen. Damit einher geht die Frage, welchen Status Sätze in der Mathematik einnehmen und wie ein Satz als Schlussregel verwendet werden kann, wenn die zu zeigende Konklusion oder die gegebenen Daten eine abweichende Formulierung beinhalten (z. B. MFY Z. 102–113, LKH Z. 194–206, LPL Z. 394–407,

AI Z. 156–173). Darüber hinaus zeigen sich bei einigen Studierenden Schwierigkeiten, die Suche nach Argumenten inhaltlich einzugrenzen und abzuschätzen, in welchen Kapiteln des Buches oder des Skriptes potenziell hilfreiche Sätze zu finden sind (z. B. LKH Z. 179–187, DJ Z. 178–187, LS Z. 191–204).

Dem hier beschriebenen Vorgehen steht eine Herangehensweise gegenüber, bei der in Bezug auf eine zu erreichenden Konklusion eine mögliche Schlussregel assoziiert und diese sodann gezielt im Buch oder im Skript nachgeschlagen wird (z. B. ML Z. 57–60, ASM Z. 6–14). Im folgenden Beispiel möchten Andreas und Ibrahim für die Lösung der Extrempunktaufgabe über die Steigung der Ableitungsfunktion argumentieren und suchen dafür gezielt nach einem Satz, welcher die Monotonie einer Funktion mit dem Wert ihrer Ableitung in Verbindung bringt.

```
602  I:   ich glaube wir brauchen diesen und diesen (---)
603       ((Andreas guckt in das Skript))
604  A:   mh
605       der satz sagt
          [...]

613       [Andreas schreibt auf ein Notizblatt:
614  A:   [wenn f so
615       so wenn f das hier ist
616       dann ist f strich (---)
617       bei m w bei m w ist f strich größer gleich null (1.3)
618       bei s m w  ist es größer null
```

Das Assoziieren bestimmter Sätze und Definitionen verläuft in vielen Fällen unbewusst und wird von den Studierenden nicht weiter erläutert. Dennoch finden sich Hinweise darauf, dass das Benennen eines Arguments zum einen durch Vorerfahrungen mit ähnlichen Aufgaben gestützt wird (z. B. FT Z. 165–170, MFY Z. 386–391) und zum anderen aus einem gedanklichen Abgleich der gegebenen Voraussetzungen mit bekannten Sätzen resultiert. So stellen bspw. Maike, Finn und Yannik fest, dass die Aussage der Fixpunktaufgabe gewisse Ähnlichkeiten zu der des Zwischenwertsatzes aufweist:

```
190  F:   das ist ja hier ((zeigt auf den ZWS im Buch)(--))
191  Y:   das ist ja genau das gleiche nur mit einer null
```

Charakteristisch für diese Herangehensweise ist, dass der Impuls zur Verwendung einer externen Ressource seinen Ursprung in der Auseinandersetzung mit der zu beweisenden Aussage hat und das Nachschlagen entsprechend zielgerichtet verläuft. Um einzelne Beweisschritte herauszuarbeiten, werden dabei sowohl semantische als auch syntaktische Zugänge realisiert. Markus und Lena gehen in ihrem Beweisprozess bspw. so vor, dass sie zunächst auf inhaltlich-anschaulicher Ebene Beweisschritte entwickeln, die sie sodann mithilfe geeigneter Sätze und Definitionen an die Rahmentheorie anbinden. Gleichzeitig bereiten sie die Anwendung eines

Satzes vor, indem sie die Anschauung zu Hilfe nehmen und sich der Gültigkeit einer
syntaktischen Manipulation vergewissern. Im Folgenden Transkriptausschnitt geht
es darum, den Satz von Rolle auf die gegebene Problemsituation anzuwenden. Da
die erforderlichen Bedingungen hierfür nicht explizit vorausgesetzt sind, überlegen
Markus und Lena anhand einer Skizze, wie sie die nötigen Voraussetzungen konstruieren können und benennen hierfür sodann eine adäquate Schlussregel (für ein
vergleichbares Vorgehen siehe auch LM Z. 145–151 oder FT Z. 102–108).

```
095  M:   wir wissen jetzt nicht ob die beiden punkte irgendwo gleich groß sind
096        aber wir können auf jeden fall sagen beide sind auch knapp größer als der
097        ((Markus zeigt während des Gesprächs auf die Skizze))
098  L:   mhh
099  M:   also sind beide oder auf jeden fall gibt es dann punkte auf deren intervall
100        nach dem zwischenwertsatz (-)
          die gleich sind (1,7)
101        ((Markus ergänzt in seiner Skizze zwei Punkte auf der Funktion))
```

Insbesondere in Beweisprozessen zur Extrempunktaufgabe, die vielfältige
Anknüpfungspunkte zum Schulwissen bietet, wird die Beweiskette häufig zu großen
Teilen oder sogar vollständig auf semantischer Ebene entwickelt. Während in einzelnen Fällen Beispielfunktionen konstruiert werden (OJ Z. 664–675, SDH Z. 495–
519), greifen die meisten Studierenden auf Visualisierungen zurück, um ihre
Beweisideen zu veranschaulichen und sie mit ihren Kommilitoninnen und Kommilitonen zu diskutieren. Das Erstellen und Ergänzen von Skizzen hilft ihnen
dabei, eine neue Perspektive einzunehmen, Vorwissen zu integrieren und auf
inhaltlich-anschaulicher Ebene Folgerungen zu formulieren (z. B. MFY Z. 740–
750, AI Z. 355–389, ML Z. 95–102, LM Z. 445–451). Auf diese Weise entsteht
im besten Fall eine Kette semantisch geprägter Argumente, welche die Gültigkeit
der Aussage auf inhaltlich-anschaulicher Ebene begründet und so die Formulierung
eines Beweises vorbereitet. Eine solche Argumentation entwickeln bspw. Alina und
Sascha, deren Überlegungen stellvertretend für viele andere Beweisansätze stehen.

```
443  A:   [ach wir sagen]
444        einmal ist die Ableitung kleiner und einmal ist die größer
445  S:   genau
446        und dann haben wir auf jeden Fall zwei dieser Punkte
447        einen negativen und einen positiven
448        das heißt diese funktion muss irgendwann mal steigen
449  A:   [ja ]
450  S:   [das]ist auch irgendwie klar mit diesen sätzen die wir haben
451        und das heißt die zweite ableitung muss irgendwann mal positiv sein
452  A:   ja
453  S:   in dem intervall sogar (unverständlich)
454  A:   ja
455  S:   weißt du die Sätze denn auch die das sagten
```

Wie bereits durch den abschließenden Kommentar in dem vorangehenden Transkriptausschnitt angedeutet wird, treten in verschiedenen Fällen Schwierigkeiten

auf, die entwickelten Beweisschritte zu formalisieren, auszuarbeiten und durch geeignete Schlussregeln zu stützen (z. B. LT Z. 448–455, LUM Z. 429–448). Dies wird auch in der Ausgestaltung der Phase des Argumente Strukturierens deutlich.

Argumente strukturieren

Die Phase des Argumente Strukturierens konstituiert sich zu einem großen Teil in Aktivitäten, welche auf die systematische Zusammenfassung und Ordnung der zuvor entwickelten Beweisschritte abzielen. In dieser Phase wiederholen die Studierenden die bereits gewonnenen Erkenntnisse, bringen sie in eine zulässige Reihenfolge und entwickeln sie schließlich zu einer Kette aufeinander aufbauender Schlussfolgerungen. Auf diese Weise entsteht eine Beweisskizze, welche die wesentlichen Argumente eines Beweises enthält und so einen mehr oder weniger detaillierten Plan für die finale Beweisformulierung beschreibt (z. B. AI Z. 690–695). Die entwickelte Beweiskette kann dabei insofern noch Lücken enthalten, als einzelne Beweisschritte noch nicht vollständig ausgearbeitet oder durch eine geeignete Schlussregel gestützt sind. Am systematischsten erfolgt die Strukturierung im Fall von Markus und Lena. Indem Markus seinen Beweisansatz zusammenfasst, skizziert er eine Beweisführung, deren zentrale Komponenten in Form von Konklusionen und Schlussregeln bereits nahezu vollständig benannt werden.

```
159   M:   und wenn wir die haben werden (-) laut zwischenwertsatz
160        haben wir dann nach dem satz von rolle halt eben hier zwischen ein (---)
161        f strich von x ist gleich null (2,1)
162        ein minimum tatsächlich sogar extra (--)
163        das (-) wäre dann ja das
164        (((Markus zeigt parallel auf den Aufgabenzettel))
```

Im Zuge der Zusammenfassung zuvor diskutierter Ideen und Beweisansätze wird ein höherer Standpunkt eingenommen, der eine reflektierte Sicht auf den bisherigen Beweisprozess ermöglicht. Die Wiederholung dient in einigen Fällen daher weniger als Instrument der Strukturierung, sondern fungiert vielmehr als eine Form der Standortbestimmung. Die Studierenden reagieren hier auf eine Phase der Stagnation und Ideenlosigkeit, indem sie die bisherigen Ansätze erneut durchdenken und auf diese Weise eine Möglichkeit schaffen, neue Einsichten zu erlangen oder zumindest einen strukturierteren Blick auf die bisher erarbeitete Beweiskette zu gewinnen (z. B. TL Z. 806–818, FT Z. 113–117, OJ Z. 984–997, AS Z. 468–477). Der Prozess, in dem sich die Studierenden den aktuellen Entwicklungsstand vergegenwärtigen, wird dabei nicht selten von einer Visualisierung unterstützt, die als Strukturierungshilfe eine Übersicht über die relevanten Informationen verschafft, ohne diese präzise ausformulieren zu müssen (z. B. AI Z. 656–662, ML Z. 155).

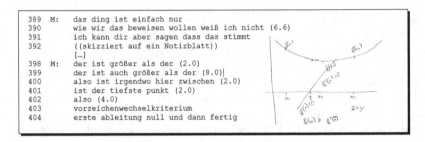

```
389  M:   das ding ist einfach nur
390        wie wir das beweisen wollen weiß ich nicht (6.6)
391        ich kann dir aber sagen dass das stimmt
392        ((skizziert auf ein Notizblatt))
           [...]
398  M:   der ist größer als der (2.0)
399        der ist auch größer als der (8.0)|
400        also ist irgendwo hier zwischen (2.0)
401        ist der tiefste punkt (2.0)
402        also (4.0)
403        vorzeichenwechselkriterium
404        erste ableitung null und dann fertig
```

Entgegen ihrer konzeptuellen Verortung in fortgeschrittenen Bereichen der Beweis-konstruktion können Strukturierungsphasen auch schon zu Beginn des Beweisprozesses auftreten, wenn ausgehend von einer ersten Auseinandersetzung mit der gegebenen Aussage die grundlegende Struktur eines Beweises herausge-arbeitet und der Beweisprozess auf diese Weise vorstrukturiert wird. Eine sol-che Vorstrukturierung wird in den analysierten Beweisprozessen dadurch realisiert, dass eine Fallunterscheidung durchgeführt, ein Teilziel in Form einer Zwischen-behauptung formuliert oder über die Wahl einer spezifischen Beweistechnik die grundlegende Beweisstruktur festgelegt wird. In Bezug auf die Fixpunkt- und die Extrempunktaufgabe nehmen die Studierenden bspw. eine Fallunterscheidung vor, indem sie ausgewählte Funktionstypen differenziert betrachten (JBG Z. 559–564, DP Z. 429–438), verschiedene Fälle bezüglich der Ordnungsrelation von $f(a)$ und $f(b)$ bzw. $f(x_1)$ und $f(x_3)$ unterscheiden (KLM Z. 459–462) oder die Existenz eines $y \in \mathbb{R}$ mit $f''(y) \geq 0$ für $f''(y) > 0$ und $f''(y) = 0$ separat herleiten (ASM Z. 1163–1173, LM Z. 257–262). Die Benennung von Zwischenbehauptungen tritt vermehrt im Kontext der Extrempunktaufgabe auf, bei welcher der Beweis in Anleh-nung an die hinreichende Bedingung für Extrema in zwei Teilbeweise unterteilt und zunächst die Existenz eines Minimums gezeigt wird (ML Z. 147). Im folgenden Beispiel versuchen Louisa und Mia, bereits zu Beginn ihres Beweisprozesses ein Beweisgerüst aufzubauen, das die zentralen Zwischenschritte ihrer Argumentation enthält.

Minimum zwischen $[x_1, x_3]$ → Nullstelle $f'(x)$ →

Während einige Studierende ihre Beweisskizze primär auf semantischer Ebene formulieren und auch in der Strukturierungsphase keine Anbindung an die Rah-mentheorie erreichen (z. B. AI Z. 651–662, LT Z. 387–398), nutzen andere Studie-rende die Strukturierungsphase, um ihre Argumente in eine (semi-)formale Notation zu übertragen (z. B. AS Z. 414–428) und ausgewählte Beweisschritte im Hinblick auf die zugrunde liegende Schlussregel zu diskutieren (z. B. AS Z. 883–900, TL Z. 1027–1030, LM Z. 238–246). Eine Anbindung an die Rahmentheorie findet dabei häufig dadurch statt, dass die verwendeten Sätze benannt und durch die Angabe ihrer Nummer im Vorlesungsskript in einem größeren Kontext verortet werden. Ein solches Vorgehen verfolgen bspw. Justus, Guido und Benedikt im folgenden Transkriptausschnitt.

```
491  B:   mh (-) nach welchem (-)war das
492       (2.4)
493  G:   pff
494  J:   eh (---) paragraph elf satz zwei
495       (8.9)
496  B:   warum werden denn eigentlich maximum und minimum angenommen
497       (3.7)
498  J:   weil es abgeschlossen ist oder
499  G:   ja genau
```

Wie bereits anhand der quantitativen Ergebnisse deutlich wird, nimmt die Phase des Argumente Strukturierens in Beweisprozessen zur Extrempunktaufgabe einen höheren Stellenwert ein als in solchen zur Fixpunktaufgabe. Vor dem Hintergrund der hier beschriebenen Strukturierungsaktivitäten liegt die Vermutung nahe, dass die Aussage der Extrempunktaufgabe aufgrund ihrer Nähe zu schulischen Inhalten für viele Studierende leichter zugänglich ist. Die Entwicklung einer Beweiskette erfolgt hier in vielen Fällen auf inhaltlich-anschaulicher Ebene, wodurch es den Studierenden leichter fällt, Folgerungen herzuleiten und Teilschritte zu antizipieren. Dabei ist anzunehmen, dass die Bemühungen, verschiedene Ansätze zu ordnen und aufeinander abzustimmen, umso umfangreicher ausfallen, je reichhaltiger die Ergebnisse der Ideengenerierung sind.

Insgesamt zeigt die Analyse der Beweisprozesse entlang der Strukturierungsphasen, dass die Phase des Argumente Strukturierens im Wesentlichen durch zwei Bestrebungen geprägt ist, die sich in einzelnen Fällen auch gegenseitig ergänzen. Auf der einen Seite werden die zentralen Erkenntnisse wiederholt und strukturiert zusammengefasst, um auf diese Weise einen Überblick über den gegenwärtigen Stand der Bearbeitung zu erlangen. Auf der anderen Seite dient die (Vor-) Strukturierung des Beweises durch Zwischenbehauptungen und Fallunterscheidungen dazu, einen groben Verlaufsplan für die Beweisführung zu skizzieren, der sodann Orientierung für den weiteren Beweisprozess bietet. Eine Formalisierung der entwickelten Beweisideen oder eine Ergänzung von Schlussregeln sind hingegen in nur wenigen Strukturierungsphasen zu beobachten und nehmen auch hier einen nur kleinen Anteil am Gesamtprozess ein. Dabei ist zu berücksichtigen, dass einige Studierende, wie bspw. Markus und Lena oder Alina und Georg, ihre Beweisideen mit stetigem Bezug zur Rahmentheorie entwickeln, sodass eine Verknüpfung semantischer und syntaktischer Zugänge bereits in der Phase des Argumente Identifizierens stattfindet. Gleichzeitig existieren Beweisprozesse, wie bspw. von Alina und Sascha oder Maike, Finn und Yannik, in denen eine Syntaktifizierung und Explikation von Schlussregeln bis zu einem gewissen Grad in den Formulierungsprozess integriert werden und daher erst in einer späteren Phase an Relevanz gewinnen.

Formulieren
Während das Vorkommen von Strukturierungsphasen bis zu einem gewissen Grad an einen inhaltlichen Fortschritt gekoppelt ist, treten Formulierungsphasen in den analysierten Beweisprozessen vollkommen unabhängig von der Konstruktionsleistung auf. In dieser Phase werden gemeinhin sämtliche Beweisideen und hergeleitete Wissenselemente auf dem dafür vorgesehenen Aufgabenblatt niedergeschrieben, um so das Ende des Beweisprozesses zu markieren und im Prüfungsfall eine möglichst hohe Anzahl an Teilpunkten zu erreichen. Das erklärte Ziel ist es hier in vielen Fällen, den Rezipienten von den eigenen Überlegungen zu überzeugen, selbst wenn der erarbeiteten Lösung ein nur geringer Wert beigemessen wird. Andere Studierende nutzen die Formulierungsphase hingegen dazu, ihre erarbeiteten Teilergebnisse zu fixieren und diese so einer Reflexion zugänglich zu machen. Vor dem Hintergrund dieser verschiedenen Zielsetzungen wird deutlich, dass die Formulierungsphase eine unterschiedliche Gestalt annimmt, je nachdem zu welchem Zeitpunkt der Übergang zum Formulieren stattfindet und in welchem Umfang der Beweis zu diesem Zeitpunkt bereits ausgearbeitet ist. Die Spannbreite reicht hier von einem überwiegend schweigenden Formulierungsprozess, bei dem der vorstrukturierte Beweis mit kleinen Änderungen und Präzisionen auf das Aufgabenblatt übertragen wird (z. B. AG, LS), bis hin zu einer aktiven Beweisformulierung, bei welcher die Studierenden gemeinsam die finale Lösung entwickeln und an einzelnen Stellen erläuternde Informationen ergänzen (z. B. MFY, JBG, ASM).

Der Prozess des Formulierens selbst, d. h. die Wahl geeigneter Sprachmittel zur Übertragung der Gedanken und Ideen in eine schriftliche Form, wird in den analysierten Beweisprozessen im Wesentlichen durch drei Aktivitäten bestimmt: der Syntaktifizierung von Notizen, der Wahl geeigneter Bezeichnungen sowie der Ergänzung von zusätzlichen Informationen. Erstere Aktivität beschreibt eine Transformation der entwickelten Beweisschritte in eine Notation, die den Merkmalen des mathematischen Sprachgebrauchs entspricht und einen gewissen Grad an Formalisierung aufweist (z. B. FT Z. 171–173, LM Z. 327–331, ASM Z. 1059–1070). Eine solche Übersetzung verläuft in den meisten Fällen automatisiert und wird nur dann explizit thematisiert, wenn jemand Unsicherheiten bezüglich einer konkreten Darstellung äußert oder einen Fehler aufdeckt. In dem folgenden Beispiel wird eine solche explizite Thematisierung anhand des Beweisprozesses von Alina und Sascha dargestellt. Die Studierenden suchen hier nach einer adäquaten symbolischen Darstellung für eine auf ein Intervall eingeschränkte Funktion und orientieren sich schließlich an der in der Vorlesung eingeführten Notation.

```
700  S:   da folgt doch direkt raus
701       ähm (---) also f ist (2.5)
702       f auf dem intervall
703       wie schreiben wir das denn mit runden
704       nee auch mit eckigen ne x_eins x_zwei
705  A:   <<fragend> haben wir das so aufgeschrieben>
706  S:   ich glaube das ist f auf diesem intervall
707  A:   ja das heißt auf jeden fall so
708  S:   das steht hier mit auf das
709       [aber so ist es schöner ]
710  A:   [ja klar das ist auch so]
711       [das heißt ja f eingeschränkt]
712  S:   [ (-) ist streng (-)        ] monoton wachsend
713       würde daraus folgen (---)
714  A:   ja
715       ((Sascha schreibt auf den Aufgabenzettel:
```

$$\forall a \in [x_1, x_2]: \ f'(a) \geq 0 \overset{12.21}{\Longrightarrow} f\big|_{[x_1,x_2]} \ \text{ist mn.w.}$$

Dass der Schreibprozess über eine reine Übersetzung in Formelelemente hinausgeht und von einer stetigen Suche nach geeigneten Formulierungen geprägt ist, zeigt sich in einigen Fällen auch daran, dass parallel zum Schreiben eine Diskussion über Konventionen des mathematischen Sprachgebrauchs und die Verwendung adäquater Sprachmittel geführt wird. Einen besonderen Stellenwert nimmt dabei die Einführung von Variablen ein, bei der die Wahl einer geeigneten Bezeichnung unter Berücksichtigung bereits vorhandener Variablen in einzelnen Beweisprozessen gewissenhaft thematisiert wird (z. B. AS Z. 960–962, Z. ML 212–214, Z. LT 458–461). Neben der Wahl geeigneter Bezeichnungen und Symbole gewinnen stellenweise auch globale Komponenten des mathematischen Sprachgebrauchs an Relevanz, indem die Verknüpfung einzelner Beweisschritte auf unterschiedliche Weise realisiert wird. Während einzelne Studierende bewusst auf die Formulierung vollständiger Sätze achten und gezielt Wörter ergänzen, um einen Satz zu vervollständigen (z. B. AS Z. 591–594, AI Z. 708–770), verdeutlichen andere Studierende die Struktur ihrer Beweiskette, indem sie die einzelnen Beweisschritte durch Folgepfeile verbinden und auf diese Weise mehrere Prosaelemente aneinander reihen (z. B. LUM Z. 473–487, JBG Z. 550). Welches Stilprinzip hinter einer solchen Formulierung steht, verdeutlicht der folgende Transkriptausschnitt. Anna, Steffen und Michael bemühen sich hier um eine möglichst prägnante Darstellung ihrer Lösung, indem sie Prosaelemente durch Symbole ersetzen.

```
1059 M:   angenommen f zwei strich (.) von (-) x eh von y ist größer (- -)
1060      eh nicht größer gleich null (1,1)
1061      einfach angenommen und dann die negation (-) so ein negationszeichen
1062      geht schneller dann musst du nicht so viel schreiben (1,1)
          [...]
1079 S:   ich würd einfach sagen daraus folgt dass es die erste ableitung streng
          monoton fallend ist <<fragend> oder> (- -)
          [...]
1085 M:   stimmt (- -) stimmt (-) stimmt stimmt stimmt (- -)
1086      mach so ein folgezeichen (2,1)
          [...]
1090      (Steffen ergänzt auf dem Aufgabenzettel:
```

$$\text{Angenommen } \neg \left(\ell''(y) \geq 0 \right), \text{ dann gilt } \ell''(y) < 0 \ , \forall y \in \mathbb{R}.$$

$$\Longrightarrow \ell' \text{ ist s.m.f.} \qquad))$$

Um die Kohärenz und Präzision ihrer Argumentation zu erhöhen, ergänzen einige
Studierende die zuvor ausgearbeiteten Beweisskizze um zusätzliche Informationen, indem sie beim Ausformulieren Begründungen hinzufügen und Schlussregeln explizieren (z. B. ML Z. 181–185, AS Z. 936–957, LM Z. 345–346,). In diesem
Zusammenhang wird häufig versucht, einen direkten Bezug zum Skript herzustellen.
Hierfür verorten die Studierenden die von ihnen verwendeten Sätze in der Vorlesung, wiederholen die im Skript präsentierte Formulierung und nehmen in ihrer
Argumentation Bezug auf die dort festgelegte Nummerierung (z. B. AG Z. 331–
333, AS Z. 686–693, TL Z. 1027–1030). Darüber hinaus nimmt ein Beweis aus
dem Buch oder Skript in einzelnen wenigen Fällen auch die Funktion einer Vorlage ein und dient hier als Orientierung für die Strukturierung und Formulierung
der eigenen Argumentation (SDH, AG). Der folgende Transkriptausschnitt aus dem
Beweisprozess von Louisa und Mia beschreibt exemplarisch, wie eine Ausarbeitung
der Beweisskizze im Formulierungsprozess verlaufen kann.

```
335 L:   so und das (.) argumentieren wir doch jetzt quasi nach neun punkt zwölf
         <<fragend> oder>
336      (2.8)
337 M:   jaa
338 L:   wir haben ja [quasi das] intervall xeins bis xdrei
339 M:                [genau    ]
340      genau und wir sagen innerhalb dieses intervalls nimmt es auf jeden fall sein
         minimum an
341 L:   <<bestätigend> mhm> (1.8)
342      [<<liest was sie schreibt> nach 9.12 (3.1) nimmmt f von x auf dem intervall
         (8.1) auf dem intervall (---) xeins xdrei ihr minimum an>              ]
343      [((Louisa schreibt auf dem Aufgabenzettel:
```

$$\text{Nach 9.12 nimmt } f(x) \text{ auf dem Intervall } [x_1, x_3] \text{ ihr Minimum an} \quad))]$$

```
344      <<fragend> oder>
345 M:   <<bestätigend> mhm>
346      <<fragend> sollen wir noch mal dazuschreiben dass das gilt weil (--) oder
         dass die stetig ist> (1.5)
```

Die hier beschriebenen Formulierungsaktivitäten nehmen im Allgemeinen eine nur
geringe Zeitspanne ein und werden durch kurze Überlegungen und Absprachen
realisiert. Vor dem Hintergrund der quantitativen Ergebnisse ist daher zu betonen,

dass ein großer Anteil der Formulierungsphase auf ein wiederholtes Vorformulieren sowie den eigentlichen Schreibprozess entfällt. Die vergleichsweise lange Dauer des reinen Aufschreibens resultiert dabei auch daraus, dass viele Studierende ihren Formulierungsprozess damit beginnen, Voraussetzungen und Behauptung sowie relevante Definitionen und Sätze vollständig abzuschreiben. Da dies unabhängig vom inhaltlichen Fortschritt durchzuführen ist, können Formulierungsphasen auch bereits in frühen Stadien der Beweiskonstruktion auftreten.

Validieren

Die quantitativen Ergebnisse zur Reihenfolge der auftretenden Phasen zeigen, dass zwischen der Phase des Validierens und den übrigen Phasen der Beweiskonstruktion vielfältige Wechsel stattfinden und Validierungsphasen entsprechend an verschiedenen Stellen im Beweisprozess auftreten können. Für eine Verortung des Validierens im Gesamtprozess ist dabei entscheidend, welche Wissenselemente den Gegenstand der Validierung bilden. In den analysierten Beweisprozessen lassen sich einerseits Validierungsaktivitäten rekonstruieren, die sich auf die mentale Repräsentation der gegebenen Aussage oder die Vorstellung zu einem hierfür relevanten Konzept beziehen (z. B. LKH Z. 396–404, LM Z. 197–200, ASM Z. 774–781). Andererseits können auch Prozesssegmente identifiziert werden, welche die Überprüfung der Beweisidee oder eines konkreten Beweisschrittes anstreben (z. B. AG Z. 136–145, FT Z. 147–153, ML Z. 269–277, AG Z. 266–272). In 7 von 24 Fällen markiert eine Validierungsphase das Ende des Beweisprozesses. Während diese in den meisten Fällen für eine abschließende, überwiegend intuitive Bewertung des entwickelten Beweises genutzt wird (z. B. FT Z. 300–311, AS Z. 985–1001, TH Z. 636–639), überlegen Louisa und Mia im folgenden Beispiel, wie sie den Beweis eleganter hätten führen können.

```
474  L:   das kommt mir einfach n bisschen dürftig vor
475       ((beide schaue auf den geschriebenen Text) (12.1))
476  M:   (unverständlich) so schreiben
477  L:   ich fand es eigentlich schicker das jeweils mit dem zwischenwertsatz zu
          machen(--)
478       aber dann müssten wir wissen dass die (1.7) ähm (2.3)
479       dass f strichstrich und die zweite ableitung stetig ist
```

Unterschiede zwischen den rekonstruierten Validierungsphasen resultieren zudem daraus, dass den initiierten und analysierten Beweiskonstruktionen auch kooperative Prozesse zugrunde liegen. Hier gilt es Validierungen, die von einer Person selbst angeregt wurden, von solchen zu unterscheiden, die ihren Ausgangspunkt in einer Anmerkung von Mitstudierenden haben. Während eigene Unsicherheiten und Zweifel die bisherigen Überlegungen gemeinhin vertiefen, wird durch die Bearbeitungspartnerinnen und -partner häufig eine neue Perspektive in den Beweisprozess eingebracht, aus der sodann neue Denkrichtungen erwachsen können (z. B. OJ Z. 915–931, LT Z. 313–324, LM Z. 197–200). Für den weiteren Verlauf des Beweisprozesses ist darüber hinaus entscheidend, inwiefern die Validierung ein positives Ergebnis hervorbringt und damit die gewählte Herangehensweise bestätigt oder durch eine negative Einschätzung des bisherigen Ansatzes zum Umdenken bewegt. In dem folgenden Transkriptausschnitt äußert Fiona Zweifel gegenüber dem von Thomas gewählten Ansatz. Dieser lässt sich vorübergehend auf die Suche nach alternativen Ansätzen ein, bevor er seinen ursprünglichen Ansatz wieder aufgreift und diesen gegenüber Fiona verteidigt. Das Beispiel veranschaulicht dabei den kommunikativen Prozess, der einer Validierung zugrunde liegt. Dieser entsteht im Wechselspiel zwischen offenen Fragen und Zweifeln auf der einen und Erklärungen, Bestätigungen und Korrekturen auf der anderen Seite.

```
147  F:   bist du dir sicher dass das was damit zu tun hat (1.0)
148       ((Thomas nickt))
149  T:   ja (3.3)
150       also ja es ist (--) oder sonst hatten wir noch (--)
151       keine ahnung was für sätze noch
152       [((Thomas guckt in das Vorlesungsskript))              ]
153       [zur stetigkeit(-) also es ist ja auf jeden fall was mit stetigkeit ne]
154       (1.9)
155       weil sonst ist da ja nicht so viel drin
```

In der überwiegenden Mehrheit der Validierungssequenzen diskutieren die Studierenden auf semantischer Ebene und argumentieren auf Basis ihrer intuitiven Einschätzungen und individuellen Vorstellungen. Ist eine Frage jedoch nicht unmittelbar zu beantworten und bleiben die Unsicherheiten auch nach einer gemeinsamen Erörterung bestehen, greifen die Studierenden auf verschiedene Ressourcen zurück, mithilfe derer sie den strittigen Punkt zu klären versuchen. Wie im Beispiel von Fiona und Thomas bereits angedeutet wurde, nutzen einige Studierende das Buch bzw. Skript, um die konkrete Formulierung eines Satzes nachzuschlagen (z. B. ML Z. 285–293) oder ihre Argumentation mit einem dort aufgeführten Beweis abzugleichen (z. B. SDH Z. 949–965). Andere Studierende veranschaulichen sich einen Beweisschritt oder eine gegebene Bedingung anhand von Beispielen oder Skizzen und versuchen, auf diese Weise ein Gefühl für die Plausibilität der zu zeigenden Aussage oder eines konkreten Beweisschrittes zu gewinnen. Eine solche Strategie verfolgen bspw. Olaf und Johannes. Da sie ein Beispiel wählen, das die Voraussetzung der Stetigkeit verletzt, fassen sie dieses jedoch als Gegenbeispiel auf und verstärken ihre Zweifel, anstatt diese zu beseitigen.

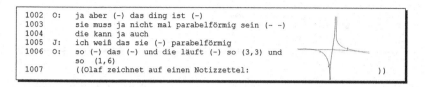

```
1002  O:   ja aber (-) das ding ist (-)
1003       sie muss ja nicht mal parabelförmig sein (- -)
1004       die kann ja auch
1005  J:   ich weiß das sie (-) parabelförmig
1006  O:   so (-) das (-) und die läuft (-) so (3,3) und
           so (1,6)
1007       ((Olaf zeichnet auf einen Notizzettel:                ))
```

Die vorhergehenden Beschreibungen zeigen, dass die Phase des Validierens eng mit anderen Phasen verknüpft ist und in vielen Fällen nahezu parallel zur Beweiskonstruktion verläuft. Die Aktivität des Validierens erscheint hier stellenweise als ein kontinuierliches Hinterfragen und Überwachen und bedient nur in Einzelfällen die Funktion einer inhaltlichen Überprüfung des finalen Beweises. Vor diesem Hintergrund ist es denkbar, dass mit dem gewählten Analyseverfahren und der Kodiereinheit einer Phase nicht sämtliche Validierungsaktivitäten erfasst wurden. Vielmehr ist anzunehmen, dass einzelne Validierungsaktivitäten in den Phasen aufgehen, welche durch die Validierung vertieft werden, indem ihr Produkt zum Gegenstand der Validierung gemacht wird (z. B. ML Z. 139–142, AS Z. 729–736). Die Erkenntnisse zur Realisierung von Validierungsaktivitäten im Rahmen der Beweiskonstruktion werden daher in Abschnitt 7.3.2 vertieft.

Restkategorie

Unter der Restkategorie werden sämtliche Prozesssegmente subsumiert, die keiner der vorhergehenden Phasen zugeordnet werden konnten. Insgesamt wurden 24 Materialausschnitte aus 14 verschiedenen Beweisprozessen dieser Kategorie zugeschrieben. Sie bilden die Grundlage für die folgenden interpretativen Beschreibungen, mithilfe derer ein Überblick darüber gewonnen werden soll, wie sich die Restkategorie inhaltlich ausgestaltet. Das Ziel ist es dabei, festzustellen, inwiefern die hier betrachteten Prozessausschnitte relevante Teilprozesse der Beweiskonstruktion darstellen und daher ergänzend in das Prozessmodell aufgenommen werden sollten. Ein Prozessabschnitt wurde unter anderem dann der Restkategorie zugeordnet, wenn aus der entsprechenden Videosequenz und dem zugehörigen Transkript nicht eindeutig hervorgeht, welche Aktivität hier im Vordergrund steht. Dieses Kriterium betrifft in erster Linie Materialsegmente, die lange Pausen beinhalten oder einen Leseprozess beschreiben, den die Studierenden einzeln und überwiegend schweigend durchführen (z. B. LUM Z. 91–113). Der folgende Transkriptausschnitt aus dem Beweisprozess von Olaf und Johannes illustriert eine solche Sequenz, in der nicht erkennbar ist, inwiefern die Studierenden aktiv an einer Beweiskonstruktion arbeiten und welches Ziel sie mit ihrer Tätigkeit verfolgen.

```
1084      ((Olaf und Johannes schauen in den Raum)(41,0))
1085  O:  ich hasse das
1086      ((Johannes lacht)) (10,8)
1087      ((Johannes und Olaf schauen in den Raum)(18,7))
```

Neben uneindeutigen Prozessabschnitten beinhaltet die Restkategorie verschiedene Formen von Abschweifungen, in denen die Gespräche in der Bearbeitungsgruppe von der Beweisaufgabe auf andere Themen gelenkt werden. Derartige Abschweifungen resultieren in vielen Fällen aus einer Phase der Stagnation und Ideenlosigkeit. Die Studierenden nehmen die in der konkreten Bearbeitungssituation erlebten Unsicherheiten und Misserfolge zum Anlass, ihre bisherigen Erfahrungen aus dem Mathematikstudium zu diskutieren und Sorgen bezüglich der anstehenden Klausuren auszutauschen. Während der Austausch in einigen Fällen auf rein emotionaler Ebene stattfindet (z. B. LS Z. 478–492, TH Z. 413–432, SDH Z. 583–595), erörtern andere Gruppen konkrete Fragen der Klausurvorbereitung bzw. der Vorlesungsnachbereitung (z. B. DJ Z. 37–48, MFY Z. 623–660). Das folgende Beispiel stammt aus dem Beweisprozess von Danny und Paula und verdeutlicht, wie Schwierigkeiten generalisiert werden und sich in Selbstzweifeln äußern.

```
380  P:  das is eigentlich echt traurig dass wir das nicht schaffen
381      ((Paula lacht) (3.2))
382  D:  hm
383  P:  oh (---) die übungszettel haben gerade so gut funktioniert
384  D:  ja vor allem der neue ist [schön]
385  P:                            [ja  ]
```

Eine weitere Form der Abschweifung wird durch organisatorische Absprachen initiiert. Hierzu zählen Fragen zur weiteren Gestaltung des Propädeutikumtreffens und der aktuellen Uhrzeit genauso wie solche zum erwünschten Studienverhalten (z. B. LKH Z. 60–63, DP Z. 670–678). Obwohl die beiden Beweisaufgaben gemäß der Instruktionen getrennt voneinander bearbeitet werden sollten, unterbrechen die Studierenden in einzelnen Fällen ihren Beweisprozess, um zur vorhergehenden Aufgabe zurückzugehen (z. B. JIA Z. 36–67, SDH Z. 239–308, KLM Z. 349–363). Da die Aufgaben unterschiedliche Themenbereiche ansprechen und nicht miteinander verknüpft sind, wurden auch diese Segmente der Restkategorie zugeordnet.

Die hier beschriebenen Prozesssegmente sind im Allgemeinen wenig inhaltstragend und beschreiben keine eigenständigen Teilprozesse der Beweiskonstruktion. Vielmehr treten sie als zeitlich begrenzte Auszeit im Beweisprozess auf, in deren Anschluss die Studierenden ihre Bearbeitung häufig in derselben Phase fortsetzen. Wenngleich eine Ergänzung des Phasenmodells um weitere Teilprozesse

hier nicht notwendig erscheint, bleibt dennoch zu berücksichtigen, dass die skizzierten Gespräche deutliche Einschnitte in den Beweisprozess darstellen. Indem
die Beweiskonstruktion unterbrochen wird, werden einzelne Gedanken und Ideen
nicht weiter verfolgt und gehen unter Umständen verloren. Gleichzeitig ist nicht
auszuschließen, dass parallel zu den Gesprächen nicht verbalisierte Denkprozesse
ablaufen, die im Sinne einer Inkubationsphase neue Erkenntnisse hervorbringen und
so den weiteren Verlauf des Beweisprozesses beeinflussen. Zumindest zu Beginn
der jeweiligen Phase, welche die Wiederaufnahme der aktiven Bearbeitung markiert, konnte jedoch in keinem der analysierten Fälle ein substanzieller Zugewinn
an Informationen festgestellt werden.

7.2.3 Typen von Prozessverläufen

Um die bisherigen Beschreibungen in eine verdichtete Form zu bringen und eine systematische Darstellung von Prozessverläufen zu erhalten, wird eine Typenbildung
bezüglich der Phasenabfolge angestrebt. Die Typenbildung konzentriert sich dabei
zunächst auf die Merkmalsdimensionen, die sich über die Kategorien der makroskopischen Prozesskodierung konstituieren, d. h. es wird nach fallübergreifenden
Regelhaftigkeiten in den Phasenverläufen gesucht, die sich zur Klassifikation der
untersuchten Beweisprozesse eignen. Hierfür werden in erster Linie die Reihenfolge
und somit mittelbar auch die Häufigkeit der auftretenden Phasen als strukturierende
Merkmalsausprägungen berücksichtigt. Die Dauer einer Phase nimmt eine untergeordnete Stellung ein, da die Zeit, die Studierende zur Ausführung einer spezifischen
Handlung benötigen, stark variieren kann. Dennoch eignet sich diese Merkmalsausprägung dafür, die einzelnen Typen näher auszudifferenzieren und den für sie
charakteristischen Phasenverlauf zu beschreiben. Insgesamt wurden fünf Typen des
Beweisverlaufs herausgearbeitet: Der zielorientierte Typ, der entwickelnde Typ,
der neu startende Typ, der Punkte sammelnde Typ sowie der rückkoppelnde Typ.
Jeder dieser Prozesstypen weist dabei ein spezifisches Muster in der Abfolge der
einzelnen Phasen auf und beschreibt damit eine für ihn charakteristische Strategie, den Beweisprozess zu gestalten und mit auftretenden Stagnationsphasen oder
Unsicherheiten umzugehen. Die einzelnen Typen werden im Folgenden zunächst
idealtypisch beschrieben, indem die charakteristischen Merkmale eines jeden Typs
herausgearbeitet werden. Die Ausführungen werden sodann durch repräsentative
Fallbeschreibungen ergänzt, im Rahmen derer einem Beweistyp prototypische Fälle
zugeordnet und mögliche Abweichungen vom Idealtyp diskutiert werden. Darüber
hinaus wird jeder Prozesstyp durch eine graphische Darstellung illustriert. Diese ist
weniger als zweidimensionale Graphik zu verstehen, sondern orientiert sich an der

schematischen Darstellung des Beweisprozessmodells (siehe Abb. 4.1), in welchem die Abfolge der einzelnen Phasen idealtypisch als Zyklus abgebildet ist.

Der Zielorientierte

Beweisprozesse, die sich dem Typ des Zielorientierten zuordnen lassen, verlaufen in dem Sinne linear, als einzelne Konstruktionsschritte systematisch nacheinander angegangen werden. Teilziele, wie bspw. der Aufbau einer reichhaltigen Problemre-präsentation, werden so lange verfolgt, bis ein zufriedenstellendes Ergebnis erreicht und ein Anknüpfungspunkt für die Gestaltung der folgenden Phase herausgearbeitet wurde. Entsprechend zeichnet sich dieser Typ durch eine Sequenz von aufeinander aufbauenden Phasen aus, die in der Reihenfolge durchlaufen werden, wie sie in dem Phasenmodell vorgesehen ist. Ausgenommen hiervon ist die Phase des Validierens, da diese abhängig von dem Gegenstand der Validierung an verschiedenen Stellen des Beweisprozesses auftreten kann. Im prototypischen Fall wird jede Phase genau einmal durchlaufen. Aufgrund eingeschobener Validierungsphasen werden die ein-zelnen Phasen in der Praxis jedoch stellenweise unterbrochen, sodass die Anzahl der tatsächlich vergebenen Codes im Allgemeinen etwas höher ausfällt. Mit einem zielorientierten Vorgehen werden in dieser Arbeit auch solche Beweisprozesse asso-ziiert, bei denen das streng lineare Vorgehen durch vereinzelte Rückkopplungen in vorhergehende Phasen durchbrochen wird. Eine solche Zuordnung erscheint dann sinnvoll, wenn die Anzahl der progressiven Phasenwechsel die der Rückkoppelun-gen deutlich übersteigt und die eingeschobenen Phasen auf kooperative Prozesse im Rahmen der Kleingruppenarbeit zurückzuführen sind. Charakteristisch für ein zie-lorientiertes Vorgehen ist demnach in erster Linie, dass eine zu Beginn entwickelte Beweisidee im Verlauf des Beweisprozesses stringent weiterentwickelt wird. Bei dem Typ des Zielorientierten handelt es sich somit um einen Beweisprozess, bei dem die einzelnen Teilprozesse der Beweiskonstruktion im Wesentlichen nacheinander durchgearbeitet werden, sodass sich der Phasenverlauf wie folgt veranschaulichen lässt (siehe Abb. 7.23).

Abb. 7.23 Graphische Darstellung eines Beweisverlaufs vom Typ *Zielorientierter*

Dem Typ des Zielorientierten wurden die Fälle von Alina & Georg sowie von Markus & Lena zugeordnet. Beide Beweisprozesse weisen insofern eine lineare Struktur auf, als für die Beweiskonstruktion jede Phase im Wesentlichen einmal durchlaufen wird (siehe auch Abschnitt 7.1.2 und 7.1.1). Markus und Alina, die beide tonangebend in ihrem jeweiligen Beweisprozess agieren, entwickeln bereits zu Beginn der Bearbeitung eine Idee, die sie sodann schrittweise zu einem Beweis ausarbeiten. Auf eine Phase des Verstehens folgt demnach eine solche des Argumente Identifizierens, an die sich wiederum zunächst eine Strukturierungs- und schließlich eine Formulierungsphase anschließt. Unterbrechungen in dieser Grundstruktur werden in erster Linie durch eingeschobene Validierungsphasen hervorgerufen, die durch Nachfragen von Lena oder Georg, d. h. dem jeweils weniger aktiven Teammitglied, initiiert werden (siehe Transkriptausschnitt).

```
165  L:   <<fragend> müssen wir voll komisch den zwischenwertsatz bei (.)
166       differenzierbarkeit anzuwenden(-) weiße> (.)
167  M:   obwohl wir den ja im rahmen von stetigkeit hatten (- -)
168  L:   ja aber
          <<fragend> das ist egal>
169  M:   [das ist egal weil]
```

Die Struktur im Beweisprozess von Markus und Lena weicht an zwei weiteren Stellen von einem linearen Vorgehen im idealtypischen Sinne ab, da im Rahmen des Formulierungsprozesses einmal in die Phase des Argumente Identifizierens und einmal in die des Argumente Strukturierens gewechselt wird. Während in der Phase des Argumente Identifizierens eine zuvor bereits benannte Schlussfolgerung weiter ausgearbeitet wird (siehe Transkriptausschnitt), beinhaltet die Strukturierungsphase eine systematische Zusammenfassung des gewählten Vorgehens, um dieses Lena noch einmal zu erläutern.

```
241  M:   <<fragend> so (- - -) welchen satz brauchen wir jetzt noch> (-)
242       jetzt haben wir gezeigt wir haben ((unverständlich, ca. 1 Sek.))
243  L:   mh
244       ((Markus und Lena lesen sich den Aufgabenzettel durch (9,7))
```

In beiden Fällen werden durch den Phasenwechsel keine neuen Erkenntnisse gewonnen, die für den weiteren Verlauf des Beweisprozesses als richtungsweisend einzustufen wären. Vielmehr handelt es sich um kurze, präzisierende Einschübe sowie um Aktivitätswechsel, mit denen auf kooperative Elemente der Bearbeitungssituation reagiert wird. Eine solche Interpretation trifft in ähnlicher Weise auch auf den Beweisprozess von Alina und Georg zu, dessen lineare Struktur an zwei Stellen unterbrochen wird. In dem einen Fall handelt es sich hier um eine Verstehensphase, in der Alina die präzisierenden Nachfragen von Georg aufgreift und ihre Gedanken wiederholt erläutert. In dem anderen Fall nehmen die Studierenden eine spätere Strukturierung vorweg, indem sie die benötigten Voraussetzungen überblicksartig notieren, bevor sie die Beweisidee weiter ausarbeiten.

```
099  A:   ja dann können wir das schon mal aufschreiben (--) das würde ich
100       o_e_d_a
101       sagen wir jetzt einfach mal dass (---) f von a (---) kleiner gleich f von x
102       (---) kleiner gleich f von b
103  G:   genau
104       ((Alinas notiert:  Bew.`  O.E.d.A  f(a) ≤ f(x) ≤ f(b)ᵛ
                                              a ≤ x ≤ b    )
```

Insgesamt zeigt sich, dass sowohl im Fall von Markus und Lena als auch in dem von Alina und Georg der Beweis in einem progressiven und stringenten Vorgehen entwickelt wird, sodass diese beiden Fälle als zielorientiert charakterisiert werden können.

Der Neustarter

Der Typ des Neustarters beschreibt einen Prozessverlauf, bei dem mehrere, mehr oder weniger vollständige, Konstruktionssequenzen hintereinander ausgeführt werden. Der Beweisprozess verläuft anfänglich überwiegend linear, jedoch erweist sich der eingeschlagene Weg mit Fortschreiten des Prozesses als wenig zielführend. Eine stagnierende Entwicklung oder das Aufdecken eines Fehlers führt zu einer Zäsur, auf welche die Studierenden reagieren, indem sie ihren Beweisprozess an dieser Stelle vorläufig abbrechen und von vorne beginnen. Charakteristisch für diesen Typ ist es, dass der neue Zyklus mit einer Verstehensphase eingeleitet wird. Obwohl hier aus struktureller Perspektive ein Umbruch den Neubeginn markiert, ist davon auszugehen, dass der folgende Zyklus auf inhaltlicher Ebene an Erkenntnisse anknüpft, die im bisherigen Verlauf des Beweisprozesses gewonnen wurden.

In der schematischen Darstellung des Phasenverlaufs ist der Typ des Neustarters dadurch gekennzeichnet, dass mehrere Sequenzen eines zielorientierten Vorgehens hintereinander durchlaufen werden. Die einzelnen Sequenzen sind dabei insofern in sich abgeschlossen, als die bis dahin diskutierte Beweisidee in der Form verworfen und ein neuer, ggf. nur modifizierter Beweisansatz erarbeitet wird. Der Neustart wird dabei häufig von einer Validierungsphase begleitet, die von einer Phase des Identifizierens oder Strukturierens in eine solche des Verstehens überleitet. Darüber hinaus treten nur vereinzelt Wechsel in vorhergehende Phasen auf. Formulierungsphasen sind überwiegend im letzten Drittel des Beweisprozesses verortet, da erst die Erkenntnisse des letzten Zyklus für die Beweisformulierung berücksichtigt werden. Insgesamt handelt es sich um einen Beweisprozess, der in mehreren Zyklen voranschreitet und graphisch somit wie folgt dargestellt werden kann. (siehe Abb. 7.24)

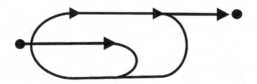

Abb. 7.24 Graphische Darstellung eines Beweisverlaufs vom Typ *Neustarter*

Als Neustarter wurden die drei Beweisprozesse von Danny & Paula, Lukas & Tim sowie von Claudia, Dennis & Noah klassifiziert. Der Beweisprozess von Lukas und Tim wurde bereits in Abschnitt 7.1.2 ausführlich dargestellt. Beim initialen Lesen der zu beweisenden Aussage prägen sich Lukas und Tim die Bedingung $f(x_1) < f(x_2) < f(x_3)$ als Eigenschaft der gegebenen Funktion ein, obwohl die Aufgabenstellung $f(x_1) > f(x_2)$ und $f(x_2) < f(x_3)$ vorgibt. Entsprechend stellen sie sich die gegebene Funktion als eine Polynomfunktion ungeraden Grades vor und bauen hierauf ihre Beweiskonstruktion auf. Als Lukas zu einem späteren Zeitpunkt noch einmal zur Aufgabenstellung zurückgeht und die Aussage erneut liest, bemerkt er den Fehler und weist Tim darauf hin.

```
313  L:   warte
314       ich habe gerade einen kleinen denkfehler bei uns gesehen
315  T:   hau raus
316  L:   guck mal ((zeigt auf den Aufgabenzettel))
317       xeins immer kleiner ehh ist kleiner als xzwei kleiner als xdrei
318       so
319       und xeins eh f von xeins ist größer als xzwei und xzwei ehh f von xzwei ist
          kleiner als xdrei
```

Basierend auf den neuen Erkenntnissen müssen Lukas und Tim ihre Vorstellung von der gegebenen Funktion grundlegend korrigieren und ihre mentale Repräsentation entsprechend anpassen (siehe Transkriptausschnitt). Über die Validierung wird hier somit eine Zäsur eingeleitet, welche die bisherigen Beweisideen weitgehend irrelevant erscheinen lässt und eine erneute Verstehensphase erforderlich macht.

```
325  L:   <<lachend> jetzt überleg mal
326        das heißt du hast die sagen (xxx xxx) dass es einen hochpunkt gibt quasi
327  T:   ((legt das Buch weg und nimmt einen Stift und seinen Notizzetell))
328        ja
329        f von xeins ist größer als xzwei
330        nee einen tiefpunkt
331  L:   ja um
332  T:   Tiefpunkt ja ja ist ein tiefpunkt du hast recht
```

Der nun folgende Beweisprozess verläuft überwiegend linear, wobei Lukas und Tim einzelne Ideen und Ansätze, wie die Interpretation der Ableitung als Tangentensteigung oder die Negation der Aussage für einen Widerspruchsbeweis, aus ihrem ersten Zyklus auf die neue Situation übertragen können. Der Fall von Lukas und Tim verdeutlicht damit, wie, ausgelöst durch das Aufdecken eines Fehlers, ein Neustart initiiert werden kann, bei dem die bisherigen Ideen weitestgehend verworfen und neue Ansätze entwickelt werden. Dieser Ansatz beschreibt sodann, eine neue Denkrichtung, wobei vorhergehende Erkenntnisse die Ausarbeitung der Beweisidee unterstützen können.

Der Entwickler

Bei dem Typ des Entwicklers handelt es sich um eine Form der Prozessgestaltung, bei welcher der Beweis systematisch über mehrere Schritte hinweg erarbeitet wird. Auf den ersten Blick weisen Beweisprozesse dieses Typs eine ähnliche Struktur wie die des Neustarters auf: Im Beweisverlauf treten mehrere Sequenzen auf, die einen mehr oder weniger vollständigen, überwiegend linearen Beweisablauf beschreiben. Im Unterschied zum Neustarter ergibt sich die zyklische Struktur hier jedoch nicht aus einer negativen Validierung oder einer Phase der Stagnation, sondern wird bewusst gewählt. Im prototypischen Fall wird bereits zu Beginn des Konstruktionsprozesses eine grobe Beweisstruktur festgelegt und der Beweis dabei in Teilbeweise zerlegt. Diese werden anschließend nacheinander und überwiegend linear erarbeitet, wodurch die zyklische Struktur entsteht. Strukturierungselemente können bspw. die Formulierung einer Zwischenbehauptung oder die Durchführung einer Fallunterscheidung sein. In der schematischen Darstellung der Beweisprozesse wird ein solches Vorgehen durch ein Treppenmuster abgebildet, das entsteht, wenn mehrere, in sich lineare Zyklen aufeinander folgen. Voraussetzung für eine Prozessgestaltung dieser Art ist jedoch, dass in der zu beweisenden Aussage eine Struktur angelegt ist, die eine Zerlegung in Teilbeweise nicht nur erlaubt, sondern diese auch für Studierende leicht erkennbar macht. Unter dem Typ des Entwicklers werden daher auch solche Beweisprozesse zusammengefasst, die ein weniger vorstrukturiertes Vorgehen dokumentieren, aber dennoch eine sukzessive Konstruktion des Beweises anstreben. Beweisprozesse dieser Art zeichnen sich durch einen vergleichsweise hohen Anteil an Strukturierungs- und Formulierungsphasen aus. Der zunächst überwiegend lineare Konstruktionsprozess wird wiederholt unterbrochen, um die bisherigen Erkenntnisse zusammenzufassen, zu ordnen und auszuformulieren. Auf diese Weise gewinnen die Studierenden einen Überblick über die bereits entwickelten Beweisschritte und können Lücken in der Beweiskette bestimmen, die als Ausgangspunkt für die folgenden Konstruktionsbemühungen dienen. Charakteristisch für den Typ des Entwicklers ist somit ein Vorgehen, bei dem schon im kreativen Teil des Beweisprozesses wiederholt das finale Produkt fokussiert und der Beweis parallel zum Entwicklungsprozess formuliert wird. Im Phasenverlauf wird ein solches Vorgehen dadurch sichtbar, dass vermehrt größere Phasensprünge auftreten, die nicht von einer Validierungsphase begleitet werden. Bereits in der ersten Hälfte des Beweisprozesses können hier Formulierungs- oder Strukturierungsphasen auftreten, auf die sodann im Allgemeinen eine Phase des Argumente Identifizierens oder des Verstehens folgt. Ein Beweisprozess, bei dem das zyklische Vorgehen dazu genutzt wird, den Beweis schrittweise auszuarbeiten, wird durch folgende Darstellung repräsentiert. Ähnlich wie beim Typ des Neustarters sind hier verschiedene Zyklen abgebildet, die durch ihre vertikale und horizontale Verschiebung hier jedoch einen inhaltlichen Fortschritt beschreiben (siehe Abb. 7.25).

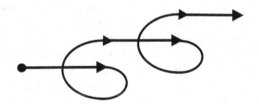

Abb. 7.25 Graphische Darstellung eines Beweisverlaufs vom Typ *Entwickler*

Dem Typ des Entwicklers wurden die vier Beweisprozesse von Fiona & Thomas, Andreas & Ibrahim, Louisa & Mia sowie von Stefan, Haiko & David zugeordnet. Andreas und Ibrahim formulieren die ersten Zeilen ihres Beweises bereits etwa 10 Minuten nach Beginn der Bearbeitung, wobei sie in dieser ersten Formulierungsphase lediglich erste Erkenntnisse und Teilschritte notieren (siehe Abschnitt 7.1.2).

```
229  A:   dann können wir schon mal aussagen dass dort (3.0)
230       entweder ein minimum (1.7)
231       so eine art minimum (---)
232       vorhanden sein muss (2.4)
233       ne (3.5)
234       das können wir ja schon mal hinschreiben (5.0)
```

Im weiteren Verlauf des Beweisprozesses verfolgen Andreas und Ibrahim eine Vorgehensweise, bei der sie Ideen und Überlegungen, die sie als substantiellen Fortschritt einordnen, unmittelbar festhalten, indem sie diese für sich strukturiert zusammenfassen oder direkt auf dem Lösungsblatt fixieren. Auf diese Weise entwickeln sie ihre finale Lösung sukzessive in insgesamt drei Zyklen. Diese Zyklen spiegeln sich sodann als Sequenzen linearer Phasenwechsel in der schematischen Darstellung ihres Beweisprozesses wider und bilden das für den Typ des Entwicklers charakteristische Treppenmuster (siehe 7.17). Im Hinblick auf die ersten beiden Zyklen stellt der Beweisprozess von Andreas und Ibrahim jedoch insofern einen Grenzfall dieses Prozesstyps dar, als die entwickelte Lösung hier zwei Ansätze enthält, die aus mathematischer Perspektive als eigenständig gelten können. Unter Berücksichtigung dieses Umstands könnte auch ein zyklisches Vorgehen im Sinne eines Neustarters vermutet werden. Im Verlauf der Beweiskonstruktion von Andreas und Ibrahim ist jedoch keine Zäsur zu erkennen, die einen Übergang von dem einen zum anderen Ansatz markieren würde. Vielmehr scheinen Andreas und Ibrahim beide Ansätze in ihrer Argumentation zu verknüpfen, sodass es sich hier um eine Weiterentwicklung und keinen Neustart handelt. Eine solche Interpretation wird auch dadurch gestützt, dass die einzelnen Zyklen in dem Sinne vollständig sind, dass die entwickelten Ideen bis zur Verschriftlichung ausgearbeitet werden. Bei dem Prozesstyp des Neustarters wäre hingegen ein verkürzter Zyklus zu erwarten, der nach dem Aufdecken eines Fehlers oder dem Verwerfen eines Ansatzes abgebrochen wird.

Obwohl hier kein Treppenmuster in der schematischen Darstellung zu erkennen ist, wurde der Beweisprozess von Fiona und Thomas ebenfalls dem Typ des Entwicklers zugeordnet (siehe Abschnitt 7.1.1). Dieser enthält keine wiederkehrenden Sequenzen linearer Beweisverläufe, zeichnet sich jedoch durch eine erhöhte Anzahl an Wechseln zwischen der Phase des Argumente Identifizierens und der des Formulierens bzw. Strukturierens aus. Die beobachteten Phasensprünge resultieren in diesem Fall daraus, dass Thomas und Fiona ihren Prozess der Ideengenerierung an verschiedenen Stellen unterbrechen, um einzelne Teile ihrer Lösung auszuformulieren. Sie reagieren damit einerseits auf ihr Bedürfnis, entwickelte Ideen und ausgearbeitete Beweisschritte zu fixieren, und überwinden andererseits Phasen der Stagnation und der Unsicherheit.

```
131   T:   wenn man das so umstellt von wegen f von x (--) minus (3.0)

132        ((Thomas schreibt:  $g(x) = f(x) - x = 0$  ))
133        das (--) und das (3.4)
134        also das ist gleich null
135        (21.1)
136   T:   also hier gibt die skizze punkte (3.8)
137   F:   meinst du
138   T:   mh_mh ich glaub nicht
           [...]
142        aber wir können ja schon mal (--) also beweis

                              Beweis:
143        [((Thomas schreibt:  Zwischenwertsatz:  ))           ]
144        [(8.5) dann ähm (2.7) ich schreib schon mal den zwischenwertsatz auf (7.7)]
```

Insbesondere in der zweiten Hälfte des Beweisprozesses von Fiona und Thomas verläuft der Formulierungsprozess nahezu parallel zum kreativen Teil der Beweiskonstruktion. Entsprechend wird auch hier die Beweisführung schrittweise entwickelt und der finale Beweis entsteht sukzessive mit zunehmendem Erkenntnisgewinn. Damit beschreibt der Fall von Fiona und Thomas ebenfalls einen für den Typ des Entwicklers charakteristischen Beweisprozess.

Der Punktesammler

Der Typ des Punktesammlers beschreibt einen Beweisprozess, bei dem auf eine in sich abgeschlossene Sequenz von Konstruktionsschritten eine Phase des Argumente Identifizierens folgt. Damit ähnelt dieser Typ in gewisser Weise dem des Entwicklers, da auch hier das erarbeitete Teilergebnis zunächst fixiert und der Gesamtbeweis sodann weiter ausgearbeitet wird. Im Unterschied zum Entwickler beschränkt sich das Wechselspiel aus Entwicklung, Ausarbeitung und Formulierung beim Punktesammler jedoch auf das Ende des Beweisprozesses, wodurch Formulierungsphasen erst im letzten Drittel der Beweiskonstruktion relevant werden. Der Beweisprozess unterteilt sich hier in den eigentlichen Konstruktionsprozess und eine ergänzende Entwicklungsschleife, wobei der Beweisprozess im ersten Teil keine spezifischen Muster aufweist und entsprechend des Typs des Zielorientieren oder des Rückkopplers verlaufen kann. Das charakteristische Merkmal des Punktesammlers stellt die am Ende des Beweisprozesses durchgeführte Entwicklungsschleife dar. Diese konstituiert in der hier entwickelten Typologie einen eigenständigen Beweistyp, da sie eine Herangehensweise beschreibt, die aus dem Spannungsfeld von Demotivation und Ehrgeiz erwächst und ein ihr spezifisches Potenzial beinhaltet. Studierende, die ihre Beweiskonstruktion dem Typ des Punktesammlers entsprechend gestalten,

haben im Verlauf ihres Konstruktionsprozesses im Allgemeinen keine zufriedenstellende Lösung ausgearbeitet. Dennoch möchten sie ihren Beweisprozess beenden
und zumindest Teilpunkte erreichen. Entsprechend formulieren sie ihre bisherigen
Ideen und Beweisansätze aus und entwerfen so eine erste Lösung. Durch den Formulierungsprozess wird der Beweisansatz in vielen Fällen neu durchdacht oder in
Einzelfällen sogar zum ersten Mal ernsthaft diskutiert, wodurch neue Erkenntnisse
generiert werden. Häufig werden die hier entstandenen Ideen jedoch nicht mehr
umfangreich ausgearbeitet und finden daher keine Berücksichtigung in der schriftlichen Lösung. In der schematischen Darstellung des Beweisprozesses zeichnet
sich der Typ des Punktesammlers somit dadurch aus, dass auf die abschließende
Formulierungsphase eine Phase des Argumente Identifizierens folgt. Da die hier
gewonnenen Ideen häufig nicht weiter ausgearbeitet werden, markiert die Suche
nach neuen Argumenten in vielen Fällen auch das Ende des Beweisprozesses (siehe
Abb. 7.26).

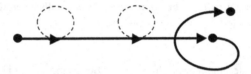

Abb. 7.26 Graphische Darstellung eines Beweisverlaufs vom Typ *Punktesammler*

Zu dem Typ des Punktesammlers gehören die fünf Beweisprozesse von Olaf &
Johannes, Tabea & Heinz, Jana & Henry, Lisa, Pia & Laura, Loreen & Sabrina sowie
von Justus, Benedikt & Guido. Der in Abschnitt 7.1.2 beschriebene Beweisprozess
von Olaf und Johannes stellt dabei einen Grenzfall der Typologie dar. Zum einen
weist er, insbesondere in der ersten Hälfte des Beweisprozesses, neben charakteristischen Merkmalen des Punktesammlers auch solche des Rückkopplers auf
(siehe folgender Abschnitt). Zum anderen gestaltet sich das heuristische Moment
der Formulierungsphase weniger eindeutig als in anderen Fällen. Olaf und Johannes verwenden viel Zeit darauf, eine Beweisidee zu entwickeln und nach hilfreichen
Argumenten zu suchen. Da sie sich dabei zunehmend im Kreis drehen und keine
weiteren Fortschritte zu erzielen scheinen, beschließen sie schließlich, einzelne ihrer
Überlegungen zu verschriftlichen und diese als Lösung einzureichen (siehe Transkriptausschnitt).

```
1031  J:   für (.) für alle zweimal differenzierbare parabelförmigen funktionen
           trifft das zu (1,7)
1032  O:   ja (- -) wenn man sich (.)
1033       das aber das bringt uns
1034       <<lachend> überhaupt nichts> (---)
1035  J:   ne (3,4)
1036       ((Olaf schaut auf die Notizzettel, Johannes schaut in den Raum)(8,7))
1037       aber damit haben wir (1,6)
1038       ein teil der aufgabe gelöst (- -)
1039       zumindest für den teil der parabelförmigen funktionen (---)
1040  O:   ja toll (-)
1041       schreiben wir das mal eben aus (2,1)
```

Die nun folgende Formulierungsphase bleibt jedoch insofern inhaltsleer, als lediglich die Voraussetzungen und die Behauptung aus der Aufgabenstellung übernommen werden. Anstatt den angedachten Plan auszuführen und eine Teillösung zu formulieren, stellt Olaf fest, dass ihr Ansatz nicht weit genug ausgearbeitet ist, um ihn angemessen zu Papier bringen zu können. Das Gefühl der Unzulänglichkeit wird dadurch verstärkt, dass Olaf und Johannes ihren kognitiven Konflikt nicht auflösen können, nach dem sie glauben, in der Funktion $f(x) = \frac{1}{x}$ ein Gegenbeispiel zur Aussage gefunden zu haben.

```
1060      ((Olaf schreibt auf den Aufgabenzettel:
          Vor. Sei f R↦R zweimal differenzierbar, x₁< x_f < x₃
          mit f'(x_f) > f'(x_f) , f'(x_f) > f'(x_f)
          Beh: ∃ y ∈ ℝ  f''(y) ≥ 0                     ))
1061      ((Johannes liest im Buch, Olaf legt den Stift weg und liest sich den
          Aufgabenzettel durch)(12,7))
1062  O:  so (- - -) das haben wir (2,4)
1063      ((Olaf legt den Aufgabenzettel zur Seite))
1064      mehr haben wir ja eigentlich nicht
```

Olaf und Johannes sehen sich daher gezwungen, nach weiteren Argumenten zu suchen, wobei sie bald wieder zurück in die Verstehensphase wechseln und sich dem vermeintlichen Gegenbeispiel widmen. Sie erreichen in diesem Zusammenhang zwar keine neuen Erkenntnisse, einigen sich jedoch darauf, die Aussage für parabelförmige Funktionen anhand der Beispielfunktion $f(x) = x^2$ zu diskutieren. Vor dem Hintergrund dieser Entscheidung gelingt es Olaf nun, einen Lösungsansatz zu formulieren. Obwohl Olaf und Johannes durch den Formulierungsprozess keine neuen Anregungen für die Beweiskonstruktion gewinnen, initiiert das Formulieren hier dennoch eine erneute Phase des Argumente Identifizierens und setzt neue Anreize, sich mit dem gewählten Gegenbeispiel auseinanderzusetzen. Durch die erneute Beschäftigung mit offenen Fragen können Olaf und Johannes dann insofern einen Fortschritt erzielen, als ihre Überlegungen strukturierter vorliegen und sie sich auf einen Lösungsansatz einigen.

In den übrigen Fällen, die den Punktesammler repräsentieren, sind die charakteristischen Merkmale dieses Typs eindeutiger vertreten. Der Beweisprozess von
Tabea und Heinz verläuft zunächst in dem Sinne linear, dass auf eine Verstehensphase eine Phase des Argumente Identifizierens folgt (für die Fallbeschreibung siehe
Anhang A.4). Ihre Ideenfindung gestaltet sich jedoch mühsam, sodass sie kaum Fortschritte erzielen. Schließlich fassen sie den Entschluss, die Bearbeitung zu beenden
und zumindest den Zwischenwertsatz auf dem Lösungsblatt zu notieren, von dessen Angabe sie sich Teilpunkte erhoffen. Während Heinz den Zwischenwertsatz aus
dem Skript überträgt, befassen sich die beiden Studierenden zum ersten Mal mit der
genauen Formulierung des Satzes. Sie entwickeln die Idee, den Zwischenwertsatz
entsprechend der Aufgabenstellung umzuformen und $\gamma = c$ zu setzen.

```
492   H:   gamma kann ja x sein
493        (---)
494   H:   damit hätten wir es ja bewiesen
495        (2.5)
496   H:   oder nicht
497        (4.4)
498   T:   mh
499   H:   gamma liegt ja zwischen f a
450   T:   quasi das gleiche wie der steht jetzt nochmal hier
451        ((Tabea legt das Buch auf den Tisch)(1.5))
```

Sie begründen ihre Idee im weiteren Verlauf des Beweisprozesses auf inhaltlich-
anschaulicher Ebene, indem sie Überlegungen zur Lage von γ im Intervall $[a, b]$
anstellen. Dennoch äußern sie Zweifel, ob der Ansatz für einen mathematischen
Beweis ausreichend ist, sodass sie ihre neu gewonnene Idee nicht mehr verschriftlichen und die Bearbeitung beenden.

Der Beweisprozess von Tabea und Heinz zeigt, wie aus dem Entschluss, eine
unvollständige Lösung zu notieren, neue Ideen und Anregungen für die Beweisentwicklung erwachsen können. In seinem Phasenverlauf wird das Vorgehen von
Tabea und Heinz sodann durch einen für den Punktesammler charakteristischen
Phasenwechsel am Ende der Beweiskonstruktion abgebildet, bei dem sich an die
finale Formulierungsphase eine Phase des Argumente Identifizierens anschließt.

Der Rückkoppler

Beweisprozesse, die dem Typ des Rückkopplers zugeordnet werden, weisen eine
hohe Anzahl an Phasenwechseln auf. Charakteristisch für diesen Beweistyp ist
dabei, dass sich die Wechsel fast ausschließlich zwischen solchen Phasen vollziehen, die im Beweisprozessmodell unmittelbar miteinander verknüpft sind. Die
Beweiskonstruktion erfolgt hier in einer spiralförmigen Entwicklung, bei der jeder

Teilprozess in der Auseinandersetzung mit dem jeweils vorhergehenden Teilprozess erarbeitet wird. Auf diese Weise entsteht zwischen zwei benachbarten Phasen eine Art Minikreislauf, durch den Phaseninhalte miteinander verknüpft und Wissenselemente vertieft werden können. Derartige Minikreisläufe können sowohl die Ideengenerierung als auch die deduktive Durcharbeitung innerhalb eines Beweisprozesses unterstützen. Ein Beweisprozess, bei dem die Ideengenerierung in Minikreisläufen organisiert wird, enthält bspw. vermehrt Wechsel zwischen den Phasen des Verstehens und des Argumente Identifizierens. Die Phasen sind dabei insofern miteinander verbunden, als ein Stocken oder eine Unsicherheit beim Argumente Identifizieren dazu führt, dass zurück in die Verstehensphase gewechselt wird. Andersherum können aus der Verstehensphase neue Erkenntnisse hervorgehen, die sodann zur Weiterentwicklung der Beweisidee beitragen. Im Unterschied zum Typ des Neustarters wird hier eine Vertiefung der aktuell diskutierten Ansätze angestrebt und der Rückschritt in eine vorhergehende Phase gezielt zur Weiterentwicklung der Beweiskonstruktion genutzt. Obwohl über die Minikreisläufe eine hohe Anzahl an Phasenwechseln erzeugt wird, handelt es sich beim Typ des Rückkopplers insofern um einen grundlegend linearen Beweisprozess, als sich die Phasenwechsel auf benachbarte Phasen beschränken und anders als beim Entwickler keine großen Phasensprünge zu beobachten sind. Im prototypischen Fall wechseln sich so lange die Phasen des Verstehens und Argumente Identifizierens ab, bis ein vielversprechender Ansatz generiert und dieser im Wechsel von Identifizieren und Strukturieren ausgearbeitet werden kann. Das Aufschreiben des entwickelten Beweises verläuft sodann im Wechsel von Strukturierungs- und Formulierungsphasen, sodass der Verlauf eines Beweisprozesses folgender Darstellung entspricht (siehe Abb. 7.27).

Abb. 7.27 Graphische Darstellung eines Beweisverlaufs vom Typ *Rückkoppler*

Dem Typ des Rückkopplers wurden die folgenden neun Beweisprozesse zugeordnet: Maike, Finn & Yannik, Alina & Sascha, Luca, Karina & Hannah, David & Jonas, Tobias & Lars, Kim, Linus & Marius, Anna, Steffen & Michael, Janine,

Ina & Alisa, sowie Lara, Ulrich & Michael. Die Beweisprozesse von Maike, Finn und Yannik sowie von Alina und Sascha wurden bereits in den Abschnitten 7.1.1 und 7.1.2 ausführlich dargestellt. Eine Gegenüberstellung der beiden Fälle soll im Folgenden verdeutlichen, in welchen unterschiedlichen Varianten sich der Typ des Rückkopplers im empirischen Datenmaterial rekonstruieren lässt. Beide Fälle zeichnen sich durch das wiederholte Auftreten von Minikreisläufen aus, realisieren diese jedoch in unterschiedlichen Stadien ihres Beweisprozesses.

Maike, Finn und Yannik widmen sich einen großen Teil ihres Beweisprozesses der Entwicklung einer Beweisidee, wobei sie insbesondere verschiedene Anläufe unternehmen, eine Hilfsfunktion zu konstruieren bzw. den Zwischenwertsatz auf die gegebene Funktion anzuwenden. Im Zuge ihres Entwicklungsprozesses tritt wiederholt die Situation auf, dass eine der drei Personen eine Folgerung zur Diskussion stellt, die von den anderen beiden Studierenden nicht unmittelbar unterstützt wird. In der Diskussion um die Gültigkeit der Folgerung offenbaren sich sodann Unsicherheiten bezüglich des Aufgabenverständnisses, sodass ihr Beweisprozess von Rückkopplungen zwischen der Phase des Argumente Identifizierens und dem Verstehen geprägt ist. Dem folgenden Transkriptausschnitt geht eine Sequenz voran, in der Maike, Finn und Yannik die Aussage des Zwischenwertsatzes, für jedes $\gamma \in [f(a), f(b)]$ existiert ein $c \in [a, b]$ mit $f(c) = \gamma$, auf inhaltlicher Ebene diskutieren. Sie möchten die Aussage nun auf ihre Aufgabenstellung übertragen und nutzen hierfür den Zusammenhang $f(a) = a$ und $f(b) = b$.

```
541   Y:   [sagt das dann auch] aus dass das der gleiche ist (--)
542        also dass es der gleiche (---) punkt ist
543        (---)
544   F:   ich überleg grad wie das denn nicht sein könnte (--)
545   Y:   ja
546        (2.0) eigentlich schon (--) aber
547   F:   eben
548   M:   also (.) also vorausgesetzt dass a (-) gleich f von a ist und b gleich
           f von b
549   F:   das
550        (2.1)
551   Y:   das haben wir ja vorausgesetzt
552        (1.3)
553   F:   <<lang gezogen> mh >
554        (---)
556   M:   nee
```

Der Versuch, den Zwischenwertsatz auf die zu zeigende Aussage anzuwenden, regt hier eine vertiefte Auseinandersetzung mit den Bedingungen der Problemsituation an und führt damit zu einer präzisierten Vorstellung von der gegebenen Funktion. Wenngleich die mentale Repräsentation immer noch Fehlvorstellungen enthält, bestärkt sie Maike, Finn und Yannik in ihrer Beweisidee. Sie wechseln zurück in die Phase des Argumente Identifizierens und arbeiten ihren Ansatz weiter aus.

Im Gegensatz zu Maike, Finn und Yannik verläuft der Beweisprozess von Alina und Sascha zu Beginn nahezu linear. Aufbauend auf einer Verstehensphase entwickeln sie eine Beweisidee, die sie ausarbeiten, an die Rahmentheorie anbinden und schließlich zu einer Beweisskizze zusammenfassen. Im Rahmen ihrer Strukturierungsphase stellen Alina und Sascha jedoch fest, dass ihre Beweisskizze einen Beweisschritt enthält, der bislang nur durch ihre Anschauung gestützt wird.

```
468  A:   genau und dann kommt das gleiche quasi nochmal
469       für das andere intervall
470  S:   genau
471  A:   dann schreibst du nur es existiert ein b
472  S:   ja nur dieser satz
473       ist ja jetzt von uns gerade entstanden
474       also
475       dafür bräuchten wir noch einen beweis
476       also wir wissen ja dass das gilt
477       aber warum
```

Entsprechend wechseln sie zurück in die Phase des Argumente Identifizierens und überlegen, wie sie den fraglichen Beweisschritt begründen könnten. Während Alina und Sascha den Wechsel in die vorhergehende Phase an dieser Stelle nutzen, um eine Lücke in der Beweiskette zu schließen, fungiert die Rückkopplung an anderer Stelle als Rückversicherung bzw. Vertiefung eines Gedankengangs. So wechseln Alina und Sascha im Rahmen ihres Formulierungsprozesses mehrfach zurück in eine Strukturierungsphase, um die nun folgenden Beweisschritte noch einmal durchzugehen, gegebenenfalls zu präzisieren und so weitere Formulierungen vorzubereiten.

```
860  S:   so (2.0)
861  A:   muss man noch
862  S:   ja es ist
863  A:   mit dem zwischenwertsatz argumentieren
864       dass jeder wert auch da angenommen wird dann (2.5)
865  S:   ja warte
866       was wollen wir denn jetzt quasi zeigen
```

Die präsentierten Beispiele verdeutlichen die spiralförmige Entwicklung, die für den Prozesstyp des Rückkopplers charakteristisch ist und sich in einer hohen Anzahl an Wechseln zwischen benachbarten Phasen widerspiegelt. Bei der Ausführung eines spezifischen Teilprozesses manifestieren sich Unsicherheiten oder Wissenslücken in Bezug auf einen vorhergehenden Arbeitsschritt und wecken ein Bedürfnis nach

Präzisierung. Diesem wird sodann begegnet, indem eine wiederholte Auseinandersetzung mit dem entsprechenden Teilprozess initiiert wird. Die Gestaltung des Beweisprozesses in Minikreisläufen ermöglicht es somit, neue Erkenntnisse unmittelbar zu überprüfen und an vorherige Konstruktionsschritte anzubinden. Ebenso eignet sie sich dazu, Informationen nachträglich zu ergänzen und so die gewonnenen Erkenntnisse zu vertiefen. Wie die Beispiele von Maike, Finn und Yannik sowie von Alina und Sascha zeigen, können Minikreisläufe in unterschiedlichen Stadien der Beweiskonstruktion auftreten. Während Maike, Finn und Yannik die Rückkopplungen ausschließlich nutzen, um ihre Ideengenerierung voranzutreiben, treten Wechsel zwischen benachbarten Phasen bei Alina und Sascha in erster Linie in Bezug auf die deduktive Durcharbeitung und die Formulierung des Beweises auf.

7.2.4   Prozessverlauf und Konstruktionsleistung

In den vorhergehenden Abschnitten wurde unter Berücksichtigung qualitativer sowie quantitativer Zugänge ausführlich beschrieben, welche Phasen der Beweiskonstruktion welchen Stellenwert in studentischen Beweisprozessen einnehmen. Hierfür wurden die einzelnen, im Prozessmodell verankerten Phasen zunächst jede für sich im Hinblick auf die Häufigkeit und die Dauer ihres Auftretens sowie in Bezug auf die mit ihrer Realisierung verbundenen Aktivitäten analysiert. Daran anknüpfend wurde sodann das Zusammenspiel verschiedener Phasen untersucht und in fünf verschiedenen Prozesstypen gebündelt dargestellt. In diesem Abschnitt wird nun ein erster Anlauf unternommen, die bisherigen Ergebnisse fallübergreifend zu verdichten und auf diese Weise generalisierbare Zusammenhänge zwischen dem Prozessverlauf und der Konstruktionsleistung herauszuarbeiten. Dafür werden die Ergebnisse der inhaltlich strukturierenden Inhaltsanalyse entlang der Merkmalsdimension „Konstruktionsleistung" differenziert und vergleichend gegenübergestellt. Um die Anzahl der potenziellen Merkmalskombinationen überschaubar zu halten, wird der Merkmalsraum insofern reduziert, als die fünf verschiedenen Abstufungen der Konstruktionsleistung zu den Ausprägungen *erfolgreich* (K3 & K4) und *nicht erfolgreich* (K0 & K1) verdichtet werden (siehe Abschnitt 6.3.4). Im Folgenden wird somit zwischen erfolgreichen und nicht erfolgreichen Beweisprozessen differenziert und ein Vergleich bezüglich der Dauer, Häufigkeit und Reihenfolge der jeweils auftretenden Phasen durchgeführt. Ziel ist es, einen Überblick über die im Datenmaterial auftretenden Merkmalskombinationen zu gegeben und dabei diejenigen Merkmale im Prozessverlauf zu identifizieren, die mit einer erfolgreichen Beweiskonstruktion im Zusammenhang stehen.

Phasenauftreten und Konstruktionsleistung
Die Häufigkeit und die Dauer, mit denen eine Phase im Beweisprozess auftritt, können als Indikatoren dafür dienen, mit welcher Aufmerksamkeit und Intensität ein bestimmter Teilprozess durchgeführt wird. In diesem Abschnitt wird daher untersucht, inwiefern die Anzahl der Prozesssegmente, die einer Phase zugeordnet wurden, oder die Zeitspanne, die diese Prozesssegmente einnehmen, in Abhängigkeit von der Konstruktionsleistung variieren. In Abbildung 7.28 sind die relativen Häufigkeiten dargestellt, mit denen die einzelnen Phasen in erfolgreichen und nicht erfolgreichen Beweisprozessen auftreten. Unter Berücksichtigung der Tendenz, dass Strukturierungs-, Formulierungs- und Validierungsphasen im Kontext der Extrempunktaufgabe grundsätzlich häufiger realisiert werden (siehe Abschnitt 7.2.1), ist die Verteilung der Kodiereinheiten auf erfolgreiche und nicht erfolgreiche Beweisprozesse für beide Beweisaufgaben vergleichbar, sodass die Codehäufigkeiten hier aufgabenübergreifend dargestellt werden. Die Ergebnisse werden sodann durch die Abbildung 7.29 ergänzt. Diese gibt den prozentualen Zeitanteil an, den die einzelnen Teilprozesse am Gesamtprozess einnehmen.

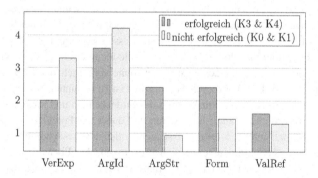

Abb. 7.28 Relative Häufigkeit, mit der eine Phase in erfolgreichen und nicht erfolgreichen Beweisprozessen auftritt

Für die Phasen des **Argumente Strukturierens** und des **Formulierens** ist die Anzahl der jeweils zugeordneten Kodiereinheiten substanziell höher, wenn Beweiskonstruktionen mit einem inhaltlich korrekten Beweis betrachtet werden. Im Hinblick auf die Phase des Argumente Strukturierens konnten bei erfolgreichen Beweisprozessen im Vergleich zu solchen, die nicht erfolgreich waren, im Durchschnitt 2,5 Mal so viele Prozesssegmente rekonstruiert werden, die auf die deduktive Durcharbeitung der entwickelten Beweisideen abzielen. Über ein Drittel der Beweiskonstruktionen, die keinen zulässigen Beweis hervorbrachten, verliefen dabei ganz ohne eine Strukturierungsphase (TH, DJ, DP, LS, JH). In Bezug auf die Phase des Formulierens zeigt sich eine ähnliche, wenngleich weniger ausgeprägte Abstufung. Während die meisten Fälle, die als nicht erfolgreich klassifiziert wurden, ein bis zwei Formulierungsphasen aufweisen, durchlaufen Studierende mit einer erfolgreichen Beweiskonstruktion bis zu vier Mal die Phase des Formulierens (FT, AS). Das Muster, nach dem die präzisierenden und formalisierenden Teilprozesse in erfolgreichen Beweisprozessen einen höheren Stellenwert einnehmen, wird auch durch den prozentualen Anteil gestützt, den die beiden Phasen jeweils am Gesamtprozess einnehmen. So entfällt in Beweiskonstruktionen mit einem inhaltlich korrekten Beweis gut ein Drittel des Beweisprozesses auf die Teilprozesse des Strukturierens und Formulierens, wohingegen der Anteil in nicht erfolgreichen Beweiskonstruktionen nur bei 11,92 % bzw. 16,25 % liegt (siehe Abb. 7.29). Für die Interpretation dieser Ergebnisse ist jedoch zu berücksichtigen, dass die Realisierung einer Strukturierungs- bzw. Formulierungsphase bis zu einem gewissen Grad an eine inhaltliche Progression gebunden ist. So ist anzunehmen, dass eine reichhaltige Phase des Argumente Identifizierens Erkenntnisse hervorbringen kann, die aufgrund ihrer hohen inhaltlichen Substanz einer umfangreichen Strukturierung bedürfen und eine entsprechend intensive Formulierungsphase vorzeichnen. Dennoch ist der Anteil der Strukturierungsphasen in nicht erfolgreichen Beweisprozessen gemeinhin geringer als der Anteil der Formulierungsphasen, sodass drei Fälle identifiziert werden konnten, in denen die Formulierung des Lösungsansatzes ohne vorhergehende Strukturierung auskommt (TH, JH, LS). Vor diesem Hintergrund ist zu vermuten, dass Studierende mit einer niedrigen Konstruktionsleistung die entdeckenden und kreativen Phasen der Beweiskonstruktion stärker fokussieren und dabei das Potenzial der präzisierenden und formalisierenden Teilprozesse nicht vollständig ausschöpfen. So zeugen insbesondere die Fälle, die ausschließlich auf semantischer Ebene operieren (z. B. AI, LT, LUM), von einer mangelnden Transferleistung, bei der informale Argumente nicht ausreichend formalisiert und an die Rahmentheorie angebunden werden. Darüber hinaus legen die Ausführungen in Abschnitt 7.2.2 nahe, dass in der Gestaltung von Strukturierungs- und Formulierungsprozessen durchaus eine heuristische Komponente enthalten sein kann, die eine erfolgreiche Beweiskonstruktion unterstützt. So kann bspw. eine Strukturierungsphase, in der bisherige Erkenntnisse wiederholt und strukturiert zusammengefasst werden, eine Orientierung über den gegenwärtigen Stand der Bearbeitung bieten und so einen Fortschritt der Beweiskonstruktion begünstigen. Wenngleich einzelne Fälle einen Wirkungszusammenhang zwischen einer niedrigen Konstruktionsleistung und geringen Strukturierungs- und Formulierungsbemühungen vermuten lassen (z. B. OJ und LT), legen die übrigen Fallbeschreibungen jedoch nahe, dass der Zusammenhang zu großen Teilen von

den Ergebnissen vorhergehender Teilprozesse moderiert wird (siehe Abschnitt 7.1).
Diese Interpretation wird durch eine getrennte Betrachtung der Beweisprozesse
gestützt, die den Kategorien K0 oder K1 zugeordnet wurden. Während in Beweiskonstruktionen ohne Beweisansatz durchschnittlich etwa 52 Sekunden auf die Strukturierung einzelner Ideen entfallen, sind es in Beweisprozessen mit einem einfachen
Beweisansatz rund 104 Sekunden.

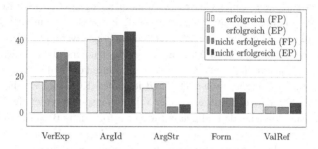

Abb. 7.29 Prozentualer Anteil der einzelnen Phasen an erfolgreichen (K3 & K4) und nicht
erfolgreichen Beweisprozessen (K0 & K1) zur Fixpunkt- (FP) sowie zur Extrempunktaufgabe
(EP)

Für die Phasen des **Argumente Identifizierens** sowie des **Validierens** werden
hinsichtlich der Häufigkeit ihres Auftretens nur geringfügige Unterschiede zwischen erfolgreichen und nicht erfolgreichen Beweisprozessen dokumentiert (siehe
Abbildung 7.28). Dieses Ergebnis resultiert jedoch auch daraus, dass die beobachteten Unterschiede in Abhängigkeit von der Beweisaufgabe variieren. Für die Phase
des Validierens konnten in Bezug auf die Fixpunktaufgabe im Durchschnitt doppelt
so viele Prozesssegmente bei erfolgreichen wie bei nicht erfolgreichen Beweisprozessen identifiziert werden. Bei Beweisprozessen zur Extrempunktaufgabe wurden
hingegen keine nennenswerten Unterschiede beobachtet. In Bezug auf die Phase des
Argumente Identifizierens zeigen sich gegenläufige Ergebnisse. Während in erfolgreichen Beweisprozessen zur Extrempunktaufgabe durchschnittlich 2,7 Segmente
dem Argumente Identifizieren zugeordnet wurden, konnten bei nicht erfolgreichen
Beweisprozessen durchschnittlich 4,6 Codes vergeben werden. Für eine Beweiskonstruktion zur Fixpunktaufgabe durchliefen die Studierenden mit einem korrekten
Beweis durchschnittlich 5 Mal die Phase des Argumente Identifizierens, solche mit
einer niedrig bewerteten Lösung hingegen nur 3,9 Mal. Die unterschiedliche Anzahl
an Kodiereinheiten wird relativiert, wenn anstatt der Häufigkeit die Dauer einer
Phase betrachtet wird. Hier werden mit einem Anteil von 40.68 % und 43.10 % für die

Fixpunktaufgabe bzw. 41.16% und 45.03% für die Extrempunktaufgabe nur geringe Unterschiede zwischen erfolgreichen und weniger erfolgreichen Beweisprozessen abgebildet (siehe Abb. 7.29). Für das Validieren ergeben sich mit einem Anteil von 5,31% und 3,49% für die Fixpunktaufgabe bzw. 3,60% und 5,68% für die Extrempunktaufgabe zwar gegenläufige, jedoch vergleichsweise geringe Unterschiede, die einer Zeitspanne von 61 bis 104 Sekunden entsprechen.

Sowohl für die Phase des Argumente Identifizierens als auch für die des Validierens können damit keine generalisierbaren Zusammenhänge zwischen der Konstruktionsleistung und dem Umfang des jeweiligen Teilprozesses beschrieben werden. In Bezug auf das Validieren stellt sich dennoch die Frage, warum Studierende, die ihre Beweisprozesse in gleichem Maße hinterfragen, zu unterschiedlich qualitativen Ergebnissen gelangen. In diesem Zusammenhang weisen die Fälle von Tobias und Lars (K3, keine Validierung) sowie Olaf und Johannes (K0, 11,22% Validierungsanteil) darauf hin, dass das Auftreten einer Validierungsphase weder eine notwendige noch eine hinreichende Bedingung für eine erfolgreiche Beweiskonstruktion darstellt. Vor dem Hintergrund eines quantitativen Zugangs bleibt jedoch offen, inwiefern die konkrete Ausgestaltung einer Validierungsphase für eine hohe Konstruktionsleistung von Relevanz ist.

Die Phase des **Verstehens** tritt in erfolgreichen Beweisprozessen durchschnittlich etwa 1,5 Mal seltener auf als in solchen, in denen kein adäquater Beweis entwickelt wurde. Während die Verstehensphase in erfolgreichen Beweisprozessen ein bis drei Mal durchlaufen wird, widmen sich die Studierenden in nicht erfolgreichen Beweisprozessen bis zu fünf (MFY) bzw. sieben Mal (OJ) dem Verstehen der Aufgabenstellung. Die erhöhte Anzahl an rekonstruierten Verstehensphasen spiegelt sich sodann auch in der Zeitspanne wider, welche die Studierenden für das Verstehen der Aufgabenstellung aufwenden. Sowohl in Beweisprozessen zur Fixpunktaufgabe als auch in solchen zur Extrempunktaufgabe verbringen Studierende, deren Lösung nicht als adäquater Beweis akzeptiert wurde, mit 33.46% gegenüber 16.94% bzw. 28.40% gegenüber 17.87% einen deutlich größeren Anteil ihres Beweisprozesses mit der Analyse der zu beweisenden Aussage.

Der hier angedeutete Zusammenhang zwischen einer ausgiebigen Verstehensphase und einer niedrigen Konstruktionsleistung erscheint zunächst insofern widersprüchlich, als eine reichhaltige Verstehensphase gemeinhin mit einem erfolgreichen Lösungsprozess verknüpft wird (Rott 2013; Schoenfeld 1985). Eine mögliche Interpretation des Zusammenhangs besteht darin, dass Studierende, die später einen inadäquaten Beweis formulieren, größere Schwierigkeiten aufweisen, ein Situationsmodell aufzubauen und die gegebene Aussage mit konzeptuellem Vorwissen anzureichern. Demnach resultiert die erhöhte Anzahl an Verstehensphasen aus dem wiederholten Bestreben, auftretenden Unsicherheiten im Aufgabenverständnis zu begegnen und die Aufgabenstellung auf semantischer Ebene zu deuten. Die nachstehende Tabelle gibt einen differenzierten Überblick über den Umfang von Verstehensaktivitäten in erfolgreichen und nicht erfolgreichen Beweisprozessen (Tabelle 7.5).

Tab. 7.5 Übersicht über die Dauer der Verstehensphase in Abhängigkeit zur Konstruktionsleistung

		Konstruktionsleistung	
		erfolgreich	nicht erfolgreich
Dauer der Verstehensphase (in Sek.)	<180	ML (5,16%)	
	180-240	AG (15,83%)	
	240-300	AS (13,44%)	LKH (15,19%)
	300-360	FT (17,67%)	AI (17,91%) SDH (18,47%) MFY (22,04%)
	360-420		TH (20,31%) LUM (30,30%)
	540-600		LT (38,41%) DP (39,18%) LPL (39,29%) LS (39,97%)
	600-660		OJ (21,45%)
	660-720	TL (27,97%)	
	>720		JH (43,10%) JIA (47,12%) DJ (50,07%)

Die Gegenüberstellung der einzelnen Fälle entlang ihrer Merkmalskombination bestätigt auf der einen Seite die Tendenz, dass Studierende in weniger erfolgreichen Beweisprozessen absolut sowie relativ mehr Zeit dafür aufwenden, die zu zeigende Aussage zu verstehen. Auf der anderen Seite wird jedoch auch deutlich, dass kein direkter Zusammenhang zu beschreiben ist, da für verschiedene Merkmalsausprägungen sowohl Fälle mit hoher als auch mit niedriger Konstruktionsleistung existieren.

Die vorhergehenden Ausführungen verdeutlichen, dass über den Vergleich von erfolgreichen und weniger erfolgreichen Beweisprozessen phasenspezifische Unterschiede in dem Prozessverlauf beobachtet werden können, die sich auf die quantitativ geprägten Merkmale der Häufigkeit und der Dauer einer Phase beziehen. Hier zeigt sich die Tendenz, dass in erfolgreichen Beweisprozessen weniger Zeit auf das Verstehen der Aufgabenstellung und dafür mehr Zeit auf das Strukturieren und Formulieren der Beweisansätze verwendet wird. Substanzielle Unterschiede in Bezug auf die Phasen des Argumente Identifizierens und des Validierens konnten hingegen nicht festgestellt werden. Die angedeuteten Zusammenhänge zwischen der Häufigkeit bzw. Dauer einer Phase und der Konstruktionsleistung erweisen sich stellenweise als schwer interpretierbar, da zunächst offen bleibt, in welchem Maße die einzelnen Phasen aufeinander aufbauen und sich somit wechselseitig bedingen. Zudem sind die skizzierten Muster teilweise wenig aussagekräftig in dem Sinne, dass sie, wie im Beispiel der Verstehensphase, nur bedingt Stellschrauben benennen, die eine Unterstützung nicht erfolgreicher Studierender ermöglicht. Hier wird deutlich, dass quantitativ orientierte Maße, wie die Häufigkeit oder die Dauer, nur einen ersten Zugang darstellen können, um den Stellenwert einer Phase im Beweisprozess zu beschreiben. Dennoch konnten über den Vergleich erfolgreicher und nicht erfolgreicher Beweiskonstruktionen Merkmale herausgearbeitet werden, die für eine Beschreibung von Wirkungszusammenhängen von Relevanz erscheinen. Insbesondere die Phase des Verstehens ist hier für eine intensivere Analyse geeignet, da der abgebildete Zusammenhang einer tieferen Interpretation bedarf. Die Verstehensphase wird daher in Abschnitt 7.3.1 einer Tiefenanalyse unterzogen und durch Merkmalsausprägungen qualitativer Art weiter ausdifferenziert.

Prozesstypen und Konstruktionsleistung
In Abschnitt 7.2.3 wurden anhand der Häufigkeit und der Reihenfolge der auftretenden Phasen fünf Prozesstypen differenziert, die als feste Merkmalskombinationen verschiedene Prozessverläufe beschreiben und unterschiedliche Strategien der Beweiskonstruktion repräsentieren. In Folgenden werden die verschiedenen Prozesstypen vor dem Hintergrund der Konstruktionsleistung betrachtet und dahingehend analysiert, inwiefern die einzelnen Herangehensweisen mit einer erfolgreichen oder weniger erfolgreichen Beweiskonstruktion im Zusammenhang stehen. Die nachstehende Tabelle 7.6 gruppiert die analysierten Fälle entsprechend der auftretenden Merkmalskombinationen und gibt so einen Überblick über die Verteilung der verschiedenen Prozesstypen entlang der Konstruktionsleistung.

Tab. 7.6 Übersicht über die Verteilung der Prozesstypen in Abhängigkeit zur Konstruktionsleistung

		Prozesstyp				
		Zielor.	Neust.	Entw.	Punkt.	Rückk.
Leistung	erfolgreich	AG, ML		FT		AS, TL
	nicht erfolgreich		DP, LT	AI, SDH	TH, JH, LS, LPL, OJ	MFY, JIA, DJ, LKH, LUM

Die Gruppierung entlang der Konstruktionsleistung dokumentiert, dass mit dem Zielorientierten, dem Neustarter und dem Punktesammler Prozesstypen existieren, die ausschließlich durch erfolgreiche oder nicht erfolgreiche Beweisprozesse repräsentiert werden. Die hier angedeuteten Zusammenhänge zwischen dem Prozessverlauf und der Konstruktionsleistung werden im Folgenden beschrieben und unter Berücksichtigung definitorischer Aspekte diskutiert. Dabei ist zu beachten, dass die erhobenen, qualitativen Daten keinen Aufschluss über die Richtung eines Zusammenhangs geben. So ist insbesondere nicht eindeutig zu bestimmen, ob eine spezifische Abfolge von Teilprozessen eine erfolgreiche Beweiskonstruktion begünstigt oder sich andersherum ein erfolgreicher Beweisprozess in einem bestimmten Prozessverlauf ausdrückt. Obwohl ein direkter Wirkungszusammenhang nur schwer zu interpretieren ist, können die spezifischen Merkmalskombinationen eines Prozesstyps dennoch Hinweise darauf geben, welche Merkmale und Verfahrensstrategien den jeweils beschriebenen Zusammenhang moderieren.

Der **Typ des Zielorientierten** beschreibt den einzigen Prozessverlauf, der ausschließlich in Verbindung mit einer hohen Konstruktionsleistung auftritt. Ein zielorientierter Prozessverlauf zeichnet sich durch eine stetig fortschreitende Entwicklung aus, bei welcher die einzelnen Teilprozesse in einer linearen Abfolge aufeinander aufbauen. Ein solches Vorgehen setzt demnach voraus, dass jeder der vorausgehenden Teilprozesse erfolgreich durchgeführt und vollständig abgeschlossen wurde. Die Realisierung eines zielorientierten Prozessverlaufs erfordert damit nicht nur ein gewisses Maß an Selbstregulation und Prozessgestaltung, sondern ist auch darauf angewiesen, dass im Verlauf des Beweisprozesses keine Fehler und Unsicherheiten auftreten, die eine zusätzliche Bearbeitungsschleife notwendig machen. Vor diesem Hintergrund ist zu vermuten, dass eine lineare Strukturierung des Beweisprozesses zwar in vielen Fällen zielführend ist, der Erfolg hier jedoch auch von weiteren Faktoren, wie einer reichhaltigen konzeptuellen oder strategischen Wissensbasis, beeinflusst wird. Eine Gegenüberstellung der beiden zielorientierten Beweisprozesse in dieser Stichprobe eröffnet eine Perspektive auf multiple Einflussfaktoren:

In beiden Fälle handelt es sich um Beweisprozesse, bei denen einer der beiden Bearbeitungspartner tonangebend auftritt und maßgeblich für den Fortschritt der Beweiskonstruktion verantwortlich ist (siehe Abschnitt 7.1.1 und 7.1.2). Kooperative Prozesse und angeregte Diskussionen treten hier nur in geringem Umfang auf, wodurch ein stringentes Vorgehen unter Umständen begünstigt wird. Diese Vermutung wird dadurch gestützt, dass die wenigen nicht-linearen Phasenwechsel, die in den Beweisprozessen von Markus und Lena sowie von Alina und Georg auftreten, überwiegend durch Nachfragen des jeweiligen Bearbeitungspartners initiiert werden. Darüber hinaus zeichnen sich beide Beweisprozesse auch dadurch aus, dass sie einen vergleichsweise ausgeprägten syntaktischen Zugang verfolgen. Semantische und syntaktische Repräsentationen werden hier unmittelbar miteinander verknüpft, sodass keine weiteren Bearbeitungsschleifen durch mögliche Übersetzungsprozesse notwendig werden.

Der **Typ des Punktesammlers** tritt in Übereinstimmung mit seiner Charakterisierung ausschließlich in solchen Fällen auf, die als nicht erfolgreich klassifiziert wurden. Obwohl der Zusammenhang hier bereits in der Definition des Prozesstyps verankert ist, gibt die für einen Punktesammler charakteristische Prozessgestaltung dennoch Hinweise auf spezifische Verhaltensmuster, die eine niedrige Konstruktionsleistung bedingen können. Beweisprozesse, die dem Typ des Punktesammlers entsprechen, fokussieren sich einen Großteil der Bearbeitungszeit auf die kreativen und explorativen Teilprozesse der Beweiskonstruktion. In einem Wechselspiel von Verstehen und Argumente Identifizieren versuchen die Studierenden über einen längeren Zeitraum hinweg, einen Zugang zur Aufgabe zu finden und eine Beweisidee zu generieren. Schließlich wechseln sie, meist ohne vorhergehende Strukturierung, in die für den Typ des Punktesammlers konstitutive Formulierungsphase, um ihre bisherige Lösung zu fixieren und Teilpunkte zu erreichen.

Ein ähnliches Vorgehen beschreibt Schoenfeld (1985) mit dem von ihm als *wild goose chase* bezeichneten Problemlöseprozess (siehe auch Abschnitt 3.4.2). Problemlöseprozesse dieser Art zeichnen sich dadurch aus, dass sie nach einem initialen Leseprozess und ggf. einer kurzen Aufgabenanalyse in eine Phase der Exploration übergehen. Aufgrund einer mangelnden Reflexion verläuft diese jedoch wenig zielführend und markiert sodann auch das Ende der Bearbeitung. Im Unterschied zu den von Schoenfeld beschriebenen Problemlöseprozessen formulieren die Studierenden in dieser Studie auch bei geringfügigen Beweisansätzen eine Lösung. Dadurch weisen die Beweisprozesse neben einer Phase des Verstehens und des Argumente Identifizierens auch eine solche des Formulierens auf. Diese ermöglicht es den Studierenden, eine neue Perspektive auf die bisherigen Erkenntnisse zu gewinnen und auf diese Weise den gewählten Ansatz weiter zu vertiefen. In vielen Fällen fehlt es den Studierenden jedoch an Beharrlichkeit oder dem nötigen Selbstvertrauen, um die im Rahmen der Formulierungsphase gewonnenen Erkenntnisse konsequent weiterzudenken und sie für die Beweiskonstruktion zu nutzen.

Obwohl die Beweisprozesse des Punktesammlers von einem idealtypischen *wild goose chase*-Vorgehen abweichen, weisen sie jedoch insofern Parallelen zu dem dort beschriebenen Verhaltensmuster auf, als über einen längeren Zeitraum hinweg keine Progression zu beobachten und der stagnierende Prozess nur geringfügig reguliert wird. Die niedrige Konstruktionsleistung, die mit dem Prozesstyp des Punktesammlers einhergeht, könnte demnach Ausdruck einer mangelnden Selbstregulation und Prozessüberwachung sein. Dennoch verfügen die Studierenden in dieser Studie bereits über potenziell hilfreiche Ansätze der Prozesssteuerung, da sie eine Formulierungsphase zur Ergebnissicherung einschieben und wiederholt in die Phase des Verstehens zurückgehen. Es gelingt ihnen jedoch nicht, das Potenzial dieser Ansätze vollständig auszuschöpfen.

Ähnlich wie der Typ des Punktesammlers wurde auch der **Typ des Neustarters** ausschließlich in nicht erfolgreichen Beweisprozessen realisiert. Der Zusammenhang, der hier zwischen einer zyklischen Prozessgestaltung und einer erfolglosen Beweiskonstruktion angedeutet wird, ist jedoch kaum auf den für diesen Prozesstyp charakteristischen Neustart zurückzuführen. Prozessverläufe, die dem Typ des Neustarters entsprechen, zeichnen sich in erster Linie dadurch aus, dass im Rahmen einer Validierung ein Fehler in der Argumentation aufgedeckt oder das geringe Potenzial eines gewählten Ansatzes diskutiert wird. Als Reaktion auf diese Validierung verwerfen die Studierenden den bis zu diesem Zeitpunkt verfolgten Ansatz und beginnen ihren Beweisprozess von vorn. Bei dem hier beschriebenen Verhalten handelt es sich um ein reflektiertes Vorgehen, bei dem das gewählte Verfahren im Verlauf der Beweiskonstruktion hinterfragt und der Beweisprozess auf Basis der Validierung angepasst wird. Obwohl ein solches Vorgehen grundsätzlich sinnvoll erscheint, gelingt es den Studierenden in den hier präsentierten Fällen nicht, den neu entwickelten Ansatz vollständig auszuarbeiten und in einem zulässigen Beweis festzuhalten. Während Lukas und Tim Schwierigkeiten aufweisen, ihre semantisch geprägte Beweiskette in einen semi-formalen Beweis zu übertragen (siehe Abschnitt 7.1.2), führen die Überlegungen von Danny und Paula wiederholt zu dem als ungeeignet validierten Ansatz (siehe Abschnitt A.4). Die Schwierigkeiten liegen hier somit in unterschiedlichen Bereichen und sind nicht unmittelbar mit der Prozessstruktur verknüpft. Stattdessen sind durchaus auch Beweisprozesse denkbar, in denen mithilfe eines Neustarts ein zulässiger Beweis formuliert wird.

Im Unterschied zu den bisher betrachteten Prozesstypen konnten die **Typen des Entwicklers und des Rückkopplers** sowohl in erfolgreichen als auch in nicht erfolgreichen Beweisprozessen rekonstruiert werden. Ein Zusammenhang zwischen dem Phasenverlauf und der Konstruktionsleistung kann hier somit nicht festgestellt werden. Anhand der Fallbeschreibungen lassen sich jedoch feine Unterschiede zwischen den verschiedenen Beweiskonstruktionen in Bezug auf die Motivation eines Phasenwechsels erkennen. Insbesondere beim Typ des Rückkopplers treten verschiedene Formen von Minikreisläufen auf, die sich darin unterscheiden, in welchem Maße die durchgeführten Teilprozesse inhaltlich aufeinander Bezug nehmen. Die Beispiele in Abschnitt 7.2.3 verdeutlichen, dass ein Wechsel in eine unmittelbar vorhergehende Phase häufig aus auftretenden Unsicherheiten und Fehlern hervorgeht. Diese stellen kleine Formen der Validierung dar, die aufgrund des Mindestumfangs von 30 Sekunden mit der Kodiereinheit der Phase jedoch nicht erfasst werden (siehe auch Kirsten (in Druck)). An dieser Stelle bleibt daher offen, inwiefern Rückkopplungen leichter in den übergeordneten Entwicklungsprozess integriert werden können, wenn diese durch eine Validierungsaktivität initiiert werden und somit inhaltlich motiviert sind (siehe hierzu auch 7.3.2).

Zusammengefasst zeigt die Gegenüberstellung von Fällen mit hoher und niedriger Konstruktionsleistung, dass lineare Prozessverläufe in dieser Stichprobe ausschließlich bei erfolgreichen Beweisprozessen auftreten, wohingegen Rückschritte, wie sie für die Typen des Rückkopplers, des Punktesammlers und des Entwicklers charakteristisch sind, unabhängig von der Konstruktionsleistung zu beobachten sind. Offen bleibt hierbei, unter welchen Bedingungen die Phasenwechsel zu einer erfolgreichen Beweiskonstruktion beitragen. In einer kontrastiven Beschreibung von Einzelfällen wurden bereits verschiedene Aspekte angedeutet, die den Zusammenhang zwischen einer spezifischen Prozessgestaltung und der Konstruktionsleistung moderieren könnten. Neben Einflussfaktoren wie einer reichhaltigen Wissensbasis, dem Umfang kooperativer Prozesse oder einer Integration syntaktischer Repräsentationen wurden dabei wiederholt selbstregulative Fähigkeiten im Allgemeinen und Validierungsaktivitäten als exekutive Komponente metakognitiver Fähigkeiten im Speziellen diskutiert. Vor dem Hintergrund der vorhergehenden Überlegungen wird die Aktivität des Validierens in Abschnitt 7.3.2 einer feingliedrigeren Analyse unterzogen, bei der auch Prozesssegmente berücksichtigt werden, die den Mindestumfang einer Phase unterschreiten. Ziel ist es zu untersuchen, inwiefern Rückschritte in vorhergehende Phasen durch Validierungen begleitet und auf diese Weise sinnvoll in den Beweisprozess integriert werden können.

7.3   Ergebnisse zu phasenspezifischen Aktivitäten

Im vorhergehenden Kapitel wurden die Ergebnisse einer makroskopisch orientierten Prozessanalyse vorgestellt, in welcher die Teilprozesse, die innerhalb einer Beweiskonstruktion wirksam werden, einerseits im Hinblick auf ihre Häufigkeit, Dauer und

Reihenfolge und andererseits in Bezug auf ihre konkrete Ausgestaltung untersucht wurden. Die Ergebnisse geben einen Überblick über relevante Phasen sowie typische Prozessverläufe der Beweiskonstruktion und schaffen damit einen geeigneten Rahmen für tiefergehende Analysen. In diesem Kapitel werden die Ergebnisse einer entsprechenden, mikroskopisch ausgerichteten Untersuchung präsentiert, die auf eine detaillierte Beschreibung der Teilprozesse des Verstehens und des Validierens abzielt. Im Bestreben die Oberkategorien des Kategoriensystems durch induktiv am Material entwickelte Unterkategorien weiter auszudifferenzieren, werden im Rahmen eines erneuten Kodierdurchgangs die spezifischen Aktivitäten herausgearbeitet, die innerhalb einer Verstehensphase bzw. im Rahmen von Validierungsbestrebungen auftreten und verschiedene Realisierungsmöglichkeiten der entsprechenden Phase beschreiben (siehe Abschnitt 6.3.3). Um die gewünschte Tiefe in der Analyse zu erreichen, wird anstatt der Einheit einer Phase mit der *Aktivität* eine feingliedrigere Kodiereinheit gewählt. Diese erlaubt es, einzelne Sprecherbeiträge stärker zu gewichten und somit die einzelnen Handlungen und Diskussionen separat zu betrachten. Die feingliedrigere Segmentierung und Kodierung geht dabei mit einer Reduktion des Datenmaterials einher. Unter Berücksichtigung der Auswahlstrategien der Homogenität und der maximalen strukturellen Variation wurden 11 Fälle aus der zuvor beschriebenen Stichprobe für die Tiefenanalyse ausgewählt (siehe Abschnitt 6.2.3). Die konkreten Auswahlkriterien ergeben sich dabei aus den im Rahmen der Typenbildung in Abschnitt 7.2.4 gewonnenen Erkenntnissen. Das Ziel einer maximalen strukturellen Variation bezieht sich in erster Linie auf das Merkmal der Konstruktionsleistung und wurde dadurch realisiert, dass erfolgreiche und nicht erfolgreiche Beweisprozesse gleichermaßen in der Fallauswahl berücksichtigt wurden. Vor dem Hintergrund eines möglichen Zusammenhangs zwischen der Konstruktionsleistung und den auftretenden Validierungsaktivitäten wurde darüber hinaus angestrebt, ein möglichst breites Spektrum an Prozesstypen abzubilden. Dieses ermöglicht es, makroskopische und mikroskopische Betrachtungen miteinander zu verknüpfen und zu untersuchen, inwiefern ein Zusammenhang zwischen spezifischen Prozessverläufen und einer erfolgreichen Beweiskonstruktion durch auftretende Validierungen erklärt werden kann. Das Auswahlkriterium der Homogenität wird hier in Bezug auf die Dauer der auftretenden Verstehensphasen angewandt. Vor dem Hintergrund der vorhergehenden Erkenntnisse wird angestrebt, den erfolgreichen Beweisprozessen solche Fälle entgegenzustellen, die einen vergleichbaren Umfang an Verstehensaktivitäten aufweisen. Anhand der in Tabelle 7.5 aufgeführten Werte wurden daher diejenigen erfolgreichen und nicht erfolgreichen Beweisprozesse identifiziert, bei denen die Verstehensphase einen ähnlichen prozentualen Anteil am Gesamtprozess einnimmt.

Unter Anwendung der beschriebenen Auswahlkriterien ergibt sich für die Tiefenanalyse eine Datengrundlage aus fünf erfolgreichen (ML, AG, AS, FT, TL) und sechs
nicht erfolgreichen Beweisprozessen (LKH, AI, SDH. MFY, TH, OJ). Ihr gemein-
sames Merkmal besteht dabei darin, dass die jeweils realisierten Verstehensphasen
weniger als 30% des Gesamtprozesses einnehmen. Innerhalb der Fallauswahl sind
dabei die Prozesstypen des Zielorientierten, des Entwicklers, des Punktesammlers
sowie des Rückkopplers repräsentiert. Im Folgenden werden zunächst die entwickelten Unterkategorien zur Phase des Verstehens (7.3.1) sowie zum Teilprozess des
Validierens (7.3.2) vorgestellt, bevor die Ergebnisse in Abschnitt 7.3.3 für erfolgreiche und nicht erfolgreiche Beweisprozesse getrennt betrachtet und typenbildende
Analysen entlang der auftretenden Aktivitäten vorgenommen werden.

7.3.1 Verstehensaktivitäten im Beweisprozess

Im Hinblick auf einen möglichen Zusammenhang zwischen der Verstehensphase
und der Konstruktionsleistung legen empirische Untersuchungen wiederholt nahe,
dass Schwierigkeiten, einen adäquaten Beweis zu konstruieren, unter anderem auch
auf eine oberflächliche und unsystematische Aufgabenanalyse zurückzuführen sind
(Harel & Sowder 1996; Rott 2013; Schoenfeld 1985). Dennoch dokumentieren
die Ergebnisse in Abschnitt 7.2.4, dass nicht erfolgreiche Beweisprozesse tendenziell einen größeren Umfang an Verstehensaktivitäten aufweisen als solche, die als
erfolgreich eingestuft wurden. Hieraus erwächst sodann die Frage, inwiefern sich
das hier angelegte Maß der Dauer dazu eignet, Wirkungszusammenhänge auf Prozessebene zu untersuchen bzw. in welchem Maße es qualitativer Beschreibungen
bedarf, um leistungsspezifische Unterschiede in der Ausgestaltung der Verstehens-
sphase zu ermitteln. In diesem Abschnitt werden daher gezielt die spezifischen
Aktivitäten herausgearbeitet, die Studierende im Rahmen ihrer Verstehensphase
ausführen, um die relevanten Merkmale der gegebenen Aussage zu durchdrin-
gen und eine umfassende mentale Repräsentation aufzubauen. Als Grundlage hierfür dienen diejenigen Prozesssegmente, die im vorhergehenden Kodierdurchgang
der Kategorie des Verstehens zugeordnet wurden. In einem erneuten Kodierdurchgang wurden diese gemäß der Strategie der Zusammenfassung analysiert und im
Sinne einer materialbasierten Kategorienbildung zu Verstehensaktivitäten verdichtet (siehe Abschnitt 6.3.3). Insgesamt lassen sich über die 11 ausgewerteten Fälle
hinweg 12 Verstehensaktivitäten differenzieren, die im Folgenden einzeln beschrieben werden. Der vollständige Kodierleitfaden befindet sich im Anhang A.3.3.

Beschreibung der einzelnen Verstehensaktivitäten

Die folgenden Aktivitäten beschreiben jeweils eine spezifische Vorgehensweise, wie die Informationen aus der Aufgabenstellung aufgenommen und kognitiv verarbeitet werden, um auf diese Weise einen Zugang zur gegebenen Aussage zu schaffen. Innerhalb der Beweiskonstruktion realisiert sich der Teilprozess des Verstehens sodann in einer individuell unterschiedlichen Verknüpfung dieser Aktivitäten.

Extrahieren

Die Aktivität des Extrahierens findet gemeinhin im Zusammenhang mit dem Lesen der Aufgabenstellung statt. Die Studierenden entnehmen dem Aufgabentext die relevanten Informationen und heben diese hervor, indem sie einzelne Ausdrücke mündlich wiederholen oder sie auf ihrem Notizzettel notieren. Da es sich bei mathematischen Aussagen um Texte mit einer sehr hohen Informationsdichte handelt, realisieren viele Studierende die Aktivität des Extrahierens durch eine fragmentarische Übertragung der Aufgabenstellung auf ihren Notizzettel. Hierbei übernehmen sie sämtliche Informationen aus dem Text und lassen lediglich einzelne, primär grammatische Bestandteile aus. Ein solches Vorgehen wird im folgenden Transkriptausschnitt aus dem Beweisprozess von Alina und Georg verdeutlicht.

23 ((Alina beginnt ihre Notizen:

$$\text{Var.:} \quad a < b \in \mathbb{R}; \ f : [a,b] \to [a,b] \text{ stetig}$$
$$\text{Beh.:} \quad \text{Es existiert ein } x \in [a,b] \text{ mit } f(x) = x \quad))$$

Während die Studierenden die Aktivität des Extrahierens hier nutzen, um sich einen Überblick über die gegebenen Informationen zu verschaffen, setzen andere Studierende Betrachtungsschwerpunkte, indem sie einzelne Informationen, wie das Verhältnis $a < b$ oder die Eigenschaft „zweimal differenzierbar", beim Lesen betonen (z. B. FT Z. 2–5, ML Z. 1–2). Unterschiede in der Ausführung der Aktivität treten zudem dahingehend auf, dass in einigen Fällen ausschließlich Elemente der Voraussetzung (ML, AS, FT, MFY), in anderen Fällen hingegen auch solche der Behauptung (AG, TH, AI, OJ, SDH) hervorgehoben werden.

Ergänzen

Die Aktivität des Ergänzens zeichnet sich dadurch aus, dass die durch die Aufgabenstellung vermittelte Informationsbasis durch zusätzliche Informationen angereichert wird. Die Studierenden greifen hier auf Vorwissen aus der Schule, der Vorlesung oder einer vorhergehenden Aufgabenbearbeitung zurück und wenden dieses auf die gegebene Problemsituation an. Realisiert wird die Aktivität häufig dadurch, dass die Studierenden ihr Vorwissen aus dem Gedächtnis abrufen. Hierbei handelt es sich sodann überwiegend um semantisch repräsentierte Wissenselemente, sodass der Bezug zum Vorwissen die Studierenden darin unterstützt, eine inhaltliche Vorstellung von der gegebenen Aussage aufzubauen. Um den Ausdruck $f''(y) \geq 0$ geometrisch zu interpretieren, reaktivieren Alina und Sascha in dem folgenden Transkriptausschnitt bspw. ihr schulisches Vorwissen zur notwendigen und hinreichenden Bedingung von Extrema.

```
080  S:   zweite ableitung größer also null
081       haben wir alle in der schule gelernt
082       bedeutet linkskrümmung (1.5)
083  A:   zweite ableitung größer null heißt
084       ein tiefpunkt (---)
```

Anstatt ihr Vorwissen aus dem Gedächtnis abzurufen, greifen Studierende im Rahmen der Aktivität des Ergänzens häufig auch auf die zur Verfügung gestellten Hilfsmittel zurück. Ähnlich wie Luca, Karina und Hannah im folgenden Beispiel nutzen viele Studierende das Buch bzw. Skript, um die Definition zum Stetigkeits- oder Differenzierbarkeitsbegriff nachzuschlagen und sich auf diese Weise deren präziser Formulierung zu vergewissern (z. B. AS Z. 156–158, AI Z. 589–592).

```
035  K:   aber vielleicht haben wir das irgendwie schlauer aufgeschrieben
          (---)
036       was eine stetige funktion alles so kann oder ist
037       ((Karina blättert im Vorlesungsskript)(4.6))
038       <<fragend> ist das nicht stetigkeit>
039       ((Lukas schaut sich die Stelle im Vorlesungsskript an))
```

Andere Studierende hingegen verwenden das von ihnen gewählte Hilfsmittel für eine explorativ ausgerichtete Recherche, bei der sie ergebnisoffen durch das Buch bzw. Skript blättern und die dort aufgeführten Definitionen und Sätze überfliegen (z. B. FT Z. 27–32). Einem solchen Vorgehen liegt die Annahme zugrunde, dass in dem jeweiligen Hilfsmittel hilfreiche, bislang noch nicht verinnerlichte Informationen enthalten sind, welche den zu behandelnden Sachverhalt näher erläutern. Dieser Grundgedanke lässt sich insbesondere im Beweisprozess von Tabea und Heinz erkennen, die im Rahmen ihrer Aufgabenbearbeitung weite Teile der Vorlesung nacharbeiten, indem sie verschiedene Definitionen, Beispiele und Sätze nacheinander durchgehen und sich diese gegenseitig erklären (TH Z. 46–115).

Folgern
Das Folgern beschreibt eine Aktivität, bei der die Aufgabenstellung mit Wissenselementen angereichert wird, die auf der Grundlage der im Aufgabentext gegebenen

Informationen geschlussfolgert werden. Im Unterschied zu Aktivitäten, die im Rahmen des Argumente Identifizierens ausgeführt werden, orientiert sich das Folgern hier an keiner spezifischen Suchrichtung, sondern erfolgt überwiegend ergebnisoffen und assoziativ. Die Folgerungen ergeben sich dabei unmittelbar aus der Aufgabenstellung und verfolgen das Ziel, eine umfassende Vorstellung von der gegebenen Aussage aufzubauen. Die hergeleiteten Erkenntnisse sind daher überwiegend semantischer Natur. Unterschiede in der Ausführung der Aktivität ergeben sich insbesondere aus der Schlussrichtung, die einer Folgerung zugrunde liegt. Beim Hinfolgern betrachten die Studierenden die gegebenen Voraussetzungen und leiten hieraus weitere Eigenschaften der benannten Objekte ab. So begründen bspw. Tobias und Lars in Bezug auf die Extrempunktaufgabe, dass die Stetigkeit der Funktion f unmittelbar aus ihrer Differenzierbarkeit folgt und damit eine implizite Voraussetzung der Aussage darstellt (TL Z. 677–693). Andere Studierende folgern unter Zuhilfenahme einer Visualisierung, dass eine Funktion, welche die Eigenschaften $f(x_1) > f(x_2)$ und $f(x_2) < f(x_3)$ erfüllt, auch ein Minimum besitzt. Diese Erkenntnis, die im nachstehenden Beispiel illustriert wird, kann sodann die Formulierung einer Zwischenbehauptung vorbereiten.

```
040  A:   und f von x_eins ist größer als das und das ist kleiner als das (2.0)
041       das heißt ja
042       ja ist ja klar
043       dass da

044       ((vervollständigt seine Zeichnung:
044       existiert (5.0)
045       der hat eine minima und maxima ne
```

Ähnlich wie Andreas und Ibrahim folgern auch andere Studierende die Existenz eines Minimums, leiten diese jedoch aus der Konklusion her, indem sie die positive zweite Ableitung mit einem Tiefpunkt assoziieren (z. B. FT Z. 94–103, OJ Z. 589–590). Wie die Aktivität des (Rück-)Folgerns im Rahmen der Extrempunktaufgabe realisiert werden kann, zeigen die folgenden Überlegungen von Markus und Lena.

```
051  M:   jetzt haben wir das zusammengeschrieben (1.4)
052       und jetzt sagt diese aussage aus (-)
053       ((Markus zeigt auf die Aufgabenstellung))
054       es handelt sich um ein minimum (3.2)
```

Visualisieren
Die Aktivität des Visualisierens geht mit einem Repräsentationswechsel einher, bei dem die gegebenen Informationen aus der Aufgabenstellung in eine Skizze übertragen werden. Der Repräsentationswechsel verknüpft die syntaktische Darstellung mit

einer semantisch geprägten Vorstellung und ermöglicht es den Studierenden, eine neue Perspektive auf die Problemsituation zu gewinnen. Die Aktivität des Visualisierens wird von den Studierenden in 9 von 11 Fällen ausgeführt (Ausnahmen sind AG und TH), wobei sich die angefertigten Skizzen dahingehend unterscheiden, in welchem Maße sie neben den Voraussetzungen auch die Konklusion abbilden. Die Unterschiede treten dabei in Abhängigkeit von der bearbeiteten Beweisaufgabe auf. Während in Beweisprozessen zur Fixpunktaufgabe vermehrt Skizzen auftreten, in denen der gesuchte Fixpunkt markiert ist (siehe die Skizze von Maike, Finn & Yannik), übertragen die Studierenden bei der Extrempunktaufgabe in erster Linie die Bedingungen $f(x_1) > f(x_2)$ und $f(x_2) < f(x_3)$ in eine Skizze und antizipieren einen möglichen Funktionsgraphen von f (siehe die Skizze von Alina und Sascha).

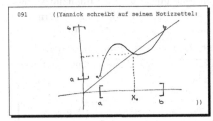
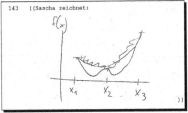

In einzelnen Fällen wird die gesuchte Stelle y zu einem späteren Zeitpunkt des Beweisprozesses in der Skizze verortet, indem diese als Minimum interpretiert wird. Eine solche Verknüpfung geht jedoch mit einer Aktivierung von Vorwissen bzw. einer inhaltlichen Folgerung einher, sodass die Visualisierung hier in erster Linie als unterstützendes Moment für andere Verstehensaktivitäten fungiert.

Beispielbetrachtung
Um sich die gegebene Aussage zu veranschaulichen und einen Zugang zur Aufgabe zu gewinnen, greifen die Studierenden stellenweise auf Beispielfunktionen zurück. Hierfür wählen sie Funktionen, mit deren Eigenschaften sie vertraut sind und welche die gegebenen Voraussetzungen angemessen repräsentieren. Mithilfe einer solchen Beispielfunktion versuchen sie, die zu zeigende Aussage auf inhaltlich-anschaulicher Ebene nachzuvollziehen und sich so ihrer zentralen Bedingungen zu vergewissern. Im Unterschied zur Aktivität des Visualisierens, bei der häufig nicht weiter spezifizierte Funktionsgraphen gezeichnet werden, befassen sich die Studierenden hier mit einer konkreten Beispielfunktion, deren Funktionsvorschrift sie explizit angeben. Im Rahmen der Extrempunktaufgabe greifen die Studierenden dabei überwiegend auf die Funktion $f(x) = x^2$ zurück (z. B. AI Z. 585–586, OJ

Z. 168–169). In Beweisprozessen zur Fixpunktaufgabe konnte in dieser Stichprobe keine Anwendung einer Beispielbetrachtung rekonstruiert werden.

Hinterfragen

Bei der Aktivität des Hinterfragens steht eine kritische Überprüfung der verfügbaren Informationen im Vordergrund. Dabei können sowohl die zu beweisende Aussage als Ganzes als auch einzelne Details der Aufgabenstellung oder bereits erarbeitete Folgerungen Gegenstand der Überprüfung sein. Eine grundlegende Form des Hinterfragens, welche in verschiedenen Beweisprozessen auftritt, stellt die Plausibilitätsprüfung der herzuleitenden Konklusion dar. Indem die Studierenden, ähnlich wie Luca, Karina und Hannah im folgenden Beispiel, die Gültigkeit der gegebenen Aussage auf inhaltlich-anschaulicher Ebene hinterfragen, diskutieren sie deren Beweisbedürftigkeit und heben dadurch den Kern der Aussage hervor (z. B. OJ Z. 417–421, TL Z. 636–644, FT Z. 31, TH Z. 30–35).

```
266  K:   aber dann ist es für mich logisch dass es dann auch f von x
          gleich x geben muss aber ja
267  L:   <<fragend> aber warum wenn du f von x einsetzt dass du dann auch
          x raus kriegst> (4.0)
268       kannst ja auch ein y rauskriegen
```

Über eine Plausibilitätsprüfung hinaus umfasst die Aktivität des Hinterfragens auch solche Überprüfungen, die sich auf einzelne Aspekte der Aufgabenstellung beziehen. Die Studierenden untersuchen hier die Details der Aufgabenformulierung und versuchen, den Grund dafür zu antizipieren, warum die Formulierung der Voraussetzung oder der Behauptung in genau dieser Weise gewählt wurde (z. B. AS Z. 189–198, TL Z. 607–621, TH Z. 127–132). Der folgende Transkriptausschnitt aus dem Beweisprozess von Tobias und Lars verdeutlicht, wie das Hinterfragen von Aufgabendetails dazu beitragen kann, ein Gefühl für die relevanten Aspekte der Aussage zu gewinnen. Während Tobias und Lars die Formulierung der Extrempunktaufgabe hinterfragen, überlegen sie, inwiefern sich aus dem „größer gleich" in der Konklusion bereits Hinweise für die Beweisführung ableiten lassen.

```
347  T:   dann dann
348       könnte hier aber auch stehen es existiert ein y
349       sodass das größer als null ist
350       also echt größer
351       das steht da aber nicht
352       das soll
353       also (--)
354       das ist ja ok wenn wir größer gezeigt bekommen
355       aber vielleicht
356       kann man das nicht für größer zeigen
```

Eine weitere Form des Hinterfragens wird in dem nachstehenden Transkriptausschnitt aus dem Beweisprozess von Maike, Finn und Yannik realisiert. Dem Ausschnitt geht eine Äußerung Yanniks voraus, in der er behauptet, für die Funktion f in der Fixpunktaufgabe müsse auch $f(a) = a$ und $f(b) = b$ gelten. Maike, Finn und Yannik gehen zurück zur Aufgabenstellung und diskutieren, inwiefern dieser Zusammenhang durch die Funktionsvorschrift $f : [a, b] \rightarrow [a, b]$ impliziert wird.

```
587  M:    aber das muss ja nicht heißen dass a ((zeigt auf die
           Aufgabenstellung)(--))
588        auf a abbildet und b auf b <<fragend> oder >
589        (---)
590  F:    weiß ich nicht
591        glaub ich aber auch nicht
592  Y:    ich glaub schon
```

Fokussieren

Beim Fokussieren konzentrieren sich die Studierenden auf einen spezifischen Aspekt der Aufgabenstellung oder schränken ihre Betrachtungen auf einen festgelegten Bereich ein. Die Fokussierung ermöglicht es ihnen, weitere Informationen, die über den Aspekt oder den Bereich hinausgehen, vorübergehend auszublenden und durch die intensive Betrachtung eines gewählten Ausschnittes das Verständnis desselben zu vertiefen. Die Aktivität des Fokussierens konnte ausschließlich in Beweisprozessen zur Extrempunktaufgabe rekonstruiert werden. Die Studierenden erkennen, dass für die Konklusion $f''(y) \geq 0$ nur der Funktionsverlauf zwischen x_1 und x_3 von Relevanz ist. Sie schränken die gegebene Funktion f entsprechend auf das Intervall $[x_1, x_3]$ ein und schließen Funktionswerte außerhalb dieses Intervalls explizit aus ihren Betrachtungen aus (z. B. OJ Z. 181–184).

Spezifizieren

Unter der Aktivität des Spezifizierens wird eine Auseinandersetzung mit Extrem- oder Spezialfällen verstanden, im Rahmen derer die Studierenden den Geltungsbereich der zu beweisenden Aussage ergründen. Im Hinblick auf die Fixpunktaufgabe diskutieren die Studierenden hier, inwiefern die zu zeigende Aussage auch die Grenzen des Intervalls mit einschließt, d. h. inwiefern der gesuchte Fixpunkt auch durch die Punkte $(a, f(a))$ und $(b, f(b))$ gegeben sein kann (AG Z. 46–49). In den analysierten Beweisprozessen zur Extrempunktaufgabe konnte die Aktivität des Spezifizierens nicht beobachtet werden.

Wiederholen

Unter der Aktivität des Wiederholens wird eine Sprachhandlung verstanden, bei der bereits im Beweisprozess benannte Informationen und Erkenntnisse aufgegriffen und erneut verbalisiert werden. Die in der Stichprobe rekonstruierten Wiederholungen beziehen sich dabei überwiegend auf die zu beweisende Aussage. Die Studierenden reagieren hier auf eine Unsicherheit in ihrem Aufgabenverständnis, indem sie die Aufgabenstellung vollständig oder in Teilen wiederholt (vor-)lesen. Dabei vergewissern sie sich einer konkreten Formulierung (AI Z. 214–218) oder versuchen, im Sinne eines erneuten Anlaufs einen Zugang zur Aufgabenstellung zu gewinnen (OJ Z. 895–896, AI Z. 567–575). Dem folgenden Transkriptausschnitt geht ein Gespräch zwischen Tobias und Lars voraus, in der sie die Voraussetzungen der Extrempunktaufgabe anhand einer Beispielfunktion veranschaulichen. Tobias lenkt die sich allmählich ausweitende Diskussion sodann wieder auf die gegebene Aussage, indem er die zu zeigende Konklusion erneut vorliest. In diesem Beispiel wird somit eine strukturgebende Funktion des Wiederholens erkennbar.

```
095   T:    auf jeden fall (2.0)
096         ((liest die Aufgabe erneut))
097         zeigen sie dass ein y element aus r existiert mit f zwei strich y
098         ist größer gleich null (1.6)
```

Darüber hinaus dient das Wiederholen in einzelnen Fällen als eine Form der Standortbestimmung. Hier werden die bis dahin erarbeiteten Erkenntnisse expliziert und auf diese Weise für alle Gruppenmitglieder bestätigt (z. B. SDH Z. 310–317).

Paraphrasieren

Ähnlich wie beim Wiederholen wird bei der Aktivität des Paraphrasieren eine Sprachhandlung durchgeführt, im Rahmen derer die Studierenden den Inhalt der gegebene Aussage wiedergeben. Die Paraphrase geht dabei insofern über eine Wiederholung hinaus, als die Studierenden sich hier von dem Wortlaut der Aufgabenstellung lösen und diese mit eigenen Worten umschreiben. Über die jeweilige Wortwahl wird sodann in vielen Fällen eine inhaltliche Deutung der Aussage angeregt, die sich insbesondere in der Decodierung von symbolischen Ausdrücken manifestiert. So wird bspw. die Funktionsvorschriften $f : [a, b] \rightarrow [a, b]$ verbalisiert (LKH Z. 29–30) oder der Ausdruck $f''(y)$ als „zweite Ableitung" wiedergegeben (OJ Z. 351–354). Das Paraphrasieren geht demnach in vielen Fällen mit einer geometrischen Interpretation einher, durch die das Verständnis der zu beweisenden Aussage vertieft und ein Repräsentationswechsel vorbereitet werden kann.

Transformieren

Die Aktivität des Transformierens beschreibt einen Registerwechsel, bei dem Informationen, die in der natürlichen Sprache formuliert sind, in eine symbolische Schreibweise übersetzt werden. Während im Zuge des Paraphrasierens häufig eine Decodierung vorgenommen wird, strebt die Aktivität des Transformierens eine Recodierung an. Im Rahmen der Verstehensphase nutzen die Studierenden diese Aktivität, um die Aufgabenstellung in eine vertraute Form zu bringen oder sich die Struktur der Aussage zu verdeutlichen. Im folgenden Beispiel stellen Andreas und Ibrahim die zu zeigende Konklusion mithilfe eines Existenzquantors dar und nehmen so, zumindest teilweise, einen Registerwechsel vor.

```
019   A:    ich würde schreiben
020         [(schreibt weiter auf das Aufgabenblatt:

                  ∃| ∃ y ∈ ℝ  mit  f''(y) ≥ 0  )]
```

Klassifizieren

Die Aktivität des Klassifizierens beinhaltet eine Auseinandersetzung mit der logischen Struktur der gegebenen Aussage. Als Ergebnis dieser Auseinandersetzung erkennen die Studierenden in der Konklusion eine Existenzaussage und grenzen diese von einer Allaussage ab. In Beweisprozessen zur Fixpunktaufgabe ist hier insbesondere die Unterscheidung zwischen der gegebenen Funktion f und der Identitätsfunktion von Bedeutung, welche die Studierenden herausarbeiten, indem sie die Aufgabenstellung betont vorlesen (z. B. AG Z. 45). Die Aussage der Extrempunktaufgabe wird anfänglich häufig als Allaussage interpretiert, sodass von einer im Intervall (x_1, x_3) streng monoton steigenden ersten Ableitung ausgegangen wird. Im Rahmen der Aktivität des Klassifizierens wirken die Studierenden einer solchen Auffassung entgegen und betonen, dass nur *ein* y mit der Eigenschaft $f''(y) \geq 0$ existieren muss (TL Z. 272–282, OJ Z. 660–662).

Übersicht über die auftretenden Aktivitäten

Aufbauend auf den vorhergehenden Charakterisierungen wird in diesem Abschnitt ein Überblick darüber gegeben, mit welcher Häufigkeit die beschriebenen Verstehensaktivitäten in den einzelnen Beweisprozessen auftreten. Die in Tabelle 7.7 dargestellten Häufigkeiten berücksichtigt dabei den inhaltlichen Gehalt einer ausgeführten Aktivität, sodass sowohl auf den jeweils zurückliegenden Beweisprozess als auch auf die mathematische Korrektheit der Äußerungen Bezug genommen wird. Die in den einzelnen Zellen angegebenen Werte beziffern daher zunächst die Anzahl der Kodiereinheiten, die einer Aktivität innerhalb eines Beweisprozesses zugeordnet wurden. Dabei wird über den Wert in der Klammer differenziert, inwiefern es sich bei den einzelnen Prozesssegmenten um originale Realisierungen der Aktivitäten in dem Sinne handelt, dass sie in der Chronologie des Beweisprozesses erstmalig in dieser Form ausgeführt werden. Bei den mit einem Sternchen gekennzeichneten Werten handelt es sich um Aktivitäten, bei denen der Gegenstand der Diskussion bzw. das Ergebnis der Bemühungen mathematisch fehlerhaft ist.

Tab. 7.7 Übersicht über die innerhalb eines Beweisprozesses auftretenden Verstehensaktivitäten

	AG	FT	LKH	MFY	TH	ML	TL	AS	AI	OJ	SDH
Ex	2	1	0	1	2	1	1	1	2	4(2*)	2
Folg	1	1	0	3(1*)	0	1	11(7)	2	1	3	0
Vis	0	4(2)	1*	3	0	1	2*	2	2	10(5*)	1
Erg	1	3	4(3*)	0	5(3)	0	5	4	1	1	2
Hint	0	1	1	4(1*)	2	0	7(6)	4	2*	7(6*)	2
Wdh	1	1	0	0	0	0	3	0	3	2	1
Par	0	0	1	0	0	1	2	0	0	6(5)	2
Fok	0	0	0	0	0	0	0	0	0	1	0
Trans	0	0	0	0	0	0	0	0	1	0	0
Spez	1	0	0	0	0	0	0	0	0	0	0
Klass	1	0	0	0	0	0	2	0	1	1	0
Bsp	0	0	0	1	0	0	2	0	1	6(2)	1
Σ	7	11(9)	7(6)	12(7)	9(7)	4	35(30)	13	14	41(28)	11

Unter Berücksichtigung des inhaltlichen Gehalts der kodierten Prozesssegmente wird deutlich, dass in einigen Beweisprozessen, wie dem von Olaf und Johannes, Tobias und Lars oder Maike, Finn und Yannik, vermehrt Wiederholungen auftreten, bei denen eine Aktivität auf dieselbe Weise ein zweites oder drittes Mal durchgeführt wird. Während die Wiederholungen beim Hinterfragen (MFY) auf ein nicht zufriedenstellendes Ergebnis und damit eine fortbestehende Unsicherheit zurückzuführen sind, können das wiederholte Anfertigen derselben Skizze und das erneute Abrufen von Vorwissen als Hinweise auf ein wenig systematisches Vorgehen im Beweisprozess gedeutet werden. In den Beweisprozessen von Olaf und Johannes sowie Maike, Finn und Yannik wurden darüber hinaus gleich mehrere Aktivitäten identifiziert, die inhaltliche Fehler aufweisen. Derartige inhaltliche Mängel gilt es für die spätere Typenbildung zu berücksichtigen, da hier eine potenziell gewinnbringende Aktivität angewandt, jedoch ineffektiv ausgeführt oder durch Defizite im Basiswissen fehlgeleitet wurde. In diesen Fällen können aus dem Auftreten einer

Aktivität somit keine Rückschlüsse auf einen möglichen Zusammenhang zwischen der betrachteten Aktivität und der Konstruktionsleistung gezogen werden.

Im Vergleich der Kodiereinheiten, die einer Aktivität insgesamt zugeordnet wurden, wird deutlich, dass die Anzahl über die verschiedenen Fälle hinweg stark variiert. Während die Aktivitäten „Extrahieren", „Visualisieren", „Ergänzen" und „Hinterfragen" in nahezu allen analysierten Beweiskonstruktionen auftreten, konnten die Aktivitäten „Transformieren", „Fokussieren" und „Spezifizieren" hingegen in nur jeweils einem Beweisprozess rekonstruiert werden. Betrachtet man die Ergebnisse entlang der jeweils bearbeiteten Beweisaufgabe, zeigt sich zudem ein Muster, nach dem in Beweisprozessen zur Extrempunktaufgabe nicht nur eine höhere Anzahl an verschiedenen Aktivitäten realisiert wird, sondern diese auch insgesamt häufiger Anwendung finden. Während in den Beweisprozessen zur Fixpunktaufgabe je 7–12 Aktivitätsanwendungen kodiert wurden, die sich auf 3–6 verschiedene Aktivitäten verteilen, weisen Studierende, welche die Extrempunktaufgabe bearbeiten, ein deutlich größeres Repertoire an Verstehensaktivitäten auf. Mit dem Beweisprozess von Olaf und Johannes treten hier bis zu 10 unterschiedliche Aktivitäten in bis zu 41 Anwendungen auf, wobei der Beweisprozess von Markus und Lena mit nur 4 Kodiereinheiten einen Sonderfall darstellt, der von der übrigen Stichprobe abweicht. Die grundsätzlich höhere Anzahl an Kodiereinheiten bei Beweisprozessen zur Extrempunktaufgabe ist dabei insbesondere vor dem Hintergrund der Ergebnisse aus Abschnitt 7.2.1 interessant, nach denen der zeitliche Umfang der Verstehensaktivitäten bei Beweisprozessen zur Extrempunktaufgabe im Allgemeinen etwas geringer ausfällt als bei solchen zur Fixpunktaufgabe. Eine Analyse der Ergebnisse, bei der die ermittelten Häufigkeiten im Zusammenhang mit der Dauer der zugehörigen Verstehensphasen betrachtet werden (siehe Tabelle 7.5), bestätigt, dass Studierende bei der Bearbeitung der Extrempunktaufgabe tendenziell mehr Verstehensaktivitäten in kürzerer Zeit durchlaufen. Ausnahmen bilden hier die Beweisprozesse von Tobias und Lars sowie Olaf und Johannes, bei denen die hohe Anzahl an Kodiereinheiten mit einer längeren Dauer der Verstehensphase einhergeht. Darüber hinaus zeigt sich jedoch auch, dass die Realisierung einzelner Aktivitäten insofern auf die Extrempunktaufgabe beschränkt ist, als die vier Aktivitäten „Beispielbetrachtung", „Paraphrasieren", „Wiederholen" und „Klassifizieren" überwiegend in Beweisprozessen zur Extrempunktaufgabe auftreten. Als Beweisaufgabe, die sich im Bereich der Differenzierbarkeit verortet, bietet die Extrempunktaufgabe vergleichsweise viele Anknüpfungspunkte an schulisches Vorwissen. Es ist daher zu vermuten, dass die Studierenden hier auf ein breiteres Vorwissen zurückgreifen können, welches sodann eine flexiblere Strategieanwendung ermöglicht. Ihr inhaltlich-anschauliches Verständnis von Funktionen und deren Ableitungen dürfte die Studierenden insbesondere darin unterstützen, geeignete Beispielfunktionen zu wählen, Folgerungen zu antizipieren und die gegebene Aussage in eigenen Worten wiederzugeben. In der Gegenüberstellung von Beweisprozessen zur Fixpunkt- und Extrempunktaufgabe deutet sich somit ein Zusammenhang an, nach dem ein Rückbezug auf schulisches Vorwissen die Implementation von Verstehensaktivitäten unterstützen kann.

7.3.2 Validierungsaktivitäten im Beweisprozess

Inwiefern das Validieren einen Teilprozess der Beweiskonstruktion darstellt, wurde bereits an verschiedener Stelle kontrovers diskutiert (Pfeiffer 2011; Powers et al. 2010; A. Selden & Selden 2003; Sommerhoff 2017). Die in Abschnitt 7.2.1 und 7.2.2 dargestellten Ergebnisse belegen, dass die Studierenden in dieser Untersuchung auf verschiedene Formen der Validierung zurückgreifen, um den Fortschritt ihrer Beweiskonstruktion zu überprüfen und so zu einem zulässigen Beweisprodukt zu gelangen. Obwohl damit empirische Evidenz für das Auftreten von Validierungsaktivitäten im Beweisprozess vorliegt, wirft die Diskussion über einen möglichen Zusammenhang zur Konstruktionsleistung in Abschnitt 7.2.4 weitere Fragen auf. Die Gegenüberstellung erfolgreicher und nicht erfolgreicher Beweisprozesse zeigt, dass Studierende unabhängig von der ihnen zugesprochenen Konstruktionsleistung einen vergleichbaren zeitlichen Umfang auf Validierungsaktivitäten aufwenden. Dabei bleibt zunächst offen, auf welche Weise die durchgeführten Validierungsaktivitäten eine nicht erfolgreiche Beweiskonstruktion rechtfertigen bzw. welche Merkmalsausprägungen der Validierungsphase erklären, warum fehlerhafte Beweisschritte und unzulässige Annahmen dennoch in das finale Beweisprodukt aufgenommen wurden. Gleichzeitig ist vor dem Hintergrund der vielfach auftretenden Rückkopplungen und unter Berücksichtigung der Pilotierungsergebnisse (siehe Kirsten (in Druck)) nicht zu beurteilen, inwiefern sämtliche Validierungsaktivitäten im Beweisprozess mit einem episodischen Kodierverfahren erfasst wurden. Vielmehr ist denkbar, dass verschiedene Formen des Validierens aufgrund der geringen Zeitspanne, die sie einnehmen, bei der episodischen Kodierung in anderen Phasen aufgehen. In diesem Abschnitt wird daher eine detaillierte Analyse von Validierungsaktivitäten angestrebt, bei der die Kodiereinheit der Phase aufgebrochen und die feingliedrigere Einheit einer *Aktivität* gewählt wird. Unter der Annahme, dass Validierungen an unterschiedlichen Stellen im Beweisprozess auftreten, werden die Transkripte der 11 ausgewählten Fälle hierfür erneut im Hinblick auf auftretende Validierungsaktivitäten vollständig kodiert (siehe 6.3.3). Unter einer Validierungsaktivität wird dabei eine Handlung oder Diskussion verstanden, im Rahmen derer einzelne Aspekte einer Beweiskonstruktion vor dem Hintergrund verschiedener Kriterien bewertet werden. Als Gegenstand der Validierung sind dabei sowohl lokale

Aspekte eines Beweises, wie einzelne Argumente und konkrete Formulierungen, als auch globale Merkmale, wie die Beweisstruktur oder das individuelle Aufgabenverständnis, denkbar. Obwohl Validierungsaktivitäten auf verschiedene Aspekte eines Beweises Bezug nehmen können, beziehen sie sich ausschließlich auf Ideen und Diskussionsergebnisse, welche von den Studierenden eigenständig im Zuge des Beweisprozesses entwickelt wurden. Damit grenzen sich die hier betrachteten Aktivitäten einerseits von Interjektionen und Responsiven, die als Hörsignale eine rein diskurssteuernde Funktion übernehmen, und andererseits von Plausibilitätsüberlegungen ab, bei denen die Gültigkeit der zu beweisenden Aussage hinterfragt wird. Beim Validieren handelt es sich zudem um eine *resümierende* Tätigkeit, sodass die diskursiven Komponenten eines interaktiven Entwicklungsprozesses, bei dem über ein wechselseitiges Korrigieren und Präzisieren eine Beweisidee schrittweise entwickelt wird, nicht dazu zählen. Unter Berücksichtigung dieser Abgrenzungskriterien konnten im Rahmen einer materialbasierten Kategorienentwicklung insgesamt 6 verschiedene Validierungsaktivitäten herausgearbeitet werden, die im Folgenden einzeln beschrieben werden. Der vollständige Kodierleitfaden befindet sich im Anhang A.3.4.

Beschreibung der einzelnen Validierungsaktivitäten

Jede der im Folgenden beschriebenen Aktivitäten stellt eine spezifische Form der Validierung dar, die sich durch eine für sie charakteristische Kombination von inhaltlichen Vorannahmen und sozialen Interaktionen auszeichnet. Im Unterschied zu den herausgearbeiteten Verstehensaktivitäten lassen sich die einzelnen Validierungsaktivitäten damit weniger anhand der diskutierten Inhalte unterscheiden. Vielmehr sind sie durch ihre spezifische Diskurspraktik und die Tiefe, mit der sie den strittigen Aspekt hinterfragen, gekennzeichnet. Welche Form der Validierung einen Beweisaspekt angemessen bewertet, hängt dabei von dem individuellen Vorwissen, dem bisherigen Verlauf des Beweisprozesses sowie dem Vertrauen einer Person in ihre eigenen Fähigkeiten ab. So entscheiden das individuelle Vorwissen und die persönliche Selbsteinschätzung bspw. darüber, ob Studierende einen angenommenen Zusammenhang von ihren Mitstudierenden nur bestätigen lassen oder seine Gültigkeit in einer ergebnisoffenen Diskussion hinterfragen. Die im Folgenden vorgestellten Formen des Validierens treten entsprechend situationsspezifisch auf und können sich je nach Verlauf des Beweisprozesses gegenseitig ergänzen.

Bewerten

Die Aktivität des Bewertens beschreibt einen, im Allgemeinen kurzen, Diskussionsbeitrag, in dem die Studierenden den Wert ihrer bisherigen Bemühungen einschätzen. Neben dem finalen Beweis können daher auch Teilbeweise sowie inhaltliche, strukturelle und sprachliche Aspekte eines diskutierten Ansatzes zum Gegenstand der Bewertung werden. Die Beurteilung fungiert hier als (Zwischen-)Fazit, bei dem die vorhergehenden Versuche, einen bestimmten Satz anzuwenden oder eine Idee zu einem Beweis auszuarbeiten, resümierend im Hinblick auf die erwarteten Erfolgsaussichten evaluiert werden. Obwohl die Bewertung stets auf vorhergehenden Überlegungen basiert, ist sie überwiegend intuitiv geprägt und enthält häufig auch affektive Komponenten. Als Bezugsrahmen für die Beurteilung dient hier primär das Kriterium der Plausibilität, sodass ein Beweisansatz häufig danach bewertet wird, inwiefern er „Sinn macht", „gut klingt" oder „zu kompliziert ist" (z.B. AS Z. 792–730, TH Z. 558–564, SDH Z. 374, AI Z. 363–365). In dem folgenden Transkriptausschnitt bewertet Finn bspw. den im Beweisprozess erarbeiteten Ansatz als zu wenig anspruchsvoll und daher als ungeeignet für einen vollständigen Beweis.

```
769  F:    klingt sehr simpel (.)
770        klingt zu simpel dafür (-)
```

Während die einen Studierenden einen Teilbeweis danach beurteilen, ob dieser dem Komplexitätsgrad gängiger Übungsaufgaben entspricht (LKH Z. 302–206), bewerten andere Studierende ihren Beweisansatz, indem sie diesen vor dem Hintergrund der wöchentlichen Bewertungspraxis im Studium betrachten und abwägen, wie viele Teilpunkte sie für ihre bisherigen Ideen erhalten würden (z.B. MFY Z. 890–892, FT Z. 54–57). Das Erreichen nur weniger Teilpunkte ist dabei ausreichend für eine positive Bewertung. In dem folgenden Beispiel relativieren Olaf und Johannes die Schwachstellen ihrer Beweisidee, indem sie diese im Hinblick auf das Erreichen von Teilpunkten bewerten.

```
834  J:    ja ich weiß dass wir im prinzip eine funktion einfach gewählt
           haben (--)
835        wir haben sozusagen (--)
836        wir ja jetzt im prinzip die funktion f nach x null gesetzt (-)
837        weil die anforderungen sind erfüllt (---)
838  O:    ja die erfolgt alle anforderungen aus der aufgabe (-)
839  J:    <<fragend> gibt das vielleicht teilpunkte>
```

Einen Sonderfall der Aktivität des Bewertens stellt die vorgreifende Beurteilung eines konkreten Arguments im Hinblick auf dessen Nützlichkeit für die Beweiskonstruktion dar (ML Z. 85). Anstatt eine Beweisidee vor dem Hintergrund erster Ausarbeitungsbemühungen zu bewerten, werden hier anhand von Oberflächenmerkmalen mögliche Potenziale und Schwierigkeiten einer Beweisidee antizipiert. Auf welcher Grundlage die Beurteilung dabei stattfindet, wird meist nicht verbalisiert,

sodass die Bewertungen auf intuitiven Einschätzungen genauso wie auf abgerufenem, konzeptuellem oder strategischem Vorwissen beruhen können. Im folgenden Transkriptausschnitt entscheiden bspw. Luca, Karina und Hanna anhand eines
Abgleichs der Voraussetzungen, dass sie einen Ansatz vertiefen möchten.

```
280   K:   da ((zeigt auf eine Stelle im Buch)) da ist auch so eine
           funktion y gleich x
281   L:   ja das hat hannah uns doch gerade schon gezeigt
282   K:   ja (--)
283        aber das muss doch dann damit gehen
284        ((Karina liest im Buch nach)(56.7))
```

Zusammenfassend charakterisiert sich die Aktivität des Bewertens in erster Linie
dadurch, dass das Ergebnis einer Beurteilung verbalisiert wird. Es findet keine vertiefende Diskussion über die bewerteten Ansätze und Inhalte statt, sodass im Rahmen dieser Aktivität im Allgemeinen keine neuen Erkenntnisse gewonnen werden.
Dennoch entscheidet eine Bewertung in vielen Fällen darüber, ob ein entwickelter
Ansatz weiter verfolgt oder verworfen wird.

Überprüfen
Im Rahmen dieser Aktivität überprüfen die Studierenden das von ihnen gewählte
Vorgehen, indem sie einzelne inhaltliche, strukturelle oder sprachliche Aspekte kritisch überdenken. Die Aktivität des Überprüfens wird dabei durch einen kognitiven Konflikt initiiert, der dadurch hervorgerufen wird, dass die Studierenden einer
Bearbeitungsgruppe entweder divergente Meinungen vertreten oder Unsicherheiten im Hinblick auf einen Aspekt des Beweises äußern. In einer gemeinsamen,
ergebnisoffenen Diskussion suchen sie erneut nach einer Begründung für den strittigen Sachverhalt und versuchen so, diesen abschließend zu bestätigen oder zu
widerlegen. Innerhalb dieser Diskussion greifen die Studierenden auf unterschiedliche Strategien zurück, um eine Beweisidee oder einen spezifischen Beweisschritt
zu prüfen. Während sie an einigen Stellen die vorhergehenden Überlegungen und
symbolischen Operationen noch einmal sukzessive durchgehen und sich die einzelnen Argumentationsschritte gegenseitig erläutern, greifen sie an anderer Stelle auf
externe Ressourcen oder ergänzende Repräsentationsformen zurück.

```
104   A:   [ja ist linkskrümmung]
105   S:   [positiv ist eine    ]
106        ist ne rechtskrümmung
107        ja ja
108   A:   das ist eine linkskrümmung
109        ((zeigt auf den Graphen))
```

Das vorstehende Beispiel aus dem Beweisprozess von Alina und Sascha ist in eine Diskussion darüber eingebettet, auf welche Weise sich die Konklusion $f''(y) \geq 0$ geometrisch interpretieren lässt. Da beide Studierenden unterschiedliche Meinungen vertreten, stellen sie einen Bezug zu einer im Vorhinein angefertigten Skizze her. Diese unterstützt sie darin, die Voraussetzungen mit der Konklusion zu verbinden und so den strittigen Sachverhalt aufzuklären. Während Alina und Sascha ihre Überlegungen auf eine bereits existierende Skizze stützen, konstruieren andere Studierende gezielt eine Beispielfunktion, um einen angenommenen Zusammenhang zu kontrollieren (z. B. OJ Z. 972–974). In dem folgenden Beispiel vergewissern sich Maike, Finn und Yannik der Voraussetzungen der gegebenen Funktion f in der Fixpunktaufgabe und gehen insbesondere der Frage nach, inwiefern die Bedingungen $f(a) = a$ und $f(b) = b$ über die Funktionsvorschrift impliziert werden.

```
600  M:   es kann ja eine funktion sein (.)
601       x bildet auf (--) x hoch drei plus (--) fünftausend x (--)
602       sein
603       (---)
604  M:   also (.)
605       aber bloß dass (.) die xe dann halt hier aus diesen intervallen
          kommen
```

In Analogie zur Aktivität des Bewertens umfasst das Überprüfen ebenfalls Prozesssegmente, in welchen die Anwendung eines bestimmten Satzes kritisch diskutiert wird. Im Unterschied zu den vorhergehenden Beispielen führen die Studierenden hier nicht rückblickend eine Überprüfung der bisherigen Handlungsschritte durch, sondern prüfen prospektiv die Gültigkeit eines Beweisschrittes, indem sie die Anwendbarkeit eines Satzes anhand dessen Voraussetzungen kontrollieren. Der folgende Transkriptausschnitt aus dem Beweisprozess von Alina und Georg illustriert ein solches Vorgehen (siehe auch LKH Z. 100–104, TL Z. 171–185).

```
233  A:   nee (--) ich (überlege gerade)
234       funktioniert das (--) wird haben da nämlich (--) in diesem fall
235       geht das nach r und wir haben auf das intervall abgebildet
236       obwohl das intervall ist ja nicht näher definiert
          von daher ist es ja egal (--)
237       (es) könnte ja die null auch drin liegen (2.0)
238  G:   ja
239  A:   passt
```

Fehler Identifizieren

Unter dem Identifizieren von Fehlern wird eine Aktivität verstanden, im Zuge derer die Studierenden einen Bearbeitungsbedarf aufdecken, indem sie konkrete Fehler oder potenzielle Schwachstelle des entwickelten Beweises benennen. Der Bearbeitungsbedarf kann sich dabei auf lokale Aspekte eines Beweises, wie eine inadäquate Formulierung oder einen unzulässigen Beweisschritt, beziehen (z. B. AG Z. 180–186, ML Z. 139–142), oder aber globale Merkmale, wie einen Zirkelschluss oder eine Lücke in der Beweiskette, betreffen (z. B. AS Z. 861–864, TL Z. 1049–1052). Mit dem Aufdecken eines fehlerhaften oder unsorgfältig ausgearbeiteten Aspekts geht bei dieser Aktivität eine Korrektur oder Präzisierung der entsprechenden Stelle einher. Die folgenden beiden Beispiele verdeutlichen, mit welcher Bandbreite die Aktivität des Fehler Identifizierens auftreten kann. Während Tobias und Lars im ersten Transkriptausschnitt einen Zirkelschluss aufdecken, erkennen Alina und Sascha im zweiten Beispiel, dass sie die Variablen x_1 und x_2 in ihrem Beweis vertauscht haben. Letzteres lässt sich unmittelbar und ohne kognitiven Aufwand korrigieren, wohingegen Tobias und Lars eine neue Richtung in ihrem Beweisprozess einschlagen müssen.

```
782   T:   wenn wir dann noch davon ausgehen dass das
783        existiert (2.0)
784   L:   nee das können wir ja nicht ausgehen
785        das müssen wir ja zeigen
786   T:   stimmt
```

```
424   A:   hä
425   S:   f
426   A:   andersrum ne
427        also x_eins ist kleiner als
428   S:   ich wollte schon so sagen (2.6)
```

Unabhängig von der Reichweite des identifizierten Fehlers beruhen die Validierungsaktivitäten in dieser Kategorie stets auf einem kognitiven Konflikt und grenzen sich dadurch von Erkenntnissen ab, die im Rahmen eines interaktiven Entwicklungsprozesses ergänzt werden. Im Unterschied zur Aktivität des Überprüfens, an die sich, abhängig vom Diskussionsergebnis, ebenfalls eine Korrektur anschließen kann, wird der kognitive Konflikt beim Fehlern Identifizieren von den Studierenden einer Bearbeitungsgruppe mehrheitlich geteilt, sodass der Bearbeitungsbedarf nicht infrage gestellt wird.

Zweifeln
Im Rahmen dieser Aktivität äußern die Studierenden Zweifel an der Gültigkeit eines bestimmten Beweisschrittes oder der gewählten Vorgehensweise als Ganzes. Sie formulieren ihre Unsicherheiten dabei als offene Frage an ihre Bearbeitungspartnerinnen und -partner oder signalisieren ihre kritische Haltung, indem sie die eigenen

Handlungen kommentieren. Im Unterschied zur Aktivität des Überprüfens regt das Zweifeln jedoch keine weiterführenden Diskussionen an. Anstatt die Zusammenhänge, auf die sich die Unsicherheiten beziehen, näher zu ergründen, nehmen die geäußerten Zweifel den Stellenwert einer Randnotiz ein und beeinflussen den weiteren Verlauf des Beweisprozesses kaum. Ein solches Vorgehen ist bspw. bei Olaf und Johannes zu beobachten. Während Olaf versucht, eine Beweisidee auszuarbeiten, relativiert er den Nutzen des gewählten Ansatzes, indem er diesen allgemein infrage stellt (siehe auch FT Z. 130–131).

```
671  O:    ich weiß nicht ob man das machen kann aber wir machen
           das einfach mal
```

Spezifischere Zweifel werden in den untersuchten Beweisprozessen bspw. im Zusammenhang mit dem Aufgabenverständnis (MFY Z. 241–242, SDH Z. 1054–1057), aber auch in Bezug auf die Anwendbarkeit eines bestimmten Satzes geäußert (SDH Z. 447–449). Die genannten Unsicherheiten werden im folgenden Verlauf der Beweiskonstruktion jedoch nicht weiter aufgegriffen.

Rückversichern

Die Aktivität des Rückversicherns zeichnet sich durch eine Gesprächssequenz aus, die dadurch initiiert wird, dass eine Person ihre Kommilitoninnen und Kommilitonen dazu auffordert, einen spezifischen Sachverhalt zu bestätigen. Die angesprochenen Personen reagieren auf diese Aufforderung, indem sie ihre Zustimmung signalisieren oder auf vorhergehende Überlegungen verweisen. Das Rückversichern verortet sich somit in einer Situation, in der eine Person grundsätzlich von einem Ansatz überzeugt ist, jedoch das Bedürfnis empfindet, einzelne Aspekte des Beweises von einer Kommilitonin bzw. einem Kommilitonen absichern zu lassen. Die Bestätigung durch die Mitstudierenden wird dabei nicht zwingend durch eine Angabe von Gründen untermauert, sodass das Rückversichern im Allgemeinen keine weiterführenden Diskussionen anregt. In dem folgenden Transkriptausschnitt vergewissern sich bspw. Tobias und Lars der Gültigkeit eines spezifischen Beweisschrittes, indem sie keine inhaltlichen Gründe anführen, sondern auf vorhergehende Überlegungen Bezug nehmen.

```
812  L:    die erste ableitung muss ja monoton wachsend sein
813        das haben wir ja gerade da praktisch mit gezeigt oder nicht
814  T:    haben wir das
815  L:    ja keine ahnung
816  T:    ja haben wir
```

Während die Aktivität des Rückversicherns in einigen Fällen begleitend zum Formulierungsprozess auftritt und sich dort primär auf sprachliche Aspekte bezieht (z. B. AS Z. 763–765), wird sie in anderen Fällen dazu verwendet, die Gültigkeit verschiedener inhaltlicher oder struktureller Aspekte abzusichern. Im Beweisprozess treten hier kurze Gesprächssequenzen auf, bei denen der Nutzen eines gewählten Satzes rückblickend bestärkt (FT Z. 147–149), eine mentale Vorstellungen über die zu zeigende Aussage gefestigt (FT Z. 99–100; TL Z. 402–420) oder die Organisation der Beweiskette abgesichert wird (AS Z. 632–638).

Optimieren
Das Optimieren beschreibt eine Aktivität, bei welcher die Studierenden eine Verbesserung durchführen, die nicht aus dem Aufdecken eines Fehlers hervorgeht. Es handelt sich hierbei somit um fakultative Ergänzungen oder Präzisierungen, die weniger die Gültigkeit eines formulierten (Teil-)Beweises betreffen, sondern vielmehr Merkmale der Präzision, der Eleganz oder der Verständlichkeit adressieren. Prototypische Realisierungen des Optimierens bestehen in Sprachhandlungen, bei denen eine zusätzliche Erklärung ergänzt, eine präzisere Wortwahl getroffen oder ein Beweisansatz zugunsten einer einfacheren oder eleganteren Lösung verworfen wird. Inwiefern sich eine Handlung der Aktivität des Fehler Identifizierens oder des Optimierens zuordnet, ist dabei bis zu einem gewissen Grad von dem gewählten Beweisansatz sowie den zugrunde gelegten sozio-mathematischen Normen abhängig. In dem folgenden Beispiel aus dem Beweisprozess von Markus und Lena wird diskutiert, inwiefern dem formulierten Beweis noch ein Hinweis hinzugefügt werden muss, dass aus der Differenzierbarkeit einer Funktion auch deren Stetigkeit folgt. Da dieser Zusammenhang bereits ausführlich in der Vorlesung behandelt wurde, wird der Prozessausschnitt hier der Aktivität des Optimierens zugeordnet.

```
181  M:   das sollte man glaube ich auch dazu schreiben dass nach
          differenzierbarkeit stetig ist
182       damit man den anwenden kann (3,9)
183       ja schreiben wir mal eben so auch auf
```

In anderen Fällen wird das Optimieren in erster Linie als sprachliche Verbesserung realisiert, indem die verwendeten Abkürzungen erklärt oder präzisere Bezeichnungen eingeführt werden (AI Z. 771–773).

Übersicht über die auftretenden Aktivitäten
Während im vorhergehenden Abschnitt die verschiedenen Formen des Validierens mit ihren jeweiligen Abgrenzungsmerkmalen beschrieben wurden, wird im Folgenden ein Überblick darüber gegeben, mit welcher Häufigkeit diese in den analysierten

Beweisprozessen auftreten. In Tabelle 7.8 ist daher für jede Form der Validierung die absolute Anzahl an Kodiereinheiten angegeben, die innerhalb eines Beweisprozesses einer Validierungsaktivität zugeordnet wurden. Die Häufigkeiten, die in Klammern dargestellt sind, beschreiben dabei um Wiederholungen korrigierte Werte, sodass hier ausschließlich solche Prozesssegmente berücksichtigt sind, in denen ein Aspekt erstmalig kritisch überprüft wurde. Ein Ausschluss von Validierungsaktivitäten, bei denen ein mathematisch fehlerhaftes Ergebnis erzielt wird, wurde hingegen nicht vorgenommen. Zum einen sind einzelne Formen des Validierens, wie das Zweifeln oder das Bewerten, in hohem Maße subjektiv geprägt und entziehen sich damit einer externen Beurteilung. Zum anderen sind für die anschließenden Analysen insbesondere solche Fälle von Interesse, in denen Validierungen durchgeführt, aber dennoch eine fehlerhafte Lösung notiert wurde. In diesem Zusammenhang sind positive Bestärkungen unzulässiger Annahmen und fehlerbehaftete Validierungsergebnisse explizit Gegenstand der Untersuchung.

Tab. 7.8 Übersicht über die innerhalb eines Beweisprozesses auftretenden Validierungsaktivitäten

	AG	FT	LKH	MFY	TH	ML	TL	AS	AI	OJ	SDH
Bew	1	4(3)	5(4)	3(1)	4	4	3	4	2	8(7)	4
Id	1	0	1	1	0	2	5	11(10)	1	4	2
Zw	0	3	0	2	0	1	0	0	0	4	2
Über	5	1	2	11(3)	0	4	11(8)	9	3	7(5)	7
Rück	1	2	0	0	0	0	5(3)	4	0	0	1
Opt	0	1	0	1	0	1	0	3	1	0	0
Σ	8	11(10)	8(7)	18(8)	4	12	24(19)	31(30)	7	23(20)	16

Die Tabelle dokumentiert, dass die unterschiedlichen Formen des Validierens innerhalb der analysierten Beweiskonstruktionen nicht gleichmäßig verteilt sind. Während die Aktivitäten des Überprüfens, Bewertens und Fehler Identifizierens in nahezu allen Beweisprozessen der Stichprobe rekonstruiert werden konnten, kommen das Zweifeln, das Rückversichern und das Optimieren jeweils nur in ausgewählten Fällen vor. Über alle Formen des Validierens hinweg treten Wiederholungen dabei in vergleichsweise geringem Umfang auf (siehe zum Vergleich Abschnitt 7.3.1). Eine Ausnahme bildet hier der Beweisprozess von Maike, Finn und Yannik, in welchem die Studierenden mehrfach diskutieren, inwiefern die Funktion f der Fixpunktaufgabe die Bedingungen $f(a) = a$ und $f(b) = b$ erfüllt. Die wiederholte Thematisierung dieser Frage zeugt von einem ungelösten Konflikt, bei dem die Frage nach der Gültigkeit eines strittigen Sachverhaltes nicht abschließend beantwortet werden konnte. Inwiefern die wiederholten Validierungsanläufe auf ineffektive Strategien oder Implementationsschwierigkeiten zurückzuführen sind, lässt sich im Rahmen der Typenbildung untersuchen (siehe Abschnitt 7.3.3).

Ein Vergleich der beiden Beweisaufgaben zeigt, dass insgesamt deutlich mehr Prozesssegmente mit einer Validierung verknüpft sind, wenn diese die Extrempunktaufgabe betreffen. Obwohl die mikroskopische Analyse von Validierungsaktivitäten über die zuvor segmentierten Validierungsphasen hinausgeht und auf einem Eventsampling im gesamten Beweisprozess beruht, stützen diese Beobachtungen die Erkenntnisse der makroskopischen Analysen. Hier zeigte sich, dass die Studierenden, die sich mit der Extrempunktaufgabe befassen, tendenziell mehr Zeit auf das Validieren ihrer Arbeitsergebnisse verwenden als ihre Kommilitoninnen und Kommilitonen mit der Fixpunktaufgabe (siehe Abschnitt 7.2.1). Vor dem Hintergrund dieser Erkenntnisse ist zu vermuten, dass der höherer Grad an Abstraktion, der mit der Fixpunktaufgabe einhergeht, es den Studierenden erschwert, effektive Strategien des Validierens zu entwickeln oder diese gewinnbringend zu implementieren.

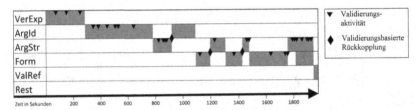

Abb. 7.30 Schematische Darstellung des Phasenverlaufs von Alina & Sascha sowie der im Beweisprozess auftretenden Validierungsaktivitäten

Neben der Häufigkeit, mit welcher die einzelnen Validierungsaktivitäten zu beobachten sind, ist ebenfalls von Interesse, an welchen Stellen des Beweisprozesses sich diese verorten lassen. In Abbildung 7.30 sind die identifizierten Validierungsaktivitäten exemplarisch in die Prozessdarstellung integriert, wobei schwarze Markierungen die auftretenden Validierungssequenzen anzeigen. Anstatt das Ende der Beweiskonstruktion zu markieren, verläuft das Validieren parallel zum Entwicklungsprozess und tritt in Kombination mit jedem der übrigen Teilprozesse auf. Gegenstand der Validierung sind hier die innerhalb einer Phase gewonnenen Erkenntnisse sowie solche Annahmen und Zusammenhänge, die aus vorhergehenden Phasen stammen und in dem validierten Teilprozess nun zur Anwendung kommen.

7.3.3 Typenbildung

Angeregt durch die Erkenntnisse aus Abschnitt 7.2.4, in dem erfolgreiche und nicht erfolgreiche Beweisprozesse hinsichtlich ihrer Phasenverläufe verglichen und mögliche Wirkungszusammenhänge diskutiert wurden, befassen sich die vorhergehenden Abschnitte mit einer Tiefenanalyse der Verstehens- und der Validierungsphase. Im Zuge einer materialbasierten Kategorienbildung konnten verschiedene Aktivitäten herausgearbeitet werden, die Studierende im Rahmen einer Beweiskonstruktion durchführen, um ein Verständnis für die gegebene Problemsituation aufzubauen oder ihren Fortschritt im Beweisprozess kritisch zu prüfen. Diese Aktivitäten stellen qualitative Merkmalsausprägungen der Verstehens- bzw. Validierungsphase dar und geben somit einen differenzierten Einblick, wie diese Phasen von Studierenden im Einzelnen realisiert werden. Während die in Abschnitt 7.2.4 beschriebenen Zusammenhänge makroskopischer Natur sind und auf quantitativen Merkmalsausprägungen beruhen, wird im Folgenden eine Typenbildung angestrebt, bei welcher der Zusammenhang zwischen einer spezifischen Phasengestaltung und der Konstruktionsleistung auf mikroskopischer Ebene untersucht wird. Die Ergebnisse dienen sodann als Grundlage, um Hypothesen über wirksame Vorgehensweisen im Beweisprozess zu formulieren und Bedingungen einer erfolgreichen Strategieanwendung herauszuarbeiten. Über die Integration qualitativer Merkmalsausprägungen in die Analyse können dabei Erkenntnisse gewonnen werden, die zu einem vertieften Verständnis der kognitiven Vorgänge innerhalb einer Beweiskonstruktion beitragen und Implikationen für die Praxis in Form von typenspezifischen Handlungsempfehlungen beschreiben.

Tab. 7.9 Grundmuster der Typenbildung

		Verstehens- oder Validierungsaktivität	
		Ausprägung 1	Ausprägung 2
KL	erfolgreich	Typ A	Typ B
	nicht erfolgreich	Typ C	Typ D

Die Analyse von Wirkungszusammenhängen erfolgt in den folgenden Abschnitten entlang des in Tabelle 7.9 dargestellten Grundmusters, das durch weitere Merkmalsausprägungen um zusätzliche Spalten ergänzt werden kann. Differenziert nach erfolgreichen und weniger erfolgreichen Beweisprozessen werden mindestens zwei qualitative Merkmalsausprägungen einer Verstehens- oder Validierungsaktivität in einer Kreuztabelle gegenüber gestellt. Über die Kombination der Merkmalsausprägungen *Aktivität × Konstruktionsleistung* ergeben sich verschiedene potenzielle Typen, die insofern merkmalshomogen sind, als sie sich durch ihre spezifische Merkmalskombination von den übrigen Fällen abgrenzen. Die theoretisch angenommenen Typen werden sodann mit dem Datenmaterial abgeglichen, sodass Typen, für die empirische Evidenz vorliegt, anhand der ihnen zugeordneten Fälle charakterisiert werden können. Welche der in Abschnitt 7.3.1 und 7.3.2 beschriebenen Aktivitäten im Einzelnen für die Typenbildung herangezogen werden, wird jeweils phasenspezifisch mithilfe einer einleitenden Gegenüberstellung erfolgreicher und nicht erfolgreicher Beweisprozesse entschieden.

Typenbildung bezüglich der Verstehensaktivitäten
Für eine Typenbildung innerhalb der Verstehensphase stehen 12 Aktivitäten zur Verfügung, die sich jeweils durch qualitativ unterschiedliche Realisierungsmöglichkeiten weiter ausdifferenzieren lassen (siehe Abschnitt 7.3.1). Der zu untersuchende Merkmalsraum besteht somit aus 2×12 möglichen Merkmalskombinationen, wobei eine Erweiterung durch die verschiedenen Realisierungsmöglichkeiten noch nicht berücksichtigt ist. Um die Typenbildung dennoch überschaubar zu gestalten und aussagekräftige Ergebnisse zu erzielen, wurde die Anzahl der zu betrachtenden Merkmalskombinationen durch eine gezielte Auswahl an Verstehensaktivitäten reduziert. Die Selektion von Aktivitäten orientiert sich dabei an einem maximalen Erkenntnisgewinn, sodass als Vorbereitung auf die Typenbildung eine quantitativ ausgerichtete Auswertung der Fälle stattfand, um mögliche Zusammenhänge zwischen dem Auftreten einer Phase und der Konstruktionsleistung zu antizipieren. Einen Überblick über die Häufigkeit, mit der die einzelnen Aktivitäten in erfolgreichen und nicht erfolgreichen Beweisprozessen Anwendung finden, sind, differenziert nach der jeweils bearbeiteten Beweisaufgabe, in Abbildung 7.31 dargestellt. Die einzelnen Werte wurden dabei um wiederholt auftretende Realisierungen sowie um mathematisch fehlerhafte Anwendungen bereinigt, sodass in der Graphik lediglich solche Aktivitätsanwendungen abgebildet werden, die inhaltlich eigenständig und fehlerfrei sind.

Unter Berücksichtigung der spezifischen Zusammensetzung der Datengrundlage, bei der fünf erfolgreiche Beweisprozesse sechs nicht erfolgreichen Beweiskonstruktionen gegenübergestellt werden, ergeben sich leistungsbezogene Unterschiede primär für die Aktivitäten des Folgerns, Ergänzens, Hinterfragens und Paraphrasierens sowie für das Betrachten von Beispielen. Während die Bedingungen einer gewinnbringenden Beispielnutzung bereits an verschiedener Stelle untersucht wurden (z. B. Alcock (2004), Alcock und Weber 2010b, Lockwood et al. 2016, Weber et al. 2005), stellen die Aktivitäten des Folgerns, Ergänzens und Hinterfragens drei Strategiefelder dar, über deren Zusammenhang zur Konstruktionsleistung bislang nur wenig bekannt ist. Da es sich hierbei um Merkmalsausprägungen han-

delt, die häufiger in erfolgreichen als in nicht erfolgreichen Beweisprozessen auftreten, erscheint eine typenbildende Analyse dieser drei Aktivitäten geeignet, um
forschungstheoretische wie -praktische Erkenntnisse bezüglich einer erfolgreichen
Beweiskonstruktion zu generieren. Eine vertiefende Analyse des Paraphrasierens
erscheint hingegen nur wenig gewinnbringend, da der angedeutete Zusammenhang
hier in Richtung einer nicht erfolgreichen Beweiskonstruktion verläuft. Von einer
typenbildenden Analyse sind bei dieser Aktivität somit nur geringe Erkenntnisse in
Bezug auf eine effektive Gestaltung des Beweisprozesses zu erwarten. Basierend
auf diesen Vorüberlegungen werden im Folgenden die drei Aktivitäten „Folgern",
„Ergänzen" und „Hinterfragen" fokussiert und vor dem Hintergrund der Konstruktionsleistung in ihren verschiedenen Realisierungsmöglichkeiten untersucht.

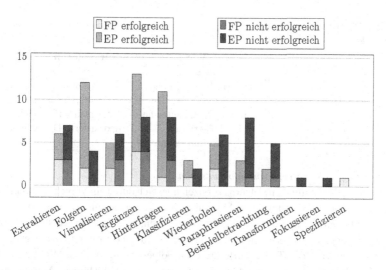

Abb. 7.31 Übersicht über die Häufigkeit, mit der die einzelnen Verstehensaktivitäten in
erfolgreichen und nicht erfolgreichen Beweisprozessen auftreten

Folgern Das Folgern wurde in Abschnitt 7.3.1 als eine Aktivität eingeführt, bei
der die Studierenden die verfügbare Informationsbasis um weitere Aspekte ergänzen, indem sie zusätzliche Informationen aus dem Aufgabentext ableiten. Auf diese
Weise spannen sie einen Problemraum auf, der über die in der Aufgabenstellung
vermittelte Wissensbasis hinausgeht und bereits verschiedene Wissenselemente

miteinander verknüpft. Im Gegensatz dazu orientieren sich die Studierenden, in deren Verstehensphase keine Aktivität des Folgerns beobachtet wurde, ausschließlich an den gegebenen Informationen und verbleiben daher mit ihren Überlegungen in den Strukturen des Aufgabentextes. Vor dem Hintergrund dieser Beobachtungen werden für die Typenbildung ein *folgerndes* und ein *textbasiertes* Vorgehen als Merkmalsausprägungen der Verstehensphase unterschieden und diese mit verschiedenen Ausprägungen der Konstruktionsleistung kombiniert. Tabelle 7.10 gibt einen Überblick über die vier Typen, die sich aus der Kombination der verschiedenen Merkmalsausprägungen theoretisch ergeben. Für die Felder, die grau hinterlegt sind, konnten die Typen durch eine Zuordnung von Fällen empirisch belegt werden. Diese Typen werden im Folgenden näher beschrieben.

Tab. 7.10 Typenbildung bezüglich der Merkmalskombination *Folgern* × *Konstruktionsleistung*

| | | Verstehensaktivität *Folgern* | |
		folgernd	textbasiert
Leistung	erfolgreich	Das erfolgreiche Folgern von Informationen	Das erfolgreiche textbasierte Diskutieren
	nicht erfolgreich	Das nicht erfolgreiche Folgern von Informationen	Das nicht erfolgreiche textbasierte Diskutieren

Das erfolgreiche Folgern von Informationen
Der Typ des erfolgreichen Folgerns kennzeichnet sich durch ein Vorgehen, das einer idealtypischen Umsetzung der in Abschnitt 7.3.1 beschriebenen Aktivität entspricht. Die Studierenden folgern ergänzende Informationen, erweitern ihre Vorstellung von der gegebenen Problemsituation und können diese für eine erfolgreiche Beweiskonstruktion nutzen. Der Typ des erfolgreichen Folgerns wird in dieser Studie durch die fünf Beweisprozesse von Alina und Georg, Fiona und Thomas, Markus und Lena, Tobias und Lars sowie Alina und Sascha repräsentiert. Den Studierenden gelingt es hier, flexibel mit den gegebenen Informationen umzugehen und durch assoziatives Hin- oder Rückfolgern die Problemsituation mit weiteren Informationen anzureichern. Mit der Integration neuer Informationen geht dabei häufig eine Neustrukturierung einher, im Zuge derer die Problemsituation von der Aufgabenstellung gelöst und entlang der neu gewonnenen Erkenntnisse strukturiert wird. Insbesondere in der Verstehensphase von Fiona und Thomas sind dabei retrospektiv bereits grundlegende Elemente des späteren Beweises angelegt.

```
094      [((Thomas fertigt eine weitere Skizze an:



         […]
100   T: das ist ja ein grund (---)
101      also das die funktion halt irgendwo diese diagonale schneidet in
         dem punkt (---)
102      das soll man zeigen (23.5)
103   F: und die stelle soll dann f von x gleich x sein (--) oder
```

Indem Fiona und Thomas sich die Lage möglicher Fixpunkte geometrisch veranschaulichen, erkennen sie, dass sich sämtliche Fixpunkte auf einer Geraden lokalisieren lassen. Mit dieser Erkenntnis wird die Konklusion insofern erweitert, als das Existenzproblem mit einem Schnittstellenproblem verknüpft wird. Die Präzisierung der Behauptung ermöglicht es hier, bereits in der Verstehensphase mögliche Beweisschritte auf inhaltlich-anschaulicher Ebene zu antizipieren und so die Phase des Argumente Identifizierens vorzubereiten.

Das nicht erfolgreiche Folgern von Informationen
Mit den Beweisprozessen von Andreas und Ibrahim sowie Olaf und Johannes existieren zwei Fälle, bei denen sich ein folgerndes Vorgehen nicht positiv auf die Konstruktionsleistung auswirkt. In beiden Fällen aktivieren die Studierenden schulisches Vorwissen über die hinreichende Bedingung von Extrema und leiten hieraus die Existenz eines Minimums ab (OJ Z. 589–590, AI Z. 42–46). Im weiteren Verlauf ihres Beweisprozesses verfolgen sie diese Erkenntnis jedoch nicht weiter, wodurch der gefolgerten Information mehr der Stellenwert einer zufälligen Assoziation als der eines strukturierenden Elements zugesprochen wird. Fokussiert auf die Aufgabenstellung nutzen die Studierenden ihre gewonnene Erkenntnis primär dazu, ihre Vorstellung vom dem Verlauf des Funktionsgraphen zu bestätigen. Dabei erkennen sie jedoch nicht das hierin angelegte Potenzial eines späteren Arguments. Charakteristisch für den Typ des nicht erfolgreichen Folgerns ist somit ein folgerndes Vorgehen, das wenig zielgerichtet verläuft und dadurch in seinem Potenzial nicht ausgeschöpft wird. Es ist zu vermuten, dass es den Studierenden schwer fällt, über die Aufgabenstellung hinaus zu denken und den Wert einer Information im Kontext der Problemsituation einzuschätzen.

Das nicht erfolgreiche textbasierte Diskutieren
Der Typ des nicht erfolgreichen textbasierten Diskutierens repräsentiert solche Beweisprozesse, bei denen innerhalb der Verstehensphase keine Aktivität des Fol-

gerns rekonstruiert und schließlich eine nur geringe Konstruktionsleistung attestiert werden konnte. Obwohl in diesen Beweisprozessen keine ergänzenden Informationen hergeleitet werden, ist nicht ausgeschlossen, dass die Studierenden schulisches oder universitäres Vorwissen aktivieren und die Aufgabenstellung auf diese Weise mit zusätzlichen Informationen anreichern. Im Unterschied zu den beiden vorhergehenden Typen werden die aktivierten Wissenselemente bei diesem Vorgehen jedoch nicht konsequent auf die gegebene Problemsituation angewandt, sondern stehen vielmehr unverbunden neben dieser. Durch die separate Betrachtung von Aufgabenstellung und Vorwissen werden sodann nur bedingt Situationen geschaffen, in denen die Studierenden dazu angeregt werden, Schlussfolgerungen auf inhaltlich-anschaulicher Ebene zu ziehen und Wissenselemente über die Aufgabenstellung hinaus zu verknüpfen. In dieser Studie findet der Typ des nicht erfolgreichen textbasierten Vorgehens seine Entsprechung in den vier Beweisprozessen von Luca, Karina und Hannah, Maike, Finn und Yannik, Stefan, David und Haiko sowie Tabea und Heinz. Sowohl Luca, Karina und Hannah als auch Tabea und Heinz wiederholen im Rahmen ihrer Verstehensphase die Definition des Stetigkeitsbegriffs und diskutieren in diesem Zusammenhang die inhaltliche Deutung der Variablen ϵ und δ (TH Z. 46–115, LKH Z. 46–52). Da die verschiedenen Stetigkeitskriterien keinen unmittelbaren Zugang zur Aufgabe unterstützen, ist es den Studierenden nicht möglich, einen Bezug zwischen ihren ergänzten Informationen und der zu zeigenden Aussage herzustellen. Ihre weiteren Überlegungen verbleiben daher auf der Ebene der Informationen, die unmittelbar durch die Aufgabenstellung gegeben sind.

Ergänzen Wie in Abschnitt 7.3.1 beschrieben wurde, kann die Aktivität des Ergänzens auf unterschiedliche Weise realisiert werden. Während einige Studierende überwiegend semantisch repräsentiertes Wissen aus dem Gedächtnis abrufen, nutzen andere die zur Verfügung gestellten Hilfsmittel, um auf mehr oder weniger systematische Weise zu ergänzenden Informationen zu gelangen. Wieder andere Studierende greifen auf strategisches Wissen zurück, das sie im Rahmen vorhergehender Aufgabenbearbeitungen gewonnen haben. Ein eindeutiger Zusammenhang zwischen dem Ausführen einer solchen Aktivität und der Konstruktionsleistung wurde in der Gegenüberstellung erfolgreicher und nicht erfolgreicher Beweisprozesse in Abbildung 7.31 nicht dokumentiert. Während die Aktivität des Ergänzens in Beweisprozessen zur Fixpunktaufgabe unabhängig von der Konstruktionsleistung auftritt, konnte sie im Kontext der Extrempunktaufgabe häufiger in erfolgreichen Beweisprozessen rekonstruiert werden. Um dennoch effektive und weniger effektive Vorgehensweisen unterscheiden und entsprechende Handlungsempfehlungen ableiten zu können, wird die Aktivität des Ergänzens entlang ihrer verschiedenen

Realisierungsmöglichkeiten betrachtet und diese als Merkmalsausprägungen der Typenbildung zugrunde gelegt. Entsprechend der vorhergehenden Beschreibungen wird bei der Ausführung der Aktivität des Ergänzens zwischen einem *konzeptorientierten*, einem *ressourcengeleiteten* und einem *aufgabenübergreifenden* Vorgehen unterschieden (siehe Tabelle 7.11). Von den insgesamt sechs Merkmalskombinationen, die sich aus einer Kombination mit der Konstruktionsleistung ergeben, konnten vier in den untersuchten Beweisprozessen beobachtet werden. Diese werden im Folgenden ausführlicher charakterisiert und anhand repräsentativer Fallbeschreibungen veranschaulicht.

Tab. 7.11 Typenbildung bezüglich der Merkmalskombination *Ergänzen* × *Konstruktionsleistung*

		Verstehensaktivität *Ergänzen*		
		konzept-orientiert	ressourcen-geleitet	aufgaben-übergreifend
Konstruktionsleistung	erfolgreich	Das effektive konzeptorientierte Abrufen von Vorwissen	Das effektive ressourcengeleitete Ergänzen von Informationen	Das effektive Erinnern an ähnliche Aufgaben
	nicht erfolgreich	Das nicht effektive konzeptorientierte Abrufen von Vorwissen	Das nicht effektive ressourcengeleitete Ergänzen von Informationen	Das nicht effektive Erinnern an ähnliche Aufgaben

Das effektive konzeptorientierte Abrufen von Vorwissen
Das effektive konzeptorientierte Abrufen von Vorwissen beschreibt ein Vorgehen, bei dem die Studierenden überwiegend semantisch repräsentierte Wissenselemente aus ihrem Gedächtnis abrufen und diese zielführend im Beweisprozess anwenden. Mit Einschränkungen kann die Rekonstruktion von Vorwissen dabei auch unter Zuhilfenahme einer externen Ressource erfolgen, wenn ein bestimmtes Wissenselement gezielt nachgeschlagen wird, um eine klar umrissene Wissenslücke zu schließen. Unabhängig von den verwendeten Hilfsmitteln gestaltet sich das Aktivieren von Vorwissen bei diesem Typ insofern effektiv, als die Wissenselemente in einer Form vorliegen, in der sie mit der gegebenen Problemsituation verknüpft werden können. Voraussetzung hierfür ist ein sicherer und verständnisorientierter Umgang mit dem bereichsspezifischen Wissen, der es den Studierenden erlaubt, die in der

Aufgabenstellung repräsentierten Informationen in einen größeren Kontext einzuordnen und Wissenselemente gezielt anzuwenden. In dieser Studie wird der Typ
des effektiven konzeptorientierten Abrufens durch die Beweisprozesse von Alina
und Sascha sowie Tobias und Lars repräsentiert. In beiden Fällen wiederholen die
Studierenden ihr Wissen über die notwendige und die hinreichende Bedingung von
Extrema und diskutieren mit Bezug auf die zu zeigende Konklusion $f''(y) \geq 0$,
welche geometrischen Interpretationen hier zulässig sind.

```
115   T:    aber das ist so
116         wenn es kleiner ist dann ist es ein maximum (---)
117         wenn es größer ist ist es ein minimum
118         aber da steht größer gleich
119         das heißt
120         muss nicht unbedingt ein minimum sein
121         und kann auch sowas wie bei x hoch drei funktion
122         ein sattelpunkt sein
```

Wenngleich Tobias und Lars den hier hergestellten Bezug zur Funktion $f(x) = x^3$
später revidieren müssen, gelingt es ihnen in diesem Diskussionsausschnitt, ihr Vorwissen in die Problemsituation einzubinden und sich dabei von der Aufgabenstellung zu lösen. Im weiteren Verlauf des Beweisprozesses nutzen sie das abgerufene
Wissen über die hinreichende Bedingung von Extrema, um die Existenz eines Minimums zu folgern. Demnach konnte die Aktivität des Ergänzens hier eine solche des
Folgerns vorbereiten.

Das nicht effektive konzeptorientierte Aufrufen von Vorwissen
Der hier vorgestellte Typ verfolgt im Grunde denselben Ansatz wie der Typ des
effektiven konzeptorientierten Abrufens von Vorwissen. In ähnlicher Weise wird
hier überwiegend semantisch repräsentiertes Wissen aus dem Gedächtnis abgerufen und über eine Verbalisierung der gemeinsamen Diskussion zugänglich gemacht.
Das Aktivieren von Vorwissen gestaltet sich hier jedoch ineffektiv in dem Sinne,
dass die Studierenden die abgerufenen Wissenselemente nicht konsequent mit den in
der Aufgabenstellung gegebenen Informationen verknüpfen. Das ergänzte Wissen
bleibt daher träge und kann nur bedingt zu einem vertieften Verständnis der Problemsituation beitragen. Ein solches Vorgehen ist in dem Beweisprozess von Olaf
und Johannes zu beobachten, in dem die beiden Studierenden zwar einen Merksatz über die zweite Ableitung und die Existenz eines Tiefpunkts rekonstruieren,
über die Diskussion jedoch abschweifen und den wiederentdeckten Zusammenhang zumindest nicht explizit auf die gegebene Funktion anwenden (Z. 593–612).
Vorhergehende Äußerungen von Olaf und Johannes deuten dabei an, dass es den

Studierenden noch schwer fällt, Vorlesungsinhalte mit konzeptuellen Vorstellungen
bzw. mit schulischem Vorwissen zu verknüpfen.

```
243   O:    das ding ist er schreibt das aber hier so wunderschön auf
244         und dann weiß man eigentlich gar nicht was das bedeutet (-)
245   J:    nee
246         ((Johannes und Olaf schauen auf Olafs Notizzettel)(6,4))
```

Das effektive Erinnern an ähnliche Aufgaben
Der Typ des effektiven Erinnerns an ähnliche Aufgaben tritt mit den Fällen von Fiona
und Thomas sowie Alina und Georg ausschließlich in Beweisprozessen zur Fixpunkt-
taufgabe auf. In Übereinstimmung mit den vorhergehenden Typen wird auch hier
Wissen aus dem Gedächtnis abgerufen. Dieses ist jedoch weniger auf konzeptueller
Ebene mit den Inhalten der Aufgabenstellung verknüpft, sondern bezieht sich vielmehr auf Vorerfahrungen, die im Rahmen vorhergehender Aufgabenbearbeitungen
gewonnen wurden. Die Studierenden erinnern hier eine Beweisaufgabe mit einer
inhaltlich oder strukturell ähnlichen Aussage und versuchen, Lösungselemente zu
rekonstruieren, die sie auf die aktuelle Aufgabe übertragen können. In der Phase
des Verstehens verbleibt die Diskussion dabei zunächst auf einer oberflächlichen
Ebene und beschränkt sich auf die Feststellung von Ähnlichkeiten. Dennoch wird
auch hier eine Lösungsstrategie vorbereitet. So benennen Fiona und Thomas sowie
Alina und Georg bereits zu Beginn ihrer Aufgabenbearbeitung eine Übungsaufgabe
aus der vorhergehenden Woche, die inhaltliche Ähnlichkeiten zur Fixpunktaufgabe
aufweist (AG Z. 4, FT Z. 6–7). Eine solche Verknüpfung hilft ihnen zu einem späteren Zeitpunkt der Beweiskonstruktion, den Zwischenwertsatz als hilfreichen Satz
zu identifizieren und sich der Lösung über eine Hilfsfunktion zu nähern.

Das nicht effektive ressourcengeleitete Ergänzen von Informationen
Das nicht effektive ressourcengeleitete Ergänzen beschreibt ein Vorgehen, bei dem
die Studierenden für den Prozess der Wissensaktivierung auf ein verfügbares Hilfsmittel zurückgreifen. Im Unterschied zum Typ des effektiven konzeptuellen Abrufens erfolgt die Ressourcennutzung hier jedoch weniger zielgerichtet. Anstatt an
konzeptuellen oder strategischen Vorüberlegungen orientieren sich die Studierenden an der im Buch oder im Skript vorgegebenen Struktur und lassen sich somit
bis zu einem gewissen Grad von dem gewählten Hilfsmittel leiten. Ausgehend von
einem Stichwort aus der Aufgabenstellung wählen sie z. B. das Kapitel über stetige oder differenzierbare Funktionen für eine explorativ angelegte Recherche aus
und überfliegen die hierin gegebenen Informationen in der Hoffnung, zu neuen
Erkenntnissen über die zu zeigende Aussage zu gelangen. Obwohl ein solches Vorgehen grundsätzlich gewinnbringend zur Unterstützung eines Brainstormings ein-

gesetzt werden kann, gelingt es den Studierenden hier nicht, die explorative Suche zu beenden und eine als hilfreich erachtete Information an die Aufgabenstellung heranzutragen. Im Fall von Tabea und Heinz führt ein solches Vorgehen dazu, dass ihre Suche nach hilfreichen Informationen in eine Nachbereitung von Vorlesungsinhalten umschlägt, durch die sie den Bezug zur Aufgabe zeitweise verlieren. Dem folgenden Transkriptauszug geht eine Gesprächssequenz voraus, in der Tabea und Heinz die ϵ-δ-Definition von Stetigkeit betrachten und sich einzelne Aspekte derselben gegenseitig erläutern. Die Auseinandersetzung mit der Definition wirft sodann weitere Fragen auf und verleitet die beiden Studierenden dazu, das Skript schrittweise durchzugehen.

```
098  H:    wieso ist das hier ((zeigt ins Skript)) auf einmal epsilon zwei durch
099        äh epsilon durch zwei x_null (--)
100        das doch an sich (.)
101        keine ahnung
           [...]
110        ((beide sehen ins Skript)19.4))
111  T:    wo bist du am lesen
112  H:    ich bin fertig
113        ((Tabea blättert um)(5.7))
114  T:    lipschitzstetig
115        ((beide sehen ins Skript)(14.1))
```

Neben Tabea und Heinz repräsentieren auch Stefan, David und Haiko sowie Andreas und Ibrahim den Typ des nicht effektiven ressourcengeleiteten Ergänzens.

Hinterfragen Die Aktivität des Hinterfragens beschreibt eine kritische und reflektierte Haltung gegenüber der gegebenen Problemsituation, die ihren Ausdruck darin findet, dass Elemente der Aufgabenstellung explizit infrage gestellt werden. Unterschiede in der konkreten Anwendung dieser Aktivität ergeben sich daraus, dass Elemente unterschiedlichen Umfangs zum Gegenstand der Diskussion gemacht werden (siehe Abschnitt 7.3.1). Während sich die Studierenden in einem Fall auf einzelne Aspekte der Aufgabenformulierung beziehen, streben sie in einem anderen Fall eine Plausibilitätsbetrachtung der Aussage als Ganzes an. Für die Typenbildung werden daher die zwei Merkmalsausprägungen eines *Details analysierenden* und eines *Plausibilität prüfenden* Vorgehens unterschieden. Durch eine Kombination mit den beiden Merkmalsausprägungen der Konstruktionsleistung ergeben sich vier verschiedene Typen, die allesamt im Datenmaterial identifiziert werden konnten (siehe Tabelle 7.12). Eine detaillierte Analyse der Fälle gibt Aufschluss darüber, welche spezifischen Vorgehensweisen die Typen im Einzelnen voneinander abgrenzen und welche Faktoren den Zusammenhang zur Konstruktionsleistung möglicher Weise moderieren.

Tab. 7.12 Typenbildung bezüglich der Merkmalskombination *Hinterfragen* × *Konstruktionsleistung*

		Verstehensaktivität *Hinterfragen*	
		Details analysierend	Plausibilität prüfend
Leistung	erfolgreich	Das effektive Analysieren von Aufgabendetails	Das effektive Hinterfragen der Aussage
	nicht erfolgreich	Das nicht effektive Analysieren von Aufgabendetails	Das nicht effektive Hinterfragen der Aussage

Das effektive Analysieren von Aufgabendetails

Dieser Typ zeichnet sich durch eine Vorgehensweise aus, bei welcher die Studierenden verschiedene Elemente der Aufgabenstellung im Detail analysieren und versuchen, aus der konkreten Formulierung einer Voraussetzung oder der Behauptung Rückschlüsse auf die gegebene Problemsituation zu ziehen. In dieser Studie konnte ein solches Vorgehen in den beiden Beweisprozessen von Alina und Sascha sowie von Tobias und Lars beobachtet werden. Die kritische Analyse der Aufgabenstellung resultiert bei Tobias und Lars aus einem kognitiven Konflikt, der aus einem Vergleich der hinreichenden Bedingung für Extrema mit der in der Konklusion geforderten Eigenschaft $f''(y) \geq 0$ hervorgeht (siehe auch Abschnitt 7.3.1). Indem sie den Ausdruck geometrisch interpretieren, versuchen sie, den Fall $f''(y) = 0$ in ihr Verständnis der Aufgabenstellung zu integrieren und mögliche Gründe für den Einschluss dieses Falls zu antizipieren (Z. 347–356). Alina und Sascha befassen sich hingegen intensiver mit den gegebenen Voraussetzungen und diskutieren unter Einbezug der von ihnen angefertigten Skizze, inwiefern die genannten Eigenschaften der Funktion f bereits Hinweise auf die Lage des angenommenen Minimums geben. Dabei machen sie insbesondere deutlich, dass die gesuchte Stelle nicht, wie zunächst angenommen, in x_2 liegen muss (AS Z. 189–198). In beiden Fällen gelingt es den Studierenden, über eine intensive und reflektierte Auseinandersetzung mit den Details der Aufgabenstellung ihre Vorstellung von der gegebenen Problemsituation zu präzisieren und ein Gefühl für die relevanten Bedingungen der Aussage zu entwickeln.

Das nicht effektive Analysieren von Aufgabendetails

Studierende, die sich diesem Typ zuordnen lassen, führen, ähnlich wie die Studierenden des vorhergehenden Typs, eine Analyse von Aufgabendetails durch, können abschließend jedoch nur eine geringe Konstruktionsleistung vorweisen. Eine solche Merkmalskombination kennzeichnet in dieser Studie die zwei Fälle von Tabea und Heinz sowie von Stefan, David und Haiko. Eine eingehende Betrachtung dieser beiden Fälle zeigt, dass die Studierenden hier primär solche Details für ihre Aufgabenanalyse auswählen, die anderen Studierenden unter Umständen trivial erscheinen. Gleichzeitig verfolgen sie ihre Gedanken nicht konsequent genug weiter, um die relevanten Aspekte der Aufgabenstellung zu ergründen. Während Tabea und Heinz bspw. überlegen, inwiefern die Funktionsvorschrift in der Fixpunktaufgabe auch $f : \mathbb{R} \to \mathbb{R}$ lauten könnte (Z. 129–136), diskutieren Stefan, David und Haiko, ob es sich bei dem gesuchten y in der Extrempunktaufgabe um ein Element des Definitions- oder des Wertebereichs handelt (Z. 234–250). In beiden Fällen verbleibt die Diskussion auf oberflächlicher Ebene, sodass keine Anknüpfungspunkte für mögliche Beweisideen geschaffen werden.

Das effektive Hinterfragen der Aussage
Bei dem effektiven Hinterfragen der Aussage handelt es sich um eine Aktivität, im Rahmen derer eine Plausibilitätsbetrachtung der gegebenen Aussage durchgeführt wird. Die Studierenden vergewissern sich der Gültigkeit der dargestellten Implikation, indem sie auf inhaltlich-anschaulicher Ebene Gründe für deren Gültigkeit diskutieren oder Fälle zu konstruieren versuchen, in denen die Aussage nicht erfüllt wäre. In dieser Studie konnte ein effektives Hinterfragen der Aussage im Beweisprozess von Fiona und Thomas beobachtet werden. Der Plausibilitätsbetrachtung geht in diesem Fall die Erkenntnis voraus, dass sämtliche Fixpunkte auf einer Diagonalen im Koordinatensystem liegen. In seiner Begründung für die Gültigkeit der Aussage bezieht sich Thomas sodann auf die Stetigkeit der gegebenen Funktion f und erläutert, dass eine Funktion, die keine Sprünge aufweist, notwendigerweise einen Wert der Diagonalen annehmen muss.

```
031   T:    also (2.0) das muss es ja geben weil
032         (--) wenn es stetig ist dann trifft es ja quasi hier den (---)
            hier den ähm (--) f von x
033         also es muss ja irgendein x geben womit hier f von x getroffen wird
034         weil das ja (---) nicht nee
```

Eine solche Begründung ist Ausdruck eines vertieften Verständnisses der Problemsituation und kann bereits eine Richtung für den weiteren Verlauf der Beweiskonstruktion vorgeben. Das Verbalisieren der eigenen Gedanken trägt zudem dazu bei, die individuellen Vorstellungen einer intersubjektiven Reflexion zugänglich zu machen, und erleichtert es, die verfügbaren Wissenselemente entlang ihrer spezifischen Verknüpfungen zu ordnen.

Das nicht effektive Hinterfragen der Aussage
Der Typ des nicht effektiven Hinterfragens wird in dieser Studie in erster Linie von Luca, Karina und Hannah repräsentiert. Charakteristisch für diesen Typ ist es, dass die gegebene Aussage zwar einer Plausibilitätsbetrachtung unterzogen wird, diese jedoch keine neuen Erkenntnisse liefert, welche zu einem vertieften Aufgabenverständnis beitragen und damit eine erfolgreiche Beweiskonstruktion unterstützen könnten. Im Unterschied zum vorhergehenden Typ wird die Plausibilitätsfrage hier auf der Basis einer intuitiven Einschätzung entschieden. Die Studierenden empfinden die Aussage als „logisch", benennen jedoch keine weiteren Gründe, welche diese Einschätzung belegen würden (LKH Z. 266–268). Damit vergeben sie die Möglichkeit, individuelle Annahmen und Zusammenhänge zu verbalisieren und diese einer Diskussion in der Gruppe zugänglich zu machen. Hieraus könnte sodann ein vertieftes Verständnis der Problemsituation erwachsen, das die Studierenden darin unterstützt, Lösungsschritte auf anschaulicher Ebene zu antizipieren und so die Phase des Argumente Identifizierens vorzubereiten.

Typenbildung bezüglich der Validierungsaktivitäten
Im Zuge einer materialbasierten Kategorienbildung konnten sechs verschiedene Formen des Validierens identifiziert werden, die in den einzelnen Beweisprozessen wiederum auf unterschiedliche Weise Anwendung finden (siehe Abschnitt 7.3.2). Für eine Typenbildung, die zwischen erfolgreichen und nicht erfolgreichen Beweiskonstruktionen unterscheidet, stehen somit 2×6 Merkmalskombinationen zur Verfügung, wobei unterschiedliche Ausprägungen der einzelnen Validierungsaktivitäten eine weitere Ausdifferenzierung des Merkmalsraums ermöglichen. Da eine hohe Anzahl an Merkmalskombinationen dem fokussierenden Vorgehen einer Typenbildung entgegensteht, ist es notwendig, eine Auswahl an Validierungsaktivitäten zu treffen und so die Anzahl der Merkmalskombinationen zu reduzieren. Welche Formen des Validierens sich in besonderem Maße für eine Typenbildung eignen und aussagekräftige Erkenntnisse zum Wirkungszusammenhang zwischen Validierungsaktivitäten und Konstruktionsleistung erwarten lassen, wird anhand der qualitativen Beschreibungen in Abschnitt 7.3.2 sowie mithilfe einer quantitativ ausgerichteten Gegenüberstellung erfolgreicher und nicht erfolgreicher Beweisprozesse entschieden. Die nachstehende Abbildung gibt einen Überblick darüber, mit welcher Häufigkeit die einzelnen Formen des Validierens in erfolgreichen und nicht erfolgreichen Beweisprozessen auftreten. Die Darstellung differenziert dabei zusätzlich zwischen der Fixpunkt- und der Extrempunktaufgabe, sodass die drei Merkmale Konstruktionsleistung, Beweisaufgabe und Validierungsaktivität einander gegenübergestellt werden.

Für die Interpretation des Diagramms ist zu berücksichtigen, dass fünf erfolgreiche und sechs nicht erfolgreiche Beweisprozesse in die Auswertung eingegangen
sind. Im Fall von Tabea und Heinz, der zur Gruppe der niedrigen Konstruktionsleistungen zugeordnet ist, werden jedoch kaum Validierungen realisiert, sodass
ein nahezu ausgewogenes Verhältnis von erfolgreichen und nicht erfolgreichen
Beweisprozessen gegeben ist. Vor diesem Hintergrund lässt sich in der Gegenüberstellung beider Studierendengruppen unter anderem folgende Tendenzen erkennen: Studierende mit einer niedrigen Konstruktionsleistung greifen häufiger als
ihre Kommilitoninnen und Kommilitonen mit einer hohen Konstruktionsleistung
auf eine intuitiv-bewertende Form des Validierens zurück. Andersherum wird in
erfolgreichen Beweisprozessen die Gültigkeit eines strittigen Sachverhalts häufiger
in einer ergebnisoffenen, fachbezogenen Überprüfung erörtert. Die Präferenz für
eine bestimmte Form des Validierens, die sich hier andeutet, geht dabei mit einer
Fokussierung spezifischer Akzeptanzkriterien einher. Aus theoretischer Perspektive
ist dabei zu erwarten, dass eine Orientierung an strukturellen und fachbezogenen
Kriterien eine intersubjektiv nachvollziehbare Validierung ermöglicht, die weniger
anfällig für Fehleinschätzungen ist als solche Validierungen, die sich auf intuitive
Einschätzungen und Plausibilitätsbetrachtungen stützen. Da die Aktivität des Überprüfens in nicht erfolgreichen Beweisprozessen einen geringeren, aber dennoch
substanziellen Anteil einnimmt, wird diese Aktivität im Folgenden eingehender
untersucht. Im Zentrum steht dabei die Frage, welche Strategien Studierende beim
Überprüfen eines Beweisaspekts verfolgen und inwiefern diese mit einer erfolgreichen oder nicht erfolgreichen Beweiskonstruktion im Zusammenhang stehen. Mit
einer ähnlichen Intention wurde die Aktivität des Fehler Identifizierens für eine
Typenbildung ausgewählt. Die Gegenüberstellung in Abbildung 7.32 verdeutlicht,
dass das Identifizierens von Fehlern in Fällen mit einer niedrigen Konstruktionsleistung in einem vergleichsweise geringeren Umfang auftritt. Dennoch zeugen die
analysierten Fälle davon, dass die Aktivität auch in nicht erfolgreichen Beweisprozessen durchgeführt und aufgedeckte Fehler entsprechend korrigiert werden. Die
Typenbildung strebt daher an, Muster und Regelhaftigkeiten beim Identifizieren von
Fehlern aufzudecken, welche einen Einblick in die Vorgehensweisen und Suchrichtungen der Studierenden geben. Diese können sodann dazu beitragen, den Zusammenhang zwischen dem Auftreten dieser Aktivität und der Konstruktion fehlerhafter
Beweise zu ergründen.

Die drei Aktivitäten des Zweifelns, Rückversicherns und Optimierens werden
in dieser Untersuchung aufgrund ihres geringen Stellenwerts in den analysierten
Beweisprozessen nicht eingehender analysiert. Dennoch zeigt sich bereits im Rahmen des quantitativen Vergleichs eine Tendenz, nach welcher Studierende mit einer
niedrigen Konstruktionsleistung stärker dazu neigen, ihre Bedenken und Zweifel

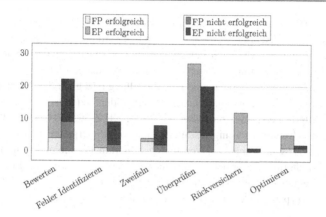

Abb. 7.32 Übersicht über die Häufigkeit, mit der die einzelnen Validierungsaktivitäten in erfolgreichen und nicht erfolgreichen Beweisprozessen auftreten

unergründet mitzuteilen. Im Gegensatz dazu tritt das Rückversichern fast ausschließlich in erfolgreichen Beweisprozessen auf. Eine Verknüpfung dieser Beobachtungen legt nahe, dass Studierende mit einer hohen Konstruktionsleistung ihren Beweisprozess insofern stärker überwachen, als sie aufkommende Zweifeln als Ausgangspunkt für weiterführende Diskussionen nehmen und Zwischenergebnisse häufiger durch ihre Kommilitoninnen und Kommilitonen absichern lassen. Vor dem Hintergrund dieser Vorüberlegungen werden im Folgenden die beiden Aktivitäten des Fehler Identifizierens und des Überprüfens fokussiert. Im Rahmen einer typenbildenden Analyse wird sodann untersucht, wie sich unterschiedliche Realisierungen der beiden Aktivitäten auf die Konstruktionsleistung auswirken.

Identifizieren von Fehlern Die Aktivität des Fehler Identifizierens konstituiert sich dadurch, dass die Studierenden einen Bearbeitungsbedarf innerhalb ihrer Beweiskonstruktion aufdecken und diesem sodann nachgehen. Die Beschreibungen in Abschnitt 7.3.2 legen nahe, dass sich der identifizierte Bearbeitungsbedarf auf unterschiedliche Aspekte eines Beweises beziehen kann. Hier wurden sowohl Beispiele angeführt, die sich auf lokale Aspekte eines Beweises, wie einen spezifischen Beweisschritt oder eine konkrete Umformung, beziehen, als auch Transkriptstellen diskutiert, in denen die Studierenden ihre Beweisstruktur auf globaler Ebene validieren. Entsprechend werden für die Typenbildung zwei verschiedene Realisierungen der Aktivität des Fehler Identifizierens unterschieden, die sich in erster Linie dadurch unterscheiden, auf welcher Ebene ein Bearbeitungsbedarf festgestellt wird. Während die eine Realisierung ein Vorgehen beschreibt, bei dem ausschließlich lokale Fehler diskutiert werden, ist die andere Merkmalsausprägung von einer Suchrichtung geprägt, die nach Fehlern auf lokaler sowie globaler Ebene fragt. Explizit von der Typenbildung ausgeschlossen werden dabei solche Transkriptstellen, bei denen die Studierenden eine Fehlvorstellung bezüglich des Aufgabenverständnisses aufdecken. Eine solche Form des Fehler Identifizierens tritt überwiegend in nicht erfolgreichen Beweisprozessen auf (z. B. LKH Z. 395–404, OJ Z. 139–142) und erweist sich damit als wenig aussagekräftig für eine interpretative Beschreibung von Wirkungszusammenhängen. Von den vier Merkmalskombinationen, die sich aus der Verknüpfung dieser beiden Vorgehensweisen mit der erzielten Konstruktionsleistung ergeben, konnten drei empirisch belegt werden (siehe Tabelle 7.13). Die zugehörigen Typen werden im Folgenden mithilfe von Fallbezügen ausführlicher beschrieben.

Tab. 7.13 Typenbildung bezüglich der Merkmalskombination *Fehler Identifizieren* × *Konstruktionsleistung*

		Verstehensaktivität *Hinterfragen*	
		Details analysierend	Plausibilität prüfend
Leistung	erfolgreich	Das effektive Analysieren von Aufgabendetails	Das effektive Hinterfragen der Aussage
	nicht erfolgreich	Das nicht effektive Analysieren von Aufgabendetails	Das nicht effektive Hinterfragen der Aussage

Das effektive Identifizieren von lokalen und globalen Fehlern
Dieser Typ umfasst solche Fälle, in denen die Studierenden über lokale Fehler hinaus auch solche auf der Ebene der Gesamtkonzeption identifizieren und diese bearbeiten. Eine Entsprechung für das effektive Identifizieren von lokalen und globalen Fehlern konnte in den Beweisprozessen von Alina und Sascha sowie Tobias und Lars rekonstruiert werden. Wie bereits in Abschnitt 7.3.2 beschrieben wurde, nutzen Tobias und Lars den Validierungsprozess, um eine implizit verwendete Annahme in ihrer Argumentation aufzudecken und damit einen Zirkelschluss zu verhindern (TL Z. 782–786). Alina und Sascha identifizieren hingegen eine Lücke in ihrer Beweiskette, indem sie feststellen, dass die von ihnen erarbeitete Argumentation auf einer nicht weiter gestützten Annahme aufbaut. Sie reagieren auf diese Erkenntnis, indem sie einen entsprechenden Teilbeweis konstruieren und ihren Beweis so umstrukturieren, dass die strittige Zwischenbehauptung als Proposition in den Gesamtbe-

weis integriert werden kann (AS Z. 472–477, Z. 632–638). Die Beispiele aus den Beweisprozessen von Alina und Sascha sowie von Tobias und Lars verdeutlichen, dass Validierungsbestrebungen auf globaler Ebene dazu führen können, dass elementare Defizite eines Beweises aufgedeckt werden. Durch die Auseinandersetzung mit den identifizierten Fehlern werden die Studierenden zudem dazu angeregt, die einzelnen Komponenten ihres Beweises neu zu ordnen, sodass sie ein vertieftes Verständnis von der Struktur ihres Beweises aufbauen.

Das effektive Identifizieren von ausschließlich lokalen Fehlern
Der Typ des effektiven Identifizierens von lokalen Fehlern zeichnet sich dadurch aus, dass die Studierenden im Rahmen ihres erfolgreichen Beweisprozesses ausschließlich Defizite in Bezug auf einzelne Beweisschritte, symbolische Manipulationen oder sprachliche Details diskutieren. Obwohl der vorhergehende Typ den Nutzen einer global ausgerichteten Validierung unterstreicht, unterliegt ein erfolgreiches Identifizieren globaler Fehler der Voraussetzung, dass derartige Fehler in der Beweiskonstruktion enthalten sind. Die Beweisprozesse von Alina und Georg sowie Markus und Lena verdeutlichen, dass das Aufdecken eines strukturellen Bearbeitungsbedarfs keine notwendige Bedingung für eine hohe Konstruktionsleistung ist. Dennoch ist zu vermuten, dass die erfolgreiche Beweiskonstruktion in diesen beiden Fällen durch eine sorgfältige Planung oder Kontrolle der Beweisstruktur unterstützt wird. Eine ergänzende Betrachtung solcher Prozesssegmente, die der Aktivität des Überprüfens zugeordnet wurden, bestätigt zumindest für den Fall von Markus und Lena, dass innerhalb des Beweisprozesses eine Überprüfung auf globaler Ebene stattgefunden, diese jedoch zu einem zufriedenstellenden Ergebnis geführt hat. Als Abschluss ihres Beweisprozesses überprüfen Markus und Lena, inwiefern der von ihnen entwickelte Beweis die geforderte Konklusion vollständig nachweist, und bestätigen damit ihre Beweisstruktur (Z. 278–292; siehe auch die Typenbildung zur Aktivität des Überprüfens).

Das nicht effektive Identifizieren von ausschließlich lokalen Fehlern
Bei dem hier vorgestellten Typ lässt sich in Bezug auf die Aktivität des Fehler Identifizierens zunächst ein vergleichbares Vorgehen wie bei dem zuvor beschriebenen Typ beobachten. Im Unterschied zu diesem erreichen die hier betrachteten Fälle jedoch keine zufriedenstellende Lösung. Repräsentiert wird der Typ des nicht effektiven Identifizierens von lokalen Fehlern in dieser Studie durch die Beweisprozesse von Olaf und Johannes, Andreas und Ibrahim sowie Stefan, David und Haiko. Die vorhergehenden Ausführungen legen nahe, dass ein Identifizieren von globalen Fehlern im Allgemeinen nicht konstitutiv für eine erfolgreiche Beweiskonstruktion ist. Dennoch liegt dieser Untersuchung die Annahme zugrunde, dass dem Identifi-

zieren von Fehlern ein, unter Umständen nicht verbalisiertes, Korrekturlesen vor-
angeht, dessen Suchrichtung den Validierungsprozess positiv sowie negativ beeinflussen kann. In welchen Bereichen eines Beweises Fehler aufgedeckt werden, ist
demnach auch davon abhängig, auf welcher Ebenen eines Beweises nach solchen
gesucht wird. Im Unterschied zu den Fällen von Alina und Georg sowie Markus und
Lena beziehen sich die drei Studierendengruppen dieses Typs auch bei der Aktivität
des Überprüfens ausschließlich auf lokale Aspekte ihrer Beweiskonstruktion (vgl.
hierzu die Erläuterungen zur Aktivität des Überprüfens). Es ist daher anzunehmen,
dass die Studierenden ihre Suche nach Fehlern auf einzelne Beweisschritte und
syntaktische Operationen beschränken und es versäumen, ihren Beweisansatz als
Ganzes zu hinterfragen. Eine mangelnde Aufmerksamkeit für globale Aspekte des
Beweises erschwert es sodann, elementare Defizite aufzudecken, aus denen eine
niedrige Konstruktionsleistung und damit eine Zuordnung zu den Kategorien K0
und K1 resultiert.

Überprüfen Das Überprüfen wurde als eine Aktivität eingeführt, im Rahmen derer
die Studierenden, ausgehend von einer Unsicherheit oder Meinungsverschiedenheit, die Gültigkeit eines Sachverhalts erneut diskutieren. Die Beschreibungen in
Abschnitt 7.3.2 verdeutlichen, dass es sich um eine vielschichtige Aktivität handelt,
die auf unterschiedliche Weise realisiert werden kann. Aufgrund der vielschichtigen
Ausprägungen dieser Aktivität und der vergleichsweise hohen Anzahl an Prozesssegmenten, die ihr zugeordnet wurden, werden im Rahmen der Typenbildung zwei
verschiedene Komponenten des Überprüfens betrachtet. Neben dem Überprüfen in
seiner antizipierten Variante, bei dem die Studierenden eigene Teil- und Zwischen-
lösungen rückblickend hinterfragen, wird als Spezialfall des Überprüfens zusätzlich
ein solches Vorgehen in die Analysen mit einbezogen, bei dem die Studierenden die
Anwendbarkeit eines spezifischen Satzes kontrollieren.

Überprüfen eigener Produkte Bereits in Abschnitt 7.3.2 wurde angedeutet, dass
das Überprüfen eigener Teil- und Zwischenergebnisse in dieser Untersuchung mithilfe unterschiedlicher Strategien realisiert wurde. Für die erste Typenbildung im
Zusammenhang mit der Aktivität des Überprüfens wird daher zwischen einem
erkenntnisgenerierenden und einem *wiederholenden* Vorgehen differenziert. Während sich das wiederholende Überprüfen auf bestehende Wissensstrukturen bezieht
und die im Prozessverlauf genannten Argumente für oder gegen die Gültigkeit eines
strittigen Sachverhalts rekapituliert, werden beim erkenntnisgenerierenden Überprüfen neue Informationen in den Validierungsprozess integriert. Die ergänzten
Wissenselemente können dabei aus externen Ressourcen gewonnen oder im Zuge
eines Repräsentationswechsels generiert werden. Über eine Kombination der Merk-

malsausprägungen Konstruktionsleistung und Überprüfungsstrategie ergeben sich
somit vier potenzielle Typen (siehe Tabelle 7.14), von denen jeder im empirischen
Material rekonstruiert werden konnte. Die einzelnen Typen werden im Folgenden
anhand repräsentativer Fallbeschreibungen dargestellt.

Tab. 7.14 Typenbildung bezüglich der Merkmalskombination *Überprüfen eigener Produkte × Konstruktionsleistung*

| | | Validierungsaktivität *Überprüfen* | |
		erkenntnisgenerierend	ausschließlich wiederholend
Leistung	erfolgreich	Das effektive erkenntnisgenerierende Überprüfen	Das effektive wiederholende Überprüfen
	nicht erfolgreich	Das nicht effektive erkenntnisgenerierende Überprüfen	Das nicht effektive wiederholende Überprüfen

Das effektive erkenntnisgenerierende Überprüfen
Beweisprozesse, welche dem Typ des effektiven erkenntnisgenerierenden Überprüfens entsprechen, weisen Validierungsaktivitäten auf, bei denen sich die Studierenden erfolgreich der Gültigkeit eines strittigen Sachverhalts vergewissern, indem sie die Informationsbasis um ergänzende Wissenselemente erweitern und mithilfe dieser ihre Zustimmung oder Ablehnung zum Sachverhalt begründen. Das Ergänzen von zusätzlichen Informationen wird dabei durch das Abrufen von Vorwissen, einen Rückgriff auf externe Informationsquellen, wie das zur Verfügung gestellte Buch oder Skript, sowie mithilfe eines durchgeführten Repräsentationswechsels realisiert. Bereits in Abschnitt 7.3.2 wurde in diesem Zusammenhang das Beispiel von Alina und Sascha angeführt, bei dem die beiden Studierenden auf eine Skizze zurückgreifen, um eine Meinungsverschiedenheit bezüglich des Aufgabenverständnisses zu entscheiden (AS Z. 104–109). Das folgende Beispiel aus dem Beweisprozess von Markus und Lena ist in eine Diskussion eingebettet, in welcher die beiden Studierenden prüfen, inwiefern der von ihnen entwickelte Beweis zur Extrempunktaufgabe den Fall $f''(y) = 0$ mit einschließt. Hierfür greifen sie auf das zur Verfügung gestellte Buch zurück und stellen einen Zusammenhang zu dem dort im Kontext der hinreichenden Bedingung von Extrema gegebenen Beispiel $f(x) = x^4$ her.
Ähnlich wie in den vorgestellten Fällen wird auch in den Beweisprozessen von Tobias und Lars sowie Alina und Georg ein erkenntnisgenerierendes Vorgehen beim Überprüfen realisiert. Eine solche Form des Validierens wird jedoch nicht zwingend

exklusiv verwendet. Vielmehr zeichnen sich die Fälle dieses Typs dadurch aus, dass erkenntnisgenerierende und wiederholende Verfahren flexibel eingesetzt werden, wo es angemessen oder notwendig erscheint. Der Vorteil eines erkenntnisgenerierenden Vorgehens liegt dabei darin, dass die Studierenden eine neue Perspektive auf den jeweiligen Sachverhalt gewinnen und ihr Verständnis für den strittigen Zusammenhang mithilfe der ergänzten Informationen vertiefen. Auf diese Weise fällt es ihnen leichter, eine begründete und zuverlässige Entscheidung bezüglich dessen Gültigkeit zu treffen.

```
285  L:   größer gleich glaub ich (---)
286       das (.) es stand doch auch irgendwo über
287       was mit es ist eine hinreichende nicht notwendige bedingung
          oder so
288       ((Markus und Lena lesen im Buch (11.9))
289       ((Markus zeigt auf einen Satz im Buch))
290  M:   ja ((unverständlich, ca. 2 Sek)) kleiner als stehen (2.3)
291       aber das ist ein strenges lokales (minimum)
292       (3.4)
293       ja (--) das müsste glaub ich so (1.7)
```

Das nicht effektive erkenntnisgenerierende Überprüfen

Ähnlich wie beim vorhergehenden Typ wird auch beim nicht effektiven erkenntnisgenerierenden Überprüfen auf Beispiele zurückgegriffen, um sich der Gültigkeit eines Sachverhaltes zu vergewissern. Im Unterschied zu diesem führt die Beispielbetrachtung hier jedoch nicht zu einem Validierungsergebnis, das den Fortschritt der Beweiskonstruktion gewinnbringend unterstützt. Repräsentiert wird das nicht effektive erkenntnisgenerierende Überprüfen durch die zwei Beweisprozesse von Maike, Finn und Yannik sowie von Olaf und Johannes. Bereits in Abschnitt 7.3.2 wurde ein Transkriptausschnitt aus dem Beweisprozess von Maike, Finn und Yannik angeführt, in welchem Maike auf eine Beispielfunktion verweist, um ihre Kommilitonen davon zu überzeugen, dass die Bedingungen $f(a) = a$ und $f(b) = b$ nicht zwingend erfüllt sein müssen (Z. 600–605). Maikes Diskussionsbeitrag wird an dieser Stelle jedoch von Finn und Yannik nicht weiter beachtet, sodass die Studierenden als Gruppe keine Erkenntnisse aus dem Beispiel ziehen, die den weiteren Verlauf ihrer Beweiskonstruktion beeinflussen würden. Während die Studierenden hier Schwierigkeiten aufweisen, den epistemologischen Wert einer Beispielbetrachtung einzuschätzen, zeigt der folgende Transkriptausschnitt aus dem Beweisprozess von Olaf und Johannes von Unsicherheiten, ein geeignetes Beispiel zu konstruieren.

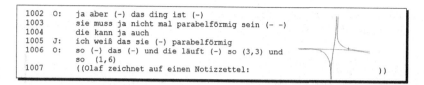

```
1002  O:   ja aber (-) das ding ist (-)
1003       sie muss ja nicht mal parabelförmig sein (- -)
1004       die kann ja auch
1005  J:   ich weiß das sie (-) parabelförmig
1006  O:   so (-) das (-) und die läuft (-) so (3,3) und
           so (1,6)
1007       ((Olaf zeichnet auf einen Notizzettel:                    ))
```

Um zu überprüfen, ob die gegebene Funktion in der Extrempunktaufgabe stets einen parabelförmigen Verlauf aufweist, betrachten Olaf und Johannes die Beispielfunktion $f(x) = \frac{1}{x}$. Diese weist Eigenschaften auf, die ihren bisherigen Überlegungen entgegenstehen, sodass sie ihre Beweisidee vorübergehend verwerfen. Dabei lassen sie außer Acht, dass die gewählte Funktion in $x = 0$ nicht stetig ist und damit den Voraussetzungen der zu zeigenden Aussage nicht genügt. Die Fälle von Maike, Finn und Yannik sowie von Olaf und Johannes zeigen, dass beide Studierendengruppen durchaus über das Strategiewissen verfügen, nach dem ein strittiger Sachverhalt mithilfe eines Repräsentationswechsels überprüft werden kann. Dennoch gestaltet sich die Strategieanwendung in diesen beiden Fällen nicht effektiv, da die Studierenden Schwierigkeiten aufweisen, das Vorgehen gewinnbringend in ihrem Beweisprozess zu implementieren. Die hier beobachteten Schwierigkeiten stehen dabei in einem Zusammenhang mit der Konstruktion geeigneter Beispiele oder betreffen die Frage nach der Evidenz beispielbasierter Erkenntnisse.

Das nicht effektive wiederholende Überprüfen

Das nicht effektive wiederholende Überprüfen umfasst solche Fälle, bei denen das Überprüfen eines strittigen Sachverhalts ausschließlich auf bereits diskutierten Wissenselementen beruht. Die Studierenden vergewissern sich der Gültigkeit eines Beweisschrittes oder einer getroffenen Annahme, indem sie ihre Argumentation noch einmal schrittweise durchgehen und sich diese gegenseitig erläutern. Das wiederholende Vorgehen wird bei diesem Typ mit einer niedrigen Konstruktionsleistung kombiniert, sodass eine detaillierte Betrachtung der zugeordneten Fälle Hinweise darauf geben kann, inwiefern ein wiederholendes Vorgehen beim Überprüfen den Erfolg der Beweiskonstruktion negativ beeinflusst. In dieser Studie konnte die typengenerierende Merkmalskombination in den zwei Beweisprozessen von Andreas und Ibrahim sowie von Stefan, David und Haiko beobachtet werden. Als erster Deutungsansatz zeigt der Fall von Andreas und Ibrahim, wie eine fehlerhafte Annahme durch das wiederholende Vorgehen fälschlicher Weise bestärkt wird. In dem folgenden Beispiel erörtern Andreas und Ibrahim, inwiefern die gegebene Funktion f im Intervall $[x_2, x_3]$ streng monoton steigend verläuft. Dabei stützen sie ihre Argumentation auf die Annahme, dass die Funktion in diesem Intervall ein Minimum annimmt. Obwohl Andreas Zweifel an der Stichhaltigkeit der Argumentation äußert, hält Ibrahim an dieser fest und bestärkt sein Vorgehen, indem er seinen Gedankengang erneut verbalisiert.

```
416   A:   nee dann kann
417        dann kann die nullst]
418        dann kann das aber ebenso gut auf der anderen seite sein
419   I:   ja aber trotzdem
420        dann
421        gilt ja hier ab irgendeinem moment (--)
422        gilt ja dass es hier streng monoton wachsend ist (--)
```

Im Unterschied zu dem präsentierten Transkriptausschnitt weisen die Validierungssequenzen im Beweisprozess von Stefan, David und Haiko keine inhaltlichen Fehler auf. Die Studierenden wählen als Gegenstand ihrer Überprüfung in erster Linie solche Aspekte des Beweises, die auf syntaktische Operationen zurückgehen. Indem sie die von ihnen durchgeführten Umformungen erneut Schritt für Schritt diskutieren, vergewissern sie sich erfolgreich der Gültigkeit ihrer Argumentation (z. B. Z. 844–845; Z. 951–965). Dass der von Stefan, David und Haiko formulierte Beweis dennoch einer niedrigen Konstruktionsleistung entspricht, ist in diesem Fall weniger auf die Wahl eines wiederholenden Vorgehens als vielmehr auf die Fokussierung lokaler Aspekte zurückzuführen. Da die Studierenden ausschließlich syntaktische Details einer Überprüfung unterziehen, werden die elementaren Defizite, die später zu der niedrigen Bewertung ihres Beweises führen, gar nicht erst hinterfragt.

Das effektive wiederholende Überprüfen

Der Typ des effektiv wiederholenden Überprüfens konnte allein im Beweisprozess von Fiona und Thomas rekonstruiert werden. Im Rahmen ihrer abschließenden Validierung bestärken Fiona und Thomas eine von ihnen getroffene Annahme, indem Thomas seine vorhergehende Begründung noch einmal wiederholt (Z. 298–305). Ähnlich wie in dem zuvor beschriebenen Typ ist der diskutierte Beweisschritt in der Form nicht allgemeingültig, sodass das wiederholende Vorgehen hier ebenfalls zu einer fehlerhaften Einschätzung des entwickelten Beweises führt. Bei dem Beweisprozess von Fiona und Thomas handelt es sich damit insofern um einen abweichenden Fall der Typenbildung, als die hier gewählte Strategie eine nicht effektive Form des Überprüfens darstellt. Dass Fiona und Thomas dennoch einen Beweis formulieren, welcher der Kategorie K3 zugeordnet wurde, ist weniger der Validierung als vielmehr dem Umstand geschuldet, dass die hier bestärkten Defizite auf lokaler Ebene zu verorten sind und sich daher nur bedingt auf die Gültigkeit des gesamten Beweises auswirken.

Überprüfen der Anwendbarkeit eines Satzes Die zuvor dargestellte Analyse brachte vier Typen hervor, die den Zusammenhang zwischen der Konstruktionsleistung und den verschiedenen Vorgehensweisen beschreiben, die beim Überprüfen eines eigenständig entwickelten (Teil-)Beweises Anwendung finden. Die Typologie, die im Folgenden vorgestellt wird, fokussiert hingegen eine spezifische Form des Überprüfens, bei welcher die Gültigkeit eines Beweisschrittes prospektiv untersucht wird. Hierfür kontrollieren die Studierenden die Anwendbarkeit eines gewählten Satzes, indem sie dessen Voraussetzungen mit der gegebenen Problemsituation vergleichen. Im Zuge der Kategorienbildung konnten dabei zwei verschiedene Strategien der Umsetzung beobachtet werden. Während einige Studierende einen zeichengetreuen Abgleich vornehmen und bereits kleine Abweichungen als Hindernis werten, werden die in einem Satz verankerten Voraussetzungen in anderen Fällen kritisch hinterfragt und mit den gegebenen Bedingungen in Bezug gesetzt. Vor dem Hintergrund dieser Beobachtung wird für die Typenbildung zwischen einem *abgleichenden* und einem *hinterfragenden* Vorgehen unterschieden (siehe Tabelle 7.15). Von den vier Typen, die sich aus der Kombination beider Vorgehensweisen mit erfolgreichen und nicht erfolgreichen Beweisprozessen ergeben, konnten zwei im Datenmaterial rekonstruiert werden. Sie werden im Folgenden ausführlich beschrieben und mithilfe von Transkriptausschnitten illustriert.

Tab. 7.15 Typenbildung bezüglich der Merkmalskombination *Überprüfen der Anwendbarkeit eines Satzes* × *Konstruktionsleistung*

| | | Validierungsaktivität *Überprüfen* | |
		abgleichend	hinterfragend
Leistung	erfolgreich	Das effektive Abgleichen von Oberflächenmerkmalen	Das effektive Hinterfragen von Voraussetzungen
	nicht erfolgreich	Das nicht effektive Abgleichen von Oberflächenmerkmalen	Das nicht effektive Hinterfragen von Voraussetzungen

Das nicht effektive Abgleichen von Oberflächenmerkmalen
Das Vorgehen dieses Typs zeichnet sich dadurch aus, dass die Studierenden die für die Anwendung eines Satzes notwendigen Voraussetzungen mit den gegebenen Bedingungen der Problemsituation abgleichen. Dabei erwarten sie, dass der anzuwendende Satz exakt dieselben Voraussetzungen aufweist, und werten kleine Abweichungen als Indiz für einen geringen Nutzen dieses Satzes. Entsprechend kennzeichnet sich diese Form des Überprüfens auch dadurch, dass die von einer Per-

son vorgeschlagenen Beweisideen häufig bereits nach kurzer Zeit verworfen werden, da die Überprüfung eine vermeintlich unzureichende Übereinstimmung der Voraussetzungen hervorbringt. Ein solches Vorgehen konnte in den vier Beweisprozessen von Maike, Finn und Yannik (Z. 460–465), Andreas und Ibrahim (Z. 168–173), Stefan, David und Haiko (Z. 548–561) sowie von Luca, Karina und Hannah (Z. 198 f.) beobachtet werden. Dem folgenden Transkriptausschnitt geht eine Sequenz voraus, in der Luca im Buch ein Korollar zum Zwischenwertsatz entdeckt, das auf den ersten Blick Ähnlichkeiten mit der Aussage der Fixpunktaufgabe aufweist. Entsprechend schlägt er seinen Kommilitoninnen vor, das Korollar für die Lösung der Aufgabe heranzuziehen. Er revidiert seinen Vorschlag jedoch nach kurzer Zeit, da die exakten Formulierungen von Korollar und Aufgabenstellung voneinander abweichen.

```
198  L:    oder ist das was andres weil hier ist (---)
199        c gleich gamma und und nicht c gleich c (6.7)
```

Das Beispiel von Luca, Karina und Hannah stellt insofern einen Extremfall des hier betrachteten Typs dar, als Luca nicht nur die Voraussetzungen, sondern auch die Konklusion einem Abgleich unterzieht. Hier wird einmal mehr deutlich, dass es den Studierenden noch schwer fällt, den Status eines Satzes innerhalb der Mathematik richtig einzuschätzen und einen solchen flexibel auf eine gegebene Problemsituation anzuwenden. Da bei diesem Typ die Anwendbarkeit eines Satzes häufig noch vor den ersten Übertragungsversuchen überprüft wird, ist zu vermuten, dass sich die Schwierigkeiten nicht nur auf die praktische Umsetzung der Satzanwendung beziehen. Vielmehr lässt sich eine Erwartungshaltung erkennen, nach der eine Beweiskonstruktion beinhaltet, dass ein Lösungsinstrument in Form eines zielführenden Satzes aus dem Buch oder dem Skript nach dem Kriterium der maximalen Übereinstimmung ausgewählt wird. Obwohl nicht auszuschließen ist, dass ein solches Vorgehen insbesondere zu Studienbeginn hilfreich sein kann, um eine grobe Orientierung zu gewinnen, zeigen die Beispiele aus dieser Untersuchung, dass eine Fokussierung auf Oberflächenmerkmale die Gefahr erhöht, einen zielführenden Gedanken vorschnell zu verwerfen.

Das effektive Hinterfragen von Voraussetzungen
Das effektive Hinterfragen von Voraussetzungen beschreibt ein Vorgehen, bei dem die Studierenden die Anwendbarkeit eines Satzes überprüfen, indem sie seine Voraussetzungen kritisch im Hinblick auf ihre Bedeutung und Relevanz hinterfragen. Dabei stellen sie einen Bezug zu den Bedingungen der gegebenen Problemsituation her und nehmen Unterschiede in den Voraussetzungen als Anlass, diese im Detail zu ergründen. Bereits in Abschnitt 7.3.2 wurde in diesem Zusammenhang

ein Transkriptausschnitt aus dem Beweisprozess von Alina und Georg betrachtet, der ein solches Vorgehen veranschaulicht. Während Alina die von ihr ausgearbeitete Beweisidee final verschriftlicht, stellt sie fest, dass der verwendete Zwischenwertsatz für Funktionen der Form $f : \mathbb{R} \to \mathbb{R}$ formuliert ist. Daraufhin überlegt sie, inwiefern sich die Aussage auf abgeschlossene Intervalle übertragen lässt (Z. 233–239), und kommt schließlich zu einer zufriedenstellenden Lösung. Auf ähnliche Weise zeigt das folgende Beispiel, wie aus dem Überprüfen einer Voraussetzung ein konstruktiver Prozess der Ideenfindung erwachsen kann. Der abgebildete Auszug aus dem Beweisprozess von Markus und Lena stellt eine Reaktion auf den Vorschlag dar, den Satz von Rolle für die Lösung der Extrempunktaufgabe zu verwenden. Über einen Vergleich der geforderten und gegebenen Voraussetzungen erkennen die Studierenden schnell, dass die gegebene Funktion f die benötigten Bedingungen nicht unmittelbar erfüllt. Anstatt ihre Idee zu verwerfen, überlegen sie nun, wie sich die Voraussetzungen mithilfe des Zwischenwertsatzes konstruieren ließen (siehe Transkriptausschnitt).

```
095   M:    wir wissen jetzt nicht ob die beiden punkte irgendwo gleich
            groß sind
096         aber wir können auf jeden fall sagen beide sind auch knapp
            größer als der
097         ((Markus zeigt während des Gesprächs auf die Skizze))
098   L:    mh
099   M:    also sind beide oder auf jeden fall gibt es dann punkte
            auf deren intervall
100         nach dem zwischenwertsatz (-) die gleich sind (1,7)
```

Neben den genannten Fällen weisen auch die Beweisprozesse von Tobias und Lars sowie von Alina und Sascha Validierungssequenzen auf, in denen die Studierenden über einen Abgleich von Oberflächenmerkmalen hinaus nach den Hintergründen der geforderten Voraussetzungen fragen und sich so der Anwendbarkeit eines Satzes vergewissern. Die Beispiele zeigen, wie ein kritisches Überprüfen dazu beitragen kann, implizite Voraussetzungen zu diskutieren und auf diese Weise ein Gefühl für die zentralen Bedingungen der gegebenen Aussage zu entwickeln. Im Gegensatz zum vorhergehenden Typ zeugt das beobachtete Vorgehen hier von einem flexiblen Umgang mit den gegebenen Informationen. Dieser erlaubt es, Beweisideen auch auf inhaltlicher und struktureller Ebene zu überprüfen und hieraus Anregungen für die weitere Gestaltung des Beweisprozesses abzuleiten.

Typenbildung bezüglich des Prozessverlaufs
In diesem Abschnitt wird eine Verknüpfung makroskopischer und mikroskopischer Erkenntnisse angestrebt und hierfür auf die inhaltsanalytischen Ergebnisse zum Phasenverlauf sowie zu den prozessbegleitenden Validierungsaktivitäten zurück-

gegriffen. In Abschnitt 7.2.4 wurde untersucht, inwiefern ein Zusammenhang zwischen der allgemeinen Struktur eines Prozessverlaufs und der Konstruktionsleistung besteht. Die Gegenüberstellung erfolgreicher und nicht erfolgreicher Beweisprozesse dokumentierte jedoch kein einheitliches Muster. Während die Prozesstypen des Zielorientierten, des Neustarters und des Punktesammlers ausschließlich in erfolgreichen oder nicht erfolgreichen Beweisprozessen rekonstruiert werden konnten, wurden für den Rückkoppler und den Entwickler Entsprechungen in beiden Leistungsgruppen gefunden (siehe Tabelle 7.6). Unter besonderer Berücksichtigung der letztgenannten Prozesstypen wird in diesem Abschnitt eine erneute Typenbildung durchgeführt, bei der die Gegenüberstellung durch Erkenntnisse auf mikroskopischer Ebene ergänzt und die Analyse von Wirkungszusammenhängen auf diese Weise vertieft wird. Im Zentrum steht dabei die Frage, inwiefern sich Unterschiede zwischen erfolgreichen und nicht erfolgreichen Prozessverläufen im Hinblick auf die implementierten Validierungsaktivitäten erkennen lassen. Der Untersuchungsschwerpunkt liegt dabei weniger auf den unterschiedlichen Formen des Validierens, wie sie im vorhergehenden Abschnitt analysiert wurden, als vielmehr auf dem Zeitpunkt, an dem die Studierende Validierungen im Beweisprozess durchführen. Insbesondere sind dabei die für einen Prozesstyp charakteristischen Phasenübergänge und deren Verknüpfung mit Validierungsaktivitäten von Interesse. Tabelle 7.16 gibt einen Überblick über die Phasenwechsel, die innerhalb der sieben Beweisprozesse auftreten, die als Rückkoppler oder Entwickler klassifiziert wurden. Dabei wird zwischen Rückkopplungen, bei denen die Studierenden in die unmittelbar vorhergehende Phase zurückgehen, und Sprüngen, die einen Wechsel zwischen nicht benachbarten Phasen beschreiben, unterschieden. Während Prozessverläufe vom Typ des Rückkopplers vorwiegend Übergänge in benachbarte Phasen aufweisen, resultieren Sprünge in erster Linie aus dem sukzessiven Vorgehen des Entwicklers, das mit einer erhöhten Anzahl an Wechseln zwischen der Phase des Formulierens und Argumente Identifizierens einhergeht.

Tab. 7.16 Übersicht über die Anzahl an Phasenübergängen, die von Validierungssequenzen begleitet werden

		FT	AI	SDH	AS	TL	MFY	LKH
Rück-	validiert	2	1	0	4	3	1	0
kopplung	nicht validiert	0	1	2	0	0	1	1
Sprung	validiert	1	0	0	0	0	1	0
	nicht validiert	2	2	0	0	0	1	0
Gesamt		5	4	2	4	3	4	1

Die in der Tabelle dargestellten Werte deuten zumindest für Phasenübergänge, die als Rückkopplungen gelten, ein Muster an. Demnach weisen Studierende, denen eine hohe Konstruktionsleistung zugeschrieben wurde (FT, AS, TL), unabhängig von ihrem jeweiligen Prozesstyp ein konsequenteres Verhalten auf, wenn es darum geht, Phasenwechsel durch Validierungen zu begleiten. Eine solche Tendenz ist für weitreichendere Phasenwechsel – auch aufgrund der geringen Fallzahlen – nicht zu beobachten. Eine begleitende Validierung von Phasensprüngen erscheint dabei auch aus inhaltlicher Perspektive nicht in allen Fällen notwendig. So zeichnet sich der Prozesstyp des Entwicklers dadurch aus, dass er seinen Entwicklungsprozess wiederholt aufgrund von Formulierungsbestrebungen unterbricht oder bereits zu Beginn der Beweiskonstruktion eine grobe Beweisstruktur festlegt. Beide Vorgehensweisen ermöglichen es, nach einer Formulierungsphase an vorhergehenden Überlegungen anzuknüpfen und den Entwicklungsprozess ohne inhaltliche Brüche fortzusetzen (siehe bspw. FT Z. 105–114, AI Z. 256–299). Der Phasenwechsel ist hier in gewisser Weise konzeptueller Natur und beruht nicht auf einer Validierung. Für Phasenwechsel zwischen unmittelbar miteinander verknüpften Teilprozessen wird das beobachtete Muster in Tabelle 7.17 festgehalten.

Tab. 7.17 Typenbildung bezüglich der Merkmalskombination *Validierte Phasenübergänge × Konstruktionsleistung*

| | | Validierungsaktivität beim Phasenwechsel | |
		konsequent durch Validierungen eingeleitet	(ganz oder teilweise) unverbunden
Leistung	erfolgreich	Das erfolgreiche validierungsbasierte Rückkoppeln	Das erfolgreiche unverbundene Rückkoppeln
	nicht erfolgreich	Das nicht erfolgreiche validierungsbasierte Rückkoppeln	Das nicht erfolgreiche unverbundene Rückkoppeln

Von den vier aufgeführten Typen konnten das erfolgreiche validierungsbasierte Rückkoppeln und das nicht erfolgreiche unverbundene Rückkoppeln empirisch bestätigt werden. Diese Vorgehensweisen werden im Folgenden anhand prototypischer Transkriptausschnitte konkretisiert.

Das erfolgreiche validierungsbasierte Rückkoppeln
Die Studierenden, die sich diesem Typ zuordnen lassen, verbinden Phasenwechsel innerhalb ihres Beweisprozesses konsequent mit einer Validierung und weisen

dadurch eine systematische Prozessgestaltung auf. Rückschritte in vorhergehende
Phasen werden dabei gezielt eingeleitet, indem fehlerhafte oder unpräzise Stellen
genauso wie allgemeine Unsicherheiten in der Beweisführung diskutiert werden.
Validierungsaktivitäten, wie das Identifizieren von Fehlern, das Überprüfen oder
auch das Bewerten, werden hier zum Anlass genommen, einen vorhergehenden
Teilprozess erneut zu durchlaufen und die gewonnenen Erkenntnisse weiter zu vertiefen. Ein solches Vorgehen verdeutlicht das folgende Beispiel aus dem Beweisprozess von Tobias und Lars. Dem Auszug geht eine Sequenz voraus, in der Tobias
und Lars den Mittelwertsatz auf die gegebene Funktion f der Extrempunktaufgabe
anwenden. Rückblickend stellen sie jedoch fest, dass der Mittelwertsatz die Stetigkeit einer Funktion voraussetzt, welche in der Aufgabenstellung nicht explizit
thematisiert wird. Über das Überprüfen der Anwendbarkeit eines Satzes wird hier
eine Verstehensphase initiiert, in der Tobias und Lars zurück zur Aufgabenstellung
gehen und nach Hinweisen suchen, aus denen die Stetigkeit der gegebenen Funktion
hervorgeht.

```
600  L:   vielleicht haben die auch vergessen
601       irgendwo hinzuschreiben dass die funktionen stetig sind
602       weil das kannst du nicht machen wenn die funktion nicht stetig ist
603       das kann ja sein dass die funktion
604       nee
605  T:   das geht bestimmt
606       muss (unverständlich)
607  L:   ist es
608       ist es nicht
609  T:   [(unverständlich)]
610  L:   [warte mal      ] da steht reelle auf reelle zahlen (6.0)
611       dann muss die doch stetig sein oder nicht
```

Einen Spezialfall des validierungsbasierten Rückkoppelns stellen solche Prozesssequenzen dar, in denen eine negative Validierung keine direkten Anknüpfungspunkte
für den weiteren Bearbeitungsprozess hervorbringt. Solche Sequenzen treten insbesondere zwischen den Phasen des Verstehens und des Argumente Identifizierens auf.
Die Phase des Argumente Identifizierens wird hier durch eine Validierung unterbrochen, im Rahmen derer Fehler in der Ausarbeitung eines Beweisansatzes diskutiert oder Zweifel bezüglich der Beweisidee geäußert werden. Infolgedessen gerät
die Beweiskonstruktion vorübergehend ins Stocken, sodass die Studierenden in die
Verstehensphase zurück wechseln, um ihr Verständnis von den zentralen Bedingungen der Problemsituation zu vertiefen. Im Unterschied zum Typ des Neustarters
wird der erarbeitete Beweisansatz jedoch nicht aufgrund der Validierung verworfen.
Vielmehr reagieren die Studierenden auf eine Phase der Stagnation, indem sie die
Rückkopplung dazu nutzen, neue Anregungen für die Ausarbeitung der bestehenden
Beweisidee zu generieren. Das folgende Beispiel aus dem Beweisprozess von Tho-

mas und Fiona verdeutlicht diese Form des validierungsbasierten Rückkoppelns, indem Thomas hier zunächst Unsicherheiten in Bezug auf die konkrete Umsetzung seiner Beweisidee äußert und dann erneut eine Skizze von der gegebenen Problemsituation anfertigt.

```
088   T:   also (---) f von x gleich x ist ja die gerade hier (---)
           und öhm (---) weil (3.7)
089        gut  das sind reelle zahlen (1.2)
090        dass man glaub ich irgendwie die (--) den punkt hier f von x
           gleich x das so als nullstelle hat (3.0)
091        oder (--) oder ist das doof (2.4)
092        ich weiß es nicht (4.0)
093        mh
094        ((Thomas fertig eine weitere Skizze an))
095        dann (2.5) hier ist das x (--) dann ist hier (--) das f von x
```

Ebenso wie in dem vorhergehenden Beispiel wird der Phasenwechsel hier durch eine Validierung eingeleitet. Die initiierte Verstehensphase weist damit insofern eine spezifische Suchrichtung auf, als hier gezielt nach Erkenntnissen gesucht wird, welche eine Überwindung der aufgetretenen Hürde unterstützt und damit den Fortschritt der Beweiskonstruktion begünstigt.

Das nicht erfolgreiche unverbundene Rückkoppeln
Beweisprozesse, die diesem Typ zugeordnet sind, kennzeichnen sich dadurch, dass sie Phasenwechsel enthalten, bei denen die einzelnen Teilprozesse überwiegend unverbunden nebeneinander stehen. Der Phasenübergang stellt sich hier nicht als unmittelbare Folge aus dem vorhergehenden Prozessverlauf dar und wird insbesondere nicht durch eine Validierung begleitet. Vielmehr resultiert er aus einer geringen gegenseitigen Bezugnahme unter den Studierenden oder einem bewusst eingeleiteten Themenwechsel. Anstatt auf den Gesprächsbeitrag einer anderen Person zu reagieren und den entsprechenden Gedanken aufzunehmen, wird hier eine neue Diskussion initiiert, die sodann mit einem Phasenwechsel einhergeht. Ein solches Vorgehen stellt der folgende Prozessausschnitt aus der Beweiskonstruktion von Maike, Finn und Yannik dar. Während sich Yanniks Rückfragen auf den Zwischenwertsatz und dessen Relevanz für die gegebene Aufgabenstellung beziehen, eröffnet Finn mit seiner Äußerung eine Diskussion darüber, wie eine Funktion aussehen müsste, auf welche die zu zeigende Aussage nicht zutrifft.

```
541   Y:   sagt das dann auch aus das das der gleiche ist (--)
542        also das es der gleiche (---) punkt ist
543        (---)
544   F:   ich überleg grad wie das denn nicht sein könnte |
```

Obwohl die von Yannik und Finn benannten Aspekte grundsätzlich miteinander zusammenhängen, werden sie hier nicht als solche diskutiert. Das Beispiel zeigt, dass ein unverbundenes Rückkoppeln insofern ineffektiv verlaufen kann, als Synergieeffekte nicht vollständig genutzt werden. Zum einen ist anzunehmen, dass das erneute Durchlaufen einer Phase weniger systematisch verläuft, wenn dieses nicht durch eine konkrete Fragestellung initiiert wurde. Zum anderen ist nicht auszuschließen, dass eine mangelnde Verknüpfung auf Phasenebene mit einer solchen auf Ebene der Aktivitäten einhergeht, wodurch Erkenntnisse aus den einzelnen Teilprozessen nicht konsequent miteinander verbunden werden. Ein solches Vorgehen erschwert es wiederum, die eigene Problemrepräsentation im Beweisprozess kohärent weiterzuentwickeln und gewonnene Erkenntnisse systematisch für die Beweiskonstruktion zu nutzen.

Diskussion

Das mathematische Beweisen gilt als eine zentrale und zugleich problembehaftete Komponente des Mathematikstudiums und wird daher häufig als eine der Ursachen für die vielfältigen Schwierigkeiten am Übergang von der Schule zur Hochschule angeführt (Moore 1994; Rach 2014; A. Selden & Selden 2008; Weber 2001). Neben einem neuen Wissenschaftsverständnis und dem hohen Grad an Abstraktion resultieren Schwierigkeiten dabei insbesondere auch aus der Intransparenz zwischen einem Beweis und seinem Entstehungsprozess sowie den hieraus resultierenden Defiziten im Meta- und Strategiewissen (z. B. Hart 1994; Hilbert et al. 2008; Schoenfeld 1985 und Weber 2006). Um gezielt auf solche Schwierigkeiten reagieren und konkrete Anhaltspunkte für entsprechende Fördermaßnahmen geben zu können, wurde in dieser Studie eine prozessorientierte Perspektive eingenommen und untersucht, worin sich erfolgreiche und nicht erfolgreiche Beweisprozesse voneinander unterscheiden. Das Ziel der Studie war es, Gelingensbedingungen für eine erfolgreiche Beweiskonstruktion auf makroskopischer sowie mikroskopischer Ebene herauszuarbeiten und neben effektiven Vorgehensweisen auch gängige Implementationsschwierigkeiten zu beschreiben. Der Forschungsprozess orientierte sich an einem deskriptiv-explorativen Design, bei dem der Forschungsprozess zyklisch verläuft und Analyseschwerpunkte sukzessive auf der Grundlage bisheriger Ergebnisse entwickelt werden (siehe Kapitel 6). In einem ersten Forschungszyklus wurde die allgemeine Struktur eines Beweisprozesses fokussiert und danach gefragt, welche kognitiven Vorgänge eine Beweiskonstruktion konstituieren und auf welche Weise diese in studentischen Beweisprozessen miteinander verknüpft werden (siehe Abschnitt 7.2). Im Zuge dieser Untersuchungen konnten mit dem Verstehen und dem Validieren zwei Teilprozesse identifiziert werden, die sich in Bezug auf eine erfolgreiche Beweiskonstruktion als relevant und damit

K. Kirsten, *Beweisprozesse von Studierenden*, Studien zur theoretischen und empirischen Forschung in der Mathematikdidaktik, https://doi.org/10.1007/978-3-658-32242-7_8

für eine Tiefenanalyse auf mikroskopischer Ebene als geeignet erwiesen. In einem zweiten und dritten Forschungszyklus wurden daher die verschiedenen Aktivitäten untersucht, die Studierende in erfolgreichen und nicht erfolgreichen Beweisprozessen durchführen, um ein Verständnis der zu zeigenden Aussage zu entwickeln oder den Fortschritt ihrer Beweiskonstruktion zu überprüfen (siehe Abschnitt 7.3). Aufbauend auf diesen Analysen lassen sich sodann Wirkungszusammenhänge zwischen der Gestaltung des Beweisprozesses und der Konstruktionsleistung beschreiben, die neue Impulse für Fördermaßnahmen in der Studieneingangsphase liefern können.

In diesem Kapitel werden zunächst die zentralen Ergebnisse der Studie zusammengefasst und mit Bezug auf den aktuellen Forschungsstand diskutiert. Das Ziel der Darstellung ist es dabei, die wesentlichen Erkenntnisse herauszuarbeiten und sie in Form von Hypothesen verdichtet abzubilden. Eine Übersicht über die generierten Hypothesen wird in Abschnitt 8.1.5 gegeben. Dieser enthält neben den aufgestellten Hypothesen auch solche Erkenntnisse, denen nicht der Status einer Hypothese zukommt, die es aber dennoch Wert sind, diskutiert und in Folgestudien gezielt adressiert zu werden. Um den Geltungsbereich der Hypothesen bestimmen und damit den Wert der Untersuchung einschätzen zu können, werden aufbauend auf der Ergebniszusammenfassung mögliche Grenzen der Studie erörtert. Unter Berücksichtigung der sich hieraus ergebenen Einschränkungen werden abschließend Implikationen für die Forschung und die Praxis formuliert. Einen besonderen Stellenwert nehmen dabei die Verknüpfungen zwischen dem Konstruieren, Validieren und Verstehen von Beweisen ein, welche sich in der detaillierten Betrachtung einzelner Teilprozesse andeuten.

8.1   Zusammenfassung der Ergebnisse und Hypothesengenerierung

Im Rahmen der Datenauswertung wurde in dieser Studie eine typenbildende qualitative Inhaltsanalyse durchgeführt, welche sich in einer Kombination aus deduktiver Kategorienanwendung, materialbasierter Kategorienentwicklung und empirischer Typenbildung realisiert. Entsprechend der mehrschrittigen Analyse konnten Ergebnisse auf verschiedenen Ebenen generiert werden. Sie umfassen allgemeine Erkenntnisse zum Verlauf einer erfolgreichen Beweiskonstruktion ebenso wie eine tiefgehende und detaillierte Beschreibung effektiver Vorgehensweisen und Strategien. Die Zusammenfassung und Interpretation der Ergebnisse erfolgt in diesem Kapitel entlang der Forschungsfragen, sodass zunächst Erkenntnisse zum Verlauf des Beweisprozesses auf makroskopischer Ebene berichtet werden (FF1 und FF2), bevor hierauf aufbauend auf die Ergebnisse zu den phasenspezifischen Aktivitäten eingegangen wird (FF3 und FF4). Das Kapitel schließt mit einer Zusammenfassung der generierten Hypothesen sowie einer tabellarischen Übersicht über die Ergebnisse der Studie.

8.1.1 Verlauf von studentischen Beweisprozessen

Der erste Fragenkomplex konzentriert sich auf die makroskopische Analyse studentischer Beweisprozesse. Ziel war es hier, Verläufe von Beweiskonstruktionen auf individueller Ebene zu beschreiben und in der kontrastierenden Betrachtung von Einzelfällen verallgemeinerbare Erkenntnisse über die Struktur von Beweisprozessen zu gewinnen. Im Folgenden wird zunächst auf die Grundelemente eines Beweisprozesses eingegangen, die im Rahmen der Analyse identifiziert werden konnten. Diese werden in ihrer Eigenschaft als Phase qualitativ beschrieben und anhand der quantitativ ausgerichteten Merkmale der Dauer, Häufigkeit und Reihenfolge miteinander verglichen. Die hierbei auftretenden Unterschiede zwischen den Beweisprozessen werden sodann systematisiert und in Form von Prozesstypen verdichtet dargestellt. Diese beschreiben verschiedene Möglichkeiten, den Beweisprozess auf makroskopischer Ebene zu gestalten und bieten damit die Grundlage für ein empirisches Prozessmodell.

Teilprozesse der Beweiskonstruktion
Als Vorbereitung auf die empirische Untersuchung wurde in Kapitel 4 ein Prozessmodell für studentische Beweiskonstruktionen vorgestellt, welches die aus theoretischer Perspektive relevanten Phasen einer Beweiskonstruktion abbildet. Seine Grundstruktur beruht auf einer Synthese verschiedener Beschreibungen von Beweisabläufen (Boero 1999; Boero et al. 2010; Hsieh et al. 2012; Misfeldt 2006; Schwarz et al. 2010; Stein 1986; G. J. Stylianides 2008) sowie entsprechender Verlaufsmodelle aus der Problemlöseforschung (Carlson & Bloom 2005; Pólya 1949; Schoenfeld 1985). Im Bestreben, das Prozessmodell als Analyseinstrument im Kontext der Studieneingangsphase nutzbar zu machen, wurden die einzelnen Teilprozesse unter Berücksichtigung aktueller Forschungsergebnisse weiter ausdifferenziert und an die spezifischen Rahmenbedingungen universitärer Beweisaufgaben angepasst. Das Modell umfasst mit dem Verstehen, dem Argumente Identifizieren, dem Argumente Strukturieren, dem Formulieren und dem Validieren insgesamt fünf Phasen, die in einer zyklischen Struktur angeordnet sind, um auf diese Weise auch spiralförmige Entwicklungen, Irr- und Umwege sowie kleinere und größeren Sprünge mit einzubeziehen. Um zu prüfen, inwiefern sich das entwickelte Modell für eine systematische und zuverlässige Analyse individueller Beweisprozesse eignet, wurde der erste Forschungszyklus an folgender Fragestellung ausgerichtet:

FF1a: *Inwieweit lassen sich die theoretisch angenommenen Phasen in Beweisprozessen von Studienanfängerinnen und -anfängern rekonstruieren?*

Die Forschungsfrage beinhaltet sowohl inhaltliche als auch methodisch ausgerichtete Komponenten. Bereits im Rahmen der Pilotierung wurde das Prozessmodell
mithilfe verschieden Kodierverfahren an empirischen Daten herangetragen und
dahingehend untersucht, inwiefern es in Kombination mit den einzelnen Verfahren
Ergebnisse hervorbringt, an denen weiterführende Auswertungen sinnvoll anschließen können (Kirsten in Druck). Vor dem Hintergrund der hier generierten Erkenntnisse wurde für die Hauptstudie ein episodisches Kodierverfahren gewählt (Rott
2013; Schoenfeld 1985). Dieses spiegelt das Konzept der Phase als ein Bündel
intentional gleich gerichteter Aktivitäten angemessen wider und erlaubt es, den Verlauf eines Beweisprozesses in übersichtliche Weise darzustellen. Im Spannungsfeld
von Abstraktion und Spezifität hebt das episodische Kodieren die jeweiligen Charakteristika einer Beweiskonstruktion hervor, bildet jedoch gleichzeitig auch die
Grundlage für Prozessvergleiche bezüglich der Dauer, Häufigkeit und Reihenfolge
auftretender Phasen. Die sehr gute Interrater-Übereinstimmung ($\kappa = .92$) bestätigt zudem, dass eine zuverlässige Zuordnung von Prozesssegmenten zu einer der
beschriebenen Phasen mit diesem Kodierverfahren möglich ist.

Auf inhaltlicher Ebene konnte über die Kodierung von insgesamt 24 studentischen Beweisprozessen die Existenz sämtlicher Phasen des Prozessmodells empirisch belegt werden. Obwohl nicht jede Phase in allen untersuchten Fällen rekonstruiert wurde, zeichnen die Ergebnisse insofern ein einheitliches Bild, als jeder der
beschriebenen Teilprozesse unabhängig von der Konstruktionsleistung und der bearbeiteten Beweisaufgabe auftritt (siehe Tabelle 7.2 und 7.3). Insgesamt kamen sechs
von 24 Fällen ohne eine Strukturierungsphase, drei ohne eine Formulierungsphase
und sieben ohne eine Validierungsphase aus. Hierbei handelt es sich unter anderem auch um solche Beweisprozesse, bei denen die Bearbeitung vorzeitig beendet
und daher kein finaler Beweis formuliert wurde. Dennoch bleibt auch in vollständigen Beweisprozessen die Phase des Strukturierens oder des Validierens vereinzelt unberücksichtigt. Über die direkte Kategorienanwendung hinaus traten einige
wenige Fälle auf, in denen segmentierte Prozessausschnitte keiner der im Modell
verankerten Phasen zugeordnet werden konnten. Diese wurden im Anschluss an
die Kodierung gesichtet und im Hinblick auf ihren Beitrag zur Konstruktionsleistung interpretiert (siehe Abschnitt 7.2.2). Da die fraglichen Materialausschnitte in
erster Linie Abschweifungen und organisatorischen Absprachen darstellen, wurden
diese nicht weiter für die Beschreibung des Prozessverlaufs berücksichtigt. Insbesondere wird keine Notwendigkeit dafür gesehen, das Prozessmodell durch weitere
Phasen gleichen Abstraktionsgrads zu erweitern. Die empirische Überprüfung des

Phasenmodells führt damit zu folgender Hypothese über studentische Beweiskonstruktionen.

Hypothese 1.1 *Ein vollständiger studentischer Beweisprozess konstituiert sich über die fünf Phasen des Verstehens, des Argumente Identifizierens, des Argumente Strukturierens, des Formulierens sowie des Validierens. Sämtliche inhaltsbezogenen Prozessabschnitte lassen sich einer dieser fünf Teilprozesse zuordnen, sodass keine weiteren Phasen auftreten.*

Eine Übersicht darüber, wie sich die fünf Phasen der Beweiskonstruktion im Einzelnen ausgestalten, gibt Tabelle 8.1. Die hier aufgeführten Aktivitäten beruhen auf den qualitativen Phasenbeschreibungen in Abschnitt 7.2.2 und bilden damit das empiriebasierte Pendant zu den im Rahmen theoretischer Vorüberlegungen angenommenen Phasenrealisierungen (siehe Tabelle 4.1). Da die Phasen des Verstehens und des Validierens Gegenstand der Forschungsfragen FF3 und FF4 sind und damit in den Abschnitten 8.1.3 und 8.1.4 ausführlich diskutiert werden, wird an dieser Stelle nur auf die Phasen des Argumente Identifizierens, des Strukturierens und des Formulierens eingegangen.

Argumente Identifizieren

Das Identifizieren von Argumenten beschreibt einen Teilprozess der Beweiskonstruktion, bei dem das Aufdecken von Eigenschaften und Zusammenhängen im Vordergrund steht, welche die Gültigkeit der zu zeigenden Aussage stützen. In der vergleichenden Betrachtung entsprechender Prozessausschnitte konnten verschiedene Realisierungen dieses Teilprozesses beobachtet werden, die sich in erster Linie durch unterschiedliche Strategien der Ideengenerierung voneinander abgrenzen. Eine zentrale Erkenntnis betrifft dabei den Umgang mit externen Ressourcen. Dieser reicht in den untersuchten Fällen von einem gezielten Nachschlagen einzelner Informationen bis hin zu einer explorativen Suche nach hilfreichen Wissenselementen. Bei letzterem Vorgehen bildet das Buch oder das Skript die Grundlage der Ideengenerierung, sodass die Wahl eines konkreten Ansatzes primär auf Ähnlichkeitsbeziehungen zwischen einem Satz oder einer Definition und der gegebenen Aussage beruht. Eine Orientierung an Oberflächenmerkmalen zeigt sich sodann auch in der Ausarbeitung des gewählten Ansatzes, indem hier einzelne Beweisschritte oder auch ganze Sätze mithilfe einer Anpassung von Variablenbezeichnungen auf die Problemsituation übertragen werden. Insgesamt zeugt das beschriebene Vorgehen von Schwierigkeiten, den Status eines mathematischen Satzes einzuschätzen und seine Anwendung als Schlussregel vorzubereiten. Ein unsicherer Umgang mit mathematischen Wissenselementen, bei dem formale Merkmale stärker gewich-

Tab. 8.1 Übersicht über die in einer jeweiligen Phase realisierten Aktivitäten

Verstehen (→ 8.1.3)

Die Studierenden

- hinterfragen einzelne Elemente der Aufgabenstellung und markieren relevante Informationen,
- folgern zusätzliche Informationen und arbeiten implizite Voraussetzungen heraus,
- ergänzen konzeptuelles sowie vereinzelt auch strategisches Vorwissen,
- betrachten Beispiele und Visualisierungen.

Argumente identifizieren (→ 7.2.2)

Die Studierenden

- assoziieren einen bestimmten Satz und schlagen diesen im Buch oder Skript nach,
- führen eine explorative Suche nach hilfreichen Informationen mithilfe einer externen Ressource durch,
- ziehen Schlussfolgerungen auf inhaltlich-anschaulicher Ebene,
- nutzen Visualisierungen, um die Anwendung eines Satzes vorzubereiten und Vorwissen auf die Problemsituation zu übertragen.

Argumente strukturieren (→ 7.2.2)

Die Studierenden

- ordnen ihre Beweisideen und skizzieren die zentralen Schritte einer Beweisführung,
- fassen ihre bisherigen Überlegungen im Sinne einer Standortbestimmung zusammen,
- legen die grundlegende Struktur ihres Beweises mithilfe von Zwischenbehauptungen und Fallunterscheidungen fest,
- binden ihre Argumentation an die Rahmentheorie an und ergänzen Schlussregeln.

Formulieren (→ 7.2.2)

Die Studierenden

- übertragen den von ihnen ausgearbeiteten (Teil-)Beweis auf das Aufgabenblatt,
- übersetzen ihre Erkenntnisse unter Berücksichtigung etablierter Konventionen in eine semi-formale Notation,
- wählen geeignete Bezeichnungen und Symbole,
- ergänzen zusätzliche Erläuterungen und stellen Bezüge zum Skript her.

(Fortsetzung)

Tab. 8.1 (Fortsetzung)

Validieren ($\rightarrow$ 8.1.4)
Die Studierenden

- formulieren eine wertende Einschätzung bezüglich ihres erarbeiteten (Teil-)Beweises,

- überprüfen einzelne Beweisschritte anhand einer Skizze oder eines Beispiels,

- argumentieren auf semantischer Ebene für oder gegen die Gültigkeit eines Zusammenhangs,

- überprüfen die Anwendbarkeit eines Satzes.

tet werden als inhaltliche, wurde bereits in anderen Studien beobachtet und kann in dieser Untersuchung nun repliziert werden (Weber 2001; Weber & Alcock 2004). In welchem Maße diese Unsicherheiten auf Defizite in der konzeptuellen Wissensbasis zurückgehen oder durch ein mangelndes Bewusstsein dafür hervorgerufen werden, welche Wissenselemente in welcher Form in der Beweisführung verwendet werden dürfen, bleibt hier zunächst offen.

Im Rahmen der theoretischen Vorüberlegungen wurde neben einem möglichen Einfluss konzeptuellen Vorwissens auch die Relevanz von strategischem Wissen und Problemlösestrategien diskutiert (z.B. Chinnappan et al. 2012; Reiss und Ufer 2009; Ufer et al. 2008 und Sommerhoff 2017). Ein Rückgriff auf mathematisch-strategisches Wissen, wie es von Mason und Spence (1999) sowie Weber (2001) beschrieben wurde, konnte in dieser Untersuchung nur in einzelnen wenigen Fällen beobachtet werden. Eine mögliche Erklärung hierfür liegt in dem Zeitpunkt der Datenerhebung begründet. Die Studienteilnehmerinnen und -teilnehmer befinden sich im ersten Semester ihres Mathematikstudiums und gründen ihr Erfahrungswissen damit in erster Linie auf die Erkenntnisse, die sie in den vorhergehenden zwei bis drei Monaten ihres Studiums gewonnen haben. Es ist anzunehmen, dass sich der Aufbau eines reichhaltigen Überblickswissen in einem langwierigen Prozess vollzieht, der weit über das erste Semester hinausgeht und eines reichhaltigen Erfahrungsschatzes sowie einer systematisierenden Reflexion desselben bedarf.

Im Hinblick auf die Heurismen, welche die Studierenden zur Ideengenerierung anwenden, wurde bei der Beschreibung der unterschiedlichen Phasenrealisierungen insbesondere auf die beobachteten Visualisierungsstrategien eingegangen. So wurde in verschiedenen Fällen eine Herangehensweise beobachtet, bei der sich die Studierenden spezifische Bedingungen der Problemsituation mithilfe einer Skizze veranschaulichen oder eine Beispielfunktion in ihrer graphischen Darstellung betrachten. In Übereinstimmung mit den Erkenntnissen von Samkoff et al. (2012) sowie Stylianou und Silver (2004) konnten dabei unterschiedliche Zielsetzungen rekonstruiert werden, die den Umgang mit der jeweils erstellten Skizze begleiten. Während einige Studierende die Skizze als Kommunikationsgrundlage verwenden und anhand dieser ihren Kommilitoninnen und Kommilitonen eine Beweisidee erläutern, nutzen andere Studierendengruppen die Visualisierung als Werkzeug der Ideengenerierung und versuchen, mithilfe der Skizze neue Folgerungen abzuleiten. Unabhängig von der jeweiligen Zielsetzung geht die Visualisierung mit einem semantischen Vorgehen einher, das insbesondere in Beweisprozessen zur Extrempunktaufgabe einen hohen Stellenwert einnimmt. So existieren mehrere Fälle, in denen die Phase des Argumente Identifizierens ausschließlich auf semantischen Repräsentationen beruht, wodurch der syntaktischen Aufarbeitung des Beweisansatzes eine zentrale Bedeutung für den Konstruktionserfolg zukommt (Alcock & Simpson 2004; Pedemonte 2008; Samkoff et al. 2012).

Argumente Strukturieren
Die Phase des Argumente Strukturierens beschreibt ein Bündel von Aktivitäten, das auf die Strukturierung, Präzisierung und Formalisierung der erarbeiteten Beweisideen ausgerichtete ist. Damit markiert sie den Übergang von einer kreativen und explorativen Ausrichtung des Beweisprozesses hin zu einer deduktiven Durcharbeitung. Für die theoretische Fundierung der Strukturierungsphase wurde in Kapitel 4 insbesondere auf die Verknüpfung semantischer und syntaktischer Repräsentationen eingegangen und die hiermit verbundene Transferleistung als zentraler Bestandteil der Phasenbeschreibung angeführt (Alcock & Simpson 2004; Douek 2007; Pedemonte 2008; Samkoff et al. 2012; D. Zazkis et al. 2014). Unter der Annahme, dass Studierende bei der Entwicklung ihrer Beweisideen auf Visualisierungen, Beispiele und inhaltlich-anschauliche Folgerungen zurückgreifen, ist im Rahmen der Strukturierung ein Transfer notwendig, bei dem informale Argumente formalisiert, Schlussregeln explizit und nicht-deduktive Schlüsse zu angemessenen Beweisschritten ausgearbeitet werden. Insbesondere wurden die von D. Zazkis et al. (2014) beschriebenen Aktivitäten des Formalisierens, des Reanalysierens und des Herausarbeitens in dieser Phase verortet. Die qualitative Beschreibung der im Datenmaterial identifizierten Strukturierungsphasen bestätigt das Auftreten derartiger Aktivitäten, zeigt jedoch auch, dass die Kernelemente der Phase in anderen Bereichen liegen. So konnten nur vereinzelt Prozesssequenzen beobachtet werden, bei denen die Studierenden die von ihnen entwickelten Beweisschritte in eine syntaktische Repräsentation übersetzen oder entsprechend der Aktivität des Herausarbeitens die Schlussregeln, die ihrer Argumentation zugrunde liegen, diskutieren. Eine Anbin-

dung an die Rahmentheorie wird dabei in erster Linie dadurch realisiert, dass die verwendeten Sätze explizit benannt oder durch eine Bezugnahme auf ihre Nummerierung im Vorlesungsskript verortet werden. Bereits im Rahmen der qualitativen Phasenbeschreibung in Abschnitt 7.2.2 wurden verschiedene Erklärungsansätze angedeutet, vor deren Hintergrund der geringe Umfang an Transferbestrebungen zu diskutieren ist. Auf der einen Seite enthält die Stichprobe gleich mehrere Fälle, in denen die entwickelte Beweiskette ausschließlich auf inhaltlich-anschaulichen Argumenten beruht und keine rahmentheoretische Anbindung vollzogen wird. Da in diesen Fällen auch innerhalb des Beweisprozesses kaum Transferbestrebungen zu beobachten sind, ist anzunehmen, dass die fehlende syntaktische Aufbereitung weniger auf Implementationsschwierigkeiten als auf ein mangelndes Bewusstsein für die Notwendigkeit einer Reanalyse zurückzuführen ist. Auf der anderen Seite ist es denkbar, dass sich einzelne Transferleistungen über die Phase des Strukturierens hinaus auch in anderen Phasen vollziehen. So existieren Fälle, bei denen bereits in der Phase des Argumente Identifizierens syntaktische und semantische Repräsentationen miteinander verknüpft werden, oder solche, bei denen Übersetzungsleistungen parallel zum Formulierungsprozess verlaufen. Anstatt einzelne Beweisschritte deduktiv aufzuarbeiten, nehmen die Studierenden im Rahmen der Strukturierungsphase in vielen Fällen eine distanzierte Haltung ein und konzentrieren sich darauf, den entwickelten Beweisansatz systematisierend zusammenzufassen. Indem sie ihre bisherigen Ideen und Ansätze resümierend wiederholen, versuchen sie, einen Überblick über den gegenwärtigen Stand der Bearbeitung zu gewinnen oder einen Plan für die finale Beweisführung zu skizzieren. Ein solches planendes Vorgehen kann bereits in frühen Stadien der Beweiskonstruktion auftreten, wenn die Studierenden den zu entwickelnden Beweis anhand von Zwischenbehauptungen oder Fallunterscheidungen vorstrukturieren. Die Phase der Strukturierung weist hier Überschneidungen mit der Episode des Planens im Verlaufsmodell von Schoenfeld (1985) auf, enthält jedoch auch erkenntnisgenerierende Komponenten, welche über diese hinausgehen. Über die systematische Strukturierung der Gedankengänge gewinnen die Studierenden eine neue Perspektive auf den entwickelten Beweisansatz und können diesen gezielt im Hinblick auf eine zulässige Beweisstruktur oder eine vollständige Beweiskette überprüfen. Das Aufdecken von Lücken innerhalb der Beweiskette kann sodann die beschriebenen Transferleistungen anstoßen oder eine erneute Phase des Argumente Identifizierens motivieren.

Formulieren

Die Phase des Formulierens wurde als ein Teilprozess der Beweiskonstruktion eingeführt, welche den Übergang von einem privaten Erkenntnisinteresse in einen öffentlichen Diskurs begleitet. Ziel dieser Phase ist es, den entwickelten Beweis dekontextualisiert und adressatengerecht darzustellen und ihn damit für eine Kommunikation innerhalb der Fachgemeinschaft aufzubereiten (Dawkins & Weber 2017; Hemmi 2006; J. Selden & Selden 2009b). Aufgrund der geforderten Leserorientierung und der hiermit einhergehenden Ausrichtung an externen Erwartungen wurde bei der Konzeption der Formulierungsphase ein Bezug zur Aktivität des Präsentierens hergestellt. Die schriftliche Präsentation von Beweisen orientiert sich an verschiedenen Stilprinzipien, die eine präzise und verständliche sowie gleichzeitig prägnante und sachgebundene Darstellung der mathematischen Zusammenhänge fordern (Halmos 1977; Houston 2012; Maier & Schweiger 1999). Die qualitative Beschreibung der identifizierten Formulierungssequenzen in Abschnitt 7.2.2 dokumentiert, welche Prinzipien Studierende für ihre eigene Beweiskonstruktion berücksichtigen und auf welche Weise sie diese zu realisieren versuchen. Während einige Studierende die Verständlichkeit und Präzision ihres Beweises fokussieren und versuchen, über ausführliche verbalsprachliche Erläuterungen Kohärenz zu erzeugen, präferieren andere eine vermeintlich prägnante Darstellung, die überwiegend Folgepfeile und Symbole enthält. Hierbei handelt es sich um eine unkonventionelle Anwendung des mathematischen Sprachregisters, die in dieser Form auch in den Studien von Lew und Mejia-Ramos (2015, 2019) beschrieben wird. Durch die Reduktion auf seine minimalen Bestandteile erscheint der Beweis als eine Summe von Beweisfragmenten, bei der unvollständige Sätze über Pfeile miteinander verbunden, Zusammenhänge jedoch kaum über sprachliche Konnektoren verdeutlicht werden. Im Unterschied zu den Ergebnissen von Lew und Mejia-Ramos (2015, 2019) diskutieren die Studierenden in dieser Studie häufig gewissenhaft, welche Bezeichnung sie für eine Variable wählen sollen. Dabei orientieren sie sich eng an den in der Aufgabenstellung oder im Vorlesungsskript eingeführten Variablen, sodass die erfolgreiche Wahl einer Variablenbezeichnung hier auch durch die vorhandenen Vorlagen unterstützt wird (Nardi & Iannone 2005). Eine Orientierung an der Vorlesung konnte auch bei der Begründung einzelner Beweisschritte beobachtet werden. Um ihren Beweis präzise und sachgebunden darzulegen, suchen die Studierenden nach expliziten Bezügen zum Skript und geben als Verweis auf eine Schlussregel eine Satznummer an. Die Vorlesung dient hier als zentrale Bezugsgröße, welche die Gültigkeit einer Argumentation in besonderer Weise stützt.

Formulierungsphasen treten in dieser Untersuchung an unterschiedlichen Stellen des Beweisprozesses auf und sind dabei nur bedingt an einen inhaltlichen Fortschritt der Beweiskonstruktion gekoppelt. Neben der zuvor beschriebenen Funktion der Kommunikation dient die Formulierung in einigen Beweisprozessen auch dazu, Ideen im Entwicklungsprozess zu fixieren oder den Rezipienten von den eigenen Fähigkeiten zu überzeugen. Im ersten Fall halten die Studierenden die von ihnen entwickelten Teilbeweise in präziser und verständlicher Form fest, um sie einer Reflexion zugänglich zu machen und so neue Impulse für das weitere Vorgehen zu generieren. Im anderen Fall wird hingegen versucht, einen unzureichenden Beweisansatz so überzeugend darzustellen, dass im Prüfungsfall möglichst viele Teilpunkte erreicht werden. Obwohl die durchgeführten Aktivität über die verschiedenen Intentionen hinweg vergleichbar sind, ist denkbar, dass der Fokus auf eine Diskursgemeinschaft, eine Lehrperson oder das eigene Erkenntnisinteresse insofern die Aneignung sozio-mathematischer Normen prägt, als dieser zwischen einer verständnisorientierten und einer imitierenden Anwendung unterscheidet.

Dauer, Häufigkeit und Reihenfolge der auftretenden Phasen
Im vorhergehenden Abschnitt wurde die Grundstruktur eines Beweisprozesses herausgearbeitet, indem die relevanten Teilprozesse einer Beweiskonstruktion identifiziert und diese in einem rekonstruktiven Vorgehen in ihren jeweiligen Charakteristika beschrieben wurden. Der aktuelle Forschungsstand gibt jedoch nur wenig Auskunft darüber, mit welcher Gewichtung die einzelnen Teilprozesse innerhalb eines Beweisprozesses auftreten und wie sich seine Struktur in der Reihenfolge der Phasen widerspiegelt (Karunakaran 2018; Misfeldt 2006; Schoenfeld 1985). In dieser Untersuchung wurde daher eine fallübergreifende Analyse der Beweisstruktur angestrebt, die sich an den Merkmalen der Dauer und der Häufigkeit orientiert und verschiedene quantitativ orientierte Merkmalsausprägungen gegenübergestellt (siehe Abschnitt 7.2.1). Die Ergebnisse deuten darauf hin, dass die Phasen des Argumente Identifizierens und des Verstehens über alle Fälle hinweg den größten Anteil am Gesamtprozess einnehmen. Es folgen in absteigender Reihenfolge die Phasen des Formulierens, des Argumente Strukturierens und schließlich des Validierens. Der hohe Anteil an Aktivitäten, welche auf die Generierung von Beweisideen ausgerichtet sind, ist insofern erwartungskonform, als es sich hierbei um einen kreativen und damit unter Umständen sehr zeitintensiven Teilprozess handelt. Da hier verschiedene Ansätze in einem explorativen Prozess entwickelt, ausprobiert und gegeneinander abgewogen werden, sind ein erhöhter zeitlicher Umfang sowie ein mehrfaches Durchlaufen der Phase nicht ungewöhnlich und werden in vergleichbarer Form auch in Studien zum Verlauf von Problemlöseprozessen berichtet (Rott 2013; Schoenfeld 1985). Auf der anderen Seite deuten empirische Untersuchungen von Harel und Sowder (1996) sowie Schoenfeld (1985) darauf hin, dass Schwierigkeiten bei der Beweiskonstruktion auch dadurch bedingt sind, dass Studierenden wenig Zeit und Systematik auf das Verstehen der zu zeigenden Aussage verwenden. Der insgesamt hohe Anteil an Verstehensprozessen, der in dieser Studie berichtet wird, wird daher zum Anlass genommen, die Phase des Verstehens und ihren Zusammenhang zur Konstruktionsleistung in Folgeanalysen eingehender zu untersuchen (siehe Abschnitt 8.1.2 sowie 8.1.3). Unabhängig von den Ergebnissen der Tiefenanalyse wird hier bereits deutlich, dass es sich bei den Phasen des Argumente Identifizierens

und des Verstehens um die Teilprozesse der Beweiskonstruktion handelt, denen von
den Studierenden am meisten Aufmerksamkeit entgegen gebracht wird und die den
Verlauf des Beweisprozesses maßgeblich prägen. Diese Erkenntnis wird in folgender Hypothese festgehalten:

Hypothese 1.2 *Rund zwei Drittel des Beweisprozesses entfallen mit dem Verstehen
und dem Argumente Identifizieren auf die kreativen Phasen der Beweiskonstruktion.*

Der übrige Beweisprozess wird zu großen Teilen mit den Phasen des Argumente
Strukturierens und des Formulierens ausgestaltet, wobei die Formulierungsphasen
in vielen Fällen in größerem Umfang auftreten. Auf der einen Seite handelt es
beim Formulieren um einen Teilprozess, bei dem inhaltliche Überlegungen und
sprachliche Ausarbeitungen miteinander koordiniert und Detailfragen zu spezifischen Bezeichnungen und Formulierungen parallel zum Schreibprozess diskutiert
werden. Hierdurch treten Verzögerungen in der Phasenrealisierung auf, welche
dadurch verstärkt werden, dass viele Studierende im Rahmen ihres Formulierungsprozesses ganze Definitionen und Sätze sowie die exakte Formulierung der Aufgabenstellung zu Papier bringen. Neben der größeren Zeitspanne, die Formulierungsprozesse damit naturgemäß beanspruchen, treten Formulierungsbestrebungen im
Gegensatz zu Strukturierungen auch in solchen Beweisprozessen auf, bei denen nur
geringe inhaltliche Fortschritte erzielt wurden. Die Studierenden reagieren damit
auf ihr Bedürfnis, auch kleine Fortschritte festzuhalten, um sich auf diese Weise
eine Chance auf Teilpunkte zu sichern. Das Auftreten der Strukturierungsphase
ist hingegen an einen substanziellen inhaltlichen Fortschritt gebunden und bis zu
einem gewissen Grad von der jeweiligen Aufgabenstruktur abhängig. So gewinnen
Strukturierungsphasen insbesondere in Beweisprozessen zur Extrempunktaufgabe
an Bedeutung, da es den Studierenden hier im Allgemeinen leichter fällt, aufbauend auf ihrem schulischen Vorwissen Zwischenbehauptungen zu formulieren und
so den Beweis vorzustrukturieren.

Den geringsten Anteil am Gesamtprozess nimmt die Phase des Validierens ein.
In Übereinstimmung mit Ergebnissen der Problemlöseforschung führen die Studierenden nur selten eine abschließende Überprüfung des von ihnen entwickelten
Beweises durch und beenden ihren Beweisprozess stattdessen mit der finalen Formulierungsphase (Rott 2013; Schoenfeld 1985). Dennoch treten im Verlauf des
Beweisprozesses wiederholt kurze Validierungssequenzen auf, im Rahmen derer
die Studierenden ihre bisherigen Ideen hinterfragen und einzelne Beweisschritte
kontrollieren. Vor dem Hintergrund dieser Beobachtungen ist anzunehmen, dass
die Phase des Validierens nicht, wie angenommen, am Ende des Beweisprozesses

zu verorten ist, sondern vielmehr in Abhängigkeit von dem Gegenstand der Validierung an verschiedenen Stellen des Beweisprozesses realisiert werden kann. Die hohe Anzahl an Phasenwechseln, die zwischen der Validierungsphase und den übrigen Teilprozessen einer Beweiskonstruktion auftreten (siehe Abschnitt 7.2.1), bestärken diese Vermutung und begründen folgende Hypothese:

Hypothese 1.3 *Der Teilprozess des Validierens findet fortlaufend und parallel zu den übrigen Teilprozessen statt.*

Neben Phasenwechseln, die aus einer eingeschobenen Validierungsphase resultieren, konnten im Rahmen der quantitativen Auswertung verschiedene weitere Formen von Phasenübergängen beobachtet werden, welche zunächst die im Phasenmodell angelegte, zyklische Struktur unterstreichen. In Abschnitt 7.2.1 wurde für eine detailliertere Betrachtung der Phasenwechsel zwischen linearen Übergängen, Rückkopplungen und weitreichenderen Sprüngen unterschieden. Während lineare Übergänge und Rückkopplungen Phasenwechsel zwischen im Modell benachbarten Teilprozessen beschreiben und sich lediglich durch die Richtung des Phasenübergangs unterscheiden, beziehen sich Sprünge auf nicht unmittelbar benachbarte Phasen und schließen somit das Überspringen eines anderen Teilprozesses mit ein. Eine Gegenüberstellung der Häufigkeiten, mit denen die einzelnen Formen des Phasenwechsels auftreten, zeigt, dass ein Großteil der dokumentierten Phasenwechsel durch lineare Übergänge und Rückkopplungen realisiert wird. Diese konstituieren durch die Kombination von progressiven und rückgewandten Wechseln einen Mini-Zyklus zwischen zwei benachbarten Phasen, in deren Wechselspiel sich eine Idee oder ein Beweisschritt sukzessive entwickeln kann. Vor dem Hintergrund dieser Beobachtung wird folgende Hypothese formuliert:

Hypothese 1.4 *Phasenwechsel treten primär zwischen benachbarten Phasen auf, sodass vielfach Mini-Zyklen im Beweisprozess entstehen.*

Unter den wenigen verbleibenden Phasenwechseln ist ein substanzieller Anteil an Phasenübergängen zwischen dem Identifizieren von Argumenten und dem Formulieren enthalten. Diese können als abgekürzte Teilkreisläufe interpretiert werden, bei denen die Phase des Strukturierens übersprungen und entwickelte Ideen unmittelbar ausformuliert werden. Das Auftreten derartiger Teilkreisläufe beschränkt sich dabei auf ausgewählte Beweisprozesse, sodass ein wiederholter Phasenwechsel zwischen dem Argumente Identifizieren und dem Formulieren als charakterisierendes Merkmal einer Beweiskonstruktion gelten kann.

Typen von Prozessverläufen

Um die bisherigen Beschreibungen in eine verdichtete Form zu bringen und eine systematische Darstellung von Prozessverläufen zu erhalten, wurde in Abschnitt 7.2.3 eine Typenbildung durchgeführt. Ziel war es hier, aufbauend auf den Merkmalen der Reihenfolge, der Dauer und der Häufigkeit verschiedene Varianten von Phasenabläufen herauszuarbeiten und auf diese Weise zu beschreiben, wie Studienanfängerinnen und -anfängern die fünf identifizierten Phasen im Rahmen einer Beweiskonstruktion miteinander kombinieren. Damit adressieren die im Folgenden zusammengefassten Ergebnisse die nachstehende Forschungsfrage und werden insbesondere in Bezug auf die von Schoenfeld (1985) sowie D. Zazkis et al. (2015) beschriebenen Prozessverläufe diskutiert (siehe 3.4.2).

FF1b: *Welche verschiedenen Typen von Beweisprozessverläufen lassen sich differenzieren?*

Im Rahmen einer kontrastiven Gegenüberstellung konnten insgesamt fünf Prozesstypen differenziert werden. Jeder dieser Prozesstypen weist dabei eine für ihn charakteristische Abfolge von Teilprozessen auf und beschreibt damit eine Möglichkeit, den Beweisprozess auf makroskopischer Ebene zu gestalten. Dabei ist anzunehmen, dass jeder Prozessgestaltung eine spezifische Strategie zugrunde liegt, den mit einer Beweiskonstruktion verbundenen Spannungsfeldern zu begegnen. Insbesondere zeichnen sich die Prozesstypen damit durch charakteristische Vorgehensweisen aus, kreative und präzisierende Aktivitäten miteinander zu verbinden sowie mit auftretenden Unsicherheiten und Unterbrechungen umzugehen. Die fünf identifizierten Prozesstypen charakterisieren sich wie folgt:

- *Der Zielorientierte*: Der Typ des Zielorientierten charakterisiert sich durch eine Sequenz an Phasenabläufen, die insofern eine lineare Struktur aufweist, als die verschiedenen Phasen in der Reihenfolge durchlaufen werden, wie sie im Phasenmodell beschrieben ist. Das lineare Vorgehen geht dabei mit einem stringenten Aufbau der Beweiskonstruktion einher, bei dem einzelne Teilprozesse systematisch aufeinander aufbauen und jede Phase zunächst abschließend bearbeitet wird, bevor die Studierenden zur nächsten übergehen. Beweisprozesse, welche dem Typ des Zielorientierten entsprechen, weisen demnach verschiedene Merkmale auf, die auch in der von D. Zazkis et al. (2015) beschriebenen Target-Strategie verankert sind. Bei dieser Strategie wird der Lösungsprozess aufbauend auf einer sorgfältigen Analyse der Aufgabenstellung umfassend geplant, wodurch die Wahl eines Lösungsansatzes in hohem Maße zielgerichtet erfolgt. Während D. Zazkis et al. (2015) sich für die Beschreibung von Beweisprozessen auf das Problemlösemodell von Pólya (1949) beziehen, konnte in dieser Untersuchung ein zielorientiertes Vorgehen auch unter Berücksichtigung beweisspezifischer Teilprozesse nachgewiesen werden.

- *Der Neustarter*: Beweisprozesse, die sich dem Typ des Neustarters zuordnen lassen, sind in erster Linie dadurch gekennzeichnet, dass hier mehrere Beweisideen nacheinander implementiert und auf diese Weise ein zyklisches Vorgehen realisiert wird. Die einzelnen Zyklen sind dabei insofern in sich abgeschlossen, als ein wenig zielführender Ansatz im Rahmen einer Validierung verworfen und damit eine neue Konstruktionssequenz initiiert wird. Die hierbei auftretende Zäsur stellt ein charakteristisches Merkmal des Neustarters dar, wodurch ein Bezug zu der von D. Zazkis et al. (2015) herausgearbeiteten Shotgun–Strategie geschaffen wird. Die beschriebenen Formen der Prozessgestaltung weisen insofern Parallelen auf, als der Fortschritt des Beweisprozesses in beiden Fällen wiederholt überprüft und das gewählte Vorgehen gegebenenfalls einer Anpassung unterzogen wird. Im Unterschied zu den von D. Zazkis et al. (2015) beschriebenen Prozessverläufen erfolgt die Wahl eines Beweisansatzes beim Typ des Neustarters jedoch nicht zwangsläufig spontan. Vielmehr beruht die Ideengenerierung auch hier in vielen Fällen auf einer sorgfältigen Beschäftigung mit der zu zeigenden Aussage, wodurch ein neuer Zyklus durch eine Verstehensphase eingeleitet wird. Die beobachteten Abweichungen zwischen dem Prozesstyp des Neustarters und der Shotgun-Strategie lassen sich bis zu einem gewissen Grad auf die in den jeweiligen Untersuchungen herangezogenen Beweisaufgaben zurückführen. So ist anzunehmen, dass eine erfolgreiche Implementation der Shotgun-Strategie stets auf einem grundlegenden Verständnis der Aufgabenstellung aufbaut, sodass der Umfang an Verstehensaktivitäten in Abhängigkeit von der Komplexität der Problemsituation variiert.

- *Der Entwickler*: Bei dem Typ des Entwicklers handelt es sich um eine Form der Prozessgestaltung, bei welcher der Beweis in einem wiederkehrenden Zyklus aus Entwicklung, Ausarbeitung und Formulierung sukzessive erarbeitet wird. Während sich die Prozessstruktur beim Neustarter als Reaktion auf den inhaltlichen Fortschritt der Beweiskonstruktion ergibt, ist der Beweisprozess des Entwicklers von vornherein zyklisch angelegt und beschreibt eine kontinuierliche, spiralförmige Entwicklung. Sofern es die zu beweisende Aussage zulässt, wird hier bereits zu Beginn der Beweiskonstruktion mithilfe von Zwischenbehauptungen und Fallunterscheidungen eine allgemeine Beweisstruktur festgelegt, durch welche der Beweis in verschiedene Teilbeweise zerfällt. Ein solches Vorgehen beschreibt sodann eine idealtypische Anwendung der Zerlegungsstrategie, bei welcher die Komplexität der Beweiskonstruktion über die Betrachtung von Teilbeweisen reduziert wird (Bruder & Collet 2011; Grieser 2013; Houston 2012;

Pólya 1949). Eine andere Form der Typenrealisierung, die keine Zerlegung nach inhaltlichen oder strukturellen Kriterien vornimmt, konstituiert sich in einem Vorgehen, bei welchem die Studierenden gewonnene Erkenntnisse umgehend ausarbeiten und fixieren, sodass der Formulierungsprozess bereits in die Entwicklung integriert wird. Bei diesem Vorgehen dient die Ausformulierung der entwickelten Ideen nicht nur deren Kommunikation, sondern beinhaltet insofern auch eine kognitive Komponente, als das Gedächtnis entlastet und der Erkenntnisgewinn dadurch unterstützt wird (z. B. Hermanns 1988; Ortner 2011; Ossner 1995). Das Fixieren der gewonnenen Erkenntnisse ermöglicht es den Studierenden hier, einen strukturierten Blick auf die bisherigen Bearbeitungsergebnisse zu erlangen und auf diese Weise neue Anknüpfungspunkte für die Ideengenerierung aufzudecken.

• *Der Punktesammler*: Der Typ des Punktesammlers wird von Beweisprozessen repräsentiert, bei denen auf eine abgeschlossene Sequenz von Konstruktionsschritten eine erneute Entwicklungsschleife folgt. Diese ergibt sich aus studentischer Perspektive eher zufällig und wird durch eine Formulierungsphase initiiert, in welcher die Studierenden eine für sie nicht zufriedenstellende Lösung notieren. Im Zuge der Ausformulierung findet ein Erkenntnisprozess statt, durch den neue Ideen für die Beweiskonstruktion geniert werden. Obwohl die Studierenden diese Ideen in den meisten Fällen nicht mehr konsequent verfolgen und ihren Beweisprozess daher mit einer Phase des Argumente Identifizierens beenden, zeigt sich auch hier, wie das Ausformulieren von Erkenntnissen die Ideengenerierung unterstützen kann (z.B. Hermanns 1988; Ortner 2011; Ossner 1995).

Die mit dem Typ des Punktesammlers verbundene Form der Prozessgestaltung weist insofern Parallelen zu *wild goose chase*-Prozessen auf, als die Studierenden hier, ähnlich wie von Schoenfeld (1985) beschrieben, über einen langen Zeitraum hinweg keinen Fortschritt erzielen und es ihnen nicht gelingt, ihren Beweisprozess in eine produktive Richtung zu lenken. Dennoch gehen die Bemühungen der Studierenden in dieser Untersuchung über ein *wild goose chase* hinaus, indem sie über das Ausformulieren ihrer Erkenntnisse eine vertiefte Auseinandersetzung mit ihrem Beweisansatz anregen. Obwohl es den Studierenden vielfach an Beharrlichkeit bzw. dem nötigen Selbstvertrauen fehlt, die Entwicklungsschleife produktiv für die Beweiskonstruktion zu nutzen, sind hier dennoch gewinnbringende Ansätze der Prozesssteuerung zu erkennen. Die in dieser Studie beobachtete Weiterentwicklung des von Schoenfeld beschriebenen Verhaltensmusters lässt sich bis zu einem gewissen Grad auf die in der jeweiligen Untersuchungssituation relevanten Kontextbedingungen zurückführen. Das Konstruieren von Beweisen ist für die Studierenden dieser Untersuchung gemeinhin in eine Leistungssituation eingebunden, wodurch das Formulieren von Teillösungen als Strategie der Studiumsbewältigung verinnerlicht wird. Ein Ziel könnte es demnach sein, Wege zu finden, wie diese Strategie produktiv in den Beweisprozess eingebunden werden kann.

- *Der Rückkoppler*: Der Typ des Rückkopplers beschreibt den in dieser Untersuchung am häufigsten realisierten Prozessverlauf. Beweisprozesse dieses Typs kennzeichnen sich durch eine hohe Anzahl an Rückkopplungen, die innerhalb eines Beweisprozesses Mini-Zyklen erzeugen und so einen spiralförmigen Erkenntnisprozess beschreiben. Ausgehend von einer auftretenden Unsicherheit wechseln die Studierenden zunächst zurück in die vorhergehende Phase und führen ihren Beweisprozess sodann vor dem Hintergrund der neu gewonnenen Erkenntnisse in modellkonformer Phasenabfolge weiter. Der Typ des Rückkopplers weist damit insofern Parallelen zum Typ des Zielorientierten auf, als hier grundsätzlich ein lineares Vorgehen angestrebt wird. Unter der Annahme, eine Phase vollständig bearbeitet zu haben, widmen sich die Studierenden dem folgenden Teilprozess, decken dabei jedoch Defizite auf, die eine erneute Auseinandersetzung mit der vorhergehenden Phase notwendig machen. Der Typ des Rückkopplers repräsentiert somit Prozessverläufe, in denen vermehrt Bezüge zwischen den Teilprozessen gesucht und die Möglichkeit einer nachträglichen Vertiefung aktiv genutzt wird.

In dieser Untersuchung konnten bis auf eine Ausnahme sämtliche Beweisprozesse eindeutig einem Prozesstyp zugeordnet werden. Lediglich der Fall von Anna, Steffen & Michael weist gleichermaßen Merkmale des Rückkopplers sowie des Neustarters auf. Damit ermöglicht die Differenzierung nach Prozesstypen eine verdichtete Betrachtung von Beweisprozessen, bei welcher die charakteristischen Merkmale eines Konstruktionsverlaufs hervorgehoben und auf diese Weise Anknüpfungspunkte für typenspezifische Handlungsempfehlungen geschaffen werden. Inwiefern es sich bei den Prozesstypen um personen- oder situationsspezifische Vorgehensweisen handelt, geht jedoch nicht aus den im Rahmen dieser Untersuchung analysierten Daten hervor. Entsprechend wird zunächst folgende Hypothese festgehalten:

Hypothese 1.5 *Anhand der fünf nachstehenden Prozesstypen lassen sich verschiedene Verläufe von Beweisprozessen eindeutig und vollständig differenzieren: Zielorientierter, Neustarter, Entwickler, Punktesammler und Rückkoppler.*

Werden mithilfe der fünf Prozesstypen sämtliche Varianten eines Phasenverlaufs abgebildet, so lässt sich aus einer Synthese der unterschiedlichen Prozesstypen ein empirisches Prozessmodell ableiten, welches die jeweils charakteristischen

Merkmale einer Prozessgestaltung in sich vereint (siehe Abb. 8.1). Gleichzeitig wird über die gemeinsame Betrachtung der verschiedenen Prozessverläufe deutlich, welche strukturellen Merkmale typenübergreifend auftreten und damit eine allgemeine Prozessstruktur beschreiben. In dieser Untersuchung verfügen studentische Beweisprozesse mehrheitlich über eine grundlegend lineare Struktur, die im Sinne des Rückkopplers von Mini-Zyklen durchsetzt ist. Insbesondere bei den Typen des Zielorientierten und des Rückkopplers werden die einzelnen Teilprozesse der Beweiskonstruktion sukzessive durchlaufen und Erkenntnisse gegebenenfalls durch Rückschritte in die vorhergehende Phase vertieft. Eine solche Grundstruktur wird insofern auch von den Typen des Neustarters und des Punktesammlers unterstützt, als hier aufgrund einer negativen Validierung mehrere lineare Konstruktionssequenzen hintereinander ausgeführt bzw. lineare oder rückkoppelnde Beweisprozesse durch eine abschließende Entwicklungsschleife ergänzt werden. Einzig der Typ des Entwicklers weist eine zyklische Struktur auf, die bewusst als solche gewählt und durch eine Zerlegung des Beweises in Teilbeweise implementiert wird. Die einzelnen Teilbeweise werden jedoch wiederum in linearen, in sich abgeschlossenen Prozesssequenzen entwickelt, sodass auch hier eine grundlegend progressive Struktur zu erkennen ist. Aufbauend auf den strukturellen Gemeinsamkeiten der verschiedenen Prozesstypen wird folgende Hypothese über die Grundstruktur eines Beweisprozesses formuliert:

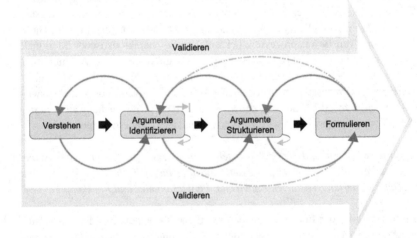

Abb. 8.1 Empirisches Beweisprozessmodell

Hypothese 1.6 *Die studentische Beweiskonstruktion verläuft in einem grundlegend linearen Beweisprozess, der wiederholt durch Mini-Zyklen vertieft und ergänzt wird.*

Die formulierte Hypothese knüpft damit insofern an Erkenntnissen von Karunakaran (2018) an, als auch hier eine überwiegend lineare Struktur in den Beweiskonstruktionen von Studierenden beobachtet wird. Basierend auf einem Vergleich mit Expertinnen und Experten bewertet Karunakaran die lineare Prozessgestaltung jedoch als ein ineffektives Vorgehen, welches das Auftreten von Schwierigkeiten und Stagnationsphasen begünstigen kann. Die Grundlage für die Untersuchung bildet hier jedoch das Konzept eines Bündels und nicht das einer Phase, wodurch die Beschreibungen weniger auf der Analyse von Aktivitäten, sondern vielmehr auf dem jeweils erzielten mathematischen Fortschritt beruhen. Aufgrund der unterschiedlichen konzeptuellen Rahmung bleibt zunächst offen, inwieweit die jeweiligen Bündel mehrere Phasen umfassen oder andersherum verschiedene Bündel innerhalb einer Phase auftreten können.

8.1.2   Prozessverlauf und Konstruktionsleistung

Aufbauend auf den Erkenntnissen der inhaltlich strukturierenden Inhaltsanalyse wurde in Abschnitt 7.2.4 eine Analyse von Wirkungszusammenhängen zwischen den beschriebenen Merkmalen der Prozessgestaltung und der Konstruktionsleistung angestrebt. Die Analyse adressierte damit folgende Forschungsfrage:

FF2: *Gibt es einen Zusammenhang zwischen der Konstruktionsleistung und der Dauer, Häufigkeit oder Reihenfolge der einzelnen Phasen im Beweisprozess?*

Um generalisierbare Zusammenhänge zwischen dem Prozessverlauf und dem Erfolg einer Beweiskonstruktion herauszuarbeiten, wurden die analysierten Beweisprozesse zunächst anhand einer Kategorisierung der Beweisprodukte in erfolgreiche und nicht erfolgreich Beweiskonstruktionen unterteilt (siehe Abschnitt 6.3.2). Entlang dieser Unterscheidung wurden sodann die inhaltsanalytischen Erkenntnisse bezüglich des Umfangs einzelner Phasen sowie im Hinblick auf die rekonstruierten Prozesstypen vergleichend gegenüber gestellt. In Bezug auf die Häufigkeit und die Dauer, mit der eine jeweilige Phase in erfolgreichen und weniger erfolgreichen Beweisprozessen realisiert wird, zeigen sich in erster Linie Unterschiede für die Phasen des Verstehens und des Argumente Strukturierens. Demnach wenden Studierende in weniger erfolgreichen Beweisprozessen tendenziell mehr Zeit dafür auf, die Aufgabenstellung zu analysieren und ein Verständnis der Problemsituation aufzubauen. Gleichzeitig widmen sie sich in einem geringeren Umfang der Phase des Argumente Strukturierens und damit der deduktiven Durcharbeitung ihrer Erkenntnisse. Beide Beobachtungen gehen dabei insofern miteinander einher, als sie einen Fokus auf die kreativen Phasen der Beweiskonstruktion beschreiben. Während der geringe Umgang an Strukturierungsphasen bis zu einem gewissen Grad auf einen marginalen inhaltlichen Fortschritt zurückzuführen ist, erscheint der hier angedeutete Zusammenhang zwischen einer umfangreichen Verstehensphase und einer niedrigen Konstruktionsleistung wenig erwartungskonform. Unterschiedliche Studien zum Verlauf von Problemlöse- und Beweisprozessen identifizieren im Gegenteil eine mangelnde oder gar fehlende Aufgabenanalyse als Ursache für auftretende Schwierigkeiten (Harel & Sowder 1996; Rott 2013; Schoenfeld 1985). Ein möglicher Erklärungsansatz für die gegensätzlichen Beobachtungen bezieht sich auf die Komplexität der jeweils zu bearbeitenden Aufgaben. Die in dieser Untersuchung verwendeten Beweisaufgaben setzen ein grundlegendes Aufgabenverständnis voraus und erlauben keine unverstandene Anwendung syntaktischer Operationen. Der größere Umfang an Verstehensaktivitäten ließe sich demnach als Ausdruck von Schwierigkeiten interpretieren, die wesentlichen Bedingungen der Problemsituation zu erfassen und so eine Grundlage für die Ideengenerierung zu schaffen. Dennoch konnten auch erfolgreiche Beweisprozesse identifiziert werden, in denen die Verstehensphase einen hohen absoluten und relativen Anteil einnimmt. Insgesamt dokumentieren die typenbildenden Analysen in Abschnitt 7.2.4 keine substanziellen Unterschiede zwischen erfolgreichen und nicht erfolgreichen Beweisprozessen, die ein systemisch ineffektives Verhalten der Studierenden auf makroskopischer Ebene beschreiben und damit als Ausgangspunkt für Fördermaßnahmen dienen könnten.

Hypothese 2.1 *Es besteht kein Zusammenhang zwischen der Konstruktionsleistung und der Dauer oder der Häufigkeit einer auftretenden Phasen.*

Neben dem zeitlichen und nominellen Umfang einer Phase wurde auch die Reihenfolge, in der die verschiedenen Phasen miteinander kombiniert werden, im Hinblick auf mögliche Wirkungszusammenhänge untersucht. Als Grundlage dienten hier die im vorhergehenden Abschnitt differenzierten Prozesstypen, da diese charakteristische Phasenabfolgen in verdichteter Form widerspiegeln. Während Schoenfeld (1985) sowie D. Zazkis et al. (2015) bereits auf makroskopischer Ebene effektive und nicht effektive Vorgehensweisen der Beweiskonstruktion identifizieren konnten, zeigt die Gegenüberstellung von erfolgreichen und nicht erfolgreichen Beweisprozessen in dieser Untersuchung kein eindeutiges Muster. So existieren Prozesstypen, wie der Rückkoppler und der Entwickler, die gleichermaßen in Kombination mit hohen sowie mit niedrigen Konstruktionsleistungen auftreten. Andere Typen, wie der Punktesammler und der Neustarter, werden ausschließlich von nicht erfolgreichen Beweisprozessen repräsentiert, eignen sich aber dennoch nur bedingt für eine Hypothesengenerierung. Während die niedrige Konstruktionsleistung beim Typ des Punktesammlers bereits in dessen Definition verankert ist, beschreibt der Neustarter einen Prozessverlauf, der aus theoretischer Perspektive durchaus effektive Komponenten aufweist und unter Berücksichtigung von Überschneidungen zur Shotgun-Strategie bereits in erfolgreichen Beweisprozessen nachgewiesen wurde (D. Zazkis et al. 2015). Eine detaillierte Betrachtung der zugeordneten Fälle in Abschnitt 7.2.4 unterstützt die Vermutung, dass die auftretenden Schwierigkeiten hier weniger auf makroskopischer Ebene zu verorten sind, sondern vielmehr auf Defizite in verschiedenen Wissensbereichen zurückgehen. Dennoch zeigen diese Beispiele auch, dass eine Prozessgestaltung, bei der im Sinne der Shotgun-Strategie verschiedene Beweisansätze implementiert und kritisch im Hinblick auf ihren Nutzen überprüft werden, nicht zwangsläufig mit einer hohen Konstruktionsleistung einhergeht. Da in der Studie von D. Zazkis et al. (2015) ausschließlich Beweisprozesse von erfolgreichen Studierenden betrachtet werden, können die Ergebnisse aus dieser Untersuchung den Forschungsstand an dieser Stelle sinnvoll ergänzen.

Der Typ des Zielorientierten stellt den einzigen Prozesstyp dar, der ausschließlich durch erfolgreiche Beweisprozesse repräsentiert wird. Er beschreibt insofern einen idealtypischen Prozessverlauf, als hier jeder Teilprozess im ersten Durchgang zufriedenstellend bearbeitet wird, sodass sich die Beweiskonstruktion in einem steten Fortschritt entwickelt. Dennoch bleibt an dieser Stelle offen, inwiefern ein linearer Prozessverlauf an bestimmte Rahmenbedingungen gebunden und damit Ausdruck eines erfolgreichen Zusammenspiels unterschiedlicher Komponenten ist. Neben einer umfangreichen und unmittelbar anwendbaren Wissensbasis wurden in Abschnitt 7.2.4 bereits verschiedene potenzielle Einflussfaktoren, wie der Problemcharakter einer Beweisaufgabe, der Umfang kooperativer Prozesse oder die Integration syntaktischer Zugänge, diskutiert. Insgesamt sind damit auch in Bezug auf die Reihenfolge der auftretenden Phasen keine Regelhaftigkeiten zu erkennen, die einen eindeutig interpretierbaren Zusammenhang beschreiben und Handlungsempfehlungen implizieren.

Hypothese 2.2 *Es besteht kein eindeutiger Zusammenhang zwischen der Konstruktionsleistung und den verschiedenen Prozesstypen.*

Die Darstellung und Interpretation der Ergebnisse verdeutlicht, dass über einen Vergleich quantitativ geprägter Merkmale, wie der Häufigkeit, der Dauer und der Reihenfolge auftretender Phasen, durchaus phasenspezifische Unterschiede

zwischen erfolgreichen und nicht erfolgreichen Beweisprozessen herausgearbeitet werden können. Dennoch eignen sich diese bei differenzierter Betrachtung nur
bedingt für die Beschreibung von Wirkungszusammenhängen auf makroskopischer
Ebene. Damit knüpfen die Untersuchungsergebnisse an prozessbezogene Erkenntnisse aus anderen Bereichen an, nach denen sich die Qualität eines Teilprozesses
beim Problemlösen oder Modellieren nicht in dessen Dauer oder Häufigkeit widerspiegelt (Möwes-Butschko 2010). Obwohl in diesem Abschnitt keine eindeutigen
Zusammenhänge auf makroskopischer Ebene beschrieben werden konnten, gibt die
kontrastierende Betrachtung von Beweisprozessen dennoch einen Einblick in die
relevanten Merkmale einer erfolgreichen Beweiskonstruktion und ermöglicht es,
Analyseschwerpunkte auf mikroskopischer Ebene gezielt zu wählen. Während in
Abschnitt 8.1.5 auch sekundäre Merkmale aufgeführt werden, für die eine detaillierte Analyse lohnend erscheint, konzentriert sich diese Untersuchung auf eine
Tiefenanalyse der Prozessgestaltung. Aufbauend auf der Erkenntnis, dass Studierende mit niedrigen Konstruktionsleistungen mehr Aufmerksamkeit auf die Aufgabenanalyse richten und fehlerhafte Beweisentwürfe in gleichem Umfang wie ihre
erfolgreichen Kommilitoninnen und Kommilitonen überprüfen, wurden die Phasen
des Verstehens und des Validierens in einer feingliedrigen Analyse anhand ihrer
qualitativen Merkmalsausprägungen untersucht.

8.1.3 Verstehensaktivitäten im Beweisprozess

Um die Konzeptualisierung der Verstehensphase angemessen zu fundieren, wurde
in Kapitel 4 auf Erkenntnisse der „cognitive unity"-Forschung sowie auf solche zum
mathematischen Textverstehen zurückgegriffen. Demnach besteht ein reichhaltiges
Aufgabenverständnis aus einer propositionalen Textbasis und einem hierauf aufbauenden Situationsmodell, wobei erst die Kombination beider Repräsentationsformen ein flexibles Denken außerhalb der Aufgabenstrukturen ermöglicht (Kintsch
& Greeno 1985; Reusser 1997; Schnotz 2001). In Anlehnung an die „cognitive
unity"-Forschung kann der Aufbau eines Situationsmodells durch die Rekonstruktion des Satzfindungsprozesses unterstützt werden, indem hier über eine propositionale Textbasis hinaus die Bedingungen der Problemsituation erforscht und relevante
Strukturen herausgearbeitet werden (Boero et al. 2007; Garuti et al. 1998; Martinez
2010). Vor dem Hintergrund der Erkenntnis, dass der Umfang einer Verstehensphase nicht für den Konstruktionserfolg entscheidend ist, wurde in Abschnitt 7.3.1
untersucht, inwiefern sich qualitative Unterschiede in der Ausgestaltung der Verstehensphase identifizieren lassen, die sich positiv oder negativ auf die Konstruktionsleistung auswirken. Vorbereitend wurde hierfür nach qualitativen Merkmals-

ausprägungen gefragt, anhand derer sich die Verstehensphase auf mikroskopischer Ebene beschreiben lässt.

FF3a. *Welche Aktivitäten üben Studienanfängerinnen und -anfänger der Mathematik aus, um eine Problemrepräsentation zu einer gegebenen Aussage zu entwickeln?*

Im Rahmen einer materialbasierten Kategorienbildung, für welche die Verstehensphasen aus 11 Beweisprozessen einer feingliedrigen Analyse unterzogen wurden, konnten insgesamt 12 Aktivitäten herausgearbeitet werden, die in ihrer jeweiligen Kombination verschiedene Varianten beschreiben, die Verstehensphase zu gestalten (siehe Tabelle 8.2). Jede Aktivität kennzeichnet sich dabei durch eine spezifische Disposition, mit den Informationen aus der Aufgabenstellung umzugehen und sie für den Aufbau einer mentalen Repräsentation zu nutzen. Im Einzelnen werden folgende Aktivitäten differenziert (siehe auch Kirsten (2019a, 2019b)):

Die in dieser Untersuchung identifizierten Aktivitäten erscheinen insofern valide, als sie Handlungen und Diskussionen beschreiben, die bereits in anderen Bereichen der Beweisforschung diskutiert wurden. Während das Paraphrasieren im Zusammenhang mit dem Lesen mathematischer Texte und Beweise als wirkungsvolle Strategie behandelt wird (Shepherd & van de Sande 2014; Weber 2015), spiegeln sich die Aktivitäten des Folgerns und des Spezifizierens in verschiedenen Vorgehensweisen wider, die für die Rekonstruktion des Satzfindungsprozesses im Kontext der „cognitive unity"-Forschung diskutiert werden (Boero et al. 2007; Martinez 2010). Darüber hinaus belegen verschiedene Studien zum Lesen und Konstruieren von Beweisen, dass ein Repräsentationswechsel in Form von Beispielbetrachtungen und Visualisierungen das Verständnis einer Aussage vertiefen und neue Perspektiven auf die Problemsituation anregen kann (Alcock & Weber 2010b; Shepherd & van de Sande 2014; Stylianou & Silver 2004; Weber 2015). Mit den Aktivitäten des Transformierens und des Klassifizierens widmen sich die Studierenden der logischen Struktur einer Aussage und versuchen so, das Grundgerüst eines zu produzierenden oder rezipierenden Beweises herauszuarbeiten (Mejia-Ramos et al. 2012; A. Selden 2012; Weber 2015). Die vielfältigen Verbindungen zu Erkenntnissen aus benachbarten Forschungsbereichen bekräftigen die Ergebnisse und ermöglichen die Formulierung folgender Hypothese:

Hypothese 3.1 *Die Phase des Verstehens realisiert sich in einer Kombination folgender Aktivitäten: Extrahieren, Ergänzen, Visualisieren, Folgern, Hinterfragen, Wiederholen, Paraphrasieren, Transformieren, Fokussieren, Spezifizieren, Beispielbetrachtung und Klassifizieren.*

Die qualitativen Beschreibungen in Abschnitt 7.3.1 legen nahe, dass die einzelnen Verstehensaktivitäten mit einem unterschiedlichen kognitiven Anspruch verbunden sind. Während Aktivitäten wie das Folgern oder das Wiederholen Handlungen beschreiben, die sich fallübergreifend gleichermaßen fordernd bzw. grundlegend gestalten, lassen sich andere Aktivitäten, wie das Ergänzen oder das Visualisieren, auf unterschiedlich anspruchsvolle Weise realisieren (vgl. auch Stylianou und Silver (2004)). Es ist anzunehmen, dass die einzelnen Aktivitäten aufgrund ihres divergenten kognitiven Anspruchs und der verschiedenen Wissens- und Fähigkeitsfacetten, die sie ansprechen, einen unterschiedlichen Beitrag zum Aufbau einer mentalen Repräsentation leisten. So eignen sich Aktivitäten wie das Paraphrasieren oder das Wiederholen in erster Linie dafür, die Aufgabenstellung mit Bedeutung zu versehen und eine propositionale Textbasis zu entwickeln. Andere Aktivitäten, wie das Folgern oder das Hinterfragen, zielen hingegen auf eine Umstrukturierung und Ergänzung der Informationsbasis ab und können damit den Aufbau eines Situationsmodells fördern. Da beide Formen der mentalen Repräsentation als unverzichtbar für eine erfolgreiche Beweiskonstruktion gelten, sollte eine reichhaltige Verstehensphase insbesondere auch solche Aktivitäten umfassen, die zur Entwicklung eines Situationsmodells beitragen. Ausgehend von dieser theoretischen Vorüberlegung wurde in Abschnitt 7.3.3 untersucht, auf welche Weise Verstehensaktivitäten in erfolgreichen und weniger erfolgreichen Beweisprozessen realisiert werden. Hierauf aufbauend wurden sodann Wirkungszusammenhänge zwischen der Konstruktionsleistung und der Implementation spezifischer Verstehensaktivitäten herausgearbeitet, die folgende Forschungsfrage adressieren:

FF3b. *In welchem Maße unterscheiden sich erfolgreiche und weniger erfolgreiche Studierende hinsichtlich ihrer Zugänge zur Beweisaufgabe?*

Um unterschiedliche Herangehensweisen in der Verstehensphase zu differenzieren, wurden in Abschnitt 7.3.3 sowohl quantitative als auch qualitative Unterschiede bezüglich der implementierten Verstehensaktivitäten untersucht. Hierfür wurden zunächst diejenigen Aktivitäten herausgearbeitet, die besonders häufig in erfolgreichen oder nicht erfolgreichen Beweisprozessen auftreten. Aufbauend auf dieser Gegenüberstellung wurde für ausgewählte Aktivitäten eine Typenbildung durchgeführt, im Rahmen derer effektive und weniger effektive Varianten der Aktivitätsanwendung unterschieden und auf diese Weise Gelingensbedingungen einer erfolgreichen Implementation herausgearbeitet wurden.

Im Vergleich der Häufigkeiten, mit denen die verschiedenen Aktivitäten in erfolgreichen und nicht erfolgreichen Beweisprozessen Anwendung finden, zeigt sich, dass die Aktivitäten des Paraphrasierens und der Beispielbetrachtung vermehrt mit

Tab. 8.2 Übersicht über die identifizierten Verstehensaktivitäten

Aktivität	Beschreibung
Extrahieren	Hervorheben oder Herausschreiben lösungsrelevanter Angaben
Folgern	Ableiten von impliziten Voraussetzungen und Antizipieren von Beweisschritten
Visualisieren	Übertragen von Informationen in eine Skizze, Veranschaulichen von Sachverhalten mithilfe von Gesten
Ergänzen	Anreichern der Informationsbasis durch Aktivieren von Vorwissen aus der Schule, der Vorlesung oder vorangegangenen Aufgabenbearbeitungen
Hinterfragen	Überprüfen der Plausibilität der gegebenen Aussage, Hinterfragen von Details der Aufgabenformulierung
Wiederholen	Erneutes Verbalisieren zuvor bereits diskutierter Informationen, wortgetreue Wiedergabe der Aufgabenstellung
Paraphrasieren	Wiedergabe der Aussage in eigenen Worten, Decodierung von symbolischen Ausdrücken
Transformieren	Übersetzen der Aussage in eine symbolische Notation
Fokussieren	Einschränken der Betrachtungen auf einen bestimmten Bereich oder Aspekt
Beispielbetrachtung	Veranschaulichen der Problemsituation anhand eines Beispiels
Spezifizieren	Diskutieren von Extrem- oder Spezialfällen
Klassifizieren	Beschreiben der Aussage als All- oder Existenzaussage

einer niedrigen Konstruktionsleistung einhergehen. Insbesondere das Paraphrasieren stellt dabei eine Aktivität dar, die sich eng an der vorgegebenen Aufgabenstruktur orientiert und damit in erster Linie den Aufbau einer propositionalen Textbasis unterstützt. Einen vergleichbaren Beitrag zum Aufgabenverständnis leistet auch die Beispielbetrachtung, wenn der Repräsentationswechsel primär einer Veranschaulichung dient. Über den Einbezug semantischer Repräsentationen ermöglichen es beide Aktivitäten, einen verstehensorientierten Zugang zur Problemsituation zu schaffen. Die hier gewonnenen Erkenntnisse bleiben jedoch im Kontext der Aufgabenstellung verhaftet, sodass es den Studierenden schwer fällt, über die

vorgegebenen Strukturen hinaus selbstständig und flexibel nach Lösungsideen zu
suchen.

Hypothese 3.2 *Studierende mit niedrigen Konstruktionsleistungen orientieren sich*
in der Verstehensphase stärker an Aktivitäten, die eng an die Aufgabenstruktur
gebunden sind, und fokussieren damit stärker den Aufbau einer propositionalen
Textbasis.

In Beweisprozessen mit einer hohen Konstruktionsleistung treten demgegenüber
vermehrt die Aktivitäten des Folgerns, Ergänzens und Hinterfragens auf. Diese
gelten gemeinhin als kognitiv anspruchsvoll und können unter bestimmten Bedingungen den Aufbau eines Situationsmodells unterstützen. Da die drei Aktivitäten
auch in nicht erfolgreichen Beweisprozessen auftreten, wurden ihre Anwendungskontexte und Gelingensbedingungen im Rahmen einer Typenbildung untersucht.
In Bezug auf die Aktivität des Folgerns konnten die drei Typen *Das erfolgreiche*
Folgern, Das nicht erfolgreiche Folgern und *Das nicht erfolgreiche textbasierte Vor-*
gehen differenziert und anhand der Datengrundlage verifiziert werden. Das Folgern
ergänzender Wissenselemente stellt demnach ein grundsätzlich wirksames Vorgehen dar, sofern die gewonnenen Erkenntnisse aktiv dazu genutzt werden, die eigene
mentale Repräsentation zu erweitern und von der Aufgabenstruktur zu lösen. Erfolgreiche Studierende stellen hier die in der Aufgabe angesprochenen Konzepte in den
Mittelpunkt der Betrachtung und arbeiten vielfältige Bezüge zwischen den gegebenen Informationen und dem verfügbaren Vorwissen heraus. In dieser Form gilt
das Folgern als idealtypisches Vorgehen, um die der Aussage zugrunde liegende
Problemsituation zu erforschen und dabei den Übergang von einer propositionalen
Textbasis zum Situationsmodell einzuleiten (Boero et al. 2007; Kintsch & Greeno
1985; Martinez 2010; Reusser 1997). Die beiden Typen des nicht erfolgreichen
Folgerns und des nicht erfolgreichen textbasierten Vorgehens zeigen jedoch, dass
Studierende mit einer niedrigen Konstruktionsleistung Schwierigkeiten im Bereich
des Folgerns aufweisen, die sowohl die Produktions- als auch die Implementations-
ebene betreffen. Beim nicht erfolgreichen Folgern verfügen die Studierenden über
das notwendige Strategiewissen, ihnen gelingt es jedoch nicht, die Aktivität des
Folgerns gewinnbringend für ihre Beweiskonstruktion zu nutzen. Die gefolgerten
Wissenselemente werden nur unvollständig in die Problemrepräsentation integriert,
wodurch sie primär der Veranschaulichung dienen und weniger als Merkmale der
Problemsituation wahrgenommen werden. Den Studierenden fällt es hier schwer,
den Wert ihrer eigenen Folgerungen einzuschätzen, sodass durch das Folgern kaum
Anknüpfungspunkte für die spätere Ideengenerierung geschaffen werden. Während
bei diesem Typ Implementationsschwierigkeiten im Vordergrund stehen, lassen sich

in Beweisprozessen, welche dem Typ des nicht erfolgreichen textbasierten Vorgehens entsprechen, keine Bestrebungen erkennen, die Aktivität des Folgerns anzuwenden. Die Studierenden orientieren sich hier eng an der Aufgabenstellung und betrachten diese weitgehend losgelöst von dem bereits abgerufenen Vorwissen. Aufgrund der fehlenden Strategieanwendung gelingt es ihnen nicht, Wissenselemente über die Aufgabenstellung hinaus zu verknüpfen und so ihre mentale Problemrepräsentation zu erweitern. Die nachstehende Hypothese fasst die Erkenntnisse der Typenbildung im Hinblick auf die Aktivität des Folgerns zusammen.

Hypothese 3.3 *Studierende mit einer hohen Konstruktionsleistung folgern weitere Problemmerkmale aus der Aufgabenstellung und denken so über diese hinaus. Studierende mit nicht erfolgreichen Beweisprozessen weisen Schwierigkeiten auf, eine solche Vorgehensweise im Beweisprozess zu implementieren, und greifen häufiger auf ein textbasiertes Vorgehen zurück.*

Die Aktivität des Folgerns kann von den Studierenden vorbereitet werden, indem sie Hintergrundwissen abrufen und so die verfügbare Informationsbasis durch zusätzliche Wissenselemente anreichern. Für die Aktivität des Ergänzens konnten dabei vier verschiedene Typen differenziert werden, die unterschiedlich wirksame Vorgehensweisen der Informationsbeschaffung beschreiben. Ein grundsätzlich effektives Vorgehen stellt das konzeptorientierte Abrufen von Vorwissen dar. Hierbei handelt es sich um eine Variante des Ergänzens, bei welcher die Studierenden gezielt Wissenselemente aus dem Gedächtnis abrufen, die sie in Bezug auf die Problemsituation als nützlich erachten. Die Wirksamkeit dieses Vorgehens ist dabei in hohem Maße von einem sicheren und verstehensorientierten Umgang mit den ergänzten Wissenselementen abhängig. Während es Studierenden mit einer hohen Konstruktionsleistung gelingt, die in der Aufgabenstellung gegebenen Informationen in einen größeren Kontext einzuordnen und neue Wissenselemente entsprechend zu integrieren, weisen Studierende mit nicht erfolgreichen Beweisprozessen Schwierigkeiten auf, die gegebenen und die ergänzen Informationen miteinander zu verknüpfen. Das konzeptorientierte Abrufen bleibt daher ineffektiv, wenn die abgerufenen Informationen als träges Wissen in den Beweisprozess einfließen und keine integrierte Problemrepräsentation erreicht wird.

Hypothese 3.4 *Ein wirksames Vorgehen in der Verstehensphase besteht in einem konzeptorientierten Abrufen von Vorwissen, bei dem die aktivierten Wissenselemente gezielt mit der Problemsituation verknüpft werden.*

Neben der nicht effektiven Variante des konzeptorientierten Abrufens konnte mit dem ressourcengeleiteten Ergänzen eine weitere Vorgehensweise der Informationsbeschaffung beobachtet werden, die sich als wenig gewinnbringend erweist. Das ressourcengeleitete Ergänzen kennzeichnet sich dadurch, dass die Studierenden ihre Suche nach hilfreichen Informationen ausschließlich mithilfe des Buchs oder Skripts durchführen und ihren Erkenntnisprozess damit stärker an externen Informationsquellen als an aufgabenbezogenen Konzepten ausrichten. Das Ergänzen verläuft hier wenig zielgerichtet und nimmt stellenweise den Charakter einer Vorlesungsnachbereitung an. Es wird deutlich, dass die Studierenden über nur geringes Überblickswissen verfügen, das ihnen erlauben würde, gezielt Hintergrundwissen zu aktivieren oder eine Suchrichtung für die Verwendung der Hilfsmittel zu bestimmen.

Hypothese 3.5 *Ein nicht effektives Vorgehen in der Verstehensphase ist das ressourcengeleitete Ergänzen von Informationen.*

Die Hypothesen 3.4 und 3.5 legen nahe, dass das konzeptuelle Vorwissen einen zentralen Einfluss auf die Beweiskonstruktion ausübt (Chinnappan et al. 2012; Sommerhoff 2017; Ufer et al. 2008). Der in quantitativen Studien vielfach bestätigte Zusammenhang konnte in dieser Untersuchung insofern für einen ausgewählten Bereich konkretisiert werden, als die Typologie auf mikroskopischer Ebene beschreibt, wie das verfügbare konzeptuelle Vorwissen die Ausgestaltung einer spezifischen Verstehensaktivität beeinflusst. Darüber hinaus deutet die Typologie im Bereich des Ergänzens auch einen Zusammenhang zwischen der Konstruktionsleistung und dem verfügbaren mathematisch-strategischen Wissen an. Der in anderen Studien beschriebene Einfluss systematisierter Vorerfahrungen (Mason & Spence 1999; Sommerhoff 2017; Weber 2001) wird in dieser Untersuchung dahingehend bestärkt, dass ein aufgabenübergreifendes Ergänzen von Informationen ausschließlich in Kombination mit einer hohen Konstruktionsleistung beobachtet wurde. Erfolgreiche Beweisprozesse zeichnen sich demnach auch dadurch aus, dass die Studierenden bereits in der Verstehensphase Bezüge zu ähnlichen Aufgaben herstellen. Obwohl sich die Studierenden hier primär an Oberflächenmerkmalen orientieren, ist anzunehmen, dass die herausgearbeiteten Verbindungen spätere Transferleistungen erleichtern.

Hypothese 3.6 *Es besteht ein Zusammenhang zwischen der Konstruktionsleistung und dem verfügbaren mathematisch-strategischen Wissen: Studierende mit einer hohen Konstruktionsleistung integrieren Vorwissen aus vorhergehenden Aufgabenbearbeitungen in ihren Verstehensprozess.*

Für die Typenbildung im Bereich des Hinterfragens wurde zwischen den beiden Merkmalsausprägungen *Analysieren von Aufgabendetails* und *Hinterfragen der Aussage* differenziert. Jede dieser zwei Varianten tritt dabei in Kombination mit verschiedenen Ausprägungen der Konstruktionsleistung auf, sodass die Wirksamkeit einer Vorgehensweise in erster Linie von ihrer konkreten Ausgestaltung abhängt.

Das effektive Analysieren von Aufgabendetails zeichnet sich dadurch aus, dass die Studierenden verschiedene Aspekte der Aufgabenstellung im Detail hinterfragen und versuchen, aus einer spezifischen Formulierung Rückschlüsse auf die gegebene Problemsituation zu ziehen. Auf diese Weise gelingt es den Studierenden, ein Gefühl für die relevanten Bedingungen der Aufgabenstellung zu entwickeln und damit den Satzfindungsprozess ein Stück weit zu rekonstruieren (Boero et al. 2007; Garuti et al. 1998). Weniger effektiv gestaltet sich dieses Vorgehen jedoch, wenn die Analyse in dem Sinne gehaltlos verläuft, dass ausschließlich Oberflächenmerkmale hinterfragt oder Diskussionspunkte nicht konsequent zu ihrem Ursprung verfolgt werden. Ein solches Vorgehen kann dazu beitragen, Unsicherheiten bezüglich sprachlicher oder technischer Details aufzulösen, fördert jedoch nur bedingt ein vertieftes Verständnis der Problemsituation.

Hypothese 3.7 *Ein wirksames Vorgehen besteht darin, die Details der Aussagenformulierung systematisch zu hinterfragen und die relevanten Aspekte einer Aufgabenstellung zu ergründen.*

In gleicher Weise, wie das erfolgreiche Analysieren von Aufgabendetails an eine gewisse geistige Tiefe gebunden ist, unterscheiden sich effektive und weniger effektive Varianten der Plausibilitätsbetrachtung darin, in welchem Maße die Studierenden ihre Einschätzungen inhaltlich begründen. Während die Plausibilitätsfrage in nicht erfolgreichen Beweisprozessen primär intuitiv entschieden wird, diskutieren Studierende mit einer hohen Konstruktionsleistung überwiegend inhaltsorientiert, warum die gegebene Aussage vor dem Hintergrund ihrer Anschauung Gültigkeit besitzt. In diesem Zusammenhang benennen sie bereits zentrale Eigenschaften der Problemsituation, auf denen die Beweiskonstruktion später aufbauen kann.

Hypothese 3.8 *Plausibilitätsbetrachtungen bezüglich der gegebenen Aussage können die Beweiskonstruktion dann unterstützen, wenn sie inhaltlich begründet werden.*

8.1.4 Validierungsaktivitäten im Beweisprozess

Inwiefern das Validieren einen Teilprozess der Beweiskonstruktion darstellt, wurde bereits an verschiedener Stelle kontrovers diskutiert (Pfeiffer 2011; Powers et al. 2010; A. Selden & Selden 2003; Sommerhoff 2017). In Anlehnung an Verlaufsmodelle zum Problemlösen (Pólya 1949; Schoenfeld 1985) wurde das Validieren in dieser Untersuchung zunächst als finale Phase im Beweisprozesse konzeptualisiert und entsprechend im Prozessmodell verankert. Um mögliche Handlungen und Diskussionen innerhalb der Validierungsphase zu antizipieren, wurde auf Erkenntnisse aus dem Bereich der Beweisvalidierung zurückgegriffen (siehe 4). Obwohl sich diese auf das Validieren fremder, bereits ausgearbeiteter Beweise beziehen, wurde angenommen, dass sich einzelne Validierungsstrategien übertragen und bestimmte Schwierigkeitsfelder replizieren lassen (Alcock & Weber 2005; Inglis & Alcock 2012; Ko & Knuth 2013; A. Selden & Selden 2003; Sommerhoff & Ufer 2019; Ufer et al. 2009; Weber 2008).

Im Hinblick auf das Verhältnis von Validieren und Konstruieren zeigen die in Hypothese 1.1 festgehalten Ergebnisse, dass innerhalb studentischer Beweisprozesse Validierungsaktivitäten auftreten, die auf makroskopischer Ebene sichtbar werden und die Annahme einer eigenständigen Validierungsphase empirisch bestätigen. Darüber hinaus verdeutlichen die Ergebnisse der makroskopischen Analyse jedoch auch, dass die Phase des Validierens insofern eine Sonderstellung im Konstruktionsverlauf einnimmt, als sie fortlaufend stattfindet und eng mit den übrigen Teilprozessen verknüpft ist (Hypothese 1.3). Obwohl ein regelmäßiges Überprüfen der bisherigen Konstruktionsschritte grundsätzlich gewinnbringend erscheint, konnte in einer Gegenüberstellung erfolgreicher und nicht erfolgreicher Beweisprozesse kein Zusammenhang zwischen der Konstruktionsleistung und dem zeitlichen Umfang an Validierungsaktivitäten beobachtet werden (Hypothese 2.1). Aufbauend auf dieser Erkenntnis wurde in den Abschnitten 7.3.2 und 7.3.3 untersucht, inwiefern sich auf mikroskopischer Ebene Unterschiede in der Ausgestaltung von Validierungsphasen zeigen, die sodann eine differenziertere Betrachtung von Wirkungszusammenhängen ermöglichen. Die folgende Forschungsfrage bereitet eine solche Analyse vor, indem sie nach unterschiedlichen Formen des Validierens und damit nach qualitativen Merkmalsausprägungen der Validierungsphase fragt.

FF4a. *Welche Formen des Validierens treten prozessbegleitend in studentischen Beweiskonstruktionen auf?*

Um die Forschungsfrage angemessen zu adressieren, wurde der mikroskopischen Analyse in Abschnitt 7.3.2 eine methodische Reflexion vorangestellt, welche die

Kodiereinheit der Phase kritisch hinterfragt. Im Zusammenhang mit dem kontinuierlichen Auftreten von Validierungsaktivitäten wurde bereits anhand der Pilotierungsdaten deutlich, dass sich einzelne kurze Validierungssequenzen dem episodischen Auswertungsverfahren entziehen und daher bei einer Segmentierung nach Phasen nicht vollständig erfasst werden (siehe Kirsten (in Druck)). Auf diese Beobachtung reagierend wurde die Einheit einer Phase für die mikroskopische Analyse von Validierungsprozessen aufgebrochen und eine ganzheitliche Untersuchung der 11 ausgewählten Fälle angestrebt. Im Rahmen einer materialbasierten Kategorienentwicklung konnten sodann 6 verschiedene Validierungsaktivitäten identifiziert werden, die sich an verschiedenen Stellen im Beweisprozess verorten lassen (siehe Tabelle 8.3). Jede Aktivität beschreibt dabei eine spezifische Form des Validierens, die sich durch ihre charakteristische Funktion sowie die jeweils zugrunde gelegten Beurteilungskriterien kennzeichnet.

Tab. 8.3 Übersicht über die identifizierten Validierungsaktivitäten

Aktivität	Beschreibung
Bewerten	Erfahrungsbasiertes, intuitives oder an sekundären Kriterien orientiertes Beurteilen der bisherigen Ergebnisse
Überprüfen	Kritisches Überdenken einzelner Aspekte des Beweises im Hinblick auf ihre mathematische Gültigkeit
Identifizieren von Fehlern	Aufdecken von Bearbeitungsbedarf auf inhaltlicher, struktureller oder sprachlicher Ebene
Optimieren	Verbessern eines entwickelten (Teil-)Beweises durch fakultative Ergänzungen und Präzisierungen
Rückversichern	Eingefordertes Bestätigen eines Sachverhalts
Zweifeln	Verbalisieren von Unsicherheiten bezüglich eines gewählten Vorgehens

Die hier aufgeführten Aktivitäten beschreiben verschiedene Ereignisabfolgen und Sprachhandlungen, die vielfach Bezüge zu Erkenntnissen aus dem Bereich der Beweisvalidierung aufweisen. Obwohl in dieser Untersuchung das prozessbegleitende Validieren eigener Beweise fokussiert wird, subsumieren sich bspw. unter der Aktivität des Überprüfens verschiedene Handlungs- und Diskussionsansätze, die in ähnlicher Form von Ko und Knuth (2013) sowie Weber (2008) als Strategien zum Validieren fremder Beweise beschrieben wurden (siehe Abschnitt 7.3.2). Darüber hinaus konstituiert sich über die Aktivitäten des Bewertens, Überprüfens und Optimierens ein Spannungsfeld verschiedener Kriterien und Maßstäbe, das an Forschungsergebnisse im Bereich der Akzeptanzkriterien anknüpft (A. Selden & Selden 2003; Sommerhoff & Ufer 2019; Weber 2010). Während beim Bewerten erfahrungsbasierte Kriterien, wie die der Plausibilität oder der Intuition, im Vordergrund stehen, fokussiert das Überprüfen strukturelle Kriterien mathematischer Gültigkeit und berücksichtigt damit gängige Akzeptanzkriterien, wie die Beweisstruktur oder die Beweiskette. Das Optimieren bezieht sich demgegenüber auf evaluative Merkmale eines Beweises und bewertet primär dessen Eleganz und Verständlichkeit. Obwohl die einzelnen Aktivitäten unterschiedliche Schwerpunkte setzen, können sie innerhalb eines Beweisprozesses kombiniert werden, sodass sich eine Validierungssequenz in der Auswahl und Verknüpfung verschiedener Aktivitäten realisiert.

Hypothese 4.1 *Innerhalb studentischer Beweiskonstruktionen treten Validierungsprozesse in folgenden Formen auf: Bewerten, Überprüfen, Identifizieren, Optimieren, Rückversichern, Zweifeln.*

Durch einen Vergleich der beiden Beweisaufgaben konnte in Abschnitt 7.3.2 festgestellt werden, dass in Beweisprozessen zur Extrempunktaufgabe tendenziell mehr Validierungsaktivitäten auftreten als in solchen zur Fixpunktaufgabe. In Übereinstimmung mit den Untersuchungsergebnisse von Ko und Knuth (2013), nach denen Validierungsprozesse in Abhängigkeit vom gewählten Themengebiet variieren, deutet sich hier ein Zusammenhang zwischen den adressierten Konzepten und dem Umfang an Validierungsaktivitäten an. Inwiefern ein solcher Zusammenhang auf das konzeptuelle Vorwissen der Studierenden zurückzuführen ist, lässt sich mit dem gewählten Untersuchungsdesign nicht beantworten. Dennoch liegt die Vermutung nahe, dass eine reichhaltige Wissensbasis, wie sie für das Konzept der Differenzierbarkeit bereits im schulischen Kontext angebahnt wird, die Anwendung von Validierungsaktivitäten erleichtert. Die folgende Forschungsfrage greift diesen Zusammenhang mittelbar auf, indem effektive und weniger effektive Vorgehensweisen beim Validieren untersucht und damit der Zusammenhang zwischen der Konstruktionsleistung und den durchgeführten Validierungsaktivitäten adressiert wird.

FF4b. *In welchem Maße unterscheiden sich erfolgreiche und weniger erfolgreiche Studierende hinsichtlich ihrer Validierungsaktivitäten?*

Die in Abschnitt 7.3.3 durchgeführten Auswertungen basieren auf der Annahme, dass sich phasenspezifische Unterschiede zwischen erfolgreichen und nicht erfolgreichen Beweisprozessen sowohl auf quantitativer als auch auf qualitativer Ebene manifestieren. In einem ersten Zugang wurde daher untersucht, inwiefern sich in den analysierten Beweisprozessen leistungsbezogene Präferenzen für bestimmte Validierungsaktivitäten erkennen lassen. Im Vergleich der Häufigkeiten, mit denen die einzelnen Aktivitäten in erfolgreichen und nicht erfolgreichen Beweisprozessen Anwendung finden, konnten systematische Unterschiede unter anderem für die Aktivitäten des Rückversicherns und des Zweifelns beobachtet werden. Während das Rückversichern vermehrt in erfolgreichen Beweisprozessen auftritt, geht das wiederholte Verbalisieren von Zweifeln häufiger mit einer niedrigen Konstruktionsleistung einher. Beide Aktivitäten sind Ausdruck eines Überwachungsprozesses, bei dem die Studierenden den Fortschritt ihrer Beweisbemühungen in regelmäßigen Abständen hinterfragen und auftretende Unsicherheiten verbalisieren. Studierende mit nicht erfolgreichen Beweisprozessen weisen hier jedoch Schwierigkeiten auf, ihre Zweifel in pointierter Form zusammenzufassen und sie produktiv für den Erkenntnisprozess zu nutzen. Anstatt ihre Unsicherheiten als Handlungsanlässe zu werten und hieraus Anregungen für eine vertiefte Auseinandersetzung zu ziehen, zeigen sie wenig Bestrebungen, die Ursache ihre Zweifel zu ergründen, und verwerfen ihre Beweisideen vorschnell. Im Gegensatz dazu weisen Studierende mit erfolgreichen Beweisprozessen ein ausgeprägtes Monitoringverhalten auf, beim dem sie auch solche Sachverhalte von ihren Kommilitoninnen und Kommilitonen absichern lassen, die ihnen grundsätzlich plausibel erscheinen. Die beschriebenen Beobachtungen verdeutlichen, in welcher Form metakognitive Fähigkeiten der Prozessüberwachung Einfluss auf eine erfolgreiche Beweiskonstruktion ausüben können (Chinnappan et al. 2012; Schoenfeld 1985, 1992; Stubbemann & Knipping 2019; Ufer et al. 2008; van Spronsen 2008). Dennoch bleibt auch hier offen, inwiefern das im Zusammenhang mit der Aktivität des Zweifelns beobachtete Verhaltensmuster auf inhaltliche Defizite zurückgeht. So wäre bspw. denkbar, dass es den Studierenden an Vorwissen fehlt, um neue Denkrichtungen zu erschließen (Hart 1994; Stubbemann & Knipping 2019). Die folgenden Hypothesen fassen die beschriebenen Erkenntnisse zusammen.

Hypothese 4.2 *Studierende mit erfolgreichen Beweisprozessen kontrollieren ihren Fortschritt im Beweisprozess engmaschiger, indem sie sich häufiger bei ihren Kommilitoninnen und Kommilitonen rückversichern.*

Hypothese 4.3 *Studierende mit einer niedrigen Konstruktionsleistung äußern häufiger Zweifel in Bezug auf ihre Beweisidee und verwerfen diese, ohne die Ursachen für die Zweifel näher zu ergründen.*

Über das Zweifeln und Rückversichern hinaus konnte in der Gegenüberstellung von erfolgreichen und weniger erfolgreichen Beweisprozessen ein Muster in Bezug auf die Aktivitäten des Überprüfens und des Bewertens festgestellt werden. Studierende mit einer niedrigen Konstruktionsleistung greifen demnach häufiger auf eine intuitiv-bewertende Form des Validierens zurück, während Studierende mit einem erfolgreichen Beweisprozess die Gültigkeit eines strittigen Sachverhalts in einer fachbezogenen Überprüfung erörtern. Es ist anzunehmen, dass die hier angedeutete Präferenz für eine bestimmte Form des Validierens mit einer solchen für spezifische Akzeptanzkriterien einhergeht. Mit der Aktivität des Bewertens beziehen sich Studierende primär auf erfahrungsbasierte Kriterien, wie die Plausibilität oder die Intuition. Die Aktivität des Überprüfens hingegen fokussiert strukturelle Kriterien, wie die Beweisstruktur oder die Beweiskette. Die dargestellten Beobachtungen knüpfen insofern an Forschungsergebnisse aus dem Bereich der Beweisvalidierung an, als sie für das prozessbegleitende Validieren vergleichbare Tendenzen und Schwierigkeiten berichten, wie sie für das Validieren fremder Beweise beschrieben wurden. So führt auch hier der Rückgriff auf intuitive Einschätzungen und verständnisorientierte Kriterien wiederholt zu Fehleinschätzungen, sodass ein primär bewertendes Validierungsverhalten häufig mit einer niedrigen Konstruktionsleistung einhergeht (A. Selden & Selden 2003; Weber 2010). Demgegenüber gelingt es Studierenden mit erfolgreichen Beweisprozessen vielfach, gängige Akzeptanzkriterien in ihren Arbeitsprozess zu integrieren und so eine intersubjektiv nachvollziehbare Validierung ihrer Ideen durchzuführen (Sommerhoff & Ufer 2019; Weber 2010).

Hypothese 4.4 *Weniger erfolgreiche Studierende bewerten ihren Beweisansatz häufiger auf Basis intuitiver Einschätzungen, während erfolgreiche Studierende ihren Beweis vermehrt anhand struktureller Kriterien überprüfen.*

Mit der Beschreibung von Akzeptanzkriterien geht die Frage einher, welche Aspekte eines Beweises den Gegenstand der Validierung bilden. In Bezug auf das Validieren fremder Beweise wurde wiederholt festgestellt, dass sich Studierende primär auf die lokale Ebene eines Beweises konzentrieren und damit in erster Linie einzelne Beweisschritte prüfen (Alcock & Weber 2005; Inglis & Alcock 2012; A. Selden & Selden 2003; Sommerhoff & Ufer 2019; Ufer et al. 2009). Eine solche Beobachtung konnte für das prozessbegleitende Validieren in dieser Untersuchung insofern repliziert werden, als Studierende mit einer niedrigen Konstruktionsleistung ausschließlich Fehler auf lokaler Ebene in ihren Beweisen identifizierten. Im Einzelnen konnten in Abschnitt 7.3.3 drei verschiedene Typen für die Aktivität des Fehler Identifizierens differenziert werden, die sich neben der Konstruktionsleistung vor allem in ihrer Reichweite unterscheiden: *Das effektive Identifizieren von lokalen und globalen Fehlern*, *Das effektive Identifizieren von ausschließlich lokalen Fehlern* und *Das nicht effektive Identifizieren von ausschließlich lokalen Fehlern*. Da das Aufdecken von Korrekturbedarf voraussetzt, dass ein solcher im Beweisversuch enthalten ist, sind die in der Typologie angedeuteten Zusammenhänge unter Vorbehalt zu diskutieren. Eine detaillierte Betrachtung der zugehörigen Fälle legt jedoch nahe, dass das Aufmerksamkeitsfeld der Studierenden und damit der Bereich, in dem sie ihren Beweis auf Fehler untersuchen, den Konstruktionserfolg beeinflussen kann. Während Studierende mit einem erfolgreichen Beweisprozess über lokale Fehler hinaus auch nach solchen in der Gesamtkonzeption suchen, fokussieren Studierende mit einer niedrigen Konstruktionsleistung einzelne Beweisschritte und syntaktische Operationen. Ein solcher Fokus erschwert es, diejenigen Fehler in einem Beweis aufzudecken, aus denen seine niedrige Bewertung vordergründig resultiert. In Übereinstimmung mit Erkenntnissen aus dem Bereich der Beweisvalidierung beschreibt folgende Hypothese eine zentrale Hürde in der Validierung eigener Beweise.

Hypothese 4.5 *Studierende mit erfolgreichen Beweisprozessen identifizieren Korrekturbedarf auch auf globaler Ebene, während sich Studierende mit niedrigen Konstruktionsleistungen auf die lokalen Aspekte ihres (Teil-)Beweises fokussieren.*

Ebenso wie die Aktivität des Fehler Identifizierens wurde auch das Überprüfen einer typenbildenden Analyse unterzogen und im Hinblick auf unterschiedlich effektive Realisierungsmöglichkeiten untersucht. Eine Vorgehensweise, die sich im Kontext des Überprüfens als grundsätzlich effektiv erwiesen hat, stellt das erkenntnisgenerierende Überprüfen dar. Im Zuge der Validierung werden hier neue Erkenntnisse und Perspektiven entwickelt, die es den Studierenden ermöglichen, eine fundierte Einschätzung über die Gültigkeit des strittigen Sachverhalts zu gewinnen. Der Erkenntniszuwachs beruht dabei entweder auf einem Repräsentationswechsel oder geht auf ergänzte Wissenselemente zurück, die von den Studierenden im Rahmen des Validierungsprozesses abgerufen werden. In beiden Varianten weist das erkenntnisgenerierende Überprüfen Parallelen zu den Validierungsstrategien auf, die von Ko und Knuth (2013) sowie Weber (2008) für das zeilenweise Validieren vorgegebener Beweise beschrieben wurden. Insbesondere das beispielbasierte Überprüfen und das inhaltlich-anschauliche Begründen scheinen hier zwei Strategien darzustel-

len, die in vergleichbarer Weise sowohl beim Validieren fremder Beweise als auch
in prozessbegleitenden Validierungssequenzen auftreten.

Wenngleich ein erkenntnisgenerierendes Überprüfen im Allgemeinen mit einer
hohen Konstruktionsleistung einhergeht, wurden in Abschnitt 7.3.3 zwei abweichende Fälle thematisiert, in denen das beispielbasierte Vorgehen zu keinem Fortschritt in der Beweiskonstruktion führte. Die Studierenden verfügen in diesen Fällen
zwar über das notwendige Strategiewissen, weisen jedoch Schwierigkeiten auf, die
gewählte Vorgehensweise gewinnbringend im Beweisprozess zu implementieren.
Die Schwierigkeiten resultieren dabei primär aus Unsicherheiten im Umgang mit
Beispielen und Visualisierungen, sodass es den Studierenden schwer fällt, geeignete
Beispiele auszuwählen und einen Repräsentationswechsel zielführend durchzuführen. Hier deutet sich erneut der Einfluss einer reichhaltigen konzeptuellen Wissensbasis an, die verschiedene Vorstellungen und Darstellungsformen miteinander
verknüpft und einen flexiblen Umgang mit den Wissenselementen ermöglicht (Rach
& Ufer 2020).

Im Gegensatz zum erkenntnisgenerierenden Überprüfen stellt das wiederholende Überprüfen ein Vorgehen dar, bei dem die Validierung ausschließlich auf
bereits diskutierten Wissenselementen beruht. Die Studierenden vergewissern sich
der Gültigkeit eines Sachverhaltes, indem sie ihre Argumentation wiederholt durchgehen und sich diese gegenseitig erläutern. Eine derartige Form des Überprüfens
erwies sich in dieser Untersuchung als vergleichsweise fehleranfällig, da Studierende über die gegenseitige Bestärkung auch fehlerhafte Annahmen unterstützten.
Dennoch konnten auch solche Validierungssequenzen beobachtet werden, in denen
das wiederholende Überprüfen sinnvoll eingesetzt wurde, um syntaktische Details
und technische Operationen zu prüfen. Demnach kann ein wiederholendes Überprüfen die Beweiskonstruktion unterstützen, wenn der Gegenstand der Validierung
in einer syntaktischen Repräsentation vorliegt und sich an manifesten Kriterien
messen lässt. Für weniger leicht zugängliche Sachverhalte erscheint das wiederholende Überprüfen jedoch wenig wirksam, sodass ein ausschließlich wiederholendes
Vorgehen häufig zu kurz greift.

Hypothese 4.6 *Eine wirksame Form der Validierung ist das erkenntnisgenerie-*
rende Überprüfen. Studierende mit nicht erfolgreichen Beweisprozessen weisen
Schwierigkeiten auf, diese Strategie im Beweisprozess zu implementieren, und
greifen häufiger auf eine wiederholende Form des Überprüfens zurück.

Einen Spezialfall des Überprüfens stellt die kontrollierte Satzanwendung dar, bei
welcher die Studierenden die Anwendbarkeit eines Satzes diskutieren und so die
Gültigkeit eines antizipierten oder bereits durchgeführten Beweisschrittes überprü-

fen. Im Rahmen der Typenbildung wurde zwischen einer abgleichenden und einer hinterfragenden Vorgehensweise differenziert, wobei sich letztere als die wirksamere Variante herausstellte (siehe Abschnitt 7.3.3). Studierende mit einer hohen Konstruktionsleistung zeichnen sich demnach dadurch aus, dass sie die Voraussetzungen eines Satzes systematisch hinterfragen und sie mit den Bedingungen der Problemsituation in Bezug setzen. Studierende mit einer niedrigen Konstruktionsleistung konzentrieren sich demgegenüber auf die Oberflächenmerkmale eines Satzes und vergleichen diese mit den Merkmalen der Aufgabenstellung. Ein solches Vorgehen geht dabei mit einer Erwartungshaltung einher, nach der ausschließlich solche Sätze für die Beweiskonstruktion als zweckdienlich gelten, die in ihren Voraussetzungen vollständig mit denen der Aufgabenstellung übereinstimmen. Ein Verhaltensmuster, wie es hier skizziert wird, beschreibt insofern typische Schwierigkeiten von Studienanfängerinnen und -anfängern, als ähnliche Tendenzen bereits für das Validieren fremder Beweise berichtet wurden. So fokussieren die Studierenden in den Untersuchungen von Alcock und Weber (2005) sowie Inglis und Alcock (2012) ebenfalls die Oberflächenmerkmale eines Beweises und validieren diesen primär auf der Grundlage syntaktisch-formaler Aspekte. Darüber hinaus weisen die verschiedenen Formen des Überprüfens in dieser Untersuchung auf unterschiedliche Auffassungen bezüglich der Natur und des Status mathematischer Wissenselemente hin: Während das hinterfragende Überprüfen von einem flexiblen und verständnisorientierten Umgang mit den gegebenen Informationen zeugt, gestaltet sich dieser beim abgleichenden Überprüfen überwiegend statisch, wodurch Schlussfolgerungen den Charakter eines Algorithmus erhalten. Die folgende Hypothese fasst die Erkenntnisse bezüglich effektiver und weniger effektiver Vorgehensweisen beim Überprüfen einer Satzanwendung zusammen.

Hypothese 4.7 *Das Abgleichen von Oberflächenmerkmalen stellt eine nicht effektive Strategie dar, um die Anwendbarkeit eines Satzes zu überprüfen. Studierende mit einer hohen Konstruktionsleistung gehen über einen statischen Abgleich hinaus und hinterfragen die Funktion einzelner Voraussetzungen.*

Aufbauend auf der Erkenntnis, dass Validierungsaktivitäten den Beweisprozesses kontinuierlich begleiten, wurde in Abschnitt 7.3.3 danach gefragt, inwiefern das Auftreten von Validierungsaktivitäten die Prozessstruktur nachhaltig beeinflusst. Im Rahmen einer Typenbildung konnten mit *dem erfolgreichen validierungsbasierten Rückkoppeln* und *dem nicht erfolgreichen unverbundenen Rückkoppeln* zwei Vorgehensweisen herausgearbeitet werden, in deren gemeinsamer Betrachtung sich ein Zusammenhang zwischen der Konstruktionsleistung und der Prozessgestaltung andeutet. Das validierungsbasierte Rückkoppeln stellt eine Vorgehensweise dar, bei der Phasenwechsel konsequent durch Validierungsergebnisse motiviert und der Übergang zwischen zwei Teilprozessen auf diese Weise mit einer spezifischen Fragestellung verbunden wird. Studierende, die ein solches Vorgehen verfolgen, erzielen in dieser Stichprobe ausnahmslos eine hohe Konstruktionsleistung. Andersherum gelingt es Studierenden mit einer niedrigen Konstruktionsleistung nicht, eine kontinuierliche Bindung zwischen den einzelnen Phasen aufrechtzuerhalten, wodurch Teilprozesse stellenweise unverbunden nebeneinander stehen. Ohne Anknüpfungspunkte und eine gemeinsame Suchrichtung verläuft der Beweisprozess sodann weniger zielgerichtet, was sich auf inhaltlicher Ebene in einem wiederholten Informationsverlust und vermehrt auftretenden Redundanzen widerspiegelt.

Der hier beschriebene Zusammenhang zwischen einem validierten Phasenübergang und der Konstruktionsleistung stellt erneut einen Bezug zu metakognitiven Fähigkeiten her. Das Validieren tritt hier in einer Funktion auf, in der kognitive Prozesse mit metakognitiven Elementen verbunden werden, indem die Erkenntnisse einer inhaltlich geprägten Validierung Steuerungsaktivitäten in Form eines Phasenwechsels initiieren. In diesem Sinne kann die folgende Hypothese gleichermaßen als eine Forderung nach inhaltlicher Kohärenz sowie nach kontinuierlicher Überwachung verstanden werden.

Hypothese 4.8 *Es besteht ein Zusammenhang zwischen der Konstruktionsleistung und dem Umgang mit Phasenwechseln: Studierende mit einer hohen Konstruktionsleistung verbinden Rückkopplungen konsequent mit einer Validierung, wohingegen Studierende mit einer niedrigen Konstruktionsleistung Phasenwechsel nur unregelmäßig motivieren.*

8.1.5 Zusammenfassung

Mit dem Ziel, studentische Beweisprozesse ganzheitlich und gegenstandsnah zu beschreiben, wurde in dieser Untersuchung ein iteratives Vorgehen realisiert, bei dem die Analyse über mehrere Forschungszyklen hinweg sukzessive vertieft wurde. In einem ersten Zyklus wurde aufbauend auf den theoretischen Vorarbeiten in Kapitel 4 die allgemeine Struktur eines Beweisprozesses auf makroskopischer Ebene untersucht und eine Prozessbeschreibung entlang von Phasen angestrebt. Im Rahmen einer inhaltlich strukturierenden Inhaltsanalyse konnten theoretische Annahmen über die relevanten Teilprozesse einer Beweiskonstruktion empirisch bekräftigt und das Phasenmodell in seiner Funktion als Analyseinstrument bestätigt werden.

Die im Modell verankerten Phasen scheinen demnach dafür geeignet zu sein, den Verlauf studentischer Beweiskonstruktionen mit ihren jeweiligen Charakteristika auf übersichtliche Weise abzubilden. Durch die Betrachtung von Gemeinsamkeiten und Unterschieden konnten die Einzelfallbeschreibungen zu Prozesstypen verdichtet und damit fünf allgemeine Vorgehensweisen bei der Beweiskonstruktion differenziert werden. Diese replizieren und ergänzen den Forschungsstand zu Beweisstrategien und konstituieren in ihrer Kombination ein empirisches Prozessmodell, welches wiederum als Grundlage für die Formulierung von Hypothesen über die allgemeine Struktur von Beweisprozessen dient. Im Vergleich von erfolgreichen und

Tab. 8.4 Übersicht über die effektiven und nicht effektiven Verstehens- und Validierungsaktivitäten

Effektive Vorgehensweisen	Nicht effektive Vorgehensweisen
• Folgern weiterer Problemmerkmale aus der Aufgabenstellung	• Textbasiertes Diskutieren von Aufgabenmerkmalen
• Konzeptorientiertes Abrufen von Vorwissen	• Ressourcengeleitetes Ergänzen von Informationen
• Herstellen von Bezügen zu ähnlichen Aufgaben	• Enge Orientierung an der Aufgabenstruktur
• Inhaltlich begründete Plausibilitätsbetrachtungen	• Intuitive, probabilistische Plausibilitätsprüfungen
• Systematisches Hinterfragen von Aufgabendetails	
• Regelmäßiges Rückversichern als Fortschrittskontrolle	• Diskussion von Zweifeln auf ausschließlich affektiver Ebene
• Überprüfen der Beweisidee anhand struktureller Kriterien	• Bewertung des Beweises allein auf Basis intuitiver Einschätzungen
• Identifizieren von Korrekturbedarf auf lokaler und globaler Ebene	• Konzentration auf die lokalen Aspekte eines (Teil-)Beweises
• Erkenntnisgenerierendes Überprüfen	• Primär wiederholendes Überprüfen
• Hinterfragen der Funktion einer Voraussetzung	• Abgleichen von Oberflächenmerkmalen zwischen Satz und Aufgabe
• Validierte Rückkopplungen	• Unverbundene Phasenwechsel

nicht erfolgreichen Beweisprozessen konnte jedoch kein systematischer Zusammenhang zwischen der Konstruktionsleistung und den auf makroskopischer Ebene relevanten Merkmalen der Dauer, der Häufigkeit und der Reihenfolge auftretender Phasen beobachtet werden. Für eine weiterführende Analyse wurden die Erkenntnisse der makroskopischen Untersuchung daher durch Tiefenanalysen ergänzt, in denen die Phasen des Verstehens und des Validierens auf mikroskopischer Ebene hinsichtlich ihrer konkreten Ausgestaltung untersucht wurden. Mithilfe einer materialbasierten Kategorienbildung konnten verschiedene Verstehens- und Validierungsaktivitäten mit ihren jeweiligen Realisierungsvarianten identifiziert und damit qualitative, prozessorientierte Kategorien der Merkmalsbeschreibung herausgearbeitet werden. Diese erwiesen sich im Rahmen von Typenbildungen als relevant, um leistungsbezogene Unterschiede zu bestimmen und Hypothesen über effektive und weniger effektive Vorgehensweisen bei der Beweiskonstruktion zu formulieren (siehe Tabelle 8.4). Gleichzeitig wurde über eine theoretische Einordnung der identifizierten Aktivitäten ein Bezug zu Strategien und Vorgehensweisen hergestellt, die beim Verstehen und Validieren fremder Beweise wirksam werden. Indem hier Verknüpfungen zwischen den einzelnen Beweisaktivitäten aufgezeigt werden, verdeutlichen die Ergebnisse die Komplexität der Beweiskonstruktion und betonen die Verbindung rezeptiver und produktiver Komponenten einer allgemeinen Beweiskompetenz.

Insgesamt geben die Ergebnisse dieser Untersuchung einen vertieften Einblick in das Bedingungsgefüge einer erfolgreichen Beweiskonstruktion und benennen verschiedene Spannungsfelder und Hürden. Insbesondere auf mikroskopischer Ebene konnten dabei konkrete Anwendungsbereiche und Gelingensbedingungen des Strategieeinsatzes identifiziert und in diesem Zusammenhang gängige Produktions- und Implementationsschwierigkeiten von Studienanfängerinnen und -anfängern beschrieben werden. Die folgende Tabelle gibt einen Überblick über die gewonnenen Erkenntnisse, indem sie die generierten Hypothesen zusammenfassend darstellt (siehe Tabelle 8.5).

Über die aufgeführten Hypothesen hinaus wurden im Zuge der Interpretation und der theoretischen Einordnung der Ergebnisse weiterführende Erkenntnisse gewonnen, die aufgrund ihres hohen interpretativen Charakters sowie ihrer Fallspezifität nicht den Status einer Hypothese erlangen. Dennoch benennen sie Phänomene und Begriffsfelder, die neue Impulse für die Beweisforschung bieten und in Folgestudien adressiert werden könnten. Derartige Erkenntnisse werden daher in der nachstehenden Tabelle zusammengefasst (Tabelle 8.6).

Tab. 8.5 Übersicht über die generierten Hypothesen

Hypothesen zum Verlauf von studentischen Beweisprozessen (→ 7.2.1, 7.2.2, 7.2.3)

1.1 Ein vollständiger studentischer Beweisprozess konstituiert sich über die fünf Phasen des Verstehens, des Argumente Identifizierens, des Argumente Strukturierens, des Formulierens sowie des Validierens. Sämtliche inhaltsbezogenen Prozessabschnitte lassen sich einer dieser fünf Teilprozesse zuordnen, sodass keine weiteren Phasen auftreten.

1.2 Rund zwei Drittel des Beweisprozesses entfallen mit dem Verstehen und dem Argumente Identifizieren auf die kreativen Phasen der Beweiskonstruktion.

1.3 Der Teilprozess des Validierens findet fortlaufend und parallel zu den übrigen Teilprozessen statt.

1.4 Phasenwechsel treten primär zwischen benachbarten Phasen auf, sodass vielfach Mini-Zyklen im Beweisprozess entstehen.

1.5 Anhand der fünf nachstehenden Prozesstypen lassen sich verschiedene Verläufe von Beweisprozessen eindeutig und vollständig differenzieren: Zielorientierter, Neustarter, Entwickler, Punktesammler und Rückkoppler.

1.6 Die studentische Beweiskonstruktion verläuft in einem grundlegend linearen Beweisprozess, der wiederholt durch Mini-Zyklen vertieft und ergänzt wird.

Hypothesen zum Zusammenhang zwischen Prozessverlauf und Leistung (→ 7.2.4)

2.1 Es besteht kein Zusammenhang zwischen der Konstruktionsleistung und der Dauer oder der Häufigkeit einer auftretenden Phasen.

2.2 Es besteht kein eindeutiger Zusammenhang zwischen der Konstruktionsleistung und den verschiedenen Prozesstypen.

Hypothesen zu Verstehensaktivitäten im Beweisprozess (→ 7.3.1, 7.3.3)

3.1 Die Phase des Verstehens realisiert sich in einer Kombination folgender Aktivitäten: Extrahieren, Ergänzen, Visualisieren, Folgern, Hinterfragen, Wiederholen, Paraphrasieren, Transformieren, Fokussieren, Spezifizieren, Beispielbetrachtung und Klassifizieren.

3.2 Studierende mit niedrigen Konstruktionsleistungen orientieren sich in der Verstehensphase stärker an Aktivitäten, die eng an die Aufgabenstruktur gebunden sind, und fokussieren damit stärker den Aufbau einer propositionalen Textbasis.

3.3 Studierende mit einer hohen Konstruktionsleistung folgern weitere Problemmerkmale aus der Aufgabenstellung und denken so über diese hinaus. Studierende mit nicht erfolgreichen Beweisprozessen weisen Schwierigkeiten auf, eine solche Vorgehensweise im Beweisprozess zu implementieren, und greifen häufiger auf ein textbasiertes Vorgehen zurück.

(Fortsetzung)

Tab. 8.5 (Fortsetzung)

3.4 Ein wirksames Vorgehen in der Verstehensphase besteht in einem konzeptorientierten Abrufen von Vorwissen, bei dem die aktivierten Wissenselemente
gezielt mit der Problemsituation verknüpft werden.

3.5 Ein nicht effektives Vorgehen in der Verstehensphase ist das ressourcengeleitete Ergänzen von Informationen.

3.6 Es besteht ein Zusammenhang zwischen der Konstruktionsleistung und dem
verfügbaren mathematisch-strategischen Wissen: Studierende mit einer hohen
Konstruktionsleistung integrieren Vorwissen aus vorhergehenden Aufgabenbearbeitungen in ihren Verstehensprozess.

3.7 Ein wirksames Vorgehen besteht darin, die Details der Aussagenformulierung
systematisch zu hinterfragen und die relevanten Aspekte einer Aufgabenstellung zu ergründen.

3.8 Plausibilitätsbetrachtungen bezüglich der gegebenen Aussage können die Beweiskonstruktion dann unterstützen, wenn sie inhaltlich begründet werden.

Hypothesen zu Validierungsaktivitäten im Beweisprozess (→ 7.3.2, 7.3.3, 7.3.3)

4.1 Innerhalb studentischer Beweiskonstruktionen treten Validierungsprozesse in
folgenden Formen auf: Bewerten, Überprüfen, Identifizieren, Optimieren,
Rückversichern, Zweifeln.

4.2 Studierende mit erfolgreichen Beweisprozessen kontrollieren ihren Fortschritt
im Beweisprozess engmaschiger, indem sie sich häufiger bei ihren Kommilitoninnen und Kommilitonen rückversichern.

4.3 Studierende mit einer niedrigen Konstruktionsleistung äußern häufiger Zweifel
in Bezug auf ihre Beweisidee und verwerfen diese, ohne die Ursachen für die
Zweifel näher zu ergründen.

4.4 Weniger erfolgreiche Studierende bewerten ihren Beweisansatz häufiger auf
Basis intuitiver Einschätzungen, während erfolgreiche Studierende ihren Beweis vermehrt anhand struktureller Kriterien überprüfen.

4.5 Studierende mit erfolgreichen Beweisprozessen identifizieren Korrekturbedarf
auch auf globaler Ebene, während sich Studierende mit niedrigen Konstruktionsleistungen auf die lokalen Aspekte ihres (Teil-)Beweises fokussieren.

4.6 Eine wirksame Form der Validierung ist das erkenntnisgenerierende Überprüfen. Studierende mit nicht erfolgreichen Beweisprozessen weisen Schwierigkeiten auf, diese Strategie im Beweisprozess zu implementieren, und greifen
häufiger auf eine wiederholende Form des Überprüfens zurück.

4.7 Das Abgleichen von Oberflächenmerkmalen stellt eine nicht effektive Strategie
dar, um die Anwendbarkeit eines Satzes zu überprüfen. Studierende mit einer
hohen Konstruktionsleistung gehen über einen statischen Abgleich hinaus und
hinterfragen die Funktion einzelner Voraussetzungen.

Tab. 8.5 (Fortsetzung)

4.8 Es besteht ein Zusammenhang zwischen der Konstruktionsleistung und dem Umgang mit Phasenwechseln: Studierende mit einer hohen Konstruktionsleistung verbinden Rückkopplungen konsequent mit einer Validierung, wohingegen Studierende mit einer niedrigen Konstruktionsleistung Phasenwechsel nur unregelmäßig motivieren.

Tab. 8.6 Übersicht über weiterführende Beobachtungen

Erkenntnisse zum Verlauf von studentischen Beweisprozessen

- Beim Argumente Identifizieren orientieren sich einige Studierende stark an Oberflächenmerkmalen. Hier deuten sich Schwierigkeiten an, den Status mathematischer Sätze zu erfassen und diese als Schlussregel in einer Argumentation zu verwenden.

- Transferleistungen zwischen inhaltlich-anschaulichen und formal-deduktiven Argumenten sind in der Strukturierungsphase nur vereinzelt zu beobachten. Während einige Studierende keinen Bedarf für eine Reanalyse ihrer informalen Beweiskette sehen, verknüpfen andere semantische und syntaktische Zugänge bereits bei der Ideengenerierung.

- Die Phasen des Argumente Strukturierens und des Formulierens weisen neben präzisierenden auch heuristische Komponenten auf. Diese manifestieren sich insbesondere in den Prozesstypen des Entwicklers und des Punktesammlers.

- Ein streng lineares Vorgehen wird unter Umständen von der verfügbaren Wissensbasis, dem Problemcharakter der Beweisaufgabe sowie den parallel ablaufenden, kooperativen Prozessen beeinflusst. Demnach wäre der Prozesstyp des Zielorientierten vermehrt in Beweisprozessen von Einzelpersonen zu Aufgaben mit moderatem Problemcharakter zu erwarten.

Erkenntnisse zu Verstehensaktivitäten im Beweisprozess

- Die identifizierten Verstehensaktivitäten sind insofern aufgabenspezifisch, als einzelne Aktivitäten überwiegend in Beweisprozessen zur Extrempunktaufgabe auftreten. Neben spezifischen Merkmalen der Problemsituation scheinen hier das konzeptuelle Vorwissen sowie die Fähigkeit zum Repräsentationswechsel von Bedeutung zu sein.

- Der Typ des nicht erfolgreichen Folgerns deutet auf Schwierigkeiten von Studierenden hin, eigene Folgerungen als solche anzunehmen und die Erkenntnisse der Exploration für eine dynamische Weiterentwicklung der Problemrepräsentation zu nutzen.

- Studierende verfügen stellenweise über träges Wissen: Sie können konzeptuelle Wissenselemente zwar zielsicher abrufen, es gelingt ihnen jedoch nicht, diese in die Problemrepräsentation zu integrieren. Schwierigkeiten treten dabei insbesondere bei der Verknüpfung von Vorlesungsinhalten und schulischem Vorwissen auf.

(Fortsetzung)

Tab. 8.6 (Fortsetzung)

Erkenntnisse zu Validierungsaktivitäten im Beweisprozess

- In der Aktivitäten des Zweifelns deutet sich, ebenso wie im Typ des nicht effektiven Hinterfragens von Aufgabendetails, ein Einfluss affektiver Komponenten auf die Konstruktionsleistung an. Den Studierenden fehlt es stellenweise an Beharrlichkeit und der nötigen Selbstwirksamkeitserwartung, um die formulierten Gedanken und Fragen konsequent weiterzudenken.

- Die Implementationsschwierigkeiten beim erkenntnisgenerierenden Überprüfen verdeutlichen die Notwendigkeit einer vernetzten Wissensbasis, die einen flexiblen Umgang mit unterschiedlichen Repräsentationen ermöglicht.

- Über das Rückversichern und das validierungsbasierte Rückkoppeln manifestiert sich in den Validierungsaktivitäten die exekutive Komponente metakognitiver Fähigkeiten.

8.2 Grenzen der Studie

In dieser Untersuchung wurde ein qualitativer Zugang zum Forschungsfeld gewählt, der eine gegenstandsnahe Rekonstruktion der kognitiven Vorgänge im Beweisprozess ermöglicht. Im Zuge des Forschungsprozesses wurde dabei eine Vielzahl an methodischen Entscheidungen getroffen, welche die empirische Basis genauso wie die Erhebungs- und Auswertungsverfahren betreffen. Obwohl jeder dieser Entscheidungen eine begründete Annahme zugrunde liegt, erwachsen aus ihnen auch Grenzen, die den Geltungsbereich der Ergebnisse einschränken.

Eine zentrale Frage bei der Bewertung qualitativer Forschungsergebnisse betrifft die Verallgemeinerbarkeit der Ergebnisse. Ziel der Untersuchung war es, eine tiefgehende und differenzierte Beschreibung studentischer Beweisprozesse hervorzubringen und damit das komplexe Bedingungsgefüge erfolgreicher Beweiskonstruktionen möglichst detailliert abzubilden. Um dieses Ziel zu erreichen, wurde mit der Wahl eines explorativ-deskriptiven Designs eine enge Gegenstandsbindung ermöglicht, die jedoch mit einem vergleichsweise kleinen Stichprobenumfang einhergeht. Die Stichprobe in dieser Untersuchung setzt sich aus 24 bzw. 11 Fällen zusammen, die sich wiederum auf zwei verschiedene Beweisaufgaben und fünf Merkmalsausprägungen der Konstruktionsleistung verteilen. Eine Zuordnung der einzelnen Fälle zu den verschiedenen Kategorien der Konstruktionsleistung verdeutlicht, dass hier keine theoretische Sättigung erreicht wurde. So entwickelte in dieser Studie bspw. nur ein einziges Studierendenpaar einen vollständig korrekten Beweis, wodurch die Vergleichsdimension der erfolgreichen Beweisprozesse stark eingeschränkt ist. Entsprechend kann auf der Grundlage der Stichprobe nicht abschließend beurteilt werden, inwiefern die in Abschnitt 7.3.3 konstruierten Typen eine vollständige und eindeutige Typologie bilden. In Bezug auf die Verstehensaktivität des Hinterfragens ist es bspw. denkbar, dass die Unterscheidung eines *Details analysierenden* und eines *Plausibilität prüfenden* Vorgehens in einer größeren Stichprobe nicht trennscharf durchzuführen ist und diese damit das Gütekriterium einer eindeutigen Typenzuweisung verletzt.

Während der Stichprobenumfang die Verallgemeinerbarkeit auf andere Personengruppen eingrenzt, ergeben sich aus der Aufgabenauswahl Einschränkungen, welche die inhaltlich-thematische Reichweite der Ergebnisse betreffen. Für die Datenauswertung wurden in dieser Untersuchung zwei Beweisaufgaben aus dem Bereich der Analysis ausgewählt, die sich durch einen vergleichsweise hohen Komplexitätsgrad auszeichnen und eine für Studienanfängerinnen und -anfänger neuartige Verknüpfung bekannter Beweismittel fordern. Innerhalb der Analysis setzen die beiden Aufgaben unterschiedliche Schwerpunkte, sodass durch die jeweils adressierten Themengebiete eine unterschiedlich hohe Anbindung an schulische Konzepte erreicht wird. Ein Vergleich der Untersuchungsergebnisse entlang der bearbeiteten Beweisaufgaben zeigt, dass die zentralen Gestaltungsmuster und Vorgehensweisen im Beweisprozess insofern stabil gegenüber den behandelten Konzepten sind, als sie aufgabenübergreifend auftreten. Dennoch deuten sich auf der Ebene der Aktivitäten vereinzelt Unterschiede zwischen den Beweisaufgaben an, die auf aufgabenspezifische Phasenrealisierungen schließen lassen. Einzelne Aktivitäten, wie bspw. das Spezifizieren beim Verstehen oder das Formulieren von Zwischenbehauptungen beim Strukturieren, scheinen demnach an bestimmte Merkmale der Problemsituation geknüpft zu sein. Darüber hinaus ist eine allgemeine Tendenz zu erkennen, nach der die Verstehens- und Validierungsaktivitäten in solchen Beweisprozessen reichhaltiger sind, bei denen die zu beweisende Aussage Bezüge zu schulischen Konzepten erlaubt. Vor dem Hintergrund der hier beschriebenen Beobachtungen bleibt zunächst offen, inwiefern sich die in dieser Studie identifizierten Vorgehensweisen auf Beweiskonstruktionen übertragen lassen, denen Aufgaben aus anderen Themenbereichen zugrunde liegen. Was die Studie unter Berücksichtigung der dargelegten Einschränkungen dennoch leistet, ist eine ebenso detaillierte wie breite Beschreibung der kognitiven Vorgänge, die innerhalb einer Beweiskonstruktion wirksam werden. Durch die enge Gegenstandsbindung ist es möglich, Wirkungszusammenhänge handlungsnah zu beschreiben und konkrete Gelingensbedingungen einer Beweiskonstruktion abzuleiten. Aus den Ergebnissen erwachsen sodann Hypothesen, die es durch Untersuchungen mit anderen Forschungsdesigns zu überprüfen gilt.

Die Datenerhebung dieser Untersuchung fand in einer laborähnlichen Situation statt. Wenngleich versucht wurde, die Erhebungssituation so authentisch wie möglich zu gestalten, handelt es sich dennoch um eine Beobachtungssituation, bei der reaktive Einflüsse nicht vollständig auszuschließen sind. Stärker als die zeitlichen und materiellen Rahmenbedingungen nimmt hier jedoch die gewählte Sozialform Einfluss auf den Geltungsbereich der Ergebnisse. Entsprechend der Empfehlungen aus anderen Studien wurde die Aufgabenbearbeitung in Paaren und Kleingruppen organisiert (Alcock & Simpson 2004; Schoenfeld 1985; Weber 2015). Obwohl an verschiedenen Stellen, wie bspw. bei der Abgrenzung von Hörsignalen und Validierungen, explizit eine Differenzierung angestrebt wurde, zeigen Aktivitäten wie das Rückversichern, dass eine saubere Trennung zwischen kognitiven und kooperativen Prozessen nicht möglich ist. Ebenso deuten die verwendeten Doppelcodes darauf hin, dass die individuellen Beweisprozesse stellenweise von dem gemeinsamen Arbeitsprozess abweichen, wodurch der soziale Aspekt an Bedeutung gewinnt. Wenngleich in dieser Untersuchung keine Aussagen über die Beweisprozesse von Einzelpersonen getroffen werden können, erscheint die gewählte Erhebungsmethode dennoch zweckdienlich. Unter der Annahme, dass kommunikative und kognitive Prozesse häufig parallel verlaufen, ist davon auszugehen, dass ein Großteil der mentalen, handlungsrelevanten Prozesse durch die Studierenden verbalisiert wurde. Auf diese Weise konnte eine reichhaltige Datengrundlage erzeugt werden, die eine zuverlässige Rekonstruktion der jeweiligen Herangehensweisen und Strategien erlaubt. Die überwiegende Mehrheit der identifizierten Vorgehensweisen ist dabei nicht zwingend an einen Kommunikationspartner gebunden, sodass eine Replikation der Ergebnisse für individuelle Beweisprozesse realistisch erscheint. In Folgeuntersuchungen, die gezielt Beweiskonstruktionen von Einzelpersonen untersuchen, wäre ein Vorgehen denkbar, bei dem eine Auswahl an strategischen Impulsen in das aufgabenbasierte Interview integriert und deren Umsetzung durch die Studierenden analysiert wird.

Über die beschriebenen Rahmenbedingungen der Erhebungssituation hinaus sind mit dem deskriptiv-explorativen Design, wie es in dieser Untersuchung realisiert wurde, auch Grenzen im Hinblick auf die einbezogenen sekundären Merkmale verbunden. Die Datenerhebung konzentrierte sich in dieser Studie auf diejenigen Prozesse und Produkte, die unmittelbar mit einer Beweiskonstruktion einhergehen. Weitere Einflussfaktoren, wie das vorhandene Vorwissen, metakognitive Fähigkeiten oder studienspezifische Vorerfahrungen, wurden nicht erhoben. Insbesondere das konzeptuelle Vorwissen stellt jedoch einen zentralen Prädiktor dar, dessen Relevanz sowohl für die Beweiskonstruktion im Speziellen als auch für den Studienerfolg im Allgemeinen bereits vielfach nachgewiesen wurde (Chinnappan et al. 2012; Greefrath, Koepf & Neugebauer 2017; Hailikari, Nevgi & Komulainen

2008; Heinze et al. 2008; Rach & Ufer 2020; Sommerhoff 2017; Ufer et al. 2008). Auch in dieser Untersuchung deutete sich im Rahmen der Datenauswertung und -interpretation wiederholt der Einfluss einer reichhaltigen und vernetzten Wissensbasis an. So beschreiben die rekonstruierten Verstehens- und Validierungsaktivitäten überwiegend wissensintensive Handlungen, deren Implementation durch Defiziten im konzeptuellen Vorwissen erschwert wird. Da kein Vorwissensmaß vorhanden ist, kann an dieser Stelle jedoch nicht beurteilt werden, inwiefern sich die beschriebenen Unterschiede zwischen erfolgreichen und nicht erfolgreichen Beweisprozessen bei einer Kontrolle des Vorwissens als stabil erweisen. Während die Ergebnisse zur allgemeinen Struktur eines Beweisprozesses von dieser Einschränkung weitgehend unberührt bleiben, besteht der Mehrwert der formulierten Wirkungshypothesen in ihrem gegenstandsnahen und prozessorientierten Zugang. Das interpretative Vorgehen einer typenbildenden Inhaltsanalyse ermöglicht es, neben quantitativen auch qualitative Unterschiede in der Ausgestaltung einer Phase zu beschreiben. Auf diese Weise konnten insbesondere auch solche Fälle identifiziert werden, in denen konzeptuelles Wissen als träges Wissen vorliegt und daher nicht gewinnbringend in den Beweisprozess integriert werden kann. Über die Unterscheidung von Produktions- und Implementationsschwierigkeiten wird hier sodann deutlich, welche Schwierigkeiten auf Defizite im Strategiewissen zurückgehen und welche auf mangelndes Vorwissen verweisen. In diesem Sinne können die in Tabelle 8.5 und 8.6 zusammengefassten Erkenntnisse erste Hinweise darauf geben, an welchen Stellen des Beweisprozesses die einzelnen Prädiktoren auf welche Weise eingehen.

In Bezug auf die Auswertungsmethode ergeben sich in erster Linie Grenzen, welche die Unterscheidung von erfolgreichen und nicht erfolgreichen Beweisprozessen betreffen. Die Klassifikation der Konstruktionsleistung fand in dieser Untersuchung anhand einer fünfstufigen Bewertung des Beweisprodukts statt. Über die Verknüpfung prozess- und produktbezogener Merkmale können sich dabei insofern Verzerrung ergeben, als sich die zentralen Überlegungen eines Beweisprozesses nicht vollständig in dessen Produkt widerspiegeln müssen. So können Studierende bspw. eine qualitativ hochwertige Verstehensphase gestalten, ohne dass die hier gewonnenen Erkenntnisse im Beweisprodukt sichtbar werden. Vor dem Hintergrund dessen, dass bislang kaum Kriterien zur Verfügung stehen, die eine zuverlässige prozessorientierte Bewertung ermöglichen, beschreibt das hier gewählte Vorgehen einen pragmatischen Zugriff, der sich an der gängigen Leistungsbewertung im Hochschulkontext orientiert. Im Rahmen von Folgestudien wäre es jedoch denkbar, aus den hier beschriebenen Prozessmerkmalen Bewertungskriterien für einzelne Teilprozesse der Beweiskonstruktion abzuleiten.

8.3   Implikationen für die Forschung

In dieser Untersuchung wurde der Forderung nach einer detaillierten und prozessorientierten Analyse von Gelingensbedingungen im Kontext der Beweiskonstruktion nachgekommen (Hart 1994; Schoenfeld 1985; Weber 2006), indem die hiermit verbundenen kognitiven Vorgänge in einem explorativ-deskriptiven Design untersucht wurden. Das Ergebnis dieser Untersuchung besteht in einer Reihe von Hypothesen, die den Wirkungszusammenhang zwischen Prozessgestaltung und Konstruktionsleistung auf makroskopischer sowie mikroskopischer Ebene beschreiben. Aufgrund der vergleichsweise dünnen Forschungsgrundlage wurde an verschiedenen Stellen der Bezug zu anderen Bereichen der Beweisforschung gesucht, wobei sich die Kombination unterschiedlicher Forschungsperspektiven als sehr fruchtbar erwiesen hat. Vor dem Hintergrund des explorativen Charakters der Studie können die dargestellten Erkenntnisse jedoch lediglich einen ersten Zugang zum Untersuchungsfeld darstellen. Forschungsdesiderate ergeben sich sowohl in den Bereichen der Replikation und der Progression als auch in Bezug auf den edukativen Nutzen der Erkenntnisse.

Einschränkungen bezüglich der Verallgemeinerbarkeit resultieren bei qualitativen Studien naturgemäß aus einer geringen Stichprobengröße. Eine Vergrößerung der Stichprobe erscheint in dieser Untersuchung insbesondere im Hinblick auf die phasenspezifischen Tiefenanalysen erstrebenswert, da die hier herausgearbeiteten Vorgehensweisen die Gelingensbedingungen einer erfolgreichen Beweiskonstruktion handlungsnah beschreiben und damit von praktischer Relevanz sind. Es ist zu erwarten, dass eine Analyse weiterer Fälle einerseits die formulierten Hypothesen bestärkt, andererseits jedoch auch neue Aktivitäten und Typen hervorbringt, welche die bisherigen Erkenntnisse ergänzen und ausdifferenzieren. Dabei ist zu berücksichtigen, dass sich die mikroskopischen Analysen in dieser Untersuchung ausschließlich auf die Phasen des Verstehens und des Validierens beziehen. Für eine ganzheitliche Beschreibung studentischer Beweisprozesse wäre darüber hinaus eine Untersuchung weiterer Phasen wünschenswert. Bereits in den Ausführungen zur Strukturierungs- und Formulierungsphase in Abschnitt 7.2 deutet sich bspw. an, dass diese über ihre präzisierende Ausrichtung hinaus auch eine heuristische Komponente aufweisen, die insbesondere von Studierenden mit einer niedrigen Konstruktionsleistung häufig unterschätzt wird. Im Zusammenhang mit den Prozesstypen des Punktesammlers und des Entwicklers, bei denen Formulierungsprozesse einen besonderen Stellenwert einnehmen, wäre somit von Interesse, welche Effekte sich aus einer gezielten Aufforderung zum Verschriftlichen eigener Gedanken und Beweisideen ergeben.

Bezüglich der Grundstruktur eines Beweisprozesses konnten in dieser Studie fünf verschiedenen Phasen herausgearbeitet werden, in deren Zusammenspiel sich eine Beweiskonstruktion entwickelt. Unter besonderer Berücksichtigung der auftretenden Phasenwechsel wurden fünf Prozesstypen differenziert, die sich jeweils durch eine für sie charakteristische Phasenabfolge und damit durch eine spezifische Form der Prozessgestaltung auszeichnen. Durch eine Vergrößerung der Stichprobe sowie eine Variation der Aufgabenstellungen könnte in Folgestudien untersucht werden, wie stabil sich die einzelnen Prozesstypen gegenüber variierenden Rahmenbedingungen erweisen. So lassen Vorgehensweisen, wie sie für den Rückkoppler oder den Entwickler charakteristisch sind, vermuten, dass Prozesstypen mit individuellen Dispositionen der Prozessgestaltung einhergehen und damit personengebunden auftreten. Andere Prozesstypen, wie der Neustarter, konstituieren sich demgegenüber erst im Verlauf der Beweiskonstruktion und sind damit von den jeweiligen situativen Bedingungen abhängig. Inwiefern Faktoren, wie das verfügbare Vorwissen oder der empfundene Problemcharakter einer Aufgabenstellung, die Struktur eines Beweisablaufs beeinflusst, stellt eine weiterführende Fragestellung dar, deren Beantwortung sodann von edukativem Nutzen wäre. Sollten sich die Prozesstypen als personenspezifisch erweisen, kann ein gezielter Wechsel des Prozesstyps gewinnbringend sein, um Phasen der Stagnation entgegenzuwirken. Wird die makroskopische Gestaltung eines Beweisprozesses hingegen von äußeren Faktoren beeinflusst, kann ein breites Handlungsrepertoire dazu beitragen, das eigene Vorgehen situationsspezifisch zu überwachen.

Eine zentrale Erkenntnis der Studie besteht in den vielfältigen Bezügen, die sich zwischen den Aktivitäten des Verstehens, Validierens und Konstruierens andeuten. Sowohl das Verstehen als auch das Validieren konnten als Teilprozesse der Beweiskonstruktion bestätigt werden. Eine Tiefenanalyse der phasenspezifischen Aktivitäten legt dabei nahe, dass einzelne Vorgehensweisen und Schwierigkeitsfelder, die beim Verstehen und Validieren fremder Beweise als relevant gelten, auch für entsprechende Phasen der Beweiskonstruktion von Bedeutung sind. Eine Überprüfung der hier berichteten Zusammenhänge durch andere Forschungsdesigns erscheint aus unterschiedlichen Gründen erstrebenswert: Erstens sind auf theoretischer Ebene neue Erkenntnisse zum Zusammenspiel unterschiedlicher Wissensfacetten und Aktivitäten zu erwarten, welche das komplexe Bedingungsgefüge einer allgemeinen Beweiskompetenz weiter ausdifferenzieren. Im Rahmen der Typenbildung wurde in dieser Studie zwischen Produktions- und Implementationsschwierigkeiten beim Ausführen bestimmter Verstehens- und Validierungsaktivitäten unterschieden. Dabei zeigte sich in vielen Fällen eine deutliche Divergenz zwischen dem Vorhandensein von Strategiewissen bzw. der Kenntnis gängiger Akzeptanzkriterien und deren erfolgreicher Implementation im Beweisprozess. Aus dieser Beobachtung heraus ergeben sich insofern Implikationen für die Forschung, als träges Wissen und auftretende Anwendungsschwierigkeiten bei quantitativen Forschungsdesigns zu berücksichtigen sind. Zweitens bekräftigen die beschriebenen Zusammenhänge solche Forschungsansätze, bei denen der Einfluss einer Unterstützungsmaßnahme zum Validieren auf die Konstruktionsleistung untersucht wird (Powers et al. 2010; G. J. Stylianides & Stylianides 2009; Yee et al. 2018). Aufbauend auf den Erkenntnissen dieser Studie ließen sich derartige Ansätze systematisieren, indem solche Validierungsstrategien fokussiert werden, die sich auch im Kontext der Beweiskonstruktion als wirksam erwiesen haben. Demnach könnte eine Folgestudie gezielt nach Möglichkeiten suchen, effektive Vorgehensweisen, wie das erkenntnisgenerierende Überprüfen, im Rahmen von Validierungsaufträgen zu fördern und den Effekt dieser Maßnahme auf die Konstruktionsleistung zu untersuchen. Ebenso erscheint es lohnenswert, Selbsterklärungs- und Strategietrainings, wie sie erfolgreich zur Förderung des Beweisverständnisses eingesetzt werden, im Hinblick auf ihre Übertragbarkeit zu prüfen (Hodds et al. 2014; Samkoff & Weber 2015). Entsprechend wäre z. B. zu untersuchen, inwiefern sich Selbsterklärungspromts gewinnbringend zur Unterstützung von Verstehensphasen im Beweisprozess und damit zur Steigerung der Konstruktionsleistung einsetzen ließen.

Für viele der hier angeregten Forschungsprojekte ist es notwendig, eine Operationalisierung der formulierten Erkenntnisse durchzuführen. Dabei ist zu beachten, dass keine systematischen Zusammenhänge zwischen der Prozessgestaltung und der Konstruktionsleistung auf makroskopischer Ebene identifiziert werden konnten. Unterschiede zwischen erfolgreichen und nicht erfolgreichen Studierenden zeigen sich demnach weniger in der Dauer und der Häufigkeit, mit der ein Teilprozess durchgeführt wird, sondern manifestieren sich vielmehr in der konkreten Ausgestaltung einzelner Phasen. Für quantitative Untersuchungen bedarf es demnach einer Operationalisierung der einzelnen Aktivitäten und Vorgehensweisen, die als qualitativen Merkmalsausprägungen die zentralen Einflussfaktoren einer erfolgreichen Beweiskonstruktion auf mikroskopischer Ebene beschreiben. Auf der Grundlage einer solchen Operationalisierung ließen sich sodann auch gezielt Effekte des konzeptuellen Vorwissens auf die Prozessgestaltung untersuchen.

8.4   Implikationen für die Praxis

Das eigenständige Konstruieren von Beweisen wird von vielen Studierenden als große Schwierigkeit empfunden, sodass der Bedarf an Unterstützungsangeboten im Allgemeinen hoch ist. Obwohl bereits verschiedene Ansätze für Fördermaßnahmen existieren (siehe Abschnitt 3.4), ist die Suche nach wirksamen Konzepten zur Unterstützung der Kompetenzentwicklung nach wie vor von hoher Aktualität. In diesem

Abschnitt wird diskutiert, welche neuen Impulse für das Lehren und Lernen von Beweisen aus den hier vorgestellten Ergebnisse erwachsen.

Bereits im vorhergehenden Abschnitt wurde angedeutet, dass die identifizierten Verbindungen zwischen dem Verstehen, Validieren und Konstruieren von Beweisen über ihre theoretisch-begrifflichen Komponenten hinaus auch edukativen Nutzen aufweisen. Dieser entfaltet sich einerseits in einer synergetischen Förderung unterschiedlicher Beweisaktivitäten und betrifft andererseits die Übertragung von Förderkonzepte aus der Verstehens- bzw. Validierungsforschung auf entsprechende Phasen der Beweiskonstruktion. In Anlehnung an die Konzepte von Powers et al. (2010), G. J. Stylianides & Stylianides (2009) oder Yee et al. (2018) könnten solche Aufgabenformate in reguläre Übungen eingebunden werden, bei denen über das Validieren fremder Beweise Vorgehensweisen, wie das erkenntnisgenerierende Überprüfen oder die globale Suche nach Fehlern, gezielt eingeübt werden. Ein solches Vorgehen ist dabei insofern komplexitätsreduziert, als das Strategietraining losgelöst von weiteren Anforderungen der Beweiskonstruktion stattfindet. Um den Transfer auf andere Kontexte und damit eine situationsübergreifende Vernetzung der erarbeiteten Strategien anzuregen, ließen sich Arbeitsaufträge einsetzen, die im Sinne eines atomistischen Ansatzes gezielt spezifische Teilprozesse der Beweiskonstruktion adressieren. Insbesondere im Bereich des Verstehens sind hier Übungsaufgaben denkbar, die primär auf eine ausgiebige Aufgabenanalyse abzielen und damit die konzeptuelle Aufarbeitung der in einer Aussage enthaltenden Begriffe honorieren. In der Forschung zum Beweisverstehen haben sich darüber hinaus Selbsterklärungs- und Strategietrainings als wirksam erwiesen, bei denen ein Repertoire an Strategien zunächst explizit thematisiert und seine Anwendung sodann durch gezielte Impulsfragen unterstützt wird (Hodds et al. 2014; Samkoff & Weber 2015). Entsprechende Konzepte ließen sich auf die Aktivität der Beweiskonstruktion übertragen, wenn die Inhalte der Trainings auf das Verstehen der zu beweisende Aussage eingeschränkt würden (siehe hierzu auch das Assessment-Modell von Mejia-Ramos et al. (2012)). Im Vergleich von Strategie- und Selbsterklärungstrainings erscheint dabei insbesondere die Verwendung von Selbsterklärungsprompts dafür geeignet zu sein, träges Wissen aufzudecken und eine Verknüpfung zwischen dem individuellen Vorwissen und der Problemsituation anzuregen.

In den vorhergehenden Überlegungen zeigt sich die grundlegende Tendenz, primär produktive anstatt rezeptive Instruktionen zur Strategieförderung einzusetzen. Die direkte Vermittlung von Strategien sollte demnach konsequent mit Lernumgebungen verknüpft werden, in denen ihre Anwendung derselben eingefordert wird (für Qualitätsmerkmale eines Strategietrainings siehe bspw. Friedrich und Mandl (2006)). Auf diese Weise lässt sich ein flexibler Umgang mit den vermittelten Strategien einüben, wobei Gelingensbedingungen ebenso wie defizitäre Strategiean-

wendungen thematisiert werden können. Die in dieser Untersuchung konstruierte
Typologie bietet eine differenzierte Grundlage, um derartige Strategietrainings zu
konzipieren. Gleichzeitig zeigt sie auch Erklärungsansätze dafür auf, warum heuristische Lösungsbeispiele für technische Beweise wirksam erscheinen, in komplexen Problemsituationen jedoch nur geringe Effekte erzielen (Reichersdorfer 2013;
Reichersdorfer et al. 2012). So ist zu vermuten, dass die Auseinandersetzung mit
heuristischen Lösungsbeispielen auch unter Einbezug von Selbsterklärungsprompts
überwiegend rezeptiv ausgerichtet ist und damit nicht über eine direkte Strategie-
vermittlung hinausgeht. Die vielfältigen Transfer- und Implementationsschwierigkeiten, die in dieser Untersuchung beobachtet wurden, legen nahe, dass weiterführende Unterstützungsangebote in Form von Reflexionsanlässen und Feedback
notwendig sind, um die Strategieanwendung zu festigen. Die Beobachtungen in
dieser Untersuchungen zeigen jedoch auch, dass einige der Transfer- und Implementationsschwierigkeiten auf Defizite im Vorwissen zurückgehen. Demnach wird
eine Strategieanwendung dadurch erschwert, dass Begriffe auf konzeptueller Ebene
nicht miteinander verknüpft werden und Repräsentationswechsel zu Fehlern führen.
Auf der einen Seite können wissensbedingte Defizite in der Strategieanwendungen
zum Anlass genommen werden, inhaltliche Themen explizit aufzugreifen. Auf der
anderen Seite scheint es jedoch sinnvoll, für Strategietrainings solche Aufgaben und
Inhaltsfelder auszuwählen, bei denen die Studierenden z. B. aufgrund schulischer
Vorerfahrungen auf eine vergleichsweise gut vernetzte Wissensbasis zurückgreifen können. So erwies sich bspw. die Fixpunktaufgabe in dieser Untersuchung als
weniger ergiebig als die Extrempunktaufgabe.

  Die bisherigen Ausführungen machen deutlich, dass sich der Förderbedarf zu
Studienbeginn in dieser Untersuchung primär auf mikroskopischer Ebene manifestiert, wodurch domainenspezifische bzw. domainenbezogene Strategien in den
Fokus rücken. Unterschiede zwischen erfolgreichen und weniger erfolgreichen
Studierenden hinsichtlich ihrer Prozessüberwachung und Selbstregulation wurden
zwar stellenweise beobachtet, scheinen hier jedoch nicht bestimmend zu sein. Vielmehr zeigen die Analysen auf makroskopischer Ebene, dass Studierende auch nach
wenigen Wochen des Mathematikstudiums zentrale Phasen der Beweiskonstruktion berücksichtigen und insbesondere auch ausreichend Zeit auf das Verstehen der
Aufgabenstellung verwenden. Darüber hinaus beschreibt ein Großteil der identifizierten Prozesstypen eine angemessene und grundsätzlich zielführende Form der
Prozessgestaltung. Demnach bietet sich eine Förderung von Monitoringstrategien in
erster Linie für Studierende an, deren Beweisprozesse dem Typ des Punktesammlers entsprechen. Der ungünstige Prozessverlauf steht hier jedoch in Verbindung
mit geringen inhaltlichen Fortschritten und ungenutzten Potenzialen der Formulierungsphase, sodass auch dieser Prozesstyp von Strategietrainings auf anderer Ebene

profitieren könnte. Über alle Prozesstypen hinweg ist eine Förderung metakognitiver Strategien jedoch dann sinnvoll, wenn sie in Form des Validierens mit inhaltsbezogenen Strategien verknüpft wird. Hypothese 4.8 verdeutlicht, dass der Erfolg einer Beweiskonstruktion auch davon abhängig ist, inwiefern die Studierenden ihre Phasenübergänge durch Validierungen begleiten und einen Rückschritt damit inhaltlich motivieren. Durch Impulsfragen und prozessbegleitende Selbsterklärungstrainings könnten die Studierenden angeregt werden, Phasen der Unsicherheit und Stagnation für Validierungen zu nutzen und damit eine Suchrichtung für den weiteren Verlauf des Beweisprozesses festzulegen. Ziel sollte es hier sein, inhaltliche Kohärenz und Zielklarheit über den gesamten Beweisprozess zu gewährleisten.

Neben den hier beschriebenen Ansätzen, effektive Vorgehensweisen der Beweiskonstruktion über instruktive Designs direkt sowie indirekt zu fördern, lassen sich die vorgestellten Ergebnisse auch sinnvoll für Tutorenschulungen nutzen. Auf der einen Seite geben die Ergebnisse den Tutorinnen und Tutoren einen Überblick darüber, welche Vorgehensweisen als grundsätzlich erstrebenswert gelten und wie diese durch gezielte Nachfragen in tutoriellen Settings gefördert werden könnten. Auf der anderen Seite kann über eine gezielte Auseinandersetzung mit den Typen, die sich durch eine niedrige Konstruktionsleistung auszeichnen, die persönliche Diagnosekompetenz erweitert werden. Jeder dieser Typen beschreibt eine konkrete Produktions- und Implementationsschwierigkeit, die im Rahmen einer tutoriellen Betreuung gezielt adressiert werden kann. Damit fungiert das Wissen über potenzielle Schwierigkeiten in der Prozessgestaltung sowie in der Ausführung von phasenspezifischen Aktivitäten als Metawissen, das als Diagnosegrundlage die Interaktion in Übungsgruppen und Lernzentren produktiver gestalten kann.

Der Umgang mit Beweisen stellt für viele Studierende eine problembehaftete Anforderung im Mathematikstudium dar und bildet damit eine zentrale Komponente der Schnittstellenproblematik am Übergang Schule – Hochschule. Während rezeptive Aktivitäten, wie das Verstehen und Validieren präsentierter Beweise, nur selten ausdrücklich eingefordert werden, dienen produktiv ausgerichtete Aktivitäten, wie das Konstruieren von Beweisen, gemeinhin auch als Gegenstand der Leistungsüberprüfung. Von Seiten der Universität wird damit ein Schwerpunkt im Anforderungsprofil kommuniziert, sodass Schwierigkeiten in diesem Bereich unmittelbarer wahrgenommen werden und einen entsprechenden Bedarf an Unterstützungsangeboten schaffen. In dieser Untersuchung wurde daher die Beweiskonstruktion als ein spezifischer Bestandteil des Enkulturationsprozesses fokussiert und mithilfe eines prozessorientierten Forschungszugangs im Hinblick auf relevante Gelingensbedingungen und kognitive Hürden analysiert. Ziel war es, ein vertieftes Verständnis über die internen Prozesse zu erlangen, die Studierende bei der Entwicklung eines Beweises durchlaufen, um so eine größere Transparenz für die Abläufe einer Beweiskonstruktion zu schaffen.

Im Bestreben, eine möglichst detaillierte und zugleich ganzheitliche Prozessbeschreibung zu erreichen, wurde der Untersuchungsgegenstand in mehreren Forschungszyklen erschlossen. Ausgehend von einer makroskopischen Analyse des Prozessverlaufs wurden die Analyseebenen schrittweise vertieft und dabei sukzessive Beschreibungsdimensionen auf mikroskopischer Ebene entwickelt. Im Hinblick auf die allgemeine Struktur von Beweisprozessen konnten fünf grundlegende Phasen herausgearbeitet werden, die in ihrer jeweils spezifischen Kombination die charakteristischen Merkmale eines Beweisprozesses konstituieren. Unter Berücksichtigung der Merkmale der Dauer, der Häufigkeit und der Reihenfolge konnten verallgemeinerbare Muster der Prozessgestaltung herausgearbeitet und in diesem Zusammenhang verschiedene Prozesstypen differenziert werden. Diese

K. Kirsten, *Beweisprozesse von Studierenden*, Studien zur theoretischen und empirischen Forschung in der Mathematikdidaktik, https://doi.org/10.1007/978-3-658-32242-7_9

beschreiben unterschiedliche Herangehensweisen an eine Beweiskonstruktion und ergänzen damit den aktuellen Forschungsstand zu gängigen Beweisstrategien in der Studieneingangsphase. Im Vergleich der Prozessverläufe entlang der unterschiedlichen Prozesstypen dominiert ein grundlegend lineares Vorgehen, das wiederholt durch Mini-Zyklen vertieft und ergänzt wird. Dabei erwies sich insbesondere ein solches Vorgehen als zielführend, bei dem Phasenwechsel durch Validierungen begleitet und Unsicherheiten als Anlass genommen werden, einen vorhergehenden Teilprozess erneut aufzugreifen und entsprechende Diskussionen zu vertiefen. Über diese Erkenntnis hinaus deuten die Ergebnisse auf makroskopischer Ebene jedoch darauf hin, dass Oberflächenmerkmale, wie die Dauer, die Häufigkeit und die Reihenfolge auftretender Phasen, nur bedingt dazu geeignet sind, einen Zusammenhang zwischen dem Prozessverlauf und der Konstruktionsleistung zu beschreiben. Vielmehr unterscheiden sich erfolgreiche und weniger erfolgreiche Beweisprozesse in der konkreten Ausgestaltung einer Phase, wodurch die zentralen Einflussfaktoren auf mikroskopischer Ebene zu verorten sind. Vor dem Hintergrund dieser Erkenntnis wurden die Phasen des Verstehens und des Validierens für eine Tiefenanalyse ausgewählt, im Rahmen derer wirksame Vorgehensweisen genauso wie gängige Produktions- und Implementationsschwierigkeiten innerhalb der jeweiligen Phase bestimmt wurden. Insbesondere Aktivitäten wie das *konzeptorientierte Abrufen von Vorwissen* oder das *erkenntnisgenerierende Überprüfen* verdeutlichen dabei den Einfluss einer reichhaltigen und vernetzen Wissensbasis und knüpfen damit an Forschungserkenntnisse zu den notwendigen Ressourcen einer Beweiskonstruktion an. Die theoretische Einordnung der Untersuchungsergebnisse zeigte zudem, dass sich in den phasenspezifischen Aktivitäten einer Beweiskonstruktion Bezüge zu den Beweisaktivitäten des Verstehens und des Validierens manifestieren. So erweisen sich einzelne Verstehens- und Validierungsstrategien sowohl beim Rezipieren fremder Beweise als auch beim Produzieren eigener Beweisversuche als relevant.

Insgesamt leisten die in dieser Untersuchung formulierten Hypothesen einen Beitrag dazu, mikroskopische sowie makroskopische Aspekte der Prozessgestaltung zu beschreiben und damit das Bedingungsgefüge einer erfolgreichen Beweiskonstruktion aus prozessbezogener Perspektive zu ergründen. Gleichzeitig unterstützen die Ergebnisse eine globale Sicht auf das mathematische Beweisen, bei welcher die Aktivitäten des Verstehens, Konstruierens und Validierens in ihrem Zusammenspiel betrachtet werden. Wenngleich die hier vorgestellten Ergebnisse einer Überprüfung durch andere Untersuchungsdesigns bedürfen, geben sie erste Hinweise darauf, an welchen Vorgehensweisen und Schwierigkeitsfeldern sich ein prozessorientiertes Unterstützungsangebot für Studienanfängerinnen und -anfänger orientieren könnte.

Literatur

Aberdein, A. (2009). Mathematics and Argumentation. *Foundations of Science, 14*(1), 1–8.

Aberdein, A. (2013). The parallel structure of mathematical reasoning. In A. Aberdein & I. J. Dove (Hrsg.), *The Argument of Mathematics* (S. 361–380). Logic, Epistemology, and the Unity of Science. Dordrecht: Springer.

Alcock, L. (2004). Uses of example objects in proving. In M. J. Høines & A. B. Fuglestad (Hrsg.), *Proceedings of the 28th Conference of the International Group for the Psychology of Mathematics Edukation* (Bd. 2, S. 17–24). Bergen, Norway: PME.

Alcock, L. (2017). *Wie man erfolgreich Mathematik studiert: Besonderheiten eines nichttrivialen Studiengangs.* Berlin: Springer.

Alcock, L. & Inglis, M. (2008). Doctoral students' use of examples in evaluating and proving conjectures. *Educational Studies in Mathematics, 69*(2), 111–129.

Alcock, L. & Simpson, A. (2004). Convergence of sequences and series: Interactions between visual reasoning and the learner's beliefs about their own role. *Educational Studies in Mathematics, 57*(1), 1–32.

Alcock, L. & Weber, K. (2005). Proof validation in real analysis: Inferring and checking warrants. *Journal of Mathematical Behavior, 24*(125–134).

Alcock, L. & Weber, K. (2008). Referential and syntactic approaches to proving: Case studies from a transition-to-proof course. In F. Hitt, D. A. Holton & P. Thompson (Hrsg.), *Research in Collegiate Mathematics Education VII* (S. 101–123). Providence, RI: American Mathematical Society.

Alcock, L. & Weber, K. (2010a). Referential and syntactic approaches to proving: Case studies from a transition-to-proof course. In F. Hitt, D. A. Holton & P. Thompson (Hrsg.), *Research in Collegiate Mathematics Education VII* (S. 93–114). Providence, RI: American Mathematical Society.

Alcock, L. & Weber, K. (2010b). Undergraduates' example use in proof construction: purposes and effectiveness. *Invesigations in Mathematics Learning, 3*(1), 1–22.

Alcock, L. & Wilkinson, N. (2011). e-Proofs: design of a resource to support proof comprehension in mathematics. *Educational Designer, 1*(4).

Alibert, D. & Thomas, M. (1991). Research on Mathematical Proof. In D. Tall (Hrsg.), *Advanced Mathematical Thinking* (S. 215–230). Dordrecht: Kluwer Academic.

Antonini, S. & Mariotti, M. A. (2008). Indirect proof: what is specific to this way of proving? *Zentralblatt für Didaktik der Mathematik, 40*(3), 401–412.

© Der/die Autor(en), exklusiv lizenziert durch Springer Fachmedien Wiesbaden GmbH, ein Teil von Springer Nature 2021
K. Kirsten, *Beweisprozesse von Studierenden*, Studien zur theoretischen und empirischen Forschung in der Mathematikdidaktik,
https://doi.org/10.1007/978-3-658-32242-7

Azzouni, J. (2004). The Derivation-Indicator View of Mathematical Practice. *Philosophia mathematica, 12*(3), 81–105.

Balacheff, N. (1991). Benefits and limits of social interaction: The case of mathematical proof. In A. J. Bishop, S. Mellin-Olsen & J. van Dormolen (Hrsg.), *Mathematical Knowledge* (S. 175–192). Boston: Kluwer Academic.

Balacheff, N. (1999). Is argumentation an obstacle? Invitation to a debate... Zugriff 27.02.2019 unter http://www.lettredelapreuve.org/OldPreuve/Newsletter/990506Theme/990506ThemeUK.html

Bell, A. W. (1976). A study of pupils' proof-explanations in mathematical situations. *Educational Studies in Mathematics, 7*(1–2), 23–40.

Bender, P. & Jahnke, H. N. (1992). Intuition and rigor in mathematics instruction. *Zentralblatt für Didaktik der Mathematik, 24*(7), 259–264.

Beutelspacher, A. (2009). *Das ist oBdA trivial! Tipps und Tricks zur Formulierung mathematischer Gedanken.* Wiesbaden: Vieweg + Teubner.

Bieda, K. & Lepak, J. (2014). Are you convinced? Middle-grade students' evaluations of mathematical arguments. *School Science and Mathematics, 114*(4), 166–177.

Biehler, R. & Kempen, L. (2016). Didaktisch orientierte Beweiskonzepte: Eine Analyse zur mathematikdidaktischen Ideenentwicklung. *Journal für Mathematik-Didaktik, 37*(1), 141–179.

Bleiler, S. K., Thompson, D. R. & Krajčevski, M. (2014). Providing written feedback on students' mathematical arguments: proof validations of prospective secondary mathematics teachers. *Journal of Mathematics Teacher Education, 17*(2), 105–127.

Blum, W. & Kirsch, A. (1989). Warum haben nicht-triviale Lösungen von f' = f keine Nullstelle? Beobachtungen und Bemerkungen zum inhaltlich-anschaulichen Beweisen. In Kautschitsch, Hermann, Metzler, W. (Hrsg.), *Anschauliches Beweisen* (S. 199–209). Schriftenreihe Didaktik der Mathematik. Wien: Hölder-Pichler-Tempsky und Teubner.

Boero, P. (1999). Argumentation and mathematical proof: A complex, productive, unavoidable relationship in mathematics and mathematics education. Zugriff 06.05.2016 unter http://www.lettredelapreuve.org/OldPreuve/Newsletter/990708Theme/990708ThemeUK.html

Boero, P., Douek, N., Morselli, F. & Pedemonte, B. (2010). Argumentation and proof: A contribution to the theoretical perspectives and their classroom implementation. In Pinto, Márcia, M. F. & T. F. Kawasaki (Hrsg.), *Proceedings of the 34th Conference of the International Group for the Psychology of Mathematics Education* (Bd. 1, S. 179–204). Belo Horizonte, Brazil: PME.

Boero, P., Garuti, R. & Lemut, E. (2007). Approaching theorems in grade VIII: Some mental processes underlying producing and proving conjectures, and conditions suitable to enhance them. In P. Boero (Hrsg.), *Theorems in school* (S. 249–264). New directions in mathematics and science education. Rotterdam: Sense Publishers.

Boero, P., Garuti, R. & Mariotti, M. A. (1996). Some dynamic mental processes underlying producing and proving conjectures. In L. Puig (Hrsg.), *Procee dings of the 20th Conference of the International Group for the Psychology of Mathematics Education* (Bd. 2, S. 121–128). Valencia, Spain: PME.

Bruder, R. (1983). Zur Bestimmung objektiver Anforderungsstrukturen von Begründungsaufgaben und Beweisaufgaben im Mathematikunterricht. *Potsdamer Forschungen der Pädagogischen Hochschule Karl Liebknecht, 29*(1), 108–111.

Bruder, R. & Collet, C. (2011). *Problemlösen lernen im Mathematikunterricht.* Berlin: Cornelsen Scriptor.

Brunner, E. (2014). *Mathematisches Argumentieren, Begründen und Beweisen: Grundlagen, Befunde und Konzepte.* Berlin/Heidelberg: Springer.

CadwalladerOlsker, T. (2011). What Do We Mean by Mathematical Proof? *Journal of Humanistic Mathematics,* 1(1), 33–60.

Carlson, M. P. & Bloom, I. (2005). The cyclic nature of problem solving: An emergent multidimensional problem-solving framework. *Educational Studies in Mathematics, 58*(1), 45–75.

Chinnappan, M., Ekanayake, M. & Brown, C. (2012). Knowledge use in the construction of geometry proof by sri lankan students. *International Journal of Science and Mathematics Education, 10*(4).

Chinnappan, M. & Lawson, M. J. (1996). The effect of training in the use of executive strategies in geometry problem solviing. *Learning and Instruction, 6*(1), 1–17.

Cirillo, M., Kosko, K. W., Newton, J., Staples, M. & Weber, K. (2015). Conceptions and consequences of what we call argumentation, justification, and proof. In T. G. Bartell, K. N. Bieda, R. T. Putnam, K. Bradfield & H. Dominguez (Hrsg.), *Proceedings of the 37th annual meeting of the North American Chapter of the International Group for the Psychology of Mathematics Education* (S. 1343–1351). East Lansing: Michigan State University.

Cirillo, M., Kosko, K. W., Newton, J., Staples, M., Weber, K., Bieda, K., ...Mejia-Ramos, J. P. (2016). Conceptions and Consequences of What We Call Argumentation, Justification, and Proof.

Clark, M. & Lovric, M. (2009). Understanding secondary-tertiary transition in mathematics. *International Journal of Mathematical Education in Science and Technology, 40*(6), 755–776.

Conradie, J. & Frith, J. (2000). Comprehension tests in mathematics. *Educational Studies in Mathematics, 42*(3), 225–235.

Dahlberg, R. P. & Housman, D. L. (1997). Facilitating Learning Events Through Example Generation. *Educational Studies in Mathematics, 33*(3).

Davis, P. J. & Hersh, R. (1985). *Erfahrung Mathematik.* Basel: Birkhäuser Verlag.

Dawkins, P. C. & Weber, K. (2017). Values and norms of proof for mathematicians and students. *Educational Studies in Mathematics, 95*(2), 123–142.

de Guzmán, M., Hodgson, B. R., Robert, A. & Villani, V. (1998). Difficulties in the Passage from Secundary to Tertiary Education. In D. Biasius (Hrsg.), *Proceedings of the International Congress of Mathematicians* (Bd. 3, S. 747–762). Berlin.

Dieter, M. (2012). *Studienabbruch und Studienfachwechsel in der Mathematik: Quantitative Bezifferung und empirische Untersuchung von Bedingungsfaktoren* (Diss., Universität Duisburg-Essen).

Döring, N. & Bortz, J. (2016). *Forschungsmethoden und Evaluation in den Sozial und Humanwissenschaften* (5. vollständig überarbeitete, aktualisierte und erweiterte Auflage). Springer-Lehrbuch. Berlin: Springer.

Dörner, D. (1976). *Problemlösen als Informationsverarbeitung.* Kohlhammer-Standards Psychologie Studientext. Stuttgart: Kohlhammer.

Douek, N. (2007). Some remarks about argumentation and proof. In P. Boero (Hrsg.), *Theorems in school* (S. 163–181). New directions in mathematics and science education. Rotterdam: Sense Publishers.

Dresing, T. & Pehl, T. (2010). Transkription. In G. Mey & K. Mruck (Hrsg.), *Handbuch Qualitative Forschung in der Psychologie* (S. 723–733). Wiesbaden: VS Verlag für Sozialwissenschaften.

Dresing, T. & Pehl, T. (Hrsg.). (2015). *Praxisbuch Interview, Transkription & Analyse: Anleitungen und Regelsysteme für qualitativ Forschende*. Marburg: Eigenverlag.

Dreyfus, T. (1991). On the status of visual reasoning in mathematics and mathematics education. In F. Furinghetti (Hrsg.), *Proceedings of the 15th Conference of the International Group for the Psychology of Mathematics Education* (Bd. 1, S. 33–48). Assisi, Italy: PME.

Dreyfus, T. (1999). Why Johnny can't prove. Educational Studies in Mathematics, 38(1–3), 85–109.

Dreyfus, T., Nardi, E. & Leikin, R. (2012). Forms of Proof and Proving in the Classroom. In G. Hanna & M. de Villiers (Hrsg.), *Proof and Proving in Mathematics Education* (S. 191–213). New ICMI Study Series. Dordrecht: Springer.

Dubinsky, E. & Yiparaki, O. (2000). On student understanding of AE and EA quantification. In E. Dubinsky, A. H. Schoenfeld & J. Kaput (Hrsg.), *Research in Collegiate Mathematics Education. IV* (S. 239–289). Providence, RI: American Mathematical Society.

Duncker, K. (1935). *Zur Psychologie des produktiven Denkens*. Berlin: Springer.

Durand-Guerrier, V., Boero, P., Douek, N., Epp, S. S. & Tanguay, D. (2012). Argumentation and Proof in the Mathematics Classroom. In G. Hanna & M. de Villiers (Hrsg.), *Proof and Proving in Mathematics Education* (S. 349–367). New ICMI Study Series. Dordrecht: Springer.

Duval, R. (1991). Structure du raisonnement deductif et apprentissage de la demonstration. *Educational Studies in Mathematics, 22*(3), 233–261.

Duval, R. (1992). Argumenter, démonstrer, expliquer: continuite ou rupture cognitive? *petit x, 31*, 37–61.

Duval, R. (1999). Questioning argumentation. Zugriff 20.03.2019 unter http://www.lettredelapreuve.org/OldPreuve/Newsletter/991112Theme/991112ThemeUK.html

Duval, R. (2007). Cognitive functioning and the understandning of mathematical processes of proof. In P. Boero (Hrsg.), *Theorems in school* (S. 137–161). New directions in mathematics and science education. Rotterdam: Sense Publishers.

Edwards, B. S. & Ward, M. B. (2004). Surprises from mathematics education research: Student (mis)use of mathematical definitions. *American Mathematical Monthly, 111*, 411–424.

Ehlich, K. (2009). Interjektion und Responsiv. In L. Hoffmann (Hrsg.), *Handbuch der deutschen Wortarten* (S. 423–444). de Gruyter Studienbuch. Berlin: Walter de Gruyter.

Epp, S. S. (2003). The role of logic in teaching proof. *American Mathematical Monthly, 110*(10), 886–899.

Ericsson, K. A. (2002). Towards a Procedure for Eliciting Verbal Expression of Non-verbal Experience without Reactivity: Interpreting the Verbal Overshadowing Effect within the Theoretical Framework for Protocol Analysis. *Applied Cognitive Psychology, 16*, 981–987.

Ericsson, K. A. & Simon, H. A. (1993). *Protocol analysis: Verbal reports as data*. Cambridge, MA: MIT Press.

Feilke, H. & Steinhoff, T. (2003). Zur Modellierung der Entwicklung wissenschaftlicher Schreibfähigkeit. In K. Ehlich & A. Steets (Hrsg.), *Wissenschaftliches schreiben – lehren und lernen* (S. 112–153). Berlin: de Guyter.

Fiallo, J. & Gutiérrez, A. (2017). Analysis of the cognitive unity or rupture between conjecture and proof when learning to prove on a grade 10 trigonometry course. *Educational Studies in Mathematics, 96*(2), 145–167.

Fischer, A., Heinze, A. & Wagner, D. (2009). Mathematiklernen in der Schule – Mathematiklernen an der Hochschule: Die Schwierigkeiten von Lernenden beim übergang ins Studium. In A. Heinze & M. Grüßing (Hrsg.), *Mathematiklernen vom Kindergarten bis zum Studium* (S. 245–264). Münster [u. a.]: Waxmann.

Fischer, R. & Malle, G. (1985). *Mensch und Mathematik: Eine Einführung in didaktisches Denken und Handeln*. Mannheim: B.I.-Wissenschaftsverlag.

Flick, U. (2007). *Qualitative Sozialforschung: Eine Einführung*. Reinbek: Rowohlt Taschenbuch Verlag.

Flick, U. (2008). Design und Prozess qualitativer Forschung. In U. Flick, E. v. Kardorff & I. Steinke (Hrsg.), *Qualitative Forschung* (S. 252–265). Rororo Rowohlts Enzyklopädie. Reinbek: Rowohlt Taschenbuch Verlag.

Flick, U. (2010). Gütekriterien qualitativer Forschung. In G. Mey & K. Mruck (Hrsg.), *Handbuch Qualitative Forschung in der Psychologie* (S. 395–407). Wiesbaden: VS Verlag für Sozialwissenschaften.

Forster, O. (2011). *Analysis 1: Differential- und Integralrechnung einer Veränderlichen* (10., überarb. und erw. Aufl.). Wiesbaden: Vieweg + Teubner.

Forster, O. & Wessoly, R. (2011). *Übungsbuch zur Analysis: Aufgaben und Lösungen* (5., überarb. Aufl.). Wiesbaden: Vieweg + Teubner.

Freudenthal, H. (1973). *Mathematik als pädagogische Aufgabe*. Stuttgart: Klett.

Friedrich, H. F. & Mandl, H. (2006). Lernstrategien: Zur Strukturierung des Forschungsfeldes. In H. Mandl & H. F. Friedrich (Hrsg.), *Handbuch Lernstrategien* (S. 1–23). Göttingen: Hogrefe.

Frischemeier, D., Panse, A. & Pecher, T. (2013). Schwierigkeiten von Studienanfängern bei der Bearbeitung mathematischer Übungsaufgaben. In G. Greefrath, F. Käpnick & M. Stein (Hrsg.), *Beiträge zum Mathematikunterricht 2013* (S. 328–331). Münster: WTM-Verlag.

Fukawa-Connelly, T. (2012). Classroom sociomathematical norms for proof presentation in undergraduate in abstract algebra. *The Journal of Mathematical Behavior, 31*(3), 401–416.

Fukawa-Connelly, T. (2014). Using Toulmin analysis to analyse an instructor's proof presentation in abstract algebra. *International Journal of Mathematical Education in Science and Technology, 45*(1), 75–88.

Fuller, E., Mejia-Ramos, J. P., Weber, K., Samkoff, A., Rhoads, K., Doongaji, D. & Lew, K. (2011). Comprehending Leron's structured proofs. In S. Brown, S. Larsen, K. Marrongelle & M. Oehrtmann (Hrsg.), *Proceedings of the 14th Conference on Research in Undergraduate Mathematics Education* (Bd. 1, S. 84–102). Portland, Oregon.

Füllgrabe, F. & Eichler, A. (2019). Analyse von Beweisprodukten. In A. Frank, S. Kraus & K. Binder (Hrsg.), *Beiträge zum Mathematikunterricht 2019* (S. 1135–1138). Münster: WTM-Verlag.

Furinghetti, F. & Morselli, F. (2009). Every unsuccessful problem solver is unsuccessful in his or her own way: Affective and cognitive factors in proving. *Educational Studies in Mathematics, 70*(1), 71–90.

Garuti, R., Boero, P. & Lemut, E. (1998). Cognitive unity of theorems and difficulty of proof. In A. Olivier & K. Newstead (Hrsg.), *Proceedings of the 22th Conference of the International*

Group for the Psychology of Mathematics Education (Bd. 2, S. 345–352). Stellenbosch: PME.

Giaquinto, M. (2005). Mathematical Activity. In P. Mancosu, K. F. Jørgensen & S. A. Pedersen (Hrsg.), *Visualization, explanation and reasoning styles in mathematics* (S. 75–87). Synthese library, studies in epistemology, logic, methodology, and philosophy of science. Dordrecht: Springer.

Gibson, D. (1998). Students' Use of Diagrams to Develop Proofs in an Introductory Analysis Course. In A. H. Schoenfeld, J. Kaput & E. Dubinsky (Hrsg.), *Research in Collegiate Mathematics Education* (Bd. 3, S. 284–307). Providence, RI: American Mathematical Society.

Goldin, G. (1998). Observing mathematical problem solving through task-based interviews. In A. Teppo (Hrsg.), *Qualitative Research Methods in Mathematics Education, Journal for Research in Mathematics Education Monograph No. 9* (S. 40–62). Reston, VA: National Council of Teachers of Mathematics.

Goldin, G. (2000). A Scientific Perspective on Structured, Task-Based Interviews in Mathematics Education Research. In A. E. Kelly & R. A. Lesh (Hrsg.), *Handbook of Research Design in Mathematics ans Science Education* (S. 517–545). Mahwah, NJ: Lawrence Erlbaum Associates.

Goos, M. & Galbraith, P. L. (1996). Do it this way! Metacognitive strategies in collaborative mathematical problem solving. *Educational Studies in Mathematics, 30*(3), 229–260.

Greefrath, G., Koepf, W. & Neugebauer, C. (2017). Is there a link between Preparatory Course Attendance and Academic Success? A Case Study of Degree Programmes in Electrical Engineering and Computer Science. *International Journal of Research in Undergraduate Mathematics Education, 3*(1), 143–167.

Greefrath, G., Oldenburg, R., Siller, H.-S., Ulm, V. & Weigand, H.-G. (2016). Aspects and „Grundvorstellungen" of the Concepts of Derivative and Integral. *Journal für Mathematik-Didaktik, 37*(S1), 99–129.

Grieser, D. (2013). *Mathematisches Problemlösen und Beweisen: Eine Entdeckungsreise in die Mathematik*. Wiesbaden: Springer Spektrum.

Griffiths, P. A. (2000). Mathematics at the Turn of the Millennium. *The American Mathematical Monthly, 107*(1), 1–14.

Gueudet, G. (2008). Investigating the secondary-tertiary transition. *Educational Studies in Mathematics, 67*(3), 237–254.

Hailikari, T., Nevgi, A. & Komulainen, E. (2008). Academic self-beliefs and prior knowledge as predictors of student achievement in Mathematics: a structural model. *Educational Psychology: An International Journal of Experimental Educational Psychology, 28*(1), 59–71.

Hales, T. C. (2008). Formal Proof. *Notices of the AMS, 55*(11), 1370–1380.

Halliday, M. A. K. (1978). *Language as social semiotic: The social interpretation of language and meaning*. London: Edward Arnold.

Halmos, P. R. (1977). *Wie schreibt man mathematische Texte*. Leipzig: Teubner.

Hanna, G. (1989). More than Formal Proof. *For the Learning of Mathematics, 9*(1), 20–23.

Hanna, G. (1991). Mathematical Proof. In D. Tall (Hrsg.), *Advanced Mathematical Thinking* (S. 54–61). Dordrecht: Kluwer Academic.

Hanna, G. (1997). The Ongoing Value of Proof. *Journal für Mathematik-Didaktik, 18*(2–3), 171–185.

Hanna, G. (2000). Proof, Explanation and Exploration: An Overview. *Educational Studies in Mathematics, 44*(1–2), 5–23.

Hanna, G. & Barbeau, E. (2010). Proofs as Bearers of Mathematical Knowledge. In G. Hanna, H. N. Jahnke & H. Pulte (Hrsg.), Explanation and Proof in Mathematics (S. 85–100). Boston: Springer.

Hanna, G. & Jahnke, H. N. (1993). Proof and application. *Educational Studies in Mathematics, 24*(4), 421–438.

Harel, G. & Sowder, L. (1996). Classifying processes of proving. In L. Puig (Hrsg.), *Proceedings of the 20th Conference of the International Group for the Psychology of Mathematics Education* (Bd. 3, S. 59–65). Valencia, Spain: PME.

Harel, G. & Sowder, L. (1998). Students' Proof Schemes: Results from Exploratory Studies. In A. H. Schoenfeld, J. Kaput & E. Dubinsky (Hrsg.), *Research in Collegiate Mathematics Education. III* (S. 234–283). Providence, RI: American Mathematical Society.

Hart, E. W. (1994). A conceptual analysis of the proof-writing performance of expert and novice students in elementary group theory. In J. J. Kaput & E. Dubinsky (Hrsg.), *Research issues in undergraduate mathematics learning* (S. 49–63). MAA notes. Washington: Mathematical Association of America.

Hefendehl-Hebeker, L. & Hußmann, S. (2003). Beweisen – Argumentieren. In T. Leuders (Hrsg.), *Mathematik-Didaktik* (S. 93–106). Berlin: Cornelsen Scriptor.

Heinrich, F., Bruder, R. & Bauer, C. (2015). Problemlösen lernen. In R. Bruder, L. Hefendehl-Hebeker, B. Schmidt-Thieme & H.-G.Weigand (Hrsg.), *Handbuch der Mathematik-Didaktik* (S. 279–301). Berlin/Heidelberg: Springer.

Heintz, B. (2000). *Die Innenwelt der Mathematik: Zur Kultur und Praxis einer beweisenden Disziplin.* Ästhetik und Naturwissenschaften Bildende Wissenschaften – Zivilisierung der Kulturen. Wien: Springer.

Heinze, A. (2004). Schülerprobleme beim Lösen von geometrischen Beweisaufgaben: Eine Interviewstudie. *Zentralblatt für Didaktik der Mathematik, 36*(5).

Heinze, A. (2007). Problemlösen im mathematischen und außermathematischen Kontext: Modelle und Unterrichtskonzepte aus kognitionstheoretischer Perspektive. *Journal für Mathematik-Didaktik, 28*(1), 3–30.

Heinze, A. (2010). Mathematicians' Individual Criteria for Accepting Theorems and Proofs: An Empirical Approach. In G. Hanna, H. N. Jahnke & H. Pulte (Hrsg.), *Explanation and Proof in Mathematics* (S. 101–111). Boston: Springer.

Heinze, A., Cheng, Y.-H., Ufer, S., Lin, F.-L. & Reiss, K. (2008). Strategies to foster students' competencies in constructing multi-steps geometric proofs: teaching experiments in Taiwan and Germany. *Zentralblatt für Didaktik der Mathematik, 40*(3), 443–453.

Heinze, A. & Reiss, K. (2003). Reasoning and Proof: Methodological Knowledge as a Component of Proof Competence. In M. A. Mariotti (Hrsg.), *Proceedings of the Third Conference of the European Society for Research in Mathematics Education* (Bd. 4, S. 1–10). Bellaria, Italy: University of Pisa und ERME.

Heinze, A. & Reiss, K. (2004a). Mathematikleistungen und Mathematikinteresse in differentieller Perspektive. In J. Doll & M. Prenzel (Hrsg.), *Bildungsqualität von Schule: Lehrerprofessionalisierung, Unterrichtsentwicklung und Schülerförderung als Strategien der Qualitätsverbesserung* (S. 234–249). Münster: Waxmann.

Heinze, A. & Reiss, K. (2004b). The teaching of proof at the lower secondary level – a video study. *Zentralblatt für Didaktik der Mathematik, 36*(3), 98–104.

Heinze, A., Reiss, K. & Groß, C. (2006). Learning to prove with heuristic workout examples. In J. Novotná, H. Moraová, M. Krátká, Stehlíková & Nad'a (Hrsg.), *Proceedings of the 30th*

Conference of the International Group for the Psychology of Mathematics Education (Bd. 3, S. 273–280). Prag: PME.

Hembree, R. (1992). Experiments and Relational Studies in Problem Solving: A Meta-Analysis. *Journal for Research in Mathematics Education, 23*(3), 242–273.

Hemmi, K. (2006). *Approaching proof in a community of mathematical practice.* Stockholm: Department of Mathematics, Stockholm University.

Hemmi, K. (2008). Students' encounter with proof: the condition of transparency. *Zentralblatt für Didaktik der Mathematik, 40*(3), 413–426.

Hemmi, K. (2010). Three styles characterising mathematicians' pedagogical perspectives on proof. *Educational Studies in Mathematics, 75*(3), 271–291.

Hermanns, F. (1988). Schreiben als Denken. Überlegungen zur heuristischen Funktion des Schreibens. *Der Deutschunterricht, 40*(4), 69–81.

Hersh, R. (1993). Proving is convincing and explaining. *Educational Studies in Mathematics, 24*(4), 389–399.

Hersh, R. (1997). *What is mathematics, really?* New York: Oxford University Press.

Heublein, U. (2012). Die Entwicklung der Schwund- und Studienabbruchquoten an den deutschen Hochschulen: Statistische Berechnungen auf der Basis des Absolventenjahrgangs 2010: DZHW-Projektbericht Oktober 2018.

Heublein, U., Hutzsch, C., Schreiber, J., Somer, D. & Besuch, G. (2010). *Ursachen des Studienabbruchs in Bachelor- und in herkömmlichen Studiengängen: Ergebnisse einer bundesweiten Befragung von Exmatrikulierten des Studienjahres 2007/08. Forum Hochschule.* Hannover: HIS.

Heublein, U. & Schmelzer, R. (2018). Die Entwicklung der Studienabbruchquoten an deutschen Hochschulen: Berechnungen auf der Basis des Absolventenjahrgangs 2016: Forum Hochschule. Hannover: HIS, Hochschul-Informations-System.

Hilbert, T. S., Renkl, A., Kessler, S. & Reiss, K. (2008). Learning to prove in geometry: Learning from heuristic examples and how it can be supported. *Learning and Instruction, 18*(1), 54–65.

Hmelo-Silver, C., Duncan, R. G. & Chinn, C. A. (2007). Scaffolding and Achievement in Problem-Based and Inquiry Learning: A Response to Kirschner, Sweller, and Clark (2006). *Educational Psychologist, 42*(2), 99–107.

Hodds, M., Alcock, L. & Inglis, M. (2014). Self-Explanation Training Improves Proof Comprehension. *Journal for Research in Mathematics Education, 45*(1), 62–101.

Holsti, O. R. (1969). *Content Analysis for the Social Sciences and Humanities.* Reading, MA: Addison-Wesley.

Holzäpfel, L., Lacher, M., Leuders, T. & Rott, B. (2018). *Problemlösen lehren lernen: Wege zum mathematischen Denken.* Seelze: Klett Kallmeyer.

Houston, K. (2012). *Wie man mathematisch denkt: Eine Einführung in die mathematische Arbeitstechnik für Studienanfänger.* Berlin u. a.: Springer Spektrum.

Hsieh, F.-J., Horng, W.-S. & Shy, H.-Y. (2012). From Exploration to Proof Production. In G. Hanna & M. de Villiers (Hrsg.), *Proof and Proving in Mathematics Education* (S. 279–303). New ICMI Study Series. Dordrecht: Springer.

Iannone, P. & Inglis, M. (2010). Self efficacy and mathematical proof: Are undergraduates good at assessing their own proof production ability? In W. M. Christensen & J. R. Thomson (Hrsg.), *Proceedings of the 13th Conference for Research in Undergraduate Mathematics Education*, Raleigh, North Carolina: MAA SIGMAA on RUME.

Iannone, P., Inglis, M., Mejía-Ramos, J. P., Simpson, A. & Weber, K. (2011). Does generating examples aid proof production? *Educational Studies in Mathematics, 77*(1), 1–14.

Inglis, M. & Alcock, L. (2012). Expert and Novice Approaches to Reading Mathematical Proofs. *Journal for Research in Mathematics Education, 43*(4), 358–390.

Inglis, M. & Alcock, L. (2013). Skimming: a response to Weber and Mej?a-Ramos, Juan Pablo. *Journal for Research in Mathematics Education, 44*(2), 472–474.

Inglis, M. & Mejia-Ramos, J. P. (2009). The effect of authority on the persuasiveness of mathematical argumentation. *Cognition and Instruction, 27*(1), 25–50.

Inglis, M., Mejia-Ramos, J. P. & Simpson, A. (2007). Modelling mathematical argumentation: the importance of qualification. *Educational Studies in Mathematics, 66*(1), 3–21.

Inglis, M., Mejia-Ramos, J. P.,Weber, K. & Alcock, L. (2013). On mathematicians' different standards when evaluating elementary proofs. *Topics in cognitive science, 5*(2), 270–282.

Jahnke, H. N. (2007). Proofs and hypotheses. *Zentralblatt für Didaktik der Mathematik, 39*(1–2), 79–86.

Jahnke, H. N. & Ufer, S. (2015). Argumentieren und Beweisen. In R. Bruder, L. Hefendehl-Hebeker, B. Schmidt-Thieme & H.-G.Weigand (Hrsg.), *Handbuch der Mathematik-Didaktik* (S. 331–355). Berlin/Heidelberg: Springer.

Janík, T., Seidel, T. & Najvar, P. (2009). Introduction: On the Power of Video Studies in Investigating Teaching and Learning. In T. Janík & T. Seidel (Hrsg.), *The Power of Video Studies in Investigating Teaching and Learning in the Classroom* (S. 7–19). Münster: Waxmann.

Johnson-Laird, P. N. (1983). *Mental models: Towards a cognitive science of language, inference, and conciousness*. Cambridge, Massachusetts: Harvard University Press.

Johnson-Laird, P. N. (2006). *How we reason*. New York: Oxford University Press.

Karunakaran, S. S. (2018). The Need for Linearity of Deductive Logic: An Examination of Expert and Novice Proving Process. In A. J. Stylianides & G. Harel (Hrsg.), *Advances in Mathematics Education Research on Proof and Proving: An International Perspective* (S. 171–183). ICME-13 Monographs. Cham, Switzerland: Springer.

Kempen, L. & Biehler, R. (2014). The quality of argumentations of first-year preservice teachers. In C. Nicol, S. Oesterle, P. Liljedahl & D. Allan (Hrsg.), *Proceedings of the 38th Conference of the International Group for Psychology of Mathematics Education and the 36th Conference of the North American Chapter of the Psychology of Mathematics Edukation* (Bd. 3, S. 425–432). Vancouver, Canada: PME.

Kempen, L. & Biehler, R. (2019). Fostering first-year pre-service teachers' proof competencies. *Zentralblatt für Didaktik der Mathematik*.

Kintsch, W. & Greeno, J. G. (1985). Understanding and solving word arithmetic problems. *Psychological Review, 92*(1), 109–129.

Kirsten, K. (in Druck). Analyse von studentischen Beweisprozessen. Entwicklung eines Analyseinstruments. In W. Paravicini & M. Zimmermann (Hrsg.), *Hanse-Kolloquium zur Hochschuldidaktik der Mathematik 2016*. Schriften zur Hochschuldidaktik Mathematik. Münster: WTM-Verlag.

Kirsten, K. (2015). Schreibkompetenz in der Mathematik: Ein schreibdidaktischer Ansatz zur Förderung des mathematischen Arbeitens bei Studienanfängerinnen und -anfängern: Unveröffentlichte Masterarbeit. Münster.

Kirsten, K. (2018). Theoretical and Empirical Description of Phases in the Proving Processes of Undergraduates. In V. Durand-Guerrier, R. Hochmuth, S. Goodchild & N. M. Hogstad (Hrsg.), *Proceedings of the second conference of the International Network for Didac-*

tic Research in University Mathematics (INDRUM) (S. 326–335). Kristiansand, Norway: University of Agder and INDRUM.

Kirsten, K. (2019a). Aufbau einer Problemrepräsentation im Beweisprozess. Eine Analyse der Aktivitäten in der Verstehensphase. In A. Frank, S. Kraus & K. Binder (Hrsg.), *Beiträge zum Mathematikunterricht 2019* (S. 417–420). Münster: WTM-Verlag.

Kirsten, K. (2019b). Bridging the Cognitive Gap. Students' Approaches to Understanding the Proof Construction Task. In M. Graven, H. Venkat, A. Essien & P. Vale (Hrsg.), *Proceedings of the 43rd Conference of the International Group for the Psychology of Mathematics Education* (Bd. 2, S. 472–479). Pretoria, South Africa: PME.

Knipping, C. (2003). *Beweisprozesse in der Unterrichtspraxis: Vergleichende Analysen von Mathematikunterricht in Deutschland und Frankreich*. Hildesheim: Franzbecker.

Ko, Y.-Y. & Knuth, E. J. (2009). Undergraduate mathematics majors' writing performance producing proofs and counterexamples about continuous functions. *The Journal of Mathematical Behavior, 28*(1), 68–77.

Ko, Y.-Y. & Knuth, E. J. (2013). Validating proofs and counterexamples across content domains: Practices of importance for mathematics majors. *The Journal of Mathematical Behavior, 32*(1), 20–35.

Kochinka, A. (2010). Beobachtung. In G. Mey & K. Mruck (Hrsg.), *Handbuch Qualitative Forschung in der Psychologie* (S. 449–461). Wiesbaden: VS Verlag für Sozialwissenschaften.

Koedinger, K. R. (1998). Conjecturing and Argumentation in High-School Geometry Students. In R. Lehrer & D. Chazan (Hrsg.), *Designing Learning Environments for Developing Understanding of Geometry and Space* (S. 319–347). Studies in Mathematical Thinking and Learning Series. Mahwah, NJ: Lawrence Erlbaum Associates.

Konrad, K. (2010). Lautes Denken. In G. Mey & K. Mruck (Hrsg.), *Handbuch Qualitative Forschung in der Psychologie* (S. 476–490). Wiesbaden: VS Verlag für Sozialwissenschaften.

Kowal, S. & O'Connell, D. C. (2008). Zur transkription von Gesprächen. In U. Flick, E. v. Kardorff & I. Steinke (Hrsg.), *Qualitative Forschung* (S. 437–447). Rororo Rowohlts Enzyklopädie. Reinbek: Rowohlt Taschenbuch Verlag.

Krummheuer, G. (2003). Argumentationsanalyse in der mathematikdidaktischen Unterrichtsforschung. *Zentralblatt für Didaktik der Mathematik, 35*(6), 247–256.

Kuckartz, U. (2010). Typenbildung. In G. Mey & K. Mruck (Hrsg.), *Handbuch Qualitative Forschung in der Psychologie* (S. 553–568). Wiesbaden: VS Verlag für Sozialwissenschaften.

Kuckartz, U. (2016). *Qualitative Inhaltsanalyse: Methoden, Praxis, Computerunterstützung* (3., überarbeitete Auflage). Grundlagentexte Methoden. Weinheim: Beltz Juventa.

Kultusministerkonferenz. (2012). *Bildungsstandards im Fach Mathematik für die Allgemeine Hochschulreife: Beschluss der Kultusministerkonferenz vom 18.10.2012*. Bonn: KMK.

Kuntze, S. (2008). Forstering geometrical proof competency by student-centred writing activities. In O. Figueras & A. Sepúlveda (Hrsg.), *Proceedings of the Joint Meeting of the 32nd Conference oft he International Group fort he Psychology of Mathematics Education and the XX North American Chapter* (Bd. 3, S. 289–296). Morelia: PME.

Lai, Y. & Weber, K. (2014). Factors mathematicians profess to consider when presenting pedagogical proofs. *Educational Studies in Mathematics, 85*(1), 93–108.

Lakatos, I. (1979). *Beweise und Widerlegungen: Die Logik mathematischer Entdeckung.* Braunschweig: Vieweg.

Lamnek, S. (2005). *Qualitative Sozialforschung.* Weinheim: Beltz.

Lange, D. (2009). Auswahl von Aufgaben für eine explorative Studie zum Problemlösen. In M. Neubrand (Hrsg.), *Beiträge zum Mathematikunterricht 2009* (S. 227–230). Münster: WTM-Verlag.

Lawson, M. J. (1990). The Case for Instruction in the Use of General Problem-Solving Strategies in Mathematics Teaching: A Comment on Owen and Sweller. *Journal for Research in Mathematics Education, 21*(5), 403–410.

Leron, U. (1983). Structuring Mathematical Proofs. *The American Mathematical Monthly, 90*(3), 174–185.

Lester, F. K., Garofalo, J. & Lambdin Kroll, D. (1989). Self-Confidence, Interest, Beliefs, and Metacognition: Key Influences on Problem-Solving Behavior. In D. B. MacLeod (Hrsg.), *Affect and mathematical problem solving* (S. 75–88). New York: Springer.

Leuders, T. (Hrsg.). (2003). *Mathematik-Didaktik: Praxishandbuch für die Sekundarstufe I und II.* Berlin: Cornelsen.

Lew, K., Fukawa-Connelly, T. P., Mejia-Ramos, J. P. & Weber, K. (2016). Lectures in Advanced Mathematics: Why Students Might Not Understand What the Mathematics Professor Is Trying to Convey. *Journal for Research in Mathematics Education, 47*(2), 162–198.

Lew, K. & Mejia-Ramos, J. P. (2015). Unconventional uses of mathematical language in undergraduate proof writing. In T. Fukawa-Connelly, N. E. Infante & Keene, Karen, Zandieh, Michelle (Hrsg.), *Proceedings of the 18th Annual Conference on Research in Undergraduate Mathematics Education* (S. 201–215). Pittsburgh, PA: SIGMAA.

Lew, K. & Mejia-Ramos, J. P. (2019). Linguistic Conventions of Mathematical Proof Writing at the Undergraduate Level: Mathematiians' and Students' Perspectives. *Journal for Research in Mathematics Education, 50*(2), 121–155.

Lockwood, E., Ellis, A. B. & Lynch, A. G. (2016). Mathematicians' Example-Related Activity when Exploring and Proving Conjectures. *International Journal of Research in Undergraduate Mathematics Education, 2*(2), 165–196.

Maier, H. & Schweiger, F. (1999). *Mathematik und Sprache: Zum Verstehen und Verwenden von Fachsprache im Mathematikunterricht.* Wien: öbv.

Malone, J. A., Douglas, G., Kissane, B. V. & Mortlock, R. (1980). Measuring problem-solving ability. In S. Krulik & R. E. Reys (Hrsg.), *Problem Solving in School Mathematics. NCTM Yearbook 1980.* Reston, VA: National Council of Teachers of Mathematics.

Mamona-Downs, J. & Downs, M. (2005). The identity of problem solving. *The Journal of Mathematical Behavior, 24*(3–4), 385–401.

Mamona-Downs, J. & Downs, M. (2010). Necessary realignments from mental argumentation to proof presentation. In V. Durand-Guerrier, S. Soury-Lavergne & F. Arzarello (Hrsg.), *Proceedings of the 6th Congress of the European Society for Research in Mathematics Education* (S. 2336–2345). Lyon, France: Institut National de Recherche Pédagogique and ERME.

Manin, Y. I. (1977). *A Course in mathematical logic.* New York: Springer.

Mariotti, M. A. (2006). Proof and proving in mathematics education. In Á. Gutiérrez & P. Boero (Hrsg.), *Handbook of research on the psychology of mathematics education* (S. 173–204). Rotterdam: Sense Publishers.

Martin, W. G. & Harel, G. (1989). Proof Frames of Preservice Elementary Teachers. *Journal for Research in Mathematics Education, 20*(1), 41.

Martinez, M. V. (2010). The conjecturing process and the emergence of the conjecture to prove. In Pinto, Márcia, M. F. & T. F. Kawasaki (Hrsg.), *Proceedings of the 34th Conference of the International Group for the Psychology of Mathematics Education* (Bd. 3, S. 265–272). Belo Horizonte, Brazil: PME.

Martinez, M. V. & Pedemonte, B. (2014). Relationship between inductive arithmetic argumentation and deductive algebraic proof. *Educational Studies in Mathematics, 86*(1), 125–149.

Mason, J. & Pimm, D. (1984). Generic examples: Seeing the general in the particular. *Educational Studies in Mathematics, 15*(3), 277–289.

Mason, J. & Spence, M. (1999). Beyond mere knowledge of mathematics: The importance of knowing-to act in the moment. *Educational Studies in Mathematics, 38*(1–3), 135–161.

Mayer, R. E. & Hegarty, M. (1996). The Process of Understanding Mathematical Problems. In R. J. Sternberg & T. Ben-Zeev (Hrsg.), *The nature of mathematical thinking* (S. 29–54). The studies in mathematical thinking and learning series. Mahwah, NJ: Erlbaum.

Mayring, P. (2002). Einführung in die qualitative Sozialforschung: Eine Anleitung zu qualitativem Denken (5. Aufl.). Weinheim: Beltz. Mayring, P. (2007). Generalisierung in qualitativer Forschung. *Forum qualitative Sozialforschung, 8*(3).

Mayring, P. (2007). Generalisierung in qualitativer Forschung. *Forum qualitative Sozialforschung, 8*(3).

Mayring, P. (2010a). Qualitative Inhaltsanalyse. In G. Mey & K. Mruck (Hrsg.), *Handbuch Qualitative Forschung in der Psychologie* (S. 601–613). Wiesbaden: VS Verlag für Sozialwissenschaften.

Mayring, P. (2010b). *Qualitative Inhaltsanalyse: Grundlagen und Techniken*. Weinheim: Beltz.

Mayring, P. & Gläser-Zikuda, M. (Hrsg.). (2005). *Die Praxis der qualitativen Inhaltsanalyse*. UTB Pädagogik, Psychologie. Weinheim: Beltz.

McKee, K., Savic, M., Selden, J. & Selden, A. (2010). Making Actions in the Proving Process Explicit, Visible, and „Reflectable": Online Proceedings for the 13th Conference on Research in Undergraduate Mathematics Education. Zugriff 24.06.2019 unter http://sigmaa. maa.org/rume/crume2010/Archive/McKee.pdf

Mejia-Ramos, J. P., Fuller, E., Weber, K., Rhoads, K. & Samkoff, A. (2012). An assessment model for proof comprehension in undergraduate mathematics. *Educational Studies in Mathematics, 79*(1), 3–18.

Mejia-Ramos, J. P. & Inglis, M. (2009). Argumentative and proving activities in mathematics education research. In F.-L. Lin, F.-J. Hsieh, G. Hanna & M. de Villers (Hrsg.), *Proceedings of the ICMI Study 19 Conference: Proof and Proving in Mathematics Education* (Bd. 2, S. 88–93). Taipei, Taiwan.

Mejía-Ramos, J. P., Lew, K., de La Torre, J. & Weber, K. (2017). Developing and validating proof comprehension tests in undergraduate mathematics. *Research in Mathematics Education, 19*(2), 130–146.

Mejia-Ramos, J. P. & Weber, K. (2014). Why and how mathematicians read proofs: further evidence from a survey study. *Educational Studies in Mathematics, 85*(2), 161–173.

Merkens, H. (2008). Auswahlverfahren, Sampling, Fallkonstruktion. In U. Flick, E. v. Kardorff & I. Steinke (Hrsg.), *Qualitative Forschung* (S. 286–299). Rororo Rowohlts Enzyklopädie. Reinbek: Rowohlt Taschenbuch Verlag.

Mey, G. & Mruck, K. (2010). Interviews. In G. Mey & K. Mruck (Hrsg.), *Handbuch Qualitative Forschung in der Psychologie* (S. 423–435). Wiesbaden: VS Verlag für Sozialwissenschaften.

Meyer, M. (2007). Entdecken und Begründen im Mathematikunterricht: Zur Rolle der Abduktion und des Arguments. *Journal für Mathematik-Didaktik, 28*(3–4), 286–310.

Meyer, M. & Voigt, J. (2009). Entdecken, Prüfen und Begründen: Gestaltung von Aufgaben zur Erarbeitung mathematischer Sätze. *mathematica didactica, 32*, 31–66.

Miles, M. B. & Huberman, A. M. (1994). *Qualitative data analysis: An expanded sourcebook.* Berlin, Heidelberg: Sage.

Misfeldt, M. (2006). *Mathematical Writing* (Diss., The Danish School of Education, Aarhus University).

Moore, R. C. (1994). Making the transition to formal proof. *Educational Studies in Mathematics, (27)*, 249–266.

Moore, R. C. (2016). Mathematics Professors' Evaluation of Students' Proofs: A Complex Teaching Practice. *International Journal of Research in Undergraduate Mathematics Education, 2*(2), 246–278.

Morselli, F. (2006). Use of examples in conjecturing and proving: An exploratory study. In J. Novotná, H. Moraová, M. Krátká, Stehlíková & Nad'a (Hrsg.), *Proceedings of the 30th Conference of the International Group for the Psychology of Mathematics Education* (Bd. 4, S. 185–192). Prag: PME.

Möwes-Butschko, G. (2010). *Offene Aufgaben aus der Lebensumwelt Zoo: Problemlöse und Modellierungsprozesse von Grundschülerinnen und Grundschülern bei offenen realitätsnahen Aufgaben.* Hochschulschriften zur Mathematik-Didaktik. Münster: WTM-Verlag.

Nardi, E. & Iannone, P. (2005). To appear and to be: Aequiring the 'genre speech' of university mathematics. In M. Bosch (Hrsg.), *Proceedings of the 4th Congress of the European Society for Research in Mathematics Education* (S. 1800–1810). San Feliu de Guixols, Spain: Universitat Ramon Llull and ERME.

Neugebauer, M., Heublein, U. & Daniel, A. (2019). Studienabbruch in Deutschland: Ausmaß, Ursachen, Folgen, Präventionsmöglichkeiten. *Zeitschrift für Erziehungswissenschaft, 22*(5), 1025–1046.

Neuhaus, S. & Rach, S. (2019). Proof comprehension of undergraduate students and the relation to individual characteristics. In U. T. Jankvist, M. van den Heuvel-Panhuizen & M. Veldhuis (Hrsg.), *Proceedings of the Eleventh Congress of the European Society for Research in Mathematics Educatio*, Utrecht, the Netherlands: Freudenthal Group & Freudenthal Institute, Utrecht University and ERME.

Nunokawa, K. (2010). Proof, Mathematical Problem-Solving, and Explanation in Mathematics Teaching. In G. Hanna, H. N. Jahnke & H. Pulte (Hrsg.), *Explanation and Proof in Mathematics* (S. 223–235). Boston: Springer.

Olson, D. A. (1997). First-year students love calculus proofs. *PRIMUS, 7*(2), 123–128.

Ortner, H. (2011). *Schreiben und Denken.* Reihe Germanistische Linguistik. Berlin: De Gruyter.

Ossner, J. (1995). Prozeßorientierte Schreibdidaktik in Lehrplänen. In J. Baurmann & R. Weingarten (Hrsg.), *Schreiben* (S. 29–50). Wiesbaden: VS Verlag für Sozialwissenschaften.

Ottinger, S., Kollar, I. & Ufer, S. (2016). Content and Form – All the Same or Different Qualities of Mathematical Arguments? In C. Csikos, A. Rausch & J. Szitanyi (Hrsg.), *Procee-*

dings of the 40th Conference of the International Group for the Psychology of Mathematics Education (Bd. 4, S. 19–26). Szeged, Hungary: PME.

Panse, A., Alcock, L. & Inglis, M. (2018). Reading Proofs for Validation and Comprehension: An Expert-Novice Eye-Movement Study. *International Journal of Research in Undergraduate Mathematics Education, 4*(3), 357–375.

Patton, M. Q. (2002). Qualitative research and evaluation methods (3. Aufl.). Thousand Oaks: Sage.

Pedemonte, B. (2007). How can the relationship between argumentation and proof be analysed? *Educational Studies in Mathematics, 66*(1), 23–41.

Pedemonte, B. (2008). Argumentation and algebraic proof. *Zentralblatt für Didaktik der Mathematik, 40*(3), 385–400.

Pedemonte, B. (2018). How can a teacher support students in constructing proof? In A. J. Stylianides & G. Harel (Hrsg.), *Advances in Mathematics Education Research on Proof and Proving: An International Perspective* (S. 115–129). Cham, Switzerland: Springer.

Pedemonte, B. & Balacheff, N. (2016). Establishing links between conceptions, argumentation and proof through the ckc-enriched Toulmin model. *The Journal of Mathematical Behavior, 41*, 104–122.

Pedemonte, B. & Buchbinder, O. (2011). Examining the role of examples in proving processes through a cognitive lens: the case of triangular numbers. *Zentralblatt für Didaktik der Mathematik, 43*(2), 257–267.

Pedemonte, B. & Reid, D. (2011). The role of abduction in proving processes. *Educational Studies in Mathematics, 76*(3), 281–303.

Pehkonen, E. (2004). State-of-the-Art in Problem Solving: Focus on Open Problems. In Rehlich, Hartmut, Zimmermann, Bernd (Hrsg.), *Problem Solving in Mathematics Education (ProMath 2003)* (S. 55–65). Hildesheim: Franzbecker.

Perelman, C. (1970). *Le champ de l'argumentation.* Bruxelles: Presses Universitaires.

Pfeiffer, K. (2010). A schema to analyse students' proof evaluation. In M. Pytlak, T. Rowland & E. Swoboda (Hrsg.), *Proceedings of the 7th Congress of the European Society of Research in Mathematics Education* (S. 192–201). Rzeszow, Poland: ERME.

Pfeiffer, K. (2011). *Features and purposes of mathematical proofs in the view of novice students: Observations from proof validation and evaluation performances* (Diss., National University of Ireland, Galway).

Pinto, A. & Karsenty, R. (2018). From course design to presentations of proofs: How mathematics professors attend to student independent proof reading. *The Journal of Mathematical Behavior, 49*, 129–144.

Pinto, M. & Tall, D. (1999). Student construction of formal theories: Giving and extracting meaning. In O. Zaslavsky (Hrsg.), *Proceedings of the 23rd Conference of the International Group for the Psychology of Mathematics Education* (Bd. 4, S. 65–72). Haifa, Israel: PME.

Pólya, G. (1949). *Schule des Denkens: Vom Lösen mathematischer Probleme.* Tübingen u. a.: Francke.

Powers, R. A., Craviotto, C. & Grassl, R. M. (2010). Impact of proof validation on proof writing in abstract algebra. *International Journal of Mathematical Education in Science and Technology, 41*(4), 501–514.

Presmeg, N. C. (1986). Visualisation and mathematical giftedness. *Educational Studies in Mathematics, 17*(3), 297–311.

Rach, S. (2014). *Charakteristika von Lehr-Lern-Prozessen im Mathematikstudium: Bedingungsfaktoren für den Studienerfolg im ersten Semester*. Münster: Waxmann.

Rach, S. & Ufer, S. (2020). Which prior mathematical knowledge is necessary for study success in the university study entrance phase? Results on a new model of knowledge levels based on a reanalysis of data from existing studies. *International Journal of Research in Undergraduate Mathematics Education.*

Raman, M. (2003). Key Ideas: What are they and how can they help us understand how people view proof? *Educational Studies in Mathematics, 52,* 319–325.

Raman, M., Sandefur, J., Birky, G., Campbell, C. & Somers, K. (2009). Is that a proof? Using video to teach and learn how to prove at the university level. In F.-L. Lin, F.-J. Hsieh, G. Hanna & M. de Villers (Hrsg.), *Proceedings of the ICMI Study 19 Conference: Proof and Proving in Mathematics Education* (Bd. 2, S. 154–159). Taipei, Taiwan.

Rav, Y. (1999). Why do we prove theorems? *Philosophia mathematica, 7*(3), 5–41.

Recio, A. M. & Godino, J. D. (2001). Institutional and personal meanings of mathematical proof. *Educational Studies in Mathematics, 48,* 83–99.

Reichersdorfer, E. (2013). *Unterstützungsmaßnahmen am Beginn des Mathematikstudiums: Heuristische Lösungsbeispiele und Problemlösen in problembasierten Lernumgebungen zur Förderung mathematischer Argumentationskompetenz* (Diss., TU München).

Reichersdorfer, E., Ufer, S., Lindemeier, A. & Reiss, K. (2014). Der Übergang von der Schule zur Universität: Theoretische Fundierung und praktische Umsetzung einer Unterstützungsmaßnahme am Beginn des Mathematikstudiums. In I. Bausch, R. Biehler, R. Bruder, P. R. Fischer, R. Hochmuth, W. Koepf, ...T. Wassong (Hrsg.), *Mathematische Vor- und Brückenkurse* (S. 37–53). Wiesbaden: Springer Spektrum.

Reichersdorfer, E., Vogel, F., Fischer, F., Kollar, I., Reiss, K. & Ufer, S. (2012). Different collaborative learning settings to foster mathematical argumentation skills. In T. Y. Tso (Hrsg.), *Proceedings of the 36th Conference of the International Group for the Psychology of Mathematics Education* (Bd. 3, S. 345–352). Taipei, Taiwan: PME.

Reid, D. & Knipping, C. (2010). *Proof in Mathematics Education: Research, Learning and Teaching*. Rotterdam: Sense Publishers.

Reid, D. & Vallejo Vargas, E. (2018). When Is a Generic Argument a Proof? In A. J. Stylianides & G. Harel (Hrsg.), *Advances in Mathematics Education Research on Proof and Proving: An International Perspective* (S. 239–251). Cham, Switzerland: Springer.

Reiss, K. (2009). Wege zum Beweisen: Einen Habit of Mind im Mathematikunterricht etablieren. *mathematik lehren*, (155), 4–10.

Reiss, K., Hellmich, F. & Thomas, J. (2002). Individuelle und schulische Bedingungsfaktoren für Argumentationen und Beweise im Mathematikunterricht. In M. Prenzel & J. Döll (Hrsg.), *Bildungsqualität von Schule* (S. 51–64). Weinheim: Beltz.

Reiss, K. & Renkl, A. (2002). Learning to prove: The idea of heuristic examples. *Zentralblatt für Didaktik der Mathematik, 34*(1), 29–35.

Reiss, K. & Ufer, S. (2009). Was macht mathematisches Arbeiten aus? Empirische Ergebnisse zum Argumentieren, Begründen und Beweisen. *Jahresbericht der DMV, 111*(4), 155–177.

Reusser, K. (1997). Erwerb mathematischer Kompetenzen: Literaturüberblick. In F. E.Weinert & A. Helmke (Hrsg.), *Entwicklung im Grundschulalter* (S. 141–155). Weinheim: Beltz.

Rittle-Johnson, B., Siegler, R. S. & Alibali, M. W. (2001). Developing conceptual understanding and procedural skill in mathematics: An iterative process. *Journal of Educational Psychology, 93*(2), 346–362.

Rott, B. (2013). *Mathematisches Problemlösen: Ergebnisse einer empirischen Studie*. Münster: WTM-Verlag.

Rowland, T. (2002). Generic proofs in number theory. In S. R. Campbell & R. Zazkis (Hrsg.), *Learning and teaching number theory* (S. 157–184). Mathematics, learning, and cognition. monograph series of the Journal of mathematical behavior. Westport, CT: Ablex Publishing.

Roy, S., Inglis, M. & Alcock, L. (2017). Multimedia resources designed to support learning from written proofs: an eye-movement study. *Educational Studies in Mathematics, 96*(2), 249–266.

Samkoff, A., Lai, Y. & Weber, K. (2012). On the different ways that mathematicians use diagrams in proof construction. *Research in Mathematics Education, 14*(1), 49–67.

Samkoff, A. & Weber, K. (2015). Lessons learned from an instructional intervention on proof comprehension. *The Journal of Mathematical Behavior, 39*, 28–50.

Sandefur, J., Mason, J., Stylianides, G. J. & Watson, A. (2013). Generating and using examples in the proving process. *Educational Studies in Mathematics, 83*(3), 323–340.

Sanders, W. (2007). *Das neue Stilwörterbuch: Stilistische Grundbegriffe für die Praxis*. Darmstadt: WBG.

Savic, M. (2015). On Similarities and Differences Between Proving and Problem Solving. *Journal of Humanistic Mathematics, 5*(2), 60–89.

Schnotz, W. (1994). *Aufbau von Wissensstrukturen: Untersuchungen zur Kohärenzbildung beim Wissenserwerb mit Texten*. Weinheim: Beltz.

Schnotz, W. (2001). Wissenserwerb mit Multimedia. *Unterrichtswissenschaft, 29*(4), 292–318.

Schoenfeld, A. H. (1982). Measures of Problem-Solving Performance and of Problem-Solving Instruction. *Journal for Research in Mathematics Education, 13*(1), 31–49.

Schoenfeld, A. H. (1985). *Mathematical problem solving*. Orlando, Florida: Academic Press.

Schoenfeld, A. H. (1989). Teaching Mathematical Thinking and Problem Solving. In L. B. Resnick & L. E. Klopfer (Hrsg.), *Towards the Thinking Curriculum* (S. 83–103). Washington, DC: Association for Supervision and Curriculum Development.

Schoenfeld, A. H. (1992). Learning to think mathematically: Problem solving, metacognition and sense making in mathematics. In D. Grouws (Hrsg.), *Handbook for Research on Mathematics Teaching and Learning* (S. 334–370). New York: Macmillan.

Schreier, M. (2010). Fallauswahl. In G. Mey & K. Mruck (Hrsg.), *Handbuch Qualitative Forschung in der Psychologie* (S. 238–251). Wiesbaden: VS Verlag für Sozialwissenschaften.

Schreier, M. (2012). *Qualitative content analysis in practice*. Los Angeles: Sage.

Schreier, M. (2014). Varianten qualitativer Inhaltsanalyse: Ein Wegweiser im Dickicht der Begrifflichkeiten. *Forum qualitative Sozialforschung, 15*(1), 1–27.

Schwarz, B. B. & Asterhan, C. S. C. (2010). Argumentation and Reasoning. In K. Littleton, C. Wood & J. Klein Staarman (Hrsg.), *International Handbook of Psychology in Education* (S. 137–176). Bingley: Emerald.

Schwarz, B. B., Hershkowitz, R. & Prusak, N. (2010). Argumentation and mathematics. In K. Littleton & C. Howe (Hrsg.), *Educational Dialogues: Understanding and Promoting Productive Interaction* (S. 115–141). London, UK: Taylor & Francis.

Schwarzkopf, R. (2000). *Argumentationsprozesse im Mathematikunterricht: Theoretische Grundlagen und Fallstudien*. Hildesheim: Franzbecker.

Segal, J. (1999). Learning about mathematical proof: conviction and validity. *Journal of Mathematical Behavior, 18*(2), 191–210.

Selden, A. (2012). Transitions and Proof and Proving at Tertiary Level. In G. Hanna & M. de Villiers (Hrsg.), *Proof and Proving in Mathematics Education* (S. 391–420). New ICMI Study Series. Dordrecht: Springer.

Selden, A., McKee, K. & Selden, J. (2010). Affect, behavioural schemas and the proving process. *International Journal of Mathematical Education in Science and Technology, 41*(2), 199–215.

Selden, A. & Selden, J. (2003). Validations of Proofs Considered as Texts: Can Undergraduates Tell Whether an Argument Proves a Theorem? *Journal for Research in Mathematics Education, 34*(1), 4–36.

Selden, A. & Selden, J. (2008). Overcoming students' difficulties in learning to understand and construct proofs. In M. P. Carlsson & C. Rasmussen (Hrsg.), *Making the Connection* (S. 95–110). Washington, DC: Mathematical Association of America.

Selden, A. & Selden, J. (2013). Proof and Problem Solving at University Level. *The Mathematics Enthusiast, 10*(1), 303–334.

Selden, A. & Selden, J. (2015). A comparison of proof comprehension, proof construction, proof validation and proof evaluation. In R. Göller, R. Biehler, R. Hochmuth & H.-G. Rück (Hrsg.), *khdm-Report*, Hannover.

Selden, A., Selden, J., Hauk, S. & Mason, A. (2000). Why can't calculus students acess their knowledge to solve non-routine problems? In E. Dubinsky, A. H. Schoenfeld & J. Kaput (Hrsg.), *Research in Collegiate Mathematics Education. IV* (Bd. 8, S. 128–153). Providence, RI: American Mathematical Society.

Selden, J. & Selden, A. (1995). Unpacking the Logic of Mathematical Statements. *Educational Studies in Mathematics, 29*, 123–151.

Selden, J. & Selden, A. (2009a). Teaching Proving by Coordinating Aspects of Proofs with Students' Abilities. In D. A. Stylianou, M. L. Blanton & E. J. Knuth (Hrsg.), *Teaching and Learning Proof Across the Grades* (S. 339–354). New York: Routledge.

Selden, J. & Selden, A. (2009b). Understanding the proof construction process. In F.-L. Lin, F.-J. Hsieh, G. Hanna & M. de Villers (Hrsg.), *Proceedings of the ICMI Study 19 Conference: Proof and Proving in Mathematics Education* (Bd. 2, S. 196–201). Taipei, Taiwan.

Selting, M., Auer, P., Barth-Weingarten, D., Bergmann, J., Bergmann, P., Birkner, K., ... Uhmann, S. (2009). Gesprächsanalytisches transkriptionssystem 2 (GAT 2). *Gesprächsforschung – Online Zeitschrift zur verbalen Interaktion, 10*, 353–402.

Shepherd, M. D., Selden, A. & Selden, J. (2012). University students' reading of their first-year mathematics textbooks. *Mathematical thinking and learning, 14*(4), 226–256.

Shepherd, M. D. & van de Sande, C. C. (2014). Reading mathematics for understanding: From novice to expert. *The Journal of Mathematical Behavior, 35*, 74–86.

Sommerhoff, D. (2017). *The Individual Cognitive Resources Underlying Students' Mathematical Argumentation and Proof Skills*: From Theory to Intervention (Diss.).

Sommerhoff, D. & Ufer, S. (2019). Acceptance criteria for validating mathematical proofs used by school students, university students, and mathematicians in the context of teaching. *Zentralblatt für Didaktik der Mathematik, 51*(5).

Sommerhoff, D., Ufer, S. & Kollar, I. (2015). Forschung zum Mathematischen Argumentieren: Ein deskriptiver Review von PME Beiträgen. In F. Caluori, H. Linneweber-Lammerskitten & C. Streit (Hrsg.), *Beiträge zum Mathematikunterricht 2015* (S. 876–879). Münster: WTM-Verlag.

Stein, M. (1985). Didaktische Beweiskonzepte. *Zentralblatt für Didaktik der Mathematik, 17*(4), 120–133.

Stein, M. (1986). *Beweisen*. Bad Salzdetfurth: Franzbecker.

Stein, M. (1988). Beweisfähigkeit und Beweisvorstellungen von 11–13 jährigen Schülern. *Journal für Mathematik-Didaktik, 9*(1), 31–53.

Steinhoff, T. (2007). *Wissenschaftliche Textkompetenz: Sprachgebrauch und Schreibentwicklung in wissenschaftlichen Texten von Studenten und Experten*. Tübingen: Max Niemeyer Verlag.

Steinke, I. (2008). Gütekriterien qualitativer Forschung. In U. Flick, E. v. Kardorff & I. Steinke (Hrsg.), *Qualitative Forschung* (S. 319–331). Rororo Rowohlts Enzyklopädie. Reinbek: Rowohlt Taschenbuch Verlag.

Strauss, A. L. & Corbin, J. M. (1996). *Grounded theory: Grundlagen qualitativer Sozialforschung*. Weinheim: Beltz.

Stubbemann, N. & Knipping, C. (2019). Metacognitive activities of pre-service teachers in proving processes. In U. T. Jankvist, M. van den Heuvel-Panhuizen & M. Veldhuis (Hrsg.), *Proceedings of the Eleventh Congress of the European Society for Research in Mathematics Educatio*, Utrecht, the Netherlands: Freudenthal Group & Freudenthal Institute, Utrecht University and ERME.

Stylianides, A. J. (2007). Proof and Proving in School Mathematics. *Journal for Research in Mathematics Education, 38*(3), 289–321.

Stylianides, A. J., Bieda, K. N. & Morselli, F. (2016). Proof and argumentation in mathematics education research. In Á. Gutiérrez, G. C. Leder & P. Boero (Hrsg.), *The second handbook of research on the psychology of mathematics education* (S. 315–351). Rotterdam: Sense Publishers.

Stylianides, A. J. & Stylianides, G. J. (2009). Proof constructions and evaluations. *Educational Studies in Mathematics, 72*(2), 237–253.

Stylianides, A. J., Stylianides, G. J. & Philippou, G. N. (2004). Undergraduate students' understanding of the contraposition equivalence rule in symbolic and verbal contexts. *Educational Studies in Mathematics, 55*(1–3), 133–162.

Stylianides, G. J. (2008). An Analytic Framework of Reasoning-and-Proving. *For the Learning of Mathematics, 28*(1), 9–16.

Stylianides, G. J. & Stylianides, A. J. (2009). Facilitating the Transition from Empirical Arguments to Proof. *Journal for Research in Mathematics Education, 40*(3), 314–352.

Stylianides, G. J. & Stylianides, A. J. (2017). Research-based interventions in the area of proof: the past, the present, and the future. *Educational Studies in Mathematics, 96*(2), 119–127.

Stylianides, G., Stylianides, A. J. & Weber, K. (2017). Research on the teaching and learning of proof. In J. Cai (Hrsg.), *Compendium for research in mathematics education* (S. 237–266). Reston, VA: The National Council of Teachers of Mathematics, Inc.

Stylianou, D. A. & Silver, E. A. (2004). The Role of Visual Representations in Advanced Mathematical Problem Solving: An Examination of Expert-Novice Similarities and Differences. *Mathematical thinking and learning, 6*(4), 353–387.

Sweller, J. (1990). On the Limited Evidence for the Effectiveness of Teaching General Problem-SolvingStrategies. *Journal for Research in Mathematics Education, 21*(5), 411–415.

Tall, D. (1991). The Psychology of Advanced Mathematical Thinking. In D. Tall (Hrsg.), *Advanced Mathematical Thinking* (S. 3–21). Dordrecht: Kluwer Academic.

Tall, D. (1992). The Transition to Advanced Mathematical Thinking: Functions, Limits, Infinity and Proof. In D. A. Grows (Hrsg.), *Handbook of Research on Mathematics Teaching and Learning* (S. 495–551). New York: Macmillian.

Tall, D. & Mejia-Ramos, J. P. (2010). The Long-Term Cognitive Development of Reasoning and Proof. In G. Hanna, H. N. Jahnke & H. Pulte (Hrsg.), *Explanation and Proof in Mathematics* (S. 137–149). Boston: Springer.

Tall, D. & Vinner, S. (1981). Concept image and concept definition with particular reference to limits and continuity. *Educational Studies in Mathematics, 12*(2), 151–169.

Tebaartz, P. C. & Lengnink, K. (2015). Was heißt „mathematischer Beweis"? – Realisierungen in Schülerdokumenten. In A. Budke, M. Kuckuck, M. Meyer, F. Schäbitz, K. Schlüter & G. Weiss (Hrsg.), *Fachlich argumentieren lernen* (S. 105–120). Münster: Waxmann.

Thurston, W. P. (1994). On proof and progress in mathematics. *Bulletin of the American Mathematical Society, 30*(2), 161–178.

Tinto, V. (1975). Dropout from higher education: A theoretical synthesis of recent research. *Review of Educational Research, 45*(1), 89–125.

Toulmin, S. E. (1958). *The uses of argument*. Cambridge, UK: University Press.

Toulmin, S. E. (1996). *Der Gebrauch von Argumenten* (2. Aufl.). Weinheim: Beltz.

Tsujiyama, Y. & Yui, K. (2018). Using Examples of Unsuccessful Arguments to Facilitate Students' Reflection on Their Process of Proving. In A. J. Stylianides & G. Harel (Hrsg.), *Advances in Mathematics Education Research on Proof and Proving: An International Perspective* (S. 269–281). Cham, Switzerland: Springer.

Ufer, S., Heinze, A., Kuntze, S. & Rudolph-Albert, F. (2009). Beweisen und Begründen im Mathematikunterricht: Die Rolle von Methodenwissen für das Beweisen in der Geometrie. *Journal für Mathematik-Didaktik, 30*(1), 30–54.

Ufer, S., Heinze, A. & Reiss, K. (2008). Individual Predictors of Geometrical Proof Competence. In O. Figueras & A. Sepúlveda (Hrsg.), *Proceedings of the Joint Meeting of the 32nd Conference of the International Group for the Psychology of Mathematics Education and the XX North American Chapter* (S. 361–368). Morelia: PME.

van Spronsen, H. D. (2008). *Proof Processes of Novice Mathematics Proof Writers* (Diss., University of Montana).

Villers, M. d. (1990). The role and function of proof in mathematics. *Pythagoras, 24*, 17–24.

Vinner, S. (1997). The pseudo-conceptual and the pseudo-analytical thought processes in mathematics learning. *Educational Studies in Mathematics, 34*(2), 97–129.

Vivaldi, F. (2014). *Mathematical Writing*. Springer Undergraduate Mathematics Series. London: Springer London.

Wagner, D. (2011). Mathematische Kompetenzanforderungen in Schule und Hochschule: Die Rolle des formal-abstrahierenden Denkens. In R. Haug & L. Holzäpfel (Hrsg.), *Beiträge zum Mathematikunterricht 2011* (S. 879–882). Münster: WTM-Verlag.

Walsch, W. (1975). *Zum Beweisen im Mathematikunterricht* (2. Aufl.). Berlin: Volk und Wissen Verlag.

Weber, K. (2001). Student difficulty in constructing proofs: The need for strategic knowledge. *Educational Studies in Mathematics, 48*, 101–119.

Weber, K. (2003). Students' difficulties with proof. Zugriff 20.11.2018 unter https://www.maa.org/programs/faculty-and-departments/curriculum-department-guidelines-recommendations/teaching-and-learning/research-sampler-8-students-difficulties-with-proof

Weber, K. (2004). A framework for describing the process that undergraduates use to construct proofs. In M. J. Høines & A. B. Fuglestad (Hrsg.), *Proceedings of the 28th Conference of the International Group for the Psychology of Mathematics Edukation* (Bd. 4, S. 425–432). Bergen, Norway: PME.

Weber, K. (2005). Problem-solving, proving, and learning: The relationship between problem-solving processes and learning opportunities in the activity of proof construction. *The Journal of Mathematical Behavior, 24*(3–4), 351–360.

Weber, K. (2006). Investigating and teaching the processes used to construct proofs. In F. Hitt, G. Harel & A. Selden (Hrsg.), *Research in Collegiate Mathematics Education. VI* (S. 197–232). CBMS Issues in Mathematics Education. Providence, RI: American Mathematical Society.

Weber, K. (2008). How Mathematicians Determine if an Argument Is a Valid Proof. *Journal for Research in Mathematics Education, 39*(4), 431–459.

Weber, K. (2010). Mathematics majors' perceptions of conviction, validity and proof. *Mathematical thinking and learning, 12*, 306–336.

Weber, K. (2012). Mathematicians' perspectives on their pedagogical practice with respect to proof. *International Journal of Mathematical Education in Science and Technology, 43*(4), 463–482.

Weber, K. (2014). Proof as a cluster concept. In C. Nicol, S. Oesterle, P. Liljedahl & D. Allan (Hrsg.), *Proceedings of the 38th Conference of the International Group for Psychology of Mathematics Education and the 36th Conference of the North American Chapter of the Psychology of Mathematics Edukation* (Bd. 5, S. 353–360). Vancouver, Canada: PME.

Weber, K. (2015). Effective Proof Reading Strategies for Comprehending Mathematical Proofs. *International Journal of Research in Undergraduate Mathematics Education, 1*(3), 289–314.

Weber, K. & Alcock, L. (2004). Semantic and Syntactic Proof Productions. *Educational Studies in Mathematics, 56*, 209–234.

Weber, K. & Alcock, L. (2009). Proof in Advanced Mathematics Classes: Semantic and Syntactic Reasoning in the Representation System of Proof. In D. A. Stylianou, M. L. Blanton & E. J. Knuth (Hrsg.), *Teaching and Learning Proof Across the Grades* (S. 323–338). New York: Routledge.

Weber, K., Alcock, L. & Radu, I. (2005). Undergraduates' use of examples in a transition to proof course. In G. M. Lloyd, M. Wilson, J. L. M. Wilkins & S. L. Behm (Hrsg.), *Proceedings of the 27th Conference for the North American Chapter of the International Group for the Psychology of Mathematics Education*, Roanoke, VA.: PMR-NA.

Weber, K., Inglis, M. & Mejia-Ramos, J. P. (2014). How Mathematicians Obtain Conviction. Implications for Mathematics Instruction and Research on Epistemic Cognition. *Educational Psychologist, 49*(1), 36–58.

Weber, K. & Mejia-Ramos, J. P. (2011). Why and how mathematicians read proofs: an exploratory study. *Educational Studies in Mathematics, 76*(3), 329–344.

Weber, K. & Mejia-Ramos, J. P. (2013a). Effective but underused strategies for proof comprehension. In M. V. Martinez & A. Superfine (Hrsg.), *Proceedings of the 35th annual meeting of the North American Chapter of the International Group for the Psychology of Mathematics Education* (S. 260–267). Chicago: University of Illinois at Chicago.

Weber, K. & Mejia-Ramos, J. P. (2013b). On Mathematicians' Proof Skimming: A Reply to Inglis and Alcock. *Journal for Research in Mathematics Education, 44*(2), 464–471.

Weber, K. & Mejia-Ramos, J. P. (2014). Mathematics Majors' Beliefs about Proof Reading. *International Journal of Mathematical Education in Science and Technology, 45*(1), 89–103.

Weber, K., Mejia-Ramos, J. P., Fuller, E., Lew, K., Benjamin, P. & Samkoff, A. (2012). Do Generic Proofs Improve Proof Comprehension? In S. Brown, S. Larsen, K. Marrongelle & M. Oehrtmann (Hrsg.), *Proceedings of the 15th Annual Conference on Research In Undergraduate Mathematics Education* (Bd. 1, S. 480–495). Portland, Oregon.

Wild, K.-P. (2003). Videoanalysen als neue Impulsgeber für eine praxisnahe prozessorientierte empirische Unterrichtsforschung. *Unterrichtswissenschaft, 31*(2), 98–102.

Wirtz, M. A. & Caspar, F. (2002). *Beurteilerübereinstimmung und Beurteilerreliabilität: Methoden zur Bestimmung und Verbesserung der Zuverlässigkeit von Einschätzungen mittels Kategoriensystemen und Ratingskalen.* Göttingen: Hogrefe Verl. für Psychologie.

Wittmann, E. C. (1985). Objekte – Operationen – Wirkungen: Das operative Prinzip in der Mathematikdidaktik. *mathematik lehren,* (11), 7–11.

Wittmann, E. C. (2014). Operative Beweise. *mathematica didactica, 37,* 213–232.

Wittmann, E. C. & Müller, G. (1988). Wann ist ein Beweis ein Beweis? In P. Bender (Hrsg.), *Mathematikdidaktik: Theorie und Praxis* (S. 237–257). Berlin: Cornelsen.

Yackel, E. & Cobb, P. (1996). Sociomathematical Norms, Argumentation, and Autonomy in Mathematics. *Journal for Research in Mathematics Education, 27*(4), 458–477.

Yackel, E., Rasmussen, C. & King, K. (2000). Social and sociomathematical norms in an advanced undergraduate mathematics course. *Journal of Mathematical Behavior, 19,* 275–287.

Yang, K.-L. & Lin, F.-L. (2008). A model of reading comprehension of geometry proof. *Educational Studies in Mathematics, 67*(1), 59–76.

Yee, S. P., Boyle, J. D., Ko, Y.-Y. & Bleiler-Baxter, S. K. (2018). Effects of constructing, critiquing, and revising arguments within university classrooms. *The Journal of Mathematical Behavior, 49,* 145–162.

Zaslavsky, O. (2018). Genericity, Conviction, and Conventions: Examples that Prove and Examples that Don't Prove. In A. J. Stylianides & G. Harel (Hrsg.), *Advances in Mathematics Education Research on Proof and Proving: An International Perspective* (S. 283–298). Cham, Switzerland: Springer.

Zazkis, D., Weber, K. & Mejia-Ramos, J. P. (2014). Activities that mathematics majors use to bridge the gap between informal arguments and proofs. In C. Nicol, S. Oesterle, P. Liljedahl & D. Allan (Hrsg.), *Proceedings of the 38th Conference of the International Group for Psychology of Mathematics Education and the 36th Conference of the North American Chapter of the Psychology of Mathematics Edukation* (Bd. 5, S. 417–424). Vancouver, Canada: PME.

Zazkis, D., Weber, K. & Mejía-Ramos, J. P. (2015). Two proving strategies of highly successful mathematics majors. *The Journal of Mathematical Behavior, 39,* 11–27.

Zazkis, D. & Zazkis, R. (2016). Prospective Teachers' Conceptions of Proof Comprehension: Revisiting a Proof of the Pythagorean Theorem. *International Journal of Science and Mathematics Education, 14*(4), 777–803.

Printed in the United States
By Bookmasters